DEUTSCHE DEMOKRATISCHE REPUBLIK
DEUTSCHE AKADEMIE DER LANDWIRTSCHAFTSWISSENSCHAFTEN ZU BERLIN
INSTITUT FÜR LANDWIRTSCHAFTLICHE INFORMATION UND DOKUMENTATION

Landwirtschaftliches Zentralblatt

ABTEILUNG II

PFLANZLICHE PRODUKTION

8. JAHRGANG
1963

AKADEMIE-VERLAG · BERLIN

LZ. II PFLANZLICHE PRODUKTION · JG. 1963 · NR. 4 · SEITE 885—1164 · BERLIN · APRIL 1963

INHALTSVERZEICHNIS

Namenverzeichnis .... I—IV

I **Allgemeines:**
Geschichte, Biographien, Ausstellungen, Tagungen 885

II **Naturwissenschaftliche Grundlagen:**
Systematik, Morphologie, Physiologie und Chemie der Kulturpflanzen. Pflanzenökologie, -soziologie und -geographie. Agrarmeteorologie 886

III **Bodenkunde:**
Grundlagen zur Bodenkunde, Bodenchemie, Bodenphysik, Bodenbiologie, Bodensystematik und Bodengenese, Bodenuntersuchung 916

IV **Bodenbearbeitung** 944

V **Bodenmelioration und Bodenschutz** 946

VI **Pflanzenernährung und Düngung:**
Grundlagen zur Pflanzenernährung, Düngemittel, ihre Gewinnung und Anwendung, Düngemitteluntersuchung 952

VII **Pflanzenbau auf dem Acker:**
Fruchtwechsel und Fruchtfolgen, Saat- und Pflanzgut, Saat und Pflege, Ernte und Ernteverfahren, Konservierung und Lagerung des Erntegutes, Versuchswesen, Pflanzen der gemäßigten Zone, der Subtropen und Tropen 974

VIII **Grünland:**
Wiesen, Weiden, Acker-Grünland-Wechselnutzung 1015

IX **Gartenbau:**
Allgemeiner Gartenbau, Spezieller Gartenbau: Gemüsebau, Obstbau, Zierpflanzenbau 1020

X **Pflanzenzüchtung:**
Allgemeine Pflanzenzüchtung. Spezielle Pflanzenzüchtung 1055

XI **Phytopathologie und Pflanzenschutz:**
Krankheiten und ihre Ursachen, Krankheiten und Wirtspflanzen, Maßnahmen des Pflanzenschutzes 1089

XII **Unkrautbekämpfung** 1156

Buchbesprechungen 1020, 1117, 1115

Bibliographische Angaben von Büchern und Dissertationen am Schluß eines jeden Kapitels

NAMENVERZEICHNIS

Seitenzahl in [Klammer] bedeutet Bibliographie, mit Stern * bedeutet Buchbesprechung

Aach 1110.
Abbott 1038.
Aboul-Ela 965. 1136.
Ábrahám 963.
Abrahão 1074.
Afanásev 961.
Aguilar, d' 1105.
Ajzenštat 1056.
Albrecht 914.
Aleksandrov 1163.
Aleksandrova 1122.
Ali 1013.
Allard 1121.
Allen 1135.
Alpat'ev 1083.
Alpatova 904.
Al'smik 1076.
Amato, D' 1060. 1061. 1065.
Anderson 899.
Andreeva-Fetvadžieva 1163.
Aniskin 977.
Antcliff 1048.
Araik 1157.
Armand [952].
Arx, v. 908.
Atanasov, P. 1163.
Atanasov, S. 995. 996.
Atanasov, Z. 970.
Aufhammer 1068.
Avramov 981.
Arvamova 991.

Bacalova 908.
Bacchi 983. 1031.
Bach, de 1131.
Baden 963.
Bahrani 926.
Baier 890.
Bajaj 937.
Bajer 1058.
Balla 960.
Balzer 1030.
Bami 908.
Bandlow 1078.
Bankole 943.
Banting 1158.
Barabás 1072.
Barcal 914.
Barskaja, E. I. 889.
Barskaja, T. A. 894.
Bártfy 956.
Bartoš 982.
Basnak'jan 1064.
Batalin 968.
Baumeister 1086.
Bawden 1111.
Beadle 913.
Beavers 940.
Becker 995.
Beeman 1005.
Beerens 904.
Belicyna 939.
Below 950.
Bénard 1133.
Bénassy 1131.
Benetti 1112.
Ben-Zeev 980.
Berdák 955.
Bergendal 1084.
Berger 983.
Bergmann 943.
Berland 1125.
Bertrand, A. R. 925.
Bertrand, D. 953.
Bettac 992. 1010.
Beuster 1010.
Bhargava 1113. 1117.
Bhattacharyya, S. K. 932.
Bhattacharyya, U. C. 1063.
Bhore 1014.
Bianchi 1131.
Biggs 1042.
Birecki 976.
Bishay 1137.
Bisht 1114.
Biskup 1002.
Bist 1113.
Biswell 918.
Bjälfve 933.
Black 1127. 1128.
Blaim 910.
Blankfel'd 927.
Blasse 1034.
Blattný 1092. 1115.
Blixt 1073.
Blood 979.
Bobek 914.
Bobeş 1129. 1133.
Bočkarev 984.
Bocz 999.
Bogdański 896.
Bogdarina [1156].
Bogomolov 1068.
Boguszewski 971.
Bohnstedt 952.
Bojadžieva 988.
Bolsunov 1091.
Bond, J. H. [1155]*.
Bond, T. E. T. 1116.
Bonde 950.
Bongiovanni 1159.
Bonnemain 892.
Boos 1030.
Borchardt 1127.
Bose 1030.
Bosley 885.
Bosse 1021.
Bottomley 1147.
Boubals 1087.
Bouharmont 1062.
Bould 1039.
Bowen 929. 931.
Bower 939.
Boiždarevič 896.
Bozzini 1065.
Brachet [916].
Brandes 1116.
Brauer 911.
Brazzel 1126.
Brcak 1092.
Breburda 940.
Briand 1130.
Brougham 900.
Brouwer, de 1107.
Brown 934.
Browning 1069.
Bruns 1159. 1162.
Brydon 921.
Buchloh 1040.
Bünemann 1046.
Buhl 1138.

Buhtz 969. 1016.
Burnett 1117.
Buruiana 896.
Buttrose 908.

Cadman 1110.
Caldwell 1108.
Caltrider 1092.
Campbell 904.
Cartellieri 945.
Cartwright 930.
Cegłowski 1038.
Čekalov 923.
Černý 1036.
Česalin 1159.
Chabibrachmanov 1159.
Chambers 1126.
Chang 1135.
Chao 920.
Chaplin 1005.
Chapman 1025.
Charimonova 1085.
Chaudhun 1013.
Chaugule 1028.
Chauhan 1042.
Chaussidon 922.
Cheal 1052.
Cherry 909.
Childs 925.
Chinoy 897.
Chisaka 1157.
Chisholm 1150.
Choudhry 989.
Choudhury, A. K. R. 1088.
Choudhury, B. 1027. 1028.
Christova, A. 911.
Christova, E. 1122.
Chroboczek 963.
Chrtek 1017.
Chučua 963.
Cikurina 938.
Cipruš 1034.
Čirkovskij 977.
Clark 928.
Claus 1129.
Clifford 1062.
Clore 1162.
Coe 1052.
Coiteux 1163.
Cole 1098.
Coles 1132.
Coninck, de 1095.
Coombe 1048.
Coppenet 934.
Čorbadžijska 894.
Corbett 1112.
Cornman 1163.
Coulter 955.
Cowell 1034.
Cowling 1007.
Cox 1156.
Craiciu 962.
Crane 904.
Crescini 1009.
Crişan 1093.
Cropley 1114.
Croxall 1155.
Csider 1042.
Cuev 986.
Čulanovskaja 899. 902.
Cumming 1108.
Curl [1155]*.
Curth 905.
Cvetkov 1138.
Cyplenkov 936.
Cytovič 1028.
Czeratzki 944.

Danell 999.
Dános 1080.
Darling 1005.
Darves-Bornoz 946.
Daškeeva 1082.
Daszkiewicz 996.
Datta, D. D. 908.
Datta, R. M. 1058.
Davey 1155.
Davies 1009.
Dawson, J. E. 932.
Dawson, J. H. 1159. 1162.
Deakins 1033.
Decau 936.
Dembiński 970.
Dennis 1004.
Derco 994.
Derksen 925.
Dermine 1161.
Detroux 1162.
Dévay 956.
Diakonu 1069.
Dicker 1102.
Dilz 1007.
Dimitrov 969.
Dimitrova 912.
Doane 1150.
Dohnal 1115.
Donà dalle Rose 1077.
Donovan 931.
Dorsman 1164.
Dragon 1000.
Drouineau 1051.
Drozd 1029.
Drozdovskij 1096.
Dubetz 899.
Dučevska 991.
Dugger 958.
Dutt 920.
Dyrda 1071.

Eberhard 951.
Ebert, D. 960.
Ebert, W. 1103.
Edwards 1011.
Ehrendorfer, F. 887.
Ehrendorfer, K. 972.
Eich 1006.
El-Baradi 962. 964.
El-Damaty 962. 964.
El Khishen 1137.
Elmore 1143.
Emerson 921.
Eno 928.
Ermen 1040.
Ermer 951.
Ermilov 893.
Ermolaev 1014.
Escuro 948.
Evans 931.

Faber 1155.
Fachrutdinova 1123.
Fast 1051.
Favret 1063.
Feichtinger 948.
Felecan 1090.
Feofanova 1026.
Féron 1133.
Ferrel 952.
Fialkovskaja 1066.
Fiedler 1041.
Fife, C. V. 938.
Fife, D. 1097.
Filimonov 981.
Finch 1024. 1025. 1027.
Finger 947.
Firbas 1078.
Fischbeck 1068.
Fischnich 974.
Focke 1070.
Fomičev 979.
Foote 895.
Foott 1099.
Ford 1005.
Forsyth 1133.
Fortini 924.
Franco 983.
Franke 975.
Franz 1129.
Franzke 1070.
Frauenstein 1119.
Frazier 957.
Freund 1130.
Frey, E. 980.
Frey, K. J. 1069.
Frey, W. 1154.
Fribourg [1155]*.
Friedrichs 912.
Friesen, G. 1160.
Friesen, H. A. 1158.
Frith 1024.
Fürste 1077.
Fusell 960.
Futh 1086.

Gabriel 1115.
Gäde 992.
Gärtel 958.
Gärtner 906.
Galaj 978.
Galil 1051.
Galvez 917.
Gardner, H. R. 928.
Gardner, W. R. 941.
Gauch 958.
Gawrońska-Kulesza 976.
Gayner 1147.
Geidel 986.
Geissler 1026.
Georghiou 1151.
Georgiev, C. 1000.
Georgiev, H. P. 1030.
Gesundheit 1031.
Gill 988.
Gilmer 1114.
Giovannozzi-Sermanni 974.
Glover, J. 915. 916.
Glover, P. E. 916.
Głuszek 907.
Görlitz 970.
Goffart 1097.
Goguadze 1137.
Gol'cberg [916].
Golyšin 1150.
Gončar 977.
Goode 986.
Goos 1151.
Gopalkrishna 1014. 1047.
Gorbov 986.
Gordon 1111.
Goring 1151.
Gorlenko 1152.
Graham, T. W. 1005.
Graham, W. M. 1152.
Green 977.
Greenham 1037.
Greenwood-Barton 1012.
Gripenberg, de 1022.
Grogan 1112.
Grover 1104.
Grozev 993.
Gruppe 1045. 1046.
Guiran, de 1097.
Gulevatyj 1140.
Gull 1029. 1031.
Gupta 1114.
Gurney 918.
Guthrie 1072.
Guyot 1021.
Gwynne, D. C. 1155.
Gwynne, M. D. 915. 916.

Hackbarth 1058.
Hadlo 996.
Hagenloch 1158.
Halseg 1029.
Hamann 1126.
Hamdi 964.
Hamilton 1135.
Hammerton 1011. 1012.
Hamner 1030.
Handschack 1044.
Hannemann 1047.
Hansmann 998.
Hanway 991.
Harker 1019. 1020.
Harmsen 917.
Harper 912.
Harrison 1115.
Harvey 1100.
Harward 920.
Haspelová 906.
Hassebrauk 1118.
Hatcher 939.
Heeckt 1083.
Heiling 1097.
Hein 1112.
Heinonen 953.
Heinze 1045.
Henderson 1011.
Henne 1160.
Henneberry 1137.
Henniger 1090.
Henriksen 1121.
Hentig, v. 1049.
Hewitt 1052.
Hildebrand 1111.
Hirte 942.
Hitchcock 1052.
Hobbs 1142.
Hoffmann, K. 915.
Hoffmann, W. 1062. 1068.
Hogg 919.
Hohmann 1054.
Holland 1037.
Holmes 988.
Honma 1083.
Hornig 1138.
Horváth 915.
Houston 952.
Howard 1098.
Hrazdira 967.
Hruška 981.
Hudson 1022.
Hughes, G. P. 1011.
Hughes, H. M. 1043. 1047.
Hugon 903.
Hunter 952.
Iancovici-Yaron 949.
Ibragimov 902.
Ibrahim 1136.
Iliev 904.
Il'inskaja [1156].
Illjuvieva 923.
Ingram 1012.
Ippolitov 1158.
Iriciuc [1155]*.
Iswaran 938.
Ivanova 1000.
Ivanovskij 1003.

Jacko 947.
Jackson, C. R. 1116.
Jackson, R. D. 928.
Jacobs 1022.
Jaeger 1123.
Jain, H. K. 1056.
Jain, S. K. 1056.
Jakovlev 1064.
Janes 1124.
Jarrett 1039.
Jasmin 1163.
Jeanneau 994.
Jeanson-Luusinang 936.
Jenkins 1101.
Jenny 918.
Jensen 940.
Jirásek 1017.
John 1143.
Johnson, L. F. [1155]*.
Johnson, R. J. 1012.
Johnson, W. 1155.
Johnson, W. C. 944.
Johnston, W. R. 941.
Jonáš 950.
Jones, D. W. 1132.
Jones, R. J. 1133.
Jones, R. L. 940.
Jordan 931.
Joshi, A. B. 1079.
Joshi, R. D. 1117.
Judycka [886].
Junges 1050.

Kablučko 1037.
Kačalova 1089.
Kahnt 910.
Kąkolowa 989.
Kalbfleisch 1125.
Kalnyņš 929.
Kaltofen 972.
Kameraz 1078.
Kanarake 926.
Kania 1102.
Kapás 988. 1070.
Karamyševa 1040.
Karner 1044.
Kaširskaja 1065.
Katzfuß 1035.
Kaufmann 985.
Kays 1161.
Kazimierski 1075.
Kegler 1113.
Kehr 1111.
Keller 994.
Kemp 1125.
Kent 990.
Kerawala 1047.
Kerpen 935.
Khalid 989.
Khalifa 1153.
Khishen 1129.

Kickuth 923.
Kil'djaeva 1109.
Kimble 1112.
King, D. L. 984.
King, J. C. 1055.
Kiričenko 1067.
Kirkham 925.
Kiticyn 1151.
Klarner 1001.
Klein 985.
Kleinschmidt 1104.
Klemmedson 918.
Klimova 1027.
Klinge 935.
Klink 1131.
Kliphuis 887.
Koblitsky 1150.
Kobozeva 887.
Koch 985.
Kockum 1152.
Köhler 1080.
Kohl 993.
Kojnov 946.
Kolesnikov, V. A. 1021.
Kolesnikov, W. A. 1035.
Kolev, D. 976.
Kolev, N. 910.
Koltay 915. 989.
Kondo 1053.
Kondratenko 1067.
Korenev 978.
Korohoda 968.
Korovin 894.
Kosmodemjanskij 1081. 1082.
Kostjakov [952].
Kosugi 1053.
Kotik-Królicka 1142.
Kotova 1066.
Kovačevski 1110.
Kovachevsky 1108.
Kragh 946.
Krasočkin 887.
Krejda 934.
Krijgsman 1021.
Królikowski 1071.
Kruel 1103.
Kruft 1049.
Krzywda 996.
Kükedi 976.
Kuenen 1056.
Künkel 945.
Kŭlbova 981.
Kulkarni 1014.
Kustarev 978.
Kuznecov 1159.
Kvaracchelija 980.

Ladonin 1159.
Lajtos 1012.
Lake 1023.
Laktionov 954.
Lal 1115.
Lambert 1011.
Lampeter 1015.
Lamprecht 1073.1074.
Landa 1105.
Landel 1135.
Landi 1131.
Lange, J. 945.
Lange, R. T. 930.
Lapine 1053.
Large 1134.
Láskoš 999.
Latterell 1069.
Laube 985.
Laurent 984.
Lavalleye 1162.
Lazenby 1160. 1161.
Łaźniewska 1038.
Lebedeva 967.
Lebedik 997.
Lefter [1155]*.
Leggeit 937.
Lehoczky 1122.
Leidenfrost 959.
Lekczinska 1075.
Lelley 891.
Lenkov 976.
Leonard 1048.
Lepadatu 1086.
Letzig 1044.
Leuchs 1104.
Ličmanova 924.
Lilly 1142.
Lilov 892.
Lintzel 1122.
Lipa 1106.
Liscombe 1153.
Lityński 989.
Lockard 955.
Lockhart 1124.
Loiselle 1125.
Lorenz 947.
Love 1027.
Lovisolo 1112.
Low 920.
Lowe 931.
Loxton 940.
Lüdecke 998.
Lukovnikova 907.
Luštinec 893. 894.
L'vova 1073.

Maaß 972.
McCune 1048.
MacGillivray 885.
McGinnis 1068.
McGregor 958.
McIntosh 1128.
McKay 1019.
Mackiewicz 1105.
Maćkowiak 971.
McLeod 1019.
McNaughton 912.
Madžirova 900.
Mäde 885.
Magor 1143.
Maguire 1061.
Mahajan 1028.
Maissurjan 991.
Majsurjan 1074.
Makkink 890.
Maksimov 963.
Malabuyoc 948.
Malec 996.
Malenev [1118].
Mamaladze 1137.
Mamicpic 948.
Mamontova 1089.
Mamušina 902.
Mándy 954. 1061.
Mankau 1098.
Mann 987.
Manolov 965.
Mantle 1119.
Manturova 1109.
Manzjuk 1071.
Marchant 986.
Marinkov 1072.
Marr 932.
Marshall 1041.
Martynova 899.
Marzusch-Trappmann 942.
Masaryk 955.
Maškovcev 1003.
Maštakova 1135.
Matolcsy 1134.
Matoušek 914.
Matusiewicz 957.1003. 1004.
Maxwell 1107.
May 1048.
Mead 1161.
Mecklenburg 1053.
Mehta 1115.
Meiklejohn 933.
Meinl 899. 1076.
Metcalf 1151.
Metelew 1008.
Mettin 1074.
Miething 1123.
Miklich 941.
Milaire 1131.
Milczak 968.
Milne 1103.
Minamikawa 1136.
Mirsky [916].
Missonnier 1105.
Mišustin 927.
Mitev 995. 1015.
Mitra 1050.
Miyamoto 980.
Mleşniţă, L. 1091.
Mleşniţă, V. 1091.
Mocanu 1103.
Modlibowska 948.
Møller 940.
Moldenhaver 903.
Monin 1161.
Monnier 936.
Montuelle 904.
Moodie 937.
Moore 933.
Morge 1132.
Moritz 987.
Morrill 932.
Morris 1023.
Moškov 902. 904.
Mosland 1019.
Mott 1016. 1018.
Moursi 932.
Muchanova 1083.
Müller, E. 1070.
Müller, F. 890.
Müller, F. P. 1107.
Müller, H. J. 1083.
Müller, P. 975.
Mukherji 1094.
Mulder 932. 1007.
Mulla 1139.
Muromcev 898.
Myburgh 1150.

Nagai 891.
Nagaraj 1128.
Nanda 897.
Narkiewicz-Jodko 1142. 1144.
Naylor 1058.
Nazareno 917.
Nedjalkov 890.
Negru 1093.
Negrul' 1087.
Neher 908.
Nelson 993.
Nemlienko 1120.
Neumann, D. 1039.
Neumann, U. 1038.
Newman 916.
Newton, J. R. 1101.
Newton, K. 1014.
Nicholson 945.
Nicolay 939.
Nikiforov 898.
Nikiforova 1135.
Nikolaeva, L. I. 985.
Nikolaeva, M. I. 1145.
Nishizawa 1136.
Niţescu 967.
Nölle 1141.
Nohejl 1109. 1126.
Noll 905.
Nolte 1143.
North 1024.
Novikova 945.
Nuber 1092.
Nüesch 1008.
Nurbachsch 1045.
Nybom 1084.

Oatman 1101.
Obuchov 939.
Östergren 1058.
Ognjanov 912.
Ojea 924.
Oksenenko 966.
Olbertz 947.
Olejnikova 897.
Omar 964.
Omidvar 1098.
Oommen 938.
Oprea [952].
Opyrchałova 1142.
Oram 1164.
Orlov 938.
Orth 985.
Ostapenko 1086.
Otto 929. 1035.
Ouchi 1012.

Paatela 1010.
Pacewiczowa 973.
Padfield 1041.
Pätzold 1016.
Page 958. 959.
Painter 1107.
Pajkin [1118].
Pajziev 902.
Pál 954.
Pálfi 953.
Páll 1149.
Panda 1058.
Papp 988.
Parker 930.
Parmelee 1121.
Passecker 1036.
Patel, B. M. 1017.
Patel, K. A. 1080.
Patel, P. S. 1017.
Pavlov 900. 906.
Pawlowski 1049.
Pelshenke 886.
Penner 1141.
Penningsfeld 1051.
Perrier 941.
Perrin 1147.
Persecă 1090. 1091. 1133.
Pešek, F. 987.
Pesek, J. 943.
Petersdorf 1025.
Petersen 1023.
Pethö 1093.
Petrov 966.
Petrova 973.
Pevná 1029.
Pfitzenmeyer 913.
Phatak 1028.
Philipp 1100.
Pielou 1143.
Pieniażek 1038.
Pigott 917.
Pillay 1079.
Pimentel 1129.
Pisarev 1159.
Piterskaja 1140.
Plock 1041.
Płotek 907.
Podhradszky 1134.
Podoski 1076.
Poh 1117.
Pohjanheimo 953.
Poitout 1133.
Pokorná 893. 894.
Poljakoff-Mayber 1031.
Položencev 1130.
Pop, E. 1090.
Pop, I. 1108.
Popenoe 928.
Popescu, I. 1103.
Popescu, V. 1119.
Popgeorgiev 1006.
Popov, A. 890. 976.
Popov, I. D. 912.
Popov, M. 982.
Popov, M. D. 1004.
Popov, P. 976. 988.
Popova 1077.
Porembskaja 1113.
Posnette 1114.
Potter 1040. 1044. 1046.
Pozsár 1057.
Pramer 937. 1125.
Preece 1125.
Preobraženskaja 901.
Pridham 1053.
Primost 971.
Procházková 1115.
Prochownik 1003.
Proctor 987.
Pronin 961.
Proverbs 1101.
Prusakova 895.
Puffe 935.
Pugnat 1067.
Puiu 1103.
Pŭrvanov 1072.
Puttler 1132.

Quadt 1062.
Quillon 1157.

Raatikainen 1109.
Racusen 895.
Radčenko 1140
Rădulescu 1090. 1093.
Ragimov 1121.
Ragulin 981.
Ramanujam 1079.
Ramphal 1027.
Randhawa 1055.
Rangaswami 1094.
Rao 1103.
Rappaport 1026.
Ravasz 944.
Razowski 1101.
Read 1149.
Rebour 1032.
Rees 1058.

Reichel 1032.
Repin 978.
Repka 955.
Respondek 1063.
Reyes 917.
Reynard 1083.
Richardson 1148.
Riddolls 984.
Ripeanu 1090. 1133.
Rittmeyer 971.
Rives 1087.
Roach, A. 1036.
Roach, F. A. 1033. 1044.
Robert 974.
Roberts, D. A. 1112.
Roberts, J. E. 1150.
Roberts, S. 993.
Robinson 1120.
Robrish 932.
Roché 1159.
Roder 990.
Rodger 988.
Rønde Kristensen [1118].
Rogers 948.
Rogowski 925.
Roguski 996.
Roman 1001.
Romanenko 1071.
Romlehner 959.
Ronchi 1060.
Roosje 1033.
Rosen 901.
Rossner 1059.
Rota 1099.
Roth 1144.
Rothacker 1076.
Rouquerol 1095.
Rovira 929.
Roy, B. 1013.
Roy, B. N. 934.
Rühm 1136.
Ruinen 928.
Rusiašvili 1137.
Russel 899.
Růžička 893. 894.
Rygg 1140.

Sadik 888.
Sahai 1118.
Saidak 1162.
Saito 1136.
Šakirjanov 1064.
Salamatov 1085.
Salgues 887.
Salin 1067.
Sambandam 1094.
Samorodova-Bianki 1075.
Samoto 1012.
Sandmeier 1067.
Sandner 1106.
Saprykina 977.
Sárkány 1080.
Šašina 1158.
Satarova 1137.
Sauerlandt 942.
Savin 901.
Săvulescu, A. 1108.
Savulescu, O. [1118].
Savulescu, T. [1118].
Sawhney 897.
Sazonova 1027.
Scarascia 1065.
Schade 1115.
Schafmeyer 998.
Schechtner 1017.
Scheffer 923. 935.
Schenk [1124].
Scherney 1132.
Schleifer 948.
Schlicht 945.
Schmid, G. 960.
Schmid, K. 1149.
Schmidt, E. L. 943.
Schmidt, H. 1089.
Schmidt, H.-H. 1025.
Schmidt, M. 1156.
Schmutz 889.
Schnee 1158.
Schneider 1101.
Schnepf 1116.
Schnieder 967.
Schnitzer 922.
Schön 910. 911.
Schönberg 947.
Schofield 922.
Schofield-Pálmer 958.
Schott 1106.
Schroder 949.
Schubert [1020]*.
Schütt 1088.
Schultz 918.
Schulz 1145.
Schuster 986.
Schwarzbach 888.
Schwerdtfeger [1117]*.
Scott 1034.
Seidman 957.
Selke 970.
Sellschop 890.
Sengupta 992.
Serafimov 1015.
Seremet 1158.
Ševčenko 1145.
Sevost'janov 997.
Shafik 1128. 1129.
Shah 1017.
Shanmugavelu 1055.
Sharma 1063.
Shaw 1118.
Shoemaker 1042. 1043.
Siegel 901.
Siegle [1118].
Sillibourne 1146.
Šillinger 1145.
Silva-Fernandes 1146.
Simon 1006.
Singh 1026.
Sinha 1128.
Sirotenko 1003.
Sisler 958.
Sisodia 1079.
Sites 1042.
Sjuta 924.
Skiebe 1083.
Škipsna 1120.
Skripčinskij 1052.
Sleesman 1090.
Śliwiński 1101.
Slomnicki 1075.
Šmidová 893.
Smith, C. 1111.
Smith, K. M. [1118].
Smith, R. J. 1149.
Snaydon 913.
Šnejder 1113.
Snow 930.
Soczek 1038.
Sømme 1153.
Sokolov 1071.
Soldatov 1064.
Solomon 1099.
Solov́ev 902.
Solov́eva 1082.
Somers 1148.
Sommer 905. 906. 982.
Sor 925.
Šotalova-Zalesskaja 958.
Špaldon 999. 1029.
Spencer 1147.
Spina 1015.
Spire 1116.
Splinter 1005.
Srivastava 1118.
Stajkov 981.
Starkey 937.
Stefanov, N. 962.
Steffensen 1069.
Štenberg 1145.
Stenz 1037.
Stepanova [1020].
Steudel 1144.
Stewart 1053.
Stobiecki 1146.
Stoitschkov 1035.
Stojkov 909.
Stoll 1123.
Štráfelda 1008.
Stringfield 1072.
Stroun 1067.
Strucovskaja 1066.
Stubbe 885.
Studer 941.
Stuessi [1118].
Sturhan 1096.
Subbiah 937.
Suggs 1005.
Sulakadze 889.
Surlekov 968.
Šurovenkov 1132.
Surve 1014.
Šutenko 979.
Šváb 987. 988.
Švecov 1029.
Svejda 1054.
Sveštarova-Dineva 909.
Swaminathan 1080.
Szabó 886.
Székely 959.
Szirmai 1113. 1127.
Szkolnik 1135.
Szota 1078.
Szulc 1142.

Taboadela 924.
Taira 909.
Taler 926.
Talibuev 923.
Tarakanov 1084.
Tarantola 924.
Tarnovska 910.
Tasumichi 891.
Taylor, A. W. 918.
Taylor, D. K. 1068.
Taylor, E. A. 1137.
Taylor, H. 1024.
Taylor, R. H. 1112.
Taylor, S. A. 926.
Tedrow 934.
Telenga 1140.
Telkiev 961.
Tepe 959.
Ternovskij 1081.
Terrier 1124.
Tew 1146.
Tewari 930.
Thielebein 983.
Thielemann 1144.
Thiem 1139.
Thomas, G. G. 1046.
Thomas, J. B. 1126.
Thomason 1097.
Thompson, B. D. 1029.
Thompson, J. A. 931.
Thompson, P. A. 1045.
Thorn 1148.
Thurston 1091.
Tietjen 969.
Tkačenko 984.
Todd, J. M. 1109.
Todd, J. C. 1044.
Török 973.
Tokarskaja 896.
Tomov 961.
Tonkal' 998.
Toševa 1138.
Townshend 1096.
Truckenbrodt 1152.
Trzecki 956. 964.
Turc 936.
Turner 921. 922.
Tuzet 1094.
Tyihák 911.
Tyler 1009.

Umali 948.
Umhauer 1042.
Unger 928. 942.
Urkuday 1014.
Urone 950.

Vágujfalvi 911.
Vaidyanathan 923.
Vaklinova 891.
Van 1088.
Vaňurová 1141.
Vasil'ev 1151.
Vasileva 891.
Venkataramani 1098.
Vettel 1065.
Vilain 922.
Vilardebo 1097.
Villareal 948.
Vince 1050.
Vincent 931.
Vinczeffy [1020].
Vinš 951.
Visser 923.
Vitkovskij 1047.
Vlasov 1113.
Vlasveld 1091.
Vogel 899.
Voisey 1054.
Volobuev 920.
Volz 927.
Voráček 950.
Voronkevič 1123.
Voronova 1039.
Voss 943.
Votoupal 995.

Waede 1138.
Waggoner 892.
Walker, D. R. 1158.
Walker, J. T. 1136.
Walt, van der 939.
Warkentin 922.
Wartenberg 1130.
Waterson 990.
Watters 1153.
Way 1114.
Weaver 1048.
Weber 939.
Webster, A. B. 951.
Webster, A. B. [Auchincruive, Ayrs.] 1050.
Webster, W. J. 1048.
Weidner 1104.
Weiling 889.
Weissbach 985.
Welch 1130.
Wellensiek 898.
Welte 935.
Wengris 1106.
Werner 1006.
Wertz 947.
West 894.
Westendorp 1018.
Wheeler, A. F. J. 1157.
Wheeler, G.F.C. 1025.
Whitcomb 1127.
Whitnall 1137.
Wiegert 1126.
Wierzba 1002.
Wijk, van 925.
Wiklander 918. 919.
Wilczkowska 903.
Wilde, de 1100.
Wilkinson 1046.
Willey 997.
Williams, A. M. 1024.
Williams, D. W. 1154.
Winkel 1070.
Winkler 1125.
Witte 948.
Wittmer 1059. 1060. 1081.
Wöhlert 907.
Wojahn 885.
Wojciechowski 1002.
Wolfenbarger 1090.
Woltz 1116.
Wünsche 1038.
Wuth 1009.

Yagishita 1057.
Yoshida 891.
Young, H. W. 1042. 1084.
Young, K. K. 941.
Youngson 1151.

Zachariae 942.
Zaky 1129.
Zamenhof 980.
Zana 1148.
Zaprjanov 965.
Zatyko 1043.
Žďárský 998.
Zeid 1137.
Żelecznikov 984.
Zelenskij 979.
Zeletin 1103.
Zelitch 892.
Zeller 1037.
Zimmerman 1052.
Zolotovič 912.
Zubov 1150.
Zürn 1018.
Žurbickij 953.
Zvjagina 903.
Zvjagincev 1137.
Zyrin 939.
Forschungs- u. Entwicklungsberichte: 1090. 1103. 1123. 1139.

// LANDWIRTSCHAFTLICHES ZENTRALBLATT
ABTEILUNG PFLANZLICHE PRODUKTION

1963 Nr. 4 APRIL

I. ALLGEMEINES

A. Geschichte der Pflanzlichen Produktion und der Kulturpflanzen einschließlich Palaeobotanik

MacGillivray, John H. und Bosley, James B.; Davis, Univ. of California. Amino acid production per acre by plants and animals. **(Aminosäureproduktion pro acre durch Pflanzen und Tiere.)** Econom. Bot. **16** (1962) Nr. 1. S. 25 bis 30. — 3 Abb., 2 Tab., 14 Lit.

Die Erzeugung der Aminosäuren Leucin, Lysin, Valin, Isoleucin, Phenylalanin, Threonin, Methionin und Tryptophan wurde an Hand des Gehaltes von Nahrungsmitteln, der durchschnittl. Erzeugung an tierischen und pflanzlichen Produkten sowie der Verluste bei der Erzeugung pro acre errechnet. Die Gruppierung der einzelnen Produkte nach ihrer Erzeugungsleistung ergab folgende fallende Rangordnung: Sojabohnen, Erbsen, Bohnen, Weizen, Mais, Reis, Mohrrüben, Kartoffeln, Reis (weiß), Erdnüsse, Zwiebeln, Kohl, Gerste, Roggen, Süßkartoffeln, Limabohnen, Erbsen (grün), Spinat, Hafer, Walnüsse, Milch, Zuckermais, Eier, Hähnchen, Käse, Spargel, Schweine, Tomaten, Rindfleisch, Gurken, Schafe, Enten. Aus den Darlegungen wird die Notwendigkeit der Entwicklung von Verfahren deutlich, die zu einer Erhöhung der biol. Wertigkeit tierischer und pflanzlicher Erzeugnisse führen. K. Schulz. 1.

B. Biographien, Persönliches und Nachrufe

Stubbe, H. und Wojahn, E. **Asmus Petersen in memoriam.** S.-B. dtsch. Akad. Landwirtsch.-Wiss. Berlin 11 (1962) Nr. 2. S. 1–19. — 1 Abb.

Am 4.1.1962 verstarb der Direktor des Inst. für Grünland- und Moorforsch. Paulinenaue der Dtsch. Akad. der Landwirtsch.-Wiss. zu Berlin, Prof. Dr. Dr. h.c. Asmus Petersen im 62. Lebensjahre. Aus diesem Grunde veranstalteten die Dtsch. Akad. der Landwirtsch.-Wiss. zu Berlin, der der Verstorbene von ihrer Gründung an zugehörte, die Dtsch. Akad. der Wiss. zu Berlin, deren ordentliches Mitglied er war und der Forsch.-Rat der DDR, in dem er die Forschungsgemeinschaft „Grünland" leitete, gemeinsam eine Gedenkfeier, auf der der Präsident der Dtsch. Akad. der Landwirtsch.-Wiss., Prof. Dr. Dr. h.c. H. Stubbe, die Tätigkeit des Verstorbenen in den Akademien und bei der weiteren Entwicklung der Landwirtsch.-Wiss. würdigte, während sein Schüler und Nachfolger in Paulinenaue, Dr. E. Wojahn, die Verdienste des Verstorbenen als Lehrer und Forscher charakterisierte. K. Schulz. 50.

Mäde, Alfred. **Die Bedeutung Theodor Roemers für die Landwirtschaft in der Deutschen Demokratischen Republik.** Kühn-Arch. **76** (1962) Nr. 1/2. Theodor-Roemer-Gedenkschr. S. 3–9. — 1 Abb.

Es wird der unmittelbare Einfluß Theodor Roemers (R.) auf die praktische Landwirtsch. behandelt. Die Vielzahl seiner wiss. Arbeiten wird gestreift. Seit dem Jahre 1922 trat R. für die direkte Beratung der praktischen Landwirte durch Agrarwiss. ein. Hervorragend war seine Tätigkeit als Hochschullehrer und Leiter der Versuchsgüter der Univ. Halle. Diese Aufgabe wird noch heute an der Landwirtsch. Fak. Halle fortgeführt, indem einige Hochschullehrer gleichzeitig Direktoren von VE-Lehr- und Versuchsgütern sind. Diese Form stellt die engste Verbindung zwischen landwirtsch. Wiss. und

Praxis dar und trägt dazu bei, daß getreu dem Wahlspruch Theodor Roemers – „Salus populi suprema lex“ – eine direkte Förderung der Volkswirtsch. durch die Landwirtsch.-Wiss. möglich ist. E. M. Ardelt. 50.

Pelshenke, Paul F.; Berlin, Bundesforsch.-Anst. für Getreideverarbeit.; Detmold. **Über die Weiterentwicklung der Ideen Theodor Roemers.** Kühn-Arch. 76 (1962) Nr. 1/2. Theodor-Roemer-Gedenkschr. S. 11–18.
Die konstruktiven Ideen, die Roemer in seiner nahezu 50jährigen Forschertätigkeit entwickelt hat, werden von Vf. aus folgenden 5 Gebieten angeführt: 1. Mineraldüngung, 2. Pflanzenzüchtung, 3. Bewässerung, 4. Versuchswesen und 5. Beratungswesen. Kernproblem der Mineraldüngung ist nach Roemer (R) die Entwicklung während der ganzen Vegetationszeit gleichmäßig wirkender N-Dünger, die erhebliche Ertragssteigerungen hervorbringen würden. Die Pflanzenzüchtung war das ureigenste Gebiet von R. und mehr als 66% der Getreideanbaufläche in ganz Deutschland war 1951 mit Züchtungen bestellt, die irgendwie aus Halle stammten oder mit Hallenser-Material eingekreuzt waren. Den Wert der Beregnung hat R. voll erkannt, indem er die 2. Hälfte dieses Jahrhunderts als von der Wasserwirtsch. bestimmt charakterisierte. Das Versuchswesen wurde durch vielfältige Impulse, u.a. den „Feldversuch“ und die Versuchsringe, nachhaltig beeinflußt. R. forderte vom Hochschullehrer, Berater aller Bereiche des Staates und der Wirtsch. zu sein und war in dieser Hinsicht vorbildlich tätig. K. Schulz. 50.

C. Ausstellungen, Tagungen, Mitteilungen aus den Instituten

Anonym. Abstracts of papers to be presented at the meetings of the Botanical Society of America and certain affiliated groups at Oregon State University, August 26–31, 1962. **(Kurzfassungen von Arbeiten, die dem Kongress der Botanischen Gesellschaft von Amerika und bestimmten angegliederten Verbänden in der Oregon-Staats-Universität vom 26.–31. August 1962 vorgelegt wurden.)** Amer. J. Bot. 49 (1962) Nr. 6. S. 653–682.
Die Kurzfassungen sind in folgende Abschnitte gegliedert: Wachstum und Entwicklung, allg. Biologie, Mikrobiol., Paläobot., Ökologie, Systematik, Palaebot. und Unterrichtsprobleme. Insgesamt sind 236 Arbeiten aufgeführt. Das umfangreichste Kapitel, die allg. Biol., enthält 44 Arbeiten, in dem u.a. Fragen der Aufnahme großer Moleküle durch Pflanzenzellen, die Keimruhe von Flughafersamen, Zellteilungen in den Wurzeln von Mais, die Gewebekultur, die Kompatibilität und Probleme der Virusforsch. behandelt werden.
K. Schulz. 100.

Poradnik rolniczy w tabelach. (Landwirtschaftlicher Ratgeber in Tabellen.) Warszawa: Pánstw. Wyd. Roln. i Lésne. 1962. (497 S.) 8°. (1962 A 743)
Judycka, Irmina. **Słownictwo z zakresu uprawy roli w gwarach pomorza mazowieckiego.** (Wortschatz im Bereiche des Ackerbaues in der Pommerisch-Mazowischen Mundart.) Wrocław; Warszawa; Krakow: Zakład Narod. im. Ossolinskich Wyd. Polskiej Akad. Nauk. 1961. (168 S.) 8° = Studia warminsko-mazurskie. 9. (1962 A 672)
Index seminum et sporarum anno ..colectorum .uae pro mutua commutatione offert 1961. Vácrátót (Hujgaria): Hortus botanicus Inst. botanici Acad. Hung. 1962. 8°. (ZA 4096)
Index seminium in Horto botanico Academiae agraria Debrecensiensis collectorum 1961. Debrecen: Hortus botanicus Acad. agraiae. 1961. 8°. (ZA 4097)
Index seminum quae hortus medicinalis pro mutua commutatione offert 1962. Budapest: Inst. 0lantarum medicinalum. 1962. 8°. (ZA 4095)

II. NATURWISSENSCHAFTLICHE GRUNDLAGEN

A. Systematik der Pflanzen

Szabó, Miklós Géza. Zilahi; Gießen, Inst. für Grünlandwirtsch. und Futterbau. **Zur Systematik und Verbreitung des Wiesenrotklees, Trifolium pratense L. var. spontáneum Willk., und seiner Formen.** Z. Acker- u. Pflanzenbau **115** (1962) Nr. 1. S. 30–56. – 2 Abb., 4 Tab., 44 Lit.
Untersucht wurde die Formenmannigfaltigkeit von *Trifolium pratense*, var. *spontaneum* auf 202 Grünlandstandorten des Landes Hessen. Am weitesten

verbreitet sind dort die Formen der subvar. *genuinum*, f. *pedunculatum* und *pilosum*, ferner die Untervarietäten *microphyllum*, *ramosissimum*, *rotundifolium nummularifolium* und *heterophyllum*. Die Unterscheidungen in Behaarung, Blattform und Blütenfarbe werden angeführt, ferner die Beziehungen der Formen bzw. subvar. zur Höhenlage, zum Korngrößenverhältnis des Bodens, zur Bodenreaktion und Pflanzengesellschaft, wobei sich in unterschiedlicher Weise echte Korrelationen zeigten. Enthalten sind noch Angaben über Wuchstyp, Blattgröße (nach Vf. kein sicheres Unterscheidungsmerkmal), Hauptblütezeit, TKG der Samen und die Schädlinge des Wiesenrotklees. H. Pätzold. 201.

Ehrendorfer, F.; Wien, Naturhistor. Museum, Bot. Abt. **Cytotaxonomische Beiträge zur Genese der mitteleuropäischen Flora und Vegetation.** Ber. dtsch. bot. Ges. **75** (1962) Nr. 5. S. 137–152. – 7 Abb., 12 Lit.
Auf Grund von Untersuchungen diploid-polyploider Verwandtschaftsgruppen aus den Gattungen *Achillea*, *Knautia* und *Galium* versucht Vf. einen Beitrag zum Problem der Genese der Flora und Vegetation Mitteleuropas zu geben. *A. collina* (4×), *A. millefolium*(6×), *K. arvensis* (4×) und *G. pumilum* (8×) sind junge Sippen, deren Formenreichtum und Plastizität auf ihre Entstehung durch Alloploidie und Hybridisierung zurückgeführt werden kann. Die Hypridisierung, bes. in Form hybridogener Introgresssion, dürfte auch bei rein diploiden Formenkreisen im Rahmen der Genese der mitteleuropäischen Flora eine viel größere Bedeutung nach Ansicht von Vf. gehabt haben, als bisher angenommen wurde. K. Schulz. 201.

Kliphuis, E. Cytotaxonomical studies on the genus Galium. A preliminary report. **(Cytotaxonomische Untersuchungen bei der Gattung Galium. Ein vorläufiger Bericht.)** Proc., Kon. nederl. Akad. Wetensch., Ser. C **65** (1962) Nr. 3. S. 279–285.
Die vom Vf. aufgeführte Speziallit. läßt erkennen, daß es oft schwierig ist, die morphol. Unterschiede der einzelnen Arten der Gattung *Galium* genau festzulegen. Zu diesem Zweck wurden Samen und Pflanzen von europäischen und außereuropäischen Arten beschafft, wobei auf möglichst vielseitige Herkünfte Wert gelegt wurde. Die Pflanzen wurden auf einem Versuchsfeld beobachtet. Die jeweiligen morphol. Besonderheiten der einzelnen Arten und die Chromosomenzahlen werden angegeben. Bemerkenswert ist, daß innerhalb der einzelnen Arten vielfach Oekotypen mit abweichenden Chromosomenzahlen gefunden wurden. Die Untersuchungen sind noch nicht abgeschlossen. G. Barich. 201.

Salgues, René. Étude botanique, chimique et toxicologique de diverses espèces d'Atriplex L. (Tourn.) (Chénopodiacées). **(Botanische, chemische und toxikologische Untersuchungen verschiedener Arten von Atriplex L. [Tourn.] [Chenopodiaceen].)** Qualitas Plantarum Mater. vegetabiles [Den Haag] **9** (1962) Nr. 2. S. 71–102. – 3 Tab., 43 Lit. Zus. in Dtsch.
Die Gattung *Atriplex* umfaßt etwa 130 Arten, die in den gemäßigten und subtropischen Zonen vorkommen. Einige Arten sind annuell und Unkräuter, während andere als Futterpflanzen in Trockengebieten beschränkten, wirtsch. Wert haben. Die Inhaltsstoffe werden angegeben und in ihrer physiol. Bedeutung besprochen. In Amerika spielen mehrere *Atriplex*-Arten als Wirtspflanzen des „curly top"-Virus der Zuckerrübe eine Rolle. K. Schulz. 201.

B. Morphologie der Pflanzen

Krasočkin, V. T. und Kobozeva, L. N. (Krassotschkin, W. T. und Kobosewa, L. N.) K voprosu o morfogeneze svekly. **(Zum Problem der Morphogenese der Rübe.)** Trudy po prikladnoj botanike, genetike i selekcii. Vsesojuznyj institut rastenievodstva, Moskva -Leningrad **34** (1961) Nr. 2. S. 41–46. – 5 Abb., 8 Lit. Zus. in Engl.

Die physiol. Prozesse, welche die Entwicklung der Pflanzen bedingen, haben morphol. Veränderungen der Vegetationspunkte zur Folge. Bei den *Beta*-Rüben findet die Veränderung und die beginnende Differenzierung des Vegetationspunktes nur nach Einwirkung von Temperaturen unter 15 °C statt. Bei ständiger Einwirkung von Temperaturen über 20 °C bleibt der Vegetationspunkt undifferenziert. Die verschiedenen Rübensorten benötigen bis zum Eintritt der Differenzierung des Vegetationspunktes eine unterschiedliche Zahl von Tagen mit niedrigen Temperaturen. Die untersuchten Sorten benötigten 60 bis 90 Tage. Unter dem Einfluß von Kurztag (7 Std.) verläuft die Differenzierung nur bis zur Anlage von Blütenprimordien, während das Schossen unterbleibt. Im Verlaufe des Winterlagers bei Einwirkung niedriger Temperaturen wird das Lichtstadium durchlaufen, so daß sowohl bei Kurztag als auch bei natürlicher Tageslänge im 1. Jahr angezogene Rüben bis Apr. Infloreszenzen anlegen. Rüben des 2. Jahres kommen unter Kurztagbedingungen zwar zum Schossen, bilden aber keine Blüten, sondern nur vegetative Stengel aus. Eine Ursache für die Schoßhemmung jarowisierter Rübenpflanzen des 1. Lebensjahres sollen die ungünstigen Bedingungen für die Photosynthese sein. Unter Kurztagbedingungen gewachsene Rübenpflanzen zeichnen sich im Vergleich zu Pflanzen natürlicher Tageslänge durch dünnere, hellgrüne Blattspreiten mit kleinen, um das 10–15fache weniger Chloroplasten enthaltenden Zellen aus. L. Rösler. 211.

Sadik, Sidki; Davis, Univ. of California, Dep. of Vegetable Crops. Morphology of the curd of cauliflower. **(Morphologie der Rose des Blumenkohls.)** Amer. J. Bot. **49** (1962) Nr. 3. S. 290–297. – 10 Abb., 30 Lit.

Trotz wiederholter Untersuchungen blieb die Morphol. der Blumenkohlrose unklar, und es gab verschiedene Meinungen darüber. Die Entwicklung wurde vom frühesten Stadium an den Sorten 'Snowball M' (a) und 'February-Early-March' (b) beobachtet. Sorte a bildet die Rose ohne Vernalisation, b nur mit Vernalisation. Zur Ausbildung der Blüten ist bei beiden Sorten Vernalisation nötig. Die Seitenzweige 1. Ordnung steigen akropetal in spiraliger Folge auf, wobei 5 Parastichen in Uhrzeigerrichtung und 8 entgegengesetzt zu beobachten sind (5 + 8 Phyllotaxie). Auch die Verzweigungen höherer Ordnung sind so angeordnet. Die Entwicklung aus den Primordien wird beschrieben. Bei der Entwicklung der Rose zum Blütenstand strecken sich immer nur einige der Zweige, und die zurückgebliebenen verkümmern. Dies schreitet bis zu den Zweigen höherer Ordnung fort, bis einige der Blütenprimordien zu Blüten ausgebildet werden. Zur Blütenbildung kommt es also erst an Zweigen höherer Ordnung, während die Blüten niedrigerer Ordnung verkümmern. Auch die Blüten sind in 5 + 8 Parastichen angeordnet. An der Rose sind die Zweige nur verkürzt, also ohne Hypertrophie oder Fasciation. W. Stenz. 211.

Schwarzbach, E. **Die Form des Gerstenkornes und ihre Bestimmung.** Albrecht-Thaer-Arch. **6** (1962) Nr. 8. S. 567–573. – 3 Abb., 4 Tab., 5 Lit.

Als Maß für die Form des Gerstenkornes wird dessen Schlankheit (Sl) eingeführt, die aus der Beziehung $\mathrm{Sl} = \frac{G}{(ab)^{3/2}}$ abgeleitet wird. Dabei bedeuten: G = Gew. in mg, a = Breite, b = Dicke des Kornes in mm. Der errechnete Sl-Koeffizient ist von der absoluten Korngröße und vom Wassergehalt des Kornes (nicht mehr als 20%) praktisch unabhängig. Untersucht wird die Verteilung der Sl innerhalb der Ähre und einer Stichprobe, woraus eine Anleitung zur Sl-Bestimmung gegeben wird, deren Vorteil es ist, daß die Form des Kornes mit genügender Genauigkeit durch eine einzige und statistisch gut verwendbare Zahl ausgedrückt wird. Die Eignung dieser Methode für andere Gerstentypen und Getreidearten wird angedeutet, doch wurde sie spez. für die üblichen zweizeiligen Braugersten entwickelt. W. Fleischmann. 211.

Weiling, F. **Läßt sich die Zahl der Initialzellen der embryonalen Sproßanlage höherer Pflanzen mit Hilfe von Röntgenmutanten ermitteln?** Ber. dtsch. bot. Ges. **75** (1962) Nr. 6. S. 211–217. – 4 Tab., 11 Lit.
Das sporogene Gewebe einer Pflanze oder eines Pflanzenabschnitts leitet sich ausschl. von den entspr. Initialzellen her. Diese Zahl der Sproßinitialen wirkt sich in der Überlebensrate der bestrahlten Pflanzen, in der Aufspaltung der X_2 und in der Häufigkeitsverteilung der Mutationen je Pflanze aus. An Hand von Einzelnachkommenschaften bei Gerste werden die abgeleiteten, biometrischen Verfahren geprüft und die Bestimmung der Zahl der Initialzellen mit mathematischen Methoden als möglich angesehen.
K. Schulz. 211.

C. Physiologie der Pflanzen

Barskaja, E. I. (Barskaja, Je. I.); Moskau, Pflanzenphysiol. Timirjasew-Inst. der Akad. der Wiss. der UdSSR. O sostojanii chloroplastov v zimujuščich list'jach večnozelenych rastenij. **(Der Zustand der Chloroplasten in Winterblättern immergrüner Pflanzen.)** Fiziologija rastenij, Moskva **9** (1962) Nr. 4. S. 398–407. – 2 Abb., 40 Lit. Zus. in Engl.
In den Blättern immergrüner Pflanzen (*Aucuba japonica* Thunb., *Ligustrum japonicum* Thbg., *Hedera helix L.*, *Olea europaea L.*, *Buxus sempervirens L.*, *Ilex aquifolium L.*, *Pittosporum erioloma* Moore et Muell., *Laurocerasus officinalis* Roem., *Rhododendron catawbiense* Pursch, *Camellia japonica* L., *Mahonia aquifolium* und *Pyrocantha coccinea*) erhalten die Plastiden im Winter ihre Ganzheit und agglutinieren nicht. Dies schließt jedoch nicht die Möglichkeit submikroskopischer und biochem. Veränderungen aus, die mit dem Übergang der Pflanze in die Winterruhe verbunden sind. Die Photosynthese wird eingestellt oder stark gesenkt (wenige oder keine Stärkekörner in den Zellen).
J. Birke. 221.

Sulakadze, T. S. (Sulakadse, T. S.); Tbilissi, Bot. Inst. der Akad. der Wiss. der Grusin.SSR. Rostovye veščestva i morozoustojčivost' rastenij. **(Wuchsstoffe und Frostresistenz der Pflanzen.)** Izvestija Akademii nauk SSSR. Serija biologičeskaja, Moskva **26** (1961) Nr. 4. S. 551–560. – 2 Abb., 10 Tab., 19 Lit. Zus. in Engl.
Zwischen der Frostresistenz von Zitrone, Apfelsine, Pampelmuse sowie *trifoliata*-Orange und dem Gehalt an aktiven Stoffen der Biosgruppe und Auxinen besteht eine korrelative Abhängigkeit. Die jahreszeitliche Dynamik des Wuchsstoffgehaltes besitzt adaptiven Charakter, sie kann durch äußere Faktoren beeinflußt werden. Temperaturerniedrigung im Herbst führt zur Inaktivierung der Wuchsstoffe. Dies ist ein Faktor, welcher zur Verringerung und zum Aufhören der Wuchsprozesse führt. Dies gewährleistet einen Zustand, welcher für eine normale Überwinterung notwendig ist. Die Frage der Wuchsstoffe als Faktor, welcher die Frostresistenz von *Citrus*-Gewächsen durch die Veränderung der Wuchsprozesse erhöht, hat große Bedeutung für die weitere Erforschung der Kälteresistenz der Pflanzen. J. Birke. 221.

Schmutz, W.; München-Weihenstephan, TH, Inst. für Acker- und Pflanzenbau; Stillwater, Okla., Dep. of Agronomy, Small Grains Sect. **Weitere Untersuchungen über die Beziehung zwischen Sulfhydryl-Gehalt und Winterfestigkeit von 15 Weizensorten.** Z. Acker- u. Pflanzenbau **115** (1962) Nr. 1. S. 1–11. – 1 Abb., 6 Tab., 9 Lit. Zus. in Engl.
In ersten Untersuchungen über die Beziehungen des SH-Gehaltes von Pflanzen zu deren Kälteresistenz wurde positive Korrelation nachgewiesen (vgl. LZ. Abt. II **7** [1962] S. 1773.). Gleichzeitig hatte sich herausgestellt, daß es bei der Vorbereitung der Pflanzen und bei der Analyse auf SH-Gehalt schwierig ist, störende Fehlerquellen auszuschalten. Inzwischen wurde eine neue Technik entwickelt und erprobt, die für Serienprüfungen geeignet ist. Man

braucht dazu keine Kühlanlage, sondern nur einen dunklen Raum mit konstant +20 °C zur Anzucht, einen Homogenisator, eine kleine Zentrifuge, ein Kolorimeter, Nitroprussidnatrium-Lösung und pro Analyse und Variante 3 g Pflanzen-Frischsubstanz. Mit diesem Verfahren wurde bei 14 Winterweizensorten eine enge Korrelation des SH-Gehaltes sowohl mit der Frostresistenz bzw. dem Blattschaden nach Gefrieren gefunden als auch mit der Winterhärte nach langjähriger Erfahrung. Der einzige, als Nr. 15 mitgeprüfte So-Weizen 'Lichtis Früh' hatte im Verhältnis zu seiner bekanntlich geringen Winterhärte sowohl zu hohen SH-Gehalt als auch zu hohe Frostresistenz.

G. Kretschmer. 221.

Popov, At. und Nedjalkov, N. (Popow, At. und Nedjalkow, N.) Vŭrchu edna nepoznata zimna povreda po pšenicata. **(Über einen bisher unbekannten Winterschaden an Weizen.)** Izvestija na Centralnija naučnoizsledovatelski institut po rastenievŭdstvo, Sofija **12** (1961) S. 39–56. – 6 Abb., 8 Tab., 6 Lit. Zus. in Russ., Dtsch.

Anhand von Gefäßversuchen wurde festgestellt, daß das im Frühjahr in Winterweizenbeständen oft auftretende Vergilben und Absterben des Großteils der unteren Blätter auf das Zugrundegehen des 1. unterirdischen Nodiums durch ungünstige Witterungsverhältnisse (niedrige Temperaturen, Antrocknung, Verschlämmung u. a. m.) zurückzuführen ist. Das 1. unterirdische Internodium ist bes. frostempfindlich. Infolge des Absterbens dieses Zwischenstückes sterben allmählich auch die Primärwurzeln ab und gehen schließlich verloren, die Sekundärwurzeln bleiben dabei in ihrer Entwicklung zurück, was letzten Endes zu einer Minderung der Ertragsleistung des Weizens führt. Diese Erscheinung tritt am häufigsten beim Hartweizen auf. Bei Pflanzen der Sorten 'Åkerman' und 'Nr. 14' (Weichweizen) sowie den Sorten 'Nr. 132' und 'Nr. 13' (Hartweizen), die im 3- und 4-Blattstadium einer Temperatur von −8 °C ausgesetzt waren, wurde das typische Absterben des 1. unterirdischen Internodiums festgestellt, was auch im Feldbestand beobachtet wurde. Es werden Maßnahmen angeführt, die zu tieferem Ansatz des Bestokkungsknotens führen. In diesem Falle fällt der Bestockungsknoten mit dem embryonalen Knoten zusammen; das erste Internodium wird nicht entwickelt, woraus der Pflanze große Vorteile erwachsen. M. Stoilow. 221.

Müller, Fritz; Hohenthurm, Inst. für Pflanzenzücht. der Martin-Luther-Univ. Halle. **Der Einfluß einer Devernalisation auf die Frostresistenz vernalisierter Gerste.** Naturwissenschaften **49** (1962) Nr. 15. S. 355. – 1 Tab., 5 Lit.

Die Kälteresistenz von 4 Gerstensorten mit teils hohem, teils mittlerem Kältebedarf wurde 2mal durch Auszählen der überlebenden Pflanzen bestimmt: Mitte Dez. nach Gefrierversuch und im März nach Überwinterung in hochgestellten Kästen. Die zu prüfenden Pflanzen wurden im Sept.—Anfang Okt. auf 3 Arten vorbereitet: a) Kontrolle: Aussaat in im Freien stehende Kästen nach Anquellen; b) Vernalisation: Aussaat in Kästen, dann 20 Tage bei 0–1 °C, dann ins Freie; c) Devernalisation: wie b), jedoch zwischen Vernalisation und Aufstellen im Freien 5 Tage bei 25–30 °C. Im Mittel der 4 Sorten überlebten den Gefrierversuch: a) 68%; b) 12%; c) 49%; den Winter: a) 74%; b) 6%; c) 80%. Die Devernalisationsbehandlung gleicht also die Enthärtung durch Vernalisationsbehandlung aus. G. Kretschmer. 221.

Sellschop, J. P. F., Makkink, A. E. und Baier, W.; Potchefstroom, South Africa, Coll. of Agric., Res. Inst. Cold chlorosis and other abnormalities in maize seedlings. **(Kälte-Chlorose und andere Abnormitäten bei Mais-Sämlingen.)** South African J. agric. Sci. **5** (1962) Nr. 2. S. 199–207. – 2 Abb., 3 Tab., 4 Lit. Zus. in Franz., Afrikaans.

Maispflanzen wurden bei normalem, warmem Wetter in Kästen im Freiland herangezogen und dann 1 Nacht im Klimaraum konstanter Temperatur von

0,5 oder 2,5 oder 5,0 oder 7,5 °C ausgesetzt. Anschließend kamen sie für 5 Tage in einen gelüfteten Raum mit Nordlicht. Die ersten und zweiten Blätter waren danach z. T. chlorotisch und zwar zunehmend a) mit Abnahme des Lebensalters von 9 auf 5 Tage; b) mit steigender Belastungstemperatur von 0,5 bis 7,5 °C; c) bei Verwendung genetisch verschiedenen Materials, z. B. einer Inzuchtlinie statt einer Hybriden, oder der Sorte 'Leguna' statt 'Potchefstroom Pearl'. Verkrüppelte oder geschlitzte Blatteile gab es mit gleicher Tendenz bei b und c; sie waren bei den ältesten Pflanzen am häufigsten. Das Ausmaß der Schädigungen hängt demnach von mehreren Faktoren ab. Vff. warnen davor, aus den wenigen bisher über Kälteschock-Chlorose bei wärmeliebenden Pflanzen durchgeführten Untersuchungen voreilige Schlüsse auf die Bedeutung einzelner Faktoren zu ziehen. G. Kretschmer. 221.

Vasileva, M. und Vaklinova, St. (Wassilewa, M. und Waklinowa, St.) Morfologičeski i fiziologičeski proučvanija na njakoi ozimeni formi fij. **(Morphologische und physiologische Untersuchungen einiger zu Winterformen umgewandelter Wickensorten.)** Izvestija na Centralnija naučnoizsledovatelski institut po rastenievŭdstvo, Sofija **12** (1961) S. 113–130. – 7 Abb., 6 Tab., 33 Lit. Zus. in Russ., Engl.
Auf dem Wege der „gerichteten Erziehung" gelang die Schaffung „verwinterter" Wickenformen, die sich durch liegenden Habitus, kürzere Stengel, stark verkürzte, gestauchte Internodien und lange Blättchen von dunkelgrüner Färbung auszeichneten. In der Herbst-Winterperiode enthielten die zu Winterformen umgewandelten Wicken im Vergleich zu den Sommerformen mehr Zucker, Blattgrün und Eiweißstoffe. Unter der Einwirkung der niedrigen Temperaturen lagerten dagegen die Sommerformen mehr Glutamin und Asparagin ab. Bei der chromatographischen Analyse der Aminosäuren wurde ein gelbbrauner Fleck beobachtet, wahrscheinlich ein Peptid, der bei den Sommerformen fehlt. S. Waklinowa. 221.

Lelley, J. Kisérleti adatok egyes magyar buzafajaták scirázásgátlásáról és a csirázáe okozta elváltozasokról. **(Versuchsangaben über die Keimungshemmung und keimungsbedingte Veränderungen bei einigen ungarischen Weizensorten.)** Növénytermelés [Pflanzenbau] **10** (1961) Nr. 3. S. 253–268. – Aus: Ung. Agrar-Rdsch. **1962** Nr. 2.
Anlaß zu den Untersuchungen waren starke Schäden durch Auswachsen im Jahre 1959. Von 6 Wi- und 2 So-Weizensorten wurden von Beginn der Vollreife an alle 4 Tage Körnerproben eingekeimt. Je nach dem Typ der Keimhemmung werden 2 Gruppen unterschieden: a) Keimhemmung bereits zu Beginn der Vollreife, b) noch in der Vollreife keine Hemmung, sondern erst 8–12 Tage danach. Bei den So-Weizensorten war die Keimhemmung viel geringer als bei den Wi-Formen. Der Typ der Keimhemmung ist anscheinend erblich. In Ungarn kommt das Auswachsen nicht oft vor, aber die starken Schäden in einzelnen Jahren verlangen die Bearbeitung dieses Problems. – Einmalige Quellung der Körner oder schwaches Auswachsen (1 mm lange Keimwurzel) beeinträchtigen die Mehlqualität kaum. Bei 10 mm langer Keimwurzel nehmen Klebergehalt und Wasseraufnahmevermögen des Mehles bereits stark ab. Standfestigkeit und Elastizität des Teigs verschlechtern sich. 221.

Nagai, Tamostu, Yoshida, Shigemasa und Tasumichi, Yoshiro; Kyoto, Univ., Fac. of Agric. Cultivated rice varieties viewed from root characters. VII. Some considerations on quantitative elements of the root system. **(Reiskultursorten unter Betrachtung des Wurzelcharakters. 7. Mitt. Einige Betrachtungen über quantitative Elemente des Wurzelsystems.)** Proc. Crop. Sci. Soc. Japan **30** (1962) Nr. 2. S. 137–142. – 8 Abb., 14 Lit. Orig.: jap., Ausz.: engl.

An 2 Sorten wurden hauptsächlich die Beziehungen zwischen Primärwurzeln, Wurzeloberfläche u. a. untersucht. Die Zahl der Primärwurzeln kann der Hauptfaktor der gesamten Entwicklung des Wurzelsystems sein, wobei die Oberflächenvergrößerung besserem Bodenkontakt und stärkerer Stoffaufnahme dient. Die Zahl der Primärwurzeln korreliert signifikant mit der Zahl der Sekundärwurzeln, Gesamtwurzellänge, Tr.-Gew. und Gesamtoberfläche der Wurzeln. Außerdem bestehen Beziehungen zwischen Gesamtoberfläche und Zahl der Lateralwurzeln, Gesamtlänge sowie Gesamt-Tr.-Subst. Aus diesen Korrelationen werden Gleichungen zur Bestimmung der Wurzeloberfläche abgeleitet. Der Wurzel-Dmr. korrelierte dagegen nicht immer mit den genannten Eigenschaften. Er wurde stark von der Entwicklung der Wurzelgewebe im Querschnitt modifiziert, die wiederum von der Stoffwechselaktivität beeinflußt wird. Starke Entwicklung der Gewebe (Zentralzylinder und Rindenschichten) ging einher mit Widerstandsfähigkeit gegen Bodenreduktion. W. Stenz. 221.

Bonnemain, Jean-Louis; Limoges, Coll. Sci. Universitaire, Lab. de Biol. Végétale. Retentissement de la fructification sur les phénomènes d'histogenèse chez l'aubergine et la tomate. **(Einfluß der Fruktifikation auf histogenetische Phänomene bei Aubergine und Tomate.)** C.R. hebd. Séances Acad. Sci. **255** (1962) Nr. 2. S. 347–349. — 5 Abb., 4 Lit. Zus. in Franz.
Die Fruktifikation wird allg. von physiol. Prozessen, wie Mobilisierung von Zuckern, Phytohormonen usw., begleitet. Bei Tomaten und Auberginen führen derartige Mechanismen zu einer Steigerung der Mitoseaktivität jener Zellen, welche die Inselchen des inneren Phloems umsäumen. Wahrscheinlich wird auch das Auftreten eines überzähligen Xylems dadurch hervorgerufen. Experimentell konnte Indolylessigsäure (10^{-4}) ähnliche Wirkungen erzeugen. R. Ritter. 221.

Lilov, D. (Lilow, D.) Vlijanie na stimuliraštite veštestva vŭrchu izmenenieto na njakoi fiziologičeski procesi i vrŭzkata na poslednite s kalusoobrazuvaneto i korenoobrazuvaneto pri oblagorodenite lozi prez vreme na stratificiraneto. **(Einfluß einiger Wuchsstoffe und Chemikalien auf einige physiologische Vorgänge im Zusammenhang mit der Kallus- und Wurzelbildung bei Pfropfreben zur Zeit der Stratifikation.)** Izvestija na Centralnija naučnoizsledovatelski institut po lozarstvo i vinarstvo — Pleven, Sofija **1** (1962) S. 5–36. — 10 Abb., 3 Tab., 84 Lit. Zus. in Russ., Franz.
Als Folge der Stimulation von Unterlagenschnittlingen der Sorte 'Chasselas × Berlandieri 41 B' mit darauf veredelten Reisern der Sorte 'Bolgar' mit 2%iger Hydrochinon-, 0,1%iger KBr- und 0,01%iger Heteroauxinlösung wurden folgende physiol. Vorgänge während der Stratifikation beobachtet: stärkere Bildung und Verbrauch an Bios, erhöhte Katalase- und Invertase-Aktivität, höhere Wasserzufuhr, intensivere Atmung und erhöhter Tr.-Subst.-Verbrauch. Darüber hinaus waren eine stärkere Kallus- und Wurzelbildung feststellbar. Die Wirkung der angewandten Subst. auf die Peroxydase-Aktivität war nicht eindeutig. Z. Zankow. 221.

Zelitch, Israel und Waggoner, Paul E.; New Haven, Connecticut Agric. Exp. Stat., Dep. of Biochem.; Dep. of Soils and Climatol. Effect of chemical control of stomata on transpiration and photosynthesis. **(Der Einfluß von Chemikalien auf die Stomataapertur und ihre Auswirkung auf Transpiration und Photosynthese.)** Proc. nat. Acad. Sci. USA **48** (1962) Nr. 7. S. 1101–1108. — 2 Abb., 4 Tab., 6 Lit.
Tabakblätter wurden mit 0,02%iger Triton-X-100-Lösung bzw. mit Phenylquecksilberacetat, gelöst in Triton-Lösung, besprüht, 1 Std. bis 3 Tage danach von der Pflanze abgetrennt. Als Kontrolle dienten unbehandelte Blätter. Die Bestimmungen von Transpiration, Photosynthese und Stomata-

apertur erfolgten unter konstanten Bedingungen. Die Lichtenergie war so gewählt, daß die geringste Stomataapertur der Kontrollpflanzen 4,6 μm betrug. Bei Anwendung von Phenylquecksilberacetat waren die Spalten geschlossen, dadurch verminderten sich Transpiration und Photosynthese, und zwar erstere stärker als letztere. Die Versuche bestätigten die Theorien von Brown und Escombe sowie Penman und Schofield.

I. Frommhold. 222.

Ermilov, G. B. (Jermilow, G. B.); Swerdlowsk, Ural. Zweigstelle der Akad. der Wiss. der UdSSR. O zavisimosti produktivnosti raboty list'ev kukuruzy ot vnutrennich processov rastenij. **(Die Abhängigkeit der Leistung des Maisblattes von inneren Prozessen der Pflanze.)** Fiziologija rastenij, Moskva **9** (1962) Nr. **4**. S. 393–397. – 2 Tab., 6 Lit. Zus. in Engl.
In Feldversuchen mit der frühreifen Sorte 'Belojaroje pscheno' und der Sorte 'Minnesota' mit mittlerer Reifezeit ergab sich eine starke Abhängigkeit der Produktivität der Blätter von der Intensität des Assimilatabtransportes. Letztere wird durch die verstärkte Inanspruchnahme von Assimilaten, z. B. bei der Kolbenbildung, erhöht. In der Ontogenese des Maises können Perioden erhöhter und verminderter Assimilationsleistungen unterschieden werden. Während des vegetativen Wachstums ist die Leistung ziemlich hoch, in der Periode von Beendigung des vegetativen Wachstums bis zum Beginn der Kolbenentwicklung gering und während Kolbenentwicklung und -reife bes. hoch. Die Assimilationsleistung kann durch Schaffung von Bedingungen, die die schnelle Verwendung der Assimilate begünstigen, beeinflußt und erhöht werden. J. Birke. 222.

Luštinec, Jiří, Pokorná, Věra und Růžička, Jiři; Praha, Czechoslov. Acad. of Sci., Inst. of Exp. Bot.; Res. Inst. of Stomatol. Increased sensitivity of the respiratory system of plants grown in gibberellic acid toward fluoride. **(Erhöhte Sensibilität des Atmungssystems von Pflanzen, die in Gibberellinsäurelösung kultiviert wurden, gegen Fluorid.)** Biol. Plantarum [Praha] 4 (1962) Nr. 2. S. 119–125. – 1 Abb., 4 Tab., 11 Lit. Zus. in Russ., Tschech.
Gelegentlich von Versuchen, die das chem. Wesen der Gibberellinsäurewirkung auf Pflanzen zu ermitteln hatten, wurden auch die Folgen lang- und kurzfristiger Applikation der Gibberellinsäure (GS) auf keimende Weizenpflanzen der Sorte 'Hodonínská holice' verfolgt. Mehrstd. Wirkung von 2–80 mg/l GS auf zerschnittene Blätter beeinflußt das Freiwerden von $^{14}CO_2$ bei Veratmung von ^{14}C-markierter Glucose in den Lagen 1 und 6 nicht. Die Gesamtintensität des Freiwerdens von $^{14}CO_2$ sinkt proportional zur GS-Konz. Kurzfristig applizierte GS (10 mg/l) änderte auch nichts am Grad der durch Fluorid, Monojodacetat und Malonat hervorgerufenen Atmungsinhibition oder am O_2-Gesamtverbrauch. Bei langfristiger Wirkung (Kultivierung in GS-Lösung 10–20 mg/l) nahm der Anteil des Pentosezyklus an der Gesamtatmung bei Pflanzen der Versuchsvariante rascher zu. Die Atmungsinhibition durch Fluorid war bei diesen Pflanzen intensiver, ohne daß sich an der seitens der Pflanzen aufgenommen F-Menge etwas änderte. Z. Šesták. 222.

Šmídová, Miroslava, Praha, Charles Univ., Fac. of Natural Sci., Dep. of Plant Physiol. and Soil Biol. Effect of sodium humate on swelling and germination of winter wheat. **(Effekt von Na-Humat auf Quellung und Keimfähigkeit des Winterweizens.)** Biol. Plantarum [Praha] 4 (1962) Nr. 2. S. 112–118. – 4 Abb., 1 Tab., 8 Lit. Zus. in Russ., Tschech.
Körner der Wi-Weizensorte 'Pyšelka' wurden in Wasser oder in einer Lösung von 100 mg/l Natriumhumat zum Keimen gebracht. Das Humat steigerte während der ersten Std. die Wasseraufnahme (am stärksten um 18% zwischen der 2. und 6. Std.) und die Keimfähigkeit am stärksten (nach 12 Std. um 14%). Zwischen der 7. und 24. Std. stieg die Atmungsintensität (nach der direkten Methode von Warburg gemessen) stark an. Z. Šesták. 222.

Čorbadžijska, B. (Tschorbadshijska, B.) Vlijanie na cherbicida natriev trichloracetat (nata) vŭrchu dišaneto, transpiracijata i žiznesposobnostta na protoplazmata pri troskota i lozata. **(Einfluß von Natriumtrichloracetat auf Atmung, Transpiration und Vitalität des Protoplasmas bei Quecke und Rebe.)** Naučni trudove. Visš selskostopanski institut „Vasil Kolarov". Agronomičeski fakultet, Plovdiv **11** (1962) Nr. 1. S. 87–98. – 5 Abb., 3 Tab., 18 Lit. Zus. in Russ., Dtsch.

Mit 100 kg/ha NaTA wurde eine Spritzung einer Rebpflanzung am 30. Apr. in der Wachstumszeit der Quecke ausgeführt. Für Quecke und Rebe war das Herbicid von gleicher physiol. Wirkung. Ein Unterschied wurde nur in bezug auf den Wirkungsgrad beobachtet, indem die Queckenpflanzen stärker angegriffen und vernichtet wurden, während die Reben nur im Jahre der Spritzung eine leichte Schädigung erlitten und im Folgejahr wieder ganz hergestellt waren. Im Vergleich zu den nicht gespritzten Pflanzen waren Atmungs- und Transpirationsintensität bei den mit NaTA behandelten Pflanzen gesteigert. Die Protoplasmalebensfähigkeit (erkennbar am schnelleren Absterben der Zellen in KSCN-Lösung) war bei den gespritzten Pflanzen herabgesetzt, die Konzentration des Zellsaftes gesteigert. M. Stoilow. 222.

Korovin, A. I. und Barskaja, T. A. (Korowin, A. I. und Barskaja, T. A.); Petrosawodsk, Karel. Zweigstelle der Akad. der Wiss. der UdSSR. Vlijanie temperatury počvy na dychanie i aktivnost' okislitel'nych fermentov kornej u cholodoustojčivych i teploljubivych rastenij. **(Einfluß der Bodentemperatur auf die Atmung und die Aktivität der Oxydationsfermente der Wurzel bei kälteresistenten und wärmeliebenden Pflanzen.)** Fiziologija rastenij, Mosvka **9** (1962) Nr. 4. S. 415–418. – 1 Abb., 3 Tab., 12 Lit. Zus. in Engl.

Mais, Weizen und Kartoffeln wurden im Gewächshaus in Wasser- und Bodenkultur bei 10–12 und 20–25 °C Bodentemperatur und 15–25 °C Lufttemperatur herangezogen. Die Atmungs- und Fermentbestimmungen wurden bei den ersten beiden Kulturen im 3- bis 4-Blattstadium und bei Kartoffeln während des Auflaufens und der Blütenknospenbildung durchgeführt. Tiefe Bodentemperatur führte zur Senkung der Atmungsintensität der Wurzeln, wobei die wärmeliebenden Pflanzen (Mais) stärker als kältefeste (Kartoffel, Weizen) reagieren. Das Maß der Atmungssenkung korreliert mit dem Maß der Pflanzenreaktion auf die Einwirkung niederer Temperaturen. Senkung der Bodentemperatur führt zur Erhöhung der Peroxydase- und zur Senkung der Polyphenoloxydaseaktivität. J. Birke. 222.

Luštinec, Jiří, Pokorná, Věra und Růžička, Jiří; Praha, Čechoslov. Acad. of Sci., Inst. of Exp. Bot.; Res. Inst. of Stomatol. Activation of glycolysis and inhibition of glucose transport into leaves by fluoride. **(Aktivierung der Glykolyse und Hemmung des Glucosetransportes in die Blätter durch Fluorid.)** Biol. Plantarum [Praha] **4** (1962) Nr. 2. S. 126–130. – 2 Abb., 2 Tab., 15 Lit. Zus. in Russ., Tschech.

Die Blattspreiten 8 Tage alter Weizenpflanzen saugten 10 Std. lang im Dunkeln eine $3 \cdot 10^{-2}$ mol. Lösung von NaF oder Wasser ein. Dann wurde ihre Atmung gemessen, und zwar unter Anwendung von ^{14}C-markierter Glucose in Lage 1 oder 6. Das Fluorid stimulierte namentlich den glykolytischen Atmungsmechanismus, was durch erhöhtes Freiwerden von $^{14}CO_2$ aus der Glucose 6-^{14}C erwiesen ist. Die manometrisch gemessene Atmungsintensität stieg infolge der Fluoridwirkung um etwa 25%, aber das Quantum des freiwerdenden $^{14}CO_2$ war kleiner. Das von den Blättern aufgenommene Fluorid (unter gegebenen Versuchsbedingungen waren es 100–200 μg/g Tr.-Subst.) hemmte nämlich den Transport des Atmungssubstrats – der radioaktiven Glucose – nach den Blättern. Z. Šesták. 222.

West, S. H.; Gainesville, Fla., U.S. Dep. of Agric., Dep. of Agronomy, Agric. Exp. Stat. Protein, nucleotide, and ribonucleic acid metabolism in corn during germination under water stress. **(Der Protein-, Nucleotid- und Ribonucleinsäurestoffwechsel in keimendem Mais bei erhöhtem osmotischen Druck.)** Plant Physiol. 37 (1962) Nr. 5. S. 565–571. – 4 Abb., 2 Tab., 24 Lit.

Maiskörner der Doppelhybride 'Dixie 18' wurden 6 Tage im Dunkeln bei 29 °C und 100% rel. Luftfeuchtigkeit in einer 10^{-4} mol. $CaCl_2$-Lösung (Kontrolle, osmotischer Druck 0,02 atm) herangezogen. Zur Erhöhung des osmotischen Druckes gegenüber der Kontrollösung wurden 0,2 mol. (4,9 atm), 0,4 mol. (9,8 atm) und 0,6 mol. Mannitlösung (14,7 atm) zugegesetzt und täglich die Frisch- und Trockenmasse sowie der Gehalt an Protein, Nucleotiden und Ribonucleinsäure ermittelt. In Abhängigkeit vom osmotischen Druck der Lösung waren die Frisch- und Trockenmasse sowie der Gehalt an Protein und Nucleotiden gegenüber der Kontrolle verringert, während umgekehrt der Gehalt an Ribonucleinsäure erhöht war. Säulenchromatographische Untersuchungen ergaben, daß das verminderte Wachstum mit einer Verringerung der Adenosintriphosphatbildung verbunden ist, indes die Synthese von Guanosin- und Uridintriphosphat zunimmt. Ebenfalls verändert hat sich die Nucleotidzusammensetzung der Ribonucleinsäure. Gegenüber der Kontrolle hat sich das Verhältnis von Cytidin- und Adenosinmonophosphat zu Guanosin- und Uridinmonophosphat signifikant zugunsten letzterer verschoben.

W. Franzke. 222.

Racusen, David und Foote, Murray; Burlington, Vt., Univ., Dep. of Agric. Biochem. Protein turnover rate in bean leaf disks. **(Proteinumsatz in Scheiben von Bohnenblättern.)** Plant Physiol. 37 (1962) Nr. 5. S. 640–642. – 1 Abb., 1 Tab., 7 Lit.

Scheiben von Bohnenblättern mit 1,5 cm Dmr. wurden 7 Tage kontinuierlich belichtet. In dieser Zeit nahmen Protein- und Chlorophyllgehalt nur wenig ab, während der Anteil an freien Aminosäuren stieg. Nach dieser Vorbehandlungszeit wurde das Untersuchungsmaterial 10 bzw. 40 Min. einer Atmosphäre mit 0,08% $^{14}CO_2$ ausgesetzt und die radioaktive Markierung der Aminosäuren bestimmt. 70% der markierten Säuren entfielen auf Serin und Glycin. Daraus ergibt sich, daß 0,9% des proteingebundenen Serins und Glycins pro Std. umgewandelt werden. W. Franzke. 222.

Prusakova, L. D. (Prussakowa, L. D.); Moskau, Pflanzenphysiol. Timirjasew-Inst. der Akad. der Wiss. der UdSSR. Sintez triptofana v list'jach pšenicy v zavisimosti ot fazy kletok lista i vodnogo režima. **(Tryptophansynthese in Weizenblättern in Abhängigkeit von der Entwicklungsphase der Blattzellen und vom Wasserhaushalt.)** Fiziologija rastenij, Moskva 9 (1962) Nr. 4. S. 446–453. – 3 Abb., 4 Tab., 16 Lit. Zus. in Engl.

Es wurde die Tryptophansynthese von Weizenblättern in Abhängigkeit von der Wachstumsphase der Blattzellen (Teilung, Streckung und Differenzierung) bei optimaler (70% WK) und minimaler (35% WK) Bodenfeuchtigkeit sowie unter dem Einfluß extremer Lufttrockenheit bestimmt. Die Tryptophansynthese ist maximal während der Zellstreckung, geringer in der Teilungsphase und am geringsten in ausgewachsenen Blättern. Bei optimaler Wasserversorgung ist die Synthese in der Teilungsphase 5mal, in der Phase Teilung – Streckung 4mal höher als in ausgewachsenen Blättern. Die stärkste Hemmung der Synthese durch ungenügende Wasserversorgung erfolgt in der Streckungsphase. Die qualitative Zusammensetzung des Blatteiweißhydrolysates während einzelner Phasen änderte sich nicht in Abhängkeit von der Wasserversorgung. Durch Indol- und Serin-Infiltrierung erhöht sich der Gehalt an einigen Aminosäuren, während der Glutaminsäuregehalt absinkt. Diese Infiltration führt zur Stimulierung des Blattwachstums und der Bildung von Frisch- und Trockenmasse. J. Birke. 222.

Tokarskaja, V. I. (Tokarskaja, W. I.); Inst. für Biophysik der Akad. der Wiss. der UdSSR. Izmenie kačestva DNK prorostkov gorocha posle gamma-oblučenija. **(Veränderung der Eigenschaften der DNS von Erbsenkeimlingen nach Bestrahlung mit γ-Strahlen.)** Radiobiologija **1** (1961) Nr. 3. S. 330–332. – Aus: Referativnyj žurnal. Biologija, Moskva **1962** Nr. 1. G 10. S. 2.
Nach Bestrahlung mit γ-Strahlen in einer Stärke von 10 kr wurden Erbsenkeimlinge in Knopsche Nährlösung und 6, 9 bzw. 13 Tage später in eine Kammer mit $^{14}CO_2$ gebracht. Die Bestrahlung führte zu einer irreversiblen Veränderung der molaren Korrelationen der N-haltigen Bausteine in der DNS. Der Adenin- und Guanin-Gehalt erhöhte sich um 5–6% zu Lasten des Thymins und Cytosins. In der $^{14}CO_2$-Kammer erfolgte eine Synthese neuer Molekül-Bausteine, doch war die Dauer der Synthese kürzer als in der Kontrollgruppe (unbestrahlte Keimlinge), und der Thymin-Gehalt überstieg selbst am 14. Tag nicht 42% des Gehalts der Kontrollgruppe, wohingegen der Gehalt an den 3 anderen Bausteinen 80–90% erreichte. Es wird gefolgert, daß γ-Strahlen zur starken Veränderung der Geschwindigkeit des Einbaues von Thymin in DNS führen und daß Thymin etwa 14 Tage lang erhalten bleibt.
übersetzt v. E. Fröhmcke. 222.

Buruiana, M. L. Influenta acidului 2,4 dicloro phenoxiaceticasupra energiei de activare în cursul germinatiei grîului si porumbului. **(Der Einfluß von 2.4-Dichlorphenoxyessigsäure auf die Aktivierungsenergie der Katalyse beim Keimen von Weizen und Mais.)** Inst. agronom. „N. Bălcescu" Bucureşti, Lucrări ştiinţ., Ser. A **4** (1960) S. 121–127. – 13 Abb., 4 Lit. Zus. in Russ., Franz.
Dichlorphenoxyessigsäure (2.4-D) beeinflußt nach den Versuchsergebnissen die Keimung von Weizen und Mais unterschiedlich. Die Katalaseaktivität hängt von der Konz. an 2.4-D ab. Sinken der Aktivität entspricht einer Stimulierung, ihr Steigen einer Hemmung. Weizen- und Maissaatgut werden durch 30 min Behandlung mit 2.4-D-Lösung stimuliert, wobei für Mais niedrigere Konz. nötig sind. Zwischen Katalaseaktivität und Hemmungsintensität besteht eine Korrelation, wodurch der Einfluß bestimmter Stoffe anhand der Aktivität der Katalase verfolgt werden kann. C. D. Hera. 222.

Bogdański, K. Parametry biosyntezy kwasu askorbinowego w owocach. **(Parameter der Biosynthese der Askorbinsäure in Früchten.)** Roczniki Nauk rolniczych, Ser. A **86** (1962) Nr. 1. S. 163–185. – 17 Abb., 34 Lit.
Die Lichtstrahlung ist der entscheidende Faktor für die Bildung der Ascorbinsäure und ihrer Vorstufen. Untersuchungen des Einflusses der Sonnenstrahlung auf Früchte an Bäumen ergaben, daß die Höhe des Sonnenstandes geringeren Einfluß hat als die Bewölkung. Bei Bewölkung wirkt diffuse Strahlung von allen Seiten, bei klarem Himmel nur von bestimmten Richtungen. An der Nordseite der Frucht ist die Ascorbinsäuresynthese deutlicher geringer. Die roten Strahlen dringen tiefer in das Fruchtfleisch ein, zumal die auf der Sonnenseite auftretende Rötung der Frucht für diese Strahlen ein geringeres Hindernis ist als für die anderen Spektralbereiche. Außerdem ergeben sich noch Unterschiede je nach Lage (Tropen, Gebirge, Hochland usw.). In den Tropen ist bei Stellung der Sonne im Zenit die Strahlung am intensivsten, aber die Ausnutzung ist geringer. W. Święcicki. 222.

Božidarevič, Aleksandŭr. (Boshidarewitsch, Alexander.); Sofia, Höheres Landwirtsch. Inst. „Georgi Dimitrow". Njakoi osobenosti v ustrojstvoto i razrastvaneto na korenovata sistema na carevicata. **(Einige Besonderheiten im Aufbau und der Ausbreitung des Wurzelsystems beim Mais.)** Selskostopanska nauka, Sofija **1(7)** (1962) Nr. 2. S. 157–165. – 1 Abb., 4 Lit. Zus. in Russ., Engl.
Erläutert werden der Aufbau und die Ausbreitung der Keim-, Mesokotyl-, der ober- und unterirdischen sproßbürtigen Wurzeln. Die Entwicklung des

Wurzelsystems wird in Verbindung mit den einzelnen Wachstums- und Entwicklungsstadien der oberirdischen Pflanzenorgane gebracht. Volumen und Gewicht der Keimwurzeln nehmen bis zum Fahnenschieben zu und um die Zeit der Milchreife wieder ab. Eingehend wurde die Frage des Aufbaues und die Ausbreitung der sproßbürtigen Wurzeln untersucht. Die sproßbürtigen Wurzeln der ersten 3 unteren Nodien geben die Grundlage für die Ernährung und Wasserversorgung der Pflanzen, während die des 4.–6. Nodiums auch als Stützwurzeln dienen. Das letztere gilt bes. von den oberirdischen, sproßbürtigen Wurzeln, die vorwiegend die Stabilität der Pflanze gewährleisten. Die Entwicklung der einzelnen Wurzelkategorien ist von den Sorteneigentümlichkeiten abhängig. M. Stoilow. 230.

Olejnikova, T. V. (Oleinikowa, T. W.) Nekotorye osobennosti stadijnogo razvitija dvuchletnich korneplodov. **(Einige Besonderheiten der Stadien-Entwicklung zweijähriger Hackfrüchte.)** Trudy po prikladnoj botanike, genetike i selekcii. Vsesojuznyj institut rastenievodstva, Moskva-Leningrad **34** (1961) Nr. 2. S. 64–68. – 2 Tab. Zus. in Engl.

Die Versuche dienten zur Klärung des Lichteinflusses bei der Jarowisation von jungen Hackfruchtsämlingen. Zu diesem Zweck wurden Rüben und Steckrüben in Gefäße ausgesät, im Treibhaus aufgestellt und mit Erscheinen des Keimes bei 8 Std.-Tag gehalten. Nach Ablauf von 25 Tagen wurden die Pflanzen Temperaturen von +6, +8 und 0 °C bis zu 35 Tagen ausgesetzt. Danach wurden alle Gefäße wieder unter gleiche Temperaturbedingungen und Langtagwirkung gebracht. Aus den Versuchen ging hervor, daß das Licht einen großen Einfluß auf die Jarowisation junger Sämlinge von zweijährigen Hackfrüchten ausübt. Unter Lichteinfluß wird die Jarowisation bei 6 und 8 im Vergleich zu 0°C beschleunigt. Nach Beendigung des Lichtstadiums hat die Länge des Tages keinen Einfluß auf die weitere Entwicklung der Pflanzen. Hackfrüchte, die unter kontinuierlicher Belichtung aufgezogen wurden, entwickelten sich schneller als solche, die unter Kurztagbehandlung standen. Der Wachstumsprozeß und damit die Menge der Nährstoffe in den Wurzeln hat auf die erforderliche Länge des Lichtstadiums und die Jarowisation großen Einfluß. Bes. wichtig ist die Ernährungsweise für die Blattknospenentwicklung während des langsamen Wachstums von Pflanzen unter Kurztagbedingungen. L. Tunger. 230.

Nanda, K. K., Chinoy, J. J. und Sawhney, K. L.; Delhi, Univ., Dep. of Bot. Growth and phasic development of wheat. V. Distribution of dry matter and some nutrient elements between stem and leaf. **(Wachstum und Phasenentwicklung beim Weizen. 5. Mitt. Verteilung der Trockenmasse und einiger Nährstoffelemente zwischen Stengel und Blatt.)** Indian J. Plant Physiol. 4 (1961) Nr. 2. S. 112–121. – 12 Abb., 18 Lit. – 4. Mitt. vgl. LZ. Abt. II 6 (1961) Nr. 10. S. 2326.

Reine Linien der Weizensorten 'C 13', 'Lutescens' (beide *Triticum aestivum*) und 'Kubanka' (*T. durum*) wurden 32 Tage vernalisiert und zusammen mit unbehandelten Kontrollen ausgesät. Die Pflanzen wurden mit unterschiedlicher Tageslänge (Kurztag [KT] = 8 Std., Normaltag [NT] = 11 Std., Langtag [LT] = 19 Std.) behandelt. Die Untersuchung des Gehalts an Trokkenmasse und an N, P, K im Verhältnis von Stengel zu Blatt ergaben ausgeprägte Unterschiede zwischen den einzelnen Tageslängenbehandlungen. Bei der Vernalisation und zwischen den Sorten traten keine so starken Unterschiede auf. Bei den LT-Pflanzen nahm das Verhältnis der Trockenmasse von Stengel zu Blatt an den aufeinanderfolgenden Terminen schnell zu, bei den NT-Pflanzen langsamer und bei den KT-Pflanzen am langsamsten. Bei den vernalisierten Pflanzen lagen diese Werte, wenn auch schwach, über denen von nicht vernalisierten Pflanzen. 'Lutescens' und 'C 13' ließen untereinander keine Unterschiede erkennen, während 'Kubanka' in allen Fällen unter den

Werten der beiden anderen Sorten blieb. Bei N, P und K zeigte sich jeweils eine gleiche Tendenz der Werte für das Verhältnis zwischen Stengel und Blatt. Bei der Diskussion der Ergebnisse in Beziehung zur Länge der Vegetationsperiode wird festgestellt, daß die Art der Verteilung der org. und anorganischen Stoffwechselprodukte zwischen verschiedenen Teilen einer Pflanze das Wachstum dieser Pflanzenteile bestimmt. Diese Stoffwechselprodukte besitzen offenbar eine Funktion des gleichen Regulatorsystems, welches das Blühen in einer Pflanze kontrolliert. F. Beleites. 230.

Wellensiek, S. J.; Wageningen, Landbouwhogeschool, Lab. voor Tuinbouwplantenteelt. Dividing cells as the locus for vernalization. **(Sich teilende Zellen als Ort für die Vernalisation.)** Nature [London] **195** (1962) Nr. 4838. S. 307–308. – 2 Lit.
Vf. beschrieb bereits die „Blattvernalisation" an Blattstecklingen von *Lunaria biennis*, die sich nur nach Kälteeinwirkung zu ganzen und blühenden Pflanzen regenerieren. Untersuchungen darüber, ob die Vernalisation das ganze Blatt betrifft oder nur die meristematischen Zellen, brachten die Entscheidung zugunsten der letzteren Annahme. Auch Versuche an Wurzelstecklingen bestätigten dies. Stets mußte erst die Zellteilung in Gang gekommen sein, damit die Vernalisation zur Wirkung kam. Stecklinge brauchten daher auch längere Kältebehandlung als ganze Pflanzen. Pflanzen aus Wurzelstecklingen kamen erst nach 16 Wochen Kältebehandlung (5 °C – dies ist die Minimaltemperatur, bei der Zellteilungen eintreten) zu 100% zum Blühen. Aus erwachsenen Blättern vernalisierter Pflanzen regenerierten keine Pflanzen, die zum Blühen kamen. Erst nach Abtrennung des ausgewachsenen Blattes ist die Vernalisation möglich, wenn bei der Behandlung die Zellteilungen in Gang kommen. Noch im Wachstum befindliche Blätter von vernalisierten Pflanzen regenerieren dagegen zu blühenden Pflanzen. Wenn man von abgetrennten und dann vernalisierten, ausgewachsenen Blättern nach der Kältebehandlung den untersten Teil des Stieles (5 mm), wo die Mitosen auftreten, abtrennt, regenerieren aus dem Blatt nur Pflanzen, die nicht zum Blühen kommen. W. Stenz. 230.

Nikiforov, O. A. (Nikoforow, O. A.); Odessa, Lyssenko-Unions-Forsch.-Inst. für Zücht. und Genetik. Jarovizacija rastenij ozimoj pšenicy pri raznych uslovijach temperatury i osveščenija. **(Vernalisation von Winterweizen bei verschiedenen Temperatur- und Belichtungsverhältnissen.)** Agrobiologija, Moskva **1962** Nr. 1. S. 90–98. – 8 Abb., 3 Tab., 6 Lit.
Vf. untersuchte das Problem der Jarowisation des Wi-Weizens unter dem Einfluß des Lichtes. Nach seinen Ermittlungen war es nicht möglich, bei der Wi-Weizensorte 'Krasny dar' die Jarowisation durch Kurztagbehandlung zu ersetzen. Dennoch muß bei der grünen Pflanze die Jarowisationsphase im Zusammenhang mit dem Lichteinfluß gesehen werden.
H. Müller/Bernburg. 230.

Muromcev, I. A. (Muromzew, I. A.); Mitschurinsk, Mitschurin-Inst. für Obst- und Gemüsebau, Lehrstuhl für Obstbau. Temperatura i rost kornej. **(Temperatur und Wachstum der Wurzel.)** Fiziologija rastenij Moskva **9** (1962) Nr. 4. S. 419–424. – 1 Abb., 6 Tab., 19 Lit. Zus. in Engl.
An Klonmaterial von Apfel, Weinrebe, Zitrone und Erdbeere wurde bei verschiedenen Temperaturen der 24std. Zuwachs der Wurzelspitzen gemessen. Letztere wurden zu diesem Zweck zwischen feuchtem Filtrierpapier in Petrischalen in 10 mm langen Stücken gehalten. Der Zuwachs wurde mittels Okularmikrometer gemessen. Das Verhältnis des Wurzelwachstums zur Bodentemperatur wird nicht nur durch die Grenzpunkte, sondern auch durch die Breite der optimalen Temperaturzone charakterisiert. Nach letzterer können Früchte mit weiter Amplitude (Erdbeere) und enger Amplitude

(Zitrone) unterschieden werden. Diese optimale Temperaturzone beträgt bei der Weinrebe 21–32, Apfel 16–24, Zitrone 24–31 und Erdbeere 14–30 °C.
J. Birke. 230.

Meinl, G. und Vogel, J.; Groß-Lüsewitz, Inst. für Pflanzenzücht. der Dtsch. Akad. der Landwirtsch.-Wiss. zu Berlin. **Das Wurzelwachstum verschiedener Kartoffelsorten bei unterschiedlichen Temperaturen.** Albrecht-Thaer-Arch. 6 (1962) Nr. 7. S. 485–493. – 3 Abb., 2 Tab., 7 Lit.
Das Wurzelwachstum vorgekeimter Kartoffeln, die bei 5 oder 10 °C in feuchtem Torf aufbewahrt wurden, wurde bei 18 Sorten unterschiedlicher Reifezeit beobachtet. Alle Sorten bildeten bereits bei 5 °C Wurzeln aus. Dabei treten deutliche Sortenunterschiede im Wurzelbildungsvermögen auf.
Ch. Pfeffer. 230.

Dubetz, S., Russel, G. C. und Anderson, D. T.; Lethbridge, Alberta, Canada Agric. Res. Stat. Effect of soil temperature on seedling emergence. **(Die Wirkung der Bodentemperatur auf den Aufgang der Keimpflanzen.)** Canad. J. Plant Sci. 42 (1962) Nr. 3. S. 481–487. – 5 Tab., 8 Lit.
Keimung und Auflauf der Samen von 19 Pflanzenarten wurden bei konstanten Bodentemperaturen von 6, 13, 18 und 24 °C untersucht. Ermittelt wurden die Schnelligkeit des Aufganges und der Prozentsatz der entwickelten Pflanzen. Alle Arten keimten bei 18 °C schneller als bei 6 °C; bei 24 °C war die Keimungsrate von *Medicago media, Festuca rubra, Linum usitatissimum, Dactylis glomerata* und *Festuca scabrella* geringer als bei 18 °C. Die genannten Arten sowie *Triticum vulgare* (Winterform) und *Melilotus albus* erreichten bei 13 und 18 °C den höchsten Prozentsatz an aufgelaufenen Pflanzen. Dieser Wert wurde dagegen bei folgenden Arten nicht durch die Temperatur beeinflußt: *Hordeum vulgare, Bromus inermis, Agropyron cristatum, Brassica alba, Avena sativa, Pisum sativum, Triticum vulgare* (Sommerform) und *Avena fatua. Phaseolus vulgaris* und *Zea mays* keimten bei 6 °C überhaupt nicht, *Beta vulgaris* und *Helianthus annuus* wesentlich geringer als in den 3 höheren Temperaturbereichen. C. Tittel. 230.

Čulanovskaja, M. V. (Tschulanowskaja, M. W.) Značenie spektral'nogo sostava sveta dlja fotoperiodičeskoj reakcii nekotorych korotkodnevnych i dlinnodnevnych rastenij. **(Bedeutung der Spektralen Zusammensetzung des Lichtes für die photoperiodische Reaktion einiger Kurz- und Langtagpflanzen.)** Sbornik trudov po agronomičeskoj fizike. Agrofizičeskij naučno-issledovatel'skij institut, Moskva **1962** Nr. 9. S. 30–39. – 3 Abb., 3 Tab., 11 Lit.
Das Studium des Verhaltens einiger Kurztagpflanzen (K), Langtagpflanzen (L) und tagneutraler Pflanzen (N) in verschiedenen Spektralbereichen des Lichts ergab, daß für die generative Entwicklung von *Brassica carinata* (L) der blau-violette Bereich des Spektrums am günstigsten ist. Die übrigen untersuchten Arten (*Hibiscus abelmochus* [K], *Perilla nankinensis* [K], *Triticum vulgare* [L], *Phaseolus vulgaris* [N], *Solanum schreiteri* [K]) nutzten am besten den Bereich rot-orange. Bei 50 W/m² (Weizen 2 × 60 W/m²) Beleuchtungsstärke konnten *Chrysanthemum indicum* (K) und *Rhaphanus sativus* (L) nur im weißen Licht in die generative Phase eintreten; bei 200–300 W/m² genügte für *C. indicum* der Rot-orange-Bereich. *P. nankinensis* und *B. carinata* nutzten bei der zuletzt genannten Lichtstärke den gesamten Spektralbereich für ihre generative Entwicklung. Ein spezifisches Verhalten der Arten gegenüber der Zusammensetzung des Spektrums als Resultat der Zugehörigkeit zur Lang- oder Kurztag-Gruppe wurde nicht beobachtet. I. Schilowa. 230.

Martynova, M. F. (Martynowa, M. F.); Leningrad, Landwirtsch. Inst. Kačestvo sveta i razvitie kukuruzy. **(Lichtqualität und Entwicklung von Mais.)** Vestnik sel'skochozjajstvennoj nauki, Moskva 7 (1962) Nr. 2. S. 32–38. – 1 Abb., 5 Tab., 11 Lit.

In großen Gefäßen herangezogene und reichlich gedüngte Maispflanzen wurden in verschiedenen Stadien untersucht. Anhand der Vegetationskegel wurde die Entwicklungsbeschleunigung gemessen. Die Pflanzen wurden am 17. Sept. geerntet; Ertrag und Entwicklungsstadium wurden festgehalten. Durch ständige Kurztagbehandlung erreichten die Pflanzen nur $^1/_3$ des normalen Gewichtes. Der Kornertrag lag aber um 70% höher, auch die Pflanzen, die in den frühen Entwicklungsstadien (bis zum 5. Blatt) in Kurztag standen, wurden im Wachstum erheblich beschleunigt, brachten aber geringere Kornerträge. Die Kurztagbehandlung größerer Pflanzen erwies sich gegenüber den unbehandelten Kontrollen als wenig wirksam. Vf. gibt damit Hinweise zum Maisanbau im Leningrader Gebiet, dessen Erfolg von der Ausbildung generativer Organe wesentlich bestimmt wird. H. Müller/Bernburg. 230.

Pavlov, P. (Pawlow, P.) Vlijanie na svetlinata vŭrchu rasteža, razvitieto i dobiva na prosoto. **(Einfluß des Lichtes auf Wachstum, Entwicklung und Ertrag der Hirse.)** Izvestija na Centralnija naučnoizsledovatelski institut po rastenievŭdstvo, Sofija **12** (1961) S. 209–238. – 5 Abb., 7 Tab., 20 Lit. Zus. in Russ., Engl.

Untersucht wurde der Einfluß der Belichtungsdauer, -qualität und -intensität auf Wachstum, Entwicklung und Ertrag der Hirsensorte 'Nr. 178'. Kurztag beschleunigte die Entwicklung der Hirse stark, während Langtag und ununterbrochene Belichtung sie verzögern. Licht mit hohem kurzwelligem Anteil beschleunigte die Entwicklung, während Licht mit langer Wellenlänge die Entwicklung um ca. 20 Tage verzögerte. Einen ähnlichen Einfluß hatte auch die Belichtungsintensität der Sommermonate, weshalb die Vegetationsperiode der Hirse im Sommer erheblich kürzer ist als im Winter.

S. Waklinowa. 230.

Brougham, R. W.; Palmerston North, Dep. of Sci. and Ind. Res., Grassland Div. The leaf growth of Trifolium repens as influenced by seasonal changes in the light environment. **(Das Blattwachstum von Trifolium repens unter dem Einfluß jahreszeitlich bedingter Lichteinwirkung.)** J. Ecology **50** (1962) S. 449–459. – 8 Abb., 21 Lit.

Die Untersuchungen wurden während eines vollen Vegetationsjahres in Beständen der Weißkleesorte 'New Zealand', certified, durchgeführt und betrafen Messungen von Blattfläche, Lichtstärke (in verschiedenen Höhen vom Erdboden), kritischem Blattflächenindex und Blattgröße während der einzelnen Vegetationsstadien. Bei ungestörtem Wachstum war der Zuwachs an Tr.-Subst. im Winter am geringsten und im Spätfrühling am stärksten. Die Photosynthese erfolgte auch bei Blättern in unteren Regionen des Bestandes; der höchste Wert für den abs. Blattflächenindex wurde Anf. Dez. mit 7, der für den kritischen Blattflächenindex Mitte Nov. mit 3,5 erreicht. Für den Energieumsatz wird in erster Linie der Lichteinfluß verantwortlich gemacht, wobei stets ein Gleichgewicht innerhalb der Pflanze angestrebt wird. Die Energieverwertung kann unterschiedlich sein (vorzeitiges Absterben einzelner Blätter) und läuft keineswegs immer mit dem Tr.-Subst.-Zuwachs parallel.

H. Pätzold. 230.

Madžirova, L. (Madshirowa, L.) Preminavane IX etap na organogenezisa pri oriza (cŭfteneto) v polski uslovija i v opiti s različni svetlinni režimi. **(Durchlaufen des IX. Entwicklungsstadiums [des Blühstadiums] der Organogenese beim Reis unter Feldbedingungen und in Versuchen mit unterschiedlichen Photoperioden und Beleuchtungsverhältnissen.)** Naučni trudove. Visš selskostopanski institut „Vasil Kolarov". Agronomičeski fakultet, Plovdiv **11** (1962) Nr. 1. S. 35–50. – 7 Abb., 4 Tab., 9 Lit. Zus. in Russ., Dtsch.

Die Untersuchungen wurden mit den Sorten 'Nero-Vialogne' und 'UZROS 269' angestellt. Das Blühen beim Reis setzt 2–3 Tage nach dem Rispenschieben ein und hält 8–10 Tage an. Am intensivsten ist das Blühen in der Zeit zwischen 10^h vormittags und $14{,}30^h$ nachmittags. Die Pflanzen von 'Nero-Vialogne' blühen offen ab. Die Blütchen stehen 80 Min. lang offen. Das Blühen beginnt von der Rispenspitze und den Rispenverzweigungen her und setzt sich zur Rispenbasis zu fort. Während des Blühens wird eine Temperatur von 26–38 °C benötigt. Das Durchlaufen des Blühstadiums hängt nicht nur von den dazu erforderlichen Voraussetzungen während des Blühens, sondern auch von den der Blüte vorangegangenen Wachstums- und Entwicklungsbedingungen der Pflanzen ab. Unter der Einwirkung unterschiedlicher Spektralzusammensetzung des Lichtes während der dem Blühstadium vorangegangenen Entwicklungsstadien wurden Zahl der blühenden Ährchen und Blütchen, Befruchtungsrate sowie Charakter und Geschwindigkeit des Blühens verändert. Auch die Lichtintensität hatte Einfluß auf das Blühen. M. Stoilow. 230.

Siegel, S. M. und Rosen, L. A.; Tarrytown, N. Y., Union Carbide Res. Inst. Effects of reduced oxygen tension on germination and seedling growth. **(Die Wirkung verminderten Sauerstoffdruckes auf Keimung und Keimpflanzenwachstum.)** Physiol. Plantarum [Copenhagen] **15** (1962) Nr. 3. S. 437–444. – 5 Abb., 2 Tab., 11 Lit.
Mit Samen von 13 Pflanzenarten (meist Gemüse) wurden Keimversuche in Argon mit Anteilen von 1, 2, 5 und 10% O_2, in einigen Fällen in Gemischen von Argon und N_2 bzw. CO_2 angestellt. Alle Arten waren imstande, in einer Atmosphäre mit 5% und weniger O_2 merklich zu keimen; die bei 10% O_2 und in Luft erreichten Keimwerte waren fast gleich. *Celosia*, Reis und Gurke keimten sogar unter anaeroben Bedingungen. Durch Zugabe von Adenosintriphosphat erreichte die Keimfähigkeit von *Celosia* in N_2 die gleiche Höhe wie in Luft. Die Keimung von Salat wurde dagegen nicht verbessert. In einer Atmosphäre mit 5% O_2 wurden das Wurzelwachstum bei Bohnen und das Koleoptilenwachstum bei Reis gesteigert. Reis und Salat zeigten bei 5% O_2 geringeres Wurzelwachstum. C. Tittel. 230.

Savin, V. N. (Sawin, W. N.) O vlijanie γ-lučej Co^{60} na rost rastenij. **(Der Einfluß von γ-Strahlen von ^{60}Co auf das Wachstum der Pflanzen.)** Sbornik trudov po agronomičeskoj fizike. Agrofizičeskij naučno-issledovatel'skij institut, Moskva **1962** Nr. 9. S. 92–101. – 5 Abb., 8 Tab., 13 Lit.
Die Samen folgender Kulturpflanzen wurden mit γ-Strahlen einer ^{60}Co-Quelle behandelt: Weizen, Gerste, Tomate, Radies, *Perilla* und *Phaseolus*-Bohne. Bei Radies wurde mit 100 und 200 kr, bei den übrigen Arten jedoch mit nicht mehr als 20 kr gearbeitet. Geringe Dosen, bei Weizen zwischen 1 und 10 kr, stimulierten das Wachstum der Pflanzen, während bei höheren Dosen Wuchsdepressionen, Verringerung der Keimfähigkeit und Triebkraft beobachtet wurden. Die γ-Strahlenwirkung kann durch verschiedene Faktoren modifiziert werden. Höherer Feuchtigkeitsgehalt der Samen erhöhte die Radiosensibilität, wobei die Stimulationseffekte geringer Dosen mit steigendem Feuchtigkeitsgehalt abnahmen. U. a. wurde Saatgut von Weizen bei 10,0; 19,2; 27,0; 35,0; 40,4% Kornfeuchtigkeit geprüft. Bei Erhöhung der Dosisleistung von 5 auf 750 r/min. vergrößerte sich die Schädigung des Pflanzenwachstums beträchtlich. 33 und 42% Feuchtigkeit der Samen verstärkten diesen Effekt. Die Aufwuchsbedingungen sind von großem Einfluß auf die Ausprägung der Strahlenwirkung. Die Höhe der Bodenschicht, mit der die Samen bedeckt werden, und die Düngung der Pflanzen wurden in dieser Hinsicht untersucht. Belichtung der aus bestrahlten Samen hervorgegangenen Pflanzen mit 50000 lx bewirkt gegenüber 10000 lx eine Verringerung der physiol. Strahlenschädigung. G. Krauße. 230.

Preobraženskaja, E. I. (Preobrashenskaja, Je. I.) O žiznesposobnosti prorostkov, vyrosšich iz semjan, oblučennych sil'nymi dozami γ-lucej Co^{60}.

(Über die Lebensfähigkeit von Keimpflanzen, deren Samen mit starken Dosen von γ-Strahlen von ^{60}Co behandelt wurden.) Sbornik trudov po agronomičeskoj fizike. Agrofizičeskij naučno-issledovatel'skij institut, Moskva **1962** Nr. 9. S. 102–105. — 4 Abb., 2 Tab.

Die Frage, ob bei Anwendung hoher Strahlendosen auf ruhende Samen das Wachstum der sich daraus entwickelnden Keimlinge in Form der Zellteilung oder Zellvergrößerung vor sich geht, wurde untersucht. Leguminosensamen (Bohne, Platterbse, Erbse, Lupine u. a.) wurden lufttrocken mit 0, 250, 500, 1500, 2000 und 3000 und Samen von Getreide (Roggen, Weizen und Gerste) mit 0, 1500, 2000, 2500 und 3500 kr γ-Strahlen einer ^{60}Co-Quelle bestrahlt und auf einem Nährmedium ausgelegt. Nach der 1. und 2. Woche wurden Sproß- und Wurzellänge gemessen. Schon nach der 1. Woche verlangsamte sich das Wachstum stark und hörte bei Verwendung höherer Strahlendosen auf. Das Wurzelwachstum zeigte die gleiche Tendenz. Die Wurzeln erreichten je nach Pflanzenart und Dosis 1–3 cm und wuchsen dann nicht weiter. Die Keimblätter zeigten Formveränderungen und mit zunehmender Strahlendosis eine Aufhellung der Farbe. Bei 3000–3500 kr wurden die Keimblätter völlig farblos. Es wird angenommen, daß bei strahlenempfindlichen Pflanzen bei 100 kr und bei strahlenresistenten bei 1000 kr das Wachstum nur in der Streckung der schon im Embryo vorhandenen Blatt- und Wurzelorgane besteht und nur eine Zellvergrößerung darstellt. G. Krauße. 230.

Ibragimov, Š. I., Solov̌ev, V. P. und Pajziev, P. (Ibragimow, Sch. I., Solowjow, W. P. und Paisijew, P.); Inst. für Genetik und Pflanzenphysiol. der Akad. des Wiss. der Usbek.SSR. Izmenenie rastenij pod vlijaniem radioaktivnogo oblučenija. **(Veränderung der Pflanzen unter dem Einfluß radioaktiver Strahlen.)** Chlopkovodstvo, Moskva **12** (1962) Nr. 7. S. 38–42. — 5 Abb.

Trockene Samen von Baumwolle, Sorte '108 F', wurden mit 0,5, 1, 2, 3, 6, 10, 15, 20 und 25 kr γ-Strahlen (^{60}Co) behandelt. Die Dosen von 0,5–3 kr wirkten stimulierend auf Wachstum und Entwicklung. Höhere Dosen bewirkten zahlreiche morphol. Veränderungen und Sterilität in der 1. Generation. Die Zahl veränderter Formen stieg mit der Bestrahlungsdosis. Die in den Folgegenerationen aufgetretenen Veränderungen (Verzweigung, Blatt- und Kapselgröße, Grad der Färbung, Qualität des Baumwollrohstoffes u. a.) sind für das Studium der Biologie der Baumwolle und für die Züchtung von Bedeutung. G. Krauße. 230.

Mamušina, N. S., Moškov, B. S. und Čulanovskaja, M. V. (Mamuschina, N. S., Moschkow, B. S. und Tschulanowskaja, M. W.) O roli gibberellina v processach rosta i razvitija rastenij. **(Die Bedeutung des Gibberellins für Wachstums- und Entwicklungsprozesse der Pflanzen.)** Sbornik trudov po agronomičeskoj fizike. Agrofizičeskij naučno-issledovatel'skij institut, Moskva **1962** Nr. 9. S. 56–63. — 6 Abb., 4 Tab., 11 Lit.

Die Behandlung von *Salvia sclarea* (mehrjährige Langtagpflanze) mit Gibberellin verschiedener Konz. (bis 0,2%) im Verlaufe von 30 bzw. 60 Tagen nach der Bildung des 1. Blattes führte zu einer klaren Abhängigkeit des Wachstums der Pflanzen von der angewandten Konz. und Behandlungsdauer, während der Eintritt in die generative Phase unabhängig von den genannnten Versuchsbedingungen erfolgte. *Salvia taraxacifolia* (einjährige Langtagpflanze blühte bei täglicher Behandlung mit 0,02 ml Gibberellinlösung (0,02%) im Verlaufe von 30 Tagen im Dauerlicht nach 36 Tagen (unbehandelte Kontrolle = K nach 36 Tagen), im 20 Std.-Tag nach 89 Tagen (K = nach 50 Tagen) und im 16 Std.-Tag nicht mehr (K = nach 56 Tagen). Morphol. äußerte sich die Gibberellinwirkung in einem windenden Stengel und großen unbehaarten Blättern. Die gleiche Behandlung führte bei *Brassica carinata* (in Abessinien Kurztag-, in nördlichen Breiten Langtagpflanze) im Dauerlicht nach

19 Tagen zum Erscheinen der Knospen (K = nach 19 Tagen), im 18 Std.-Tag nach 21 Tagen (K = nach 21 Tagen), im 15 Std.-Tag nach 27 Tagen (K = keine Knospen). Aus diesen und weiteren Versuchen mit Spinat, Perilla und Lein folgern Vff., daß das Gibberellin bes. das Wachstum des Stengels fördert und morphol. Veränderungen hervorruft, während sein Einfluß auf die generative Entwicklung nur bei Pflanzen zu bemerken ist, deren Stengel sich vor dem Eintritt in die generative Phase streckt (viele Rosettenpflanzen).
I. Schilowa. 230.

Moldenhaver, K. und Wilczkowska, J.; Poznań, Zakład Roślin Oleistych. Wyniki badań nad wpływem gibereliny na 5 gatunków roślin oleistych i na Solanum aviculare L. **(Die Ergebnisse der Untersuchungen über den Einfluß des Gibberellins auf 5 Arten von Ölpflanzen und auf Solanum aviculare L.)** Biul. Inst. Hodowli Aklimatyzacji Roślin, Prace Zakładu Biol. Przechowalnictwa Nasion **1961** Nr. 6. S. 3–8. – 6 Abb., 2 Tab., 19 Lit.
Pflanzen von a) Wi-Raps, b) Perilla, c) Meerkohl (*Crambe abyssinica*), d) Ölrettich, e) Sonnenblume und f) *Solanum aviculare* wurden mit 0,05%iger G-Lösung behandelt. Bei b und f (Kurztagpflanzen) ergaben sich Verlängerung der Triebe durch Internodienstreckung, Vermehrung der Fruchtkapseln (b), Verkürzung der Vegetationsperiode, Erhöhung des Fettgehaltes der Samen (b), Zellvergrößerung. Im Folgejahr zeigten sich im Vergleich mit der Kontrolle keinerlei Nachwirkungen der G-Behandlung. Bei den anderen Pflanzen (Langtagpflanzen) gab es geringere Triebverlängerungen (a und d). Bei a waren Nachwirkungen im Folgejahr festzustellen (längere Triebe und höhere Samenerträge). Bei c wurden Fettgehalt und Samenertrag gesteigert. Bei allen Pflanzen außer c ergaben sich durch Behandlung mit G längere Triebe, höherer Fettgehalt der Samen, Verkürzung der Vegetationsperiode, jedoch keine Förderung der Entwicklung von Blättern und Wurzeln. Die Lebensfähigkeit des Pollens wurde verringert. W. Święcikci. 230.

Hugon, Éliane; Clermont-Ferrand, Fac. des Sci., Lab. de Bot. Mode d'action comparé de l'acide gibbérellique et de la kinétine dans la dominance apicale chez Cicer arietinum L. **(Vergleich der Wirkung von Gibberellinsäure und Kinetin auf die apikale Dominanz bei Cicer arietinum L.)** C. R. hebd. Séances Acad. Sci. **255** (1962) Nr. 2. S. 350–352. – 2 Tab., 6 Lit. Zus. in Franz.
Im Wachstumsstadium mit 2 gut entwickelten Blättern wurden etiolierte Kichererbsenpflanzen oberhalb des 2. Vorblattes dekapitiert; dadurch kamen die Anlagen der Kotyledonen nicht zur Entwicklung. Beim Austreiben der Knospen der beiden Vorblätter wurde die untere Knospe von der oberen gehemmt (apikale Dominanz). Versuche zur Aufhebung der Hemmung durch einmalige Zugabe von Kinetin (**I**) bzw. Gibberellin (**II**) in die Achsel der oberen bzw. unteren Knospe ergaben folgendes: **I** führt zur Aufhebung der apikalen Dominanz; **II** in höher Konz. (50 mg/l) erzeugt den gleichen Effekt jedoch nur scheinbar, da die apikale Knospe durch **II** partiell gehemmt wird.
R. Ritter. 230.

Zvjagina, E. A. (Swjagina, Je. A.) Vlijanie gibberellina na rost i razvitie tabaka. **(Einfluß des Gibberellins auf Wachstum und Entwicklung von Tabak.)** Sbornik naučno-issledovatel'skich rabot. Vsesojuznyj naučno-issledovatel'skij institut tabaka i machorki imeni A. I. Mikojana „VITIM", Krasnodar **1961** Nr. 152. S. 65–70. – 3 Tab., 8 Lit.
Aus den Untersuchungen geht hervor, daß das Gibberellin den die Keimung begünstigenden Stoffwechsel verstärkt. Es verbessert die Keimenergie und die Keimfähigkeit frisch geernteter Samen von wilden *Nicotiana*-Arten wesentlich. Durch Behandlung mit Gibberellin konnte die generative Entwicklung von Langtagformen von *Nicotiana* beschleunigt werden, nicht dagegen die der Kurztagformen. Unter dem Einfluß des Gibberellins werden die Tabakblätter schmäler, und die Blattzahl nimmt bei manchen Sorten zu. Am deut-

lichsten wird die Pflanzenhöhe beeinflußt, indem es zu einer starken Internodienstreckung kommt. J. Merker. 230.

Crane, Julian C. und Campbell, Robert C. Davis, Univ. of California. Breaking rest and inducing parthenocarpy in the Calimyrna fig with gibberellin. **(Brechung der Knospenruhe und Induzierung der Parthenokarpie bei der Smyrnafeige durch Gibberellin.)** Advances horticult. Sci. 2 (1962) S. 204 bis 209. – 1 Abb., 2 Tab., 7 Lit. Zus. in Franz., Dtsch.

Wird bei der Smyrnafeige Gibberellin während der Bestäubung in Konz. von 25–1000 ppm appliziert, so wird die Ruhe der vegetativen Endknospen gebrochen. Die Länge der neuen Triebe und Internodien nahm mit zunehmender Gibberellinkonz. zu. An den behandelten Pflanzen bildeten sich 95–100% parthenokarpe Früchte. Diese reiften eine Woche früher als die aus Bestäubung hervorgegangenen. Die Wirksamkeit des Gibberellins konnte durch Harnstoffzusatz gesteigert werden. W. Hiller. 230.

Iliev, P. (Iliew, P.) Ustanovjavane momenta na vŭznikvane na sŭstojanie na stimulacija pri vŭzdejstvuvani rastenija. **(Ermittlung des Augenblickes der Entstehung des Stimulationszustandes bei Wachstumsbeeinflussungen ausgesetzten Pflanzen.)** Izvestija na Instituta po biologija „Metodij Popov". Bŭlgarska Akademija na naukite, Sofija **12** (1962) S. 97–110. – 7 Abb., 4 Tab., 9 Lit. Zus. in Russ., Engl.

Mit Roggen und Hirse wurden Gewächshausversuche durchgeführt, wobei der Pflanzenzuwachs in bestimmten Zeitabständen gemessen wurde. Die Roggenkörner wurden nach Temperatureinwirkung (47 °C, 1 min) mit 2% Hydrochinon durch 6 std. Eintauchen behandelt. Das Hirsesaatgut wurde durch 8 std. Eintauchen in eine Lösung von 0,5% KCl + 1,5% $MgCl_2$ + 1,0% $MgSO_4$ behandelt. In der ersten Zeit nach der Einwirkung, beim Roggen bis zum 46. Tag, bei der Hirse bis zum 22., trat leichte Wachstumshemmung gegenüber den Kontrollpflanzen auf, und danach erst trat der Zustand der Wachstumsstimulierung ein. In den mit niedrigen Konz. angestellten Laborversuchen war in manchen Fällen statt der unmittelbar nach der Einwirkung erwarteten Wachstumshemmung eine Wachstumsförderung zu beobachten. Ferner wird auf den Umstand hingewiesen, daß die Stimulationswirkung stark vom physiol. Zustand des Organismus abhängt. Vf. ist der Ansicht, daß die später eintretende Wachstumsstimulierung für die Praxis von größerer Bedeutung ist. M. Stoilow. 230.

Montuelle, Bernard und Beerens, Henri; Lille, Inst. de Bot. Action de la kanamycine sur la germination des tubercules de pomme de terre. **(Wirkung von Kanamycin auf die Keimung von Kartoffelknollen.)** C. R. hebd. Séances Acad. Sci. **255** (1962) Nr. 2. S. 353–354. – 1 Tab.

Ungekeimte Kartoffelknollen der Sorte 'Bintje' wurden 1, 2 oder 4 Tage in Kanamycin (**I**)-lösungen von 0,005–1% eingelegt und anschließend 60 Tage bei Zimmertemperatur gehalten. Keimung trat bei Knollen ein, die bis zu 24 Std. bei 0,005, 0,05, und 0,02% **I** bzw. 48 Std. bei 0,005% **I** exponiert worden waren. Optimale Bedingungen zur Keimhemmung: 24 Std. in 0,03%-iger **I**-Lösung. – Versuche mit älteren, bereits gekeimten Kartoffelknollen ergaben mit >30 mg **I**/20 g Kartoffel eine Knospenverkümmerung, mit 5–30 mg **I** Verhinderung des weiteren Knospenwachstums und mit <5 mg **I** normales Wachstum der Knospen. R. Ritter. 230.

Alpatova, È. F. und Moškov, B. S. (Alpatowa, E. F. und Moschkow, B. S.) Vlijanie odnostoronnego osveščenija na fototropičeskie i geotropičeskie zakonomernosti v prostranstvennom raspoloženii steblej rastenij. **(Der Einfluß einseitiger Belichtung auf photoperiodische und geotropische Gesetzmäßigkeiten**

in der Stengelstellung der Pflanzen.) Sbornik trudov po agronomičeskoj fizike. Agrofizičeskij naučno-issledovatel'skij institut, Moskva **1962** Nr. 9. S. 40–49. – 3 Abb., 8 Tab., 8 Lit.

Um die Abhängigkeit phototropischer Reaktionen verschiedener Pflanzenarten von ihrem Geotropismus festzustellen, wurden 2 Tage alte etiolierte Keimpflanzen einseitig mit 100–120 W/m^2 belichtet (Variante a unter Ausschaltung der Anziehungskraft der Erde, Var. b in senkrechter Lage, Var. c in horizontaler Lage von unten). Bei a zeigten alle Pflanzen nach 5 Std. einen Krümmungswinkel der Stengel in Richtung der Lichtquelle von 90°. Die Extremwerte nach 1 Std. lagen zwischen 45° (Radies) und 20° (Hafer). Bei b betrugen die Extremwerte nach 24 Std. 90° (Tomaten, Kohl, Buchweizen, Hafer) und 40° (Sonnenblume, Mais). Die Extremwerte bei c lagen nach 24 Std. bei 90° (Tomaten, Hafer) und –40° (von der Lichtquelle abgewandt; Sonnenblume, Radies). Durch graph. Auswertung der Ergebnisse gelangen Vff. zu dem Schluß, daß bei rel. einheitlicher phototroper Reaktion die geotrope Reaktion der untersuchten Arten stark (Radies) und schwach (Kohl) sein kann. Versuche, in denen an Stelle der Lichteinwirkung Heteroauxin verwendet wurde, ergaben, daß Radies und Sonnenblume die stärkste geotrope Reaktion besitzen (70° Abweichung von der Kontrolle bei einer Heteroauxinkonz. von 0,5%), Buchweizen und *Perilla* die geringste (90° bzw. 100° Abweichung bei 0,1%). Weitere Ergebnisse über den Einfluß verschiedener Spektralbereiche auf die geotrope Reaktion der Pflanzen und die Präsentationszeit werden besprochen. I. Schilowa. 235.

Noll, Alfred; Braunschweig, Biol. Bundesanst. für Land- und Forstwirtsch., Inst. für Bot. **Über Methoden zur Beobachtung wachsender Kartoffelknollen.** Angew. Bot. **36** (1962) Nr. 3/4. S. 193–197. – 5 Abb., 2 Lit.

Für laufende Beobachtungen wachsender Kartoffelknollen ist ein möglichst großes Blickfeld erwünscht, das die ältere „Lochtopfmethode“ nicht bietet. An Stelle von Lochtöpfen wurden schmale Holzkästen benutzt, die jeweils 5 Pflanzen Platz bieten. Die Gewinnung etiolierter Sprosse, ihre Umpflanzung in die Kästen und die Erdbedeckung entsprechen der älteren Methode. Die Kästen ähneln im Querschnitt den im Kartoffelbau üblichen Dämmen. Ein Seitenteil der Kästen wird nur lose aufgelegt. Hinter diesem Seitenteil befindet sich eine Glasplatte, die das Beobachten ohne völliges Öffnen der Kästen zuläßt. Chr. Pfeffer. 239.

Curth, P. und Sommer, E.; Kleinwanzleben. **Untersuchungen zur Frage der Nährlösungsdurchlüftung bei Zuckerrüben-Hydrokulturen.** Forsch. u. Fortschr. **36** (1962) Nr. 8. S. 236–240. – 7 Abb.

Fäulnisherde, die bei Sandwasserkulturen mit stagnierender Nährlösung auftraten, gaben den Anlaß zur Entwicklung einer Methodik für ständige Nährlösungsdurchlüftung in Erlenmeyerkolben. Die verwendete Versuchsanlage, die im wesentlichen aus einer Kolbendruckluftpumpe, einer Gummischlauchleitung sowie mehreren Sandsteindurchströmern besteht, hat sich während längerer Betriebsdauer außerordentlich gut bewährt. Es wurden mehrere Versuchsserien mit jeweils 11 belüfteten und der gleichen Anzahl unbelüfteter Behandlungsarten (Kontrollen)durchgeführt, wobei die Nährlösung während 20 mon. Versuchsdauer 4wöchentlich auf O_2-Gehalt untersucht wurde. Bei durchlüfteter Lösung betrug der O_2-Gehalt im Mittel 9 mg/l. Die Relativwerte bei den Kontrollen betrugen nur etwa 15–20%. Sie waren stets signifikant ($p < 0{,}1\%$) niedriger als die der durchlüfteten Varianten. Beziehungen zwischen den unterschiedlichen O_2-Werten bei den Kontrollen und dem zu erwartenden jahreszeitlich wechselnden O_2-Verbrauch der Wurzeln konnten nicht festgestellt werden. Die Ausbildung der Blätter wurde durch dauernde Frischluftzufuhr in die Nährlösung nicht wesentlich beeinflußt. Das Wurzelwachstum dagegen wurde zu Beginn der Versuchsserien durch Dauerbelüftung deutlich gefördert, während zu Ende der Versuche starke Depressionen auftraten. Die im Verlaufe der Untersuchungen bei einigen Kontrollgefäßen in Erscheinung getretene H_2S-Bildung konnte durch 1- bis 2tägiges Einleiten von Frischluft beseitigt werden. P. Curth. 239.

Haspelová, Alžběta; Bratislava, Biol. Ústav Slovenskej Akad. Vied, Oddelenie Fyziol. Rastlín. Metódy umelej výživi albinotických letalnych rastlín. Príspevok k fyziologii letálnych jedincov Zea mays s chlorofylovým defektom. 2. **(Methoden der künstlichen Ernährung albinotischer letaler Pflanzen. Beitrag zur Physiologie chlorophylldefekter letaler Maispflanzen. 2.Mitt.)** Biológia [Bratislava] **16** (1961) Nr. 10. S. 733–739. – 2 Abb., 3 Tab., 20 Lit. 1. Mitt. vgl. LZ. Abt. II 8 (1963) Nr. 2. S. 293.
Durch Aufpfropfen albinotischer Maispflanzen auf gesunde Individuen erzielte man zwar gutes Zusammenwachsen, aber die albinotischen Pfropfreiser erhielten von der Unterlage nicht genügend org. Stoffe und konnten sich nicht am Leben halten. Von Erfolg war die zusätzliche Ernährung albinotischer Pflanzen mit 0,3 mol. Saccharoselösung, die in angeschnittene Blätter appliziert wurde. Die Reagenzgläser mit der Zuckerlösung stellte man im Sande direkt neben der Pflanze auf. Die Pflanzen gediehen am besten bei indirekter Beleuchtung (unter 10 000 lx). Von 30 albinotischen Pflanzen konnten 16 bis zum Schluß der Vegetationsperiode normal grüner Pflanzen erhalten werden. Von diesen bildeten jedoch nur 6 Pflanzen weibliche Blüten, bei weiteren 6 Pflanzen waren die Blüten rudimentär (ohne Narben). Z. Šesták. 239.

Pavlov, Petŭr. (Pawlow, Peter.) Podobrena kletka za opredeljane fotoperiodizma na rastenijata. **(Eine verbesserte Zelle zur Bestimmung des Photoperiodismus der Pflanzen.)** Selskostopanska nauka, Sofija **1(7)** (1962) Nr. 2. S. 232. – 2 Abb.
Die mangelhafte Belüftung der bisher benutzten Vegetationskammern führt zu erheblichen Unterschieden in Lufttemperatur und Luftfeuchte zwischen Kontroll- und Versuchspflanzen. Zum besseren Luftaustausch schlägt Vf. eine Kammer mit 3 Ablaufschächten vor. Die dem Zustrom von Frischluft dienenden 2 Seitenlüftungen bestehen aus 90° gebogenen Röhren, während die am Dach angebrachte Oberlüftung aus 2 ineinandergeschobenen Zylindern besteht. Eine Abb. mit Angaben über die Abmessungen der Abluftschächte veranschaulicht die Belüftungseinrichtung. M. Stoilow. 239.

D. Chemie der Pflanzen

Gärtner, K. Árpafajták söripari értéke. **(Der brautechnische Wert von Gerstensorten.)** Söripar [Bierindustrie] **1961** S. 132–136. – Aus: Ung. Agrar-Rdsch. **1962** Nr. 2.
Die Braugerstenqualität wird von Sorte, Boden und Klima bestimmt. An mehreren Versuchsorten wurden 8 Braugerstensorten angebaut und auf das Quellvermögen des geernteten Kornes (Einweichen bei 22 °C 48 Std. lang, dann 30 Sek. in siedendes Wasser, danach durch Längsschnitt das Ausmaß der Verkleisterung festgestellt) untersucht und dabei auch die aufgenommene Wassermenge bestimmt. Zwischen Wasseraufnahme, Keimfähigkeit und Quellvermögen bestand keine Korrelation. Die Wasseraufnahme betrug 43,6 bis 47,8%, das Quellvermögen 48,2–94,5%. Beide Faktoren standen nicht in Beziehung zueinander. Das Quellvermögen war jedoch sortenspezifisch. An einem der Versuchsorte ergab sich eine höhere Wasseraufnahme. 240.

Sommer, E.; Kleinwanzleben, Inst. für Pflanzenzücht. der Dtsch. Akad. der Landwirtsch.-Wiss. zu Berlin. **Biochemische und technologische Untersuchungen an Zuckerrüben verschiedener Zuchtrichtungen unter besonderer Berücksichtigung der Stickstoffsubstanzen.** Z. Zuckerind. **12(87)** (1962) Nr. 9. S. 487–491. – 3 Abb., 6 Tab., 5 Lit. Zus. in Engl., Franz.

Die diploiden Sorten 'Plenta' und 'Media', die anisoploide Sorte 'Multmedia' und eine monokarpe Zuckerrübe aus Kleinwanzleben wurden Mitte Okt. und Mitte Nov. 1961 geprüft. Ermittelt und verglichen wurden Rübenertrag, Zuckergehalt und -ertrag, WM-Faktor, Gehalt an Asche, Na_2O, K_2O, Gesamt-N, Eiweiß-N, Betain-N, schädlichem N und freien Aminosäuren sowie der Gehalt des im Rübenpreßsaft enthaltenen Eiweißes an essentiellen Aminosäuren. Die Ergebnisse werden auch mit denen der Vorjahre verglichen. Die monokarpe Zuckerrübe brachte gegenüber den anderen Sorten einen höheren Massenertrag bei gleichem Zuckerertrag. Sie zeigte außerdem von den Sorten abweichend einen höheren Aschegehalt und einen höheren WM-Faktor. W. Franzke. 240.

Wöhlert, W.; Kleinwanzleben, Inst. für Pflanzenzücht. **Über das Zuckerrübenmark unter besonderer Berücksichtigung der Kleinwanzlebener Sorten.** Zuckererzeugung **6** (1962) Nr. 6. S. 149–151. – 3 Abb., 3 Tab., 18 Lit.
Das hauptsächlich aus Cellulose, Pektin, Pentosanen und Lignin aufgebaute Zuckerrübenmark ist ein wichtiger Faktor für die Verarbeitungsqualität der Rüben. So verursachen hoher Cellulose- und Ligningehalt im Mark hohen Schneidwiderstand. Zwischen der Diffusion des Zellinhalts in die Extraktionsflüssigkeit und dem Rübenmarkgehalt besteht eine negative Korrelation. Die Preßschnitzelmenge ist dem Markgehalt proportional. Im Markgehalt der Zuckerrüben des Kleinwanzlebener Sortiments besteht eine signifikante Abstufung vom Höchstwert für die zuckerreiche Sorte 'Sachara' über die der Sorten 'Media' und 'Multmedia' nach dem der Sorte 'Plenta'. Nach der Markmenge in t/ha geordnet ist die Sortenfolge umgekehrt. Die Relationen Zuckergehalt/Markgehalt bzw. Tr.-Subst.-Gehalt/Markgehalt wiesen keine Sortenunterschiede auf. W. Wöhlert. 240.

Lukovnikova, G. A. (Lukownikowa, G. A.) Individual'naja izmenčivost' chimičeskogo sostava kapusty i brjukvy. **(Individuelle Veränderlichkeit der chemischen Zusammensetzung von Kohl und Kohlrüben.)** Trudy po prikladnoj botanike, genetike i selekcii. Vsesojuznyj institut rastenivodstva, Moskva-Leningrad **34** (1961) Nr. 2. S. 109–114. – 5 Tab., 7 Lit. Zus. in Engl.
Die Untersuchungen wurden an Einzelpflanzen von Weißkohl, Wirsing, Blumenkohl, Rosenkohl, Chinakohl, Kohlrabi und Kohlrüben durchgeführt. Die im Leningrader Gebiet herangezogenen Kohlarten zeigten unterschiedlichen Gehalt an Tr.-Subst. (rel. 109–133%), Zuckern (138–208%), Protein (130–200%), Ascorbinsäure (119–276%). Als unbeständigste Faktoren erwiesen sich der Ascorbinsäuregehalt und das Durchschnittsgewicht der Pflanze. Bei den meisten Kohlarten und der Kohlrübe konnte nur eine negative, aber keine direkte Korrelation zwischen der Veränderung des Gewichts der nutzbaren Teile und dem Gehalt an Tr.-Subst. festgestellt werden. Der Korrelationskoeffizient variierte von +0,1 bis –0,8. Die erzielten Ergebnisse beweisen nach Ansicht des Vf. die praktische Möglichkeit der Selektion durch Einzelpflanzenauslese. H. Jank. 240.

Płotek, J. und Głuszek, S.; Kraków, Centr. Lab. Przemysłu Tytoniowego. Badania nad tytoniem krajowym. II. Piasek i krzemionka konstytucyjna w odmianach Virginia i Kentucky. **(Untersuchungen über polnischen Tabak. 2. Mitt. Sand und Gerüst-Kieselsubstanzen in den Varietäten 'Virginia' und 'Kentucky'.)** Roczniki Nauk rolniczych, Ser. A **86** (1962) Nr. 2. S. 339–349. – 4 Tab., 8 Lit. Zus. in Russ., Engl.
Die Proben wurden von einer Ankaufstelle und einem Magazin gewonnen. Den Qualitätsnormen nicht entsprechende sowie von Schädlingen befallene Blätter wurden von der Analyse ausgeschlossen. – Helles Zigarettengut enthielt wenig Kieselsubst. Außer in der V. Klasse bei 'Virginia' wurde die Grenze von 1% der Tr.-Subst nicht überschritten. Sand bildet den Hauptteil der Si-Ver-

bindungen. Für die Analyse werden Hinweise gegeben. – Auch der Boden sollte auf Si-Subst. untersucht werden, da kleine Kieselteilchen vom Wind auf die klebrigen Tabakblätter geweht werden, wodurch bei den Si-Bestimmungen die Werte ansteigen. W. Święcicki. 240.

Arx, E. von und Neher, R.; Basel, CIBA AG, Pharma-Wiss. Abt. **Einrichtung eines Labors für Papier- und Dünnschicht-Chromatographie.** J. Chromatogr. [Amsterdam] 8 (1962) Nr. 2. S. 145–146. – 16 Abb.
Für die Durchführung zahlreicher chromatographischer Analysen bei vielen verschiedenen Stoffklassen erweist sich die Einrichtung eines zentralen Labors als sehr günstig für rationelle Arbeit und reproduzierbare Resultate. Die bauliche und apparative Einrichtung eines solchen Labors, das luftkonditioniert ist bei 22 °C und 45–55% Luftfeuchtigkeit mit 10–12fachen Luftwechsel pro Std., wird ausführlich beschrieben. Nach dem organischen Ablauf der Arbeitsprozesse richtet sich die Planung der Gesamteinrichtung. Die Teilprozesse werden folgendermaßen zusammengefaßt: 1. Eingang und Verteilung der Aufträge, 2. Vorbereiten des Papiers und der Platten, Auftragen der Substanzen, 3. Entwicklung der Chromatogramme, 4. Trocknen, 5. Photokopieren oder Registrieren von UV-Absorption bzw. UV-Fluoreszenz, 6. Chem. bzw. biol. Nachweis der getrennten Substanzen. 7. Qualitative und quantitative Auswertung. 8. Registrierung. F. Kreienbring. 240.

Bacalova, M. (Bazalowa, M.) Izsledvanija na njakoi neorganični sŭstavki na pšenicata. **(Untersuchungen einiger anorganischer Bestandteile des Weizens.)** Naučni trudove. Visš selskostopanski institut „Vasil Kolarov". Agronomičeski fakultet, Plovdiv **11** (1962) Nr. 1. S. 27–35. – 1 Abb., 2 Tab., 14 Lit. Zus. in Russ., Dtsch.
Von den Sorten 'Jubilejna II', 'Jubilejna III', 'Åkerman', 'Nr. 14' und 'Nr. 301' wurde der Gehalt an P, Ca und Fe im Korn untersucht. Der Gesamtmineralstoffgehalt betrug 1,41–2,07%. Der P-Gehalt betrug 0,28–0,43% und war bei 'Åkerman' am niedrigsten. Der Ca-Gehalt betrug im Mittel 0,051%. Das Ca:P-Verhältnis lag über dem Optimum. Am Gesamtmineralstoffgehalt war P mit 20,86, Ca mit 2,84 und Fe mit 0,28% beteiligt. 'Nr. 14' war am reichsten an P, Ca und Fe, danach folgten 'Jubilejna II' und 'Nr. 301'.
M. Stoilow. 241.

Buttrose, M. S.; Adelaide, South Australia, Univ., Waite Agric. Res. Inst., Dep. of Plant Physiol. Formation of rice starch granules. **(Bildung von Reis-Stärkekörnern.)** Naturwissenschaften **49** (1962) Nr. 13. S. 307–308. – 3 Abb., 3 Lit.
Die Entwicklung von Granulen wurde elektronenoptisch verfolgt (Granule = Stärkeinhalt eines Amyloplasten). In der jungen Endospermzelle finden sich hauptsächlich Amyloplasten, die aus einer Membran bestehen, welche das Stroma umschließt. Dieses enthält viele kleine Granulen. Eine reife Granule kann über 100 Granula enthalten. Im wachsenden Amyloplasten nehmen Zahl und Größe der Granula zu. Dabei werden sie polyedrisch. Im reifen Amyloplasten können die Zwischenräume zwischen einzelnen Granula durch eingelagerte Stärke überbrückt werden. Außerdem werden Vesikel beobachtet, vielleicht enthalten sie Enzymsysteme. H. Wolffgang. 242.

Datta, D. D. und Bami, H. L.; Calcutta, Centr. Drugs Lab. Oil from seeds of Lepidium sativum Linn. **(Öl aus Samen von Lepidium sativum L.)** Sci. and Cult. [Calcutta] **28** (1962) Nr. 6. S. 283. – 4 Lit.
Aus Samen von *Lepidium sativum* wurde ein braungelbes Öl gewonnen, das in Geruch und Geschmack dem Öl aus Weißem Senf ähnelt. Es ist leicht löslich in 90%igem Alkohol, mischbar mit Petroläther, Chloroform, Äther und CCl_4. Die Erstarrung tritt bei 6 °C ein, bei 10 °C wird es halbflüssig. Spez. Gew. bei 20 °C 0,915, Refraktometerwert bei 20 °C 1,4700–1,4726, Säurezahl

2,09–2,12, Jodzahl 107,7–110,0, Verseifungszahl 183,9–184,6, Universeifbares 1,61–1,87%, flüchtige Subst. 0,60–0,65%, Gehalt an äth. Öl 0,010–0,013%. Die Glykosidkomponente wurde nicht bestimmt, doch ergab sich eine leicht positive Reaktion für HCN (wahrscheinlich Phenylmethylcyanid, $C_6H_5CH_2CN$, in der flüchtigen Fraktion). Die in der Indischen Pharmakopoe 1955 für Baumwoll-, Sesam-, Erdnuß- und Pakraöl gegebenen charakteristischen Tests fielen negativ aus. W. Stenz. 243.

Taira, Hirokadzu; Tokyo, Min. of Agric. and Forestry, Food Res. Inst. Studies on amino acid contents in plant seed. I. Amino acid contained in the seed of Gramineae. **(Untersuchungen über den Aminosäuregehalt von Pflanzensamen. 1. Mitt. In den Samen von Gramineae enthaltene Aminosäuren.)** Bot. Mag., Tokyo **75** (1962) Nr. 888. S. 242–243. — 1 Tab., 15 Lit. Orig.: jap., Ausz.: engl.
Die Samen von 31 Grasarten wurden nach mikrobiol. Verfahren unter Verwendung von Milchsäurebakterien auf ihren Gehalt an 18 Aminosäuren analysiert. Dabei konnten hinsichtlich des Gehaltes an Alanin, Leucin, Asparaginsäure, Glutaminsäure, Lysin, Arginin und Prolin deutliche Unterschiede zwischen den zu verschiedenen Unterfamilien gehörenden Arten festgestellt werden. So enthielten die Karyopsen der *Panicoideae* (*Paniceae*, *Andropogoneae*, *Maydeae*) rel. mehr Alanin und Leucin als die der *Eragrostoideae* (*Chlorideae*), der *Pooideae* (*Festucaceae*, *Triticeae*, *Agrosteae*) und *Pharoideae* (*Bambuseae*, *Oryzeae*), aber weniger Lysin und Arginin als die Karyopsen der beiden letztgenannten Unterfamilien. Die Karyopsen der *Pharoideae* waren rel. reicher an Asparaginsäure, aber ärmer an Glutaminsäure und Prolin als die aller übrigen Unterfamilien. K. Koepke. 244.

Sveštarova-Dineva, M. J. und Stojkov, S. A. (Sweschtarowa-Dinewa, M. J. und Stojkow, S. A.) Vŭrchu betŭčinata na bobovite. II. sŭobštenie. **(Über das Eiweiß der Leguminosen. 2. Mitt.)** Naučni trudove. Visš selskostopanski institut „Vasil Kolarov", Plovdiv **10** (1961) S. 201–206. — 6 Tab., 6 Lit. Zus. in Russ., Dtsch.
Das Eiweiß von Linse, Kichererbse, Sojabohne und Erbse wurde untersucht, um zu ermitteln, ob die beim Bohneneiweiß vorkommenden Besonderheiten auch bei ihnen auftreten. Der Eiweißauszug wurde nacheinander mit Wasser, 7%iger NaCl- und 0,2%iger NaOH-Lösung vorgenommen. Mit Wasser ließen sich fast alle, mit den anderen 2 Lösungsmitteln dagegen nur ein kleiner Teil der Eiweiße extrahieren. Die Ursache der hohen Wasserlöslichkeit der Eiweiße wird durch die Bindung des zusammengesetzten Eiweißkomplexes mit Kohlenhydraten erklärt, die nicht fest und gegen Hydrolyse nicht widerstandsfähig ist. St. Waklinowa. 244.

Cherry, Joe H.; New Orleans, La., U. S. Dep. of Agric. Nucleic acid determination in storage tissues of higher plants. **(Bestimmung von Nucleinsäuren im Speichergewebe höherer Pflanzen.)** Plant Physiol. **37** (1962) Nr. 5. S. 670 bis 678. — 7 Abb., 3 Tab., 16 Lit.
Die Methoden zur Extraktion der Nucleinsäuren aus dem Speichergewebe keimender Samen von Erdnuß, Mais und Rizinus mit 0,2 mol. $HClO_4$ (vgl. Hanson, J. biol. Chemistry **234** [1959] S. 1303.) und mit Methanol (vgl. Smillie und Krotkov LZ. Abt. II **5** [1960] Nr. 11. S. 2570.) werden miteinander verglichen. Nach säulenchromatographischer Trennung der Extrakte an Dowex 1 × 8 ergaben sich bei UV-spektroskopischer Untersuchung ähnliche Elutionschromatogramme. Die Methanolextrakte zeigten jedoch geringere Extinktionen. Wurde der Rückstand der Methanolextraktion anschließend mit Perchlorsäure ausgezogen, so wurden untypische Elutionschromatogramme erhalten. Daraus wird geschlossen, daß mit $HClO_4$ außer den Mononucleotiden noch andere Inhaltsstoffe extrahiert werden. Es wird eine gering-

fügige Modifizierung der Methode von Smillie und Krotkov vorgeschlagen. – Bei dem untersuchten Material ergaben sich große Unterschiede im Verhältnis von Ribo- zu Desoxyribonucleinsäuren. W. Franzke. 244.

Kolev, N. (Kolew, N.) Kulturnite rastenija v Bŭlgarija kato iztočnici na vitamini. **(Die Kulturpflanzen in Bulgarien als Vitaminquellen.)** Meždunarodna konferencija po vitaminite. Doklady i sŭobstenija, Sofija **1962** S. 21–28.
Es wird eine geschichtliche Übersicht über die Einführung einiger Kulturpflanzen sowie über die Rolle der Züchtung zur Schaffung von qualitativ hochleistungsfähigen und vitaminreichen Gemüsekulturen gegeben. Bes. die Paprikasorten sind reich an Vitamin C. So z. B. enthält die Sorte 'Pasardschischka kapija' in ihren grünen Schoten bis zu 1667 mg% und in den ausgereiften Früchten bis zu 2018 mg% Vitamin C. Ein großer Teil der Vitamin-C-Menge bliebt auch während längerer Lagerung und bei der Verarbeitung erhalten. In den Früchten der Weißen Ölrose (*Rosa damascena* var. *alba*) ist die 2–3fache Vitamin-C-Menge enthalten wie sonst in den Hagebutten. Reich an Vitamin C sind auch Tomaten und Weißkohl. Der Vitamin-C-Gehalt im Weißkohl beträgt 47,27–55,70 mg%. Paprika enthält außerdem auch viel Carotin (im Mittel 23 mg%). Die Notwendigkeit eingehender Studien über den Einfluß der verschiedenen Dünger auf die Biosynthese der Vitamine sowie über den Einfluß der Vitamine auf Pflanzenwachstum und -entwicklung wird betont. M. Stoilow. 245.

Tarnovska, Kr. (Tarnowska, Kr.); Sofia, Zentr. Forsch.-Inst für Pflanzenbau der Bulg. Akad. der Wiss. Vlijanie na njakoi faktori vŭrchu obrazuvaneto na karotin v plodovete na domati. **(Einfluß einiger Faktoren auf die Carotinbildung in Tomatenfrüchten.)** Izvestija na Centralnija naučnoizsledovatelski institut po rastenievŭdstvo, Sofija **12** (1961) S. 343–357. – 13 Tab., 17 Lit. Zus. in Russ., Engl.
Untersucht wurde der Carotingehalt in verschiedenen Teilen der Früchte verschiedener Tomatensorten während mehrerer Stadien der Fruchtausbildung. Mit dem Reifen der Früchte nimmt die Carotinmenge zu. Das den Samen einschließende Gelee ist am reichsten an Carotin. Nach Versuchen mit Verdunkelung der Früchte ergab sich, daß bei Belichtung die Carotinmenge um ca. 40% höher war. Niedrige Temperaturen (14–18 °C) während der Nachreife nach dem Pflücken der Früchte begünstigen ebenfalls die Carotinbildung. S. Waklinowa. 245.

Blaim, K.; Puławy, Lab. Biochem. IUNG. Zarys metod oznaczania nornikotyny w materiale roślinnym. **(Grundriß der Methoden zur Bestimmung von Nornicotin im pflanzlichen Material.)** Postępy Nauk rolniczych **9** (1962) Nr. 2. S. 109–116. – 11 Lit.
Züchter und Tabakindustrie lenkten ihre Aufmerksamkeit auf den Nornicotingehalt des Tabaks, nachdem festgestellt worden war, daß Sorten mit hohem Nicotingehalt wenig Nornicotin enthalten. Deshalb wurden Methoden zur Bestimmung des Nornicotins ausgearbeitet. Bei geringem Gehalt an Nornicotin sind die Papierchromatographie und die Isatinmethode anwendbar. Zu genaueren Ergebnissen führt die kombinierte Anwendung beider Methoden. Bei größeren Mengen können die Methoden von Cundiff und Markunas sowie von König angewandt werden. W. Święcicki. 246.

Kahnt, Günter und Schön, Walter J.; Göttingen, Univ., Inst. für Pflanzenbau und -zücht. **Zur quantitativen Analyse des Cumarins und des Glucosids der Cumarinsäure in Blättern von Melilotus albus.** Angew. Bot. **36** (1962) Nr. 1. S. 33–49. – 5 Abb., 3 Tab., 27 Lit. Zus. in Engl.
Die bisher in der Steinkleezüchtung üblichen Analysenmethoden sind unsicher, insbesondere erlauben sie keinen Rückschluß auf das Vorkommen von „freiem" Cumarin und dem cis-o-Oxyzimtsäureglucosid (COZG). Die Literaturangaben

werden eingehend einer kritischen experimentellen Prüfung mit folgendem Ergebnis unterzogen: 1. Der Bitterstoffgehalt des weißen Steinklee rührt vom COZG her. – 2. Die optischen Methoden, bes. die spektrophotofluorometrischen, geben die zuverlässigsten Analysenwerte und sind ausreichend schnell durchzuführen. – 3. Es ist auf eine schonende Behandlung des Untersuchungsmaterials zu achten. Schon kleine Verletzungen der Blätter führen zur Spaltung von COZG, wodurch „freies" Cumarin vorgetäuscht wird, das sonst nur in Spuren in den Blättern vorkommt. – 4. Die Glucosidaseinaktivierung gelingt am besten mit 95 °C heißem Wasser oder mit flüssigem Stickstoff. – 5. COZG ist 90 Min. bei 80 °C mit 2,5 n HCl zu spalten. – 6. Es wird vorgeschlagen, den Begriff „freies" Cumarin nicht mehr zu verwenden und gebundenes Cumarin korrekt als COZG zu bezeichnen. – 7. Die gewonnnenen Erfahrungen werden zur Diskussion gestellt, und die Standardisierung des Verfahrens wird vorgeschlagen. W. Franzke. 246.

Christova, A. (Christowa, A.) Pigmentnoto sŭdŭržanie na naj-razprostranenite u nas sortove piperi, izpolzuvani za mljan červen piper. **(Farbstoffgehalt der in Bulgarien verbreitesten, der Gewinnung von gemahlenem Rotpaprikagewürz dienenden Paprikasorten.)** Izvestija na Centralnija naučnoizsledovatelski institut po rastenievŭdstvo, Sofija **12** (1961) S. 159–168. – 5 Abb., 1 Tab., 10 Lit. Zus. in Russ., Engl.
Nach dem Verfahren von Benedeck wurde der Farbstoffgehalt folgender Paprikasorten untersucht: 'Gorogled 6', 'Nowoselska kapija 379', 'Tscheren ljut', 'Plowdiwski ljut' und 'Kosarska kapija'. In 4jährigen, an 2379 Pflanzen angestellten Untersuchungen wurde der höchste Farbstoffgehalt bei den Sorten 'Gorogled 6', 'Plowdiwska kapija' und 'Kosarska kapija' festgestellt, gefolgt von 'Nowoselska kapija 379'; an letzter Stelle steht die Sorte 'Tscheren ljut' ('Kosarska kapija' 357 mg%, 'Gorogled', 'Plowdiwski ljut', 'Tscheren ljut' und 'Nowoselska kapija' 379–37 mg%). S. Waklinowa. 246.

Vágujfalvi, D. und Tyihák, E. A kamilla (Matricaria chamomilla L.) prochamazulen-tartalmának napi változása. **(Die tägliche Veränderung des Prochamazulengehaltes der Kamille [Matricaria chamomilla L.].)** Bot. Közlemények [Bot. Mitt.] **39** (1962) Nr. 1/2. S. 64–70. – Aus: Ung. Agrar-Rdsch. **1962** Nr. 4.
Bei Untersuchung einer Kamille-Population wurden prochamazulenhaltige und -freie Pflanzen gefunden. Der Gehalt ist am höchsten in den Gipfelblüten der Haupt- und Seitentriebe, am geringsten in den am unteren und mittleren Teil sitzenden Blüten. Der Gehalt hängt stark vom Entwicklungszustand der Blüten ab. Blüten gleichen Entwicklungszustandes ergaben auch annähernd gleich hohen Prochamazulengehalt. Der Gehalt ist mittags am geringsten und nachts am höchsten. Die Differenzen erreichen 70–80%. Daraus wird auf starken Anteil des Prochamazulens am Stoffwechsel geschlossen. Eine Beziehung zu den Lichtverhältnissen ergab sich nicht. 246.

Brauer, Oscar und Schön, Walter J.; Göttingen, Univ., Inst. für Pflanzenbau und -zücht. **Zur Bestimmung der geschmacksbildenden Inhaltsstoffe, insbesondere des Capsaicins in Paprikafrüchten.** Angew. Bot. **36** (1962) Nr. 1. S. 25–32. – 3 Abb., 17 Lit. Zus. in Engl.
Die bisherigen Bestimmungsmethoden für Capsaicin sind entweder zu umständlich oder nicht ausreichend genau genug, um für züchterische Zwecke genutzt werden zu können. Beim beschriebenen Verfahren werden die Früchte der Gefriertrocknung unterworfen, anschließend mit Isopropanol erschöpfend extrahiert, der Extrakt auf 10 ml eingeengt und an Aluminiumoxyd Merck chromatographisch gereinigt. Die farbigen Anteile des Extrakts werden zunächst mit wasserfreien Isopropanol eluiert und verworfen. Von der anschließenden Elution mit 94%igem Isopropanol werden die ersten 130 ml abgenom-

men und die Absorption bei 282 nm gemessen. Im Bedarfsfall muß diese Lösung im Vakuum eingeengt werden. – Die Bestimmung von β-Carotin, Ascorbinsäure, wasserlöslichen Kohlenhydraten und des Gesamtsäuregehaltes in Paprikafrüchten werden kurz beschrieben. W. Franzke. 246.

Dimitrova, El., Ognjanov, Il. und Zolotovič, G. (Dimitrowa, El., Ognjanow, Il. und Solotowitsch, G.) Vŭrchu učastieto na korenovata sistema pri sintezata na eteričnoto maslo v rastenija ot roda Mentha. **(Über die Teilnahme des Wurzelsystems an der Synthese des ätherischen Öls in der Gattung Mentha.)** Izvestija na Centralnija naučnoizsledovatelski institut po rastenievŭdstvo, Sofija **12** (1961) S. 131–145. – 5 Abb., 2 Tab., 22 Lit. Zus. in Russ., Engl.
Untersucht wurden 20 heteroplastische Pfropfungen zwischen *Mentha piperita* f. *rubescens* und *Mentha spicata* (= *viridis*) einerseits und der sowjetischen Sorte 'Nr. 541', Lynaloll- und Zitralpfefferminzen andererseits vorgenommen. Die auf die Lynalloll-Pfefferminze gepfropften Pflanzen entwickelten sich am besten, die auf die Zitral-Pfefferminze dagegen am schlechtesten. Der das Edelreis kennzeichnende Gehalt an ätherischem Öl wird durch die Unterlage nicht beeinflußt. Die Zusammensetzung des aus den Okulaten gewonnenen Öls war der der Kontrolle (autoplastische Pfropfungen) praktisch gleich. Die die Ausbildung des ätherischen Öls beeinflussenden Enzymsysteme sind demnach in Organen lokalisiert, die vom Wurzelsystem nicht beeinflußt werden. Die Pfropfungen waren zu 95–98% erfolgreich.
S. Waklinowa. 246.

Popov, Ivan D. (Popow, Iwan D.) Opiti za izjasnjavane biochimičnoto dejstvie na ultrazvuka. **(Versuche zur Klärung der biochemischen Wirkung des Ultraschalles.)** Izvestija na Centralnija naučnoizsledovatelski institut po rastenievŭdstvo, Sofija **12** (1961) S. 169–176. – 1 Abb., 2 Tab., 11 Lit. Zus. in Russ., Dtsch.
Unter optimalen Bedingungen (Stärke und Dauer) beschleunigt Beschallung die Keimung und steigert die Enzymaktivität im Samen. Dies wurde bestätigt dadurch, daß Ultraschallbehandlung die Depolymerisation von Stärke in wäßriger Lösung (1%ig) durch Amylase beschleunigte. S. Waklinowa. 247.

E. Pflanzenökologie

Friedrichs, K.; Göttingen. **Ist das Ganze der Flora und Fauna im Agrarbiotop eine Lebensgemeinschaft?** Z. Pflanzenkrankh. (Pflanzenpathol.) Pflanzenschutz **69** (1962) Nr. 4. S. 193–199.
Vf. untersucht die Frage, ob die Landwirtsch. sich ohne Schaden so sehr intensivieren kann, daß praktisch alles Naturleben außer der Kulturpflanze in Feld und Garten vernichtet wäre zugunsten des erstrebten max. Ertrages, oder ob dies zu wirtsch. Schäden führen würde. Die in Feld und Flur bestehende Lebensgemeinschaft (LG.) freilebender Tiere und Pflanzen erhält sich durch Selbstregelung bei Bestand, wenn durch die Bewirtschaftung nicht ein gewisses Maß der Intensität überschritten wird. Da die Kulturpflanzen nicht Teil der LG. sind, könnte dies zu der Schlußfolgerung verleiten, daß der Mensch, der ohnehin ständig in die LG. eingreift, auf die LG. keine Rücksicht zu nehmen brauche. Unter bestimmten Verhältnissen ist ein Teil der LG. unentbehrlich für das Leben der Kulturpflanzen (Bodenbakterien und -pilze) ein anderer lebenswichtig (Insekten bei der Befruchtung). Vf. sieht der Zukunft optimistisch deswegen entgegen, da durch die Anlage von Natur- und Wasserschutzgebieten sowie Aufforstungen nicht intensivierbarer landwirtsch. Flächen Rückzugsgebiete entstehen werden, in denen natürliche LG. erhalten bleiben. K. Schulz. 249.

Harper, John L. und McNaughton, I. H.; Oxford, Univ., Dep. of Agric. The comparative biology of closely related species living in the same area.

VII. Interference between individuals in pure and mixed populations of Papaver species. **(Die vergleichende Biologie engverwandter Arten, welche auf derselben Fläche leben. 7. Mitt. Konkurrenz zwischen den Individuen in reinen und gemischten Populationen von Papaver-Arten.)** New Phytologist **61** (1962) Nr. 2. S. 175–188. – 6 Abb., 4 Tab., 10 Lit.
Von den Mohnarten *Papaver rhoeas*, *P. dubium*, *P. lecoqii*, *P. argemone* und *P. apulum* wurden reine Populationen und Mischpopulationen von 2 Arten in verschiedenen Dichten (Saatmenge/Fläche) experimentell hergestellt. Mit zunehmender Dichte nahm die Mortalität innerhalb der Population zu, ebenso reagierten die Pflanzen durch Verminderung der Pflanzengröße und der Zahl der Kapseln/Pflanze. In diesem Verhalten zeigten die untersuchten Arten keine signifikanten Unterschiede. Innerhalb einer Mischpopulation regulierten die Arten ihren Umfang unabhängig von der Dichte der anderen Art, d. h. die Mortalität innerhalb einer Art ist hauptsächlich von ihrer eigenen Dichte abhängig. Die in einer Mischpopulation im geringeren Anteil vorhandenen Arten zeigten eine wesentlich geringere Mortalität. Es wird vermutet, daß diese Erscheinung die Ursache ist, weshalb Mischpopulationen stabiler sind als reine Populationen. J. Schulze. 249.

Beadle, N. C. W.; Univ. of New England, Australia, Dep. of Bot. Soil phosphate and the delimitation of plant communities in Eastern Australia. II. **(Abgrenzung der Pflanzengesellschaften durch Bodenphosphorsäure im östlichen Australien. 2. Mitt.)** Ecology **43** (1962) Nr. 2. S. 281–288. – 3 Abb., 2 Tab., 10 Lit. 1. Mitt. vgl. LZ. Abt. II **2** (1957) Nr. 2. S. 208.
Die schon früher von Vf. geäußerte Ansicht (vgl. l. c.), daß der P-Gehalt des Bodens der wachstumsbegrenzende Faktor vieler Baumarten im Regenwald und der Buschsteppe darstellt, wird durch Gefäßversuche untermauert. Auf 4 verschiedenen Böden mit unterschiedlichem P_2O_5-Gehalt (23–230 ppm.) gediehen *Eucalyptus* ssp. und *Acacia suaveolens* mit zunehmendem P-Gehalt bedeutend besser (höhere Stammlänge, größere Blattlänge und Blattfläche). Lediglich *Hakea dactyloides* reagierte entgegengesetzt. Dies wird auf mangelnde Durchlüftung des lehmreichen Bodens zurückgeführt. H. Pätzold. 249.

F. Pflanzensoziologie

Snaydon, R. W.; Bangor, Univ. Coll. of Wales. The growth and competitive ability of contrasting natural populations of Trifolium repens L. on calcareous and acid soils. **(Wachstum und Konkurrenzfähigkeit kontrastierender natürlicher Populationen von Trifolium repens L. auf basischen und sauren Böden.)** J. Ecology **50** (1962) Nr. 2. S. 439–447. – 7 Tab., 24 Lit.
Weißklee-Herkünfte von kalkreichen und sauren Standorten wurden nach 3monatiger Verpflanzungszeit (in John-Innes-Kompost) im Rein- oder gemischten Bestand im Gefäßversuch auf saurem und basischem Substrat geprüft. Bei den Erträgen zeigten sich enge Relationen zwischen Standort und dem entspr. Substrat im Gefäß; „basische" Populationen waren im basischen Milieu am wüchsigsten und versagten im sauren Milieu stärker als Herkünfte kalkarmer Standorte; z.T. erreichten auch „saure" Populationen auf basischem Substrat die Ertragshöhe der „basischen". Insgesamt zeigten die „sauren" Herkünfte eine stärkere Konkurenzfähigkeit, woraus eine größere ökologische Streubreite dieser Herkünfte gegenüber „basischen" resultieren soll. H. Pätzold. 253.

G. Pflanzengeographie

Pfitzenmeyer, C. D. C.; Aberystwyth, Welsh Plant Breeding Stat. Arrhenatherum elatius (L.) J. & C. Presl. **(Arrhenatherum elatius [L.] J. und C. Presl.)** J. Ecology **50** (1962) Nr. 1. S. 235–245. – 3 Abb., 4 Tab., 36 Lit.

Arrhenatherum elatius ist die einzige Art dieser Gattung, die in Großbritannien vertreten ist, da die Varietät *bulbosum* auf Grund der Untersuchungen von Jenkins nicht länger als eine gesonderte Art angesehen werden kann. *A. elatius* kommt überall auf den Britischen Inseln bis 423 m über NN vor. *A. elatius* ist kalten Temperaturen und Wind gegenüber empfindlich. Wärme beschleunigt die Keimung der Samen, die vegetative Entwicklung und Samenproduktion. Ungünstig sind arme, saure Böden und schattige Standorte. Die Gesellschaften, in denen *A. elatius* beobachtet wurde, werden beschrieben und das Verhalten gegenüber biotischen Faktoren untersucht. Gelegentliches Mähen verträgt *A. elatius*, scharfes Beweiden weniger. Den Tritt der Tiere verträgt *A. elatius* nicht und ist deswegen auf häufig begangenen Wegen (an Weidetoren) nicht zu finden. K. Schulz. 262.

K. Agrarmeteorologie

Bobek, K., Matoušek, J. und Barcal, R.; Pilsen, ČSSR, Karls-Univ., Med. Fak. **Die Organisation der Biometeorologie in der Tschechoslowakei.** Wetter u. Leben [Wien] **14** (1962) Nr. 5/6. S. 125–127.

Im Apr. wurde die Bioklimatische Kommission bei der biol. Klasse der ČS-Akad. der Wiss. gegründet. Der Vorsitzende V. Novák organisierte 3 bioklimatische Konferenzen in den Jahren 1955, 1958 und 1961. Im Dez. 1958 erfolgte die Gründung der Meteorologischen Gesellschaft der ČSSR innerhalb der Akad. der Wiss. Hier schlossen sich die Bioklimatologen zu einer bioklimatologischen Fachgruppe zusammen. Die 1. Versammlung wurde im Nov. 1959 in Pilsen durchgeführt und die Mitglieder des Präsidiums (Vorsitzender Prof. Dr. Bobek) gewählt. Auf der 2. Tagung im Febr. in Prag wurden Vorträge gehalten über die Arbeiten des Agrometeorologischen Labor. der Landwirtsch. Hochschule, insbes. über das Mikroklima in Stallungen. Es folgten weitere Tagungen in Brünn und Prag 1960, in Karlsbad, Zbraslav und Königgrätz 1961 sowie in Prag 1962. Hier wurden u.a. Fragen der räumlichen klimatischen Forschung für Land- und Forstwirtsch., des Mikroklimas von Feld- und Waldkulturen, der Verunreinigung der Atmosphäre, der Waldklimatologie und des Einflusses der Sonne auf das Leben behandelt. – Bes. Wert werden auf internationale Zusammenarbeit und die Förderung der Publikation und Dokumentation gelegt. Die Zahl der Mitglieder erhöhte sich von 25 auf 114.

A. Raeuber. 293.

Albrecht, Fritz; Schramberg-Sulgen. **Die Berechnung der natürlichen Verdunstung (Evapotranspiration) der Erdoberfläche aus klimatologischen Daten.** Ber. dtsch. Wetterdienstes **11** (1962) Nr. 83. S. 83/3–83/19. – 24 Abb., 1 Tab., 40 Lit.

Die Ermittlung der natürlichen Verdunstung aus klimatologischen Daten wurde bisher durch Berücksichtigung des Windes bzw. des Wärmehaushaltes und auch des Wasserhaushaltes vorgenommen. Eine wichtige Größe für die Berechnung aus dem Wärmehaushalt ist das Verhältnis L/V zwischen der an die Luft abgegebenen Wärmemenge L und der bei der Verdunstung verbrauchten Wärmemenge V, zu deren Bestimmung der vertikale Temperatur- und Feuchtigkeitsgradient zur Verfügung stehen muß. Zu diesem Zweck wird eine Meßanlage empfohlen, die es gestattet, Temperatur und Luftfeuchtigkeit dicht über dem Erdboden zu registrieren. Die durch ein Jalousiedach geschützten Meßelemente liegen im zusätzlichen Schatten eines ringförmigen Blechschirmes, der je nach Breitengrad oder Jahreszeit verstellbar angeordnet wird. Die Gleichung des Wärmehaushaltes lautet $S = B + L + V$. Hierbei sind S der Strahlungsumsatz und B die im Boden umgesetzte Wärmemenge. Mit Hilfe von Formeln und Diagrammen können näherungsweise die einzelnen Glieder und damit auch die Verdunstung bestimmt werden. Die Verdunstung über Wäldern ist höher als über den Feldern entspr. der Mehreinnahme des Waldes an Strahlungsenergie durch die verringerte Albedo. Außerdem wird die Berechnung der Verdunstung aus dem Wasserhaushalt beschrieben und mit anderen Berechnungsverfahren verglichen. Von den beiden Verfahren ist das über den Wärmehaushalt vorzuziehen. A. Raeuber. 293.

Hoffmann, K.; Dresden-Pillnitz, Agrarmeteorol. Forsch.-Stat. **Untersuchungen über den Einfluß meteorologischer Faktoren auf den Blühverlauf einiger Apfelsorten.** Angew. Meteorol. 4 (1962) Nr. 5. S. 146–154. – 4 Abb., 4 Tab., 7 Lit. Zus. in Engl.
An Bäumen zahlreicher Apfelsorten wurden alle 2 Tage die noch nicht aufgebrochenen Knospen gezählt, sowie die Anzahl der erblüten und verblüten Blüten ermittelt. Meteorologische Werte sind innerhalb der Obstplantage, in der die Untersuchungen angestellt wurden, gewonnen worden. Es konnten Sortenunterschiede in der Aufblühgeschwindigkeit und eine Abhängigkeit sowohl der täglichen Aufblühänderung als auch der Abblühänderung von Beobachtung zu Beobachtung von der Tagesschwankung der Lufttemperatur für bestimmte Jahre nachgewiesen werden. – Bei einer Tagesmitteltemperatur von 5 °C kommt das Aufblühen fast zum Stillstand. Ansteigende Temperaturen bedingen bis zu 16–17 °C eine immer größere Anzahl aufgeblühter Blüten, über diese Temperaturen hinaus aber nicht mehr. – Die beobachteten Apfelsorten reagierten auf meteorologische Reize nach 2 Tagen. – Die mathematische Bearbeitung der Beobachtungsergebnisse wird aufgezeigt.
T. v. Wilamowitz-Möllendorff. 296.

Horváth, I. und Koltay, A. Növényállámónyban történö fénymérések metodikai problémáiról. **(Über methodische Probleme der Lichtmessungen in Pflanzenbeständen.)** Agrártudományi Egyetemi Mezögazdaságtudományi Karának Közleményei, Gödöllö [Ber. landwirtsch.-wss. Fak. Univ. Agrarwiss., Gödöllö] **1960** S. 301–305. – Aus: Ung. Agrar-Rdsch. **1962** Nr. 1.
Bei ökophysiol. Untersuchungen ist die Messung der Lichtintensität und die Spektralanalyse des Lichtes wichtig. Zur Messung von gemischtem Licht ist der Selenzellenlichtmesser verwendbar. In jeder Höhe müssen 3 Messungen durchgeführt werden. Mit der nach oben gerichteten Selenzelle wird das gestreute und direkte Licht, mit der nach unten gerichteten die Intensität des von der Pflanze bzw. von einer entspr. großen, weißen Fläche reflektierten Lichtes (Kontrolle) gemessen. Unbedingt wichtig ist die waagerechte Lage der Selenzelle, die gleichbleibende Meßhöhe sowie der gleiche Abstand zwischen der weißen Fläche und der Selenzelle bei der Kontrollmessung. Zur Sicherung dieser Bedingungen konstruierten Vff. ein Stativ. Die Spektralanalyse des direkten und gestreuten Lichtes erfolgte mit einem Selenzellenlichtmesser, welcher mit 2 oder mehr Schott-Filtern ergänzt wurde. Dies ermöglichte, die Wellenbereiche von 60 bis 100 mμ abzugrenzen. Auf diese Art konnten die 6 Hauptfarben, jede für sich, gemessen werden. Die Bewegung des Pflanzenbestandes erschwert die Messungen. In diesem Falle müssen die Werte in jeder Lage mindestens 1 Min. lang alle 10 Sek. abgelesen und die Mittelwerte errechnet werden. 296.

Glover, J. und Gwynne, M. D.; Muguga, Kenya, East African Agric. and Forestry Res. Organization; Oxford, Univ., Bot. School. Light rainfall and plant survival in East Africa. I. Maize. **(Leichter Regenfall und das Überleben der Pflanzen in Ostafrika. 1. Mitt. Mais.)** J. Ecology **50** (1962) Nr. 1. S. 111–118. – 5 Abb., 2 Tab., 10 Lit.
Wie von einigen Baum- und Straucharten bekannt ist, kann auch Mais an der Sproßbasis in einer bes. reich durchwurzelten Bodenzone Regenwasser in beträchtlicher Menge konzentrieren. Das Überleben der Maispflanzen in der Trockenzeit stellt eines der Hauptprobleme des Pflanzenbaus in Ostafrika dar, da der Ertrag des Maises sehr stark von der Intensität der Trockenzeit

(Mai–Okt. bzw. Jan.–Febr.), in der er reift, abhängt. Leichte Regenfälle (d.h. Schauer von unter 13 mm während der Trockenzeit), die in den Boden nur oberflächlich eindringen und rasch wieder verdunsten, spielen für den Mais in Trockenperioden eine weit bedeutendere Rolle als bisher angenommen wurde. Das Regenwasser wird von den Blättern aufgefangen, in deren Mittelrinne zur Sproßbasis geleitet, wo es in einer halbkugelförmigen Bodenregion in größerer Tiefe und für längere Zeit gespeichert wird. Durch diese Konz. kleiner Regenmengen auf den Wurzelraum kann der Mais auch längere Trockenzeiten gut überstehen. Für das Messen bzw. Schätzen der von der Einzelpflanze aufgefangenen Regenmenge werden 2 Methoden angegeben. S. Rauschert. 296.

Glover, P. E., Glover, J. und Gwynne, M. D.; Muguga, Kenya, East African Agric. and Forestry Res. Organization; Oxford, Univ., Bot School. Light rainfall and plant survival in E. Africa. II. Dry grassland vegetation. **(Leichter Regenfall und das Überleben der Pflanzen in Ostafrika. 2. Mitt. Die Vegetation der Trockenrasen.)** J. Ecology **50** (1962) Nr. 1. S. 199–206. — 11 Abb., 7 Lit. 1. Mitt. vgl. vorst. Ref.
Das Eindringen des Regenwassers in den Boden unter verschiedenen Trockenrasengesellschaften Kenyas wurde 4 Std. nach einem leichten Regenschauer geprüft. Es zeigte sich, daß die Eindringtiefe des Wassers abhängig ist von der Pflanzengesellschaft, vom Bodentyp und der gefallenen Regenmenge; sie ist annähernd gleich der Pflanzenhöhe plus der normalen Eindringtiefe einer gleichen Regenmenge in unbewachsenen Boden gleichen Typs. Auf einem schematischen Querschnitt durch den Boden und seine Grasnarbe ist die Fläche der durchfeuchteten Bodenschicht etwa gleich derjenigen, die von den oberirdischen Pflanzenteilen ausgefüllt wird, plus einer Fläche, die bei gleichem Bodentyp und gleicher Regenmenge, aber fehlender Vegetation durchfeuchtet wird. Vff. untersuchten auch den Einfluß einzeln stehender Bäume in Trockenweiden auf den lokalen Charakter der Vegetation. S. Rauschert. 296.

Brachet, Jean and *Mirsky, Alfred E.* **The Cell. Cells and their component parts.** Vol. 2. New York; London: Academic press. 1961. (916 S.) 8°. (1959 A 1931)
Voprosy metodiki agromterologičeskich nabljudenij i rasčetov. (Fragen der Methodik der agrometeorologischen Beobachtungen und Berechnungen.) Hrsg.: Glavnoe upravl. gidr. služby pri Sovete minostrov SSSR. Moskva: Gidromet. izd. 1961. (59 S.) 4° = Trudy Central'nogo instituta prognozov, Moskva Nr. 107. (SR 1138 A 107)
Gol'cberg, Ida Arturovna. **Agroklimatičeskaja charakteristika zamorozkov v SSSR i metody bořby s nimi.** (Agroklimatische Charakteristik der Früh- und Spätfröste in der UdSSR und die Methoden zu ihrer Bekämpfung.) Leningrad: Gimiz. 1961. (197 S.) 8°. DM 4,25. (1962 A 200)

III. BODENKUNDE

A. Allgemeine Literatur, Berichte, Statistiken u.a.

Newman, James E.; Lafayette, Ind., Purdue Univ., Agric. Exp. Stat. Some aspects of applied meteorology in the soil and crop sciences. **(Einige Aspekte der angewandten Meteorologie in der Bodenkunde und Pflanzenbaulehre.)** Soil Sci. **93** (1962) Nr. 1. S. 62–67. — 3 Abb., 12 Lit.
Die angewandte Meteorologie steht mit den verschiedenen Gebieten der Bodenphysik, der Pflanzenphysiologie und der Ökologie in engem Zusammenhang. Hauptangelegenheit der angewandten Meteorologie in der Boden- und Pflanzenbauwissenschaft ist es, Einsicht zu schaffen, wie die Energie im Bodenprofil und in der Vegetationsdecke übermittelt, gespeichert und verteilt wird. Die mathematische Behandlung von Problemen der Strahlung, des Wärmehaushaltes und des Gasaustausches in Beziehung zum Bodenprofil und Pflanzenbestand wird grundlegend unter Bezugnahme auf neueste Veröffentlichungen international bedeutender Forscher dargestellt.
T. v. Wilamowitz-Möllendorff. 301.

Der Boden. Schicksalsfrage unserer Zeit. Zürich: Schweiz. Vereinigung f. Landesplanung. 1961. (124 S.) 4°. (1962 B 161)

B. Grundlagen zur Bodenkunde

Pigott, C. D.; Cambridge, Bot. School. Soil formation and development on the carboniferous limestone of Derbyshire. I. Parent materials. **(Bodenbildung und -entwicklung auf dem karbonischen Kalkstein von Derbyshire. 1. Mitt. Ausgangsmaterial.)** J. Ecology **50** (1962) Nr. 1. S. 145–156. – 12 Abb., 16 Lit.

Vf. führte profilmorphol., mineralog. und phys. Untersuchungen an oberflächlichen Ablagerungen durch, die dem außerhalb des Bereiches der letzten Vereisung liegenden stark verwitterten karbonen Kalkstein von Derbyshire aufliegen. Ein weitverbreitetes, vorwiegend schluffig-lehmiges Substrat, meistens getarnt durch kryoturbate Vermischung mit darunterliegendem Lösungsrückstand des Kalksteins, wird durch Vergleich der Schwermineral- und Tonmineralgesellschaften als Löß identifiziert. Sein Ursprungsgebiet ist nach Ansicht des Vf. der nördlich des Derbyshire-Kalksteins vorkommende Millstone-Sandstein mit Spuren starker kaltzeitlicher Abtragung. Bei gleicher Mineralzusammensetzung erlaubt nur die Korngrößenverteilung eine Trennung von Löß und Verwitterungsprodukt des Millstone-Sandsteins in situ. Ersterer zeigt stets ein Anwachsen in der Fraktion 0,01–0,08 mm. – Neben einer mächtigen Schicht unlöslichen Kalksteinrückstandes, deren ausschl. Verbreitung außerhalb des Vereisungsbereiches auf eine langandauernde Phase ungestörter Verwitterung und Akkumulation wenigstens seit dem letzten Interglazial hindeutet, werden hochplastische rote und gelbe Tone beschrieben. Sie sind das Produkt intensiver interglazialer chem. Verwitterung z. T. triassischer Sedimente und bodentypologisch als fossile Terrae calcis aufzufassen. D. Werner. 325.

C. Bodenchemie

Reyes, Edilberto D., Galvez, Nicolas L. und Nazareno, Nieves B. Lysimeter studies on a lipa clay loam grown to paddy rice. I. Leaching losses of some soil constitutents. **(Lysimeter-Untersuchungen an einem mit Paddy-Reis bebauten Lipa-Ton-Lehm. 1. Mitt. Auslaugungsverluste von einigen Bodenbestandteilen.)** Philippine Agriculturist **45** (1961) Nr. 5. S. 244–257. – 1 Abb., 3 Tab., 12 Lit.

Eines der wichtigsten Kennzeichen des Reisanbaues auf den Philippinen ist in der Anwesenheit von stagnierendem Wasser über der Bodenoberfläche zu erblicken. Die verschiedenen Änderungen phys., chem. und biol. Art sind in den Paddy-Böden daher größtenteils verursacht durch das vorhandene Stauwasser. Die Vff. untersuchten diese hydrodynamisch bedingten Zusammenhänge mit Hilfe von Lysimetern in einem Lipa-Ton-Lehm, der mit gestaffelten Düngergaben und verschiedenen Auslaugungsprozeduren behandelt worden war. Die auf diese Weise unter dem Einfluß der Reiskultur ermittelten Nährstoffverluste (kg/ha/Jahr) erreichen folgenden Umfang: **Mg 118, Ca 116, Na 94, K 22, Cl 28, S 20, N 4, P 0,046, Fe 34, Mn 7,4, Al 0,81.** W. Prager. 330.

Harmsen, G. W.; Groningen, Inst. voor Bodemvruchtbaarh. Landbouwkundige en bodemkundige problemen rondom de stickstof in de grond. **(Landwirtschaftliche und bodenkundliche Fragen des Bodenstickstoffs.)** Landbouwkund. Tijdschr. **74** (1962) Nr. 12. S. 505–519. – 1 Abb., 35 Lit. Zus. in Engl.

Folgende 5 Fragenkomplexe werden ausführlich behandelt: 1. N-Formen im Boden, 2. Bestimmung des N-Bedarfs der Pflanzen: Der gesamte im Boden vorhandene N (N_t) kann nicht als Maß für die N-Zufuhr der Pflanze angesehen werden, obwohl eine Relation zwischen N_t und der N-Versorgung besteht. Entscheidend ist auch nicht der Gehalt an löslichem mineral. N (N_m), sondern allein die Zufuhr von pflanzenaufnehmbarem N und der kontinuierliche Ablauf der Mineralisierung des org. gebundenen N. 3. Die Mineralisierung des org. gebundenen N wurde bisher fast ausschl. im Laboratoriumsversuch überprüft. Der Beobachtung dieses Vorgangs kommt jedoch im Felde bes. Bedeutung zu. 4. Vertikale Bewegung des löslichen N im Boden. 5. Beziehung zwischen dem N im Boden und in der Atmosphäre. E. M. Ardelt. 330.

Klemmedson, J. O., Schultz, A. M., Jenny, H. und Biswell, H. H. Effect of prescribed burning of forest litter on total soil nitrogen. **(Wirkung eines vorsätzlichen Abbrennens der Waldstreu auf den Gesamtstickstoffgehalt des Bodens.)** Proc. Soil Sci. Soc. America **26** (1962) Nr. 2. S. 200–202. – 1 Abb., 2 Tab., 6 Lit.

Das Abbrennen (Kiefernstandort) wurde in 2 Stufen vorgenommen, so daß zunächst vorwiegend der L-Horizont betroffen und bei einer 2. Variante zusätzlich gröberes Material, wie z. B. Zweige erfaßt wurde. Der zu untersuchende unterlagernde Mineralboden befand sich homogenisiert in Gefäßen in gleicher Höhe wie der gewachsene Boden. Probeentnahmen erfolgten 2, 4 und 18 Mon. nach dem Abbrennen. Das leichte Abbrennen veränderte den N-Gehalt des Mineralbodens nicht. Die nichtabgebrannten und leicht abgebrannten Proben wiesen einen mit der Zeit ansteigenden N-Gehalt auf; die N-Anreicherung nach 18 Mon. betrug 12,3 lb./acre. Unter der Annahme, daß dieser N-Gewinn auf der Auswaschung des L- und F-Horizontes sowie des zusätzlichen Nadelstreujahrganges nach dem Brand beruht, wurde der jährliche N-Verlust der org. Subst. zu 3,22% berechnet. Der N-Gewinn war nach dem stärkeren Abbrennen geringer. Durch die Kombination eines schwachen (95% der Fläche) und starken (5%) der Fläche) Abbrennens, wie es unter natürlichen Verhältnissen erfolgt, kann ein Gesamt-N-Verlust von 124 lb./acre eintreten. Der Gesamt-N-Gehalt des Ausgangsbodens betrug für den L + F-Horizont 401 lb./acre N. H. J. Fiedler. 330.

Taylor, A. W. und Gurney, E. L.; Alabama, Tennessee Valley Authority. Solubility of amorphous aluminium phosphate. **(Löslichkeit des amorphen Aluminiumphosphates.)** Soil Sci. **93** (1962) Nr. 4. S. 241–245. – 1 Abb., 2 Tab., 7 Lit.

Amorphes $AlPO_4$ wurde aus Al und konz. H_3PO_4 hergestellt und in siedendem Wasser bzw. Azeton suspendiert. Beide Produkte wurden mit Wasser gewaschen. Die Teilchen hatten einen Durchmesser von etwa 0,03 μm. Die Zusammensetzung der festen und der wäßrigen Phase wurde bestimmt, und zwar von verschiedenen Verdünnungsstufen. Beim Azetonprodukt nahm mit zunehmender Verdünnung das mol. Verhältnis P_2O_5/Al_2O_3 in der festen Phase von 1,2–0,94 ab und in der wäßrigen von 2,9–12,0 zu, entspr. pH-Werten von 2,6 und 4,0. Ein definiertes Löslichkeitsprodukt für amorphes $AlPO_4$ kann nicht angegeben werden. Die Aktivitäten von $Al(OH)_3$ und H_3PO_4 lagen in logarithmischer Form pAl + 3 pOH bei 35 und pH + pH_2PO_4 bei 7,5 und wurden aus den pH-Werten berechnet. Die Ionenarten können nicht als einfache Al- und Phosphationen angesehen werden; es liegen teilweise größere polymere Komplexe vor. Wenn das scheinbare Ionenprodukt $a_{Al} \cdot a_{PO_4}$ den Wert von 10^{-20} überschreitet, liegen die Komplexe in bezug auf amorphes $AlPO_4$ als übersättigte Lösungen vor. W. Schulze. 330.

Wiklander, Lambert; Uppsala, Roy. Coll. of Agric., Dep. of Pedol. Potassium in the cultivated soils in the province of Skåne. **(Kalium in den Kulturböden der Provinz Skåne.)** Socker, Handl. II **16** (1960) Nr. 6. S. 57–70. – 6 Abb., 5 Tab., 10 Lit.

Im Herbst 1956 wurden 140 Bodenproben aus dem Oberboden und entspr. Proben aus dem Unterboden von 18 mehr oder weniger Mg-Mangelsymptome zeigenden Rübenfeldern entnommen (vgl. nachst. Ref.). – Die meisten Böden waren arm an austauschbarem K; der durchschnittliche Gehalt betrug 0,23

mval/100 g Boden im Oberboden und 0,15 mval/100 g Boden im Unterboden. Die Bodenproben aus der Nähe Mg-Mangelsymptome zeigender Pflanzen hatten einen etwas geringeren Gehalt an austauschbarem K als diejenigen von gesunden Pflanzen. Der Gehalt an Reserve-K war mit durchschnittlich 69 mg/100 g Boden im Oberboden und 59 mg/100 g Boden im Unterboden ebenfalls gering. Zwischen Reserve-K und pflanzenaufnehmbarem K bestanden, bes. im Unterboden (r = 0,89), gute Wechselbeziehungen. Die K-Fixierung betrug bei der Zugabe von 160 mg K/100 g Boden im Oberboden 62 und im Unterboden 72 mg K/100 g Boden. Bei der niedrigen Zugabe von 10 mg K/100 g Boden wurde mit 94% im Oberboden und 98% im Unterboden die höchste K-Fixierung in % des zugeführten K erreicht. Bei vielen Böden bestand zwischen K-Zufuhr und K-Fixierung bis zu 40 mg K/100 g Boden eine lineare Beziehung; bei weiterer K-Zufuhr stieg die Fixierung nicht mehr proportional. Im Unterboden von Vergleichsböden war diese Beziehung bis zur Zugabe von 160 mg K/100 g Boden linear, und in einem tonreichen Boden erreichte man sogar mit einer Zufuhr von 1000 mg K noch nicht die Grenze der Fixierung. Auch zwischen dem Gehalt an Reserve-K und der K-Fixierung zeigte sich, bes. im Unterboden, eine gewisse Beziehung. Vf. weist abschließend darauf hin, daß durch Fixierung des K- als auch des NH_4-Ions die Düngewirkung vorübergehend gering sein kann; bei entspr. Voraussetzungen stehen die Nährstoffe den Pflanzen später jedoch wieder zur Verfügung. Dies sollte bei der Auswertung bes. von Feldversuchen stärker berücksichtigt werden.
E. Linke. 330.

Wiklander, Lambert; Uppsala, Roy. Coll. of Agric., Dep. of Pedol. The magnesium contents of soils in the province of Skåne. **(Der Magnesiumgehalt der Böden in der Provinz Skaane.)** Socker, Handl. II **16** (1960) Nr. 5. S. 37–55. – 6 Abb., 8 Tab., 16 Lit.

Von 18 über die Provinz Skåne verteilten Feldern wurden aus dem Oberboden und dem Unterboden (40–50 cm Tiefe) jeweils 140 Bodenproben entnommen. – Der Gehalt an austauschbarem Mg war in Mangelböden gegenüber den Vergleichsböden sehr niedrig; im Oberboden wurde 26–27mal mehr austauschbares Ca als Mg und im Unterboden 19–26mal mehr festgestellt. Der $CaCO_3$-Gehalt dieser Böden lag im Durchschnitt recht hoch, und der pH-Wert war fast ausnahmslos > 7. Vergleichsböden, die keine Mangelsymptome aufwiesen, enthielten Ca und Mg im Verhältnis von 3,9:1 im Oberboden und von 1,9:1 im Unterboden. Durch 0,025 n $CaCl_2$-Lösung wurden durchschnittlich 40% des austauschbaren Mg extrahiert, wobei 3,0 mg Mg/100 g Boden im Oberboden und 2,6 mg Mg/100 g Boden im Unterboden nicht den geforderten Grenzwerten für eine ausreichende Mg-Versorgung entsprachen. Pflanzen ohne Mangelsysmptome wiesen höhere Mg-Gehalte auf (0,53–0,56%) als Mangelpflanzen (0,30%). Zwischen Mg-Gehalt in Blättern und austauschbarem Mg-Gehalt des Unterbodens ergab sich eine gesicherte Korrelation (r = 0,48). Höherer Gehalt des Bodens an austauschbarem K verminderte die Mg-Aufnahme. Durch $MgSO_4$-Düngung im Herbst konnte der Mg-Gehalt in den Blättern verdoppelt werden. Die Zufuhr an Mg durch Düngung, Ernterückstände und aus der Atmosphäre wird auf 13,7 kg/ha jährlich, der Entzug durch Ernte und Auswaschung auf 46 kg/ha jährlich geschätzt. E. Linke. 330.

Hogg, D. E.; Hamilton, Rukuhia Soil Res. Stat., Dep. of Agric. Studies on soil magnesium. I. A laboratory investigation into the displacement and replacement of magnesium in soils. **(Untersuchungen über Bodenmagnesium. 1. Mitt. Ein Laboratoriumsversuch über die Verdrängung und den Ersatz von Magnesium in Böden.)** New Zealand J. Sci. **5** (1962) Nr. 1. S. 64–73. – 3 Abb., 4 Tab., 11 Lit.

Den Bodenproben aus 10 Bodentypen wurden KCl und Superphosphat, entspr. 2 bzw. 4 cwt./acre, zugesetzt. Die Proben wurden dann in Polyäthylenbecher überführt, ausgelaugt und anschließend 60 Std. bei 25 °C in Umluft getrocknet. Auslaugen und Trocknen wurden 2mal wöchentlich innerhalb von 6 Wochen wiederholt. Die verdrängte Mg-Menge war in der 1. Woche am höchsten und nahm bis zur 3. Woche ab, danach wurden nur unbedeutende Mengen in den Filtraten ermittelt. Von den Bodentypen entließen Sand- und Vulkanitböden das meiste Mg. Bei Anwendung von K_2CO_3, $KHCO_3$ und K-Phosphaten wurde nur sehr wenig Mg verdrängt. Nach Vf. ist der bei diesem Verfahren in der 1. Woche eingetretene Mg-Verlust mit dem austauschbaren Mg-Anteil des Bodens identisch. O. Knabe. 330.

Volobuev, V. R. (Wolobujew, W. R.); Inst. für Bodenkunde und Agrochem. der Akad. der Wiss. der Aserbaidshan.SSR. Izmenenie soderžanija kremnezema, glinozema i železa v počvach v svjazi s gidrotermičeskimi uslovijami. **(Veränderung des Gehaltes an SiO_2, Al_2O_3 und Fe_2O_3 in den Böden in Verbindung mit den hydrothermalen Bedingungen.)** Počvovedenie, Moskva **1962** Nr. 5. S. 73–82. — 4 Abb., 9 Lit. Zus. in Engl.
Die Gesamtanalysen von über 3700 Bodenproben aus fast 800 Bodenprofilen 40 verschiedener Bodentypen und Untertypen der verschiedensten Länder der Welt werden ausgewertet und die Schwankungen des SiO_2, Al_2O_3 und Fe_2O_3-Gehaltes der wichtigsten Bodentypen sowie einige gesetzmäßige Veränderungen des Si- und Sesquioxydgehaltes dargestellt. Die hydrothermalen Bedingungen beeinflussen Abnahme bzw. Anreicherung der genannten Oxyde in den einzelnen Bodentypen. Ch. Bachmann. 330.

Dutt, Gordon R. und Low, Philip F.; Purdue Univ. Diffusion of alkali chlorides in clay-water systems. **(Diffusion von Alkalichloriden in Ton-Wassersystemen.)** Soil Sci. **93** (1962) Nr. 4. S. 233–240. — 4 Abb., 3 Tab., 12 Lit.
Von 2,5 g Li- und Na-Bentonit wurden mit 5 g entsalztem Wasser Pasten hergestellt, in die man 0,1 n LiCl bzw. NaCl diffundieren ließ. Die Cl^--Gehalte der Lösungen und der Pasten sowie die Porosität der Tone wurden bestimmt. Die scheinbaren Diffusionskoeffizienten nahmen mit zunehmender Salzkonz. ab. Dies wird einer salzinduzierten Viskositätserhöhung zugeschrieben. Der Gesamtdiffusionskoeffizient — Berücksichtigung der Entfernung längs des Diffusionsweges — wurde aus der Diffusion der Salze durch die Tonpasten und innerhalb dieser bestimmt. Jene war viel geringer, was Verlangsamung der Salzdiffusion an den Grenzflächen Paste-Lösung bedeutet. Diffundierende Anionen haben offenbar Schwierigkeiten, die negativ geladene Tonoberfläche zu erreichen, und Kationen können diese ebenso schwierig verlassen. Ein Vergleich der Gesamtdiffusionskoeffizienten von Salzen in D_2O ließ erkennen, daß diese innerhalb der Tonpasten gleich sind im Gegensatz zu wäßrigen Lösungen. Die Übereinstimmung weist darauf hin, daß die Bewegung der Salzionen von der Bewegung des umgebenden Wassermoleküls abhängt.
W. Schulze. 330.

Chao, Tsun Tien und Harward, M. E.; Oregon, State Univ. Nature of acid clays and relationships to ion activities and ion ratios in equilibrium solutions. **(Beschaffenheit saurer Tone und Beziehungen zu Ionenaktivitäten und Ionenverhältnissen in Gleichgewichtslösungen.)** Soil Sci. **93** (1962) Nr. 4. S. 246–253. — 8 Abb., 26 Lit.
Utah-Bentonit, Illit und Kaolinit-Austauschkapazität 71, 25 und 5 mval/100 g — wurden mit H- bzw. mit Al-Ionen beladen, mit $Ca(OH)_2$ auf einen bestimmten Ca-Sättigungsgrad eingestellt und mit 0,01 mol. $CaCl_2$-Lösung bzw. H_2O ins Gleichgewicht gebracht. Ca wurde komplexometrisch oder als ^{45}Ca bestimmt. Der Verlauf der Titrationskurven — die Beziehung zwischen pH und Ca-Sättigungsgrad — war allgemein unabhängig von der Art des Tones. Die H-Tone waren stärker sauer als die Al-Tone. Auf Grund der stark sauren Eigenschaften des H-Kaolinits wird die Auffassung, daß die schwach sauren

Eigenschaften des Kaolinits den SiOH-Gruppen an den Rändern der Kristalle zuzuschreiben sind, in Zweifel gezogen. Das Verhältnis zwischen Ca in Lösung und Ca-Sättigungsgrad variierte in wäßrigem Medium mit der Art des Tonminerals, in $CaCl_2$-Lösung waren die Unterschiede gering. Aus Al-Tonen wurde gegenüber H-Tonen mehr Ca freigemacht. Die Kurven der Funktion pH-½ pCa gegen den Ca-Sättigungsgrad ähneln den Titrationskurven.
W. Schulze. 332.

Turner, R. C. und Brydon, J. E.; Ottawa, Ontario, Canada Dep. of Agric., Soil Res. Inst. Formation of double hydroxides and the titration of clays. **(Bildung von Doppelhydroxyden und die Titration von Tonen.)** Science [Washington] **136** (1962) Nr. 3521. S. 1052–1054. – 2 Abb., 1 Tab., 4 Lit.
Die Ursachen für das Auftreten einer Pufferzone oberhalb pH 7 in der Titrationskurve bei Zugabe steigender MgO-Mengen zu einer bekannten Menge von Al^{3+}-gesättigtem Wyoming-Bentonit in einer verdünnten Salzlösung wurden untersucht. Titrationen von Bentonit, in 150 ml 10^{-3}mol. $MgCl_2$ suspendiert und jeweils gesättigt mit Al^{3+}, Fe^{3+}, La^{3+} und Mg^{2+}, sowie von Nitraten der genannten Elemente bei Abwesenheit von Bentonit wurden mit MgO bei 25 °C durchgeführt. Die röntgeneologische Untersuchung der in Abwesenheit von Bentonit gefällten Niederschläge ergab, daß bei Vorliegen von Al^{3+} und Fe^{3+} Doppelhydroxyde ausfielen, während in Gegenwart von La^{3+} und Mg^{2+} nur die einfachen Hydroxyde gefunden wurden. Aus dem Verlauf der Titrationskurven ist ersichtlich, daß das Auftreten der Pufferzone bei Zugabe von MgO auf die Bildung von Doppelhydroxyden zurückzuführen ist und nicht auf einer abnormalen Kationaufnahme beruht. P. Stoß. 332.

Emerson, W. W.; Adelaide, South Australia, C.S.I.R.O. The swelling of Ca-montmorillonite due to water absorption. I. Water uptake in the vapour phase. **(Die Quellung von Ca-Montmorillonit infolge Wasserabsorption. 1. Mitt. Wasseraufnahme aus der Dampfphase.)** J. Soil Sci. **13** (1962) Nr. 1. S. 31–39. – 2 Abb., 1 Tab., 10 Lit.
Die Zunahme der Dicke trockener, orientierter Blättchen von Ca-Montmorillonit bei Einbringung in die im Gleichgewicht befindliche Dampfphase von gesättigtem $NH_4H_2PO_4$ (p/po = 0,92) und Ba $(NO_3)_2$-Lösungen (p/po = 0,985) sowie H_2O (p/po = 0,1) wurde mikroskopisch gemessen. An anderen Proben der Blättchen wurden bei denselben p/p0-Werten röntgenologische und H_2O-Absorptionsmessungen durchgeführt. Die Quellung erfolgte vorwiegend senkrecht zur allgemeinen Orientierungsebene der Kristalle, was eine Berechnung der H_2O- und Luftverteilung in den Blättchen für jeden p/po-Wert ermöglichte. 80% des bei p/po = 0,985 absorbierten H_2O konnten durch Zunahme des H_2O-Filmes an den Tonkristallen erklärt werden, der Rest füllte etwa die Hälfte des Porenvolumens aus. Bei p/po = 0,92 wurde das gesamte Porenvolumen infolge Expansion des Kristalls um 12% vermindert und behielt diesen Wert auch bei p/po = 0,985 bei. Zwischen p/po = 0,985 und 1,0 wurde das Porenvolumen bei geringer Expansion der Blättchen ausgefüllt. Die Quellung bei p/po = 1,0 war wesentlich geringer als die durch Eintauchen in flüssiges H_2O erzielte. Dies wird auf die Bildung polymolekularer H_2O-Schichten an der Oberfläche der Kristalle infolge des Einflusses von austauschbaren Ca-Ionen zurückgeführt. P. Stoß. 332.

Emerson, W. W.; Adelaide, South Australia, C.S.I.R.O. The swelling of Ca-montmorillonite due to water absorption 2. Water uptake in the liquid phase. **(Die Quellung von Ca-Montmorillonit infolge Wasserabsorption. 2. Mitt. Wasseraufnahme aus der flüssigen Phase.)** J. Soil Sci. **13** (1962) Nr. 1. S. 40 bis 45. – 3 Abb., 1 Tab., 13 Lit. 1. Mitt. vgl. vorst. Ref.
Die Quellung orientierter Blättchen von trockenem Ca-Montmorillonit (Dicke etwa 0,2 mm) bei Eintauchen in eine 2 mol. $CaCl_2$-Lösung sowie die weitere

Ausdehnung in stufenweise verdünnter $CaCl_2$-Lösung wurden gemessen. In 2 mol. $CaCl_2$ entsprach die Quellung der in gesättigtem H_2O-Dampf festgestellten. Mit sinkender Ca-Konz. fand eine weitere Ausdehnung bei unbedeutender Zunahme der (001)-Abstände statt, die unabhängig vom pH-Wert der Ca-Lösungen war und durch Steigerung der Ca-Konz. nicht rückgängig gemacht werden konnte. Bei Blättchen, die mit 1% CTAB (Cetyltrimethylammoniumbromid) versetzt wurden, trat in verd. $CaCl_2$-Lösungen keine Quellung ein. Durch Anlegen von Vakuum wurde die Quellung vermindert, wobei der Einfluß der Ca-Konz. nur sekundärer Natur war. – Die Ergebnisse weisen darauf hin, daß gequollener Ca-Montmorillonit in Form eines Tactoids vorliegt. Die Quellung wird der Bildung von Doppelschichten zwischen den Kristallen in den Poren des Tactoids zugeschrieben. Die Quellung von Ca-Montmorillonit durch Ausbildung von Doppelschichten hängt vor allem davon ab wie viele Ionen außer Ca^{2+} im Mineral vorhanden sind. P. Stoß. 332.

Warkentin, B. P. und Schofield, R. K.; McGill-Univ., Macdonald Coll.; Oxford, Univ. Swelling pressure of Na-montmorillonite in NaCl solutions. **(Quellungsdruck von Na-Montmorillonit in NaCl-Lösungen.)** J. Soil Sci. **13** (1962) Nr. 1. S. 98–105. – 2 Abb., 2 Tab., 9 Lit.
Der Quellungsdruck von im Gleichgewicht mit NaCl-Lösungen befindlichem Na-Montmorillonit wurde mit Hilfe von Osmometern bestimmt. In Übereinstimmung mit der Theorie nahm der Quellungsdruck mit steigender NaCl-Konz. ab. Die beobachtete Abnahme blieb hinter der berechneten zurück, wobei sich das Verhältnis von beobachtetem zu berechnetem Druck mit steigender Salz-Konz. erhöhte. – Es wird angenommen, daß dies auf die höhere Aktivität der Ionen der in Wechselwirkung befindlichen Tonteilchen im Vergleich zu den Ionen der Neutralsalze der Dialysenlösung zurückzuführen ist. Es ist daher nicht notwendig, eine nichtosmotische Abstoßungskraft zu postulieren. P. Stoß. 332.

Chaussidon, J. und Vilain, M.; Versailles, Centre Nat. de Rech. Agronomiques, Stat. Centr. d'Agronomie. Étude cinétique de la dissolution acide d'une vermiculite. **(Kinetische Untersuchung der sauren Auflösung eines Vermiculits.)** Ann. agronom. **13** (1962) Nr. 1. S. 5–19. – 12 Abb., 2 Tab., 5 Lit. Zus. in Russ., Engl., Dtsch.
Das durch n HCl in Abhängigkeit von Temperatur und Dauer der Einwirkung aus dem Gitter eines Vermiculits freigesetzte Mg (Oktaederschicht) und Fe wird bestimmt. – Die sich ergebenden Werte dienen als Grundlage für die Berechnung der Aktivierungsenergie. Diese errechnet sich nach Laudelot und Eeckmann für Mg zu 18,4 kcal/Mol, nach Gastuche und Demon werden 19 kcal/Mol erhalten. Die Interpretation der für Fe analog berechneten Werte der Aktivierungsenergie ist wegen der verschiedenen Wertigkeit unmöglich, da diese unter den experimentellen Bedingungen nicht unterschieden werden kann. Die Theorie von Arrhenius ist in diesem Falle nicht anwendbar, da sie auf der Berechnung der Aktivierungsenergie auf Grund graphisch abgeleiteter Geschwindigkeitskonstanten beruht. Säurebehandlung zur „Herstellung" eines Tonminerals im Laboratorium zerstört immer einen Teil des Kristallgitters, vor allem, wenn das Mineral Mg-haltig ist. Jede mit einer pH-Absenkung verbundene Operation mit Tonsuspensionen muß daher vermieden werden. W. Schulze. 332.

Turner, R. C. und Schnitzer, M. Thermogravimetry of the organic matter of a podzol. **(Thermogravimetrie der organischen Substanz eines Podsols.)** Soil Sci. **93** (1962) Nr. 4. S. 225–232, – 4 Abb., 3 Tab., 8 Lit.
Bodenproben aus dem A_0 -und B_h-Horizont eines Podsols wurden mit 0,5 n NaOH extrahiert, elektrodialysiert, mit Hilfe einer Amberlite-Säule gereinigt und getrocknet. Die Geschwindigkeit des Gewichtsverlustes der organ. Subst., gegen die Temperatur aufgetragen, ergab differentialthermogravi-

metrische Kurven. Nur diese sind informativ und werden diskutiert. – Die thermische Zersetzung des A_0-Materials wurde durch Maxima der Kurve bei 550 °K – offenbar Zerbrechen aliphatischer Strukturen in Verbindung mit HNO_3-Oxydation – und bei 800 °K – Zersetzung – aromatischer Strukturen – charakterisiert. Auf Grund der Hauptreaktion (770°K) betraf die Zersetzung aromatischer Strukturen das B_h-Material. W. Schulze. 333.

Čekalov, K. I. und Illjuvieva, V. P. (Tschekalow, K. I. und Illjuwijewa, W. P.); Nordwestl. Landwirtsch. Forsch.-Inst. Primenenie izotopa C^{14} pri izučenii processov razloženija organičeskogo veščestva v počve. **(Verwendung von ^{14}C bei der Untersuchung der Zersetzungsprozesse organischer Substanz im Boden.)** Počvovedenie, Moskva **1962** Nr. 5. S. 40–50. – 10 Tab., 3 Lit. Zus. in Engl.
In Laborversuchen wurde der Einfluß verschiedener mit ^{14}C angereicherter org. Subst. (Klee) auf die Humusbildung in leichtem und schwerem Rasenpodsolboden untersucht. Fraktionierte Humusbestimmungen bei Versuchsanlage, nach 10täg. und 3mon. Bebrütung zeigten, daß die wasserlöslichen org. Stoffe aktiv an der Bildung schwerzersetzbarer Humusverbindungen im Boden beteiligt sind. Bereits nach 10täg. Bebrütung wurde in allen Humusfraktionen des Bodens ^{14}C nachgewiesen. Ch. Bachmann. 333.

Scheffer, F., Kickuth, R. und Visser, J. H.; Göttingen, Univ., Agrikulturchem. und Bodenkundl. Inst. **Wurzelausscheidungen höherer Pflanzen. 1. Mitt. Isolierung und Identifizierung der Wurzelausscheidungen von Trifolium pratense L., Medicago sativa L. und Eragrostis curvula (Schrad.) Nees.** Z. Pflanzenernähr., Düng., Bodenkunde **97(142)** (1962) Nr. 1. S. 26–40. – 5 Abb., 7 Tab., 9 Lit.
Die untersuchten Pflanzen wurden in Kunststoffgefäßen auf Perlontüll mit Hoagland-Arnon-Nährlösung aufgezogen. Die von den Pflanzenwurzeln ausgeschiedenen org. Verbindungen wurden durch zugegebene Aktivkohle adsorbiert und durch Filtration und Extraktion der A-Kohle mit H_2O und CH_3OH praktisch quantitativ isoliert. Die wäßrigen bzw. alkoholischen Extrakte wurden unter Anlegen von Vakuum bis zur gewünschten Konz. eingeengt und papierchromatographisch weiter untersucht. Von den ausgeschiedenen Aminosäuren und Zuckern wurde eine vollständige Analyse durchgeführt. Weiterhin konnten org. Säuren und phenolische Verbindungen nachgewiesen und davon einige Substanzen identifiziert werden. Die Untersuchungen erbrachten den Nachweis der Artkonstanz der Ausscheidungen, womit eine stoffliche Basis für die Deutung spez. ökologischer Eigenarten von Kulturpflanzen geschaffen wurde. P. Stoß. 333.

Vaidyanathan, L. V. und Talibudeen, O.; Harpenden, Herts., Rothamsted Exp. Stat. Alteration in the surface properties of soils by ion exchange resins. **(Änderung der Oberflächeneigenschaften von Böden durch Ionenaustauscherharze.)** Nature [London] **194** (1962) Nr. 4831. S. 897.
Wurden Böden in dest. Wasser suspendiert, dann reagierte innerhalb der ersten 10 Std. die isotopisch leicht austauschbare und labile Phosphatfraktion. Ionenaustauscherharze (z. B. Cl-Amberlit IRA 401) entfernten wenig oder kaum etwas von dem verbleibenden langsam austauschbaren isotopisch verdünnbaren Bodenphosphat. Dabei war die Phosphatdiffusion innerhalb des Harzes nicht der begrenzende Faktor; denn ein Austauschgleichgewicht zwischen Harz und reiner Phosphatlösung wurde innerhalb von 15 Min. erreicht. Vff. vermuten, daß sich in einer Harz-Bodensuspension polyvalente Anionen auf Grund chem. und mechan. Harzzersetzung auf den Oberflächen der Bodenteilchen bilden, die die Phosphationen-Migration erschweren. Abschließend wird daher betont, daß bei Versuchen mit Ionenaustauscherharzen in der Pflanzenernährung Vorsicht bei der Erklärung der Ergebnisse geboten ist. W. Bergmann. 335.

Fortini, S. und Tarantola, Manzo. Adsorbimento di zinco su bentonite e caolinite in presenza di complessanti. **(Adsorption von Zink durch Bentonit und Kaolinit bei Abwesenheit von Komplexbildnern.)** Agrochimica [Pisa] **6** (1962) Nr. 2. S. 174–182.
Die Absorption von Zn durch Bentonit und Kaolinit wurde mit Hilfe von ^{65}Zn gemessen, und zwar in Anwesenheit von synthetischen Chelaten, einfach weinsaurem Na und wäßrigen Extrakten der Blätter von *Vicia faba* und *Hedysarum coronarium*. Zn wurde bei Anwesenheit von Chelaten in bedeutendem Umfang festgelegt, blieb jedoch pflanzenaufnehmbar. 335.

Sjuta, Ja; Pulawy, VR Polen, Inst. für Bodenbearbeit., Düng. und Bodenkunde. Vlijanie vosstanovitel'nych processov i podkislenija na ratvorimost' mineral'nych soedinenij počvy. **(Einfluß der Reduktionsprozesse und der Versauerung auf die Löslichkeit mineralischer Verbindungen des Bodens.)** Počvovedenie, Moskva **1962** Nr. 5. S. 62–72. – 3 Abb., 4 Tab., 15 Lit.
In Lysimeterversuchen wurde unter Laborbedingungen der Einfluß 0,02 n HCl und anaerober Zersetzungsprozesse org. Subst. (Saccharose und Stärke) auf die chem. Eigenschaften eines Lößbodens untersucht. Saure Reaktionsverhältnisse allein genügten nicht, alle mineral. Subst. des Bodens in Lösung zu bringen. Fe-Verbindungen wurden nur in geringem Maße angegriffen. Anaerobe Zersetzung org. Subst. und damit verbundene Reduktionsprozesse sowie saure Reaktionsverhältnisse förderten den Lösunsgprozeß von Fe-, Al- und anderen Verbindungen. Reduktionsprozesse und Auswaschung führten zu einer ähnlichen Differenzierung des Bodenprofils wie unter natürlichen Bedingungen in Podsolböden. Ch. Bachmann. 337.

Ojea, F. Guitian und Taboadela, Munoz M. Poder de amortiguacion del suelo. **(Puffervermögen des Bodens.)** An. Edafol. Agrabiol. **19** (1960) Nr. 6. S. 303–314. – 1 Abb., 6 Tab., 16 Lit. Zus. in Franz., Dtsch.
In der Arbeit werden Pufferwert des Bodens und verschiedene Methoden zur Bestimmung des Puffervermögens besprochen. Vff. empfehlen eine Schnellmethode, die auf der Bestimmung des Kalkbedarfs des Bodens fußt. Weiterhin werden die Verhältnisse zwischen dem Pufferwert, den Basen und der gesamten org. Subst. des Bodens studiert. In der Bodensystematik benutzt man den Pufferwert, um Akkumulations- und Auswaschungshorizonte zu unterscheiden, in der landwirtsch. Praxis, um Kalkbedarf und -form festzustellen. 337.

D. Bodenphysik

Ličmanova, A. I. (Litschmanowa, A. I.); Moskau, Bodenkundl. Dokutschajew-Inst. der Akad. der Wiss. der UdSSR. Nekotorye svojstva mechaničeskich frakcij svetlo-seroj lesnoj počvy. **(Einige Eigenschaften der mechanischen Fraktionen des hellgrauen Waldbodens.)** Počvovedenie, Moskva **1962** Nr. 6. S. 58–69. – 7 Tab., 17 Lit. Zus. in Engl.
Untersucht wurden chem., mineralog. und phys. Eigenschaften der einzelnen Korngrößenfraktionen eines schweren hellgrauen Waldbodens unter natürlicher Vegetation sowie unter einem Hafer-Erbsen- und einem Kleebestand. Mit abnehmender Korngröße verringerte sich der SiO_2-Gehalt und erhöhte sich der Gehalt an Al_2O_3, Fe_2O_3, MgO und P_2O_5. Die Fraktionen 0,05–0,01 mm und 0,01–0,005mm bestanden vorwiegend aus Quarz, die Fraktionen 0,005–0,001 mm aus Quarz, Feldspaten, Glimmer und Hydroglimmern und die Fraktion $<$ 0,001 mm aus Hydroglimmern und z.T. aus Montmorillonit. Mit abnehmender Korngröße erhöhten sich Humusgehalt, Umtauschkapazität, max. Hydroskopizität und kapillare Wasserkapazität, während das Vol.-Gew. abnahm. Koagulierende Fähigkeiten besaßen nur die Fraktionen $<$ 0,005 mm. An der Bildung der Mikroaggregate war hauptsächlich die Fraktion $<$ 0,001 mm beteiligt. Ch. Bachmann. 342.

Rogowski, A. S. und Kirkham, Don; Ames, Iowa, Exp. Stat. Moisture, pressure, and formation of water-stable soil aggregates. **(Feuchte, Druck und die Bildung wasserstabiler Bodenaggregate.)** Proc. Soil Sci. Soc. America **26** (1962) Nr. 3. S. 213–216. – 1 Abb., 16 Lit.
Labormäßig auf einen bestimmten Feuchtegehalt gebrachte und mit verschieden hohem Druck behandelte Bodenproben von tonigem Lehm zeigten sich weniger wasserstabil als unbehandelte Proben. Daraus wird abgeleitet, daß der Bodendruck von Maschinen oder Pflanzenwurzeln keine wasserstabilen Bodenaggregate bildet; dies geschieht durch chem., biol. und andere natürliche Einflüsse. T. v. Wilamowitz-Moellendorff. 344.

Wijk, W. R. van und Derksen, W. J.; Wageningen, Agric. Univ., Lab. of Physics and Meteorol. Surface temperature on a soil consisting of two layers. **(Oberflächentemperatur eines aus zwei Schichten bestehenden Bodens.)** Agronomy J. **53** (1961) Nr. 4. S. 245–246. – 2 Tab., 7 Lit.
Die Auswirkungen werden untersucht, die das Mulchen auf die Oberflächentemperaturen des Bodens hat. Zugleich wird die mathematische Methode der Bearbeitung der Beobachtungsergebnisse aufgezeigt. Als Untersuchungsobjekt dienten Teilstücke eines freien Torfbodens und mit Sand überdeckte Flächen dieses Bodens. Der Wärmefluß in gemulchtem und ungemulchtem Boden war sehr unterschiedlich. Eine unterschiedliche Wärmeleitung der Luft nahe über beiden Bodenformen haben Vff. in ihre Berechnungen mit einbezogen. Als Ergebnis wurde gefunden, daß eine 13 cm starke Sandschicht auf Torfboden gegenüber dem freien Torfboden die Temperaturamplitude um 60% zu verringern vermag, was von Wichtigkeit für die Senkung des Frostrisikos auf Moorböden ist. T. v. Wilamowitz-Moellendorff. 346.

Sor, Kamil und Bertrand, A. R.; Lafayette, Ind., Purdue Univ., Agric. Exp. Stat. Effects of rainfall energy on the permeability of soils. **(Einflüsse der Kraft des Regenfalles auf die Durchlässigkeit von Böden.)** Proc. Soil Sci. Soc. America **26** (1962) Nr. 3. S. 293–297. – 5 Abb., 1 Tab., 16 Lit.
Mit einem genau beschriebenen Laborgerät wurden Regenfälle bestimmter Intensitäten nachgeahmt, die man auf verschiedene Bodentypen einwirken ließ. Danach wurde festgestellt, wie sich die Luft- und Wasserdurchlässigkeit des Bodens durch die Beregnung veränderte. – Die größte Veränderung konnte innerhalb von 30 Min. mit einer Regenintensität von 2,8 in./h (iph) erreicht werden. 4 iph wirkten wie 2,8 iph, während 1,6 iph die Wasser- und Luftdurchlässigkeit des Bodens nur wenig beeinflußten. Bei Anwendung von 1,6 iph wurde nur die oberste Bodenschicht (1,5 cm) in gewissem Maße durchlässig, 2,8–4,0 iph veränderten den Boden bis in eine Tiefe von > 3 cm sehr stark. T. v. Wilamowitz-Moellendorff. 346.

Bertrand, A. R. und Sor, Kamil; Lafayette, Ind., Purdue Univ., Agric. Exp. Stat. The effects of rainfall intensity on soil structure and migration of colloidal materials in soils. **(Die Einflüsse der Regenintensität auf die Bodenstruktur und die Verlagerung kolloidaler Bestandteile in Böden.)** Proc. Soil. Sci. Soc. America **26** (1962) Nr. 3. S. 297–300. – 3 Abb., 2 Tab., 11 Lit.
Die Krümelstabilität feinerdereicher Böden wurde durch die Regenintensität weniger beeinflußt als die von Böden grober Textur, weil der Niederschlag in letztere tiefer eindringt. Regenintensitäten von 2,8 in./h verlagerten Bodenteilchen, die mit ^{86}Rb markiert worden waren, von der Oberfläche bis in eine Tiefe von 3 cm. Die Radioaktivität des Bodens war in einer Tiefe > 7,5 cm gleich der des Untergrundes. T. v. Wilanowitz-Moellendorff. 346.

Childs, E. C.; Cambridge, Univ., School of Agric. A. R. C. Unit of Soil Physics. A treatment of the capillary fringe in the theory of drainage. II. Modifications due to an impermeable sub-stratum. **(Eine Behandlung**

des Kapillarsaumes in der Theorie der Dränage. 2. Mitt. Modifikationen durch eine undurchlässige Unterlage.) J. Soil Sci. **11** (1960) Nr. 2. S. 293–304. – 8 Abb., 1 Tab., 3 Lit. 1. Mitt. vgl. LZ. Abt. II **5** (1960) Nr. 1. S. 63.

Ein Dränsystem, das sowohl mit artesischem Wasser als auch mit Niederschlagswasser gespeist wird, weist eine die beiden Fließzonen durchlaufende Strömungslinie auf, die in der mittleren vertikalen Ebene und parallel zu den Entwässerungsstrecken einen Staupunkt passiert. Vf. vereinfacht diese Zusammenhänge dahingehend, daß er einen Grundwasserstand und eine Kapillarsaumgrenze bei Anwesenheit eines undurchlässigen Horizontes im Bereich des Staupunktes unter dem alleinigen Einfluß des Niederschlagswassers voraussetzt. Dadurch mag zwar die Berechnung der abs. Wasserstände weniger genau sein, die Verteilung des Kapillarsaumes über der Grundwasserzone läßt sich damit jedoch auch beim Fehlen des Saumes in befriedigender Weise erfassen. An Hand von gestaffelten Niederschlagsmengen, verschiedenen Tiefenlagen des Verdichtungshorizontes und variierenden Breiten des Kapillarsaumes entwirft Vf. Interpolationskurven, aus denen u.a. zu lesen ist, daß hohe Niederschlagsmengen gekoppelt sind mit den stärksten Abmessungen des Kapillarsaumes, der sich fast durchweg über jener Oberfläche einzustellen pflegt, die dem Grundwasserspiegel beim Fehlen eines Kapillarsaumes entspricht. W. Prager. 346.

Bahrani, Bozorg und Taylor, Sterling A.; Utah State Univ. Influence of soil moisture potential and evaporative demand on the actual evapotranspiration from an alfalfa field. **(Einfluß des Bodenfeuchtepotentials und des evaporativen Bedarfs auf die aktuelle Evapotranspiration eines Luzerneschlages.)** Agronomy J. **53** (1961) Nr. 4. S. 233–237. – 10 Abb., 17 Lit.

Mit Hilfe der Neutronenstreumethode bestimmten Vff. zu verschiedenen Zeiten den Feuchtegehalt eines Millville-Schlufflehms, so daß damit das Ausmaß der Evapotranspiration unter den Bedingungen eines geschlossenen Luzernebestandes, der zuvor mit unterschiedlichen Wassermengen versorgt worden war, ermittelt werden konnte. Die Messung des Bodenfeuchtepotential in der Wurzelzone erfolgte mit Tensiometern und Gips-Widerstandsblöcken, während die Netto-Strahlungsintensität über dem Pflanzenbestand mit Radiometern kontrolliert wurde. Die aktuelle Evapotranspiration und ihr Verhältnis zur potentiellen Evapotranspiration spiegelten sich in Kurvenbildern wider, die einen engen Zusammenhang mit dem durchschnittlichen Feuchtepotential erkennen lassen. Die Luzerne reagierte auf die Abnahme des mittleren Bodenfeuchtepotentials mit verminderter Trockensubstanzproduktion.
W. Prager. 346.

Kanarake, A. und Taler, P.; Bukarest, Forsch.-Inst. für Landwirtsch., Sekt. für Bodenkunde. K voprosu obespečenija rastenij vlagoj i vozduchom pri različnom uplotnenii počv. **(Versorgung der Pflanzen mit Feuchtigkeit und Luft bei unterschiedlicher Bodendichte.)** Počvovedenie, Moskva **1962** Nr. 5. S. 106–113. – 5 Abb., 4 Tab., 18 Lit. Zus. in Engl.

In Mitscherlichgefäßen wurde durch Differenzierung der Bodendichte (Raumgewicht des Bodens von 1,02–1,42) und der Bodenfeuchtigkeit (60, 80, 100% der Wasserkapazität) der Einfluß der Luft- und Feuchtigkeitsverhältnisse auf den Ertrag von Hafer, die Zusammensetzung der Bodenluft und die Nährstoffverhältnisse des Bodens untersucht. Die Bodendichte beeinflußte den Ertrag nur wenig. Ungenügende Luftdurchlässigkeit wirkte sich erst bei starker Bodenverdichtung (Raumgewicht von 1,42) und hoher Feuchtigkeit (100% WK), d. h. bei einem Luftporenvolumen von $< 3\%$ negativ aus. Mit Abnahme des Luftporenvolumens erhöhte sich der CO_2-Gehalt der Bodenluft und verringerte sich der NO_3-Gehalt des Bodens.
Ch. Bachmann. 346.

Blankfel'd, Ju. I. (Blankfeld, Ju. I.); Gorki, Gebiet Mogiljew, Beloruss. Landwirtsch. Akad. Opyt mečenija" počvennogo vozducha $C^{14}O_2$ dlja izučenija gazoobmena v polevych uslovijach. **(Versuche einer „Aktivierung" der Bodenluft mit $^{14}CO_2$ zur Untersuchung des Gasaustausches unter Feldbedingungen.)** Počvovedenie, Moskva **1962** Nr. 5. S. 130–133. – 2 Abb., 4 Tab., 8 Lit. Zus. in Engl.
Die Bodenluft wurde unter Verwendung radioaktiven $Ba^{14}CP_3$ und HCl mit $^{14}CO_2$ angereichert. Auf einem Kartoffelfeld erneuerte sich die Bodenluft in 5 cm Tiefe innerhalb von 2 Std., in 10 cm Tiefe innerhalb von 4–5 Std., während in 20 cm Tiefe die Bodenluft nach 24 Std. noch radioaktiv war. In 60 cm Tiefe konnte erst nach 3 Tagen die vollständige Erneuerung der radioaktiven Bodenluft festgestellt werden. Ch. Bachmann. 346.

E. Bodenbiologie

Mišustin, E. N. (Mischustin, Je. N.) Zadači počvennoj mikrobiologii v oblasti povyšenija produktivnosti sel'skogo chozjajstva. **(Aufgaben der Bodenmikrobiologie auf dem Gebiet der Erhöhung der Produktivität in der Landwirtschaft.)** Mikrobiologia, Moskva **31** (1962) Nr. 2. S. 362–370.
Eingangs wird die Bedeutung der Bodenmikroorganismen für alle Fragen die mit der Bodenfruchtbarkeit in Zusammenhang stehen, hervorgehoben. Die bisher angewendeten mikrobiol. Methoden befriedigen zwar nicht voll, ihre Brauchbarkeit aber haben sich z. B. bei der Charakterisierung verschiedener Bodentypen unter Beweis gestellt. Bei der Bodenuntersuchung sollte jedoch nicht die rel. Häufigkeit dieser oder jener systemat. oder physiol. Gruppe ermittelt, sondern die Dynamik der dominierenden Arten analysiert werden. Die gegenwärtig sehr großen Unterschiede zwischen den direkten und indirekten Methoden der Keimzahlermittlung müssen auf dem Wege der Anpassung der benutzten Medien an die Zusammensetzung der Bodenlösung überwunden werden. Es wird weiter auf die Notwendigkeit hingewiesen, die Methoden zu suchen und vorhandene zu verbessern, die die potentielle Fähigkeit des Bodens, Pflanzen mit Nährstoffen zu versorgen, charakterisieren (biol. Aktivität). In seinen weiteren Ausführungen weist Vf. auf die Probleme hin, die mit der Anwendung von Chemikalien (Düngemittel, Schädlings- und Unkrautbekämpfungsmittel, chem. Melioration), neuen Methoden der Herstellung von org. Düngemitteln, der Strohverwertung und der Bodenbearbeitung entstehen und mikrobiol. zu erforschen sind. Die Beziehungen zwischen Mikroorganismen und höheren Pflanzen (Mycorrhiza bei Holzgewächsen und gräsern) sollten stärker beachtet und die Fragen der Anwendung von Bakteriendüngemitteln sowie verschiedenen Wuchsstoffen und Antibiotica geklärt werden. H. Winkler. 350.

Volz, Peter; Landau, Pfalz. **Beiträge zu einer pedozoologischen Standortslehre.** Pedobiologia [Jena] **1** (1962) Nr. 4. S. 242–290. – 21 Abb., 5 Tab., 76 Lit.
Streu und mehrere Bodenschichten verschiedener Waldtypen der südlichen Vorderpfalz wurden auf Zahl, Zusammensetzung (Lumbriciden, Schnecken, Käfer und Käferlarven, Dipterenlarven, Diplopoden, Chilopoden, Asseln usw.) und Abbauleistung der Bodentiergruppen untersucht. Durch gruppenanalytische Prüfung der Makro-fauna und Beurteilung der am intensivsten untersuchten Regenwurmgesellschaften konnten die Standorte in folgende Gruppen gegliedert werden: a) semiterrestrische Standorte mit hohem Schalenschneckenanteil, b) humose Auen-Lockerböden mit überwiegenden Kleintieren, c) tiefgründige Auenböden mit vorherrschenden Lumbriciden, d) Böden mit Moderauflage und dominierenden Käferlarven. Bei Freilanduntersuchungen über die Geschwindigkeit und Morphologie des Fallaubabbaus wurde festgestellt, daß entspr. Laboruntersuchungen die Vorgänge unter natürlichen Bedingungen nur ungenügend widerspiegeln können. H. Unger. 350.

Unger, H.; Jena, Inst. für Landwirtsch. Versuchs- und Untersuchungswes. der Dtsch. Akad. der Landwirtsch.-Wiss. zu Berlin. **Wie reagiert die autochthone Bodenmikroflora auf Abwassergaben?** Albrecht-Thaer-Arch. **6** (1962) Nr. 2. S. 151–164. — 5 Abb., 2 Tab., 16 Lit.

3jährige Untersuchungen der Keimzahl, Aktivität, Bodenfeuchte, Bodentemperatur und des pH zeigten, daß Abwassergaben den täglichen Temperaturverlauf des Bodens besser ausgleichen. Die Bodenfeuchte steigt in Abhängigkeit von der Art der Bewässerung, der Boden- und Luftfeuchte, Boden- und Fruchtart und dem Entwicklungsstadium der Pflanzen unterschiedlich stark an. Der pH-Wert wird unter Abwassereinfluß langsam erhöht. Durch die genannten Milieuveränderungen werden die Bodenmikroorganismen indirekt beeinflußt. Der direkte Einfluß zeigt sich nicht in jedem Falle in einer Keimzahlerhöhung nach Abwassergaben. Die mikrobielle Beeinflussung eines Bodens hängt vor allem von seinem biol. Pufferungsvermögen ab. Die abwassereigenen Mikroben werden durch die autochthone Mikroflora in kurzer Zeit vernichtet. Die Bodenschicht von 0–5 cm ist biol. aktiver als die von 7,5–12,5 cm. K. E. Lindner. 350.

Clark, Francis E., Jackson, Ray D. und Gardner, Herbert R. Measurement of microbial thermogenesis in soil. **(Messung der mikrobiellen Thermogenese im Boden.)** Proc. Soil Sci. Soc. America **26** (1962) Nr. 2. S. 155–160. — 5 Abb,, 4 Lit.

Zur Bestimmung der mikrobiell bedingten Temperaturveränderungen im Boden wurde ein sandiger Lehm in Mengen von 25 g, 3,3 kg und 39,6 kg in verschieden dimensionierten Gefäßen unter temperaturkonstanten Bedingungen gehalten. Den durch Zusatz org. Subst. bedingten Temperaturwechsel erfaßte man mittels Thermistoren. Beimengung von Luzernemehl oder Zucker zum Boden erhöhte immer die Temperatur, und zwar etwa bis zum 3. Bebrütungstag, danach fiel die Temperatur wieder ab. Der Temperaturanstieg war bei den höchsten Gaben am deutlichsten. Die Meßgenauigkeit zeigte Abhängigkeit von der Isolation der Gefäße, der Meßtiefe sowie der Entfernung des Thermistors von der Zylinderachse. H. Unger. 350.

Popenoe, Hugh und Eno, Charles F. The effect of gamma radiation on the microbial population of the soil. **(Die Wirkung von Gammastrahlen auf die mikrobielle Population des Bodens.)** Proc. Soil Sci. Soc. America **26** (1962) Nr. 2. S. 164–167. — 3 Abb., 3 Tab., 14 Lit.

Feinsand wurde einer γ-Strahlung (^{60}Co, 1–2045 kr) ausgesetzt und deren Wirkung auf Bakterien-, Pilz- und Nematodenzahlen, die Nitrat-, Sulfat- und CO_2-Bildung sowie auf Algenentwicklung untersucht. Mit zunehmender Bestrahlungsdosis ging die Zahl der überlebenden Bakterien, Pilze, Algen und Nematoden zurück, dabei erwiesen sich Algen und Nematoden als etwas widerstandsfähiger. Die durch Bestrahlung anfangs ausgelöste Depression der CO_2-Bildung wurde bei Dosen < 256 kr bis zum 15. Tag nach der Behandlung ausgeglichen. Nitrat- und Sulfatbildung wurde dagegen mit steigenden Bestrahlungsdosen gehemmt. H. Unger. 350.

Ruinen, Jakoba; Wageningen, Agric. Univ., Microbiol. Lab. The phyllosphere. I. An ecologically neglected milieu. **(Die Phyllosphäre. 1. Mitt. Ein ökologisch vernachlässigtes Milieu.)** Plant and Soil [The Hague] **15** (1961) Nr. 2. S. 81–109. — 12 Abb., 1 Tab., 54 Lit.

Analog dem Begriff „Rhizosphäre" wurde der Terminus „Phyllosphäre" geprägt, denn in humiden Gebieten bedeckt eine verschieden starke und verschieden zusammengesetzte Mikroorganismenpopulation das Laubwerk, die sowohl artenmäßig als auch hinsichtlich ihrer Verteilung mit dem Altern der Blätter variiert. Als erste die Blattoberfläche kolonisierende Organismen wurden *Beijerinckia, Azotobacter, Aerobacter, Pseudomonas* und *Spirillum* genannt. Die Freisetzung von Stoffwechselprodukten aus lebenden und sterbenden Zellen schafft Bedingungen für die weitere Besiedlung mit anderen Organismen. Verschiedene klimatisch ungünstige Faktoren könnten die immer vorhandenen semipathogenen Arten zur Infektion der Pflanze induzieren. Die Phyllosphäre unterliegt den Einflüssen der Pflanze und der Atmosphäre. Wasser ist das Austauschmedium zwischen Blatt und Population, wobei viel von der verfügbaren Form (Regen, Tau) abhängt. Die möglichen Wirkungen dieser Mikroorganismenpopulation auf das Wachstum höherer Pflanzen werden diskutiert. K. E. Lindner. 350.

Bowen, G. D. und Rovira, A. D.; Adelaide, Australia, C. S. I. R. O., Div. of Soils. The effects of micro-organisms on plant growth. I. Development of roots and root hairs in sand and agar. **(Die Wirkungen der Mikroorganismen auf das Pflanzenwachstum. 1. Mitt. Entwicklung von Wurzeln und Wurzelhaaren in Sand und Agar.)** Plant and Soil [The Hague] **15** (1961) Nr. 2. S. 166 bis 188. – 10 Abb., 5 Tab., 44 Lit.

Trifolium subterraneum L., *Lycopersicum esculentum Mill.*, *Phalaris tuberosa* L. und *Pinus radiata D. Don* wuchsen in sterilem Sand und Agar und wurden mit Bodensuspensionen aus sterilem und unsterilem Boden behandelt. Die Anwesenheit von Mikroorganismen reduzierte das Wachstum der Primärwurzel bei allen Pflanzen und das Gesamtwurzelwachstum bei den meisten Pflanzen. Wurzelhemmende Mikroben kamen in allen 4 untersuchten Bodentypen vor, ihre Verbreitung war jedoch vom Bodentyp abhängig. Ebenso wurden Bildung und Wachstum von Wurzelhaaren bei *T. subterraneum* durch die Organismen der 4 Böden deutlich reduziert. Wurzelhaarunterdrückung wurde in Sand nach 3 Tagen, in Agar bei *T.* und *L.* nach 5 und 9 Tagen sichtbar. Es handelt sich um eine Hemmung der Wurzelhaarbildung, nicht um mikrobiellen Abbau vorhandener Haare. Bei *P.* und *L.* zeigte sich nur schwache Reduktion der Wurzelhaare. K. E. Lindner. 350.

Otto, G.; Dresden-Pillnitz, Inst. für Gartenbau der Dtsch. Akad. der Landwirtsch.-Wiss. zu Berlin. **Das Auftreten und die Entwicklung der endotrophen Mykorrhiza an ein- bis dreijährigen Apfelsämlingen auf verschiedenen Standorten. 1. Mitt. Häufigkeit, Intensität und morphologische Merkmale der endotrophen Mykorrhiza.** Zbl. Bakteriol., Parasitenkunde, Infektionskrankh. Hyg., II. Abt. **115** (1962) Nr. 4. S. 404–438. – 12 Abb., 32 Tab.

Auftreten und Entwicklung der endotrophen Mycorrhiza bei Apfelsämlingen wurden über 3 Jahre lang auf 9 Standorten mit 21 Teilstücken durch histologische Untersuchungen geprüft. Die nach einer vom Vf. erarbeiteten Technik hergestellten Wurzelschnitte erlaubten eine sichere Diagnose über Vorkommen, Intensität und morphologische Merkmale der Mycorrhiza. Eine Unterscheidung aktiver und inaktiver Mycorrhizastadien war möglich. Die über ein 5 klassiges Bonitierungsschema erhaltenen Ergebnisse der Verpilzungsintensität wurden biostatistisch ausgewertet. Die endotrophe Mycorrhiza kam bei Apfelsämlingen auf allen Teilstücken und in jedem Jahr vor. Häufigkeit und Intensität nahmen von Jahr zu Jahr zu und wurden durch hohe P_2O_5-Gehalte der Böden begünstigt. Die Intensität war darüber hinaus von dem jahreszeitlichen Verlauf und der Häufigkeit abhängig. Das Baumwachstum nachteilig beeinflussende Faktoren (Umpflanzung, hoher Grundwasserstand, geringe Standweite, Verunkrautung usw.) wirkten sich auch negativ auf die Verpilzungsintensität aus. Mit Beginn der Vegetationszeit wurden die inaktiven Verpilzungsstadien (alte Arbuskel) durch junge abgelöst.
H. Unger. 350.

Kalnyņš, A.; Mikrobiol. Inst. der Akad. der Wiss. der Lett. SSR. Vzaimootnošenie raznych ras klubeńkovych bakterij v rizosfere nekotorych vidov klevera. **(Wechselbeziehungen zwischen verschiedenen Rassen von Knöllchenbakterien in der Rhizosphäre einiger Kleearten.)** Izvestija Akademii nauk Latviskoj SSR, Riga **1962** Nr. 2. S. 125–130. – 4 Tab., 7 Lit. Orig.: lett., Ausz: engl.

Mit *Trifolium pratense*, *T. hybridum* und *T. repens* und 2 Knöllchenbakterienrassen wurden Versuche in aseptischen Kulturen sowie in Boden durchgeführt. – Bei Impfung verschiedener Kleearten mit mehreren Rassen Bakterien zugleich entwickeln sich die Knöllchen vorwiegend aus den Rassen, die sich in der Rhizosphäre stark vermehrt haben. Die Entwicklung der Knöllchen nach Impfung mit nur einer Rasse hängt von den Bodenverhältnissen und von der Kleeart ab. Die Verhältnisse im Boden bestimmen das Ausmaß der Konkurrenz durch die natürlich vorkommenden Rassen von Knöllchenbakterien. Starke natürliche Konkurrenz kann nicht durch große Mengen Impfbakterien gehemmt werden, da die natürlich vorkommenden Knöllchenbakterien besser an die Bodenverhältnisse angepaßt sind. Bei Samenimpfung ist dagegen eher die Möglichkeit des Dominierens der künstlich zugeführten über die natürlich vorkommenden Knöllchenbakterien gegeben. W. Stenz. 350.

Cartwright, P. M. und Snow, D.; Reading, Univ., Dep. of Agric. Bot. The influence of foliar applications of urea on the nodulation pattern of certain leguminous species. **(Der Einfluß der Harnstoff-Blattapplikation auf den Knöllchenbildungsmodus verschiedener Leguminosenarten.)** Ann. Botany [N. S.] **26** (1962) Nr. 102. S. 251–259. – 1 Abb., 3 Tab., 12 Lit.
3mal wöchentliches Versprühen von 1%igem wäßrigem Harnstoff auf die Blätter von *Phaseolus vulgaris*, *Vicia sativa* und *Pisum sativum* verhinderte oder reduzierte die Knöllchenbildung im Versuchszeitraum von 8 Wochen, bei *Trifolium hybridum* und *T. repens* während einer 6wöchigen Versuchsperiode. Bei *Medicago sativa* und *Trifolium pratense* verzögerte die Harnstoffbehandlung die Knöllchenbildung. Diese Wirkungen sind wahrscheinlich auf den hohen N-Spiegel innerhalb der Pflanze zurückzuführen. Das Trockengewicht der Pflanzen verringerte sich nicht. Die Versuche wurden in Sandkulturen unter Gewächshausbedingungen durchgeführt. K. E. Lindner. 350.

Tewari, G. P.; Ibadan, Western Nigeria, Federation Dep. of Agric. Res., Moor Plantation. Note on a preliminary investigation of the efficiency of two introduced strains of cowpea Rhizobium in the nodulation of a local cowpea variety at Ibadan, Western Nigeria. **(Bemerkung über eine vorläufige Erforschung der Wirksamkeit von zwei eingeführten Cowpea-Rhizobiumstämmen in der Knöllchenbildung einer lokalen Cowpea-Varietät bei Ibadan, Westnigeria.)** Empire J. exp. Agroc. **30** (1962) Nr. 118. S. 155–158. – 3 Tab., 4 Lit.
In vorliegenden Untersuchungen konnten 2 Knöllchentypen festgestellt werden, und zwar Typ A in zahlreichen kleinen braunen Knöllchen, die über die Lateralwurzeln verteilt waren und nur auf unsterilem Boden vorkamen, und Typ B in großen weißen Knöllchen, die vor allem am Hauptwurzelsystem der in sterilisiertem Boden wachsenden Pflanzen festgestellt wurden. Die Mikroorganismen des natürlichen Bodens konkurrieren also deutlich mit den eingeführten *Rhizobium*-Stämmen. Pflanzen aus unsterilisierten, nichtbeimpften Samen bildeten mehr Trockenmaterial als die aus unsterilisierten-beimpften oder sterilisierten-unbeimpften Samen hervorgegangenen.
K. E. Lindner. 352.

Lange, R. T. und Parker, C. A.; Nedlands, Univ. of Western Australia, Inst. of Agric. Effective nodulation of Lupinus digitatus by native Rhizobia in South-Western Australia. **(Effektive Knöllchenbildung bei Lupinus digitatus durch native Rhizobien in Südwestaustralien.)** Plant and Soil [The Hague] **15** (1961) Nr. 2. S. 193–198. – 2 Tab., 8 Lit.
39 *Rhizobium*-Stämme aus 22 Leguminosengattungen wurden in Gewächshausgefäßversuchen in sterilem Sand auf ihre symbiotische Leistung über einen Zeitraum von 50 Tagen geprüft. An allen geimpften *Lupinus-digitatus*-Pflanzen ließ sich Knöllchenbildung feststellen. Es zeigte sich, daß einige der zu den

einheimischen Leguminosen von Südwestaustralien gehörenden Rhizobien zur effektiven Symbiose mit der eingeführten *L. digitatus* befähigt sind, was eine Naturalisierung dieser Pflanze in Südwestaustralien, vor allem als Weidepflanze der sandigen Küstenregion, erleichtert. K. E. Lindner. 352.

Bowen, G. D.; Adelaide, Australia, C. S. I. R. O., Div. of Soils. The toxicity of legume seed diffusates toward Rhizobia and other bacteria. **(Die Toxizität von Leguminosensamendiffusaten gegenüber Rhizobien und anderen Bakterien.)** Plant and Soil [The Hague] **15** (1961) Nr. 2. S. 155–165. – 4 Abb., 4 Tab., 22 Lit.
Samendiffusate der Leguminosen *Trifolium subterraneum* und *Centrosema pubescens* enthielten eine wasserlösliche, antibiotische Substanz, die Rhizobien sowie verschiedene andere gramnegative und -positive Bakterien hemmte. Dabei zeigte sich das Diffusat von *T. subterraneum* bes. wirksam, wenig wirksam dagegen Diffusate von *Medicago*. Die Samendiffusate können einen depressiven oder stimulierenden Einfluß auf die Vermehrung der Organismen ausüben, die sich in der Nähe der keimenden Samen befinden.
K. E. Lindner. 352.

Vincent, J. M., Thompson, J. A. und Donovan, Kathleen O.; Sydney, Univ., School of Agric., Microbiol. Lab. Death of root-nodule bacteria on drying. **(Absterben von Wurzelknöllchenbakterien durch Trocknung.)** Austral. J. agric. Res. **13** (1962) Nr. 2. S. 258–270. – 3 Abb., 7 Tab., 10 Lit.
Zur Prüfung der durch Trocknung und Lagerung bedingten Absterberate von *Rhizobium trifolii* wurden diese Mikroben in einfachen Medien (aqua dest., Null- und Zuckerlösungen) suspendiert oder Glasperlen und Kleesamen aufgelagert. Die höchste Überlebensrate war in Maltoselösungen (0,9 + 3,6% < 9,18 + 27%) festzustellen. Eine von Kleesamen und deren Extrakten ausgehende toxische Wirkung auf *Rh. trifolii* ließ sich durch Gummi-arabicum verringern. Die Abnahme der Zahl der lebenden Zellen war in den ersten 24 Std., der Zeit des größten Wasserverlustes, am höchsten. Als weitere, die Zahl der Absterberate beeinflussende Faktoren werden rel. Feuchte und Konz. der Impflösung genannt. H. Unger. 352.

Lowe, R. H. und Evans, Harold J.; Corvallis, Oreg., State Univ. Dep. of Bot. and Plant Pathol. Cobalt requirement for the growth of rhizobia. **(Cobaltbedarf für das Wachstum der Rhizobien.)** J. Bacteriol. **83** (1962) Nr. 1. S. 210–211. – 1 Tab.
Vff. prüften 4 N-bindende Rhizobienstämme (*Rhizobium meliloti*, *R. trifolii*, *R. leguminosarium*, *R. phaseoli*) auf ihren Bedarf an Co und anderen Mikronährstoffen. Das Wachstum aller Stämme wurde bereits durch 0,1 ppb Co-Gaben bedeutend gefördert, und eine spez. Co-Wirkung konnte nachgewiesen werden. Am eindeutigsten reagierte *R. meliloti* auf Co-Zusatz. Ohne Co ließ sich bei dieser Art fast kein Wachstum feststellen. H. Unger. 352.

Jordan, D. C.; Guelph, Ontario, Canada, Ontario Agric. Coll., Dep. of Microbiol. The bacterdois of the genus Rhizobium. **(Die Bacteroiden der Gattung Rhizobium.)** Bacteriol. Rev. **26** (1962) Nr. 2. S. 119–141. – 7 Abb., 118 Lit.
Die Bacteroiden (B.) bilden sich aus den stäbchenförmigen Rhizobien nach ihrem Austritt aus dem Infektionsschlauch im Zytoplasma der Wirtszellen. Der bacteroidbildende Faktor im Knöllchen ist jedoch bis jetzt unbekannt. Möglicherweise entstehen die B. im Zuge einer abnormen Zellwandsynthese (verkümmerte Querwandbildung, Aussetzen der Teilung, Fortdauer des cytoplasmatischen Wachstums führt zu einer anomalen Zellbildung). Ebenso unbekannt ist die Ursache des Lysephänomens. Es könnte sich um die Wirkung von Bacteriophagen oder von Wirtszellenzymen handeln. Obgleich der Beweis für eine Beziehung zwischen B.-Bildung und N-Bildung erbracht ist, sind die B. nach Trennung vom Knöllchen nicht zur N-Bindung befähigt. Es

ist wahrscheinlich, daß die B. eine Funktion im N-Bindungsverlauf ausüben (Übertragung von H auf N über das Knöllchenhämoglobin). Durch die Vermittlung von Nitrogenase fungiert N als H-Akzeptor unter Bildung von NH_3. Auf die Schwierigkeiten des Vergleiches der Physiologie der B. mit den im Labor gezüchteten Zellen wird hingewiesen Auch wenn die B. bei den symbiotischen N-Bindung nur eine sekundäre Rolle spielen würden, böten sie interessante biochem. und zytol. Probleme. K. E. Lindner. 352.

Robrish, Stanley A. und Marr, Allen G.; Davis, Univ. of California, Dep. of Bacteriol. Location of enzymes in Azotobacter agilis. **(Lokalisation von Enzymen in Azotobacter agilis.)** J. Bacteriol. 83 (1962) Nr. 1. S. 158–168. – 5 Abb., 2 Tab., 40 Lit.

Zur Ermittlung der Lage von Atmungsenzymen in *A. agilis* wurden durch osmotischen Schock oder Schall hergestellte Bakterienzellfraktionen (große Körper, kleine Körper, lösliche Substanzen) auf enzymatische Aktivität geprüft. Die enzymatisch aktiven Zellteile kamen überwiegend in den großen Körpern vor. Mit osmotischem Schock wurde eine bessere Trennung erreicht als durch Schallbehandlung; so waren in der kleinen mit Schall behandelten Fraktion ausschl. Ribosome vorhanden. H. Unger. 352.

Morrill, L. G. und Dawson, J. E.; Ithaca, N. Y., Cornell Univ., Dep. of Agronomy. Growth rates of nitrifying chemoautotrophs in soil. **(Wachstumsraten von nitrifizierenden Chemoautrophen im Boden.)** J. Bacteriol. 83 (1962) Nr. 1. S. 205–206. – 1 Abb.

In Mischkulturen von *Nitrosomonas* (**I**) und *Nitrobacter* (**II**) wurde eine deutliche Abhängigkeit des Wachstums vom pH-Wert oder von pH beeinflussenden Faktoren (Ca, Fe, Al) gefunden. Übereinstimmend betrug die Generationszeit für **II** im pH-Bereich von 6,2–7,0 nur die Hälfte der von **I**. Für **I** wurde die kürzeste Generationszeit bei pH 7,6 gefunden. H. Unger. 352.

Bhattacharyya, S. K.; Swansea, Wales, Univ. Coll., Dep. of Zool. Laboratory studies on the feeding habits and life cycles of soil-inhabiting mites. **(Laboruntersuchungen über die Nahrungsaufnahme und den Lebenszyklus bodenbewohnender Milben.)** Pedobiologia [Jena] 1 (1962) Nr. 4. S. 291–298. – 1 Abb., 5 Tab., 14 Lit. Zus. in Dtsch.

Für 6 aus Boden isolierte Milbenarten wurden Futtermenge und Art der Nahrungsaufnahme ermittelt, wobei die Lebensdauer der Tiere als Maßstab für die Futterqualität diente. Die Milben *Pergamasus crassipes, Eugamasus cornutus* und *Dameus onustus* wurden eingehenden Untersuchungen unterzogen. H. Unger. 352.

Moursi, Amr A.; Wien, Univ., II. Zool. Inst. The attractiveness of CO_2 and N_2 to soil arthropoda. **(Der Reiz von CO_2 und N_2 auf Bodenarthropoden.)** Pedobiologia [Jena] 1 (1962) Nr. 4. S. 299–302. – 1 Abb., 1 Tab., 8 Lit. Zus. in Dtsch.

In eine sterile, 3 mm dicke, mit Glasscheiben von 15 cm Dmr. eingedeckelte Humusschicht wurde mittels einer Kapillare Gas eingeblasen. Mit dieser Methode prüfte Vf. den Einfluß von CO_2 und N_2 auf Milben und Collembolen. Unabhängig von der Gasart wurden *Onychiurus armatus, Holoparasitus calcaratus* und *Phthiracarus ligneus* vom Gas angelockt. In kombinierten Fütterungs-Begasungsversuchen gelang der Nachweis, daß der durch die Begasung herabgesetzte O_2-Gehalt des Bodens für diese Erscheinung verantwortlich ist. Auf diese Weise wird auch die Anlockung der Bodentiere durch Pflanzenwurzeln erklärt. H. Unger. 352.

Mulder, E. G.; Wageningen, Landbouwhogeschool, Lab. voor Microbiol. Stikstofbinding en stikstofbinders. **(Stickstoffbindung und stickstoffbindende Organismen.)** Landbouwkund. Tijdschr. 74 (1962) Nr. 13. S. 546–565. – 6 Abb., 7 Tab., 55 Lit.

Unter N-Bindung versteht man die Umformung von N_2 in Ammoniak und org. N-Verbindungen durch a) freilebende (*Azotobacter*, *Clostridium*; Methanbakterien, sulfatreduzierende Bakterien *Rhodobacteriineae* – Die durch freilebende Organismen im Boden gebundene N-Menge ist gering.) und b) symbiotische N-bindende Mikroorganismen (*Rhizobium*-Arten). – Der Mechanismus der Umformung von N_2 zu NH_3 ist unbekannt. Sowohl bei den freilebenden wie bei den symbiotischen Organismen ist dabei die Anwesenheit von Mo notwendig. Bei der symbiotischen N-Bindung sind mehrere Phasen zu unterscheiden: 1. Vermehrung der *Rhizobium*-Zellen in der Rhizosphäre der Pflanzen, 2. Infektion der Pflanzenwurzel durch die Bakterien, 3. Wachstum der Knöllchen, 4. Aktivität der Knöllchen. Einige Bodenfaktoren sind von Einfluß auf die symbiotische N-Bindung: a) pH-Wert des Bodens, b) Vorhandensein org. Subst. wirkt positiv auf die N-Bindung, c) CO_2 ist für die optimale Entwicklung der Knöllchen notwendig, d) N-Düngung bremst die Bildung und Tätigkeit der Knöllchen, manchmal völlig, e) Spurenelemente B, Mo und Co sind für die N-Bindung notwendig. E. M. Ardelt. 356.

Meiklejohn, Jane; Harpenden, Hertfords., Rothamsted Exp. Stat. Microbiology of the nitrogen cycle in some Ghana soils. **(Mikrobiologie des Stickstoffkreislaufes in einigen Böden von Ghana.)** Empire J. exp. Agric. **30** (1962) Nr. 118. S. 115–126. – 4 Tab., 22 Lit.

Die untersuchten Waldböden sind sehr fruchtbar; sie haben einen hohen Gehalt an austauschbaren Basen, org. Subst. und N. Die Wiesenböden sind viel weniger fruchtbar, z. T. fehlt verfügbarer N. – Im Gehalt an N-Bindern unterschieden sich die beiden Böden kaum. Anaerobe N-Binder waren immer vorhanden. Von den aeroben N-Bindern zeigte sich in neutralen Böden *Azotobacter* vorherrschend, in sauren *Beijerinckia*. Beide Arten wurden auch auf den Blättern der Waldpflanzen gefunden. Das Fehlen von verfügbarem N in den Wiesenböden ist vor allem auf das Fehlen von Nitrifikanten zurückzuführen. In den Waldböden waren diese Organismen zahlreich enthalten. K. E. Lindner. 356.

Bjälfve, G.; Uppsala, Sweden, Leguminous Plant Lab., Dep. of Microbiol. Nitrogen fixation in cultures of algae and other microorganisms. **(Stickstoffbindung in Kulturen von Algen und anderen Mikroorganismen.)** Physiol. Plantarum [Copenhagen] **15** (1962) Nr. 1. S. 122–129. – 7 Abb., 6 Tab., 13 Lit.

Im Gegensatz zu den Ergebnissen von Dhar wurde festgestellt, daß unter sterilen Bedingungen keine N-Bindung stattfindet. In unsterilem Sand konnte N-Bindung auch ohne org. Subst. nachgewiesen werden. In einem synthetischen Medium fixierte *Nostoc calcicola* N, in Kombination mit Bakterien und Actinomyceten jedoch in bedeutend größeren Mengen (es handelte sich vor allem um *B. megaterium* und andere nichtidentifizierte Bakterien sowie um *Rhizobium*, *Agrobacterium radiobacter* und *Streptomyces*). K. E. Lindner. 356.

Moore, A. W.; Ibadan, Nigeria, Fac. of Agric., Univ. Coll. The influence of a legume on soil fertility under a grazed tropical pasture. **(Der Einfluß einer Leguminose auf die Bodenfruchtbarkeit unter einem beweideten, tropischen Kleegrasbestand.)** Empire J. exp. Agric. **30** (1962) Nr. 119. S. 239–248. – 1 Abb., 5 Tab., 29 Lit.

Der Versuch wurde im Gebiet des tropischen Regenwaldes durchgeführt (Niederschlagsmenge 48 in., Vegetationszeit 8 Mon.). – Unter Kleegras (*Cynodon plectostachyus* [I] + *Centrosema pubescens* [II] wurden jährlich 250 lb./acre N fixiert, gleichfalls stieg der C-Gehalt im Boden; das rel. C/N-Verhältnis war bei beiden Varianten (Feldgras [I] gegenüber Kleegras [I + II]) gleich. Ohne Einfluß blieb der Anbau von **II** auf den Gehalt an P_2O_5 und den pH-Wert. Der N-Gehalt von **I** wurde durch **II** von 1,8 auf 2,4% erhöht. – Bei Weideversuchen nahmen 2jährige weibliche Rinder auf **I + II** wesentlich stärker zu als auf I. Die beiden genannten Mischungspartner werden bisher als einzig wirksame und für Beweidung ausdauernde Futterpflanzen unter tropischen Verhältnissen angesehen. H. Pätzold. 356.

Roy, B. N.; Ghana, Kwame Nkrumah Univ. of Sci. and Technol., School of Agric. Soil development and the availibility of phosphorus and potassium to Aspergillus niger. **(Bodenentwicklung und die Verfügbarkeit von Phosphor und Kalium für Aspergillus niger.)** Nature [London] **195** (1962) Nr. 4840. S. 472. – 2 Tab., 6 Lit.
Die Freisetzung von P und K aus frischem und verwittertem Gestein, Gesteinschutt, Lithosol sowie Boden von Hornblendeschiefer wurde mit Hilfe der *Aspergillus-niger*-Methode untersucht. Gesteinsanalysen ergaben zwischen dem Stadium der Verwitterung und dem Verlust an K und P eine Korrelation. Die durch die Microorganismen freigesetzten P-Mengen nahmen in den späteren Stadien der Verwitterung stark zu, während bei K eine definierte Zunahme der K-Freisetzung mit Fortschreiten der Verwitterung des Gesteins zu beobachten war. P. Stoß. 358.

F. Bodensystematik und Bodengenese

Coppenet, M.; Quimper, Finistère, Stat. d'Agronomie. Les sols de la région Lorient-Hennebont, Belle-Ile-en-Mer et Groix. **(Die Böden des Gebietes von Lorient-Hennebont, Belle-Ile-en-Mer und Groix.)** Ann. agronom. **13** (1962) Nr. 1. S. 65–88. – 4 Abb., 4 Tab., 13 Lit. Zus. in Russ., Engl., Dtsch.
Böden der Bretagne vom Atlantik bis 30 km ins Innere werden nach Geologie, Pedologie, phys. und chem. Eigenschaften sowie landwirtsch. Folgerungen abgehandelt. Die Böden haben sich auf Granit, Granulit, Glimmerschiefer und Granulitschiefer gebildet. Dabei handelt es sich im wesentlichen um Podsole, Ranker, podsolierte Braunerden und hydromorphe Böden (Gleie und Torfmoore). Die chem. Analyse der Böden läßt die Notwendigkeit einer Kalkung in mäßigem Umfang erkennen, bei stärkerer Kalkung besteht Gefahr des Auftretens von Mn-Mangel. Auch Cu-Mangel kommt vor. Die Armut der Böden an Phosphat weist auf die große Bedeutung der P-Düngung hin. Die auf den beiden vorgelagerten Inseln in Kultur befindlichen Böden enthalten im Vergleich zu denen auf dem Festland weniger org. Substanz.
W. Schulze. 362.

Tedrow, J. C. F. und Brown, Jerry; Rutgers, State Univ. Soils of the Northern Brooks Range, Alaska: Weakening of the soil-forming potential at high Arctic altitudes. **(Böden des nördlichen Brooks Range, Alaska: Verminderung des bodenbildenden Potentials in hocharktischen Höhenlagen.)** Soil Sci. **93** (1962) Nr. 4. S. 254–261. – 6 Abb., 2 Tab., 27 Lit.
Die klimatischen Verhältnisse in dem untersuchten Gebiet werden durch mittlere Julitemperaturen von etwa 50 °F in den Tälern charakterisiert, außerdem wird eine Abnahme um 3–4 °F je 1000 ft. Höhe festgestellt. Die sommerlichen Niederschläge liegen bei 1,5–2 in./Monat. Eine arktische Braunerde in 2000 ft. Höhe hat eine max. Mächtigkeit von 20 in., die mit zunehmender Höhe abnimmt. Oberhalb 5500 ft. ist eine Bodenbildung praktisch nicht mehr möglich (1–2 in. org. Subst.), so daß hier Polarwüste vorhanden ist. Bis zu 3000 ft. Höhe sind trockene Hochwiesen möglich, bis 5000 ft. Zwergsträucher und Kräuter mit Flechten. Wenn die Julitemperaturen 40 °F oder weniger betragen, entstehen aus Gleiböden der subpolaren Tundra die primären Böden der Polarwüste. W. Schulze. 362.

Krejda, N. A. (Kreida, N. A.) O nekotorych osobennostjach počvoobrazovanija na Krajnem Severe Russkoj ravniny. **(Einige Besonderheiten bei der Bodenbildung im Norden der Russischen Tiefebene.)** Vestnik Leningradskogo universiteta **17** (1962) Nr. 3. Serija biologii Nr. 1. S. 135–144. – 3 Tab., 20 Lit. Zus. in Engl.

Die Böden der Tundra-Zone zeigen auf Grund der klimatischen Bedingungen rel. hohen Basengehalt, vergleiten illuvialen humushaltigen Horizont direkt unter der Streu, schwach saure oder saure Reaktion, org. Stoffe im gesamten Profil mit einem Maximum im Illuvialhorizont, hohen Gehalt an beweglichem Fe in den oberen Horizonten und Abwärtsbewegung der Kieselsäure. Dem Bodentyp nach unterscheidet man Oberflächen-Gleiböden oder podsolige Oberflächen-Gleiböden. In der Waldtundra-Zone herrschen an der Oberfläche vergleite podsolierte (I) und podsolierte (II) Böden vor. I-Böden entstehen hauptsächlich auf Gesteinen mit hohem spez. Gewicht, zeigen stark saure Bodenreaktion, Humus-Illuvialhorizont sowie hohen Gehalt an beweglichem Fe. II-Böden entwickeln sich auf Gesteinen mit niedrigem spez. Gewicht, sind wenig mächtig, stark podsoliert und weisen einen illuvialen Humushorizont auf, können aber auch als Humus-Eisenpodsole in Erscheinung treten. Der Podsolhorizont ist deutlich ausgeprägt. Gleibildung ist nicht zu beobachten. In der Unterzone der nördlichen Taiga zeigen die Böden bes. starke Abhängigkeit zum bodenbildenden Gestein und zu den Niederschlägen. Schon bei geringer Überfeuchtung setzt Moorbildung ein. Podsolierte Gleiböden spielen eine untergeordnete Rolle. H. Winkler. 364.

Klinge, H., Puffe, D., Scheffer, F. und Welte, E.; Plön/Holstein, Max-Planck-Ges., Hydrobiol. Anst.; Bremen, Staatl. Moor-Versuchsstat.; Göttingen, Univ., Agrikulturchem. und Bodenkundl. Inst. ; Hannover, TH, Inst. für Bodenkunde. **Die Rendzinen der mitteldeutschen Berg- und Hügellandschaften (Leine-Weser-Bergland). 3. Mitt. Humus und Stickstoff in den Rendzinen unter verschiedenen Standortsbedingungen.** Z. Pflanzenernähr., Düng., Bodenkunde **96(141)** (1962) Nr. 1. S. 46–62. – 2 Abb., 10 Lit.

Dieser Teilbericht basiert auf den Untersuchungsergebnissen von 25 Kalksteinrendzinen, die zu 4 verschiedenen Standortsgruppen zusammengefaßt worden waren. Es galt nun, die abweichenden chem. Eigenschaften innerhalb der verschiedenen Rendzina-Humusprofile sowie die Unterschiede der Humusform in Abhängigkeit von der Vegetation der ausgewählten Standorte auf analytischem Wege zu erfassen. Für die einzelnen Standortsgruppen lassen sich deutliche Unterschiede sowohl im Gesamt-C- als auch im Gesamt-N-Gehalt – beginnend bei den Rendzinen unter Grünland mit den niedrigsten Gehaltszahlen und sich beträchtlich steigernd bis zu denjenigen unter Fichtenwald mit den höchsten Werten – nachweisen. Durch Vergleich der Humusanalysenbefunde mit denen anderer Böden, die sich ebenfalls durch Carbonatdynamik auszeichnen, ergeben sich Anhaltspunkte, die die Sonderstellung der Rendzinen in der Bodensystematik rechtfertigen. W. Prager. 364.

Kerpen, Wilhelm. **Die Böden des Versuchsgutes Rengen, Kartierung, Eigenschaften und Standortswert.** Landesausschuß landwirtsch. Forsch., Erziehung Wirtsch.-Berat. Minist. Ernähr., Landwirtsch. Forsten Landes Nordrhein-Westfalen, Forsch.- u. Berat., R.B **1960** Nr. 5. S. 1–316. – 125 Abb., 26 Tab., 146 Lit.

Die Arbeit gliedert sich in folgende Abschnitte: A. Untersuchungsgebiet: I. Klima und Relief, II. Vegetation, III. Geologie des Gebietes; B. Kartierung der Böden des Versuchsgutes: I. Methode der Gutskartierung, II. Darstellung und Erläuterung der Bodenkarten: a) Bodenartenkarte, b) Wasserkarte, c) Bodentypenkarte; C. Phys., chem. und mikromorphol. Untersuchungen der verbreitetsten Bodentypenprofile des Versuchsgutes: I. Auswahl und Beschreibung der Profile, II. Phys. Untersuchungen, III. Chem. Untersuchungen, IV. Makro- und mikromorphol. Untersuchungen an natürlichen Gefügekörpern und Bodendünnschliffen sowie ergänzende röntgenographische und bauschanalytische Untersuchungen; D. Ertragsleistung und Standortswert der wichtigsten Bodentypen des Versuchsgutes sowie ihre Meliorationsfähigkeit: I. Bodentypen-Ertragsleistung des Jahres 1951, II. Gegenüberstellung der Bodentypen-Ertragsleistung der Jahre 1952–56, III. Ertragsfähigkeit des Grünlandes, IV. Standortswert und Meliorationsfähigkeit. 368.

G. Bodenuntersuchung

Decau, J.; Toulouse, Stat. d'Agronomie et d'Oenol. Notions élémentaires de chromatographie: principes et techniques d'application. **(Elementarbegriffe der Chromatographie. Prinzipien und Anwendungstechniken.)** Ann. agronom. **12** (1961) Nr. 6. S. 619–636. – 6 Tab., 12 Lit. Zus. in Russ., Engl., Dtsch.

Die Verteilungschromatographie beruht auf den Differenzen der Verteilungskoeffizienten verschiedener zu trennender Stoffe zwischen 2 flüssigen nicht mischbaren Phasen. Die Adsorptionschromatographie gründet sich auf die unterschiedliche Affinität von Stoffen an der Oberfläche adsorbierender Verbindungen. Beim Ionenaustausch handelt es sich um Affinitätsdifferenzen von ionisierten Substanzen an den Ladungen des Austauschers. Das für die Chromatographie benötigte Trägermaterial sowie die Lösungsmittel werden genannt und die einzelnen Etappen der Trennung bei Papier- und Säulenchromatographie dargestellt. Bez. der Anwendungen der Chromatographie werden die qualitative Analyse – Aufbringen der zu trennenden Substanzen, Entwicklung, Begriff des *Rf*-Wertes – und die quantitative Analyse (unter Angabe spezieller Methoden) auf Papier sowie die Analyse von Gemischen durch Säulenchromatographie geschildert. Auf die Gaschromatographie und die allgemeine Bedeutung der Chromatographie (org., biol. und anorg. Chemie) wird hingewiesen. W. Schulze. 370.

Monnier, G., Turc, L. und Jeanson-Luusinang, Colette; Versailles, Centre Nat. de Rech. Agronomiques, Lab. d'Étude des Techn. Cult.; Lab. des Sols. Une méthode de fractionnement densimétrique par centrifugation des matières organiques du sol. **(Eine densimetrische Methode der Fraktionierung durch Zentrifugieren der organischen Substanz des Bodens.)** Ann. agronom. **13** (1962) Nr. 1. S. 55–63. – 4 Tab., 3 Lit. Zus. in Russ., Engl., Dtsch.

Die Bodenprobe wird in der entspr. Flüssigkeit – Mischungen von Bromoform mit Benzol, Tetrachlorkohlenstoff oder Äthanol – 5 Min. mit einer Geschwindigkeit zentrifugiert, die einer Beschleunigung von 1000 g gleichzusetzen ist. Das spez. leichtere unzersetzte Material geht in die Suspension über und wird auf einer Filterplatte gesammelt, während der Humus in den Zentrifugengläsern zurückbleibt. In den meisten Fällen ist die Trennung gut, schwierig nur bei extrem feinen org. Partikeln. Mit Ausnahme dieses Spezialfalles sind die Trennungen schnell und einfach durchzuführen.
W. Schulze. 370.

Cyplenkov, V. P. (Zyplenkow, W. P.) K voprosu o metodike preparativnogo vydelenija gumusovych kislot. **(Zur Methodik der präparativen Isolierung von Huminsäuren.)** Vestnik Leningradskogo universiteta **17** (1962) Nr. 9. Serija biologii Nr. 2. S. 123–130. – 7 Tab., 24 Lit. Zus. in Engl.

Zur präparativen Gewinnung von Huminsäuren aus Torf verschiedener Herkunft wird folgende Methode empfohlen: 1. Entfernung von Ca durch HCl, anschließend Cl-frei waschen, 2. Extraktion im Soxleth-Apparat mit Alkohol-Benzolmischung (1:1), 3. mit Äther, 4. mit Wasser (Gewinnung der wasserlöslichen Stoffe) und 5. mit 0,02 n Lauge, 6. Trennung der Humin- und Fulvosäuren durch Einstellung des pH-Wertes auf 1, 7. Trennung der Huminsäuren in alkohollösliche und nicht-alkohollösliche und durch Extraktion mit Alkohol im Soxleth-Apparat, anschließend Extraktion des alkoholunlöslichen Rückstandes mit Äther. Die alkohollösliche Fraktion wird nach dem Austreiben des Alkohols in 0,02 n Lauge aufgenommen und erneut durch Ansäuern aus-

gefällt. Der säurefrei gewaschene Niederschlag wird mit Äther extrahiert. 8. Abtrennung der Fulvosäuren aus der sauren Lösung durch Aktivkohle und Wiedergewinnung dieser mit 0,1 n Lauge, 9. Die Huminsäuren werden fraktioniert, indem die alkalische Lösung zunehmend angesäuert wird und die ausfallenden Niederschläge periodisch abzentrifugiert werden. – Die endgültige Reinigung von Mineralsalzen erfolgt durch Ionenaustauscherharze. Folgende Fraktionen werden erhalten: 1. Wasserlösliche Stoffe, 2. alkohollösliche Huminsäuren, 3. alkoholunlösliche Huminsäuren, 4. Fulvosäuren.
H. Winkler. 372.

Pramer, David und Starkey, Robert L.; New Brunswick, N. J., Rutgers Univ., Agric. Exp. Stat., Dep. of Agric. Determination of streptomycin in soil and the effect of soil colloidal material on its activity. **(Bestimmung von Streptomycin im Boden und der Einfluß der Bodenkolloide auf dessen Aktivität.)** Soil Sci. **94** (1962) Nr. 1. S. 48–54. – 2 Abb., 3 Tab., 20 Lit.
Zur streptomycinhaltigen Bodenprobe wird steriles H_2O gegeben, die erhaltene Suspension wird 15 Min. auf 70 °C erhitzt und anschließend homogenisiert. Vom Homogenisat werden geeignete Verdünnungen mit Agar und Actinomycin (5 ppm) versetzt. Nach Verteilung der Bodensubstanz wird das Gemisch in Petrischalen gegossen und nach Festwerden je zur Hälfte mit *Escherichia coli* SM-D und *E. coli* SM-S bestrichen. Die Schalen werden 15–20 Std. bei 28 °C inkubiert, wonach das Wachstum der Coli ermittelt wird. An Hand von Kontrollserien mit bekanntem Streptomycingehalt ist eine quantitative Bestimmung bis zu 5–10 μg/g Boden möglich. Auch an Bodenkolloide, Tonmineralin und Ionenaustauscherharz adsorbiertes Streptomycin kann so bestimmt werden, dagegen wurden bei Verwendung von Aktivkohle nur 41% des zugegebenen Streptomycins wiedergefunden. P. Stoß. 372.

Subbiah, B. V. und Bajaj, J. C.; New Delhi, Indian Agric. Res. Inst., Div. of Soil Sci and Agric. Chem. A soil test procedure for assessment of available nitrogen in rice soils. **(Ein Bodentest zur Abschätzung von verfügbarem Stickstoff in Reisböden.)** Current Sci. [Bangalore] **31** (1962) Nr 5. S. 196. – 4 Lit.
Ein Vergleich verschiedener Methoden ergab, daß das nach einwöchiger Inkubation von überschwemmten Bodenproben bei 35 °C freigesetzte NH_3 am besten als Index des verfügbaren N im Boden geeignet ist. Dagegen wurden nach 2- und 3wöchiger Inkubation bei 35 °C und mit den anderen Methoden zur Bestimmung des verfügbaren N nur geringe Korrelationen mit dem Wachstum des Reises erhalten. P. Stoß. 372.

Leggeit, G. E. und Moodie, C. D.; Pullman, Wash., State Univ., Dep. of Agronomy. The aeration-recovery method for determining ammonium fixation by soils under moist conditions. **(Die Aeration-Recovery-Methode zur Bestimmung der Ammoniumbindung durch Böden unter Feuchtbedingungen.)** Proc. Soil Sci. Soc. America **26** (1962) Nr. 2. S. 160–163. – 2 Abb., 5 Tab., 17 Lit.
Vff. beschreiben eine einfache Methode zur serienmäßigen Bestimmung der NH_4-Bindung im Boden unter Feuchtbedingungen (Vermeiden durch Trocknung bedingter Verluste). Dabei wird NH_4-behandelter Boden mit 150 l Luft/h über 16 h lang belüftet. Nichtgebundenes Ammoniak wird dabei zurückgewonnen, in Säure aufgefangen und durch Titration bestimmt. Das vom Boden fixierte NH_4 errechnet sich aus der Differenz zwischen dem Boden zugesetzter und durch Belüftung zurückgewonnener Menge. Die für Serienmessungen bes. geeignete Technik erlaubt eine Meßgenauigkeit von $\pm 0{,}1$ mval/100 g Boden. An Hand einiger Bodenarten wird die Brauchbarkeit der Methode belegt. H. Unger. 372.

Fife, C. V.; New Zealand, Massey Agric. Coll. An evaluation of ammonium fluoride as a selective extractant for aluminium-bond soil phosphate. III. Detailed studies on selected soils. **(Eine Einschätzung des Ammoniumfluorids als selektives Extraktionsmittel für aluminiumgebundenes Bodenphosphat. 3. Mitt. Eingehendere Studien an ausgewählten Böden.)** Soil Sci. **93** (1962) Nr. 2. S. 113–123. – 4 Abb., 7 Tab., 7 Lit. 2. Mitt. vgl. LZ. Abt. II 4 (1959) Nr. 9. S. 1837.
An 3 Böden wurde die Wirkung der Extraktionszeit und des Boden-Extraktionsmittel-Verhältnisses auf die P-Freisetzung aus dem Bodenphosphat mit Hilfe von 0,5 mol. NH_4F bei pH 7 und 8,5 untersucht. – Die Ausbeute stieg mit zunehmender Verdünnung bei pH 8,5 (infolge entspr. Rückganges der Konz. freier Fe-oxyde), mehr aber noch bei pH 7 (Lösung des ursprünglich Fe-gebundenen Phosphats infolge Fluoferrationenbildung). Bei alkalischer Reaktion wurde die Phosphatadsorption durch freies Fe-oxyd des Bodens innerhalb einer Extraktionszeit von 24–72 Std. nicht beeinflußt; der sich in dieser Zeitspanne zeigende lineare Anstieg in der Phosphatfreisetzung wird auf eine schwache Hydrolyse des ursprünglich im Boden Fe-gebundenen Phosphates zurückgeführt. (Dieser Störeffekt läßt sich durch Extraktion des 24–72 Std.-Anstieges gegen t = 0 eliminieren.) Der korrigierte Wert (auf adsorptionsfreier Basis) wird als Maß für den Gehalt von Al-gebundenem Phosphat angesehen. Die erhaltenen Werte lagen beträchtlich höher als die nach der Methode von Chang und Jackson gewonnenen.
H. E. Freytag. 372.

Oommen, P. K. und Iswaran, V.; New Delhi, Indian Agric. Res. Inst. Comparative study of available potassium in Indian soils as estimated by different extractants. **(Vergleichende Untersuchung des in indischen Böden durch verschiedene Extraktionsmittel bestimmten verfügbaren Kaliums.)** Soil Sci. **94** (1962) Nr. 1. S. 44–47. – 4 Tab., 10 Lit.
Proben von 20 indischen Böden wurden mit 10%igem Na-acetat + 3%iger Essigsäure (**I**), 0,5 n HNO_3 (**II**), 1%iger Citronensäure (**III**) und neutralem n-Ammoniumacetat (**IV**) unter verschiedenen Bedingungen behandelt und der K-Gehalt der Extraktionsmittel flammenphotometrisch bestimmt. Weiterhin wurde der %-Gehalt an ausgetauschtem K (**V**) aus der Gesamt-Basenaustauschkapazität und aus dem mit **IV** ausgetauschtem K berechnet. Zwischen **I** und **II** (½ Std. Schütteln) wurden für alle Böden bei der 1%-Grenze hohe Korrelationen gefunden. Die Korrelation zwischen **II** (½ Std. Schütteln) und **V** war nur bei der 5%-Grenze signifikant. Bei Einteilung der untersuchten Böden in leichte und schwere bestand bei den leichten zwischen **II** (1 Std. Erhitzen) und **IV** bei der 2%-Grenze eine stark gesicherte Beziehung. Diese wurde auch für alle Böden beim Vergleich von **II** 1 Std. und ½ Std. Schütteln bei der 1%-Grenze gefunden. P. Stoß. 372.

Orlov, D. S. und Cikurina, N. N. (Orlow, D. S. und Zikurina, N. N.); Moskau, Univ., Lehrstuhl für Bodenkunde. Količestvennoe opredelenie natrija v počvach i počvennych rastvorach s pomošč'ju stekljannogo ėlektroda. **(Quantitative Natriumbestimmung in Böden und Bodenlösungen mittels Glaselektroden.)** Vestnik Moskovskogo universiteta. Serija VI. Biologija, počvovedenie **17** (1962) Nr. 2. S. 57–62. – 1 Abb., 2 Tab., 16 Lit.
Die Versuche zeigten, daß sowohl in reinen als auch in gemischten Elektrolytlösungen der Aktivitätskoeffizient des Na-Ions ein Minimum erreicht, das sich in einem bestimmten Konzentrationsbereich nur wenig verändert. Der Lösung aus salzhaltigen Böden sind 0,4–1,0 g/l eines neutralen Salzes (Ca oder Mg) hinzuzufügen. Die auf dem Potentiometer abgelesenen Werte der zu untersuchenden Lösung werden mit denen einer geeichten NaCl-Lösung verglichen. Die empfohlene Methode tritt hinter die flammenphotometrische zurück, zeichnet sich aber durch Einfachheit aus und kann zur quantitativen

Na-Bestimmung in salzhaltigen Böden verwendet werden, wenn die Salzkonz. in den Bodenlösungen und wäßrigen Auszügen nicht 0,1 Mol überschreitet.
W. Görtler. 372.

Bower, C. A. und Hatcher, J. T.; Riverside, Calif., U.S. Salinity Lab. Characterization of salt-affected soils with respect to sodium. **(Charakterisierung salzbeeinflußter Böden bezüglich Natrium.)** Soil Sci. **93** (1962) Nr. 4. S. 275–280. — 1 Abb., 4 Tab., 10 Lit.
Die Bestimmung des austauschbaren Na wird fehlerhaft, wenn der Boden 1. stark salzhaltig ist, 2. Na-Formen enthält, die nicht wasserlöslich oder austauschbar sind, sich aber in Ammoniumacetat lösen oder zersetzen, 3. austauschbares Na enthält, das nicht durch NH_4 ersetzbar ist. Im Fall 1 führt der hohe Salzgehalt des Bodens zu negativen Sorptionseffekten, so daß die Werte zu niedrig ausfallen. Im Fall 2 liegen die Na-Werte zu hoch. Für einige Böden kann das austauschbare Na am besten aus dem Na-Adsorptionsverhältnis im Gleichgewicht mit Wasser bestimmt werden. Allgemein gilt, daß bei salzbeeinflußten Böden dieses Verhältnis vielleicht den besten Anhalt für die Beziehung Na-Zustand des Bodens — Pflanzenwachstum gibt. Darüber hinaus bietet das Na-Adsorptionsverhältnis ein Hilfsmittel, um die Zuverlässigkeit der direkten Bestimmung des austauschbaren Na zu kontrollieren.
W. Schulze. 372.

Zyrin, N. G., Belicyna, G. D. und Obuchov, A. I. (Syrin, N. G., Belizyna, G. D. und Obuchow, A. I.); Moskau, Lomonossow-Univ. Vlijanie sily toka ugol'noj dugi na isparenie i intensivnost' izlučenija mikroėlementov pri spektral'nom analize počv. **(Einfluß der Stromstärke des Kohlebogens auf Verdunstung und Strahlungsintensität der Spurenelemente bei der Spektralanalyse der Böden.)** Počvovedenie, Moskva **1962** Nr. 5. S. 123–127. — 4 Abb., 2 Tab., 7 Lit. Zus. in Engl.
Die Abhängigkeit zwischen der Stromstärke (6–20 A) des Wechselstromkohlebogens und dem Charakter der Verdunstungskurven der flüchtigen Elemente (Zn, Pb, Sn) und Elemente der Fe-Gruppe (V, Cr, Mn, Co, Ni) aus Etalons und Böden wurde verfolgt. — Mit zunehmender Stromstärke verringert sich die Verdunstungszeit der Elemente, erhöht sich die Intensität der analytischen Linien und verstärkt sich die Intensität des Hintergrundes. Zur Bestimmung der flüchtigen Elemente genügt eine Verdunstungszeit von 1–1,5 min. Durch Erhöhung der Stromstärke auf 15 A und Regulierung des Revolverdiaphragmas wird die Genauigkeit der Bestimmung der Elemente der Fe-Gruppe erhöht. Die optimale Tiefe der Kohleelektrode beträgt dabei 2 mm. Mit zunehmender Stromstärke verringert sich der Einfluß der unterschiedlichen Zusammensetzung von Etalon und Boden sowie anderer Elemente auf die Intensität der analytischen Linien der zu bestimmenden Elemente.
Ch. Bachmann. 372.

Nicolay, R. L., Weber, H. W. und Walt, C. F. J. van der. An apparatus for differential thermal analysis of clay minerals. **(Eine Apparatur für die Differentialthermoanalyse der Tonminerale.)** South African J. agric. Sci. 4 (1961) Nr. 4. S. 491–506. — 9 Abb., 1 Tab., 12 Lit.
Gegenüber den herkömmlichen DTA-Apparaturen zeichnet sich die von den Vff. beschriebene Neukonstruktion durch einige Verbesserungen aus, die vor allem das Heizungskontrollaggregat und das Temperaturregistriersystem betreffen. Die Heizanlage ermöglicht das Arbeiten mit Temperaturen von 0–1200 °C. Die Prüfung der Energiezufuhr erfolgt mit Hilfe eines variablen Transformators, so daß auf diesem Wege auch die Bestimmung der Temperaturverteilung im System vorgenommen werden kann. Durch eine spezielle Modifikation des Temperaturregistriersystems lassen sich für den Bedarfsfall 2 getrennt operierende Einheiten herstellen, bei denen es sich um einen Heiz-

kanal und einen Differentialkanal handelt. Nach den Erfahrungen der Vff. eignet sich dieser DTA-Apparat nicht nur zur Untersuchung von Tonmineralen, sondern auch von allen Bodenfraktionen < 2 mm. W. Prager. 374.

Beavers, A. H. und Jones, Robert L.; Urbana, Univ. of Illinois, Agronomy Dep. A fractionator for silt. **(Ein Fraktiometer für Schlämmerde.)** Proc. Soil Sci. Soc. America **26** (1962) Nr. 3. S. 303–304.
Vff. beschreiben ein Gerät, mit dem aufgeschlämmtes Material bes. gut in Größenklassen getrennt werden kann, wobei die Gewinnung genauer Grenzwerte möglich ist. Zeichnung sowie Angaben über Konstruktion und Anwendung des Apparates sind vorhanden.
T. v. Wilamowitz-Moellendorff. 374.

Jensen, Ejnar und Møller, Hansen H.; Copenhagen, Denmark, Roy. Veterin. and Agric. Coll., Chem. Lab. An elutriator for particle-size fractionation in the sub-sieve range. **(Ein Schlämmapparat für die Korngrößen-Fraktionierung im Bereich von 1 bis 40 Mikrometer.)** Soil Sci. **92** (1961) Nr. 2. S. 94–99. – 1 Abb., 1 Tab., 7 Lit.
Da sich die Fraktionierung des Feinerdeanteiles 1–40 μm mit Hilfe der Atterberg-Methode als zu arbeitsaufwendig erweist, konstruierten die Vff. einen Schlämmapparat, der auf dem Prinzip des von Schöne (1868) stammenden Schlämmzylinders beruht. Doch durch die Zickzackform des neuen Schlämmzylinders wird eine senkrechte Drehbewegung des Dispersionsmittels ausgelöst, die sich auf die allgemeinen Bewegungen der Fraktionen übertragen läßt. Im unteren Teil des Schlämmzylinders erzeugt außerdem eine elektrische Schüttelapparatur Wirbelbewegungen, die so bemessen sind, daß sie die Schichtverhältnisse am Auslaufniveau nicht zerstören. Diese Wirbelbewegungen gewährleisten eine bessere Dispersität und einen stärkeren Trennungseffekt. W. Prager. 374.

Loxton, R. F.; Pretoria, Div. of Chem. Serv. A modified chart for the determination of basic soil textural classes in terms of the international classification for soil separates. **(Ein abgeändertes Diagramm zur Bestimmung der elementaren Texturklassen nach der Terminologie der internationalen Klassifikation für Bodenbestandteile.)** South African J. agric. Sci. **4** (1961) Nr. 4. S. 507–512. – 2 Abb., 2 Tab., 1 Lit.
Heute stellt die im Labor bestimmte Korngrößenzusammensetzung einer Bodenprobe längst nicht mehr eine nur ergänzende Maßnahme zur exakten Erfassung der im Felde ermittelten Fraktionen dar, sondern erlangt darüber hinaus die Bedeutung eines abs. Kriteriums für die Kennzeichnung der Texturklassen. Beim Vergleich der bekanntesten modernen Klassifikationssysteme, die einerseits von dem U.S.D.A. und andererseits von der Internat. Bodenkundlichen Gesellschaft empfohlen werden, ergeben sich jedoch beträchtliche Unterschiede für die Handhabung der Größenbereiche von Sand und Schluff, so daß eine Annäherung beider Systeme auf der Grundlage des letzteren angebracht erscheint. Zu diesem Zwecke entwirft Vf. ein abgeändertes Dreiecksdiagramm, das sich bei Texturanalysen zur Kennzeichnung der wichtigsten Weltbodentypen nach Bodenarten bewährt hat. W. Prager. 374.

Breburda, J. G.; Gießen, Justus-Liebig-Univ., Inst. für Bodenkunde, Lehrstuhl für Physik und Bodenmeliorat. Sravnitel'noe izučenie nekotorych metodov opredelenija agregatnogo sostava počv. **(Vergleichende Untersuchungen einiger Methoden für die Bestimmung der Aggregatzusammensetzung der Böden.)** Vestnik Moskovskogo universiteta. Serija VI. Biologija, počvovedenie **17** (1962) Nr. 1. S. 75–80. – 3 Tab.
Verschiedene Labormethoden zur Bestimmung der Wasserstabilität von Strukturaggregaten wurden von N. I. Sawwinow, W. R. Wiljams, P. I. Andrianow, D. G. Wilenski, I. M. Bakschejew erarbeitet. Die Hauptschwie-

rigkeit bei der Untersuchung mit verschiedenen Methoden besteht im Fehlen eines Wertes, mit dessen Hilfe die Ergebnisse verschiedener Methoden verglichen werden können. Bei der Beurteilung einer Methode sind ihr Reaktionsvermögen auf geringe Strukturveränderungen und die Genauigkeit der Ergebnisse zu untersuchen. Die Ergebnisse der Methoden Sawwinow, Bakschejew, Andrianow zeigen nur geringe Abweichungskoeffizienten, widerspiegeln die Eigenschaften der untersuchten Böden am vollständigsten und weisen auf bestimmte Abhängigkeiten zwischen den Struktureigenschaften, dem Humusgehalt und dem Porenvolumen hin. Die Methoden Wilenski, Fadejew-Wiljams ergaben größere Abweichungen und befriedigen daher weniger. W. Görtler. 374.

Studer, R.; Châteauroux, Stat. d'Agronomie. Méthode de détermination des réserves hydriques des sols. **(Methode zur Bestimmung der Wasserreserven der Böden.)** Ann. agronom. **12** (1961) Nr. 6. S. 599–608. – 7 Abb., 3 Tab., 3 Lit. Zus. in Russ., Engl., Dtsch.
Auf Grund von Bestimmungen der Hygroskopizität eines Bodens (pF 4,7–6,0), durch Zentrifugieren (pF 2,0–4,2) und durch Trocknen bei 105 °C (pF 7) kann die betreffende pF-Kurve erhalten werden. Es ist möglich, die Hygroskopizität nach 2 Methoden zu bestimmen (in freier Luft oder in einem geschlossenen Gefäß). Ventilator und Psychrometer (mit Thermometer) sind erforderlich. Doppelbestimmungen genügen für 5%ige Genauigkeit. Die im Laboratorium erhaltenen Resultate stimmen mit den im Freiland erzielten gut überein. W. Schulze. 374.

Gardner, W. R. und Miklich, F. J.; Riverside, Calif., U.S. Salinity Lab. Unsaturated conductivity and diffusivity measurements by a constant flux method. **(Messungen der ungesättigten Konduktivität und des Diffussionsvermögens durch eine Methode mit konstantem Fluß.)** Soil Sci. **93** (1962) Nr. 4. S. 271–274. – 6 Abb., 1 Tab., 3 Lit.
Die Leitfähigkeit des Bodens für Wasser kann aus dem unterschiedlichen Saugvermögen zwischen 2 Punkten berechnet werden, wenn die Geschwindigkeit der Wasserabnahme bekannt ist. Ein konstanter Wasserfluß kann am einfachsten durch gleichmäßige Verdunstung an der Bodenoberfläche erreicht werden. Die Verwendung eines Differentialmanometers ist zweckmäßig. Um die Diffusion aus der Verteilung des Wassergehaltes zu bestimmen, bedient man sich am besten der Absorptionsmethoden mit γ-Strahlen, doch muß die Probe dafür genügend homogen sein. An 5 Böden wurden entspr. Untersuchungen durchgeführt. Die Diffusionskurven zeigen zunächst eine schnelle Abnahme mit zunehmendem Saugvermögen, dann bleibt sie relativ konstant. Bes. in Böden grober Textur steigen die Kurven vor dem weiteren Abfallen gelegentlich noch etwas an. W. Schulze. 374.

Young, Kieth K.; Lincoln, Nebr., Soil Survey Lab. A method of making moisture desorption measurements on undisturbed soil samples. **(Eine Methode für Messungen des Feuchteentzuges bei dem Boden ungestört entnommenen Proben.)** Proc. Soil Sci. Soc. America **26** (1962) Nr. 3. S. 301. – 1 Abb.
Ein Verfahren wird beschrieben, das gestattet den Feuchteentzug aus kleinen Proben durchmischten Bodens und aus ungestört erhaltenen Proben gleichzeitig festzustellen. T. v. Wilamowitz-Moellendorff. 374.

Johnston, William R. und Perrier, Eugene R.; Davis, Univ. of California. Air leakage from porous plate apparatus and its effect on moisture retention data. **(Luftdurchtritt von einer Apparatur mit poröser Platte und dessen Wirkung auf die Werte der Wasserretention.)** Soil Sci. **93** (1962) Nr. 4. S. 262–264. – 3 Abb., 5 Lit.
Apparaturen mit poröser Platte werden gebraucht, um die mit einer bestimmten Saugkraft vom Boden festgehaltenen Wassermengen zu ermitteln. Hierbei

treten durch Luftdurchtritt Fehler auf, die sich so äußern, daß die Böden trockener erscheinen. Unter den experimentellen Bedingungen verursacht ein Luftdurchtritt von 3 l/min bei einem Lehmboden einen Fehler von 47% (2 l analog 30% und 1 l 9%). Bei niedriger Saugkraft erfolgt oberflächliches Verdunsten, bei höherer kann Luft in die Kapillaren eintreten. Mit Hilfe einer Gummidichtung konnte der Luftdurchtritt beseitigt werden.

W. Schulze. 374.

Sauerlandt, W. und Marzusch-Trappmann, M.; Braunschweig-Völkenrode, Forsch.-Anst. für Landwirtsch., Inst. für Humuswirtsch. **Einige Probleme der biologischen Untersuchung der Ackerböden.** Z. Pflanzenernähr., Düng., Bodenkunde **97(142)** (1962) Nr. 3. S. 216–224. – 5 Abb., 2 Tab., 20 Lit.

Ein Dauerdüngungsversuch (org. Düngung und Strohbedeckung) wurde über 2 Jahre lang biologisch untersucht. Von den geprüften Bodentieren (Enchytraeiden, Collembolen, Milben) reagierten die Enchytraeiden auf org. Düngung am deutlichsten durch höhere Besatzzahlen in der oberen Bodenschicht. Während mit der Gesamtkeimzahlbestimmung nach Strugger (fluorescenzmikroskopisch) nur selten signifikante Unterschiede zwischen den Düngungsvarianten erfaßt werden konnten, brachten die mit dem Gußplattenverfahren erzielten Ergebnisse deutliche Keimzahlerhöhungen durch die org. Düngung.

H. Unger. 376.

Zachariae, Gerhard; Reinbek bei Hamburg, Bundesforsch.-Anst. für Forst- und Holzwirtsch. **Zur Methodik bei Geländeuntersuchungen in der Bodenzoologie.** Z. Pflanzenernähr., Düng., Bodenkunde **97(142)** (1962) Nr. 3. S. 224–233. – 6 Abb.

Vom Vf. wird die direkte Beobachtung im Gelände als eine in vielen Fällen unerläßliche Voraussetzung für die Aussagekraft bodenzoologischer Ergebnisse genannt. Für Versuche im Freien werden einige Möglichkeiten, wie Vergraben von kleinen Käfigen in die oberen Streuschichten, Glasbedeckung von Profilen zur Beobachtung, Auszählen von Streuresten und damit Erfassung der Verarbeitungsgeschwindigkeit usw., angegeben. H. Unger. 376.

Hirte, Wolfgang; Berlin, Humboldt Univ., Inst. für Mikrobiol. **Einige Untersuchungen zur Methodik der mikrobiologischen Bodenprobenverarbeitung.** Zbl. Bakteriol., Parasitenkunde, Infektionskrankh. Hyg., II. Abt. **115** (1962) Nr. **4.** S. 394–403. – 2 Abb., 5 Tab., 11 Lit.

Die Erfassung der wirklichen bodenmikrobiol. Verhältnisse mittels des Kochschen Gußplattenverfahrens setzt nach Vf. die Herstellung einer repräsentativen Mischprobe, die Einhaltung der optimalen Schüttelzeit und die Homogenitätsprüfung bei der Herstellung einer Verdünnungsreihe voraus. Mischproben aus 5 Einzelproben zu 20 g (trockener Boden) erwiesen sich als einheitlich. Als optimale Schüttelzeit werden 30 Min. empfohlen. Bei der Herstellung der Verdünnungsreihe blieb der Fehler niedrig, wenn die überpipettierte Menge 10 ml betrug. H. Unger. 376.

Unger, H.; Jena, Inst. für Landwirtsch. Versuchs- und Untersuchungswes. der Dtsch. Akad. der Landwirtsch.- Wiss. zu Berlin. **Über einige in Feldversuchen mit Zellulosetestbeuteln erzielte Ergebnisse.** Albrecht-Thaer-Arch. **6** (1962) Nr. 2. S. 145–150. – 4 Abb., 4 Lit.

Vf. berichtet über Verbesserungen des von ihm entwickelten Cellulosetests und weist in diesem Zusammenhang auf die Möglichkeit hin, anderes org. Material mit dem „Gazebeuteltest" auf mikrobiellen Abbau zu prüfen. Die Methode ermöglichte den Nachweis, daß Abwassergaben im Grünland- und Wi-Weizenboden die Cellulosezersetzung erhöhen und die Fruchtart (Kartoffel, Klee, Zuckerrüben) unterschiedlich auf den Abbau der Cellulose in einem leichten, untergrundbewässerten Sandboden einwirkt. Die bei diesen Fruchtartenversuchen auf den Restwatten auftretenden Farbunterschiede erlauben eine zusätzliche qualitative Aussage. K. E. Lindner. 376.

Schmidt, Edwin L. und Bankole, Rufus O.; Minneapolis, Univ. of Minnesota, Dep. of Microbiol. Detection of Aspergillus flavus in soil by immunofluorescent staining. **(Auffinden von Aspergillus flavus im Boden durch immunfluorescierende Färbung.)** Science [Washington] **136** (1962) Nr. 3518. S. 776–777. – 1 Abb., 4 Lit.
Um eine qualitative Auswertung der Cholodny-Methode zu ermöglichen, wurde in Modellversuchen die Möglichkeit des Einsatzes der fluorescierenden Antikörpertechnik geprüft. Vff. stellten von einer *Aspergillus-flavus*-Reinkultur ein Antiserum mit einem Agglutinationstiter von 1280 her, beimpften in Glasröhrchen befindlichen Boden mit dem gleichen Stamm, brachten Objektträger ein, die sie nach Bebrütung zurückgewannen und mit dem mit fluorescierendem Isothiocyanat angefärbten Serum behandelten. Unter dem Fluorescenzmikroskop war bei geringer Vergrößerung eine gute Differenzierung der fluorescierenden Pilzhyphen möglich. H. Unger. 376.

Voss, Regis und Pesek, John; Ames, Iowa, Iowa Agric. and Home Econ. Exp. Stat., Dep. of Agronomy. Estimation of effect coefficients relating soil test values and units of added fertilizer. **(Ermittlung von Effektkoeffizienten, die mit Bodentestwerten und Einheiten vom zugegebenen Düngemittel in Beziehung stehen.)** Agronomy J. **54** (1962) Nr. 4. S. 339–341. – 2 Tab., 4 Lit.
Vff. beschreiben eine statistische Methode zur Umrechnung von Bodenwerten für N und P in Einheiten von zugegebenem N und P, die bei jeder beliebigen Kultur den Ertrag in gleicher Weise beeinflussen. Zur Ermittlung der Umrechnungsfaktoren wird von einer multiplen Regressionsgleichung ausgegangen, in der die Düngungs- und Bodenvariablen enthalten sind. – Das Berechnungsverfahren wurde auf eine Ertragsgleichung für Hafer angewandt, die von Ertragswerten aus Gewächshausversuchen abgeleitet wurde. Die Effektkoeffizienten betrugen dabei für nitrifizierbaren N 0,7665 (N-Zugabe als Ammonnitrat) und für Boden-P 7,0096 (P-Zugabe als Monocalciumphosphat). P. Stoß. 378.

Bergmann, W. **Die Auswertung des II. Turnus der systematischen Bodenuntersuchung der DDR und ihre Bedeutung für die Erhaltung und Mehrung der Bodenfruchtbarkeit.** S.-B. dtsch. Akad. Landwirtsch.-Wiss. Berlin **10** (1961) Nr. 13. S. 1–59. – 13 Abb., 129 Lit.
Ausgehend von der Bedeutung der Bodenfruchtbarkeit für die Ertragsfähigkeit und Ertragsleistung des Bodens wird auf die Wichtigkeit des anorg.-chem. Faktorenkomplexes des Bodens und seine Bestimmung sowie seine Relation zur Ertragsbildung hingewiesen. Anschließend werden die Ergebnisse des II. Turnus der systematischen Bodenuntersuchung der DDR ausgewertet und gezeigt, daß die Kalk-, Kali- und Phosphorsäureversorgung der Böden in manchen Teilen der DDR noch wesentlich verbessert werden muß, insbes. auf den Grünländereien. Abschließend wird betont, daß es mit Hilfe der chem. Bodenuntersuchung ohne weiteres möglich ist, die durch Kulturmaßnahmen des Menschen und andere Einflüsse bedingte Fluktuation der Bodennährstoffe zu erfassen und zweckdienliche Düngungsanweisungen zu geben. Weiterhin wird es als notwendig erachtet, in Zukunft noch weitere, die Fruchtbarkeit des Bodens bedingende Faktoren durch Serienanalysen zu erfassen. Ein Vergleich zwischen dem durchschnittlichen Nährstoffentzug und den zugeführten Nährstoffmengen/ha LN ergibt, daß in vielen Ländern die gegenwärtig verabfolgten Düngermengen noch nicht ausreichen, um in bezug auf den anorg.-chem. Faktorenkomplex von einer Erhaltung der Bodenfruchtbarkeit sprechen zu können. 378.

IV. BODENBEARBEITUNG

C. Spezielle Fragen der Bodenbearbeitung

Ravasz, T. Adatok az öszi buza talajelökészitési munkáihoz. **(Angaben über Bodenvorbereitungsarbeiten zu Winterweizen.)** Búzatermesztési Kísérletek [Weizenbau-Versuche] **1952/59** (hrsg. 1961) S. 251–257. — Aus: Ung. Agrar-Rdsch. **1962** Nr. 3.

Versuche auf sandigem Waldboden lieferten den Beweis, daß der ungleichmäßige Aufgang im Herbst ausschließlich auf bodenphysikal. Ursachen zurückzuführen ist. Entscheidend ist dabei die Bodenvorbereitung. Mit Scheibenegge und Walze konnte man mit dem Untergrund in organ. Beziehung stehendes Saatbett von mittlerer Absetzung herstellen, in dem das Auflaufen unabhängig vom periodischen Niederschlag gleichmäßig war. Bei flacher Kultivation ist der Gebrauch der Walze unerlässlich. Im Gegensatz hierzu hatte das Tiefpflügen im Sommer eine so grobe physikal. Lockerung zur Folge, daß der Boden bis zur Saatzeit mit mechan. Mitteln nicht gleichmäßig verdichtet werden konnte. Es traten ungleichmäßiges Auflaufen im Herbst, fleckenartige Auswinterung und Auffrieren auf. Die Versuche und physikal. Untersuchungen weisen darauf hin, daß die flache Bodenvorbereitung zu Winterweizen mit der Scheibenegge auf abflußfreien Böden sandigen Charakters bei guter Lüftung und Wasserabsorbtionsfähigkeit günstigere Ergebnisse sichert als die Furche von üblicher Tiefe. 430.

Johnson, Wendell C. Controlled soil cracking as a possible means of moisture conservation of wheatlands of the Southwestern Great Plains. **(Kontrollierte Bodenfurchung als Möglichkeit zur Wassererhaltung auf Weizenböden der südwestlichen Great Plains.)** Agronomy J. **54** (1962) Nr. 4. S. 323–325. — 2 Abb., 1 Tab.

Auf Winterweizen wurden im Frühjahr mit einem Pflug Furchen von 3 in. Tiefe in Abständen von 15 resp. 30 Reihen des Weizens gezogen. Zusätzlich wurden auch Querfurchen in Abständen von 10 resp. 20 resp. 30 ft. angelegt, um den geringen Niederschlägen eine bessere Infiltration in den Boden zu ermöglichen. Es handelte sich um einen Lehmboden (Montmorillonit) mit 1,6% org. Subst. Im trockenen Frühjahr bildeten sich zahlreiche Bodenrisse, die vielfach die Bahnen der vorbereiteten Furchen einnahmen und dort eine erwünschte Breite und Tiefe verursachten, die 1½–2mal größer war als die der natürlichen Bodenrisse. Insofern wurde die Möglichkeit erwiesen, die Richtung der Bodenrisse zu beeinflussen und ihre Nützlichkeit zu erhöhen.

H. Pätzold. 430.

Czeratzki, W. **Stoppelbearbeitung im Mähdruschbetrieb.** Prax. u. Forsch. **14** (1962) Nr. 7. S. 171–173.

Die Stoppelbearbeitung schützt die durch das Pflanzenwachstum stark beanspruchte Bodenfeuchte vor weiteren Verdunstungsverlusten und verhindert die Verhärtung des Bodens. Die Eignung verschiedener Bodenbearbeitungsgeräte für die Stoppelbearbeitung nach dem Mähdrusch wird für Stoppeln ohne Strohdecke (I) und für Stoppeln mit Strohdecke (II) untersucht: Der Schälpflug leistet bei I die sauberste Arbeit. Stoppeln und Unkrautbewuchs werden sicher untergebracht. Als Nachbearbeitungsgeräte zur Unkrautvernichtung sind je nach Bodenart Walze, Egge, Kombikrümler oder Notzonegge geeignet. Bei II kann der Schälpflug bei entsprechender Rahmenhöhe und Körperentfernung auch längeres Stroh einarbeiten, jedoch wird das Stroh schlecht mit dem Boden vermischt. Mit dem Kreiselpflug „Kombinus" läßt sich auch Langstroh gut einarbeiten. Der Grubber mit Arns-Zinken ermöglicht zwar bei I eine schnelle Stoppelbearbeitung, ist jedoch infolge der fehlenden Bodenwendung dem Schälpflug unterlegen. Ähnliches gilt für Scheibenegge und Scheibenschälpflug. Für II ist der Grubber ungeeignet, da das Stroh auf der Grubberarbeit „schwimmt" und die Einmischung sehr schlecht ist. Auch die Scheibenegge soll für II nicht verwendet werden. Die Fräse leistet bei I zwar gute Lockerungsarbeit, ist aber durch die mangelnde Bodenwendung in bezug auf die Unkrautvernichtung dem Schälpflug unterlegen. Sehr gut eignet sich dagegen die Fräse bei II, da sie das Stroh gleichmäßig auf die gesamte Arbeitstiefe einmischt. Der Einsatz der finnischen Rollspatenegge befriedigt bei II nur bei kurzem Stroh und nach mehrmaliger Wiederholung der Arbeit, möglichst über Kreuz. M. Lüpnitz. 435.

Lange, J., Cartellieri, E., Schlicht, H. und Künkel, K.; Müncheberg, Inst. für Acker- und Pflanzenbau der Dtsch. Akad. der Landwirtsch.-Wiss. zu Berlin. **Über den ökonomischen Nutzeffekt des meliorativen Tiefpflügens leichter Sandböden.** Dtsch. Landwirtsch. **13** (1962) Nr. 9. S. 422–429. – 7 Tab., 13 Lit.
Bei Großflächenversuchen auf grundwasserfernen, leichten Sandböden wurde festgestellt, daß durch melioratives Pflügen dieser Böden im 1. Jahr rund 50 dt/ha Kartoffeln oder 2 dt/ha Roggen mehr erzeugt werden können. Auch andere Früchte reagieren nachweisbar positiv. Im 2. Jahr ist eine meliorative Wirkung ebenfalls nachweisbar. Durch die Vertiefung der Ackerkrume und die Zufuhr organischer Substanz sowie Kalk wird die Bodenfruchtbarkeit so erhöht, daß Flächen, die zwar veranlagt sind, aber wegen ihrer geringen Ertragsfähigkeit nicht bewirtschaftet werden, nun eine Bewirtschaftung lohnen und zur Erhöhung der Marktproduktion beitragen. Stets wird die Ertragssicherheit erhöht und das Risiko bei der Bewirtschaftung leichter Sandböden verringert. E. v. Wangenheim. 435.

Novikova, A. V. (Nowikowa, A. W.) Ob osobennostjach melioracii lugovych solonocov. **(Die Besonderheiten der Melioration von Wiesen-Solonetz.)** Naučn. tr. Ukr. n.-i. in-t počvoved. **5** (1961) S. 121–131. – 14 Lit. Aus: Referativnyj žurnal. Biologija, Moskva **1962** Nr. 1. D 268. S. 37.
Auf kastanienfarbigen Wiesen-Solonetz- und Wiesen-Solontschak-Böden am Ufer des Faulen Meeres mit einem Grundwasserstand von 1,5–3,0 m und einer hohen Mineralisation (20–60 g/l) erhielt man den höchsten Sommerweizen-Ertrag (7,9 dt/ha) beim Pflügen in 18–20 cm Tiefe mit einer Gipsdüngung von 30 dt/ha; bei Rigolen in 50 cm Tiefe erhielt man 6,5 dt/ha, beim Pflügen in 18–20 cm Tiefe ohne Gipsdüngung 5,8 dt/ha, beim Pflügen in 30 cm Tiefe mit einer Krumenvertiefung um 10 cm 6,9 dt/ha und bei Gipsdüngung 7,2 dt/ha. In Großversuchen war der Ertrag bei Rigolen um 2–3 dt/ha (10–20%) niedriger als bei gewöhnlichem Pflügen. Ursache der Ertragsminderung ist die intensive kapillare Aufwärtsbewegung von Salzlösungen im Sommer durch Zerstörung des Solonetz-Horizontes; der Koeffizient der jahreszeitlichen Anhäufung von Salzen in den Parzellen mit Rigolen und Pflügen mit Krumenvertiefung + Gipsdüngung war für die Schicht von 0–10 cm Tiefe gleich 8. Dasselbe Ergebnis erhielt man im Laborversuch mit Monolithen. Es wird empfohlen, diese Böden in 18–20 cm Tiefe zu pflügen und alle 7–10 Jahre 40 dt/ha Gips auszubringen. Die Versuche wurden 1952–58 im Bezirk Asow im Krim-Gebiet durchgeführt. übersetzt v. E. Fröhmcke. 435.

Nicholson, A. J. Contour furrowing. **(Kontur-Furchenpflügen.)** J. Dep. Agric. South Australia **65** (1962) Nr. 12. S. 514–519. – 8 Abb.
In Südaustralien wird das Konturenpflügen hauptsächlich in Gegenden mit weniger Niederschlägen angewendet. Bei Regen von 25 in./Jahr oder mehr ist es möglich, durch gute Dauerwiesen einen ausreichenden Schutz der Oberfläche gegen Erosionen zu erzielen. Die Furchen werden mit einem 1-Schaar-Anhängepflug so tief wie möglich gezogen. Hierzu werden zuerst einige grobe Furchen rund um die Hügel herumgepflügt, die den Konturen möglichst folgen, dann werden die Zwischenräume parallel zu den Grundlinien durch Furchen in zweckmäßigem Abstand ausgefüllt. Auf diese Weise können 70–100

acres an einem Tage bearbeitet werden. Die Furchen sind ständig zu überwachen und Schäden rechtzeitig auszubessern. Die Konturen erfüllen dann 6–10 Jahre lang ihre Aufgabe. E. v. Wangenheim. 435.

Kojnov, G. (Kojnow, G.) Proučvane vŭrchu proletnata predseitbena obrabotka na počvata za pamuk. **(Über die voraussaatliche Frühjahrsbodenbearbeitung für Baumwolle.)** Naučni trudove. Visš selskostopanski institut „Vasil Kolarov". Agronomičeski fakultet, Plovdiv **11** (1962) Nr. 1. S. 51–63. – 6 Tab., 9 Lit. Zus. in Russ., Dtsch.

Geprüft wurde die Wirkung der Egge, des Grubbers und der Frühjahrsfurche mit anschließendem Eggeneinsatz. Es wird darauf hingewiesen, daß die Bodenfeuchtigkeit zur Zeit der Aussaat, der Samenaufgang und die Verunkrautung nicht davon abhängen, ob der Grubber einmal oder mehrmals eingesetzt wurde und auch nicht davon, ob die Bodenbearbeitung unmittelbar vor der Aussaat Grubbern oder Eggen war. Ein Unterlassen des Eggeneinsatzes zeitig im Frühjahr führt jedoch zur Minderung der Bodenfeuchtigkeit (durchschnittlich um 3%) und zu Ertragsrückgängen. Der Einsatz der Ackerschleppe und insbesondere das Walzen nach der Aussaat führten zu Ertragssteigerungen. Eine 10–12 cm tief gezogene Frühjahrsfurche (Febr.-März) mit anschließender Egge steigerten den Rohbaumwollertrag um 110–120 kg/ha. Empfohlen wird folgende Frühjahrsbodenbearbeitung: zeitige Frühjahrsegge, 8–10 cm tiefes Grubbern im März und ein solches auf 5–6 cm Tiefe vor der Aussaat. M. Stoilow. 455.

V. BODENMELIORATION UND BODENSCHUTZ

A. Allgemeine Literatur, Berichte, Statistiken u. a.

Darves-Bornoz, M. La maitrise de l'eau comme facteur décisif du développement d'une agriculture moderne. **(Die Beherrschung des Wassers als entscheidender Faktor für die Entwicklung einer modernen Landwirtschaft.)** Bull. Assoc. franç. Étude Sol **1962** Nr. 2. S. 169–188.

Übersichtsarbeit, die aus folgenden Hauptkapiteln besteht: a) Landwirtsch. Überschüsse und die Beherrschung des Wassers, b) Der Einfluß der begrenzten Wasserversorgung auf den Pflanzenbau, c) Der optimale Wasserhaushalt, d) Mangel und Bedarf an Wasser – potentielle Evapotranspiration. 501.

B. Bodenmelioration

Kragh, Gert. **Landschaftsplanung in Afrika.** Natur u. Landschaft **37** (1962) Nr. 9. S. 129–141. – 41 Abb.

Die Problematik um Boden, Wasser, Pflanzen- und Tierwelt in Afrika verlangt eine vordringliche Inangriffnahme von Maßnahmen zu ihrer Lösung. Die IUCN („International Union for Conservation of Nature und Natural Resources") hielt daher im Zuge ihres „Afrika-Spezial-Projektes (ASP)" im Sept. 1961 in Arusha in Tanganjika eine Konferenz über „Die Erhaltung der Natur und der natürlichen Hilfsquellen in den neuen afrikanischen Staaten" ab, auf der über diese Zielsetzung in breitester Form verhandelt wurde. Es wurde klar, daß es dabei nicht auf die aufsehenerregenden Großtiere Afrikas allein ankommt, sondern daß diese lediglich als die bemerkenswerteste Erscheinung der zahlreichen Landschaftsfaktoren dieses großen Kontinents anzusehen sind, die alle bei einer „Ordnung der Landschaft" berücksichtigt werden müssen. Die 6 deutschen Teilnehmer der insgesamt 140 Delegierten aus vielen Ländern befaßten sich bes. mit Erörterungen, die den Grundlagen und der Durchführung der Landschaftsplanung bzw. Landnutzungsplanung gewidmet waren. Aus dieser Konferenz heraus, bildete sich eine Beratungseinrichtung, innerhalb derer eine kleine Gruppe von Fachexperten bereits ihre Beratungsreisen angetreten haben, mit dem Ziel, die Vielzahl der Projekte aufzufangen und sie auf

Grundlagen zu stellen, die aus der Landschaft, aus den Naturräumen heraus entwickelt worden sind. W. Fleischmann. 525.

Jacko, Róbert; Bratislava, Výzkumný Ústav Vodohospodársky. Úvod do hydrochemickej prognózy podzemných vôd aluviálnych náplavov. **(Einführung in die hydrochemische Prognostik der Grundwässer in alluvialen Anschwemmungen.)** Vodohospodársky Časopis **10** (1962) Nr. 1. S. 95–110. — 1 Abb., 3 Tab., 22 Lit. Zus. in Russ., Dtsch.
Es werden die wichtigsten Aspekte der quantitativen Prognose unterirdischer Gewässer besprochen. Ferner werden Faktoren angeführt, welche die (hydrochem.) Gesamtzusammensetzung der Gewässer beeinflussen, sowie Gründe für die Veränderungen dieser Zusammensetzung. Vf. meint, daß die hydrochem. Probleme gegenwärtig den Schwerpunkt der ganzen Problematik der quantitativen Prognose darstellen. Es wird eine gewisse lineare Abhängigkeit zwischen der Gesamtzusammensetzung des Wassers und den Schwankungen des Grundwasserspiegels beschrieben, die im oberen Teil von Žitný ostrov in unmittelbarer Reichweite der Donauwasserinfiltration beobachtet wurde. Auf Grund der Erforschung von Stabilen Objekten (Beobachtungsbrunnen mit einheitlicher Tiefe von 6,40 m) empfiehlt es sich, anfangs vollständige physikal.-chem. Analysen vorzunehmen, da jede Wasserkomponente, ob überwiegend oder als Mikroelement (Fe^{2+}, Mn^{2+}, F^-, I^-, NO_2^-, NH_4^+, PO_4^{3-}), als Indikator für die untersuchte Erscheinung dienen wird. Die Gültigkeit einer bestimmten Abhängigkeit zwischen der Wasserzusammensetzung und dem diese Veränderung bedingenden Faktor wird man durch eine lineare oder Exponentialfunktion ausdrücken können. J. Šindelářová. 525.

Olbertz, M. H., Wertz, G. und Finger, H. **Untersuchungen über die Funktionsfähigkeit des Filtersammlerprinzips bei der Anlage von Dränungen.** Z. Landeskult. **3** (1962) Nr. 1. S. 9–18.
Die Filtersammlerdränung bildet bei vollmechanisierter Bauausführung die Grundlage der neuzeitlichen Entwässerungstechnik. Es liegen zahlreiche Versuchsergebnisse mit gefilterten Dränsammlern und verschiedenen Filtermaterialien bei Einsatz zweier Saugerverfahren (Maulwurferdsauger u. Maulwurfplastsauger) je nach den vorherrschenden Bodenverhältnissen vor. Genügend starker Wasseraustritt bei den Saugern, gute Durchlässigkeit der Filter, ausreichender Eintrittsraum in die Sammler sind hierbei Voraussetzung. Überprüfung des Filtermaterials ergab bei Einsatz einer hydraulischen Versuchsanlage und von Tonrohrsammlern auf ms. Lehmboden gute bis sehr gute Filterleistung aufsteigend bei Ziegelsplitt, Hüttenbims u. Porensinter, während Kies mehr oder weniger ungeeignet erschien. Bei Koppelung von Filter und mechanisiertem Sammler entstehen bei besserer Leistung keine wesentlichen Mehrkosten. K. Apel. 530.

Schönberg, W. und Lorenz, P.; Schöneiche bei Berlin, Inst. für Landeskult. und Standortkartier. **Zur Dränung staunasser Böden.** Dtsch. Landwirtsch. **13** (1962) Nr. 9. S. 433–436. — 7 Abb., 1 Tab., 5 Lit.
In der DDR wird zur schnellen Abführung des zeitweise auftretenden überschüssigen Bodenwassers auf Mineralböden noch immer die Tonrohrdränung am meisten angewendet. Sie hat bes. Bedeutung auf steinhaltigen, dichten Böden, und, wo aus spez. Gründen eine tiefe Stranglage erforderlich ist. Die Anwendung der unverrohrten Maulwurfsdränung auf staunassen Böden mit Wechselklima ist noch nicht völlig geklärt. Ihr bes. Wert liegt vor allem in der Strukturverbesserung des Bodens, die mit ihr schneller und sicherer zu erreichen ist als durch Tonrohrdränungen. Auch können, einfach und billig, kurzfristig große Flächen durch Maulwurfdränung melioriert werden. In neuerer Zeit gewinnt die vollmechanisierte Kunststoffdränung auf Maulwurfbasis erhöhte Bedeutung. E. v. Wangenheim. 530.

Feichtinger, F. und Schleifer, H.; Petzenkirchen, Niederösterreich, Bundesversuchs-Inst. für Kulturtechn. und Bodenkunde. **Maulwurfdränversuch 1951–1960.** Österr. Wasserwirtsch. **14** (1962) Nr. 6. S. 117-125. – 13 Abb., 4 Tab., 6 Lit.
Die wichtigsten Ergebnisse dieser Versuche waren: die Maulwurfdränung ermöglichte in dichten Böden dadurch eine Bodenwasserbewegung, daß sie Bodenzonen schaffte, die längere Zeit um ein Vielfaches durchlässiger bleiben, als der ursprüngliche Boden war, sie kann auch zur Bekämpfung der Bodenerosion in geneigtem Gelände mit Erfolg angewendet werden, zumal sie einen wesentlichen Teil des Oberflächenabflusses in einen unschädlichen unterirdischen Abfluß verwandelt. Die Maulwurfdränung führt, obwohl sie intensiver als eine Röhrendränung entwässert, nur pflanzenschädliches Wasser ab. Ein Dränabstand von 3 m dürfte dem Optimum nahe kommen, die Dräntiefe wird mit 50–60 cm angegeben. Die Wirkungsdauer der Maulwurfdränung betrug mehr als 10 Jahre. E. v. Wangenheim. 530.

Witte, K.; Wesseling, Bezirk Köln. **Neueste Erkenntnisse zu grundlegenden Fragen der direkten Frostschutzberegnung.** Advances horticult. Sci. **3** (1962) S. 427–433. – 2 Abb., 2 Tab. Zus. in Engl., Franz.
Bei der direkten Frostschutzberegnung mit Drehstrahlregnern hängt die Schutzwirkung einer bestimmten Regenhöhe (mm/Std.) von der Geschwindigkeit der Strahlrohrumdrehung ab. Eine Regendichte von 6 mm/h bei 1 Min. Unterbrechung bewirkt, daß bei Temperaturen bis – 10° die Blatt-Temperaturen nicht unter – 1° sinken, d. h. keine Frostschäden auftreten. Bei 2 Min. Unterbrechung treten selbst bei dieser Regendichte Schäden ein. Bei 4 Min. Unterbrechung war zur gleichen Frostschutzwirkung die doppelte Regendichte erforderlich wie bei 1 Min. Unterbrechung. Folgende Mindestwerte für die Regendichte in mm/Std. werden vom Vf. angeführt: für Strahlungsfröste – 1,5 bis – 2,5° = 1,5 mm; – 4,7 bis 5,1° = 2,5–3,5 mm; – 6,0 bis 7,3° = 3,5–4,5 mm. Bei Advektivfrösten mit 1,5–2,5 mm/sec. Windgeschwindigkeit sind die entsprechenden Regendichten 1,5–2,5; 3,5–4,5 und 5,5–6,5 mm.
W. Hiller. 535.

Rogers, W. S. und Modlibowska, Irena; East Malling, Res. Stat. Automatic protection from frost by water sprinkling. **(Automatischer Frostschutz durch Beregnung.)** Advances horticult. Sci. **3** (1962) S. 416-426. – 8 Abb., 4 Tab., 5 Lit. Zus. in Franz., Dtsch.
Die Versuche wurden an 'Cox Orange Pippin' und 'James Grieve' durchgeführt. Entfaltete Blüten und junge Früchte konnten mit Hilfe einer thermostatisch regulierten Beregnung vor Frostschäden geschützt werden. Niederschlagsmengen von ca. 2 mm pro Stunde bieten Schutz vor Frosteinbrüchen bis – 3,5°, wenn das Thermometer in ungeschützter Lage aufgestellt ist; Niederschläge unter 1 mm sind nutzlos. Die Sprüher waren in einem Abstand von 13,5 m installiert und gaben bei einer Düsenöffnung von 3 mm einen Ausfluß von 0,5 m^3/h bei 4 at. Die Reglung erfolgt über Hg-Kontaktthermometer. Während der Versuche sprühte die Anlage in 14 Nächten mit insgesamt 44½ Std. Nur einmal jedoch fiel die Temperatur unter den kritischen Punkt; die Testtemperatur fiel auf – 2,6°, die Temperatur des exponierten Thermometers in 1,2 m Höhe auf – 4,2°. Die Windgeschwindigkeit betrug 0,3 bis 0,4 m/Sec. Die Sprüher arbeiteten 5½ Stunden und retteten somit die Ernte. Obgleich die Blüte vereist war, trat doch kein Schaden ein. Mit der Beregnung kann aufgehört werden, wenn nach Sonnenaufgang 0° erreicht sind.
W. Hiller. 535.

Escuro, P. V., Malabuyoc, J. A., Mamicpic, N. G., Umali, D. L. und Villareal, R. L. Performance tests of early- and medium- maturing lowland rice varieties unter dry-season irrigated conditions. **(Leistungsversuche mit**

früh und mittelfrüh reifenden Niederungsreissorten unter Trockenzeitsbedingungen bei künstlicher Bewässerung.) Philippine Agriculturist **45** (1962) Nr. 9. S. 455–465. – 5 Tab., 3 Lit.
Um die Eignung des vorhandenen Materials für den Anbau in der Trockenzeit zu prüfen, wurden in 2 Versuchsserien 7 Sorten während 3 Jahre bzw. 21 Sorten 2 Jahre lang auf Ertrag, Vegetationszeit, Höhe, Standfestigkeit, Bestockung, Krankheitsanfälligkeit, TKM, Volumengewicht, Kornlänge, Mehlausbeute und Kornqualität untersucht. Die 7 Sorten der Hauptprüfung zeigten in allen Jahren im Ertrag die gleiche Rangfolge (ertragssicher). Die beste Sorte brachte 98, die schlechteste 84 cavans/ha. Größere Sortendifferenzen ergaben sich weiterhin bei der Vegetationslänge, der Standfestigkeit, der TKM, dem Volumengewicht und der Mehlausbeute. In der Vorprüfung fanden sich wegen des uneinheitlichen Jahreseinflusses keine signifikanten Sortendifferenzen, obwohl die Erträge zwischen 74 und 113 cavans/ha schwankten. Nur 11 Nummern erwiesen sich als ertragstreu, und von den 17 besten Sorten des 1. Jahres schnitten nur 8 auch im 2. gut ab. Die Höhe scheint nicht immer mit der Standfestigkeit gekoppelt zu sein, andererseits führt zeitiges Lager natürlich zu Ertragsausfällen. Wenn der Bestand steht, bringen die wenig standfesten Sorten i. a. die höchsten Erträge. Da der Grad der Bestockung sortentypisch ist, muß die Standweite entsprechend variiert werden. I. a. erzeugt man auf der gleichen Fläche jährlich mindestens 2 Reisernten, wobei der Ertrag der 2. oft höher ist (Trockenzeit, hohe Belichtung → bessere Standfestigkeit), wenn tagneutrale Sorten verwandt oder die photoperiodischen Ansprüche empfindlicher Varietäten entsprechend berücksichtigt werden.

V. Ehrenpfordt. 535.

Schroder, C. A.; Queensland, Dep. of Agric. and Stock. Effect of grazing management on an irrigated pasture in South-Eastern Queensland. **(Die Wirkung der Beweidung auf eine beregnete Weide in Queensland.)** Queensland J. agric. Sci. **18** (1961) Nr. 2. S. 209–220. – 5 Abb., 5 Tab.
Ein Kleegrasbestand (*Phalaris tuberosa* + *Dactylis glomerata* + H_1-Gras + *Trifolium repens*) wurde 3 Jahre lang von Milchkühen nach 8 unterschiedlichen Systemen bei zusätzlicher Beregnung beweidet. Bei natürlichen Niederschlägen von 50–20 in./anno variierte die Beregnungsmenge jährlich von 25 bis 70 in. (je nach Nutzung und Jahreswitterung). Nach Ablauf von 3 Jahren zeigten alle Varianten Ertragsdepressionen (im Pflanzenertrag um 5,1–41,4%, bei der tier. Leistung um 27,1–63,2%). Die Ertragsdepression trat vor allem im 3. Jahr bei den Varianten auf, die nur eine 15–20tägige Ruhezeit der Weide über den gesamten Jahresablauf erhielten. Er war am geringsten bei 30tägiger Ruhezeit und einem Beweidungsausschluß von April–Juni (im Winter). Bei den zu häufig beweideten Parzellen wurden Lücken und starke Verunkrautung festgestellt. Die Erhaltung einer guten Kleegrasnarbe als Voraussetzung für eine lange und produktive Nutzung wird gefordert. – Der Versuch wurde ohne jede miner. oder org. Düngung durchgeführt (!). H. Pätzold. 535.

Iancovici-Yaron, B. A simple system for preparing saline water for irrigation experiments. **(Ein einfaches Verfahren zur Herstellung von Salzwasser für Bewässerungsversuche.)** J. agric. Engng. Res. 7 (1962) Nr. 2. S. 158 bis 160. – 2 Abb., 1 Tab.
In das Bewässerungswasser wird eine konzentrierte Salzlösung injiziert. Die fahrbare Anlage besteht aus zwei Plastiktanks von je 20 l Inhalt, die die Salzlösung enthalten, der Apparatur zur Injektion der Lösung in das Bewässerungswasser sowie der Mischvorrichtung. Die Apparatur zur Injektion der Lösung in das Bewässerungswasser besteht aus einem herkömmlichen Zerstäuber und einer Zentrifugalpumpe, die von einer Zweizylinder-Maschine mit 1,8 h.p. angetrieben wird. Ein Plastrohr enthält ein Gefäß mit einem Pitot-Rohr, durch das die Lösung in die Mischkammer eintritt, ferner ein Manometer und

einen Absperrhahn. Die Mischkammer ist ein Metallrohr mit einer Länge von 120 cm und 3 m Durchmesser. Sie enthält 2 Ventile, das Pitot-Rohr und einen Propeller. Zwischen den zwei Ventilen ist ein Manometer und zwischen den Ventilen und dem Pitot-Rohr ein Wassermesser angeordnet. Die Beziehungen zwischen den Wassermengen und Konzentrationen werden angegeben. Vor dem Beginn der Versuche muß ein Korrekturfaktor ermittelt werden. Zwischen dem Wasserdurchfluß und der Menge der injizierten Salzlösung besteht eine lineare Korrelation. Die Anlage kann maximal 30 m^3/h künstlich angereichertes Salzwasser herstellen. D. Voigt. 535.

Bonde, Erik K. und Urone, Paul; Univ. of Colorado. Plant toxicants in underground water in Adams County, Colorado. **(Pflanzen-Toxicants im Grundwasser von Adams County, Colorado.)** Soil Sci. **93** (1962) Nr. 5. S. 353 bis 356. – 1 Abb., 6 Lit.
Die Untersuchung des in letzter Zeit für menschliche und Bewässerungszwecke unbrauchbar gewordenen Grundwassers von Adams County, Colorado, mittels chem., röntgenanalyt. und biol. Methoden ergab die Anwesenheit von Chlorat in dem meisten Brunnenwässern. Weiterhin wurde in einigen Brunnen die Anwesenheit von 2.4-Dichlorphenoxyacetat wahrscheinlich gemacht. Als Ursache für die Beeinträchtigung des Grundwassers kommen die Abwässer chem. Produktionen (betrieben 1943–1957) in Betracht.
P. Stoß. 535.

Jonáš, František und Voráček, Vladimír; Praha, Výzkumný Ústav Zemědělsko-Lesnických Meliorací ČSAZV. Selektivní skrývka vhodných zemin k rekultivaci v oblasti SHD. **(Selektiver Abraum geeigneter Rekultivierungserden im Nordböhmischen Braunkohlenrevier.)** Sborník českoslov. Akad. zemědělských Věd, rostlinná Výroba **8(35)** (1962) Nr. 3. S. 327–344. – 4 Abb., 3 Tab., 8 Lit. Zus. in Russ., Dtsch.
Eine der wichtigsten Voraussetzungen für die Erneuerung der Bodenfruchtbarkeit bildet der selektive Abraum produktionsfähiger Bodentypen und anderer geeigneter Oberflächenerdarten. Es werden neue Tendenzen der Bergbautechnologie vom Gesichtspunkt der Rekultivierung beschrieben (Abraummethoden, Transport und Schichtung des Abraummaterials auf der Kippenoberfläche). Der gegenwärtige Stand des Problems, die Klassifikation und Kubaturübersicht der Oberflächenerdarten, die Kalkulation selektiven Abraums dieser Erden und ihre selektive Aufstapelung (Absetzer-, Bagger-, Fronträumer- und Abraumpflugkippen) werden besprochen. Vff. stellen fest, daß Schaufelrad- und Löffelbagger sich für selektiven Abraum am besten eignen. Beim Anlegen von Kippen erzielen die Absetzer mit Seitenabladung, kombiniert mit Fronträumern als Ergänzungsmechanisierung, die größten Leistungen. Der selektive Abraum ist vom ökonomischen Gesichtspunkt vorteilhaft. J. Šindelářová. 545.

Below, A. **Erschließung von Neuland und Altbrache in Kasachstan.** Int. Z. Landwirtsch. **1962** Nr. 2. S. 30–34. – 4 Tab.
In den Jahren 1954–60 hat der Staat für die Erschließung von Neuland und Altbrache in der UdSSR 44 Md. Rubel (alte Wärung) investiert, wovon 20 Md. auf Kasachstan fielen. In den 7 Jahren wurden insges. 41 Mill. ha, davon in Kasachstan allein 25 Mill., urbar gemacht. 40% des in der UdSSR insges. erfaßten Getreides stammen von dem erschlossenen Neuland und von Altbrachen. Früher war die Grundlage der Viehwirtschaft die Weide. Heute, bei der ausgedehnten Getreideproduktion hat der Feldfutterbau weiten Raum gewonnen und der Viehwirtschaft große Möglichkeiten für einen weiteren Aufstieg gegeben. Im Jahre 1960 war die Bruttoproduktion tierischer Erzeugnisse in Kasachstan gegenüber 1953 auf das 1,7fache gestiegen. In den nächsten Jahren sollen mindestens weitere 5–7 Mill. ha Neuland unter den Pflug genommen werden. E. v. Wangenheim. 545.

Webster, A. B.; Levin, Forsch.-Inst. für Gartenbau. Vegetable production. Black polythene mulching. **(Bodenbedeckung [Mulchen] mit schwarzer Polyäthylenfolie bei der Produktion von Gemüse.)** New Zealand J. Agric. 104 (1962) Nr. 6. S. 507. 509. 511. 513. – 4 Abb., 4 Tab.

Die Bodenabdeckung mit schwarzer Polyäthylenfolie, auch Mulchen genannt, wird bei der Gemüseproduktion als günstig eingeschätzt, da hierdurch der Feuchtigkeitsverlust vermindert, der Wärmehaushalt des Bodens und damit auch die Ertragsleistung verbessert wird. Die schwarze Polyäthylenfolie erwärmt den Boden und unterdrückt die Unkräuter in einem solchen Maße, daß höhere und frühere Erträge kennzeichnend sind. Bei Anwendung schwarzer Folie zur Bodenbedeckung sollte der Boden vorher sorgfältig bearbeitet und gut geglättet werden. Der Boden sollte ferner vor der Abdeckung ausreichend feucht sein. Im zeitigen Frühjahr ist dies meist gegeben. Bei der Bodenabdeckung im Sommer wird vor dem Auslegen der Folie eine zusätzliche Wassergabe empfohlen, damit die Pflanzen nicht unter Wassermangel leiden. Ballenjungpflanzen, wie Tomate, Gurke u. a., die für den frühen Anbau bestimmt sind, sollten erst einige Tage nach dem Ausbringen der Folie gepflanzt werden, damit sich der Boden erwärmt und die Pflanzen schneller anwachsen. Es wird vorgeschlagen, den Kopfdünger zwischen jeweils zwei Folienstreifen auszubringen. Es werden Versuchsergebnisse zu Salat, Tomate, Kartoffel und Gurke mitgeteilt, die zeigen, daß durch die Bodenabdeckung mit schwarzer Polyäthylenfolie die Ertragsleistung verbessert wird. Abschließend wird auf das Problem der Beseitigung der Polyäthylenfolie nach Abschluß der Ernte hingewiesen.

G. Vogel. 550.

Eberhard, Heinz und Ermer, Hans; Eßlingen; Waiblingen. **Verwendung und Beseitigung von Klärschlamm.** Städtehygiene **13** (1962) Nr. 9. S. 175 bis 179. – 10 Lit.

Obwohl Zusammensetzung und Beschaffenheit der anfallenden Klärschlämme sehr unterschiedlich sind, ergibt sich für eine landwirtsch. Nutzung keine Schwierigkeit. Es muß lediglich die Entscheidung getroffen werden, in welcher Form der Schlamm verwendet wird. Wertvoll ist in 1. Linie seine Eigenschaft, wasserbindenden biol. Humus zu bilden. Die einfachste Verwendung ist die, den Frischschlamm in flüssiger Form den landwirtsch. Nutzflächen zuzuführen. Das Verfahren hat den Nachteil, daß der frische Schlamm zähe, fettige Brocken bildet und Unkrautsamen auf das Land gebracht werden. Hinzu kommen hygienische Bedenken. Die Verwendung von ausgefaultem Schlamm an Stelle von Frischschlamm ist auf alle Fälle vorzuziehen, zumal im Faulraum keine N-Verluste entstehen und Unkrautsamen, Wurmeier sowie Krankheitskeime zumeist abgestorben sind. Eine weitere Möglichkeit ist die Trocknung und bes. Bedeutung kommt der Kompostierung zu. Schlamm eignet sich vorzüglich zum Kompostieren zusammen mit Müll. Hinsichtlich einer Beseitigung von Klärschlamm werden u. a. Versenkung im Meer, Verbrennung und Vergasung angeführt. E. v. Wangenheim. 550.

C. Bodenabtrag und Bodenschutz

Vinš, Bohuslav; Zbraslav-Strnady, Výzkumný Ústav Lesního Hospodářství a Myslivosti ČSAZV. Použití letokruhových analýz k průkazu kouřových škod. **(Verwendung der Jahresringanalysen zum Nachweis von Rauchschäden.)** Lesnictví 8(35) (1962) Nr. 4. S. 263–280. – 11 Abb., 5 Tab., 23 Lit. Zus. in Russ., Dtsch.

Die Arbeit behandelt die Festellung der Durchmesserzuwachsabnahme in den Waldbeständen der Rauchschadengebiete von Krušné hory und Děčinský Sněžník als Unterlage für die ökonomische Bewertung der Rauchschäden. Das untersuchte Zuwachsmaterial stammte von 102 Versuchsflächen; auf

jeder Versuchsfläche wurden je zwei Bohrspanproben von 10 mittelgroßen Stämmen entnommen. Die Verarbeitung des Materials erfolgte mit Hilfe einer schwedischen halbautomatischen Jahresringmeßmaschine, und die Meßwerte der Jahresringbreite wurden sehr aufmerksam überprüft, da die rauchbeschädigten Bäume oft Störungen in der Jahresringbildung aufweisen. Durch Synchronisierung der Jahresringkurven wurde die Zahl der fehlenden Jahresringe mit verhältnismäßiger Sicherheit ermittelt. Bei der Bewertung des periodischen durchschnittlichen Durchmesserzuwachses im Vergleich mit den unbeschädigten Beständen betrugen die Verluste beim ersten Beschädigungsgrad 23%, beim zweiten 37%, beim dritten 40% und beim vierten 70%.
J. Šindelářová. 580.

Bohnstedt, H. **Das Naturschutzgesetz der RSFSR.** Arch. Naturschutz Landschaftsforsch. 1 (1961) Nr. 2. S. 173–177. – 3 Lit.
Am 28. Okt. 1960 wurde ein Gesetz „Über den Naturschutz in der RSFSR" verabschiedet, das den Naturschutz auch auf die rationelle Nutzung und die Wiederherstellung der natürlichen Hilfsquellen ausdehnt. In der Präambel wird die Bedeutung des Naturschutzes umrissen und dargelegt, welche ökonomische Bedeutung der Schutz der Natur für die Gesellschaft hat und daß er eine wichtige staatliche Aufgabe hat sowie Sache des ganzen Volkes ist. Das Gesetz umfaßt 22 Artikel. Bes. hervorzuheben sind Artikel 18, der den Naturschutzunterricht in den Lehranstalten betrifft und Artikel 20, in dem die Verantwortung der Leiter von Abteilungen und Betrieben für die Abführung von Abwässern festgelegt wird.
K. Schulz. 580.

Armand, David L'vovič. **Fiziko-geografičeskie osnovy proektirovanija seti polezaščitnych lesnych polos.** (Physikalisch-geographische Grundlagen zur Projektierung eines Netzes von Waldschutzstreifen.) Hrsg.: Akademija nauk SSR; Inst. geografii. Moskva: Izd. Akad. nauk SSR. 1961. (366 S.) 8°. (1962 A 547)

Kostjakov, Aleksej Nikolaevič. **Osnovy melioracij.** (Grundlagen der Melioration.) 6. erg. und überarb. Aufl. Moskva: Gosud. izd. sel'skoch. lit. 1960. (621 S.) 4°. (1962 B 99)

Oprea, C. V. **Transformarea sărăturilor în terenuri bune pentru cultură.** (Umwandlung der Salzböden in gute Kulturböden.) București: Ed. Agro-Silvică. 1961. (143 S.) 8°. (1962 A 921)

Güter- und Waldzusammenlegung. Hrsg. von der schweizerischen Fachorganisation für Kulturtechnik und Vermessungswesen. Solothurn: Vogt-Schild. 1961. (82 S.) 4°. (1962 B 222)

Ocenka agroklimatičeskich uslovij sel'skochozjajstvennych polej. (Beurteilung der agroklimatischen Bedingungen der landwirtschaftlichen Felder.) Leningrad: Gimiz. 1961. (75 S.) 8°. (1962 A 448)

Öntözzünk – többet, jobban, gazdaságosabban! (Bewässerung – mehr, besser, billiger.) Budapest. 1962. (32 S.) 8°. (1962 A 734)

VI. PFLANZENERNÄHRUNG UND DÜNGUNG

B. Pflanzenernährung

Hunter, Irving R., Ferrel, Robert E. und Houston, David F. **Freie Aminosäuren von frischem und gealtertem Kochreis.** J. agric. Food Chem. 4 (1956) Nr. 10. S. 874–875.
Das merkliche Dunkeln von Kochreis im Verlaufe der Schnellspeicherung (accelerated storage) wird als Ergebnis nichtenzymatischer Bräunungsreaktionen angesehen, an welchen Aminogruppen und reduzierende Zucker hauptsächlich beteiligt sind (Aufweichen im warmen Wasser, Dämpfen unter Druck, Trocknen und Mahlen, wobei sich der Gehalt an Vitaminen, Mineralstoffen, Phosphorverbindungen und reduzierenden Zuckern im Mahlprodukt erhöht). – Um die freien Aminosäuren zu erhalten, wurde nach der Adsorptions-Dialysentechnik von Hunter und Mitarbeitern (vgl. Hunter, I. R., Houston, D. F. und Kester, E. B., Analyt. Chem. 27 [1955] S. 965.) extrahiert. Aus den Extrakten ließen sich mit Hilfe der Papierchromatographie sowohl im frischen als auch bei im Ofen gealterten Reis 18 freie Aminosäuren nachweisen. Ein Zurückgehen in Größe und Intensität der Aminosäure-Flecken des gealterten Reises weist auf einen deutlichen Aminosäureverlust hin.
H. E. Freytag. 625.

Bertrand, Didier; Paris, Inst. Pasteur. Sur une formule mathématique de la loi de l'optimum de concentration nutritive. **(Über eine mathematische Formel des Gesetzes vom Konzentrationsoptimum der Nährstoffe.)** C. R. hebd. Séances Acad. Sci. **254** (1962) Nr. 15. S. 2810–2812. – 6 Lit.
Spurenelemente besitzen biochem. Funktionen, können aber gleichzeitig toxisch wirken infolge Blockierung anderer Funktionen. Zwischen beiden Formen stellt sich in jedem Augenblick ein Gleichgewicht ein, das folgender Gleichung genügt: $y'/y = (\alpha + x)/(\beta_t + \beta_1 x + \beta_2 x^2)$. Für die Ernährung der Pflanzen wird auf Grund der Gauß'schen Verteilung dieser Formel abgeleitet: $y = y_m \cdot e^{-\lambda(x + \alpha - a)} (x + \alpha/a)^{\lambda a}$. Sie kann logarithmisch umgeformt werden in $Ly = K + \lambda a Lu - \lambda u$. Diese einfach zu lösende Gleichung ist anwendbar auf S und Mg, gilt aber nur mit Vorbehalt allg. für alle Elemente. Bei Heranziehung der Methode der kleinsten Quadrate – $\sum (y - y_{\text{ber.}})^2$ – kann die Anwendung der Formel an alten Versuchen demonstriert werden. Entsprechende Beispiele für die Gültigkeit der Hypothese werden gegeben: Mn und *Aspergillus niger*, S und Mais, B und Mais, B und Erbsen.
W. Schulze. 635.

Pohjanheimo, Onni und Heinonen, Reijo; Helsinki, Univ., Agric. Res. Centre, Dep. of Plant Breeding; Dep. of Agric. Chem. Ohran sadonmuodostus savimaan kosteusolojen kuvastajana. **(Der Ertrag von Gerste als Indikator der Feuchtigkeitsverhältnisse in Lehmböden.)** Suomen maataloustieteellisen Seuran Julkaisuja [Acta agral. fenn.] **99** (1962) Nr. 1. S. 1–12. – 4 Abb., 1 Tab., 9 Lit. Zus. in Engl.
Auf finnischen Lehmböden stellt die Wasserversorgung den wichtigsten ertragsbegrenzenden Faktor dar. – In bezug auf Korrelation zwischen Größe und Zahl der Ähren wurden unterschiedliche Ergebnisse je nach der Bodenart erhalten: Auf tonigem Lehm waren die Ähren in dünnem Bestand größer, auf schwerem Ton waren die Ähren um so größer, je dichter der Bestand war. Als Erklärung wird angegeben, daß der von der Bodenart abhängige Wasservorrat im Unterboden von den Wurzeln auf schwerem Lehm besser ausgenutzt werden konnte. I. Frommhold. 640.

Žurbickij, Z. I. (Shurbizki, S. I.) Vodnye kul'tury dlja vyraščivanija ovoščej. **(Hydrokultur für den Anbau von Gemüse.)** Vestnik Akademii nauk SSSR, Moskva **32** (1962) Nr. 5. S. 70–74. – 2 Abb., 3 Tab.
Am 22. 2. ausgesäte Gurken wurden am 21. 3. in eigens für Hydrokultur eingerichteten Treibhäusern ausgepflanzt. Am 15. 4. entwickelten sich die Blüten und vom 28. 4.–12. 6. setzte die Fruchtbildung ein. N:P:K erwies sich für die Pflanzenentwicklung in der Zusammensetzung von 34:16:50 am günstigsten. Von Bedeutung war nicht nur die Zusammensetzung der Nährlösung, sondern auch die Konzentrationshöhe. Versuche zeigten, daß das Trockengewicht 36 Tage alter Pflanzen bei einer Nährstoffkonz. von 1,1 mmol/l 3,5 g, bei 3,4 mmol 7,3 g und bei 6,9 mmol 8,2 g betrug. N wurde in Form von Ammoniumnitrat, P als Superphosphat und K als Kaliumchlorid angewandt. Ca- und Mg-Gaben richten sich nach der Zusammensetzung des Wassers, das für die Bereitung der Nährlösung verwendet wird. Gaben von Spurenelementen wurden in folgenden Mengen empfohlen: Borsäure 0,3 mg/l, schwefels. Mg 0,5 mg, schwefels. Zn. 0,1 mg, molybdäns. Ammonium 0,02 mg und schwefels. Fe 1 mg/l. Bei Hydrokultur wurden 27,5–32,4 kg Früchte pro m^2 Nutzfläche und bei Erdkultur unter sonst gleichen Gewächshausbedingungen 12–16 kg/m^2 geerntet. L. Tunger. 645.

Pálfi, G. A termesztett növények csirázása szikes közegekben. **(Die Keimung der Kulturpflanzen in sodahaltigen [Szik] Medien.)** Növénytermelés [Pflanzenbau] **9** (1960) Nr. 4. S. 359–368. – Aus: Ung. Agrar-Rdsch. **1961** Nr. 3.

Die Wirkung sodahaltiger (Szik)-Medien sowie des eintägigen Quellens in szikfreiem Wasser auf die Keimung wurde bei Weizen, Mais, Erbsen, Gewürzpaprika, Tomaten, Möhren, Futterrüben, Zuckerrüben und Reis untersucht. Dabei wurde festgestellt, daß die 10fach verdünnte Van't Hoffsche (szikhaltige) Lösung in erster Linie die Keimdauer verlängert, während sie die Keimfähigkeit weniger beeinträchtigt. Den hohen Salzgehalt des zur Keimung verwendeten Mittels (10fach verdünnte Van't Hoffsche Lösung) ertrug unter den Versuchspflanzen am besten die Zuckerrübe. Während des eintägigen Einweichens vor der Keimung in aqua dest., Flußwasser und in 10fach verdünnter Van't Hoffscher Lösung gaben alle untersuchten Samen eine erhebliche Menge einwertiger Kationen (Na, K) an das Weichwasser ab. Mit Ausnahme von Gewürzpaprika und Zuckerrübe nahm die Menge der an das Weichwasser abgegebenen Kationen bei den Versuchspflanzen in der Reihenfolge aqua dest., fließendes Wasser, Van't Hoffsche Lösung zu. Von den zum Einweichen verwendeten Flüssigkeiten nahmen alle untersuchten Samen aus dem Flußwasser Ca auf, während sie alle, mit Ausnahme der Zuckerrübe, an die Van't Hoffsche (szikhaltige) Lösung Ca abgaben. Die Keimung von Weizen, Mais, Futterrüben und Reis in szikhaltigen Medien konnte durch das eintägige Einweichen der Samen in szikfreiem Wasser (aqua dest., Flußwasser) beschleunigt werden, während bei der Zuckerrübe dieselbe Behandlung die Keimung nicht verbesserte. Auf Grund der Versuchsergebnisse ist anzunehmen, daß das eintägige Einweichen vor der Aussaat in nicht szikhaltigem Wasser (Regen- oder Flußwasser) auch im Szikboden die Keimung der Samen beschleunigen dürfte. Weiter läßt sich aus den Versuchsergebnissen folgern, daß die Sämereien im Szikboden während ihrer Keimung den hohen Salzgehalt besser ertragen, wenn der Boden naß ist. 645.

Mándy, Gy. und Pál, Gy. Sóoldatok hatása a rozs, a zab és a napraforgö fajták csirázására. **(Der Einfluß von Salzlösungen auf die Keimung der Roggen-, Hafer- und Sonnenblumensorten.)** Növénytermelés [Pflanzenbau] **9** (1960) Nr. 4. S. 343–358. – Aus: Ung. Agrar-Rdsch. **1961** Nr. 3.
Die Untersuchungen wurden bei 20 °C im Dunkeln mit verschiedenen Sonnenblumen-, Hafer-, und Roggensorten vorgenommen. 0,10–0,25%ige NaCl-Lösungen stimulierten die Keimung von Sonnenblumen und Weizen. 3%ige NaCl-Lösung übte auf Hafer und Sonnenblumen eine starke, auf Roggen eine schwache Inhibition der Keimung aus. Hieraus kann auf eine rel. hohe Salztoleranz des Roggens geschlossen werden. Die Salztoleranz nimmt dann in folgender Reihe ab: Hafer, Weizen, Sonnenblume. KNO_3-Lösungen inhibierten die Keimung viel schwächer als NaCl-Lösungen. Sehr schwache KNO_3-Lösungen stimulierten die Keimung bei Sonnenblumen ganz erheblich. Mit Ausnahme der Roggensorten wurde allg. beobachtet, daß sich die Keimung mit der Erhöhung der Salzkonz. immer mehr verzögert. Vff. gehen näher auf die Verhältnisse bei den einzelnen Sorten ein. 645.

Laktionov, B. I. (Laktionow, B. I.) Soloncevatost' počv i solonceustojčivost' rastenij. **(Salzgehalt der Böden und die Salzresistenz der Pflanzen.)** V sb.: Fiziol. ustojčivosti rast., Moskva **1960** S. 762–766. – Aus: Referativnyj žurnal. Biologija, Moskva **1961** Nr. 23. G 76. S. 10.
Labor- und Feldversuche mit Solonetzböden zeigten, daß sich bei Kopfdüngung von Mais mit Ca-Salzen der Ca-Gehalt in den Blättern ein wenig erhöhte, der Ertrag aber nicht anstieg. Auch durch Einbringung von 4 dt/ha Gips in Nester bei der Aussaat erhöhte sich der Maisertrag nicht. Nach Vf. ist dies auf die Erhöhung der Na-Konz. in der Bodenlösung zurückzuführen. Das Volumen des Bodens, welches die Pflanzen mit ihren Wurzeln durchdringen, ist eingeschränkt durch die ungünstigen Eigenschaften des Solonezhorizontes und durch flache Lagerung der Horizonte mit hohem Gehalt an

lösl. Salzen. Unter diesen Bedingungen verfallen die Pflanzen einem Mangel an Feuchtigkeit und Nährstoffen und einer toxischen Wirkung der gelösten Salze. übersetzt v. K. Weißer. 645.

Repka, Josef; Nitra, Vysoká Škola Pol'nohospodárska, Agronom. Fak. O dynamike živín v pôdě pod jarným ječmeňom. **(Über Nährstoffdynamik im Boden unter Sommergerstenkulturen.)** Pol'nohospodárstvo 8 (1961) Nr. 9. S. 654–652. – 5 Abb., 4 Tab., 10 Lit. Zus. in Russ., Engl.
1956–58 untersuchte man die P_2O_5- und K_2O-Dynamik des Bodens unter Sommergerste, die 1956 nach Luzerne und 1957 und 1958 nach Zuckerrüben folgte. Der Versuch fand auf toniglehmigem Boden mit pH (KCl) 7,2 statt. Der P_2O_5-Gehalt wurde nach Egnér, K_2O nach Schachtschnabel bestimmt. Für den P_2O_5-Bedarf der Gerste stellen die Halmbildungs- und Blütezeit die entscheidende Phase dar. Der K_2O-Gehalt des Bodens ging bereits bei der Halmbildung zurück; die stärkste Abnahme zeigte er z. Z. der Milchreife und der Ernte. Durch Zusatzdüngung während dieser kritischen Phasen erzielter höherer Nährstoffgehalt beeinflußte den Ertrag, der bei der zusätzlich gedüngten Variante um 19,9% höher war. (Während der Versuchsjahre betrugen die Düngergaben: bei N 159–180,9 kg, bei P_2O_5 217,5–330,0 kg und bei K_2O 656,5–887,5 kg/ha.) P. Bartoš. 645.

Masaryk, Štefan und Berdák, Andrej; Nitra, Vysoká Škola Pol'nohospodárska. Prijímanie živín čakankou v prvom roku vegetácie. **(Nährstoffaufnahme bei der Zichorie [Cichorium intybus L.] im ersten Vegetationsjahr.)** Pol'nohospodárstvo 8 (1961) Nr. 9. S. 697–704. – 3 Abb., 3 Tab., 6 Lit.
1958 wurde mit Zichorie (*Cichorium intybus* L.) ein Düngungsversuch auf Auenboden angelegt, um den Bedarf an einzelnen Nährstoffen und den Verlauf ihrer Aufnahme festzustellen. Während der Vegetationsperiode wurden 11mal Bodenproben entnommen, um den N-, P_2O_5-, K_2O-, CaO- und Na_2O-Gehalt zu ermitteln. Den größten Teil von N, CaO und Na_2O nahm die Zichorie schon während der ersten Hälfte der Vegetationsperiode auf. während die K_2O- und P_2O_5-Aufnahme sich auf die ganze Vegetationsdauer gleichmäßig verteilte. Bei einem Ertrag von 520 dt Wurzel und 240 dt Blatt verbrauchte die Zichorie 145 kg N, 49 kg P_2O_5, 159 kg K_2O, 85 kg CaO und 73 kg Na_2O/ha. Unter Berücksichtigung der Desorption und des Blattabsterbens wurde der tatsächliche Nährstoffverbrauch beim obenerwähnten Ertrag als um etwa $^1/_3$ höher eingeschätzt. Das Nährstoffverhältnis während der Phase der technischen Reife war 100 N : 33 P_2O_5 : 109 K_2O : 58 CaO : 50 Na_2O. Günstige Bedingungen vorausgesetzt, verbraucht die Zichorie innerhalb von 10 Tagen 26–30% der Gesamtmenge von N, K_2O, CaO und Na_2O.
P. Bartoš. 645.

Coulter, J. K. und Lockard, R. G. **Studien über „penyakit merah" der Reis-Pflanzen. 1. Mitt. Die Wirkung von N, P, K, Kalk und Spurenelementen auf das Wachstum von Reis auf „penyakit merah"-kranken Böden und die Aufnahme dieser Nährstoffe in Topfversuchen.** Malayan agric. J. 38 (1955) S. 151–162.
In allen Gebieten Malayas, in denen Reis wächst, tritt die „penyakit merah" (Rotsuchtkrankheit) auf. An den Reis-Pflanzen werden 2 Hauptsymptome beobachtet: 1. kleine dunkelbraune Flecken erscheinen nahe den Blattenden 2. Die Spitzen der älteren Blätter werden gelb, und die Verfärbung schreitet, grüne Mittelrippen hinterlassend, fort. In diesem Stadium ähnelt das Erscheinungsbild dem des P-Mangels. – Die Wirkung von N, P, K, Mg, Kalk und Spurenelementen wurde in Gefäßversuchen mit Boden kranker Pflanzen an Hand der Zunahme des Pflanzengewichtes und der Nährstoffaufnahme untersucht. P hatte einen merklichen Einfluß auf das Pflanzengewicht und wurde nach Zusatz aus dem kranken Boden bevorzugt aufgenommen. H. E. Freytag. 645.

Dévay, M. A nitrogén-és foszforellátottság változása a buza fejlödése folyamán. **(Veränderungen im Versorgungsgrad mit Stickstoff und Phosphor während der Entwicklung des Weizens.)** Magyar tudományos Akad. mezögazdasági Kutató Intézete Jubileumi tudományos Konf., Martonvásar [Jubiläums-Symposium landwirtsch. Forsch.-Inst. ung. Akad. Wiss., Martonvásár] **1959** (hrsg. 1961) S. 119–126. – Aus: Ung. Agrar.-Rdsch. **1961** Nr. 2.
Es sollte festgestellt werden, welche Nährstoffmengen der Weizen zu welcher Zeit und in welcher Form zur Sicherung von Höchsterträgen benötigt. Die Versuche wurden mit einer So-Weizensorte in Vegetationsgefäßen und im Freiland durchgeführt. Folgende Schlüsse konnten gezogen werden: 1. Der Gang der Blütendifferenzierung steht im Zusammenhang mit der Nährstoffkonz. in der Pflanze z. Z. der reduktiven Zellteilung. Am empfindlichsten für N und P ist die Pflanze in der Periode vom Erscheinen der Blütenansätze bis zum Abschluß der reduktiven Zellteilung in der weiblichen Genitalsphäre. Das während dieser Zeitspanne in der Pflanze entstandene N/P-Verhältnis ist von beträchtlichem Einfluß auf die Blütenzahl je Ähre und dadurch auch auf den Ertrag. 2. Diese Wirkung ist abhängig nicht nur von der Absolutkonz. der einzelnen Elemente, sondern auch von den Verhältnissen zwischen den Elementen. Deshalb sind die kritischen Nährstoffkonz. in den Pflanzen nicht immer die gleichen. 3. Zur genauen Kenntnis der Differenzierungsverhältnisse bei den Blüten sind diese in undifferenzierte und differenzierte zu sondern. Zunehmende N-Konz. förderte die Bildung von Embryonen in den erstgenannten Blüten. 4. Das Leistungsvermögen (Ertrag) der geprüften Sorte hat noch nicht den höchsten Grad erreicht und kann durch harmonische Nährstoffversorgung noch weiter gesteigert werden. 654.

Trzecki, S.; Warszawa, Katedra Ogólnej Uprawy Roli i Roślin S. G. G. W. Dolistne dokarmianie buraków cukrowych roztworem, zawierającym izotop ^{32}P (doświadczenie wazonowa). Cz. II. **(Die Blattdüngung der Zuckerrüben mit einer Lösung, die Isotop ^{32}P enthält [Gefäßversuch]. 2. Mitt.)** Roczniki Nauk rolniczych, Ser. A **86** (1962) Nr. 3. S. 494–502. – 3 Abb., 4 Tab., 15 Lit. Zus. in Russ., Engl.
^{32}P, mit einer Blattdüngung einige Wochen vor der Ernte gegeben, wanderte rel. schnell in alle Teile der Pflanze. Die Hauptmenge (65%) blieb aber in den Blättern, während ca. 26% in den Rübenkörper und die Seitenwurzeln abgeleitet wurden. S. Trzecki. 656.

Bártfy, E. Levélen keresztül adott radioaktiv foszfor felvételének tanulmányozása kukoricanövényen. **(Untersuchungen über die Aufnahme des radioaktiven Phosphors durch das Blatt beim Mais.)** Agrokémia és Talajtan [Agrochem. u. Bodenkunde] **10** (1961) Nr. 4. S. 479–492. – Aus: Ung. Agrar-Rdsch. **1962** Nr. 3.
Im 1. Teil des Versuchs wurden Absorption und Translokation des auf verschiedene Blattstände des Maises in Form einer KH_2PO_4-Lösung aufgetragenen ^{32}P untersucht. Bei Maispflanzen mit 6 Blattreihen wurden von unten nach oben, das 3., 4. und 5. Blatt mit dieser Lösung bestrichen. Probenahmen von den Blättern und der Frucht erfolgten 3, 6, 12 und 24 Std. nach der Behandlung sowie an den folgenden 6 Tagen, stets zur gleichen Zeit am Morgen. Die Proben wurden den Blättern durch Korkbohrer von 1 cm Durchmesser entnommen und die Aktivitäten gemessen. Zur Bestimmung der Aktivität in der Frucht diente ein Aliquot der nach dem Veraschen erhaltenen salzsauren Lösung. Die so bestimmte Aktivität in der Narbe war unbedeutend. – 2 Tage nach der Behandlung war ^{32}P in geringen Mengen in allen Blättern nachweisbar, danach verteilte es sich auf- und abwärts im gleichen Maße. Der auf das 4. Blatt gebrachte ^{32}P verhielt sich während der ersten 2 Tage ähnlich; später drang er stärker in die oberen Blätter ein. Dieselbe Tendenz zeigte sich noch deutlicher nach der Behandlung des

5. Blattes. ^{32}P wanderte bei Behandlung des 3. Blattes beträchtlich langsamer und in geringeren Mengen in die Frucht als bei Behandlung der beiden anderen Blätter. Der Eintritt des ^{32}P in die Frucht aus einem Blatt auf gleicher Höhe konnte schon 3 Std. nach der Behandlung beobachtet werden. – Im 2. Teil des Versuchs prüfte Vf. die Frage, in welche org. Verbindungen der auf das Blatt gebrachte ^{32}P in der Frucht eingebaut wird. Zu diesem Zweck dienten Pflanzen von unterschiedlichem Entwicklungsgrad, gruppiert nach Tr.-Subst.-Gehalt. Es wurden im Maiskorn 3 P-Fraktionen bestimmt: 1. säurelösl. (10%ige Trichloressigsäure); 2. lipoidlösl. (Gemisch von Chloroform und Methanol); 3. Nucleinsäurephosphate (5%ige Trichloressigsäure bei 90 °C); nach Zerstörung des Restes wurden die Phosphorproteide bestimmt. Daneben wurden auch die P-Fraktionen des Endosperms und des Embryos gesondert bestimmt. Die Menge der säurelösl. Phosphate belief sich auf 94% im Embryo und auf 73–79% im Endosperm. Es folgten mengenmäßig die Lipoidphosphate. Die Menge der Nucleinphosphate war am geringsten. 656.

Seidman, Gabriel und Frazier, John C.; Manhattan, Kansas State Univ., Dep. of Bot. The distribution of sulfur among various components of the wheat grain. **(Die Verteilung des Schwefels in verschiedenen Komponenten des Weizenkorns.)** Plant and Soil [The Hague] **16** (1962) Nr. 2. S. 137–147. – 2 Abb., 5 Tab., 20 Lit.

Die Untersuchungen wurden an Körnern von Weizenpflanzen, die in Nährlösungen mit ^{35}S aufwuchsen, durchgeführt. Die höchste ^{35}S-Konz. in den mech. getrennten Fraktionen der feingemahlenen Weizenkörner wurde im Keimling, geringere Konz. in der Kleie, im feinen Mehl und in den zwischen der Kleie und dem Mehlkörper liegenden Schichten festgestellt. Die Radioaktivität war in der wasserlösl. und in der Kleber-Fraktion des feinen Mehls annähernd gleich, obwohl der N-Gehalt der wasserlösl. Fraktion niedriger als im Kleber war. Zwischen der ^{35}S-Konz. im Kleber und im wasserlösl. Protein des Mehlkörpers bestanden nur geringe Differenzen. In der Rohstärke wurden geringe ^{35}S-Mengen, durch Wasser leicht auswaschbar, festgestellt. Bei gleichem N-Gehalt lag die Radioaktivität im Gliadin etwas höher als im Glutenin. Zur Bestimmung geringer markierter S-Mengen wurde eine Methode entwickelt und beschrieben. O. Knabe. 658.

Matusiewicz, E. Wpływ dolistnego dokarmienia potasem na żarzenie się liści tytoniu. **(Einfluß der Blattdüngung mit Kalium auf die Glimmfähigkeit des Tabaks.)** Roczniki Nauk rolniczych, Ser. A **85** (1962) Nr. 1. S. 166 bis 174. – 5 Tab., 11 Lit. Zus. in Russ., Engl.

Blattdüngung des Zigarettentabaks 'Havanna IIC' mit 0,5%iger K_2CO_3-Lösung in verschiedenen Entwicklungsphasen führte bes. bei größerer Anzahl von Spritzungen in späteren Entwicklungsphasen zu verbesserter Glimmfähigkeit. Der K_2O-Gehalt der Blätter war im Vergleich zur Kontrolle deutlich größer. Auch der Nikotingehalt in den Blättern lag höher. Die Glühdauer der einzelnen Blätter war unterschiedlich. Am besten glühte das mittlere, etwas schwächer das 6. Blatt; ein schwaches Glühen wurde am 14. und 18. Blatt festgestellt. Das deutlich schwächere Glühen der Blätter der oberen Stöcke im Vergleich zum mittleren Blatt ist durch Unterschiede in der Struktur der Blättergewebe der verschiedenen Stöcke verursacht. Das intensive Glühen der untersten Blätter (sogar Übergehen in Flamme) kann durch einen sehr großen K-Gehalt oder einen größeren Zellulosegehalt verursacht werden. Unter dem Einfluß der K-Blattdüngung wurde auch eine geringe Verspätung der Entwicklung und im Hinblick auf die morphol. Merkmale der Blätter eine Vergrößerung des Verhältnisses Länge : Breite von 1,9 auf 2,0 festgestellt. W. Święcicki. 660.

Gärtel, W.; Bernkastel-Kues/Mosel, Biol. Bundesanst. für Land- und Forstwirtsch., Inst. für Rebenkrankh. **Die Bedeutung der Spurennährstoffe im Weinbau.** Landwirtsch. Forsch., Sonderh. Nr. **16** (1962) S. 121–132. – 1 Tab., 46 Lit.
Es werden Literaturangaben und der gegenwärtige Stand der Kenntnisse über die Bedeutung der Spurenelemente B, Zn, Mn, Cu und Mo für den Weinbau mitgeteilt. Auftreten, physiol. Ursachen, Symptome, Verbreitung, Behebung und wirtsch. Bedeutung von Mangel- und Vergiftungserscheinungen sowie der Gehalt dieser Elemente in Weinbergsböden, Reborganen und Most werden ausführlich dargestellt. O. Knabe. 665.

Sisler, Edward C., Dugger, W. M. und Gauch, Hugh G. **Die Bedeutung des Bors für den Transport organischer Verbindungen in den Pflanzen.** Plant Physiol. **31** (1956) S. 11–17. – 3 Abb., 5 Tab.
Das Zuckermolekül reagiert (nach vgl. Gauch, H. G. und Dugger, W. M.: The role of boron in the translocation of sucrose. Plant Physiol. **28** [1953] S. 457.) mit B unter Komplexbildung und vermag in dieser Form die Membranen leichter zu durchdringen. – Hier wird der Kohlenhydrattransport von Tomatenpflanzen, die in Nährlösungen mit und ohne B wuchsen, verglichen und mit B-Mangelsymptomen in Beziehung gesetzt. Nach Eintauchen der Stielspitze des 3. Blattes (Spreite entfernt) in eine Saccharoselösung (^{14}C-markiert) ließ sich zuerst in der Spitze, dann im 1. und 2. Blatt Radioaktivität nachweisen. Zeigten die B-Mangelpflanzen noch keine sichtbaren Symptome, so wurde bei Zusatz von 50 ppm B zur Lösung mehr Saccharose transportiert, während die Normalpflanzen hierbei keinen Effekt erkennen ließen. Waren jedoch Mangelsymptome sichtbar, so blieb auch ein B-Zusatz unwirksam. – Auch unter $^{14}CO_2$-Atmosphäre (4 Std., 20 μc) wurde ein geringerer Prozentsatz der Photosynthese-Produktion bei B-Mangelpflanzen transportiert. Nach einer Blatt-Expositionszeit von 20 Min. in $^{14}CO_2$ wurde die Verteilung der ^{14}C-Aktivität im Stengel vom Einwirkungsort logarithmisch mit der Entfernung nach oben und nach unten (etwas stärker) abfallend gefunden. – Die ebenfalls durchgeführten papierchromatischen Bestimmungen erbrachten keine merklichen Unterschiede im Aminosäuregehalt und an org. Säuren der B-Mangelpflanzen gegenüber den normalen.
H. E. Freytag. 665.

Šotalova-Zalesskaja, E. O. (Schotalowa-Salesskaja, Je. O.) Sovmestnoe dejstvie marganca i medi na soderžanie uglevodov, dychanie i razvitie tomata. **(Gemeinsame Wirkung von Mangan und Kupfer auf Kohlenhydratgehalt, Atmung und Entwicklung von Tomaten.)** Uč. zap. Chaŕkovsk. un-t. **112** (1961) Tr. N.-i. in-ta biol. i biol. fak. **30** S. 85–90. – Aus: Referativnyj žurnal. Biologija, Moskva **1962** Nr. 1. G 74. S. 10.
Die Wurzelbehandlung von Tomatenpflanzen mit Mn und Cu (50 ml 0,001 n $MnSO_4$-Lösung und 0,001 n $CuSO_4$-Lösung je Staude) erhöhte Atmungsenergie und Aktivität der Katalase und verminderte den Kohlenhydrat-Gehalt in Blättern und Früchten. Durch die Behandlung mit Spurenelementen kam es zur Beschleunigung der Pflanzenentwicklung, zu bedeutend früherer Blüte und früherem Fruchtansatz. Das Saatgut, das man von den behandelten Pflanzen erhielt, zeichnete sich gegenüber dem der Kontrollpflanzen durch höheres Gewicht und bedeutend stärkere Keimfähigkeit aus. Die Aktivität der Atmungsfermente der Keimlinge, die man aus diesen Samen erhielt, war stärker als bei der Kontrollgruppe; die Pflanzen trugen im Überfluß Früchte. übersetzt v. E. Fröhmcke. 665.

Page, E. R., Schofield-Palmer, E. K. und McGregor, A. J.; Auchincruive, West of Scotland, Agric. Coll., Nutrit. Plant Lab. Studies in soil and plant manganese. I. Manganese in soil and its uptake by oats. **(Studien über Boden-**

und Pflanzenmangan. 1. Mitt. Mangan im Boden und seine Aufnahme durch Hafer.) Plant and Soil [The Hague] **16** (1962) Nr. 2. S. 238–246. – 4 Tab., 20 Lit.

An Probematerial von 8 verschiedenen Feldversuchen (Düngungsversuche mit Kalk und Superphosphat) wurden die Beziehungen zwischen dem Mn-Gehalt des Hafers und dem wasserlösl. und Gesamt-Mn des Bodens untersucht. In allen 8 Versuchen bestand zwischen der Mn-Aufnahme des Hafers und dem Gehalt an wasserlösl. Mn im Boden eine hoch signifikante Korrelation. Das Gesamt-Mn des Bodens korrelierte ebenfalls mit der Mn-Aufnahme des Hafers. Bei gleichem wasserlösl. Mn-Gehalt des Bodens der Parzellen von verschiedenen Versuchen war die Mn-Aufnahme des Hafers unterschiedlich. O. Knabe. 665.

Page, E. R.; Auchincruive, West of Scotland, Agric. Coll., Plant Nutrit. Lab. Studies in soil and plant manganese. II. The relationship of soil pH to manganese availability. **(Studien über Boden- und Pflanzenmangan. 2. Mitt. Beziehungen des Boden-pH-Wertes zur Manganverfügbarkeit.)** Plant and Soil [The Hague] **16** (1962) Nr. 2. S. 247–257. – 3 Abb., 2 Tab., 27 Lit. 1. Mitt. vgl. vorst. Ref.

Bodenuntersuchungen von 9 verschiedenen Feldversuchen (Düngungsversuche mit Kalk und Superphosphat) ergaben, daß mit steigendem pH-Wert der Gehalt an wasserlösl. Mn abnimmt. In Laborversuchen wurde bei steigendem pH-Wert eine Abnahme des Gehaltes an wasserlösl. Mn im Boden innerhalb von 2 Std. festgestellt. Vf. folgert aus diesem Ergebnis, daß eine biol. Oxydation des Mn ausgeschlossen ist und die Abnahme der Mn-Löslichkeit bei höherem pH-Wert die Folge einer Komplexverbindung des Mn mit der org. Masse des Bodens ist. O. Knabe. 665.

Romlehner, L. und Székely, Á. Izoterm desztilláció alkalmazása a mikroelem kimutatásában. **(Die Anwendung der isothermen Destillation zum Nachweis von Spurenelementen.)** Országos mezögazdasági Minöségvizsgáló Intézet, Évkönyve [Jb. Landesinst. landwirtsch. Qualitätsprüf., Budapest] **5** (1962) S. 401–404. – Aus: Ung. Agrar. Rdsch. **1962** Nr. 3.

Flüchtige Säuren, Laugen und Oxydationsmittel lassen sich durch isotherme Destillation verhältnismäßig einfach von Spurenelmenten befreien. Zur isothermen Destillation wird ein gemeinsamer, verschlossener Raum (Exsikkator) benötigt; die zu reinigende Substanz diffundiert infolge ihres höheren Dampfdruckes im Laufe von 24–48 Std. in die Vorlage hinüber, die aqua bidest. enthält. Der Vorgang verläuft völlig automatisch und kann sich selbst überlassen werden. 667.

Tepe, W. und Leidenfrost, E.; Geisenheim/Rheingau, Hess. Lehr- und Versuchsanst. für Wein-, Obst- und Gemüsebau, Inst. für Bodenkunde und Pflanzenernähr. **Ein Meßverfahren zur Bestimmung der Wasserversorgung der Pflanzen.** Z. Acker- u. Pflanzenbau **115** (1962) Nr. 3. S. 223–230. – 9 Abb., 2 Tab., 1 Lit.

Es wurde ein einfaches Gerät – die sog. Geisenheimer Wasserzange – entwickelt, mit dem die für die Pflanzen aufnehmbare Wassermenge des Bodens ermittelt werden kann und das für alle Böden absoluten Aussagewert besitzt. Das Prinzip der Methode beruht darauf, daß der Saugdruck des Bodens nicht von der Beweglichkeit des Wassers im Boden abhängig ist, letztere aber den begrenzenden Faktor bei der Wasseraufnahme darstellt. Die Zange besteht aus 2 Dreiecksblechen von 10 cm Seitenlänge. Das dazwischen eingelegte Spezialsaugpapier wird durch Abreißen der überstehenden Ränder des Papiers aufgerauht. Man sticht die Zange für eine bestimmte Zeit in den Boden. Die Saugkraft entspricht etwa derjenigen von 200000 Wurzelhaaren. Die entstehende feuchte Randzone dient als Maß für die verfügbare Wassermenge. — Es wurden Messungen mit Tomatenpflanzen auf 2 extremen Böden durchgeführt. Die Ergebnisse stimmten gut überein. I. Frommhold. 667.

C. Düngemittel, ihre Gewinnung und Anwendung

Fusell, G. E. The early days of chemical fertilizers. **(Aus den ersten Tagen der chemischen Düngemittel.)** Nature [London] **195** (1962) Nr. 4843. S. 750–754.
Vf. schildert die in der ersten Hälfte des 19. Jahrhunderts in England unternommenen Versuche zur Anwendung chem. Düngemittel. G. Loßner. 671.

Ebert, D. **Grundsätze zur Aufstellung und Durchführung des Düngungsplanes in sozialistischen Großbetrieben.** Dtsch. Landwirtsch. **13** (1962) Nr. 9. S. 429–432. — 1 Abb., 3 Tab., 8 Lit.
Vf. führt folgende Voraussetzungen zur Aufstellung und Durchführung eines Düngungsplanes (DP) an: 1. geplante Feldwirtsch., 2. Lagerkapazität für Düngemittel, 3. Auswertung der Nährstoffkarten und 4. Festlegung des Düngungsprinzips. Die Ursachen für das oftmalige Scheitern eines von der Praxis an sich als nützlich erkannten DP sieht Vf. darin, daß die Aufstellung des DP zu schematisch und kompliziert vorgenommen wird und daß die für die Durchführung der geplanten Maßnahmen erforderlichen Voraussetzungen oft nicht erfüllt sind. W. Fleischmann. 671.

Schmid, G.; München, Bayer. Landesanst. für Pflanzenbau und Pflanzenschutz. **Einfluß verschiedener organischer Dünger auf Bodenzustand und Pflanzenertrag.** Bodenkultur [Wien], Ausg. A **13** (1962) Nr. 2. S. 118–132. — 8 Abb., 1 Tab., 10 Lit. Zus. in Engl.
In zwei 1954 angelegten Dauerdüngungsversuchen in Puch und Moos wurde der Einfluß von a) Stallmist, b) Bihudung und c) Stallmist + Jauche + Sickersaft (Versuch Moos nur Varianten a und b) auf den Pflanzenertrag und Bodenzustand überprüft. Die org. Dünger wurden auf der Grundlage gleicher org. Masse angewandt. Alle Varianten erhielten eine zusätzliche Mineraldüngung. — Nach 7jähriger Versuchsdurchführung wurden die Erträge im Versuch Puch im Mittel aller Früchte auf der Variante „Bihudung" bis 36%, bei Stallmistdüngung bis 33% und bei Stallmist + Jauche + Sikkersaft bis 30% gesteigert. Im Versuch Moos betrugen die rel. Ertragssteigerungen 1960 gegenüber dem Anlagejahr im Mittel bei Bihudung 44% und bei Stallmist 35%. — Die Regenwurmtätigkeit wurde durch Bihudung stärker erhöht als durch die beiden anderen org. Düngemittel. Zwischen Wassergehalt des Bodens und der org. Düngung wurden im Mittel keine gesicherten Unterschiede festgestellt. Alle org. Düngemittel hatten einen Anstieg der P-Gehalte im Boden in der Krume und im Versuch Moos auch im Unterboden zur Folge. Die K-Werte fielen in beiden Versuchen bei allen Varianten im Laufe der Jahre in der Krume ab, im Unterboden blieben sie im Versuch Puch etwa auf gleicher Höhe, während sie im Versuch Moos anstiegen. H. Ansorge. 671a.

Balla, E. Az istállótrágyázái és a mütrágyázás hatásának összehasonlitása vetésforgó trágyázási kisérletben. I. Az istállotrágya és a mütrágya hatása a növények termésére. **(Vergleichende Versuche mit Stallmist- und Handelsdünger bei Fruchtfolgen. 1. Mitt. Einfluß des Stallmistes und der Handelsdünger auf die Pflanzenerträge.)** Agrokémia és Talajtan [Agrochem. u. Bodenkunde] **10** (1961) Nr. 4. S. 441–450. — Aus: Ung. Agrar-Rdsch. **1962** Nr. 3.
In Dauerversuchen mit Fruchtfolgen, begonnen 1956, wurde die Wirkung von Stallmist und Handelsdüngern — verabreicht in Mengen, die dem Nährstoffgehalt des Stallmistes entsprechen — auf die Erträge der Fruchtfolge Mais — Weizen — Hafer-Wickengemenge — Weizen geprüft. Die nachstehenden

Düngungsvarianten wurden angewandt: 1. ungedüngt; 2. 160 dt Stallmist jedes 4. Jahr im Herbst eingebracht, während der Fruchtfolge jährlich mit Zusatz von Handelsdüngern; 3. org.-mineral. Düngergemisch nach Lyssenko, d. h. jährlich zu jeder Frucht je 15 dt Kompost mit 1,5 dt Superphosphat vermengt und mit der Scheibenegge eingebracht; 4. 80 dt Stallmist jedes 4. Jahr im Herbst eingebracht, mit Zusatz von soviel Handelsdünger, daß die Gesamtmenge der Nährstoffe der in Variante 2 gleichkam; 5. Handelsdünger — NPK — vom gleichen Nährstoffgehalt wie in der 2. und 4. Variante; 6; je 80 dt Stallmist im 1. und im 3. Jahr der Fruchtfolge, eingebracht im Herbst; im Laufe der Fruchtfolge soviel Handelsdüngerzusatz wie in Variante 2. In den Varianten 2, 4, 5 und 6 wurden also jeweils die gleichen Nährstoffmengen (N und P) verabreicht, jedoch in unterschiedlicher Form (Stallmist oder Handelsdünger). — Im ersten Umlauf der Fruchtfolge waren die Erträge auf dem seit 15–20 Jahren ohne Stallmist gebliebenen Wiesentschernosemboden mit Handelsdüngern nicht geringer als mit Stallmist gleichen Nährstoffgehalts; die Ernten an Weizen nach Mais und auch an Hafer-Wicken waren sogar signifikant höher als auf den Teilstücken mit Stallmist und Handelsdüngerzusatz. Es ließ sich also feststellen, daß die Handelsdünger in der ersten Fruchtfolge bessere Wirkung aufwiesen als der Stallmist vom gleichen Nährstoffgehalt. — Die jedes 2. Jahr verabreichte halbe Stallmistgabe wirkte ebenso wie die einmal in 4 Jahren verabreichte volle Gabe. Im Hinblick auf den Körnerertrag von Mais und Weizen kam die 4. Variante der 2. ziemlich nahe, doch blieb der Strohertrag in Variante 4 beträchtlich niedriger. Bei der Anwendung von Stallmist + Handelsdünger wirkten beide Düngersorten so, als ob sie gesondert verabreicht worden wären. Gegenseitige Erhöhung oder Verringerung ihrer Wirksamkeit konnte im Mittel von 4 Jahren nicht beobachtet werden. Das org.-mineral. Düngergemisch beeinflußte wegen der einseitigen P-Wirkung die Erträge nur gemeinsam mit N vorteilhaft; ohne N-Zusatz ist daher seine Verwendung nur bei Leguminosen ratsam. 671 a.

Telkiev, G. und Tomov, N. (Telkiew, G. und Tomow, N.) Prinos kŭm vŭprosa za toreneto na carevicata vŭrchu černozemite-smolnici v Jugoiztočna Bŭlgarija. **(Beitrag zur Frage der Maisdüngung auf Tschernosem-Smolnitza-Böden in Südostbulgarien.)** Izvestija na Kompleksnija selskostopanski naučnoizsledovatelski institut — Karnobat, Sofija **2** (1962) S. 65–75. — 2 Abb., 5 Tab., 16 Lit. Zus. in Russ., Engl.

Es wurden verschiedene Düngermengen-, -formen-, -zeiten- und -einbringungsversuche mit org. und mineral. Düngern ausgeführt. Als Versuchspflanze diente die Hybride 'WIR-42'. Verfolgt wurde auch die Nachwirkung auf die Entwicklung und den Ertrag der Nachfrucht Weizen. Unter insgesamt 10 Varianten wurden bei der Variante mit 30 t/ha Stalldung und 250 kg/ha granuliertem Superphosphat, vor der tiefen Herbstfurche eingebracht, die besten Ergebnisse erzielt. Im Vergleich zu 'ungedüngt' brachte diese Variante 610 kg/ha Korn (18%) mehr. Die Düngung mit nur 30 t/ha Stalldung (Mehrertrag 12%) wie auch die selbständige Mineraldüngung mit 150 kg/ha granuliertem Superphosphat (vor dem Tiefpflügen ausgebracht) + 150 kg/ha granuliertem Superphosphat + 100 kg/ha Ammonsalpeter, vor der Aussaat gegeben (Mehrertrag 11%), waren ebenfalls von guter Wirkung. Auch die Weizenerträge im Folgejahr waren auf diesen Varianten die höchsten. Org.-mineral. Düngergemische sowie die einzeln verabreichte K-Düngung waren von keiner positiven Wirkung. M. Stoilow. 671a.

Pronin, M. E. und Afanaśev, M. V. (Pronin, M. Je. und Afanasjew, M. W.); Woronesh, Landwirtsch. Inst. Udobrenie kukuruzy v poluzasušlivych uslovijach. **(Düngung von Mais in niederschlagsarmen Gebieten.)** Zemledelie, Moskva **24** (1962) Nr. 8. S. 68–70. — 2 Tab.

Durch das o. g. Inst. wurden 1957–59 auf gebleichter Schwarzerde Versuche über die Wirkung von Grund-, Nest- und Kopfdüngung zu Mais durchgeführt. Die Unterteilung eines org.-mineral. Gemisches (100 dt Stalldung und $N_{45}P_{60}K_{60}$/ha) führte in Trockenjahren zu keiner Ertragssteigerung. Bei mehr Niederschlägen rechtfertigt die geringe Ertragserhöhung nicht die Aufwendungen einer mehrmaligen Gabe. Es wird empfohlen, org. und mineral. Dünger im Herbst 25–27 cm einzupflügen und nur 0,5 dt/ha Superphosphat bei der Aussaat ins Nest mitzugeben.

R. Schlenker. 671 a.

El-Damaty, A. H. und El-Baradi, T. A. The influence of permanent manuring on crop yields at Bahteem. **(Der Einfluß der Dauerdüngung auf die Pflanzenerträge in Batheem.)** Ann. agric. Sci., Fac. Agric., Ain Shams Univ., Cairo **4** (1959) Nr. 1. S. 31–34. — 5 Tab., 1 Lit.

Es wird über Dauerdüngungsversuche, die seit 1912 laufen, berichtet. In der Zeitspanne von 1955–59 erhöhten bes. die org. Düngemittel die Erträge von Baumwolle, Mais und Roggen. Auch die mineral. PK-Düngung erwies sich als günstig; NPK-Düngung war demgegenüber weniger am Platze.

H. Hamdi. 671 a.

Craiciu, Eufrosina. Eficienţa îngrăşămintelor organice si minerale în plantaţiile de deu cu trunchi înalt cărora li s-au aplicat tăieri de reîntinerire. **(Die Wirksamkeit der organischen und mineralischen Düngemittel bei Hochstämmigen Maulbeerpflanzungen, an welchen die Krone zu Verjüngungszwecken geschnitten wurde.)** Staţ. centr. Cercetări Sericicult. Apicult., Lucrări ştiinţ. 2 (1960) S. 129–137. — 5 Tab.

1956–58 wurde an der Versuchsstation Orşowa geprüft, wie die Baumkronen hochstämmiger Maulbeerbäume, die Verjüngungsschnitten unterzogen worden waren, wieder hergestellt werden können. Neben verschiedenen agrotechnischen Maßnahmen erwies sich hier die Düngung als sehr bedeutsam. So konnte die Blätterproduktion durch eine Herbstgabe von 150 kg Stallmist je Baum, im einem Umkreis von 3 m um den Baum verteilt und 18–20 cm tief eingebracht, um 56% gesteigert werden. Weitere Ertragssteigerungen wurden durch mineral. Düngung sowie durch bestimmte Düngetermine erreicht. So ist für die P-Düngung der Herbst, für die K-Düngung dagegen die Frühjahrsperiode vor Beginn der Vegetation am besten. Mit Hilfe der org.-mineral. Düngung können die verjüngten Bäume bereits nach 3 Jahren wieder für die Seidenraupenzucht verwendet werden. M. Casan. 671 a.

Stefanov, Nikola. (Stefanow, Nikola.); Silistra, Bulgarien, Versuchsstat. für Obstbau. Rezultati ot toreneto na mlado kajsievo nasaždenie. **(Ergebnisse aus der Düngung einer jungen Aprikosenpflanzung.)** Ovoštarstvo, Sofija **9** (1962) Nr. 3. S. 27–32. — 1 Abb., 2 Tab.

Vf. berichtet über die Ergebnisse aus einem mit einer auf ausgelaugtem, einer Lößgrundlage aufsitzendem Tschernosemboden, bei einem Grundwasserstand von über 40 m neuangelegten Aprikosenpflanzung angestellten Feldversuch. Die Ermittlung der zur Gewinnung regelmäßiger und hoher Erträge geeignetsten Bodenbearbeitungs- und Düngungsart war das Ziel des Versuches. Angelegt wurden 11 Versuchsvarianten mit verschiedenen Kombinationen von Stallmist- und Mineraldüngern sowie Zeit und Tiefe der Bodenbearbeitung. Die absolut und rel. höchsten Erträge brachte Variante VII (107,3%), bei der nebst 15 cm tiefem Herbstpflügen, alljährlich mit 20 t Stalldung, 80 kg Stickstoff, 90 kg Phosphorsäure und 80 kg Kali je ha gedüngt wurde. Den höchsten Einzelbaumertrag, 23,3 kg, oder im Vergleich zur Kontrolle (ohne Stalldung- und Mineraldüngung) 118,6% erzielte man ebenfalls bei dieser Versuchsvariante. Z. Zankow. 671 a.

Chroboczek, Emil und Maksimow, Aleksander. Badania nad wykorzystaniem torfu w produkcji roślinnej Cz. I **(Prüfungen über die Ausnutzung des Torfbodens in der Pflanzenproduktion. 1. Mitt.)** Roczniki Nauk rolniczych, Ser. A **85** (1962) Nr. 3. S. 351–391. – 3 Abb., 22 Tab., 14 Lit.
Rohtorf, gedämpfter (30 Min. bei 100 °C) und mit Formalin (40 l 1%ige Formalinlösung/m^2) behandelter Torf wurden auf ihr Düngebedürfnis im Hinblick auf verschiedene Nutzpflanzen untersucht. N-Düngung hob die Erträge merklich. Bei Rohtorf wirkte auf Basis gleicher N-Mengen Kompost besser als mineral. Düngung. Mikronährstoffzugabe hob die Erträge wesentlich. Diese letztere Wirkung war auf gedämpftem Torf infolge höheren Gehaltes an verfügbaren Nährstoffen schwächer. Die Dämpfung erwies sich als die wirksamste Methode zur Hebung der Erträge. Gedämpfter Torf enthielt die ganze Vegetationsperiode über einen höheren Gehalt an leicht lösl. N als Rohtorf. Durch das Dämpfen sank zunächst die Mikroorganismenzahl stark ab, war aber nach 16 Tagen 18 mal größer als im Rohtorf.
J. Prагłowski. 671a.

Ábrahám L. Kismennyiségü javitóanyagokkal végzett kisérletek tiszántuli szikes talajokon. **(Versuche mit geringen Gaben von Verbesserungsmitteln auf Alkaliböden jenseits der Theiss.)** Diss., Szeged **1961** 139 S. – Aus: Ung. Agrar-Rdsch. **1962** Nr. 1.
Solonetzböden wurde ein Gemisch aus Scheideschlamm und Gips zugeführt. Solonetzartige Böden erhielten außerdem noch Torffäkalien. Teilweise wurde auch mineral. gedüngt. Die Verbesserungsmittel wurden mit dem Saatgut in Mengen von 3–12 dt/kj in granulierter Form in die Reihen gebracht. In einigen Fällen wurden auch die üblichen höheren Gaben zu Vergleichszwecken verabreicht. Auf Solonetzböden waren die geringen Gaben nahezu ebenso wirksam wie die hohen. Der sich durch die Düngung ergebende Mehrertrag war bes. bei Zuckerrüben bedeutsam, während die übrigen Pflanzen keine signifikanten Ertragszunahmen aufwiesen; auch die Nachwirkung war nicht signifikant. Auf solonetzartigen Böden zeigte sich eine signifikante Ertragszunahme bei Zuckerrüben, Mais und Weizen. Hier war auch eine Nachwirkung bei Wi-Gerste zu verzeichnen (dichterer Bestand, kraftvollere und raschere Bestockung sowie frühere Ährenbildung). Selbst im 3. Jahr war noch eine Nachwirkung bemerkbar. Auf diesen Böden sind auch erhöhte N- und P-Düngergaben zusammen mit geringen Gaben o. g. Verbesserungsmittel überaus wirksam. 671 a.

Chučua, K. N. (Chutschua, K. N.); Kiew, Unions-Forsch.-Inst. für Zuckerrübenforsch. Osnovnoe udobrenie semennikov. **(Die Grunddüngung der Samenträger.)** Sacharnaja svekla, Moskva **7** (1962) Nr. 8. S. 28–29. – 3 Tab.
Düngungsversuche mit mehreren Versuchsvarianten einer NPK-Düngung kombiniert mit Stalldung zeigten den höchsten Wirkungsgrad bei einer NPK-Grunddüngung der Stecklinge und nachfolgend einer NPK-Stalldunggabe der Samenträger. Je ha wurden 24 dt Samen im 3jährigen Mittel (1958–60) erreicht. Vf. gibt Düngungshinweise für verschiedene Bodentypen. G. Jury. 671a.

Baden, W. **Beurteilung und Düngung von Moor und Anmoor.** Landwirtsch. Schriftenr. Boden u. Pflanze **1961** Nr. 10. S. 1–105. – 23 Abb., 13 Tab.
Bei sachgemäßer Durchführung können eine Urbarmachung und landwirtsch. Nutzung von Mooren und Anmooren durchaus rentabel sein. Ob die Nutzung im gewachsenen Profil oder erst nach tiefgreifender Umwandlung in ein Kulturprofil zweckmäßig ist, kann nur nach sachlicher richtiger Ansprache der verschiedenen Naturprofile entschieden werden. Grundlage für die Urbarmachung ist eine gründliche Entwässerung. Auf den meisten Standorten sollte die Nutzung als Grünland erfolgen, auf manchen Kulturprofilen (bes. neuartige „Deutsche Sandmischkulturen") ist eine anhaltende Ackernutzung

ertragreicher. Eine erforderliche Grundkalkung sollte in einer Gabe so bemessen sein, daß die pH-Werte nicht über 3,8–4,7 hinausgehen. Auf Neukulturen empfiehlt sich fast immer eine Anreicherungsdüngung, auf alten Kulturen richtet sie sich nach den Bodenuntersuchungsergebnissen. Die jährliche Ersatzdüngung richtet sich nach den Nährstoffentzügen durch die Nutzpflanzen. Der Einsatz der N-Düngung hängt von der Moorart ab, der von Stalldung und Gründüngung erübrigt sich auf Neukulturen, zumal er die Bodenstruktur nur ungünstig beeinflussen würde. Der Mg-Bedarf wird meistens nach Einsatz dolomitischer Mergel mit Patentkali zu Kartoffeln und mit magnesiahaltigen N-Düngern gedeckt. W. Fleischmann. 671b.

Trzecki, S.; Katedra Ogólnej Uprawy Roli i Roślin S. G. G. W. Wpływ późnego dokarmiania dolistnego roztworami nawozów mineralnych na wysokość i jakoźć plonów buraka cukrowego. **(Einfluß einer späten Blattdüngung mit Lösungen der Mineraldünger auf die Höhe und Qualität der Zuckerrübenerträge.)** Roczniki Nauk rolniczych, Ser. A **86** (1962) Nr. 1. S. 31–55. — 1 Abb., 11 Tab., 59 Lit. Zus. in Russ., Engl.

6jährige Resultate von Feld- und Vegetationsversuchen über die späte Blattdüngung der Zuckerrübe mit Lösungen der Mineraldünger führten zu folgenden Ergebnissen: Eine Blattdüngung, die 3–6 Wochen vor der Ernte der Zuckerrüben durchgeführt wird, übt einen Einfluß auf einige physiol. Prozesse aus, was im Endergebnis eine Steigerung des Zuckergehaltes in Wurzeln zur Folge hat. Zuckerrübenblätter, die der Blattdüngung mit einer Superphosphat- bzw. K-Salzlösung unterworfen wurden, sind physiol. jünger. In den Blättern und Stengeln wurde eine Steigerung des Gehaltes der Mono- und Disaccharide festgestellt (Intensivierung der Photosynthese). K-Blattdüngung erhöhte den K-Gehalt der Blätter; der P-Gehalt in Blättern Stengeln und Hauptwurzeln wurde nicht erhöht. Die besten Resultate wurden mit einer Lösung von Superphosphat (1 dt in 500 l Wasser/ha) und 40er Kalisalz (0,4 dt in 500 l Wasser/ha) erreicht (Erhöhung des Zuckergehaltes um 0,5–0,7% im 6jährigen Durchschnitt). Die in den Untersuchungen verglichenen Düngungsmethoden, Termine und Kombinationen übten in keinem Jahr einen Einfluß auf den Wurzelertrag aus. Insgesamt gesehen, kann die späte Naßkopfdüngung der Zuckerrüben in Polen als rentabel bezeichnet werden. W. Święcicki. 671b.

Trzecki, S.; Warszawa, Katedra Ogólnej Uprawy Roli i Roślin S.G.G.W. Wplyw późnego zwykłego i dolistnego dokarmiania nawozami mineralnymi na plon, skrobiowość i dorodność ziemniaków odmiany „Dar". **(Der Einfluß der üblichen Spätdüngung und der Blattdüngung mit Mineraldünger auf die Erträge, den Stärkegehalt und die Knollengröße der Kartoffelsorte „Dar".)** Roczniki Nauk rolniczych, Ser. A **86** (1962) Nr. 4. S. 615–626. — 5 Tab., 22 Lit. Zus. in Russ., Engl.

Auf normale Weise gedüngte und gepflegte Kartoffeln der Sorte 'Dar' wurden zusätzlich mit Kalisalpeter-, Superphosphat- und 40er-Kalidüngesalz-Lösunsungen z. Z. des Blühens und einige Wochen vor der Ernte durch die Blätter gedüngt (16 kg Reinnährstoffe in 500 l Wasser pro ha). Zum Vergleich wurde auch zum ersten Termin eine übliche Spätdüngung (durch den Boden) mit denselben Düngermengen durchgeführt. Die Ergebnisse zeigten, daß die untersuchten Gaben, Zeiten und Arten der zusätzlichen Düngung keinen Einfluß auf die Höhe der Knollenerträge ausübten. Es kam aber eine Tendenz der Verminderung des Stärkegehaltes wie auch eine Erhöhung des Anteils kleiner Knollen im Ertrag vor. S. Trzecki. 671 b.

Hamdi, H., El-Damaty, A. H., El-Baradi, T. A. und Omar, M. The effect of fertilizer treatments on corn yield. **(Die Wirkung der Düngung auf den Maisertrag.)** Ann. agric. Sci., Fac. Agric., Ain Shams Univ., Cairo 4 (1959) Nr. 1. S. 25–30. — 3 Tab., 5 Lit.

Bei Düngungsversuchen mit N (16–48 kg/acre), P (16–32 kg/acre) und K (30 kg/acre) zu einer frühreifen amerikanischen Sorte erhöhte bes. N den Ertrag. P und K hatten kaum einen diesbez. Einfluß, weil der Boden gut mit diesen Nährstoffen versorgt war. Auch der Düngungstermin sowie eine mehrmalige Verabreichung geteilter Gaben spielten keine nennenswerte Rolle.
H. Hamdi. 671 b.

Aboul-Ela, Mohamed M. The effect of urea and monopotassiumphosphate as foliar sprays on yield of cotton and maize. **(Die Wirkung von Harnstoff und Monokaliumphosphat als Blattdüngung auf den Ertrag von Baumwolle und Mais.)** Alexandria J. agric. Sci. **9** (1961) Nr. 1. S. 161–180. – 7 Tab., 9 Lit.
1952–58 konnten durch die o. g. Düngung die Maiserträge erhöht werden. Ein viermaliges Spritzen war dabei dem 2maligen überlegen. Demgegenüber hatte die Konz. der Spritzlösungen (1, 2 und 4%) keine Auswirkungen. Auch bei der Baumwolle wurden die Erträge verbessert. Stärke und Länge der Faser wurden aber nicht beeinflußt. H. Hamdi. 671 b.

Manolov, I. (Manolow, I.) Torene na tvŭrdata pšenica. **(Düngung des Hartweizens.)** Izvestija na Kompleksnija selskostopanski naučnoizsledovatelski institut – Čirpan, Sofija **1** (1961) S. 17–24. – 4 Abb., 4 Tab. Zus. in Russ., Engl.
Auf Tschernoserm-Smonitza-Boden wurde bei gestaffelten Superphosphat-Ammoniumsulfatgaben (einzeln und kombiniert) festgestellt, daß reine P-Düngung beim Hartweizen Ährenschieben und Reife um 4–6 Tage beschleunigt, Rost- und Lagerschäden einschränkt sowie eine bessere Kornausbildung gewährleistet. Die verschiedenen Krumendüngungsvarianten mit Superphosphat bewirkten eine Ertragssteigerung um durchschnittlich 240–300 kg/ha, d. h. um 19–24%, aber hatten gleichzeitig damit auch einen Strohertragsrückgang zur Folge. Im Vergleich zur kombinierten Düngung mit N führte die reine Superphosphatdüngung zu einem oft 1% übersteigenden Rückgang des Kornproteingehaltes. Empfohlen wird, Superphosphat in Form einer Krumendüngung durch Einarbeiten vor der Aussaat in 10–15 cm Tiefe zu geben und durch eine zusätzliche N-Kopfdüngung im Frühjahr zu ergänzen.
M. Stoilow. 671 b.

Zaprjanov, Z. (Zaprjanow, Z.) Vŭrchu podchranvaneto na pšenicata. **(Über die Weizenkopfdüngung.)** Naučni trudove. Visš selskostopanski institut „Vasil Kolarov". Agronomičeski fakultet, Plovdiv **11** (1962) Nr. 1. S. 65–75. – 2 Abb., 2 Tab., 2 Diagr., 5 Lit. Zus. in Russ., Dtsch.
Untersucht wurde die Frage der günstigsten Zeit und Menge der Mineralkopfdüngung zu Weizen, wobei Düngerformenversuche in 9 Varianten mit N- und P-Düngung, ein- und zweimalig verabreicht, angestellt wurden. Mit 2maliger Ammoniumnitrat-Kopfdüngung bei einer Aufwandmenge von 24 kg/ha wurden die besten Ergebnisse erzielt. Diese Variante brachte einen Mehrertrag von 180%. Bei einmaliger Kopfdüngung mit gleichen Düngergaben betrug die Ertragssteigerung 150%. Eine Kopfdüngung mit 120 kg/ha Ammoniumnitrat hat die Weizenerträge um 30–40% gesteigert, wogegen die Superphosphatkopfdüngung, zeitig im Frühjahr gegeben, diese nur um 10% steigerte. Die wirtsch. Beurteilung der Kopfdüngung ergab, daß je kg Ammoniumnitrat bei einmaliger Kopfdüngung ein Reineinkommen von 7 Lewa und bei 2maliger ein solches von 5 Lewa erzielt wurde. M. Stoilow. 671 b.

Kŭthy, S. Az öszi buza és az öszi árpa permetezö trágyázásának problémái és eddigi eredményei. **(Probleme und bisherige Ergebnisse der Naßkopfdüngung bei Winterweizen und Wintergerste.)** Országos mezögazdasági Minöségvizsgáló Intézet, Évkonyve [Jb. Landesinst. landwirtsch. Qualitäts-Prüf., Budapest] **5** (1961) S. 131–154. – Aus: Ung.Agrar-Rdsch. **1962** Nr. 3.

1948–60 wurden rund 20 Versuche über die späte Kopfdüngung bei Halmfrüchten – vornehmlich bei Wi-Gerste und Wi-Weizen – auf kleinen, mittleren und großen Parzellen in verschiedenen Teilen des Landes und auf unterschiedlichen Bodentypen in witterungsmäßig sehr unterschiedlichen Jahren durchgeführt. Die Zahl der Versuchsserien betrug zumindest 4, mitunter auch 6 oder 8. Die Ergebnisse der 12 Versuchsjahre ließen folgende Schlüsse zu: 1. Die N-Kopfdüngung wirkte am besten zu einem späten Zeitpunkt – zwischen Ährenschieben und Blüte – wenn das Wachstum der vegetativen Organe praktisch bereits beendet ist. Die früher – z. Z. der Bestockung bzw. des Schossens – verabreichte Kopfdüngung erhöhte zwar den Körnerertrag manchmal bedeutend, doch das bewirkte auch die späte Kopfdüngung, die zugleich den Eiweißgehalt der Körner erhöhte. Backqualität und Futterwert der Gerste wurden durch die Erhöhung des Eiweißgehaltes verbessert. 2. Im Hinblick auf die Erträge wurde bei geteilter Naßkopfdüngung kein Vorteil erreicht. Bei der Naßkopfdüngung traten Blattschäden auch bei Verwendung von konzentrierter Lösung nicht auf, wenn dafür gesorgt ist, daß sie so fein wie möglich zerstäubt wird; nicht die Konz. der Lösung gibt in dieser Hinsicht den Ausschlag, sondern die Salzmenge je Einheit der Blattoberfläche. $^1/_4$–$^1/_8$ der in den ersten Versuchen verabreichten Nährstoffgaben waren auf diese Weise ebenso wirksam wie die vollen Gaben. 4. Die Verabreichung von mehreren Düngersorten in ein und derselben Lösung erwies sich als nicht zweckmäßig. Die Wirksamkeit der P-Dünger wurde vorwiegend durch Nitrat-N, weniger durch Harnstoff herabgesetzt. Bei gesonderter Anwendung der N- und P-Dünger war der Mehrertrag stets höher, als wenn beide Nährstoffe zusammen gegeben wurden. N in Nitratform hinderte Aufnahme und Verlagerung des P in der Pflanze. Auch Volldüngung (NPK) war weniger wirksam als N allein. 5. 1959 wurden im Staatsgut Mezöhegyes, 1960 in Mezöhegyes sowie im Staatsgut Izsák vom Pflanzenschutzflugzeug aus Versuche mit Naßkopfdüngung bei Gerste und Weizen in großem Umfang durchgeführt (je kj 50 oder 100 l Düngerlösung, die 2,5–3,0 kg N enthielt). Im Durchschnitt der 3 Versuche betrug der Mehrertrag bei Korn rund 2 dt/kj Weizen bzw. 2,5 dt/kj Gerste. Auch der Eiweißgehalt der Körner nahm in jedem Fall zu. 6. Das geschilderte Verfahren ist wirtsch. und kann in die Praxis eingeführt werden. 671 b.

Petrov, P. (Petrow, P.) Proučvanija vŭrchu toreneta na zimnija ečemik s amonieva selitra i superfosfat. **(Untersuchungen über die Ammonsalpeter- und Superphosphatdüngung zu Wintergerste.)** Izvestija na Kompleksnija selskostopanski naučnoizsledovatelski institut – Karnobat, Sofija 2 (1962) S. 77–90. – 10 Tab. 11 Lit. Zus. in Russ. Engl.

Geprüft wurden insgesamt 16 Düngerversuchsvarianten; vor der Aussaat, bei der Aussaat und späte Kopfdüngung mit unterschiedlichen N- und P-Gaben einzeln und kombiniert eingebracht. Die Versuche wurden nach Vorfrüchten Mais und Wickgemenge ausgeführt. Beste Erträge auf Tschernosem-Smolnitza werden durch kombinierte NP-Düngung gewährleistet. Als am wirksamsten erwies sich die vor der Aussaat in Form von 100 kg/ha granuliertem Superphosphat eingebrachte Krumendüngung kombiniert mit einer N-Spätdüngung von 80 kg/ha Ammonsalpeter. Die Superphosphatkopfdüngung war von keiner positiven Wirkung. M. Stoilow. 671b.

Oksenenko, I. A. (Oxenenko, I. A.) Ėffektivnost' mineral'nych udobrenij i defekata pri vnesenii v rjadki pod jačmeń. **(Die Wirksamkeit der Mineral- und Scheidekalkdüngung bei Zuführung in die Drillreihen zu Gerste.)** Tr. Chaŕkovsk. s.-ch. in-ta **26(63)** (1960) S. 73–83. – Aus: Referativnyj žurnal. Biologija, Moskva **1961** Nr. 20. G 402. S. 46–47.

Auf Schwarzerdeböden der Waldsteppe des Charkower Gebietes wurden 1954–56 Feldversuche unter Anwendung der Reihendüngung mit Mineraldünger und Scheideschlamm zu Gerste durchgeführt. Den Dünger brachte man durch bes. Drillschare tiefer als die ausgesäten Samen ein. Nach der Aussaat wurde das Feld mit einer leichten Egge in einem Strich geeggt. Die beste Wirkung hatte die Zuführung von $N_{15}P_{15}K_{15}$. Die Pflanzen wurzelten schneller entwickelten ein umfangreicheres Wurzelsystem und oberirdische Organe sowie eine produktivere Ähre. Der Zuwachs der Kornernte betrug im 3jährigen Mittel 16 dt/ha. Die Scheidekalkdüngung durch kleine Gaben in die Drillreihen (200 kg/ha) erhöhte die Kornernte um 0,3–0,4 dt/ha.
übersetzt v. D. Grafe. 671 b.

Lebedeva L. A. (Lebedewa, L. A.) Vlijanie svojstv počv i udobrenij na ustojčivost' i urožaj mnogoletnich trav. **(Der Einfluß der Eigenschaften von Boden und Dünger auf Widerstandsfähigkeit und Ernteergebnis mehrjähriger Gräser.)** V sb.: Zimostojkost' s.-ch. kul'tur, Moskva **1960** S. 198–207. — Aus: Referativnyj žurnal. Biologija, Moskva **1961** Nr. 20. G 468. S. 53.
Im Vegetationsversuch auf verbesserten und wenig verbesserten Böden wurde der Einfluß von Auswinterung, Ersticken, vereister Erdkruste und Nässe auf die Überwinterung von Klee und Lieschgras bei NPK-Dünger, Kalk- und Mn-Düngung studiert. Auf sauren, schwach verbesserten Böden mit erhöhtem Mn-Gehalt und N in freier Form fiel Klee nicht nur im Winter, sondern auch im Sommer aus. Physiol. saure N- und K-Düngung auf saurem Boden erhöhte den Ausfall des Klees; auf kalkhaltigen Böden war kein Ausfall zu verzeichnen. Eine P-Gabe verringerte den Ausfall von Klee auf sauren Böden und befähigte ihn zur besseren Überwinterung. übersetzt v. D. Grafe. 671 b.

Hrazdira, Zdeněk; Praha, Výzkumný Ústav Zemědělsko-Lesnických Meliorací ČSAZV; Jevíčko, Výzkumná Stanice Lukařská. Výzkum některých vlivů mimokořenové výživy na absolutní váhu a klíčivost semen kostřavy luční. **(Erforschung einiger Einflüsse der Blattwerkbeidüngung auf das Absolutgewicht und die Keimfähigkeit der Wiesenschwingelsamen.)** Sborník českoslov. Akad. zemědělských Věd, rostlinná Výroba **8(35)** (1962) Nr. 2. S. 211–234. — 10 Abb., 10 Tab., 62 Lit. Zus. in Russ., Dtsch.
Die Naßkopfdüngung mit NPKCu-Mischung erhöhte den Samenertrag um 13,5% und das Absolutgewicht um 11,7%. Die NPKB-Mischung steigerte die Keimschnelligkeit um 13% und die Keimfähigkeit um 11%. In der Blütenphase war die Naßkopfdüngung nicht am Platze (Anbrennen der Staubfäden und Narben). Die Naßkopfdüngung kann man nicht als einen Ersatz der Grunddüngung betrachten, sondern nur als eine Ergänzung derselben. P. Bartoš. 671 b.

Niţescu, Aurel. Influenţa îngrăşămintelor minerale în plantaţii de duzi cu trunchi pitic. **(Der Einfluß mineralischer Düngemittel auf Anpflanzungen von Zwergmaulbeerbäumen.)** Staţ. centr. Cercetări Sericicult. Apicult., Lucrări ştiinţ. 2 (1960) S. 155–161. — 6 Tab.
Die Versuche wurden 1955–57 an der zentralen Versuchsstation Băneasa, Region Bukarest, durchgeführt. Bei mineral. Düngung zu kleinstämmigen Maulbeerbäumen wurde eine 10%ige Steigerung der Blätterproduktion (eine NPK-Gabe) und eine 12%ige Steigerung (2 NPK-Gaben) erzielt. Da kein bedeutender Unterschied im Ertragszuwachs besteht, kann künftig auch mit einer NPK-Gabe gearbeitet werden. Wenn P- und K-Düngemittel fehlen, genügen auch Nitratdüngemittel (Steigerung der Blätterproduktion um 9% in den Versuchen). M. Casan. 671 b.

Schnieder, E.; Berlin, Univ., Inst. für Acker- und Pflanzenbau. **Ergebnisse eines Gründüngungsversuches zu Kartoffeln auf leichtem Boden.** Albrecht-Thaer-Arch. 6 (1962) Nr. 8. S. 545–555. — 4 Abb., 3 Tab., 1 Lit. Zus. in Russ., Engl.

1957–60 wurde auf Sandboden die Wirkung von 7 Gründüngungspflanzen bzw. -pflanzengemischen mit und ohne N im Vergleich zur reinen N-Düngung auf den Ertrag von Kartoffeln überprüft. Die Gründüngung wurde einmal voll untergepflügt und zum anderen zur Futternutzung abgemäht. – Von allen geprüften Gründüngungspflanzen hatte das Gründüngungsgemisch aus Winterwicken und Winterraps die höchsten Kartoffelmehrerträge zur Folge. Die Wirkung war etwa der von 80 kg/ha N gleichzusetzen. Sommerleguminosen entsprachen in ihrer Wirkung etwa 40 kg/ha N und nach Aberntung der oberirdischen Teile 20 kg/ha N. Im Mittel waren die Leguminosen bzw. deren Gemische den Nichtleguminosen in ihrer Wirkung überlegen. Ebenso hatten die überwinternden Formen höhere Mehrerträge als die Sommerformen zur Folge. Deshalb war auch die Wirkung von voll untergepflügten Sommer-Nichtleguminosen nur schwach positiv, während sie nach erfolgter Aberntung Depressionen der Kartoffelerträge bewirkten. – Bei Ammoniak- und Nitratuntersuchungen im Boden wurden den Ertragswirkungen entsprechende Ergebnisse festgestellt. In Rentabilitätsberechnungen wurden die Aufwendungen für N-Düngung und Saatgut den Kartoffelmehrerträgen gegenübergestellt. H. Ansorge. 672.

Korohoda, J. und Milczak, M.; Warszawa, Katedra Hodowli, Roślin i Nasiennictwa W.S.R. Lublin. Sciółkowanie ziemniaków torfem wysokim i amoniakowanym. **(Das Mulchen der Kartoffeln mit Torfmull und mit Ammoniakgas bereichertem Torf.)** Roczniki Nauk rolniczych, Ser. A **86** (1962) Nr. 3. S. 503–525. – 8 Tab., 37 Lit. Zus. in Russ., Engl.

An der Versuchsstation Czesławice wurden 1956 und 1958 durch Mulchen höhere Kartoffelerträge erzielt. 1957 ergab sich dagegen kein Einfluß auf den Ertrag. Bei der Sorte 'Dar' hatte das Mulchen durch Senkung der Bodentemperatur einen positiven Einfluß auf den Saatgutwert, der sich in höheren Erträgen der folgenden 3 Nachbaujahre äußerte (⌀15,5% bei Torfmull und 12,7% bei Ammoniak-Torf.) Eingepflügter Mulch steigerte den Hafferertrag um 10%. Bei Gerste konnte keine derartige Entwicklung festgestellt werden. W. Roszak. 672.

Batalin, H.; Bydgoszcz, Zakład Nawożenia I.U.N.G. Wartość zielonego nawozu z poplonów ścierniskowych (z rodz. Papilonaceae) pod kukurydze na suchych glebach piaszczystych. **(Der Wert der Gründüngung mit Stoppelzwischenfrüchten [aus der Familie Papilonaceae] für Mais auf trockenen Sandböden.)** Prace Inst. Uprawy, Nawożenia Gleboznawstwa, Pamiętnik Puławski **1961** Nr. 2. S. 17–24. – 4 Tab., 7 Lit. Zus. in Russ., Engl.

Gelbe Lupinen, Peluschken, Wi-Wicken und Serradella, als Stoppelzwischenfrüchte angebaut, wurden sowohl insgesamt untergepflügt als auch nur ihre Ernterückstände auf dem Feld belassen. Als Kontrolle dienten 200 dt/ha Stallmist. Durch Unterpflügen der gesamten Pflanzen konnte der Stallmist vollständig ersetzt werden. Die durchschnittlichen Maiserträge betrugen bei voller Gründüngung 29,8, bei Stallmistdüngung 28,6, bei den Ernterückständen 27,8 und bei den ungedüngten Parzellen 22,9 dt/ha Korn. Z. Zimniak. 672.

Surlekov, Petŭr. (Surlekow, Peter.); Plowdiw, Bulgarien, Zentr. Forsch.-Inst. für Gemüsekult. „Mariza". Zelenoto torene pri zelenčukovite kulturi. **(Gründüngung bei Gemüsekulturen.)** Gradinarstvo, Sofija **4** (1962) Nr. 2. S. 13–15. – 1 Tab.

Verglichen wurde die Wirkung von 3 t Stalldung mit der nach 2–3maligen Pflücken anfallenden, eingepflügten Krautmasse von Gartenbohnen auf die Erträge von Frühkartoffeln, Frühtomaten und Weißkohl. Das Unterpflügen der Gründüngung erfolgte am 8. X. Bei den Frühkartoffeln lagen die Erträge bei Gründüngung um 3%, bei den Tomaten um 9% niedriger und beim Weißkohl um 9% höher als bei der Stallmistdüngung. M. Stoilow. 672.

Dimitrov, C. V. (Dimitrow, Z. W.); Sofia, Zentr. Forsch.-Inst. für Bodenkunde und Agrotechn. „Nikola Puschkarow". Meždinno poluzeleno torene pri tjutjuna i furažnata problema v tipičnite tjutjunevi rajoni u nas. **(Die halbe Zwischenfruchtgründüngung des Tabaks und die Futterfrage in den typischen Tabakanbaugebieten in Bulgarien.)** Izvestija na Centralnija naučnoizsledovatelski institut po počvoznanie i agrotechnika „Nikola Puškarov", Sofija **1** (1961) S. 107–126. — 10 Tab., 16 Lit. Zus. in Russ., Dtsch.
In den Tabakversuchsstationen der Dörfer Rila und Kosarsko sowie in Goze Deltsch wurden Gründüngungsversuche zu Tabak ausgeführt. Der Anbau der Gründüngung als Zwischenfrucht unter Bewässerungsverhältnissen soll mehr Verbreitung finden, da die Herbstzwischenkulturen, vor allem die gewöhnliche Wicke, auch als Futter genutzt werden können. Durch das Einpflügen der Stoppel- und Wurzelrückstände der abgemähten Zwischenfrucht, bes. bei besserer Agrotechnik und vor allem NP-Düngung wird der Boden an org. Masse und Stickstoff angereichert. Unter Bewässerung und bei Tabaksorten mit längerer Vegetationszeit, die das Feld erst nach dem 10 Sept. räumen, ist der Anbau der Gründüngung (gewöhnliche Wicke, Erbse und Lupine) im Spätsommer und Herbst nicht mehr möglich. Die Halbgründüngung des Tabaks, d. h. vor dem Einpflügen abmähen und nur die Stoppel- und Wurzelrückstände unterpflügen, steigert die Tabakerträge, sichert mehr Futter und bewahrt den Boden vor Erosion.
E. Kolarowa. 672.

Buhtz, E.; Bad Lauchstädt, Sekt. Landwirtsch. Versuchs- und Untersuchungswes. der Dtsch. Akad. der Landwirtsch.-Wiss. zu Berlin. **Die Wirkung zeitlich verschieden verabreichter Stalldunggaben auf den Ertrag der Wiesen.** Z. landwirtsch. Versuchs- u. Untersuchungswes. **8** (1962) Nr. 4. S. 311–320. — 11 Tab., 5 Lit. Zus. in Russ., Engl.
Die Wirkung von Stallmist auf Wiesen wurde 1958–60 in 13 Versuchen überprüft. Neben einer Variante ohne Stallmist wurde derselbe a) im Herbst, b) im Frühjahr und c) nach dem 1. Schnitt angewandt. — Die Ergebnisse lassen im Mittel aller Versuche im 1. Jahr Mehrerträge von 12 bzw. 11% durch die Stallmistgabe im Herbst bzw. Frühjahr erkennen. Die Wirkung der Gabe nach dem 1. Schnitt war geringer. Die Rohproteingehalte wurden durch Stallmistdüngung nur wenig verändert. Eine Aufteilung der Versuche nach Grundwasserstand und Witterung zeigte, daß auf Wiesen mit rel. hohem Grundwasserstand keine Stallmistwirkung vorhanden war. Ebenso war der Wirkungsgrad des Stallmistes nach dem 1. Schnitt in Trockenjahren nur sehr gering. Untersuchungen der Nachwirkung ließen die höchste Wirkung bei der Variante „Stallmist nach dem 1. Schnitt" erkennen, doch wiesen auch die im Herbst und Frühjahr verabreichten Stallmistgaben eine gute Nachwirkung auf. H. Ansorge. 673.

Tietjen, C.; Braunschweig-Völkenrode, Forsch.-Anst. für Landwirtsch., Inst. für Humuswirtsch. **Die Wirkung des Stickstoffs von sechs flüssigen Stalldüngern auf den Ertrag und die Stickstoffaufnahme von Hafer im Gefäßversuch.** Z. Pflanzenernähr., Düng., Bodenkunde **98(143)** (1962) Nr. 2. S. 137–145. — 8 Tab., 9 Lit.
In anaeroben Lagerversuchen wurden 6 flüssige Stalldünger (von Rind und Schwein, mit unterschiedlichem Strohanteil) aufbereitet und in Gefäßversuchen mit Hafer bei zusätzlicher N-Düngung (0; 0,25; 0,50; 0,75; 1,00 g N/Gef.) überprüft. Die anaerobe Lagerung betrug 4 Wochen bei 10 °C. Alle Miste wurden entsprechend einer Gesamt-N-Menge von etwa 0,5 g/Gef. angewandt. — Sowohl die org. Dünger als auch die N-Gaben hatten beträchtliche Ertragssteigerungen zur Folge. Die im Gefäßversuch erzielten Erträge zeigten eine gute Übereinstimmung mit den nach dem Mitscherlichschen Wirkungsgesetz errechneten Werten. Die Stroheinstreu hatte gegenüber dem

reinen Kot-Harn-Gemisch die Erträge etwas gedrückt, diese Ertragsminderung wurde durch hohe N-Gaben z. T. ausgeglichen. 28–54% des N im Stallmist erwiesen sich nach dem Ertragsgesetz als für die Ertragsbildung wirksam. Die ermittelten Werte für den physiol. wirksamen N zeigten eine Übereinstimmung mit der N-Aufnahme. Es bestand eine negative Korrelation zwischen dem physiol. wirksamen N-Anteil und dem C/N-Verhältnis in den org. Düngern (C/N 5,1–13,4:1). H. Ansorge. 673.

Atanasov, Žečo. (Atanassow, Shetscho.) Vlijanie na varovoto torene vŭrchu dobiva i kačestvoto na lavandulovoto maslo. **(Einfluß der Kalkdüngung auf Ertrag und Qualität des Lavendelöls.)** Selskostopanska misŭl, Sofija **6** (1961) Nr. 12. S. 756–758. – 4 Tab., 8 Lit.
Auf einem Wiesenzimtboden mit einem pH-Wert von 5,8 wurden 1958–60 Versuche mit CaC_2 (als Abfallkalk nach seiner Ausnutzung beim Schweißen) in Mengen von 1000, 1500 und 2000 kg/ha durchgeführt. Den höchsten Blütenertrag erzielte man bei der Düngungsvariante mit 1500 kg/ha (25% mehr gegenüber „ungedüngt"). Die Kalkung hatte eine erhebliche Steigerung des Ätherölgehaltes in den Blüten zur Folge. Die Kalkung mit 1500 und 2000 kg/ha CaC_2 bewirkte die höchste Steigerung des Ölgehaltes (mit 38 und 35%). Auch eine Zunahme des Linalyllacetates im ätherischen Öl, im Mittel um 10%, wurde unter dem Einfluß der Kalkung beobachtet. Unter Berücksichtigung aller Werte wirkte die Kalkung am besten im 2. Versuchsjahr. – Ferner werden auch Angaben aus Anbauversuchen mit Löschkalk in LPG vermittelt. Die Versuchsergebnisse sind denen aus der Versuchsstation Kasanlûk ähnlich. M. Stoilow. 678.

Dembiński, F.; Warszawa. O stosowaniu nawozów azotowych pok rzepak ozimy w świetle nowych doświadczeń. I. **(Über die Stickstoffdüngung des Winterrapses im Licht neuerer Untersuchungen. 1. Mitt.)** Nowe Rolnictwo **11** (1962) Nr. 5. S. 4–8. – 10 Tab.
Es werden die Ergebnisse von 57 Versuchen über die Düngung des Winterrapses angegeben. Es wurden untersucht: 1. 2 Vorfrüchte (Getreide und Leguminosen); 2. 2 Stufen der org. Düngung (ohne Stallmist und 250 dt/ha Stallmist) und 3. ansteigende N-Gaben im Frühjahr: 20; 40; 80; 110 und 140 kg/ha N. P und K sowie auch eine kleine N-Gabe (20 kg/ha N) wurden im Herbst vor der Aussaat eingeackert. Die höchste N-Gabe (zusammen 160 kg/ha N) war rentabel und gab um 1,6 dt/ha höhere Samenerträge als 130 kg. In dem Maße, wie die N-Gaben höher waren, verminderte sich die Wirkung der Vorfrüchte. Bei der Anwendung von 160 kg/ha N wurden aber noch nach den Leguminosen um 1,7 dt/ha höhere Samenerträge erzielt als nach den Getreidevorfrüchten. Bei der hohen Mineraldüngung mit N wurde eine positive Wirkung der Stallmistdüngung nicht festgestellt (sowohl nach Getreide wie auch nach Leguminosen). S. Kowalski. 680.

Selke, W. und Görlitz, H.; Berlin, Sekt. Landwirtsch. Versuchs- und Untersuchungswes. der Dtsch. Akad. der Landwirtsch.-Wiss. **Über den Einfluß des Zeitpunktes der zusätzlichen späten Stickstoffdüngung auf Kornertrag und Rohproteingehalt des Getreides sowie die Möglichkeit ihrer maschinellen Durchführung.** Z. landwirtsch. Versuchs- u. Untersuchungswes. **8** (1962) Nr. 4. S. 279–296. – 13 Tab., 24 Lit. Zus. in Russ., Engl.
1958–60 wurde in 86 Versuchen die Wirkung von zusätzlichen, späten N-Gaben auf Lagerung, Ertrag und Rohproteingehalt von Getreide überprüft. Gleichzeitig wurde in 63 Großversuchen die Möglichkeit der maschinellen Ausbringung der zusätzlichen, späten N-Düngung untersucht. – Die Versuche bestätigen die Ergebnisse der Vorjahre und zeigten, daß durch die zusätzliche, späte N-Gabe von 40 kg/ha bei Wi-Roggen die höchsten Mehrerträge (im Mittel 3,5 dt/ha) erzielt wurden und daß die Wirkung auf den

Ertrag über Winterweizen, Wintergerste, Hafer zur Sommergerste abnahm. Die zusätzlichen, späten N-Gaben übten die größte Wirkung auf die Erträge bei der Verabreichung bei 40 cm Wuchshöhe des Getreides aus, bei späteren N-Gaben nahmen die Ertragssteigerungen ab, während der Rohproteingehalt bei späteren N-Gaben stärker anstieg. Desgleichen wurde die Lagergefahr bei späteren Streuterminen herabgesetzt. Als günstigster Termin für die zusätzliche, späte N-Gabe wird der Zeitpunkt zwischen Beginn des Halmstreckens und dem Ährenschieben angesehen. – Eine maschinelle Ausbringung der N-Spätdüngung ist nur bis zu einer Wuchshöhe von 40 cm auf trockenem Boden möglich. Die zu einem späteren Termin durchgeführte maschinelle Ausbringung hatte stärkere Schäden in den Traktorenspuren zur Folge, die sich bis zur Ernte nicht mehr verwachsen. Diese Schäden werden durch Befahren bei ungünstigem Bodenzustand noch verstärkt.

H. Ansorge. 680.

Maćkowiak, W. Nawożenie azotem żyta i pszenicy w późnym terminie. **(Stickstoff-Spätdüngung bei Roggen und Weizen.)** Nowe Rolnictwo **11** (1962) Nr. 9. S. 34–35. – 2 Tab.

Bei Wi-Roggen (1960–61) sowie Wi- und So-Weizen (1961) wurde neben der normalen N-Düngung eine zusätzliche N-Spätdüngung zu verschiedenen Terminen durchgeführt (30 kg/ha N bei Wi-Getreide und 40 kg/ha N bei So-Weizen). Die besten Ergebnisse wurden bei Spätdüngung kurz vor dem Ährenschieben erzielt. Die Spätdüngung erhöhte Erträge, Tausendkorngewicht und Eiweißgehalt, während Standfestigkeit und Krankheitsbefall nicht beeinflußt wurden. Z. Zimniak. 680.

Boguszewski, W.; Warszawa, Inst. Uprawy Nawożenia i Gleboznawstwa w Puławach. Nawożenie żyta późnymi dodatkowymi dawkami azotu. **(Späte Roggendüngung mit zusätzlichen Stickstoffgaben.)** Nowe Rolnictwo **11** (1962) Nr. 8. S. 13–15. – 1 Tab.

1960–61 wurden 35 Feldversuche durchgeführt, in welchen nach einheitlicher N-Grunddüngung (30 kg/ha N am Anfang der Vegetation) noch zusätzliche N-Gaben später angewandt wurden: 1. 30 kg/ha N 2 Wochen nach der Grunddüngung; 2. 30 kg/ha N z. Z. des Schossens; 3. 30 kg/ha N am Anfang des Ährenschiebens und 4. 30 kg/ha N z. Z. des Schossens + 30 kg/ha N am Anfang des Ährenschiebens. Die Anwendung zusätzlicher N-Gaben z. Z. des Schossens gab die besten Ergebnisse. Die Wirkung der zusätzlichen N-Düngung am Anfang des Ährenschiebens war von der Bodenfeuchte abhängig. In feuchten Jahren war ihre Wirkung besser als bei früherer Düngung, aber in trockenen Jahren zeigte sie keine positive Wirkung.

S. Kowalski. 680.

Primost, E. und Rittmeyer, G.; Linz/Donau, Österr. Stickstoffwerke AG, Steyr. Landwirtsch. Versuchsstat. **Die Wirkung gesteigerter, geteilter Stickstoffgaben auf den Kornertrag, Protein- und Klebergehalt des Winterweizens.** Bodenkultur [Wien], Aug. A **13** (1962) Nr. 2. S. 98–117. – 6 Abb., 11 Tab., 36 Lit. Zus. in Engl.

An mehreren Standorten wurden mit zahlreichen Wi-Weizensorten langjährige N-Steigerungsversuche (0; 40; 80; 120; 160 kg/ha N) durchgeführt. Die N-Gaben wurden einmal ungeteilt im Frühjahr zusammen mit einer kleinen Herbst-N-Gabe und zum anderen geteilt in 3 Gaben im Frühjahr verabreicht. – Die geteilten N-Gaben übten im Mittel aller Versuche eine wesentlich günstigere Wirkung auf die Erträge als die ungeteilte Düngung aus. Diese Ertragsunterschiede vergrößerten sich mit steigender N-Düngung. Es wurde eine deutliche Abhängigkeit der rel. Wirkung der gesteigerten N-Gaben von Sorte, Klima und Boden festgestellt. Neben der Steigerung der Kornerträge hatten die geteilten N-Gaben eine Erhöhung der Rohprotein-

und Kleber-Gehalte bei sämtlichen Sorten zur Folge, während bei den höheren, einmaligen N-Gaben nur eine geringe Erhöhung vorhanden war. Ein sehr starker Anstieg der Rohprotein- und Klebergehalte trat bei den geteilten N-Gaben von 120 und 160 kg/ha ein, nachdem das Ertragsoptimum erreicht war. Das Rohprotein-Kleber-Verhältnis war bei den hohen, geteilten Gaben weiter, da der Klebergehalt stärker zunahm als der Rohproteingehalt. Es wurden nur geringe Unterschiede des Rohprotein-Kleber-Verhältnisses bei den einzelnen Weizensorten und in den Klimagebieten festgestellt.

H. Ansorge. 680.

Ehrendorfer, K.; Wien, Hochschule für Bodenkult., Inst. für Pflanzenbau und Pflanzenzücht. **Harnstoff und Ammonsulfat als Blattdünger zu Winterweizen. Ein Beitrag zur Frage der Blattdüngung.** Bodenkultur · [Wien], Ausg. A **13** (1962) Nr. 2. S. 163–172. – 1 Abb., 3 Tab., 29 Lit.

In einem Gefäßversuch wurde der Einfluß steigender als Blattdüngung verabreichter N-Gaben auf den Ertrag von Wi-Weizen überprüft. Die N-Gaben wurden als Harnstoff und Ammonsulfat sowie als Mischung beider, als 1-, 5-, 10- und 20%ige Lösung mit und ohne Netzmittel in Höhe von 10 ml/Gef. angewandt. – Die Ergebnisse ließen eine positive Wirkung der Blattdüngung mit Harnstoff auf die Erträge erkennen, während Ammonsulfat Ertragsdepressionen zur Folge hatte. Es wurden keine Verbrennungen oder Verätzungen durch zu hohe Konz. oder einen ungünstigen pH-Wert der Lösung beobachtet, sondern die Mindererträge bei Ammonsulfatblattdüngung werden auf physiol. Schäden, und zwar als Folge einer plötzlichen, übermäßigen Zufuhr von N und von Begleit- bzw. Ballaststoffen, zurückgeführt. Die Pflanzen können die N-Stoßwirkung rel. schnell überwinden, doch hatte die Zufuhr des Sulfatrestes stärkere und nachhaltigere Schäden zur Folge.

H. Ansorge. 680.

Kaltofen, H.; Paulinenaue, Inst. für Grünland- und Moorforsch. der Dtsch. Akad. der Landwirtsch.-Wiss. zu Berlin. **Die Wirkung verschieden hoher Ureaform- und Ammoniumnitratgaben in einem Vegetationsversuch mit Wiesenschwingel.** Albrecht-Thaer-Arch. **6** (1962) Nr. 8. S. 527–544. – 12 Tab., 20 Lit. Zus. in Russ., Engl.

Die Wirkung von 10 verschieden hohen N-Gaben (bis 10,2 g N/Gef.) als Ammonnitrat (in 1 und 3 Gaben) und als Ureaform auf den Ertrag von Wiesenschwingel wurde in einem Gefäßversuch überprüft. Im Mittel der 4 Schnitte lagen die Erträge bei der Ureaformdüngung niedriger als bei Düngung mit Ammonnitrat. Bei Ammonnitratdüngung hatten lediglich die sehr hohen Gaben bei einmaliger Verabreichung große Ertragsdepressionen zur Folge, die bei der Unterteilung in 3 Gaben wesentlich geringer wurden. Auch die N-Gehaltszahlen ließen eine geringere N-Wirkung der Ureaforme erkennen. Eine langsame N-Wirkung des Ureaforms konnte nur in geringem Umfang festgestellt werden, dagegen übte das Ureaform schädigende Nebenwirkungen aus, die eine langsame N-Wirkung vortäuschen könnte. Es wird angenommen, daß die Ursache für die schädigenden Nebenwirkungen von der Aldehydkomponente ausgeht. H. Ansorge. 680.

Maaß, G.; Rostock, Univ., Inst. für Acker- und Pflanzenbau. **Untersuchungen über den Einfluß von Ammoniak- und Nitratdünger auf den Gehalt an mineralischem Stickstoff im Boden. 2.Mitt. Gefäßversuche.** Z. Pflanzenernähr., Düng., Bodenkunde **98(143)** (1962) Nr. 2. S. 146–154. – 4 Tab., 10 Lit. 1. Mitt. vgl. LZ. Abt. II 7 (1962) Nr. 3. S. 644.

Der Einfluß von Ammonsulfat- und Natriumnitrat-Gaben auf den Gehalt an mineral. N (Ammoniak- und Nitrat-N) im Boden wurde in 3jährigen Gefäßversuchen überprüft. Die Untersuchung des Bodens erfolgte im Mittel nach 41 bzw. 21 Tagen. – Bei der Auswertung der Ergebnisse wurde der Begriff „Differenz zum erwarteten Düngungswert“ verwendet. Diese Differenz ergibt sich aus: mineral. N-Gehalt des Bodens minus (mineral. N-Gehalt des ungedüngten Bodens plus Düngermenge). Eine positive Differenz besagt somit, daß der Gehalt an mineral. N im gedüngten Boden gegenüber dem ungedüngten über den Betrag der zugeführten Düngermengen gesteigert wurde. Die Untersuchungen zeigten, daß 1958 nur negative Differenzen zum erwarteten Düngewert auftraten, während 1959 im Mittel hohe positive Differenzen gefunden wurden. 1960 war die Differenz bei Nitratdüngung schwach positiv, bei Ammonsulfatgabe dagegen negativ. Eine geringe N-Nachlieferungskraft des ungedüngten Bodens war mit einer negativen Differenz zum erwarteten Düngungswert gekoppelt, hohe N-Nachlieferung mit positiver Differenz. Im Mittel beeinflußte die Düngung mit Natriumnitrat die Differenz zum erwarteten Düngungswert stärker in positiver Richtung als die Ammonsulfatgaben. H. Ansorge. 680.

Petrova, M. (Petrowa, M.) Ustanovjavane efekta ot priseitbenoto torene na pšenicata s granuliran superfosfat pri slabo izlužen černozem. **(Ermittlung der Wirkung von granuliertem Superphosphat zu Weizen bei kombiniertem Saatgut- und Düngerdrill auf leicht ausgelaugtem Tschernosemboden.)** Izvestija na Dobrudžanskija selskostopanski naučnoizsledovatelski institut, Tolbuchin **1** (1961) S. 35–42. — 3 Tab., 13 Lit. Zus. in Russ., Engl. 22,5, 15, 7,5 und 3,7 kg/ha P_2O_5 wurden in einem Arbeitsgang mit der Saat ausgebracht. Als Kontrolle diente breitwürfig ausgebrachtes Superphosphat (30 kg/ha P_2O_5). Den höchsten Ertrag, 710 kg/ha mehr als bei „ungedüngt", erzielte man bei Saatgut-Granulat-Drill mit 22,5 kg/ha P_2O_5. Die mit 7,5 kg/ha gedüngte Parzelle stellte sich ertragsmäßig der Kontrolle gleich. Der Granulat-Drill erhöhte die Winterfestigkeit und verbesserte die Wurzelausbildung der Weizenpflanzen. M. Stoilow. 682.

Török, L. Foszfátok oldódása humát oldatokban. **(Die Auflösung von Phosphaten in Humatlösungen.)** Agrokémia és Talajtan [Agrochem. u. Bodenkunde] **10** (1961) Nr. 4. S. 465–478. — Aus: Ung. Agrar-Rdsch. **1962** Nr. 3. Die Ergebnisse der Untersuchungen lassen sich im folgenden zusammenfassen: 1. Die Humatwirkung, die die Auflösung der Phosphate beschleunigt, ist teils auf Protolyse, teils auf Komplexbildung zurückzuführen. 2. Nur geringe Mengen von Rohphosphaten werden durch Huminsäurelösungen aufgelöst, einerseits, weil die Huminsäuren schwache, wenig dissoziierte Säuren sind und andererseits weil ihre Fähigkeit, Komplexe zu bilden, gerade den Ca-Ionen gegenüber am geringsten ist. Bei der Verrottung von Mist mit Rohphosphaten spielen daher die Huminsäuren keine bes. Rolle. Die phosphatlösende Wirkung verschiedener Huminsäuren ist ungleich (die der Grauhuminsäure war am stärksten). 3. In sauren Medien wird wesentlich mehr Phosphat als in alkalischen Medien gelöst. Damit sind die Angaben in der Literatur bestätigt, nach welchen in saurem Medium stabilere Huminsäurekomplexe gebildet werden. 4. Enthält ein Phosphat viel $CaCO_3$, dann findet eine Phosphat-Auflösung überhaupt nicht statt oder sind höchstens Spuren von Phosphationen nachzuweisen, falls die Lösung alkalisch ist. 5. Auf Grund dieser Ergebnisse kann die Humatwirkung als ein den P mobilisierender Faktor im Boden positiv bewertet werden, weil der stetig sich erneuernde Huminsäuregehalt zur Erhaltung eines gewissen Bestandes an lösl. P beiträgt. 682.

Pacewiczowa, T.; Zakład Mikrobiol. IUNG. Szezepienia roślin bakteriami krzemianowymi. **(Impfung der Pflanzen mit Silicatbakterien.)** Roczniki Nauk rolniczych, Ser. A **85** (1962) Nr. 1. S. 175–182. — 4 Tab., 9 Lit.
Aus den Untersuchungen folgt, daß Silikatbakterien (I) bei Mangel an verfügbarem K im Boden dieses aus Silikaten verfügbar machen können, sofern entspr. Silikate in größerer Menge vorhanden sind. I benötigen als

heterotrophe Organismen allerdings org. Subst., wobei sie verschiedene Hexosen und Pentosen als C-Quelle verwerten können. Darum ist ein bestimmter Gehalt an org. Subst. im Boden die Voraussetzung für eine gute Wirksamkeit der **I**. Vf. betont, daß **I** neben Wuchsstoffen auch große Mengen an Schleimstoffen produzieren und damit einen günstigen Einfluß auf die Bodenstruktur ausüben. W. Święcicki. 689.

Giovannozzi-Sermanni, G.; Roma, Univ., Ist. di Chim. Farmac. Effetti della anidride carbonica somministrata alle radici di alcune piante coltivate. **(Die Wirkung einer Wurzeldüngung mit Kohlendioxyd auf einige Kulturpflanzen.)** Agrochimica [Pisa] **6** (1962) Nr. 2. S. 190–198.
Mit der vorhandenen Arbeit wird gezeigt, daß eine Düngung mit Kohlenstoff zu den Wurzeln eine Methode ist, die verdient, gründlich durchgeführt zu werden und die je nach den verschiedenen Möglichkeiten einen positiven, keinen oder negativen Effekt haben kann. 689.

VII. PFLANZENBAU AUF DEM ACKER

A. Allgemeine Literatur Berichte, Statistiken u. a.

Fischnich, Otto; Braunschweig-Völkenrode, Forsch.-Anst. für Landwirtsch. **Die Pflanze — Grundlage unseres Lebens.** Kühn-Arch. **76** (1962) Nr. 1/2. Theodor-Roemer-Gedenkschr. S. 91–101. – 32 Lit.
Es wird die Frage untersucht, ob auch in Zukunft die Ernährung der Menschheit gesichert sein wird. Vf. bejaht die Frage und gibt Hinweise auf Erfolge der Wissenschaft und das, was noch zu tun ist. In erster Linie kommt es darauf an, die Pflanzenforschung weiter fortzuführen, um die Produktion der Weltlandwirtschaft steigern zu können. Folgende Probleme werden besprochen: 1. Anwendung der radioaktiven Isotope a) zur Aufklärung physiol. Prozesse (Photosynthese, Synthese und Spaltung der Nucleinsäuren), b) bei der Boden- und Blattdüngung; 2. Wirkung ionisierender Strahlung a) zur Stimulation (niedrige Strahlendosen); bei Rettich, Kohl und Erbsen wurden Ertragssteigerungen von 20–40% erreicht; b) zur Keimhemmung bei lagernden Kartoffeln und Zwiebeln, c) bei höheren Dosen zur Konservierung pflanzlicher Erzeugnisse, d) zum Zweck der Auslösung von Mutationen in der Pflanzenzüchtung; 3. Unkrautbekämpfung durch Wuchsstoffe, Kampf gegen pathogene Pilze durch radioaktive Verbindungen, Einsatz von Insekticiden zur Schädlingsbekämpfung. 4. Der Wirkungsgrad der Ausnutzung der Sonnenenergie durch die Pflanzen liegt durchschnittlich bei nur 1% (Mais etwa 2%). Die bisher höchste Ausnutzung der Sonnenenergie (20% und mehr) wurde in Laboratoriumsversuchen bei der Alge *Chlorella* festgestellt. Die Algenzüchtung wird vielleicht in Zukunft bei der Ernährung eine Rolle spielen. E. M. Ardelt. 701.

B. Fruchtwechsel und Fruchtfolgen

Robert, Paul. Importance économique de l'assolement des cultures. **(Die wirtschaftliche Bedeutung der Fruchtfolge.)** Agriculture [Montréal] **19** (1962) Nr. 3. S. 73–76. 83. – 3 Tab., 7 Lit.
Erst um 1920 wurde in der kanadischen Provinz Quebec auf den Farmen eine regelmäßige Fruchtfolge eingeführt. Es werden 3-, 4- und 5jährige Fruchtfolgen, die für die kanadische Landwirtsch. von Bedeutung sind, besprochen und allg. Hinweise gegeben: 1. Jede Frucht muß den Acker so zurücklassen, daß die folgende Frucht optimale Bedingungen für ihre Entwicklung vorfindet. 2. Kulturen, die die vorgesehene Düngung besser ausnutzen als andere, müssen diesen vorgezogen werden. 3. Pflanzen, die imstande sind, Luft-N festzulegen, sind unbedingt in die Fruchtfolge einzubauen. 4. Futterfrüchte, die die wirtschaftseigene Fütterung des im Betrieb gehaltenen Viehs ermöglichen, müssen in die reguläre Fruchtfolge eingefügt werden. 5. Um den

anfallenden Wirtschaftsdünger zu verwenden, sind entspr. Früchte anzubauen. 6. Jeder Betrieb muß sich nach seinen Gegebenheiten (Bodenverhältnisse, Betriebsorganisation, Vorhandensein von Viehweide etc.) seine eigene Fruchtfolge erarbeiten. E. M. Ardelt. 713.

Müller, P.; Müncheberg, Inst. für Acker- und Pflanzenbau. **Über die Verträglichkeit ackerbaulich genutzter Leguminosen. 3. Mitt. Die Ausnutzung des Boden- und Düngerstickstoffs in einem Gefäßversuch mit Hafer nach sechsjähriger Brache und sechsjährigen Monokulturen.** Albrecht-Thaer-Arch. 6 (1962) Nr. 5. S. 339–358. – 8 Tab., 28 Lit. Zus. in Russ., Engl. 2. Mitt. vgl. LZ. Abt. II 7 (1962) Nr. 5. S. 1304.
Zur Aufklärung der Ursachen vorfruchtbedingter Ertragsunterschiede wurden N-Bilanzversuche in Mitscherlichgefäßen mit Böden 6jähriger Monokulturen (Ackerbohne, *Phaseolus*-Bohne, Erbse, Sojabohne, Luzerne, Rotklee und So-Gerste) und 6jähriger Brache durchgeführt. – Die Ausnutzung des Dünger-N wird nur in einzelnen Fällen und in ganz geringom Umfange durch die Vorfrüchte beeinflußt. Der Vorfruchteinfluß auf die Stabilisierung und Verwertung des Boden-N war dagegen weit größer. Bei reichlicher N-Zufuhr war der Anteil des Boden-N am Ertrag verhältnismäßig gering, und wegen des erheblichen Ertragszuwachses und der gleichmäßigen Ausnutzung des Dünger-N wurden die Vorfruchtwirkungen im wesentlichen ausgeglichen. Es wird die Ansicht vertreten, daß bei intensiver Wirtschaftsweise eine tolerantere Handhabung der Verträglichkeits- und Vorfruchtfrage möglich und richtig ist. W. Lampeter. 714.

Franke, Gunther; Halle/S., Martin-Luther-Univ. Halle-Wittenberg, Inst. für Acker- und Pflanzenbau. **Zur Frage der Verträglichkeitsbeziehungen bei Getreide.** Kühn-Arch. 76 (1962) Nr. 1/2. S. 22–130. – 60 Tab., 100 Lit. Zus. in Russ., Engl., Franz.
Es wurden mehrjährige Feldversuche zur Klärung der Fragen der Verträglichkeit und des Vorfruchtwertes der Getreidearten auf verschiedenen Böden durchgeführt. Zur Ergänzung und zum Vergleich wurden Gefäßversuche herangezogen. 1. Wi-Gerste, Wi-Roggen, Wi-Weizen, Hafer, So-Weizen, So-Gerste auf Sand- (a) bzw. Lößböden (b): Die Ertragsunterschiede der einzelnen Jahre waren nur unwesentlich. Bei b war eine größere Konstanz in der Vorfruchtwirkung zu bemerken. Hafer und So-Gerste wiesen bei a eine größere Vorfruchtempfindlichkeit als bei b auf. Wi-Roggen und Hafer hatten im Mittel guten, Wi- und So-Weizen ungünstigen Vorfruchteinfluß auf Getreide. 2. So-Getreide auf Löß bzw. Schwarzerde: In beiden Fällen wurden keine Ertragsdifferenzen, die auf Verträglichkeit bzw. Unverträglichkeit zurückzuführen sind, festgestellt. Die vorhandenen Differenzen waren auf Standorteinflüsse zurückzuführen. Die beste Vorfruchtwirkung hatte Mais. 3. Blattfruchtanbau mit nachfolgendem Getreide auf Löß: Wie in den anderen Feldversuchen spielte die Verträglichkeit keine Rolle bei den Ertragsunterschieden. 4. So-Roggen, So-Weizen, Hafer, So-Gerste auf schwerem Lehm. Vegetationszeit und Wachstumsstadium sollten in ihrem Einfluß auf die Verträglichkeitsbeziehungen untersucht werden. Ertragsunterschiede, die durch die Vorfrucht bedingt sind, kommen erst im Reifestadium des Getreides zur Ausbildung. 5. Untersuchungen von Hafermonokulturen mit nachlassenden Erträgen: Als Ursache wurde *Heterodera avenae* erkannt. 6. Gefäßversuche (Sand- und Lößboden): Es wurde eine Beziehung zwischen dem Gehalt an org. Subst. (Wurzeln) der Vorfrucht und dem Wurzelwachstum der Nachfrüchte festgestellt. Der Wasserverbrauch ist von der Vorfrucht abhängig. – Insgesamt konnten keine eindeutigen Verträglichkeitsbeziehungen bei Getreide festgestellt werden. Die unterschiedlichen Erträge sind durch Standortverhältnisse, phytopathol. Einflüsse, Nährstoffangebot und Jahreswitterung bedingt. E. M. Ardelt. 714.

Popov, At. und Lenkov, L. (Popow, At. und Lenkow, L.) Vŭrchu vzaimootnošenijata na sortevete ot pšenica pri otgleždaneto im v smes. **(Über die Wechselbeziehungen von Weizensorten bei Gemengeanbau.)** Izvestija na Centralnija naučnoizsledovatelski institut po rastenievŭdstvo, Sofija **12** (1961) S. 21–38. – 7 Tab., 16 Lit. Zus. in Russ., Dtsch.
In Gefäß- und Feldversuchen wurden die wechselseitigen Beziehungen zwischen Sorten derselben Art und solchen verschiedener Arten (*T. aestivum* L., *T. durum* Desf.) untersucht. Vermengt wurden die einzelnen Sorten in Verhältnissen von 1:1, 2:1 und 3:1. Im Jahre der Mischung unterdrückten sich bei Gemengen aus Sorten derselben Art die Pflanzen gegenseitig, wobei die eine der Sorten meist stärkeres Verdrängungungsvermögen hatte. Dabei waren die Witterungsverhältnisse nicht ohne Einfluß. Bei den Art-Gemengen wurde eine klar ausgeprägte Konkurrenz beobachtet. Der Anbau von Sortengemengen bei Weizen führt zu keiner Ertragssteigerung.
M. Stoilow. 714.

Popov, P. und Kolev, D. (Popow, P. und Kolew, D.) Rezultati ot opiti sŭs sortzosmesi pri zimnata pšenica. **(Ergebnisse aus Versuchen mit Sortengemischen bei Winterweizen.)** Naučni trudove. Visš selskostopanski institut „Vasil Kolarov". Agronomičeski fakultet, Plovdiv **11** (1962) Nr. 1. S. 7–19. – 8 Tab., 15 Lit. Zus. in Russ., Dtsch.
Untersucht wurde die Leistungsfähigkeit von Sortengemischen im Vergleich zum Reinanbau sowie der Sortenanteil in den Nachbaubeständen. Die Gemische bestanden aus den Sorten 'Åkerman' (var. *ferrugineum* Al.) und 'Jubilejna III' (var. *erythrospermum* Körn.) in unterschiedlichen Mengenverhältnissen. Die Sortengemische waren ertragsmäßig der leistungsfähigeren Komponente im Gemisch, der Sorte 'Åkerman', unterlegen. Nur bei Mischung 1:1 ergab sich im 3jähr. Mittel ein Mehrertrag von 3,5% gegenüber 'Åkerman'. Beim Nachbau bestand eine Tendenz zur Veränderung des anfänglichen Verhältnisses zugunsten der Sorte 'Jubilejna III', die sich gegenüber den ungünstigeren Wachstumsbedingungen als beständiger erwies. Im Vergleich zur Qualität der reinen Sorten wurde keine Verbesserung der Kornqualität der Gemische festgestellt. M. Stoilow. 714.

Kükedi, E. A magnak termesztett édes szudáni cisokfü utóhatásáról. **(Die Vorfruchtwirkung von zur Samengewinnung angebautem Sudangras.)** Magyar tudományos Akad., Agrártudományok Osztályának Közleményei [Ung. Akad. Wiss., Ber. Abt. landwirtsch. Wiss.] **20** (1962) Nr. 1/2. S.71–80. – Aus: Ung. Agrar-Rdsch. **1962** Nr. 4.
Auf Steppenlehmboden wurde die Vorfruchtwirkung von zur Samengewinnung angebautem Sudangras geprüft. Wenn kein Mineraldünger gegeben wurde, war die Vorfruchtwirkung bes. auf Halmfrüchte gering. Futtererbsen waren dann als Nachfrucht am besten geeignet. Mineraldüngung vermochte die schlechte Vorfruchtwirkung erheblich zu mildern (bei Getreide 59–94% Mehrertrag). Bei Futtererbsen war dagegen die Ertragssteigerung nur gering (8,8%). Mais war wie Getreide dankbar für Mineraldüngung (+64%) bei Anbau nach Sudangras. 716.

Birecki, Mieczysław und Gawrońska-Kulesza, Alicja; Warszawa, Katedra Ogólnej Uprawy Roli i Roślin SGGW. Wycena szłonów zmianowań na podstawie plonów żyta i niektórych właściwości fizyko-chemicznych gleby. **(Die Beurteilung einiger Fruchtfolgeglieder auf Grund der Roggenerträge und einiger physikalischer und chemischer Bodeneigenschaften.)** Roczniki Nauk rolniczych, Ser. A **85** (1962) Nr. 2. S. 245–259. – 4 Abb., 6 Tab., 5 Lit. Zus. in Russ., Engl.
Auf einem dunklen, humosen Boden wurden Rotklee, Kleegras, Hülsenfrüchte, Kartoffeln und Roggen auf ihre Vorfruchtwirkung untersucht. Nach diesen

Kulturen folgten 3 Jahre Halmfrüchte, an denen die Vorfruchtwirkung bestimmt wurde. Die letzte Nachfrucht war Roggen. Ermittelt wurden Erträge der Nachfrüchte (in FE), die Veränderungen des Nitratgehaltes im Boden und die Wurzelmasse des Roggens im Boden bis zu 30 cm Tiefe. Die gute Vorfruchtwirkung der Leguminosen, der Kleegrasmenge und stallmistgedüngter Hackfrüchte war noch im 3. Jahre deutlich. Die Leguminosen hatten bessere Vorfruchtwirkung als die Hackfrüchte. S. Kowalski. 718.

C. Saat- und Pflanzgut

Green, H. C. An experiment with damaged seed potatoes. **(Ein Versuch mit beschädigten Pflanzkartoffeln.)** J. agric. Engng. Res. 7 (1962) Nr. 2. S. 165–167. – 5 Tab.
Beschädigungen der Knollen führen zu Verlusten im Lager, können aber auch im folgenden Jahr, wenn solche Knollen als Pflanzgut verwendet werden, zu Ertragsminderungen führen. In einem Versuch wurde zur Ernte einwandfrei gewonnenes Pflanzgut (Sorte 'Majestic') teils sofort, teils erst im Frühjahr, teils gar nicht künstlich beschädigt durch Anschlagen an einen Holzklotz und im Frühjahr mit verschiedenen Pflanzweiten (12, 18, 24 in. in der Reihe) ausgepflanzt. Jede Partie wurde zur Hälfte früh, zur Hälfte spät vorgekeimt. Die Vorkeimung (Keimzahl/Knolle) wurde durch das Beschädigen nicht beeinflußt. Spätes Vorkeimen wirkte allg. etwas günstiger als frühes. Die Erträge wurden durch das Beschädigen nur wenig gesenkt (Kontrolle 10,7; Beschädigen zur Ernte 10,2; Beschädigen vor dem Legen 10,1 t./acre). Auch die Anteile an Knollen bestimmter Größenklassen wurden kaum verändert. – Wenn bei Verwendung beschädigten Pflanzgutes Komplikationen durch Krankheitsbefall eintreten, kann es zu höheren Ertragseinbußen kommen. W. Stenz. 720.

Čirkovskij, V. I. und Gončar, A. L. (Tschirkowski, W. I. und Gontschar, A. L.); Frunse, Versuchsstat. des Mikojan-Unions-Forsch.-Inst. für Tabak und Machorka zu Krasnodar. Rol' vlažnosti počvy v fiziologičeskom sozrevanii semjan tabaka. **(Die Bedeutung der Bodenfeuchtigkeit für die physiologische Reife des Tabaksamens.)** Sbornik naučno-issledovatel'skich rabot. Vsesojuznyj naučno-issledovatel'skij institut tabaka i machorki imeni A. I. Mikojana „VITIM“, Krasnodar **1961** Nr. 152. S. 49–59. – 8 Abb., 10 Tab., 4 Lit.
Es wird der Einfluß der Bodenfeuchtigkeit auf die Reifung der Tabaksamen und der damit in Zusammenhang stehenden Keimruhe untersucht. Auf Grund der widersprechenden Ergebnisse konnte keine diesbezügliche Relation aufgestellt werden. Die vorliegenden Ergebnisse bestätigen jedoch die frühere Feststellung, daß die Keimruhe um so tiefer ist, je niedriger die Luftfeuchtigkeit z. Z. der Samenausbildung war. Das Altern des Samens, d. h. das Nachlassen der Keimfähigkeit im Laufe der Jahre, tritt bei Samen, der auf feuchtem Boden erzeugt wurde, schneller ein als bei Samen von trokkenem Boden. In gleichem Sinne wirkt hohe Luftfeuchtigkeit.
J. Merker. 720.

Aniskin, V. I. und Saprykina, E. G. (Aniskin, W. I. und Saprykina, Je. G.); Pljustschewo, Gebiet Moskau, Unions-Forsch.-Inst. für Mechanisier. der Landwirtsch. O vodopronicaemosti semjan kormovych bobov i ljupina. **(Über die Wasserdurchlässigkeit des Samens von Futterbohnen und Lupinen.)** Selekcija i semenovodstvo, Moskva **27** (1962) Nr. 4. S. 18–22. – 4 Abb.
Die Hartsamigkeit ist durch die Wasserundurchlässigkeit der Samenschale bedingt und betrifft bes. die Leguminosen. Zu diesem Problem gibt es in der Wissenschaft keine einheitliche Meinung. Vff. unterziehen die Arbeiten von Popzow, Haid, Zimmermann, Kohn, Lein, Esdorn, Klingmüller, Gladstons u. a. einer kritischen umfassenden Betrachtung und

kommen zu der Schlußfolgerung, daß die Lagerungsbedingungen entscheidenden Einfluß auf die Bildung von Samen mit wasserundurchlässiger Samenschale haben. Durch 4- und 11mon. Lagerversuche mit Lupine wurden klare Beziehungen zwischen Temperatur und Luftfeuchtigkeit sowie der Hartsamigkeit festgestellt. Die optimale Luftfeuchtigkeit liegt zwischen 55 und 95% bei 5 °C. Mit steigender Temperatur vermindert sich der optimale Feuchtigkeitsbereich stark. Die Regulierung der Lagerungsbedingungen ist bedeutend ökonomischer als die mechan. oder chem. Skarifikation.

G. Jury. 720.

Korenev, G. V. (Korenew, G. W.); Charkow, Landwirtsch. Inst. Vlijanie razdel'noj uborki na posevnye kačestva semjan. **(Der Einfluß der Zweiphasenernte auf die Saatgutqualität.)** Selekcija i semenovodstvo, Moskva 27 (1962) Nr. 4. S. 38–39. – 2 Tab.

Die Laboratoriums- und Feldkeimfähigkeit ist bei der Zweiphasenernte höher als beim direkten Mähdrusch. Der Schnitt erfolgt am günstigsten in der Wachsreife. Vf. führt Keimversuche bei Roggen und Weizen an. Ertragsvergleiche bei Wi-Roggen, dessen Saatgut in verschiedenen Reifestadien geerntet wurde (Anfang Wachsreife, Wachsreife, Vollreife, Totreife), zeigen fast gleich hohe Erträge (34 dt/ha bei Totreife und 34,1 dt/ha bei Anfang Wachsreife). G. Jury. 722.

Repin, A. N. und Galaj, E. G. (Repin, A. N. und Galai, Je. G.); Dnepropetrowsk, Unions-Inst. für Maisforsch. Vlijanie fazy spelosti na ich posevnye kačestva. **(Der Einfluß der Reifephase der Samen auf ihre Saatgutqualitäten.)** Kukuruza, Moskva 7 (1962) Nr. 8. S. 45. – 1 Tab.

Vff. untersuchten im Laufe von 2 Jahren die Saatgutqualitäten von Mais (kaltes Keimen), der in Milchwachsreife geerntet wurde. Trocknung von in der Milchwachsreife geernteten Maissamen mit mehr als 40% Feuchtegehalt ergibt sogar unter mildesten Temperaturverhältnissen kein vollwertiges Saatgut, da diese Samen während der Keimung bei 8–10 °C (in den nördlichen Maisanbaugebieten) bes. stark von Mikroorganismen befallen werden. L. Rang. 722.

Kustarev, A. I. (Kustarew, A. I.); Gebiet Moskau, Inst. für Kartoffelwirtsch. Vlijanie rannej uborki na biochimičeskij sostav i semennye kačestva klubnej kartofelja. **(Einfluß der Froherntе auf die biochemische Zusammensetzung und die Pflanzguteigenschaften von Kartoffeln.)** Agrobiologija, Moskva **1962** Nr. 3. S. 441–442. – 2 Tab.

Die frühreifen Sorten 'Prijekulski ranni', 'Epron', 'Berlichingen' und 'Lorch' wurden in verschiedenen Stadien (a 10 Tage, b 20–25 Tage nach Beginn des Blühens, c bei voll abgestorbenem Kraut) geerntet und der Gehalt an Stärke und löslichem Eiweiß ermittelt. Der Stärkegehalt betrug bei 'P. ranni' a 12,2, b 15,8, c 16,6%; bei 'Epron' 12,9, 16,8 bzw. 17,4%; bei 'Berlichingen' 11,8, 14,2 bzw. 15,7%; bei 'Lorch' 11,8, 13,2 bzw. 16,8%. Der Eiweißgehalt betrug bei 'P. ranni' 0,69, 0,91 bzw. 1,06%; bei 'Epron' 0,58, 0,91 bzw. 1,25%; bei 'Berlichingen' 0,92, 1,08 bzw. 1,26%; bei 'Lorch' 0,73, 0,84 bzw. 1,16%. Durch Anbau im Folgejahr wurde die Auswirkung der Erntetermine auf Abbauresistenz und Ernteertrag geprüft. Während bei allen Sorten die höchsten Erträge bei Variante b erzielt wurden, war der Anteil der Pflanzen mit Abbauerscheinungen bei a am niedrigsten. Wegen der bedeutenden Ertragsminderung bei a wird jedoch die Frühernte nur für die Zuchtgartenvermehrung empfohlen. Der Anteil an Pflanzen mit Abbauerscheinungen betrug bei 'P. ranni' a 1,3, b 2,3, c 7,3%; bei 'Epron' 23,8, 38,6 bzw. 41,5%; bei 'Berlichingen' 10,25, 17,25 bzw. 24,5%; bei 'Lorch' 0, 1,5 bzw. 5,25%. Die Erträge (in dt/ha) betrugen bei 'P. ranni' a 175, b 210, c 189; bei 'Epron' 154, 166 bzw. 140; bei 'Berlichingen' 199, 218 bzw. 182 und bei 'Lorch' 164, 215 bzw. 212. G. Jury. 722.

Šutenkó, I. A. (Schutenko, I. A.); Gulkewitschi, Region Krasnodar, Versuchsstat. für Pflanzenzücht. „Perwoje Maja". Vlijanie bezvysadočnogo sposoba vyraščivanija semjan sacharnoj svekly na ich posevnye v sortovye kačestva. **(Der Einfluß der Feldüberwinterung der Stecklinge auf die Saat- und Sortenqualität von Zuckerrübensamen.)** Selekcija i semenovodstvo, Moskva **27** (1962) Nr. 4. S. 61–62. – 2 Tab.

3jährige Versuche mit der Sorte 'Jaltuschkowskaja monokarpe' ergaben bei Feldüberwinterung (Juliaussaat) eine Triebkraft von 79% gegenüber 68% (Kontrolle, Mietenüberwinterung der Stecklinge und Frühjahrspflanzung), eine Keimfähigkeit von 81% gegenüber 75% und eine TKM von 16,9 g gegenüber 15,4 g. Die Sortenqualität (Ertrag, Zuckergehalt) weist ebenfalls bei allen angeführten Versuchen bessere Ergebnisse als bei der normalen Frühjahrspflanzung aus. Wissenschaftlich ungenügend geklärt sind z. Z. noch die günstigsten Standweiten der Samenträger bei diesem AK-sparenden Verfahren. G. Jury. 722.

Zelenskij, M. A. und Fomičev, A. M. (Selenski, M. A. und Fomitschew, A. M.) Puti sniženija poteŕ semjan. **(Wege zur Senkung der Samenverluste.)** Sacharnaja svekla, Moskva **7** (1962) Nr. 8. S. 26–27. – 1 Tab.

Versuche (1959–61) zeigen, daß die Verluste an Zuckerrübensaatgut durch Wahl des richtigen Erntetermins bedeutend gesenkt werden können. Als optimal erwies sich die Ernte z. Z. der Bräunung von 20–30% der Knäuel. Bei 10% Bräunung betragen die Verluste bis 4,9 dt/ha und bei 70–100% Bräunung sogar bis 9,9 dt/ha. Bei Verwendung des Spezialmähbalkens ŽUS-3,5 kann die Bräunung bis 50% betragen (unter 0,6% Ausfall). Die höchste Arbeitsproduktivität wird durch die Zweiphasenernte und Schwadablage von 7–9 Reihen erreicht. Zweckmäßig ist eine Schnitthöhe von 40 cm (schnellere Trocknung durch große Bodenfreiheit). Die Spezialaufnahmetrommeln PS-2 und PTP-2,4 bewirken Senkung der Verluste beim Drusch bis auf 25% gegenüber der Verwendung des Aufnahmegerätes PNU-2,0.
G. Jury. 722.

Blood, T. F. A preliminary note on the effect of paraquat on seed crops of white clover. **(Vorläufige Mitteilung über die Wirkung von Paraquat für die Saatgutgewinnung bei Weißklee.)** J. Brit. Grassland Soc. **17** (1962) Nr. 3. S. 178–181. – 6 Tab., 3 Lit.

Zur Weißklee-Samengewinnung in Kleegrasbeständen wurde zur Verminderung des Grasanteiles Paraquat [1:1'-Dimethyl-4,4-bipyridilium-di(methylsulfat)] in Dosierungen von 0,34, 0,68 und 1,36 lb./acre im März, Apr. oder Mai verabfolgt. Der Grasanteil wurde hierdurch verringert, teilweise jedoch auch der Weißklee leicht geschädigt. Bei früher Anwendung (Ende März) konnten höhere Saatmengen als bei der Kontrolle geerntet werden, bes. bei der Gabe von 1,36 lb./acre. Die Saatgutqualität blieb gut.
H. Pätzold. 722.

Anonym. Twenty-second Conference of seed analysts. **(22. Konferenz der Saatgutprüfer.)** J. nat. Inst. agric. Bot. **9** (1961) Nr. 1. S. 104–110.

Der erste Bericht betrifft die Tätigkeit der lizenzierten Prüfstationen. Zwischen den Ergebnissen staatlicher und privater Stationen ergaben sich z. T. Diskrepanzen, die sich gegenüber denen der früheren Jahre aber vermindert haben. Sie kamen bei Keimfähigkeitsbestimmungen öfter vor als bei den Reinheitsbestimmungen. Die Ursachen liegen in technischen Fehlern bei der Untersuchung. Hierüber wurde diskutiert. – Der 2. Bericht befaßt sich mit experimentellen Proben von Rotklee. Bei Versendung von gleichen Proben aus einer einheitlichen Partie an verschiedene Stationen, wo die Proben untersucht wurden, ergaben sich Untersuchungswerte, die etwas voneinander abwichen und statistisch untersucht wurden. Teilweise lagen die Werte außerhalb der Vertrauensgrenzen. – Der 3. Bericht behandelt

Änderungen in der Verfahrensweise für Tests an der offiziellen Station. Die Änderungen erfolgten auf Grund von Analysen zahlreicher Proben von mehreren Kulturarten und betreffen die Technik des Keimtests (Verfahren des Keimens, Keimbett, Termin der Auszählungen usw.).

W. Stenz. 725.

Frey, E.; Zürich-Oerlikon, Eidg. Landwirtsch. Versuchsanst. **Über einige alte Probleme der Samenuntersuchung.** Mitt. schweiz. Landwirtsch. **10** (1962) Nr. 9. S. 225–233. – 5 Abb., 12 Lit.

In der Arbeit wird bes. folgendes erörtert: anomale Keimlingstypen, Hartschaligkeit, Herkunftswert und Gesundheitszustand. In Vegetationsversuchen mit Bohnen und Erbsen lieferten die anomalen Keimlingstypen nur schwach entwickelte Pflanzen mit sehr geringen Erträgen. Deshalb ist es gerechtfertigt, die anomalen Keimlinge als wertlos anzusehen. Der praktische Wert hartschaliger Kleesamen wurde bereits in den dreißiger Jahren sorgfältig untersucht. Leider wird dieses Problem neuerdings unterschätzt. Der Herkunftswert umfaßt die physiol., stofflichen und gesundheitlichen Eigenschaften, die durch die Umweltbedingungen des Herkunftsortes beeinflußt werden. Der Gesundheitszustand wird bereits von vielen ausländischen Samenprüfstationen untersucht; in der Schweiz muß dieses Problem künftig intensiver bearbeitet werden.

C. Tittel. 725.

Ben-Zeev, Nechama und Zamenhof, Stephen; New York, Columbia Univ., Dep. of Biochem. Effects of high temperatures on dry seeds. **(Die Wirkung hoher Temperaturen auf trockene Samen.)** Plant Physiol. **37** (1962) Nr. 5. S. 696–699. – 5 Abb., 1 Tab., 21 Lit.

Frühere Versuche zeigten, daß bei Bakterienzellen und -sporen durch hohe Temperaturen Mutationen ausgelöst werden können. Vermutlich besteht ein Zusammenhang mit der Beeinflussung der Deoxyribonucleinsäure durch Hitze. Um die Hitzewirkung an höheren Pflanzen zu untersuchen, wurden in Keimruhe befindliche Samen von *Raphanus sativus*, *Brassica napus*, *Nigella damascena* und *Hordeum vulgare* im Vakuum bei 35 °C auf etwa 4,5–7% H_2O-Gehalt getrocknet. Anschließend wurden die Samen 16 Min. bei normalem Luftdruck und bei Unterdruck auf 100–138 °C erhitzt. Durch Erhitzung bei 10^{-3}–10^{-4} mm Hg vertrugen die Samen um 20–30 °C höhere Temperaturen. Die Hitzebehandlung hatte eine Verlangsamung und Hemmung (bis 4 Mon.) der Keimung zur Folge. Beide Wirkungen konnten durch Zugabe von Gibberellinsäure zum Keimbett stark gemildert werden; bis zu einem gewissen Grad gelang dies auch mit Kinetin. Morphol. Veränderungen der aus den hitzebehandelten Samen hervorgegegangenen Pflanzen erinnerten z.T. an die Wirkungen ionisierender Strahlungen.

C. Tittel. 726.

Kvaracchelija, M. T. (Kwarazchelija, M. T.); Leningrad, Unions-Forsch.-Inst. für Landwirtsch. Mikrobiol. Sovmeščenie obrabotki semjan fosforobakterinom s protravlivaniem granozanom. **(Die Saatgutimpfung mit Phosphorbakterin bei gleichzeitiger Granosan-Beizung.)** Zemledelie, Moskva **24** (1962) Nr. 7. S. 53–55. – 4 Tab., 1 Lit.

Durch Versuche wurde nachgewiesen, daß Granosan-Beizmittel keinen negativen Einfluß auf die Sporen der Phosphorbakterien ausüben. Eine gewisse toxische Wirkung tritt erst nach der Aussaat, beim Auskeimen der Sporen, ein. In 3–5 Tagen sind die Folgen überwunden. Nach Trockenimpfung wird das Phosphorbakterin durch Granosan weniger angegriffen als nach Naßimpfung. Beizung und Impfung für So-Getreide können demnach gleichzeitig erfolgen.

R. Schlenker. 726.

Miyamoto, Takao; Gießen, Univ., Inst. für Pflanzenernähr. **Über den Einfluß einer Saatgutbehandlung mit wäßrigem Extrakt von Kiefern-**

nadeln auf die Widerstandsfähigkeit junger Weizenpflanzen gegenüber hohen Salzkonzentrationen. Naturwissenschaften **49** (1962) Nr. 13. S. 307. – 1 Tab., 2 Lit.
Weizensaatgut wurde 14 Std. in wäßrigen Extrakt von Kiefernnadeln eingetaucht und nach 4std. Trocknen in Sandboden ausgesät. 10 Tage nach der Aussaat wurden steigende Salzmengen in Form einer 50%igen NH_4NO_3- bzw. 25%igen NaCl-Lösung zugegeben. Die als Kriterium verwendete sichtbare Schädigung war das Abknicken der jungen Pflanzen 1–2 cm über dem Boden. Die Saatgutbehandlung mit Kiefernnadelextrakt schwächte die schädliche Wirkung hoher Salzkonz. stark ab und verzögerte das Abknicken der Pflanzen. C. Tittel. 726.

Stajkov, G., Kŭlbova, V. und Avramov, E. (Stajkow, G., Kâlbowa, W. und Awramow, E.) Vŭrchu njakoi načini za podgotovka na posevnija material pri carevicata. **(Über einige Saatgutbehandlungsverfahren beim Mais.)** Naučni trudove. Visš selskostopanski institut „Vasil Kolarov". Agronomičeski fakultet, Plovdiv **11** (1962) Nr. 1. S. 78–88. – 7 Tab., 18 Lit. Zus. in Russ., Dtsch.
Angewandt wurden Sonnenerwärmung, Jarowisation, Röntgenbestrahlung, Behandlung mit Hexachloran und Germisanbeizung. Zur Sonnenerwärmung wurde das Saatgut im Laufe von 8–10 Tagen 3–4 Std. täglich der Sonne ausgesetzt. Die Jarowisation wurde bei 15 °C in 15 Tagen durchgeführt. Die Bestrahlung dauerte 420 Std. (120 kW, 10 mA, Brennweite 2005). Die Beizung wurde mit 2 kg Hexachloran auf 100 kg Saatgut und 150 g Germisan auf 100 kg Saatgut ausgeführt. Günstig auf die Keimschnelligkeit, Keimfähigkeit und die Jugendentwicklung der Samen wirkten Jarowisation, Sonnenerwärmung und Röntgenbestrahlung. Den höchsten Mehrertrag (20%) bewirkte die Behandlung mit Hexachloran, gefolgt von der Sonnnenerwärmung (14,7%), Jarowisation, Röntgenbestrahlung und der Germisanbeize.
M. Stoilow. 726.

Filimonov, M. A. und Ragulin, M. S. (Filimonow, M. A. und Ragulin, M. S.); Lugowaja, Gebiet Moskau, Williams-Unions-Inst. für Futtermittel-Forsch. Chimičeskaja suška semjan kormovych bobov. **(Die chemische Trocknung von Futterbohnensaatgut.)** Selekcija i semenovodstvo, Moskva **27** (1962) Nr. 4. S. 14–16. – 3 Tab.
Die Trocknung mittels chem. Adsorbentien ist sehr aussichtsreich. Am besten eignet sich Silikagel. Jedoch ist dessen Anwendung sehr teuer und verlangt hermetisch abgeschlossene Räume. Andere Mittel, wie CaO, Al_2O_3 und $CaCl_2$, sind wegen ihres hohen Preises und der teilweise schädlichen Wirkung auf die Samen nicht anwendbar. Dagegen verliefen Versuche mit Na_2SO_4 und NaH_2PO_4 positiv. So wurde z. B. eine Partie von 120 kg mit 46 kg Sulfat von 41,8% Feuchtigkeit auf 16,1% getrocknet, während die Keimfähigkeit von 82% auf 87% stieg. Die Verwendung von Na_2SO_4 (t = 11–13 Rbl.) ist ökonom. vertretbar. G. Jury. 726.

Hruška, Ladislav; Havlíčkův Brod, Výzkumný Ústav Bramborářský ČSAZV. Velikostní třídění bramborů. **(Kartoffelsortierung nach der Größe.)** Sborník českoslov. Akad. zemědělských Věd, rostlinná Výroba **8(35)** (1962) Nr. 1. S. 63–78. – 6 Tab., 11 Lit. Zus. in Russ., Dtsch.
In der ČSSR wurden die Pflanzknollen bis zur Ernte 1957 auf Grund ihrer mittleren Länge sortiert. Längliche Sorten waren 35–80 mm lang, runde 35 bis 70 mm, nierenförmige 40–90 mm, Speisekartoffeln I. Klasse waren bei länglichen Sorten 50–100 mm, bei runden Sorten 45–80 mm lang; bei den übrigen Klassen wurde nur die untere Grenze angegeben. Die höhere Mechanisierung der Sortierarbeit erforderte eine Änderung dieser Normen, die auf dem kürzesten Querdurchmesser von Knollen beruhten, die durch die Qua-

dratmaschen der Siebe hindurchfielen. Zur Gewinnung neuer Werte wurden durch zahlreiche Messungen Längen- und Breitenindices mehrerer Kartoffelsorten festgestellt und 4 Gruppen gebildet. Entspr. dem ermittelten Knollengewicht einzelner Gruppen wurde die Erhöhung der bisher üblichen Pflanzmenge von 25 auf 28 dt/ha empfohlen, wodurch das Schneiden der Knollen eingeschränkt und ausreichende Pflanzknollengröße gesichert wird. Vorzeitiger Vegetationsausschuß wirkte sich auf die Ausbeute an Pflanzknollen innerhalb der festgesetzten Größengruppen günstig aus. Um die mit der Pflanzung, Kultivierung und Ernte verbundenen Arbeiten präziser ausführen zu können, wird doppelte Sortierung empfohlen. P. Bartoš. 726.

Bartoš, Jaroslav; Prostějov, PVZZ, Ústav pro Vědeckou Soustavu Hospodaření ČSAZV. Použití střídavých teplot při předseťové úpravě osiva řepy cukrové. **(Verwendung von Wechseltemperaturen bei der Vorbereitung von Zuckerrübensaatgut zur Saat.)** Sborník československ. Akad. zemědělských Věd, rostlinná Výroba **7(34)** (1961) Nr. 12. S. 1635–1648. — 6 Abb., 9 Tab., 19 Lit. Zus. in Russ., Dtsch.
Das Saatgut wurde in 4 verschiedenen Varianten durch Einquellen und Behandeln mit tiefen Temperaturen abgehärtet. Außerdem wurde der Gehalt an Hemmstoffen in den Knäueln ermittelt (Senf-Keimtest). Der Extrakt von Rübensaatgut, das mit Wechseltemperaturen von +20/−5 °C behandelt wurde, wirkte am stärksten keimhemmend. Das Kontrollsaatgut ging 4–6 Tage später, aber regelmäßiger auf als das behandelte. Im nächsten Jahre waren dagegen die Bestände aus behandeltem Saatgut voraus. Die Abhärtung wirkte bes. bei Bedingungen günstig, die für den Aufgang weniger günstig sind. Die max. Erhöhung des Rübenertrages betrug 12,42%, die des Blattertrages 8,77% nach Behandlung des Saatgutes mit Wechseltemperatur −5/+20 °C. Im ganzen ist diese Behandlung den anderen Verfahren aber nicht überlegen. Die Behandlung ist aufwendig, das Saatgut geht ungleichmäßig auf. Sie hat daher keine Bedeutung. J. Kučera. 726.

Sommer, E.; Kleinwanzleben, Inst. für Pflanzenzücht. **Quellung und Keimung bei vorgequellten Rübenknäueln.** Z. Acker- u. Pflanzenbau **115** (1962) Nr. 2. S. 197–207. — 2 Abb., 7 Tab., 3 Lit. Zus. in Engl.
Die Quellung der *Beta*-Rübenknäuel stellt einen viel verwickelteren Prozeß dar als die homogener Quellkörper. Charakteristisch ist die rapide Wasseraufnahme der Knäuel im Verlauf der ersten 60 Minuten. Parallel damit verläuft die Diffusion der Salze aus den Knäueln, die zu Beginn des Quellversuches ebenfalls sehr rasch erfolgt. In allen Fällen ist das Quellungsvermögen der Knäuel der kleinen Siebfraktionen größer als das der großen. Bei der Keimfähigkeitsbestimmung vorgequellten Saatgutes war zu ersehen, daß alle samenhaltigen Knäuel keimten und nach 7 Tagen bereits die auf Grund der Auszählung der Knäuel mit leeren Fruchthöhlen mögliche Höchstgrenze erreicht hatten. Zwei nach der Zählprozentmethode durchgeführte Untersuchungen ergaben 83,8 bzw. 87,8% gekeimte Knäuel und 838 bzw. 873 samenhaltige Knäuel unter 1000 Knäueln. Bei den nicht vorgequellten Knäueln keimten nach sieben bzw. vierzehn Tagen im ersten Versuch 65 bzw. 71%. im zweiten Versuch 58 bzw. 67% Knäuel. Bei der Vorquellung handelt es sich um Keimungsbeschleunigung, die praktische Bedeutung haben kann. E. Sommer. 726.

Popov, Michail. (Popow, Michail.); Sofia, Bulg. Akad. der Wiss. Prekŭsvane na sledberitbenija fiziologičen pokoj na tjutjunevoto seme. **(Unterbrechung der physiologischen Keimruhe der Tabaksamen.)** Bŭlgarski tjutjun, Sofija **1962** Nr. 3. S. 52–54. — 1 Tab.
Durch Gibberellinbehandlung der Tabaksamen wurde deren Keimruhe nach der Ernte unterbrochen. Die Samen wurden 24 Std. in Gibberellinlösung

von 100 oder 500 ppm bei einem Verhältnis Samen: Flüssigkeit von 1:1 getaucht. Die Versuche wurden mit den Sorten 'Virginia bright', 'Charmanli 163', 'Sekirka 17 A' und 'Rila 9' durchgeführt. Unter dem Einfluß des Gibberellins stieg die Keimschnelligkeit an. Am höchsten lag diese Steigerung bei 'Rila 9'. Das Gibberellin bewirkte einheitlichere Samenkeimung. Bei einigen Sorten keimten fast alle keimfähigen Samen schon am 4.–5. Tage. Von besserer Wirkung war das Gibberellin der höheren Konz. M. Stoilow. 726.

Berger, Paul. **Die Beeinflussung der Keimung des Tabaksamens durch physikalische und chemische Vorbehandlung.** Ber. Inst. Tabakforsch. Dresden **9** (1962) Nr. 1. S. 75–103. – 2 Abb., 13 Tab., 14 Lit. Zus. in Russ., Engl.
Der Einfluß von hoher und niedriger Temperatur auf die Keimfähigkeit der Tabaksamen wurde untersucht. Trockene Wärme bis 60 °C förderte z.T. die Keimung, bes. bei keimgeschädigtem Saatgut. Höhere Temperaturen wirkten ungünstig, bes. wenn der Luftaustausch wärend der Saatgutbehandlung behindert wurde. Mehrmon. Lagerung der Samen bei 4–6 °C hatte keinen Einfluß. Der Einfluß von Pflanzenschutzmitteln (Insekticiden, Fungiciden und chem. Beizmitteln) wurde geprüft. DDT und HCH wirkten nicht nachteilig. Dagegen können Fungicide schädigend wirken. Das Beizmittel Thiuram wirkt nur in starker Überdosierung (40 g pro kg Saatgut) in geringem Maße keimschädigend und kann deshalb an Stelle von Germisan verwendet werden. Die fungicide und baktericide Wirkung beider Mittel war eindeutig. Heißluftbehandlung zwischen 50 und 60 °C verhinderte fast vollständig die Keimung der Pilzsporen; die Gefahr einer Saatgutschädigung ist aber sehr groß.
C. Tittel. 726.

Franco, Coaracy M. und Bacchi, Oswaldo. Estudos sôbre á conservação de sementes. VII. Fumo. **(Untersuchungen über die Konservierung von Samen. 7. Mitt. Tabak.)** Bragantia [São Paulo] **19** (1960) Nr. 21. CV–CVII. – 1 Abb., 1 Tab. 6. Mitt. vgl. LZ. Abt. II **8** (1963) Nr. 4. S. 1031.
Tabaksamen wurde in verschlossenen Behältern über H_2SO_4 verschiedener Konz. bei Luftfeuchtigkeiten zwischen 10 und 100%, gestaffelt zu 10%, gelagert, in einem weiteren Gefäß über P_2O_5 bei 0% Luftfeuchte. Die Keimfähigkeit erhielt sich am besten bei 10% Luftfeuchte. Nach 181 Mon. betrug die Keimfähigkeit noch über 75%. Bei Lagerung in einem Textilbeutel im Labor erhielt sich die Keimfähigkeit in dieser Höhe nur über 21 Monate.
W. Stenz. 727.

Thielebein, M.; Braunschweig-Völkenrode, Forsch.-Anst. für Landwirtsch., Inst. für Pflanzenbau und Saatguterzeug. **Zur Bestimmung von Gelb- und Weißhafer in ultraviolettem Licht.** Z. Acker- u. Pflanzenbau **115** (1962) Nr. 2. S. 170–176. – 3 Abb., 13 Lit.
Nach den Anerkennungsbestimmungen für Saatgut dürfen in 500 g Gelbhafersaatgut nicht mehr als 20 Körner Weißhafer bzw. umgekehrt vorhanden sein. Diese scharfe Bewertung ist seit langem Gegenstand lebhafter Diskussionen. Es gibt keine zwingenden Gründe, die Sortenreinheit bei Hafer strenger zu beurteilen als bei Brotgetreide, da bei den heutigen Sorten keine eindeutige Beziehung von Spelzenfarbe zu Ansprüchen, Ertragsfähigkeit und Gebrauchswert besteht. Außerdem wird die Sicherheit der Fluoreszenzmethode von verschiedener Seite bezweifelt. Vom Vf. in Braunschweig-Völkenrode angestellte Versuche ergaben, daß beim Hafer 0,05–0,5% Fremdbefruchtung vorkommt. Das Verhältnis von fluoreszierenden, zu schwach und nicht fluoreszierenden Körnern in der F_2 war vom Erntetermin abhängig. Während bei voller Ausreife stark, schwach und nicht fluoreszierende Körner im Verhältnis 1:2:1 auftraten, kamen bei Gewächshauspflanzen und bei verfrühtem Erntetermin nur Körner mit starker oder fehlender Fluoreszenz im Verhältnis von 3:1 vor. Die Ergebnisse lassen die Fluoreszenzanalyse als fragwürdig erscheinen.
C. Tittel. 728.

D. Saat und Pflege

E. Ernte und Ernteverfahren

Tkačenko, A. A. (Tkatschenko, A. A.) Vlijanie srokov uborki semennikov na kačestvo semjan odnosemjannoj sacharnoj svekly. **(Der Einfluß des Erntetermins der Samenträger auf die Samenqualität monokarper Zuckerrüben.)** Selekcija i semenovodstvo, Moskva 27 (1962) Nr. 4. S. 59–60. – 2 Tab.
Mehrere Versuche über Reifegrad, Erntetermin und Saatgutqualität vorwiegend mit der monokarpen Sorte 'Belozerkowskaja' zeigen eine rel. Unausgeglichenheit in der Reifeentwicklung gegenüber polygermen Sorten. Ein Ausgleich ist oft nur durch differenzierte Ernte unter großem Arbeitsaufwand möglich. So betrug bei geschlossener Ernte am 8. Aug. die Triebkraft 62% und die Keimfähigkeit 63%, bei Ausschluß der spätreifen Samenträger wurden entspr. 63% und 64% erreicht und bei ausschließlicher Ernte der reifen Samenträger 76% bzw. 78%. Letztere Werte wurden auch bei späterer, geschlossener Ernte nicht erreicht. G. Jury. 735.

King, D. L. und Riddolls, A. W. Damage to wheat and pea seed in threshing at varying moisture content. **(Beschädigungen von Weizen- und Erbsensaatgut beim Dreschen bei veränderlichem Feuchtigkeitsgehalt.)** J. agric. Engng. Res. 7 (1962) Nr. 2. S. 90–93. – 1 Abb., 2 Lit.
Frühere Untersuchungen haben gezeigt, daß die Verluste bei Weizen und Erbsen mit steigender Dreschtrommeldrehzahl anwachsen, während der Korbabstand nur geringeren Einfluß hat. Bei den vorliegenden Untersuchungen wurden die Verluste von Weizen und Erbsen in Abhängigkeit vom Feuchtigkeitsgehalt gemessen. Dabei wurde der Korbabstand nach praktischen Erfahrungen festgelegt und bei allen Versuchen je Dreschgut konstant gehalten. Die Trommeldrehzahl wurde in einem kleinen Bereich variiert, der den praktischen Werten beim Einsatz entspricht. Die Gesamtverluste setzen sich zusammen aus sichtbaren Beschädigungen und Verlusten der Keimfähigkeit. Bei Weizen ergibt sich ein Anstieg der Gesamtverluste mit Erhöhung der Trommeldrehzahl und des Feuchtigkeitsgehaltes. Bei Erbsen stiegen die Verluste ebenfalls mit Vergrößerung der Trommeldrehzahl; in bezug auf den Feuchtigkeitsgehalt zeigen sich bei 10–20% keine großen Verlustunterschiede, während sie unter und über diesem Feuchtigkeitsbereich stark ansteigen.
G. Reumschüssel. 740.

Bočkarev, B. I. und Železnikov, V. A. (Botschkarjow, B. I. und Shelesnikow, W. A.); Sernograd, Gebiet Rostow, Inst. für Mechanisier. und Elektrifizier. der Landwirtsch. O razdel'noj uborke kukuruzy na suchoe zerno. **(Über die getrennte Ernte von Mais zur Gewinnung von trockenem Korn.)** Kukuruza, Moskva 7 (1962) Nr. 8. S. 50–52. – 3 Abb., 1 Tab.
Von 1957–61 wurden mehrere Verfahren der Maisernte mit gleichzeitigem Kolbendrusch zur Gewinnung von trockenem Korn geprüft. Die vom gen. Inst. konstruierte und 1961 geprüfte Schnellmähmaschine (8–9 km/h) mit einer Anbau-Pick-up-Vorrichtung (ihre Konstruktion ist beschrieben) bildet geradlinige Maisschwaden, in denen der Wassergehalt der Körner in 6–7 Tagen von 30% auf 18–16% sinkt. Nach dem Drusch dieser Schwaden ist nur ein geringer Aufwand für das Nachtrocknen bis zum vorschriftsmäßigen Feuchtegehalt durch Ventilieren erforderlich. L. Rang. 742.

Laurent, Robert. Un problème enfin résolu ....La cueillette des feuilles de tabac. **(Ein Problem wurde endlich gelöst – Die Ernte der Tabakblätter.)** Rev. int. Tabacs 37 (1962) Nr. 350. S. 81–87. – 5 Abb.
In Marokko wurde ein Gerät unter der Bezeichnung „Auto-Guirlande“ entwickelt, welches das Pflücken und Fädeln der Tabakblätter erleichtert. Der Apparat besteht aus einem U-förmigen Metallrahmen (25 × 23 mm) von 1,20 m Höhe und einer durch Relais und eine Führung mit der Spitze nach

oben gehaltenen Stahlnadel von 78 cm Länge und 3 mm Dmr. Er ist handlich, wiegt nur 3 kg und gestattet etwa die doppelte Leistung gegenüber der bisherigen Methode. J. Merker. 754.

F. Konservierung und Lagerung des Erntegutes

Weissbach, F. und Laube, W. **Über die Stickstoffverluste bei der Trocknung von Silagen.** Z. landwirtsch. Versuchs- u. Untersuchungswes. 8 (1962) Nr. 4. S. 307–310. — 3 Tab., 4 Lit.

Bei der Trocknung von für Analysen bestimmten Gärfutterproben können bes. bei Silagen mit Amidzusatz hohe N-Verluste auftreten. Daher sollte die Rohproteinbestimmung unbedingt dann im frischen Material erfolgen, wenn die betr. Silage unter Amidzusatz bereitet wurde. Vff. schlagen eine Methode zur Aufbereitung von Gärfutterproben für die Rohproteinbestimmung in frischem Material vor, die zu ausreichend genauen und reproduzierbaren Ergebnissen führt. Das Problem dabei ist die repräsentative Probenahme, die bei frischem Pflanzenmaterial schwierig ist. Durch möglichst weitgehende Zerkleinerung und Homogenisierung der Subst. und durch Vergrößerung der Einwaage pro Einzelbestimmung läßt sie sich jedoch erreichen. W. Fleischmann. 756.

Klein, Dietrich; Meißen, Hochschule für LPG, Inst. für Acker- und Pflanzenbau. **Untersuchungen über die Maissilierung in LPG des MTS-Bereiches Taubenheim.** Wiss. Z. Hochschule LPG Meissen 5 (1962) Nr. 1. S. 93–103. — 2 Abb., 3 Tab., 27 Lit. Zus. in Russ., Engl.

Vf. prüfte in 14 LPG Maissilos und -silagen. Betonierte Durchfahrtsilos und Erdwallgruben ergaben Silagen von befriedigender Qualität. Über die Hälfte aller Futterstöcke war zu niedrig (unter 2 m). Die Erdbedeckung kann durch eine 30 cm starke Spreuschicht ersetzt werden (?). Die Entnahme läßt sich mit Frontladern und Kränen mechanisieren. Silagebeurteilungen durch die Sinnenprüfung ergaben schlechtere Werte als die chem. Qualitätsuntersuchung. Silageschauen und -wettbewerbe können gute Erfahrungen verallgemeinern und sollten deshalb überall durchgeführt werden.
W. Schmidt. 758.

Orth, A., Kaufmann, W. und Koch, G.; Kiel, Inst. für Milcherzeug. **Versuche zur Silierung von Getreide.** Wirtschaftseigene Futter 8 (1962) Nr. 2. S. 127–136. — 1 Abb., 8 Tab., 9 Lit.

Es wird über Silierversuche mit heilem, feuchtem Getreidekorn und über Tierversuche mit der erhaltenen Silage berichtet. Bes. im Zusammenhang mit dem Mähdrusch bei ungünstigem Erntewetter bietet dieses Verfahren verschiedene Vorteile: Kostensenkung, verringerten Arbeitsaufwand, früheres Räumen der Flächen. Siliert wurden Hafer, Gerste und Roggen unter Zusatz von 15% Melasse. Säurezusammensetzung und Keimgruppendynamik ließen auf einen günstigen Gärungsverlauf schließen. Die Verluste an Tr.-Subst. betrugen 5–7%, die an N-freien Extraktstoffen 6–7%. Der günstigste Wassergehalt für die Silierung lag bei 30–40%. In der Jungrindermast werden beim Einsatz von Silage aus heilen Getreidekörnern mindestens gleiche Ergebnisse wie mit Getreideschrot erzielt. In einem Schweineverdauungsversuch mit unzerkleinerter Gerstensilage wurden Verdauungskoeffizienten erzielt, die nur etwa 4–5% unter den Werten der DLG-Tabelle für Gerstenschrot liegen. F. Weißbach. 758.

Nikolaeva, L. I. (Nikolajewa, L. I.) Lugowaja, Gebiet Moskau, Williams-Unions-Inst. für Futtermittelforsch. Konservirovanie s nitritom natrija. **(Konservierung mit Natriumnitrit.)** Kukuruza, Moskva 7 (1962) Nr. 8. S. 24.

Die konservierende Wirkung von $NaNO_2$ wird erklärt. $NaNO_2$ sondert unter dem Einfluß des bei der Atmung der Pflanzen entstehenden CO_2 Stickoxyd ab, wodurch die Schimmelpilze unterdrückt werden. Das Präparat verringert stark die Nährstoffverluste beim Silieren. Ratschläge zum Umgang mit diesem giftigen, aber sehr geeigneten, transportablen und billigen Präparat (1 kg = 10 Kop. je t Silomais) werden gegeben. L. Rang. 758.

Gorbov, N. F. und Čuev, P. A. (Gorbow, N. F. und Tschujew, P. A.); Stawropol, Unions-Forsch.-Inst. für Schaf- und Ziegenzucht. Obogaščenie silosa proteinom. **(Die Anreicherung der Silage mit Protein.)** Kukuruza, Moskva 7 (1962) Nr. 8. S. 18–19. – 1 Abb.
Beschreibung, Zeichnung und Verfahren der Regulierung einer Vorrichtung an der Kombine zur mechanisierten Beimischung von trockenem, pulverförmigem Carbamid zur Silomasse während des Einsilierens werden gegeben. Eine solche Anreicherung der Maissilage mit Carbamid steigert den Proteingehalt von 14 auf 30–32 g/kg Silage. L. Rang. 758.

G. Versuchswesen

Geidel, H. und Schuster, W. **Untersuchungen über die Teilstückgröße bei Sortenversuchen mit Kartoffeln.** Z. Acker- u. Pflanzenbau **115** (1962) Nr. 2. S. 186–196. – 1 Abb., 5 Tab., 9 Lit. Zus. in Engl.
An Hand von 2 Kartoffelversuchen (1954 und 55) mit 9 bzw. 7 frühen Sorten in 6 Wiederholungen, je Teilstück 60 Stauden, einzeln geerntet, sollte geprüft werden, wie klein ein Teilstück sein darf, ohne die Aussagekraft des Versuches zu beeinträchtigen. In beiden Jahren nahm der mittlere Fehler mit der Erhöhung der Staudenzahl ab, und zwar sank er stark bis zu 20–30 Stauden und veränderte sich zwischen 40–60 Pflanzen nur noch unwesentlich, d.h. mit 40 Stauden je Teilstück wurden gleichwertige Ergebnisse erzielt wie mit 60 Stauden. – In den Jahren 1954–56 wurden auf 3 Standorten 66 Kartoffelsorten mit je 5 Stauden pro Teilstück untersucht. In 55% der Fälle war die gleiche Aussage über die Sortenleistung (mittels Ertragsklassen) wie bei 60 bis 90 Stauden möglich. Extreme Leistungen können also mit 5 Stauden erkannt werden; für geringe Unterschiede bzw. einen exakten Sortenvergleich sind etwa 40 Stauden notwendig; auf jeden Fall kann die Pflanzenzahl viel kleiner sein als 100 (jeweils pro Teilstück, in 6facher Wiederholung).
R. Kämmerer. 761.

Goode, J. E. und Marchant, W. T. B.; Maidstone, Kent, East Malling Res. Stat.; Silsoe, Beds., Nat. Inst. of Agric. Engng. Use of mechanical barriers instead of guard rows in field experiments. **(Verwendung von mechanischen Barrieren anstelle von Schutzreihen in Feldversuchen.)** Nature [London] **195** (1962) Nr. 4839. S. 410. – 1 Abb.
Die Notwendigkeit, wegen des Übertritts von Wurzeln auf benachbarte Parzellen Randreihen zur Abgrenzung in Düngungs- u. a. Versuchen verwenden zu müssen, ist ein großer Nachteil. Vff. beschrieben eine neue Technik, bei der die Abgrenzung der Parzellen voneinander durch Folienstreifen (30 in. breit, 0,015 in. dick) bewirkt wird, die mit einer Maschine senkrecht in den Boden gebracht werden. Diese Technik wurde anläßlich eines Versuches mit verschieden hoher N- und Wasserversorgung von Apfelbäumen entwickelt. Die Versuchsfläche wurde dadurch von 11 auf 4,7 acres vermindert. Wichtig bei der Anlage ist die richtige Aufeinanderfolge, wobei erst die Längsstreifen durchgehend, dann die Querstreifen in entspr. Stücken verlegt werden. An den Ecken ergeben sich kleine Lücken von höchstens 3–4 in. In feinsandigem Lehm wurde eine Geschwindigkeit von 0,75 m.p.h. erreicht bei 12000 lb. Zugkraftaufwand. Auf tonigem Lehm waren bis zu 20000 lb. Zugkraft nötig. Die Abgrenzung mit Folien ist nur etwa halb so teuer wie die durch Beton.
W. Stenz. 761.

H. Pflanzen der gemäßigten Zone

Sváb, J. Uj terméselemzési módszer a növényfajták fejlödésének jellemzésére. **(Eine neue Methode der Ertragsanalyse zur Kennzeichnung der Entwicklung der Pflanzensorten.)** Magyar tudományos Akad., Agrártudományok Osztályának Közleményei [Ung. Akad. Wiss., Ber. Abt. landwirtsch. Wiss.] **19** (1961) Nr. 1/3. S. 253–261. – Aus: Ung. Agrar-Rdsch. **1962** Nr. 1.
Die bisherigen Methoden zur Untersuchung der Zusammenhänge zwischen Ertragsfaktoren und Ertrag wurden kritisch untersucht. Diese Methoden, bes. die 2- und mehrfache Korrelationsrechnung oder die Path-Analyse, führen deshalb nicht zum Erfolg, da die Ertragsfaktoren (z. B. Kornzahl/Ähre) nur jeweils eine bestimmte Entwicklungsphase repräsentieren. Vf. schlägt eine neue Methode vor, bei der jedes Ertragselement auf die Fläche bezogen wird (Ähren/m^2, Kornzahl/m^2, Korngewicht/m^2). Diese Angaben repräsentieren am Ende jeder Entwicklungsphase die kumulative Wirkung aller vorausgegangenen Entwicklungsphasen, bezeichnet als „Phasenendprodukte". Für die Entwicklungsanalyse werden eine graphische und eine mathematische Lösung vorgeschlagen (sukzessive Regressionsanalyse) und an einem Versuch mit 6 Weizensorten demonstriert. Die in den 6 Versuchsjahren beobachteten Ertragsschwankungen waren zu 53% in der Phase Aussaat-Ährenschieben, zu 28% in der Phase Ährenschieben-Befruchtung und zu 18,7% in der Phase der Kornentwicklung bedingt. 770.

Pešek, František; Praha-Smichov, Pražké Pivovary, Závod Staropramen. Několik stručných poznámek k nové metodice předsklizňového odhadu obilovin v nesklizené kultuře. **(Einige kurze Bemerkungen zur neuen Methode der Ertragsschätzung beim Getreide.)** Pol'nohospodárstvo **9** (1962) Nr. 1. S. 17 bis 24. – Zus. in Russ., Engl.
Es wird eine neue Methode der Getreideernteschätzung z. Z. der Milch- bis Gelbreife beschrieben. Die Schätzung beruht auf Feststellung von Maß und Gewicht der Samen, aus denen der zu schätzende Bestand hervorgegangen ist, und auf vorzeitiger Ernte eines Bruchteils des Bestandes (bei Flächen von über 1 ha 0,1%, bei kleineren Flächen 1% der abzuschätzenden Fläche). Die geernteten Körner werden nach ihrer Länge und Breite in Gruppen eingeteilt, und der wahrscheinliche Ertrag vom Bestandesteil wird nach dem Korngewicht des Saatgutes derselben Größenkategorien geschätzt. Die Gesamternte wird dann laut Formel $S = R \cdot m$. errechnet, wobei S = Gesamternte, R = Gewicht der reifungsfähigen, auf der geernteten Teilfläche ermittelten Körner, n = Quotient aus Gesamtfläche : Probefläche. P. Bartoš. 772.

Moritz, D. **Bericht über die Hauptprüfung mit Sommerweizen 1961.** Hrsg.: Regierung der Deutschen Demokratischen Republik, Ministerium für Landwirtschaft, Erfassung und Forstwirtschaft, Zentralstelle für Sortenwesen 1961. (36 S.) [Maschinenschr. vervielfältigt]. – 35 Tab.
1961 wurden in der Hauptprüfung mit So-Weizen die in der DDR zugelassenen Sorten 'Remo' und 'Capega' sowie 6 Stämme an 35 Versuchsorten in Blockversuchen mit 4 Wiederholungen geprüft. An 5 der Versuchsorte wurden 2 in der Vorprüfung stehende Stämme mitgeprüft. Der Bericht enthält 1. Allg. Angaben zu den Versuchen (z. B. pflanzenbauliche Maßnahmen), 2. Wachstumsbeobachtungen (z. B. Bonitur der Jugendentwicklung, Datum des Ährenschiebens), 3. Faktoren der Ertragssicherheit (z. B. Bonitur der Standfestigkeit, Bonitur des Befalls mit verschiedenen Krankheiten), 4. Qualitätsbestimmungen an Erntegut (z. B. Tausendkornmasse, Siebsortierung), 5. Ertragsfeststellungen (Korn- und Stroherträge). Für den Kornertrag werden die wichtigsten statistischen Maßzahlen der Einzelversuche angegeben. G. Bätz. 773.

Proctor, J. M. und Mann, G. C. N.A.A.S./N.I.A.B. trials of winter wheat varieties: 1955–57. **(N.A.A.S./N.I.A.B. Winterweizen-Sortenversuche 1955–57.** J. nat. Inst. agric. Bot. **9** (1961) Nr. 1. S. 4–24. – 11 Tab., 4 Lit.

10 Sorten (sowie je nach Versuchsort weitere Sorten, insgesamt 35) wurden an 132 Versuchsorten, die nach Boden/Untergrund, Höhenlage, Niederschlagsmenge, Vorfrucht und Düngung beschrieben sind, bei Angabe von Aussaatzeit und -menge sowie Erntedatum geprüft. Berücksichtigt wurden Wuchshabitus, Winterfestigkeit, Bestockung, Krankheitsbefall, Reifezeit, Lagerneigung, Schäden durch Spritzungen (DNOC), Mängel an Spurenelementen, Kornausfall, Auswuchs und Ertrag. Im Vergleich mit der Kontrollsorte 'Hybrid 46' (34,0 cwt./acre = 100) brachten 'Cappelle-Desprez'(104) und 'Minister' (101) hohe Erträge. Am schlechtesten schnitt 'Masterpiece' (82) ab.
W. Stenz. 773.

Gill, W. D., Holmes, J. C. und Rodger, J. B. A. Winter wheat variety trials in the East of Scotland, 1956–60. **(Winterweizen-Sortenversuche in Ostschottland 1956–60.)** J. nat. Inst. agric. Bot. **9** (1961) Nr. 1. S. 25–32. – 4 Tab.
An zahlreichen Versuchsorten, die nach Höhenlage (60–700 ft.), Bodenart (mittlere und schwere Böden), Vorfrucht (meist Kartoffeln) und Düngung beschrieben sind, wurden 17 Sorten geprüft. Außer dem Ertrag wurden Reaktion auf N-Düngung, Strohlänge, Reifezeit und Krankheitsbefall erfaßt. Die ertragsstarke, als Standard gewählte Sorte 'Cappelle-Desprez' (= 100) wurde nur durch 'Professor Marchal' (101,9) und 'Petit Quinquin' (101,5) im Kornertrag übertroffen. 'King III' schnitt am schlechtesten ab (85,5). Die Reaktion auf Kopfdüngung mit 2 cwt/acre Kalksalpeter im späten Frühjahr bewirkte bei einigen Sorten Mindererträge, bei anderen Sorten geringe Ertragserhöhungen. 1959 war die N-Düngung wirkungsvoller als in den anderen Versuchsjahren. Die Sorten werden im einzelnen beschrieben. W. Stenz. 773.

Kapás, S. Tapasztalatok külföldi buzafajtákkal. **(Erfahrungen beim Anbau ausländischer Weizensorten.)** Növénytermelés [Pflanzenbau] **10** (1961) Nr. 3. S. 207–220. – Aus: Ung. Agrar-Rdsch. **1962** Nr. 2.
Geprüft wurden 4 sowjetische, 6 ungarische und 5 italienische Sorten. Die sowjet. Sorten waren den ungarischen unter Intensivverhältnissen überlegen. Die italienischen Sorten haben ein größeres Ertragspotential als die ungarischen und als die sowjetischen, sind aber frostempfindlich, und ihre Mehlqualität ist etwas geringer. Weitere Angaben betreffen Mähdruscheignung und Halmfestigkeit. Allgemeine Anbauempfehlungen werden abgeleitet.
773.

Popov, P. und Bojadžieva, D. (Popow, P. und Bojadshiewa, D.) Nov prinos kŭm proučvane na vŭzmožnostite za otgleždane na sŭvetski sortove zimni pšenici v Bŭlgarija. **(Ein neuer Beitrag zum Studium der Anbaumöglichkeiten von sowjetischen Winterweizensorten in Bulgarien.)** Naučni trudove. Visš selskostopanski institut „Vasil Kolarov". Agronomičeski fakultet, Plovdiv **11** (1962) Nr. 1. S. 27–33. – 4 Tab., 2 Lit. Zus. in Russ., Dtsch.
In den Jahren 1956–60 wurden 11 Weizensorten geprüft. Alle geprüften sowjet. Wi-Weizensorten brachten niedrigere Erträge als die Standardsorte 'Åkerman', wobei die Sorte 'Nowoukrainka 83' den höchsten Kornertrag von (36,15 dt/ha = 91,79% im Vergleich zum Standard) lieferte. An 2. Stelle stand mit 88,6% die Sorte 'Krasnosernaja 441'. Alle sowjet. Wi-Weizensorten hatten längere Wachstumszeit und höheres Schüttgewicht. Einige darunter übertreffen die Standardsorte in bezug auf Kornqualität und Halmfestigkeit und werden zur Kreuzung mit einheimischen Weizensorten zur Verbesserung der Kornqualität empfohlen. M. Stoilow. 773.

Papp, Zs. und Sváb, J. Buzafajtáink fejlödés-elemzésének tanulságai. **(Ergebnisse der Entwicklungsanalyse ungarischer Weizensorten.)** Növénytermelés [Pflanzenbau] **10** (1961) Nr. 3. S. 231–244. – Aus: Ung. Agrar-Rdsch. **1962** Nr. 2.

11 Weizensorten wurden mit der neuen kumulativen Ertragsanalyse auf die Ursachen der jährlichen Ertragsschwankungen untersucht. Als Hauptursache wurde die wechselnde Bestandesdichte erkannt, während die Änderung der Rangfolge der Sorten von Jahr zu Jahr in die Periode des Blühens und der Befruchtung fallen. Aus den Ergebnissen wurden 3 Entwicklungstypen abgeleitet. Neue Weizensorten mit höherer Ertragsleistung müssen einen völlig neuen Entwicklungstyp darstellen. Die Züchtungsplanung muß alle Phasen, d.h. den ganzen Entwicklungsgang, berücksichtigen. 773.

Lityński, M. und Kąkolowa, J.; Warszawa Katedra Ogólnej Uprawy Roli i Roślin — W.S.R. Szczecin. Wpływ terminu siewu na plonowanie niektórych odmian pszenicy jarej w warunkach ekologicznych Pomorza Zachodniego. **(Der Einfluß der Saatzeit auf die Erträge einiger Sommerweizensorten in den ökologischen Verhältnissen des Pomorza Zachodniego.)** Hodowla Roślin Aklimatyzacja Nasiennictwo **6** (1962) Nr. 2. S. 203–226. — 4 Abb., 9 Tab., 25 Lit. Zus. in Russ., Engl.
Saatgut von 20 So-Weizensorten wurde a) vor dem Winter, b) im zeitigen Frühjahr und c) zum normalen Frühjahrstermin auf Podsolboden ausgesät. Herbstsaat führte zu Mißerfolgen, weil in dem betr. Gebiet starke Temperaturschwankungen im Febr.–März zum Auswintern führen. Dagegen war die Aussaat im zeitigen Frühjahr (Mitte März) am günstigsten. Die leistungsfähigsten Sorten waren 'Ostka Kleszczewska' und 'Gorwzowska Wczesna'.
S. Kowalski. 773.

Koltay, Á. A buza-agrotechnika néhány kérdéséröl. **(Einige Fragen der Weizen-Agrotechnik.)** Magyar tudományos Akad. mezögazdasági Kutató Intézete Jubileumi tudományos Konf., Martonvásár [Jubiliäums-Symposium landwirtsch. Forsch.-Inst. ung. Akad. Wiss., Martonvásár], **1959** (hrsg. 1961) S. 143–153. — Aus: Ung. Agrar-Rdsch. **1962** Nr. 2.
Vf. berichtet über Kopfdüngungs-, Gründüngungs- und Saatmethodenversuche. Kopfdüngung mit N im Frühjahr in 2 Raten vermochte die Erträge des Wi-Weizens bei Anbau nach Mais als ungünstiger Vorfrucht erheblich zu steigern (um 41–77%, je nach Höhe der N-Gabe). Auch bei der höchsten Gabe von 300 kg/kat. Joch (0,57 ha) Kalkammonsalpeter trat kein Lagern ein. Die Düngung war stets wirtschaftlich. Gesteigert wurden Kornzahl und -größe. Auch auf fruchtbaren Böden war die Kopfdüngung nach Sudangras, Mais und Sonnenblumen vorteilhaft. Nach Platterbse als Vorfrucht waren jedoch nur geringe N-Gaben wirkungsvoll, größere steigerten den Ertrag nicht weiter. Die neueren ungarischen Sorten reagierten auf NPK-Düngung besser als die älteren Sorten. Raps als Vorfrucht (als Stoppelsaat) wirkte ertragsmindernd, was auch durch N-Düngung nicht ausgeglichen werden kann. Saatplatterbsen als Gründüngung bewirkten 10–15% Mehrertrag, der aber die Kosten der Gründüngung nicht aufwog. Gründüngung mit Hopfenluzerne oder Hornklee als Zwischenfrucht zwischen 2 Halmfrüchten ist leicht möglich, wirkt aber unter ungarischen Verhältnissen manchmal ertragssenkend. Unter verschiedenen Saatmethoden war Drillsaat auf 12 cm am besten. 773.

Choudhry, Muhammad Sharif und Khalid, S. Abu. Determination of the most optimum seed rate, spacing and sowing date for the newly evolved wheat strain H-68 for Hyderabad Region. **(Bestimmung der günstigsten Aussaatmenge, -dichte und -zeit für den neu entwickelten Weizenstamm 'H-68' für das Gebiet von Hyderabad.)** Agric. Pakistan **12** (1961) Nr. 4. S. 709–714. — 4 Tab., 6 Lit.
In den 4jährigen Versuchen erwies sich folgende Kombination am erfolgreichsten: Aussaat im Okt., Standraum 6 in. und Aussaatmenge 75 lb./acre.
W. Fleischmann. 773.

Anonym. Winterrogge, 1962. **(Winterroggen, 1962.)** Landbouwvoorlichting **19** (1962) Nr. 8/9. Ber. Rassenkeuze Nr. 327. S. 1–2. — 1 Tab.

Auf Sand- und Niederungsboden wurden die Sorten a) 'Petkuser', b) 'Dominant', c) 'Heertvelder', d) 'Carstens Kortstro' und e) 'Zelder' geprüft. Die Kornerträge waren nicht sehr unterschiedlich, doch lag c deutlich unter dem Mittel (rel. 95 bzw. 92), b und d lagen etwas über dem Mittel (103 bzw. 101, 104 bzw. 103). Im Strohertrag waren b und d niedriger, bes. d (97 und 82 für beide Böden). a ist für alle Böden geeignet, b ist auf besseren Böden a überlegen (104 gegen 99) . c zeichnet sich durch gute Resistenz gegen Älchen aus. e brachte stets höhere Erträge als a; in der Standfestigkeit waren jedoch beide etwa gleich. W. Stenz. 775.

Anonym. Wintergerst, 1962. **(Wintergerste, 1962.)** Landbouwvoorlichting **19** (1962) Nr. 8/9. Ber. Rassenkeuze Nr. 326. S. 1–2. – 1 Tab.

Auf Seeklei-, Küstenklei-, Löß- , Sand- und Niederungsboden wurden die Sorten a) 'Trias', b) 'Vinesco', c) 'Dea', d) 'Urania', e)'Atlas', f) 'Herfordia' und g) 'Jumbo' geprüft. c und g waren im Kornertrag stets überdurchschnittlich (rel. 106–110 bzw. 101–116). Die anderen Sorten lagen meist unter dem Mittel und erreichten nur auf bestimmten Bodenarten den Durchschnitt. Bei b, d und g lagen die Stroherträge über dem Mittel (101–106), bei c und e erheblich darunter (beide 93). 3 zusätzlich auf Seeklei geprüfte Stämme lagen im Kornertrag bei rel. 101–109, im Strohertrag bei 93–99. Sorten a und b waren in den Küstenklei- und Lößgebieten die am meisten gebauten Sorten. c ist als Deckfrucht gut geeignet. d ist wenig kältefest. Sorten und Stämme werden hinsichtlich der wichtigsten Eigenschaften beschrieben.
W. Stenz. 777-

Kent, N. L. und Waterson, H. A. Spring oat trials in the West of Scotland, 1954–59. **(Sommerhafer-Sortenversuche in Westschottland 1954–59.)** J. nat. Inst. agric. Bot. **9** (1961) Nr. 1. S. 33–44. – 10 Tab., 5 Lit.

12 Hafersorten wurden in 3jährigen Versuchen auf fruchtbarem Niederungsboden (40–130 ft. hoch gelgen) und höher gelgenen Böden (700 ft.), beides leichter bis mittlerer Lehmboden, geprüft. Die Vorfrüchte waren verschieden, meist Feldgrasweide. Düngung sowie Saat- und Erntetermine sind angegeben. Außer dem Ertrag an Korn wurden Strohlänge und -ertrag, Lagerneigung, Anteil unbeschädigter Körner, Spelzenanteil, TKM sowie Protein-, Asche- und Ölgehalt der Körner erfaßt. Ein Schema zeigt die Abstammung von 10 der Sorten. Im Kornertrag lagen auf dem Niederungsboden im 3jährigen Mittel über dem Standard ('Sun II' = 100) 'Sisu' (106), 'W 16004' (108), 'Max' (108); den geringsten Ertrag brachte 'Dyr Everest' (81). Auf dem anderen Boden waren 'Yielder' (105), 'Lightning' (103), 'Max' (108) und 'Nestor' (107) überlegen. Die Lagerneigung war mehr von Jahr zu Jahr als von Sorte zu Sorte verschieden. 1958 lagerten die Bestände stark (60–70% der Parzellenfläche). Spelzenanteil und Anteil gesunder Körner waren im Mittel kaum unterschiedlich. Die TKM variierte rel. von 85–113, Proteingehalt 87–114, Asche 94–108, Ölgehalt 78–111. 'Max' lag auf beiden Böden im abs. Ertrag an Korn, Protein, Asche und Öl sehr hoch, 'Sisu' auf dem Niederungsboden, 'Nestor' auf dem Hochlandboden. Im Mittel aller Versuche seit 1954 gaben 'W 16004' (110) und 'Max' (111) den höchsten Kornertrag. W. Stenz. 779.

Roder, W.; Meißen, Hochschule für LPG, Inst. für Pflanzl. Produkt. **Zur Vorkultur und Pflanzung von Mais. II. Der Einfluß von Sortencharakter und Pflanztermin auf Entwicklungs- und Reifebeschleunigung.** Albrecht-Thaer-Arch. **6** (1962) Nr. 6. S. 434–446. – 2 Abb., 4 Tab., 7 Lit. Zus. in Russ., Engl. 1. Mitt. vgl. LZ. Abt..II **7** (1962) Nr. 11. S. 2987.

Erdtopfkultur (**I**) des Maises ergab in der Jugend um 50% höhere Pflanzen als direkte Aussaat (**III**). Dagegen hemmte das Umpflanzen aus dem Saatbeet (**II**) das Wachstum. Im Alter waren viel der ausgesäten Parzellen (**III**) höher als **I** und **II**. Das Fahnenschieben erfolgte bei **I** und **II** um 14 Tage früher als bei **III**. Durch die Vorkultur des Maises (**I** und **II**) konnte die abs. Keimfähigkeit bis zu 11% verbessert werden. Durch die Vorkultur (I und II) wurden noch viele kleine Kolben reif. Der mittlere Kornertrag je Kolben war deshalb bei II am höchsten. 'MV 5' und 'Pettender Goldflut' reiften nur in den Vorkulturparzellen (I und II) aus. Bei direkter Aussaat des Maises reiften nur frühe bis mittelspäte Sorten aus. W. Schmidt. 782.

Hanway, J. J.; Ames, Iowa, Agric. and Home Econ. Exp. Stat. Corn growth and composition in relation to soil fertility: I. Growth of different plant parts and relation between leaf weight and grain yield. **(Wachstum und Zusammensetzung des Maises im Verhältnis zur Düngung. 1. Mitt. Wachstum verschiedener Pflanzenteile und Verhältnis zwischen Blattgewicht und Kornertrag.)** Agronomy J. **54** (1962) Nr. 2. S. 145–148. — 2 Abb., 3 Tab., 7 Lit.
Vf. prüfte die Zusammensetzung des Maises auf Böden, die seit Jahren unterschiedlich gedüngt wurden. So erhielt z.B. eine Parzelle seit 1917 keine Düngung. Auf ihr wird seitdem ununterbrochen Mais angebaut. Andere Flächen erhielten gestaffelte Düngergaben. Die Erträge an Maiskorn und Tr.-Subst. wurden mit sinkender Bodenfruchtbarkeit geringer. Dagegen änderte sich das Verhältnis Blattmasse:Kornertrag kaum. Allerdings war der Nährstoffgehalt der Blätter (mit Ausnahme von K) auf der ungedüngten Parzelle um 50% geringer als auf den gedüngten Parzellen. W. Schmidt. 782.

Maissurjan, N. A. **Quellen zur Steigerung der Produktion von pflanzlichem Eiweiß.** Int. Z. Landwirtsch. **1962** Nr. 2. S. 5–7. — 4 Abb.
Zunächst wird die Bedeutung des Eiweißes für die Ernährung geschildert, und dann werden die wichtigsten pflanzlichen Eiweißquellen besprochen. Neben Getreide und anderen, teilweise wenig Eiweiß enthaltenden pflanzlichen Nahrungsmitteln sind die Leguminosen mit 25–30%, bei Soja und Lupine auch 35–40% Eiweiß die wertvollste Quelle pflanzlichen Eiweißes. Trotz ihrer Bedeutung werden die Hülsenfrüchte in der UdSSR noch zu wenig angebaut. Versuche ergaben die Möglichkeit, in verschiedenen Zonen der UdSSR hohe Erbsenerträge (50,4, bei Bewässerung 60,3 dt/ha) zu erzielen. In der Praxis ergaben neue Anbautechniken große Erfolge. Frühreife Erbsensorten bewähren sich im Zwischenfruchtbau. — Neuerdings gewinnt der Anbau der Ackerbohne unter Verwendung von Sorten aus der DDR, aus Schweden u.a. Ländern Bedeutung. — Am wertvollsten ist die Sojabohne wegen der hohen biol. Wertigkeit des Eiweißes. In vielen Ländern steigt ihre Anbaufläche erheblich an. Auch in der UdSSR sollen mehr als bisher (300000 ha) mit Soja bestellt werden. Die Züchtung hat hier noch einige Aufgaben. — Große Vorteile bringt auch der Anbau von Lupinen. Von *L. albus* werden in der Ukraine bis zu 40 (–50) dt/ha Korn geerntet. Bei Grünfutternutzung sind die Kosten je FE sehr niedrig. — Klee, Luzerne und Esparsette sollen überall dort angebaut werden, wo sie hohe Erträge bringen. — Eine wichtige Eiweißreserve liegt noch in der Züchtung auf hohen Eiweißgehalt, und zwar auch bei den Getreidearten. Außer Züchtungsmaßnahmen sind auch alle agrotechnischen Faktoren (bes. N-Düngung) zur Erhöhung der Eiweißerzeugung einzusetzen. W. Stenz. 790.

Avramova, Chr. und Dučevska, Ch. (Awramowa, Chr. und Dutschewska, Ch.) Sravnitelni izsledvanija na zimni formi fij i grach. **(Vergleichende Untersuchungen von Wicken- und Erbsenwinterformen.)** Izvestija na Centralnija naučnoizsledovatelski institut po rastenievŭdstvo, Sofija **12** (1961) S. 297–330. — 20 Abb., 9 Tab., 20 Lit. Zus. in Russ., Dtsch.
Die Versuche wurden mit 2 Wi-Wickensorten, 2 zu Winterformen umgewandelten So-Wickensorten und 1 Wintererbsensorte mit So-Wicke als Kontrolle durchgeführt. An allen 3 Versuchsorten lieferten die Erbsen die höchsten Erträge, gefolgt von Wi-Wickensorten. Höchsten Ertrag an Trockenmasse und Rohprotein brachte ebenfalls die Erbse, wobei sie in diesen Kennwerten die Kontrolle um über 200% bzw. 100% überstieg. Den höchsten Kornertrag

brachte die in eine Wi-Form umgewandelte Sorte 'Nr. 156', gefolgt von der Erbse. Die erste Stelle im Gehalt an Tr.-Subst. und Rohprotein nahm die Wickensorte 'Nr. 156' ein. M. Stoilow. 790.

Bettac, E. **Bericht über die Hauptprüfung mit Trockenspeiseerbsen 1961.** Hrsg.: Regierung der Deutschen Demokratischen Republik, Ministerium für Landwirtschaft, Erfassung und Forstwirtschaft, Zentralstelle für Sortenwesen. 1961. (31 S.) [Maschinenschr. vervielfältigt].
Die 6 in der Sortenliste der DDR enthaltenen Sorten wurden im Vergleich mit 3 Neuzüchtungen an 17 nach Boden und Klima unterschiedlichen Orten geprüft. Untersucht und bewertet wurden, nach einer genauen Analyse der Versuchsvoraussetzungen und der Jahreswitterung, die Merkmale während der Pflanzenentwicklung, die auf die Ertragssicherheit einwirken, die Qualitätsmerkmale und Ertragsleistungen. Beim Samenertrag brachten die höchsten Erträge die Sorten 'Hohenthurm St. 3020/48' mit 32,6 dt/ha, 'Hadmerslebener St 7/54' mit 30,5 dt/ha und 'Mansfelder Grüne' mit 28,1 dt/ha. Die geringsten Erträge wurden bei 'Waldmanns Gelbe Waldoria' 21,9 und 'Hadmerslebener Grüne' 24,1 dt/ha ermittelt. In der Standfestigkeit vor der Blüte zeichneten sich 'Hohenthurm St. 3020/48' und 'Mansfelder Grüne' aus, während die anderen Sorten ähnliche Werte erreichten. Bis zur Ernte wurden die Unterschiede geringer, waren aber noch zu erkennen. Große Differenzen gab es in der Pflanzenlänge, von 81 cm ('Hadmerslebener St. 7/54') bis 143 cm ('Waldmanns Goldkugel'). Die kürzeste Vegetationszeit benötigte mit 118 Tagen die Sorte 'Hadmerslebener St. 4/54', alle übrigen Sorten waren in 123–126 Tagen erntereif. Im Rohproteingehalt der Samen schwankten die Werte von 23,2% ('Mansfelder Grüne') bis 25,4% ('Waldmanns Goldkugel'). Die niedrigste TKM besitzt 'Hadmerslebener St. 7/54' mit 190 g, die höchste 'Waldmanns Goldkugel' mit 315 g. Die Versuchsergebnisse lassen große Sortenunterschiede und züchterische Fortschritte bei den untersuchten Neuzüchtungen erkennen. P. Hahn. 792.

Sengupta, K.; Calcutta, State Agric. Res. Stat., Crop Res. Sect. Effect of spacing on the yield of grain in lentil (Lens esculenta Moench). **(Einfluß der Standweite auf den Kornertrag von Linsen [Lens esculenta Moench].)** Sci. and Cult. [Calcutta] 28 (1962) Nr. 6. S. 285–286. – 1 Tab.
Die Breitsaat ist bei zahlreichen Kulturarten der Drillsaat weit unterlegen durch geringere Erträge bei höherem Saatgutaufwand. Bei Drillsaat haben die Pflanzen größeren Standraum, der bessere Entwicklung ermöglicht. Für den optimalen Ertrag ist daher die Standweite bes. wichtig. Diese Frage wurde für den Linsenanbau untersucht. Beim Vergleich von Standweiten 6×6 in. bis 12×15 in. mit der breitwürfigen Saat ergab sich überraschenderweise der höchste Ertrag (5,2 mds./acre im 1. Jahr, 20,42 mds. im 2. Jahr – 1 maund = 37,3 kg) bei Breitsaat, während er bei zunehmender Standweite immer geringer wurde (4,61 → 2,42 mds/.acre im 1. Jahr, 14,46 → 6,48 mds. im 2. Jahr. Die Differenzen sind signifikant (1%). Trotz der Schäden, die die geringen Erträge im 1. Jahr bewirkten (Fusarium-Welke), ist die Tendenz eindeutig und in beiden Jahren gleich. Nur mit Breitsaat ist daher in dem betr. Gebiet (Berhampore) die optimale Pflanzendichte zu erzielen. W. Stenz. 800.

Gäde, H.; Rostock, Univ., Inst. für Acker- und Pflanzenbau. **Untersuchungen über die Bewurzelungsverhältnisse gelbblühender Lupinen auf leichten Böden.** Albrecht-Thaer-Arch. 6 (1962) Nr. 5. S. 359–375. – 9 Abb., 4 Tab., 17 Lit. Zus. in Russ., Engl.
Die Untersuchungen wurden an 4 Standorten mit alkaloidhaltigen ('Schwako' und Bitterlupinen-Landsorte) und alkaloidarmen Formen ('v. Sengbuschs Müncheberger Gelbe Grünfutter-Süßlupine St. 8', 'Gülzower Süße Gelbe', 'Weiko II', 'Weiko III', 'Müncheberger St. N 1/56' und 'Gülzower St. 8')

durchgeführt. Es wurden Wurzeltiefenbestimmungen, Bestimmungen des Wurzelbildes und der Verteilung der Wurzeln in einzelnen Horizonten vorgenommen. Die Methoden hierfür werden beschrieben. Die unterschiedlichen Standortansprüche alkaloidhaltiger und -armer Formen von *Lupinus luteus* werden durch die Bewurzelung erklärt. Die alkaloidhaltigen Formen durchwurzeln den Boden intensiver und gehen tiefer als die alkaloidarmen Formen. Beziehungen zwischen Pflanzenhöhe und Wurzeltiefe konnten nicht gefunden werden. Sortenunterschiede bestanden sowohl in der Bewurzelungstiefe als auch in der Wurzelmenge, wobei die normalwüchsigen Süßlupinen den froh- und hochwüchsigen Weiko-Sorten überlegen waren, was auf den leichtesten Standorten am deutlichsten in Erscheinung trat. K. Schulz. 802.

Nelson, C. E. und Roberts, S. Effect of plant spacing and planting date on six varieties of soybeans. **(Einfluß von Saatdichte und -termin auf 6 Sojabohnensorten.)** Washington agric. Exp. Stat., Bull. **1962** Nr. 639. S. 1–9. – 1 Abb., 8 Tab., 17 Lit.

Saatgut von 6 Sojabohnensorten mit verschiedener Reifezeit wurde zu verschiedenen Terminen (5. Mai, 27. Mai, 9. Juni) in Reihen mit 22 in. Abstand ausgesät, wobei die Abstände in den Reihen von 1–10 in. modifiziert wurden. Bei allen Pflanzzeiten nahmen die Erträge mit zunehmendem Abstand ab (z. B. bei Aussaat am 5. Mai $y = 49{,}1 - 1{,}904\,x$, am 27. Mai $y = 46{,}1 - 2{,}247\,x + 0{,}0704\,x^2$, am 9. Juni $y = 39{,}8 - 1{,}469\,x$; y = bu./acre, x = in. Abstand in der Reihe). Die erste Saatzeit führte zu den höchsten Erträgen (41,4 gegen 36,1 bzw. 33,0 bu./acre im Mittel aller Sorten). Bei zunehmender Standweite nahm die Pflanzenhöhe beträchtlich ab, ebenso mit zunehmender Verzögerung der Aussaat. Späte und auch dichte Saat bewirkten stärkere Lagerneigung. Der Blattbesatz der Pflanzen z. Z. der Ernte war bei später Aussaat und enger Standweite wesentlich höher. Das Samengewicht war am höchsten bei früher Aussaat und großem Standraum. Außerdem gab es Sortenunterschiede (100 Korn 19,07–23,52 g). W. Stenz. 805.

Kohl, E. **Bericht über die Hauptprüfung mit Sonnenblumen 1961 (Samen- und Grünmasseertragsprüfung).** Hrsg.: Regierung der Deutschen Demokratischen Republik, Ministerium für Landwirtschaft, Erfassung und Forstwirtschaft, Zentralstelle für Sortenwesen. 1961. (25 S.) [Maschinenschr. vervielfältigt]. – 40 Tab.

1961 wurden in der Hauptprüfung mit Sonnenblumen die zugelassene DDR-Sorte 'Ostsonne' und 3 Stämme, die in der Vorprüfung stehen, sowie in der Samenertragsprüfung 4 sowjetische Sorten und in der Grünmasseertragsprüfung 6 sowjetische und 3 ungarische Sorten geprüft. Die Samenerträge wurden an 6 Versuchsorten, (Blockversuch mit 4 Wiederholungen) die Grünmasseertragsprüfung an 9 Versuchsorten geprüft (Spaltanlage mit 4 Wiederholungen, auf den Großteilstücken Prüfung an 2 Schnittzeiten), wobei an 3 der Versuchsorte beide Prüfungen parallel liefen. Der Bericht enthält 1. Allg. Angaben zu den Versuchen (z. B. pflanzenbauliche Maßnahmen), 2. Wachstumsbeobachtungen (z. B. Datum des Erscheinens der Blütenknospen, Wuchshöhe in cm), 3. Faktoren der Ertragssicherheit (z. B. Zahl der mit *Sclerotinia sclerotiorum* und *Botrytis cinerea* befallenen Pflanzen pro 100 m²), 4. Qualitätsbestimmungen (z. B. Fettgehalt in der Tr.-Subst., Tr.-Subst.-Gehalt der Grünmasse), 5. Ertragsfeststellungen (z. B. Samenerträge, Grünmasseerträge, Rohproteinerträge). Für die Samen- und die Grünmasseerträge werden die wichtigsten statistischen Maßzahlen der Einzelversuche angegeben.
G. Bätz. 820.

Grozev, D. (Grosew, D.) Proučvane vŭrchu predzimnoto zasjavane na slŭnčogleda. **(Untersuchung über die Herbstaussaat der Sonnenblume.)** Izvestija na Centralnija naučnoizsledovatelski institut po rastenievŭdstvo, Sofija **12** (1961) S. 381–392. – 2 Abb., 2 Tab., 9 Lit. Zus. in Russ., Dtsch.

Die Versuche wurden mit den Sorten 'Nr. 75' und 'Shdanowski 8281' angestellt. Frisch geerntete, nicht vollausgereifte Körner beendeten bei der Lagerung die Keimruhe rascher als im Boden. Solches Saatgut kann bis zur Aussaat in Erdmieten, mit gleicher Menge Erde gleich hoher Feuchtigkeit vermengt, gut aufbewahrt werden. Im Vergleich zur normalen Frühjahrsaussaat lagen die Korn- und Fetterträge bei der Herbstaussaat voll und halb ausgereiften Saatgutes im Mittel um 2–25% niedriger. Infolge des unter bulgarischen Klimaverhältnissen milden Winters gehen bis zu 50% der Samen nach Herbstaussaat bereits im Herbst oder im Winter auf und gehen dann durch die Frühfröste zugrunde. M. Stoilow. 820.

Derco, Mikuláš; Piešťany, Výskumný Ústav Rastlinnej Výroby, Pobočka Československej Akad. Pôdohospodárskych Vied. Príspevok k otázke hůstoty porastu slnečnice ročnej (Helianthus annuus L.). **(Beitrag zur Frage der Bestandesdichte bei der Sonnenblume [Helianthus annuus L.].)** Pol'nohospodárstvo **9** (1962) Nr. 2. S. 85–96. – 3 Abb., 2 Tab., **14** Lit. Zus. in Russ., Engl.
Das Verhältnis der individuellen Fruchtbarkeit der Einzelpflanzen zu ihrer Zahl je Flächeneinheit muß in jedem Falle eigens festgesetzt werden. Vf. prüfte diese Frage bei Reihenaussaat der Sorte 'Bucianská olejnatá' in Versuchen auf Schwarzerde auf Löß, wobei die Pflanzenabstände 30 × 40, 30 × 50, 30 × 60, 40 × 50, 40 × 60, 50 × 60 cm betrugen. Nach dem Vereinzeln wurde der Bestand 3mal auf 6–8 cm Tiefe gehackt, als die Pflanzen 10, 25 und 45 cm hoch waren, und 2mal von Hand gehackt. Versuchsergebnisse von 2 Jahren haben gezeigt, daß die Längenwachstumsraten je nach dem Jahr ungleich waren. Als optimal ist der Verband von 60 × 30 cm anzusehen. Der unterschiedliche Verlauf der klimatischen Bedingungen in den Versuchsjahren bestätigte die gute Plastizität und Anpassungsfähigkeit der Sonnenblume an veränderte Bedingungen. J. Šindelářová. 820.

Keller, E. R. **Bericht über die Hauptversuche mit frühen und mittelfrühen Speisekartoffelsorten 1959 bis 1961.** Mitt. schweiz. Landwirtsch. **10** (1962) Nr. 7. S. 97–112. – 24 Tab.
An 7 Versuchsorten wurden die Sorten a) 'Asoka', b) 'Carla', c) 'Désirée', d) 'Sirtema' und e) 'Bintje' 3jährig geprüft. Versuchsmethodik, Bodenarten und Witterung sind beschrieben. Im Mittel aller Jahre hatte b mit 0,3% den geringsten, a mit 2,8% den höchsten Virusbefall, a mit Note 2,6 den geringsten und c mit 4,3 (bonitiert 1–5) den stärksten Krautfäulebefall. Die Roherträge betrugen in der gen. Reihenfolge 331,4; 340,9; 415,7; 331,4; 370,5 dt/ha. Bei Früherne (nur a, b und d) schnitt d am besten ab. Der Ertrag an Knollen > 40 mm ⌀ war bei c mit Abstand am höchsten (371,3 dt), bei a am geringsten (273,3 dt). Der Stärkegehalt war bei d am geringsten (12,7%), bei e am höchsten (14,6%). Der Stärkeertrag war jedoch bei c am höchsten. d erreicht bereits zu einem frühen Zeitpunkt gute Knollengröße. Die Knollenfäule betrug bei der Ernte 0,6 (c) – 4,5 (e), im Lager 2,3 (c) – 7,7% (e). Der Schorfbefall war bes. bei c (29,4%) und e (26,2%) hoch, die anderen Sorten hatten nur 3,8–5,1% Befall. Bonitiert wurden ferner noch Eisenfleckigkeit, Braun- und Hohlherzigkeit, Graufleckigkeit, Befall mit *Rhizoctonia* (dabei auch Knollendeformationen) und der Befall durch Viruskrankheiten. Geringen Befall beim Nachbau zeigte vor allem b mit nur 0,5–0,8% gegenüber 11,0–36,1% bei den anderen Sorten. Außer Angaben über Speisequalität folgen noch Beschreibungen jeder Sorte. W. Stenz. 832.

Jeanneau, Yves; Zeralda, Stat. Exp. de Cultures Maraîchères de l'Ouest Algérois. Note sur des essais variétaux de pommes de terre. **(Mitteilung über Kartoffelsortenversuche.)** Fruits Primeurs Maroc **1** (1962) Nr. 3. S. 116–119. – 3 Tab.

10 bzw. 11 Sorten wurden 1959 und 60 bei Frühjahrs- und Herbstpflanzung geprüft. Unter Berücksichtigung von Frühreife, Ertrag, Anteil der Verkaufsware, Knollenform, Knollenlage und Krankheitsresistenz werden folgende Empfehlungen gegeben: Zum Frühjahrsanbau in den Früherntegebieten sind 'Sientje' und 'Climax' geeignet. Letztere weist allerdings eine etwas weitläufige Knollenlage auf. Für die Berglagen und das Saharaplateau kommt 'Claudia' in Frage. Die roten Sorten sind erst bei fester Schale, also rel. spät, erntereif. Sie kommen daher nur für den Inlandsverbrauch in Betracht ('Red Pontiac'). Die Herbstbestellung darf nicht zu zeitig (ab Sept.) begonnen werden, da die Rissigkeit der Knollen sonst zu stark wird (evtl. im Zusammenhang mit der Krautentwicklung). Die ersten 3 genannten Sorten sind auch bei diesem Saattermin bes. leistungsfähig und für den Export geeignet, während die rotschaligen Typen 'Z. P. C. 520 113', 'Gineke' und 'Red Pontiac' wieder für das Inland interessieren. V. Ehrenpfordt. 832.

Atanasov, Simeon und Mitev, Dimitŭr. (Atanassow, Simeon und Mitew, Dimiter.) Rezultati ot introdukcija na čuždi sortove kartofi. **(Ergebnisse der Einführung ausländischer Kartoffelsorten.)** Izvestija na Centralnija naučnoizsledovatelski institut po rastenievŭdstvo, Sofija **12** (1961) S. 177–186. — 4 Tab., 3 Lit. Zus. in Russ., Franz.
Geprüft wurden 5 frühe Kartoffelsorten mit 'Ranna rosa' als Standard, 4 mittelfrühe mit 'Kardinal' als Standard und 8 späte Sorten im Vergleich zur Sorte 'Aquila'. M. Stoilow. 832.

Votoupal, Bohumil; Havlíčkův Brod, Výzkumný Ústav Bramborářský ČSAZV; Valečov, Pracoviště. Vliv kultivačních prací v období vegetace bramborů na ničení plevelů a výnos hlíz. **(Einfluß der zur Vegetationszeit der Kartoffeln durchzuführenden Kultivierungsarbeiten auf Unkrautbekämpfung und Knollenertrag.)** Sborník českoslov. Akad. zemědělských Věd, rostlinná Výroba **8(35)** (1962) Nr. 1. S. 7–16. — 5 Tab., 13 Lit. Zus. in Russ., Dtsch.
In den Jahren 1955–59 wurde an 7 Standorten mit verschiedenen Boden-, klimatischen und Produktionsbedingungen der Einfluß der in der Zeit von der Pflanzung bis zur Blüte vorgenommenen Kultivierungsarbeiten auf den Knollenertrag und die Unkrautbekämpfung untersucht. Die Kultivierungsarbeiten erwiesen sich als notwendig, um die Erträge zu sichern und die Verunkrautung zu verhindern. Diese Arbeiten müssen vor dem Knospenansetzen beendigt sein, weil die versuchsweise verzögerte Kultivierung eine Ertragsminderung zur Folge hatte. Im Durchschnitt aller Versuche wurden Höchsterträge (270,6 dt/ha) erzielt, wenn die agrotechnischen Eingriffe nach der Pflanzung in nachstehender Reihenfolge vorgenommen wurden: Walzen, Eggen, Blindhacken, Eggen, Hacken, Eggen, Hacken und Häufeln. Wenn das Blindhacken und das darauffolgende Eggen weggelassen wurden, war der Ertrag (252,8 dt/ha) am niedrigsten. Nur im Rübenanbaugebiet brachte die Variante, die nur das Blindhacken, Eggen, weiteres Hacken und Häufeln enthielt, den Höchstertrag. Auf Grund der Versuchsergebnisse aus verschiedenen Produktionsgebieten wird für die letzteren eine geeignete Reihenfolge der Kultivierungsarbeiten vorgeschlagen. P. Bartoš. 832.

Becker, G.; Bonn, Rhein. Friedrich-Wilhelm-Univ., Inst. für Acker- und Pflanzenbau. **Unkraut- und Bearbeitungseinfluß bei der Kartoffelpflege.** Z. Acker- u. Pflanzenbau **115** (1962) Nr. 2. S. 177–185. — 7 Abb., 5 Tab., 8 Lit. Zus. in Engl.
Weil die Viruskrankheiten sich immer mehr ausbreiten und teilweise auch mechanisch übertragbar sind, sollte eine Bearbeitung nach dem Auflaufen der Stauden, bes. in Pflanzkartoffelbeständen, möglichst unterbleiben. Versuche (1960 und 61) in Dikopshof und Wageningen mit der Sorte 'Climax' auf verschiedenem Boden galten der Frage, wie weit fehlende Bodenlockerung und

Unkrautbesatz den Ertrag senken. Während die unterbliebene Bearbeitung den Ertrag nur ungesichert verminderte, brachten verunkrautete Parzellen in Dikopshof ca. 70% und in Wageningen ca. 38% weniger Ertrag als die unkrautfreien. Der Grund für die unterschiedliche Ertragsminderung muß bes. im Unkrautbesatz gesucht werden, der im Dikopshof in beiden Jahren bedeutend höher war als in Wageningen. Der geringe Ertrag der verunkrauteten Parzellen war bes. durch die Knollengröße bedingt (50% aller Knollen unter 4 cm). Diese Feststellungen lassen den Schluß zu, daß für einen hohen Ertrag bei der Kartoffelpflege die Unkrautvernichtung wichtiger ist als die Bodenlockerung. R. Kämmerer. 832.

Roguski, A., Daszkiewicz, A., Krzywda, Z. und Malec, K. Doświadczenia nad skutecznością stosowania róznych wariantów holenderskiej metody produkcji sadzeniaków na terenie drugiej strefy zdrowotnościowej. **(Untersuchungen über die Wirksamkeit verschiedener Varianten der holländischen Methode der Pflanzkartoffelproduktion in der zweiten Gesundheitszone.)** Biul. Inst. Hodowli Aklimatyzacji Roślin, Prace Zakładu Ziemniaka **1961** Nr. 5. S. 40–56. – 11 Tab., 14 Lit.
In Versuchen 1955–60 wurden 4 Arten der Kartoffelkrautbeseitigung angewendet: a) Ziehen von Hand und Liegenlassen auf dem Felde, Knollenernte nach 4 Wochen; b) Kraut gemäht, anschließend Kalkstickstoff gestreut; c) Froherente, Knollen zum Ergrünen auf dem Felde liegengelassen; d) zweimaliges Walzen des Krautes mit der Ringelwalze, anschließend Kalkstickstoff gestreut. Alle Varianten erfolgten zu verschiedenen Terminen. – Zeitige Beseitigung des Krautes ist vorteilhaft, wenn der Gesundheitszustand des Bestandes schlecht ist. Bei gesundem Material genügt 3malige Auslese der kranken Stauden. Bei Frühkartoffeln brachte das Krautziehen einige Tage nach dem Abblühen gute Ergebnisse. Variante a erwies sich als am besten.
W. Roszak. 832.

Hadło, A.; Stacja Hodowlano Badawcza Bieliny. Próby uszykania zdrowach sadzeniaków przez wcześniejsze usuwanie naci w warunkach Stacji Hodowlano-Badawczej Bieliny. **(Ein Versuch zur Erzeugung gesunder Pflanzkartoffeln durch frühes Krautziehen unter den Verhältnissen der Zuchtstation Bieliny.)** Biul. Inst. Hodowli Aklimatyzacji Roślin, Prace Zakładu Ziemniaka **1961** Nr. 5. S. 56–57. – 3 Tab.
Die Versuche erfolgten mit der frühen Sorte 'Pierwiosnek', der mittelfrühen 'Orzeł' und der späten 'Dar'. Das Kraut wurde a) mit der Hand gezogen und liegengelassen; b) abgemäht und mit Kalkstickstoff bestreut; c) niedergewalzt und mit Kalkstickstoff bestreut. Alle Maßnahmen erfolgten zu verschiedenen Terminen. Die Erträge wichen nur unbedeutend von denen der Kontrolle ab. Frühes Krautziehen vermochte in der starken Abbaulage, in der die Versuchsstation liegt, den Virusbefall bei 'Pierwiosnek' stark (auf $^1/_3$) zu senken. Bei 'Orzeł' waren die Erfolge nicht so deutlich, und bei 'Dar' ergaben sich praktisch keine Unterschiede. W. Roszak. 832.

Atanasov, S. (Atanassow, S.) Vlijanie na častičnoto i pŭlnoto premachvane na listnata masa na kartofite vurchu količestvoto i kačestvoto na technija dobiv. **(Einfluß der teilweisen und vollständigen Beseitigung der Kartoffelblattmasse auf Menge und Güte des Knollenertrages.)** Izvestija na Centralnija naučnoizsledovatelski institut po rastenievŭdstvo, Sofija **12** (**1961**) S. 393–405. – 2 Abb., 8 Tab., 7 Lit. Zus. in Russ., Engl.
Von Pflanzen der Sorte 'Bintje' wurden die Blätter zu $^1/_4$, $^1/_2$, $^3/_4$ und gänzlich z. Z. der Vollblüte und zu Beginn der Knollenbildung entfernt. Je nachdem, wieviel Blätter belassen wurden, verlängerte sich die Vegetationsperiode um 2–20 Tage. Die größte Verlängerung der Wachstumszeit wurde bei der vollständigen Entblätterung beobachtet. Dies führte zu einem starken Rückgang des Gesamtknollenertrages, des Ertrages an Marktware sowie des Stärke-

gehaltes. Bes. nachteilig wirkte sich die Laubvernichtung z. Z. der Vollblüte aus. Je nach dem Grad der Entfernung der Blattmasse gingen der Gesamtknollenertrag bis auf 26% des Normalertrages, der Anteil an Marktware um 5-60% und der Stärkegehalt um 0-4,2% zurück. Bei Entfernung der Blattmasse zu Beginn der Knollenbildung betrugen die entspr. Werte 13-42%, 4-13% und 0,1-2,2%. M. Stoilow. 832.

Willey, L.A. Sugar beet trials, 1956-58. **(Versuche mit Zuckerrüben 1956-58.)** J. nat. Inst. agric. Bot. **9** (1961) Nr. 1. S. 45-47. — 3 Tab., 3 Lit.
Standardsorte war 'Sharpe's Klein E'. Erfaßt wurden Schosseranteil, Rübenzahl je Flächeneinheit, Rüben- und Zuckerertrag, Zuckergehalt, Blattertrag, Gehalt an schädlichem N und Saftreinheit. Geprüft wurden die Sorten a) 'Zwaanesse III', b) 'Belge X-E', c) 'Belge X-E polyploid', d) 'Rimpau' und e) 'Schreibers E'. Sämtliche Sorten waren im Rüben- und meist auch im Zuckerertrag dem Standard unterlegen, nur a war im Zuckerertrag etwas überlegen oder gleichwertig. Die Relativzahlen (Standard = 100) lagen beim Rübenertrag zwischen 85 und 108, beim Blattertrag zwischen 97 und 120. Hohe Blatterträge brachten b und e. Die anderen untersuchten Merkmale waren nicht sehr unterschiedlich. Die Unterschiede zwischen den Jahren waren größer als die zwischen den Sorten. W. Stenz. 834.

Sevost'janov, S. P. (Sewostjanow, S. P.) Rezul'taty rajonnogo sortoispytanija sacharnoj svekly v 1961 godu. **(Resultate der Rayonsortenprüfung 1961 bei Zuckerrüben.)** Sacharnaja svekla, Moskva **7** (1962) Nr. 8. S. 25-26. — 1 Tab.
224 Stämme und Sorten wurden 6jährig geprüft. In die Staatliche Sortenprüfung wurden auf Grund der Resultate folgende Sorten und Hybriden übernommen: 'Ramonskaja monokarpe 9', 'Nemertschanskaja monokarpe 10', 'Belozerkowskaja monokarpe 11', 'Nemertschanskaja 083', 'Kirgisskaja 084', 'Meshotnenskaja 085', 'Uladowskaja 086', 'Werchnjatschski-Hybrid', 'Ramonski-Hybrid', 'Meshotnenski-Hybrid'. Die Sorten bzw. Hybriden werden kurz beschrieben. G. Jury. 834.

Lebedik, A. I.; Forsch.-Inst. des Kubangebietes zur Prüf. von Traktoren und Landmaschinen. **Der Zuckerrübenanbau im Kuban.** Zuckererzeugung **6** (1962) Nr. 9. S. 231-235. ; Nr. 10. S. 261-264. — 17 Abb., 4 Tab.
Im Kuban wurde eine Anbautechnologie für Zuckerrüben entwickelt, die auf Komplexmechanisierung aufbaut. Sie beginnt nach dem Räumen der Vorfrucht mit mehrmaliger Bearbeitung des Bodens in verschiedener Arbeitstiefe. Bei starkem Besatz mit zweikeimblättrigen Unkräutern erfolgt zwischendurch eine kombinierte Herbicid- und N-Anwendung. Unmittelbar vor der späten Herbstfruche wird ein Gemisch von Stalldung und Superphosphat in den Boden eingebracht. Die mechanische Unkrautbekämpfung im Frühjahr kann u. U. durch zusätzliche Herbicidanwendung unterstützt werden. Während die ersten Bearbeitungsgänge mit 12-14 cm Arbeitstiefe laufen, wird vor der Saat nur 6 cm tief gelockert und in der Regel gleichzeitig gewalzt. Am gleichen Tag wird das Saatgut monokarper Sorten mit Einzelkornsämaschinen ausgebracht. Die Aussaatmenge soll je nach Verunkrautungszustand 5-13 kg/ha betragen. Saatgut der Fraktion 4-5 mm (Rundloch) ist für die spätere mechanisierte Pflege am günstigsten. Zur Verbesserung der Falleigenschaften des Saatgutes wurden Pillierungsversuche angestellt. Die Schädlingsbekämpfung sieht frühzeitige Maßnahmen in Waldstreifen und ganzflächiges Stäuben nach Aufgang der Saaten vor. Die Pflege setzt mit Striegeln vor Aufgang der Rüben ein. Es folgt die oft mehrmalige Anwendung des Ausdünnstriegels oder von Ausdünnmaschinen, wonach Vereinzeln von Hand meist unterbleiben kann. Teilweise muß jedoch noch mit langstieligen Handhacken nachgearbeitet werden. Für stark verunkrautete Feldstücke wird das Querhacken der Reihen vorgeschlagen. Im weiteren Verlauf der Pflege wird mehrmals längs-

gehackt und mit der Lockerung NPK-Dünger eingearbeitet. Bei der Ernte werden die Rüben sofort zum Feldrand transportiert und später mit Spezialmaschinen verladen. Abschließend wird die Wirksamkeit der neuen Technologie durch ökonomische Kennzahlen belegt. L. Bachmann. 834.

Lüdecke, H. und Schafmayer, H.; Göttingen, Inst. für Zuckerrübenforsch. **Der Einfluß hoher Einkeimigkeit des Saatgutes auf Feldaufgang und Arbeitsaufwand.** Zucker **15** (1962) Nr. 18. S. 482–487.; Nr. 19. S. 495–500. – 7 Abb., 15 Tab., 14 Lit.
In Feldversuchen wurde geprüft, wie sich die Verwendung von Saatgut mit unterschiedlicher Keimfähigkeit (KF) und mittlerer Keimzahl (MKZ) unter verschiedenen Aufgangsbedingungen auf den Arbeitsaufwand beim Vereinzeln sowie auf den Ertrag auswirkt. Es wurde gefunden, daß bei Saatgut mit MKZ 1,05 hohe KF erforderlich ist. Unter günstigen Aufgangsbedingungen ist geringe MKZ vorteilhaft, während unter ungünstigen Bedingungen eine ausreichende Zahl an Einzelpflanzen auch aus Saatgut mit höherer MKZ (1,3) zu erwarten ist. Bei Saatgut mit normaler MKZ wurde ein höherer rel. Knäuelaufgang festgestellt als bei Saatgut mit geringer MKZ. Daraus wird geschlossen, daß Rübenknäuel keine keimungsphysiol. Einheit darstellen. Der Arbeitsaufwand ist bei hohem Anteil an Einzelpflanzen geringer. Es wird Saatgut mit 80% KF und geringer MKZ gefordert, um einen Knäuelabstand von 4 cm bei der Aussaat wählen zu können. Ertrag und Polarisation wurden von der MKZ nicht beeinflußt, solange die Bestandesdichte zur Zeit der Ernte ausreichend war. L. Bachmann. 834.

Žďárský, Josef; Katedra Biol. Věd Fak. Potravinářské Technol. VŠCHT. Vliv vzdáleností řep v řádku na váhu kořene a sušinu. **(Einfluß der Pflanzenentfernung in den Reihen auf Gewicht und Trockensubstanz der Rüben.)** Listy Cukrovarnické **78** (1962) Nr. 4. S. 78–87. – 3 Abb., 5 Tab., 30 Lit. Zus. in Russ., Engl., Dtsch.
In der ČSSR wird gegenwärtig empfohlen, die Zuckerrübe auf 25 cm Entfernung in der Reihe zu vereinzeln. Diese Frage wurde in Versuchen mit verschiedenen Standweiten in der Reihe erneut geprüft und festgestellt, daß der Pflanzenabstand offenbar erhebliche Bedeutung hat. Mit zunehmendem Abstand steigt das Frisch- und Trockengewicht/Rübe, während der Ertrag an Tr.-Subst./Flächeneinheit zurückgeht. Als Empfehlung wird die Vereinzelung auf 25 cm oder noch besser auf 20–25 cm, in bestimmten Fällen auf 30 cm abgeleitet. J. Šindelářová. 834.

Tonkal', E. A. (Tonkal, Je. A.) Osobennosti pitanija rastenij pri bezvysadočnoj kul'ture semjan. **(Besonderheiten der Ernährung der Zuckerrübensamenträger bei feldüberwinterten Stecklingen.)** Sacharnaja svekla, Moskva 7 (1962) Nr. 8. S. 16–19. – 4 Tab.
Ertrag und Qualität des Zuckerrübensaatgutes sind bei feldüberwinterten Stecklingen höher als bei normaler Frühjahrspflanzung (26,1 dt/ha gegenüber 22,6 dt; Triebkraft 83% gegenüber 74%; TKM 18,6 g gegenüber 17,3 g). Die Frühjahrsdüngung nach Überwinterung, bes. mit N, ergab höhere Erträge als bei Grunddüngung vor der Aussaat im Sommer. Bei gleichen Düngungsmengen betrug der Mehrertrag bis zu 20%. Vf. gibt für die einzelnen Bodentypen des Gebiets Krasnodar, der Westgebiete der Ukraine sowie der Bewässerungsrayons der Kirgisischen und der Kasachischen SSR detaillierte Düngungsempfehlungen, unterteilt nach Grund- und Zusatzdüngung.
G. Jury. 834.

Hansmann, G. **Bericht über die Hauptprüfung mit Runkelrüben 1961.** Hrsg.: Regierung der Deutschen Demokratischen Republik, Ministerium für Landwirtschaft, Erfassung und Fortswirtschaft, Zentralstelle für Sortenwesen. 1961. (25 S.) [Maschinenschr. vervielfältigt]. – 22 Tab.

1961 wurden in der Hauptprüfung mit Runkelrüben die in der DDR zugelassenen Sorten 'Alta', 'Rote Walze', 'Dilana', 'Para', 'Waldmanns Futterkraft', zum Vergleich die Zuckerrübensorte 'Plenta' und 5 Stämme an 23 Versuchsorten in Blockversuchen mit 4 Wiederholungen geprüft. Der Bericht enthält: 1. Allg. Angaben zu den Versuchen, 2. Wachstumsbeobachtungen, 3. Faktoren der Ertragssicherheit (z. B. Bonitur der virösen Vergilbung, Anteil der Früh- und Spätschosser), 4. Qualitätsbestimmungen, 5. Ertragsfeststellungen. Für die Rüben- und Trockenmasse-Erträge werden die wichtigsten statistischen Maßzahlen der Einzelversuche angegeben. G. Bätz. 834.

Anonym. Stoppelknollen 1962. **(Stoppelrüben, 1962.)** Landbouwvoorlichting **19** (1962) Nr. 6. Ber. Rassenkeuze Nr. 325. S. 1–7. – 1 Tab.
8 Gruppen- und 15 Zuchtsorten sowie 12 Stämme von Stoppelrüben wurden geprüft und auf Grünbleiben des Laubes, Resistenz gegen Nachtfröste, Erdbesatz nach der Ernte, Resistenz gegen Kohlhernie bonitiert. An Ertragsmerkmalen wurden Gehalt und Ertrag an Tr.-Subst. von Blatt und Rüben erfaßt. Im Mittel aller Versuchsjahre schwankten die Relativerträge an Gesamt-Tr.-Subst. um rel. 94–107 (Rüben 28–53, Kraut 67–51). Sorten mit hohem Rübenanteil sind z. B. 'Herfstkoning' (50 Rübe, 48 Blatt, 98 gesamt) 'Veko gedeeltblad' (50/46/86), 'Halfl. witte roodk. stomppuntig V.E.' (53/54/107) und 'Halfl. witte rodkop K.V.' (50/51/101). Geringen Rübenanteil hat z. B. der Stamm V 2 (28/67/95). Die Sorten werden kurz beschrieben.
W. Stenz. 836.

Danell, Nils. Sortförsök i spånadslin åren 1952–1958. **(Sortenversuche mit Faserlein in den Jahren 1952–58.)** Kungl. Lantbrukshögskolan Statens Lantbruksförsök, Statens Jordbruksförsök, Medd. **1962** Nr. 129. S. 1–18. – 1 Abb., 14 Tab.
Unter zahlreichen Sorten ist 'Wiera' die ertragreichste. Diese Sorte allein wird heute auf Grund von Kontrakten angebaut. Auch alle anderen Werte (Faserertrag, -ausbeute usw. sowie Samenertrag) waren bei 'Wiera' höher als bei den anderen Sorten. In den Leistungen kamen 'Diana' und 'Solido' der Sorte 'Wiera' am nächsten, während die anderen Sorten z. T. ziemlich stark abfielen. Ein schwedischer Stamm zeigte sich als aussichtsreich. Der Faserleinanbau erfolgt nur noch im Süden des Landes. Unter den Klima- und Witterungsfaktoren spielen die Niederschläge die größte Rolle. Die Samenerträge werden durch die Witterungsfaktoren weniger stark modifiziert als die Fasererträge. W. Stenz. 846.

Bocz, E. A rostkender termésének háromévtizedes elemzése Mezöhegyesen. **(Die Analyse des Faserhanfertrages in Mezöhegyes in 3 Jahrzehnten.)** Debreceni mezögazdasági Akad. tudományos Évkönyve [Jb. landwirtsch.-wiss. Akad. Debrecen] **1960** (hrsg. 1961) S. 131–137. – Aus: Ung. Agrar-Rdsch. **1962** Nr. 4.
Die Entwicklung des Ertragsniveaus läßt darauf schließen, daß an dem genannten Versuchsort die Erträge kaum noch durch die Agrotechnik zu steigern sind. Neue Möglichkeiten ergeben sich nur durch Düngung und neue Sorten. Samenhanf hat vor allem zu Beginn der Vegetationsperiode, Faserhanf dagegen ab Mai höheres Wasserbedürfnis. Ertragsrückgänge bei beiden Kulturen sind hauptsächlich dem Mangel an Niederschlägen zuzuschreiben. Im letzten Jahrzehnt kam es durch veränderte Bodenbearbeitung zu noch stärkerer Auswirkung mangelnder Niederschläge. – Faserhanf hat bestimmte Ansprüche an die Wärmebedingungen, die für kurze Zeiträume der Vegetationsperiode charakteristisch sind. Sie ergeben sich aus dem engen Zusammenhang zwischen Niederschlag und Temperatur. 847.

Špaldon, Emil und Láskoš, Ján; Nitra, Výsoká Škola Pol'nohospodárska, Katedra Rastlinnej Výroby. Vplyv šírky riadkov na úrodu semena konopí.

(Einfluß der Reihenentfernung auf den Ertrag an Hanfsamen.) Pol'nohospodárstvo **9** (1962) Nr. 3. S. 165–172. – 10 Tab., 15 Lit. Zus. in Russ., Dtsch.
Bei 17,5 kg Saatmenge/ha und bei 4 cm Saattiefe sollte der geeignetste Reihenabstand (Varianten 50, 60 und 70 cm) gefunden werden. Die Variante mit der Bestandesvereinzelung wurde ausgelassen, da sie sich in den vorhergehenden Jahren als weniger wirksam gezeigt hatte. Versuchssorte war 'Rastislavická'. Bei 70 cm Reihenabstand wurde der höchste Samenertrag erzielt: 788 kg/ha (1958) und 950 kg/ha (1959), rel. 112,41 und 108,82%. Am niedrigsten war der Samenertrag bei 50 cm Reihenabstand: 630 kg/ha und 788 kg/ha, rel. 89,88 und 90,26%. Die Unterschiede zwischen den Varianten sind statistisch hoch signifikant. Mit zunehmendem Reihenabstand steigen das abs. und das hl-Gewicht sowie die Keimschnelligkeit und -fähigkeit des Hanfsamens. J. Šindelářová. 847.

Anonym. **Anbau von Burley-Tabaken in Griechenland erfolgversprechend.** Tabak-Ztg. **1962** Nr. 32. S. 1.
Seit 3 Jahren wird in den Ebenen von Thessaloniki-Alexandreias und Katerini Probeanbau von Burley-Tabaken (Virginia-Typ), die auf dem internationalen Markt sehr gefragt sind, durchgeführt. Die Ergebnisse waren sehr gut. Die Erträge waren über 4mal höher als bei Orienttabaken. Der Staat zahlt den Pflanzern entsprechend der Anbaufläche Geldprämien. Die Umstellung von Orienttabak auf Burley-Tabake ergibt eine Verdoppelung des Einkommens für den Pflanzer und eine Verdreifachung der Devisenerlöse aus den Tabakausfuhren. Langhoff. 855.

Dragon, Jan. Wartość użytkowa odmian typu Kentucky badanych w Skroniowie w latach 1949–1953. **(Nutzungswert der in den Jahren 1949–1953 in Skroniowo untersuchten Sorten des Kentucky-Typus.)** Roczniki Nauk rolniczych, Ser. A **86** (1962) Nr. 2. S. 295–308. – 5 Tab., 11 Lit. Zus. in Russ., Engl.
5 amerikanische Tabaksorten wurden geprüft. Alle Sorten waren zum Anbau in Polen ungeeignet wegen mangelnder Resistenz gegen Wurzelbrand u. a. ungünstigen Eigenschaften. Besser waren dagegen reinerbige Stämme aus Kreuzungen von Kentucky-Typen mit einheimischen Sorten. Z. T. ist 'Kentucky 118' rel. widerstandsfähig gegen Wurzelbrand und wurde im Bezirk Krakow bereits in den Anbau eingeführt. In den Jahren 1958–60 ergab sich, daß die neuen Züchtungen 'Kentucky 118', 'Kentucky 119' und 'Kentucky 3002' anfällig gegen Rippenbräune sind. W. Święcicki. 855.

Georgiev, Christos. (Georgiew, Christos.); Charmanli, Bulgarien Tabak-Versuchsstat. Vlijanie na kačestvoto na razsada vŭrchu prichvaštaneto i razvitieto na tjutjuna. **(Einfluß der Anzuchtqualität auf Anwachsen und Entwicklung beim Tabak.)** Bŭlgarski tjutjun, Sofija **1962** Nr. 4. S. 28–32. – 2 Abb., 2 Tab.
Geprüft wurde der Einfluß von normal entwickelten, überständigen (vergeilten), jungen, erkrankten, überständigen mit abgebrochenen Spitzen und normalen Setzlingen nach Entfernung der unteren 3–4 Blättchen. Den höchsten Anwachserfolg wies die normal entwickelte Anzucht auf. Höchste Tabakerträge und beste Tabakqualität brachte die normalentwickelte, abgehärtete Anzucht, gefolgt von den jungen (nicht vollentwickelten) Setzlingen. Krankheitsbefallene und überständige, vergeilte Anzucht liefert die niedrigsten Erträge. Das Entfernen der unteren 3–4 Blättchen wie auch das Spitzenabbrechen waren von keinerlei Wirkung. Es wird eine Jungpflanzenhöhe von 10–14 cm und eine Stärke von 2,5–3,5 mm empfohlen. M. Stoilow. 855.

Ivanova, I. D. (Iwanowa, I. D.) Vyraščivanie tabačnoj rassady pod štorami iz poliamidnoj plenki. **(Anzucht von Tabakpflanzen unter Polyamidfolie.)**

Sbornik naučno-issledovatel'skich rabot. Vsesojuznyj naučno-issledovatel'-skij institut tabaka i machorki imeni A. I. Mikojana "VITIM", Krasnodar **1961** Nr. 152. S. 123–130. — 4 Abb., 4 Tab., 3 Lit.
Es konnte nachgewiesen werden, daß Polyamidfolie mit Erfolg zum Abdecken der Saatbeete bei der Anzucht von Tabaksetzlingen verwendet werden kann. Im Gebiet um Krasnodar wurden durch Folienabdeckung im Vergleich zu verglasten Rahmen die Setzlinge um 3–7 früher Tage setzfähig, ohne daß die Qualität derselben gemindert wurde; ebenso war die Setzlingsausbeute größer. Das Wachstum und die Entwicklung des Tabaks auf dem Felde sowie die Ertragsfähigkeit der Pflanzen wurden nicht beeinflußt. Bei Verwendung von Folie können für eine Anzuchtfläche zum Bepflanzen von 1 ha Tabak 6–7 Arbeitstage eingespart werden. J. Merker. 855.

Roman, T. Wpływ czasu sadzenia na ilośći jakość plonu krzyżówki Machorki Pomorskiej × Selvaggio. **(Einfluß der Pflanzzeit auf Menge und Qualität bei der Kreuzung 'Machorka Pomorska' × 'Selvaggio'.)** Roczniki Nauk rolniczych, Ser. A **86** (1962) Nr. 2. S. 392–401. — 8 Tab., 6 Lit. Zus. in Russ., Engl.
Früherer Pflanztermin führt zu früherer Ernte, wodurch die Trocknung der Blätter in günstiger Zeit erfolgen kann. Nach den 3jähr. Versuchsergebnissen erfolgt das Pflanzen am besten zwischen 1. und 20. Mai. Noch frühere Termine brachten keine wesentlich besseren Ergebnisse. Frühere Termine führen auch zu guten Qualitäten. Bei späten Terminen sinken Qualität und Quantität ab. Bei frühen Pflanzterminen erreichten die Pflanzen die größte Höhe, die Blätter waren am größten, der Nicotingehalt am höchsten. Im Nicotingehalt ergaben sich auch Unterschiede von Jahr zu Jahr. In dem günstigen Jahr 1958 waren die Unterschiede zwischen früher und später Pflanzung im Nicotingehalt größer als im ungünstigen Jahr 1959. W. Święcicki. 855.

Roman, T. Wpływ wysokości ogławiania krzyżówek Machorki Pomorskiej × Selvaggio na jakość i wysokość plonu. **(Einfluß der Höhe des Köpfens der Kreuzungen 'Machorka Pomorska' × 'Selvaggio' auf die Qualität und Höhe des Ertrages.)** Roczniki Nauk rolniczych, Ser. A **86** (1962) Nr. 2. S. 379–389. — 8 Tab., 9 Lit. Zus. in Russ., Engl.
Das Köpfen bewirkt normalerweise eine Steigerung des Blattertrages und verbessert die Qualität. Die Beschränkung der Blattzahl fördert die Ausbildung der verbleibenden Blätter, dabei steigt auch der Nicotingehalt an. Für jede neue Sorte muß die günstigste Art des Köpfens ermittelt werden. Bei den 3jährigen Prüfungen der genannten Sorte ergaben sich keine wesentlichen Ertragsunterschiede. Niedriges Köpfen ließ aber den Anteil der hohen Qualitäten ansteigen. Dabei war auch das Lamina/Ader-Gewichtsverhältnis am günstigsten. Außerdem war der Nicotingehalt höher.
W. Święcicki. 855.

Klarner, S.; Centr. Lab. Przemysłu Tytoniowego. Wpływ wieloletniej uprawy tytoniu typu Virginia Bright po sobie na różnym nawożeniu na plon liści. **(Einfluß eines vieljährigen unterbrochenen Tabakanbaues des Typus Virginia Bright bei verschiedener Düngung auf den Blätterertrag.)** Roczniki Nauk rolniczych, Ser. A **86** (1962) Nr. 2. S. 319–337. — 6 Tab., 75 Lit. Zus. in Russ., Engl.
Bei dauernder Monokultur von 'Virginia Bright' nehmen Ertrag und Qualität der Blätter ab. Einjähr. Haferanbau minderte die Ertragseinbußen nicht. Mit zunehmender Erschöpfung des Bodens ergab sich im 3. Jahr N-Mangel, im 4. Jahr K-Mangel und im 8. Jahr P-Mangel. N-Düngung ließ den Ertrag ansteigen, aber die Qualität sinken. K-Düngung wirkte ebenfalls ertragssteigernd, dabei zugleich aber qualitätsverbessernd. Ca verringerte allgemein Ertrag und Qualität des Tabaks, vor allem offenbar infolge der durch Monokultur veränderten Bodenfruchtbarkeit. Stallmistdüngung erhöhte im 1. Jahr

den Ertrag, im 1. und 2. Jahr die Qualität. Die atmosphärischen Bedingungen wirkten allg. stärker als Düngung und Monokultur. N erhöhte den Kohlenhydrat- und Nicotingehalt. Bei Mangel an P sanken Kohlenhydrat- und Nicotingehalt, während der Eiweißgehalt anstieg. Bei PN-Düngung waren Kohlenhydrat- und Nicotingehalt gering, der Eiweißgehalt hoch. Bei Stallmistdüngung waren Kohlenhydrat- und Nicotingehalt hoch, der Eiweißgehalt gering. S. Święcicki. 855.

Wojciechowski, J.; Ośrodek Doświadczalny Uprawy Tytoniu w Skroniowie. Wpływ szerokości sadzenia i nawożenia azotowego na lość i jakość plonu Virginia Skroniowska. **(Einfluß der Pflanzweite und Stickstoffdüngung auf Ertrag und Qualität bei der Tabaksorte 'Virginia Skroniowska'.)** Roczniki Nauk rolniczych, Ser. A **86** (1962) Nr. 2. S. 403–412. – 4 Tab., 9 Lit. Zus. in Russ., Engl.
In verschiedenen Kombinationen wurden 180–200 dt/ha Stallmist, 36 kg/ha P_2O_5 (Superphosphat) und 50–60 kg/ha K_2O (Kalimagnesia oder K_2SO_4) verabreicht. Die Pflanzweite betrug 50×40 oder 50×20 cm. Die engere Pflanzdichte führte zu höherem Ertrag, aber auch zu stark erhöhtem Arbeitsaufwand von der Pflanzung bis zur Ernte. Auf geringerem Boden sank außerdem die Qualität. Die N-Düngung steigerte den Blattertrag, jedoch auf Kosten des Anteils an hellen Klassen. Der Gehalt an Tr.-Subst. sank dabei ab. Größere Pflanzweite bewirkte späteres, N-Düngung früheres Blühen.
W. Święcicki. 855.

Biskup, J.; Ośrodek Doświadczalny w Skroniowie. Wpływ różnych terminów stosowania obornika oraz pełnego nawożenia mineralnego na wysokość i jakość plonu liści Virgnii Skroniowskiej. **(Einfluß verschiedener Termine der Stallmist- sowie auch Mineraldüngung auf die Höhe und Ertragsqualität der Blätter der Tabaksorte 'Virginia Skroniowska'.)** Roczniki Nauk rolniczych, Ser. A **86** (1962) Nr. 2. S. 309–317. – 4 Tab., 9 Lit. Zus. in Russ., Engl.
Verabreicht wurden 200 dt/ha Stallmist im Herbst oder Frühjahr teils mit, teils ohne zusätzliche mineral. PK- oder NPK-Düngung (36 kg/ha P_2O_5, 45 K_2O, 30 N als Kopfdüngung in 2 Gaben). – Nach den Ergebnissen sollte die genannte Sorte auf sandigem Lehmboden neuerdings 200 dt Stallmist erhalten, wobei der Termin (Herbst oder Frühjahr) keine bes. Bedeutung hat. Die PK-Düngung hatte keinen Einfluß auf die Blattertträge. Zusätzliche N-Düngung (als Salpeter) wirkte ertragserhöhend, aber der Anteil der hellen Klassen sank ab. 15 kg N wirken möglicherweise besser. N-Düngung bewirkte Vergrößerung der Lamina sowie eine leichte Tendenz zu grünlichen Farbtönen in den höheren und grünbraunen Farbtönen in den niederen Klassen.
W. Święcicki. 855.

Wierzba, M. Wpływ terminu pogłównego nawożenia azotem Virginii Skroniowskiej na plon i jakość liści. **(Einfluß des Zeitpunktes der Kopfdüngung mit Stickstoff auf den Ertrag und Blätterqualität bei der Tabaksorte 'Virginia Skroniowska'.)** Roczniki Nauk rolniczych, Ser. A **86** (1962) Nr. 2. S. 367–378. – 5 Tab., 8 Lit. Zus. in Russ., Engl.
Auf ärmeren Böden ist für die genannte Sorte eine kleine Nitratgabe nötig, die aber nur z. T. ausgenutzt wird. In Versuchen wurden verschiedene Kombinationen von Stalldung mit PK oder NPK und Salpeterdüngung 10, 20 oder 30 Tage nach dem Setzen geprüft. Die N-Kopfdüngung bewirkte stets Steigerung des Blattertrages (Versuche auf Lößboden), wobei die Qualität etwas absank. Die Düngung soll zwischen 10. und 20. Tag nach dem Setzen der Pflanzen erfolgen. Zu späte Düngung verlängerte die Vegetationsperiode, führte zu Schwierigkeiten bei der Trocknung der Blätter und senkte die Qualität. Die Untersuchungen gelten für die örtlichen Bedingungen. Sie sind nicht umfangreich genug, um Verallgemeinerung für alle Gebiete zuzulassen.
W. Święcicki. 855.

Prochownik, M. Wpływ nawożenia azotowego na plon i jakość surowca tytoniowego odmiany Burley Włoski i Flandria. **(Einfluß der Stickstoffdüngung auf den Ertrag und die Qualität des Tabaks der Sorten 'Burley Włoski' und 'Flandria'.)** Roczniki Nauk rolniczych, Ser. A **86** (1962) Nr. 2. S. 351–365. – 9 Tab., 9 Lit. Zus. in Russ., Engl.

Angewendet wurden org. und mineral. Dünger. N-Düngung beschleunigte das Blühen. Die Blatterträge wurden erhöht. Eine geringe N-Gabe von 15 kg/ha wirkte bei 'Flandria' günstig auf den Anteil an hellem Blattgut. Höhere N-Gaben wirkten in dieser Hinsicht ungünstig. 'Burley Włoski' reagierte dagegen nicht auf höhere N-Gaben. 'Flandria' hat hohe Resistenz gegen Rippenbräune, jedoch geringe gegen Strichel- und Mosaikvirus. Bei 'Burley Włoski' war das Resistenzverhalten umgekehrt. Vf. regt Versuche mit ausschließlicher Mineraldüngung an, um zu prüfen, ob auch ohne Stallmist gleichhohe Erträge erzielbar sind, was bes. für vieharme Betriebe wichtig ist. W. Święcicki. 855.

Ivanovskij, N. P. (Iwanowski, N. P.) Vlijanie form azotnych udobrenij na urožaj i kačestvo tabaka. **(Einfluß der Stickstoffdüngerformen auf Ertrag und Qualität von Tabak.)** Sbornik naučno-issledovatel'skich rabot. Vsesojuznyj naučno-issledovatel'skij institut tabaka i machorki imeni A. I. Mikojana „VITIM", Krasnodar **1961** Nr. 152. S. 74–89. – 18 Tab., 6 Lit.

Die 4jährigen Feldversuche an 4 verschiedenen Orten über den Einfluß der N-Form in unterschiedlichen Gaben auf den Ertrag und die Qualität des Tabaks führten zu folgendem Ergebnis: Auf podsoligem Boden des feuchten, subtropischen Gebietes wirkten alle geprüften N-Formen positiv und erbrachten einen Mehrertrag von 22–30% bei gleicher Qualität; dabei zeigte Ammonsalpeter die beste Wirkung. Auf grauem, alluvialem Waldboden waren die durch die N-Form bedingten Unterschiede gering, jedoch übten bei den verwendeten Mangan-Abfällen die hohen N-Gaben (30 kg/ha) einen qualitätsmindernden Einfluß aus. Auf mittlerem, carbonatfreiem, kastanienfarbigem Waldboden lieferte schwefelsaures Ammoniak geringere Erträge, aber beste Qualitäten. Auf degradierter Schwarzerde konnten keine Unterschiede beobachtet werden. I. allg. war die Nachwirkung von schwefelsaurem Ammoniak besser als die von den Salpeterdüngemitteln. J. Merker. 855.

Maškovcev, M. F. und Sirotenko, A. A. (Maschkowzew, M. F. und Sirotenko, A. A.) Dejstvie vozrastajuščich doz azotnogo udobrenija na nakoplenie nikotina v tabake. **(Die Wirkung steigender Stickstoffdüngergaben auf den Nicotingehalt des Tabaks.)** Sbornik naučno-issledovatel'skich rabot. Vsesojuznyj naučno-issledovatel'skij institut tabaka i machorki imeni A. I. Mikojana "VITIM", Krasnodar **1961** Nr. 152. S. 90–114. – 19 Tab.

Nach den Untersuchungen über den Einfluß der N-Ernährung auf die vegetativen Organe (Blätter, Stengel, Wurzeln) und deren Verhältnis zueinander sowie auf die reproduktiven Organe wird auf den Beginn der N-Assimilation in den einzelnen Organen der Tabakpflanze und bes. auf den Einfluß der N-Ernährung auf den Nicotingehalt in den Blättern eingegangen. Danach enthalten am meisten Nicotin die Blätter, am wenigsten die Stengel. Während mit zunehmendem Wachstum der Nicotingehalt der Blätter zunimmt, sinkt er dagegen im Stengel ab. Mit zunehmender N-Gabe vermindert sich der Nicotingehalt in den Wurzeln, in den Blättern nimmt er bis zu einem Maximum zu, danach wieder ab. Abschließend werden Probleme der Nicotinsynthese in Abhängigkeit von der N-Ernährung erörtert. J. Merker. 855.

Matusiewicz, E.; Poznań, Zakład Roślin Przemysłowych Wyższej Szkoły Rolniczej. Wpływ wzrastających dawek P_2O_5 na rozwój, plony liści i nasion oraz na jakość nasion tytoniu. **(Einfluß steigender P_2O_5-Gaben auf die Ent-**

wicklung der Blatt- und Samenerträge sowie auf die Qualität der Tabaksamen.) Roczniki Nauk rolniczych, Ser. A. 86 (1962) Nr. 2. S. 209–219. – 2 Abb., 6 Tab., 16 Lit. Zus. in Russ., Engl.
Nach den Ergebnissen der Gefäßversuche hat P-Düngung starken Einfluß auf Wachstum, Entwicklung und Ertrag der Tabakpflanzen. Steigende P-Gaben bewirkten steigende Pflanzenhöhe, Blattgröße, früheres Blühen und Reifen der Samenkapseln, im ganzen eine Verkürzung der Vegetationsperiode. Die Menge an ober- und unterirdischer Pflanzenmasse nahm zu. Der Nicotingehalt der Blätter nahm ab. Zahl und Gewicht der Samenkapseln sowie Samenertrag wurden stark erhöht. Außerdem waren der Fettgehalt der Samen und ihre Keimfähigkeit deutlich erhöht. W. Święcicki. 855.

Matusiewicz, E.; Poznań, Zakład Roślin Przemysłowych Wyższej Szkoły Rolniczej. Wpływ Cu, B i Mn na rozwój i plony tytoniu. **(Einfluß von Cu, B und Mn auf Entwicklung und Erträge des Tabaks.)** Roczniki Nauk rolniczych, Ser. A **86** (1962) Nr. 2. S. 195–207. – 2 Abb., 7 Tab., 17 Lit. Zus. in Russ., Engl.
Mangel an B hatte den stärksten Einfluß (Wuchshemmung, wenige, kleine und brüchige Blätter mit faltiger Spreite, vorzeitiges Blühen, stark erhöhter Nicotingehalt). Cu- und Mn-Mangel bewirkten keine größeren Änderungen in der Morphologie und im Blattertrag. Cu wirkte offenbar stärker als Mn, bes. hinsichtlich der Samenerträge. Bei B-Mangel war die Wurzelmasse nicht verringert, wohl aber die oberirdische Pflanzenmasse (Blätter, Stengel und Früchte). W. Święcicki. 855.

Popov, Mich. D. (Popow, Mich. D.) Izpitvane dejstvieto na giberelina vŭrchu orientalski tjutjun, otgleždan na netorena i torena počva. **(Prüfung der Gibberellinwirkung auf gedüngt und ungedüngt gezogenen Tabak.)** Izvestija na Instituta po biologija „Metodij Popov". Bŭlgarska akademija na naukite, Sofija **12** (1962) S. 123–152. – 9 Abb., 11 Tab., 23 Lit. Zus. in Russ., Dtsch.
Die Behandlung erfolgte durch 24std. Eintauchen der Tabaksamen in Gibberellinlösung (125 mg/l) von 24 °C. Später wurden noch 2 Spritzungen der Pflanzen mit Gibberellinlösung (100 mg/l), 200 cm^3 je m^2 und weitere 3 Spritzungen der schon ausgepflanzten Tabakpflanzen mit 2,5 ml je Pflanze vorgenommen. Die Ergebnisse zeigten die bereits bekannte Gibberellinwirkung. NPK-Düngung hob diesen Gibberellineffekt bis zu einem gewissen Grade auf. In morphol. u. a. Eigenschaften (Höhe und Stärke der Stengel, Blattgröße und -form) wie auch nach dem Habitus waren die stimulierten und gedüngten Pflanzen den Kontrollen ähnlich. Das Gibberellin wirkte sich auf den Ertrag an oberirdischer Grünmasse auf gedüngtem Boden günstig, auf dem ungedüngten Boden dagegen ungünstig aus. Im Vergleich zu den Kontrollen wurde der Ertrag an Trockenblättern auf den gedüngten Parzellen um 12% und auf den ungedüngten um 4% gesteigert. Unter dem Gibberellineinfluß stieg der Rohaschegehalt in der gedüngten Variante um 14–22% an, während dieser bei der ungedüngten um 0–10% zurückging. Der Eiweißgehalt war in beiden Fällen erhöht, bei ‚ungedüngt' um 36%, bei ‚gedüngt' um 16% höher als bei der Kontrolle. Das Gibberellin führte zu einer Verringerung des Gehaltes an löslichen Zuckern, Polyphenolen und zur Senkung der Schmuckschenzahl. M. Stoilow. 855.

Dennis, Henry A. Leaf qualities explained for mechanical harvesting. **(Welche Blattqualitäten sind erforderlich für das mechanische Ernten?)** Tobacco [New York] **154** (1962) Nr. 5. S. 26.
An eine Tabaksorte, die mechanisch geerntet werden soll, werden folgende Anforderungen gestellt: Resistenz gegenüber Krankheiten, gute Blattqualität, kräftiges Wurzelsystem, stabiler Stengel und möglichst keine Geizenbildung. Zwecks mechanischen Köpfens sollen die Pflanzen die gleiche Höhe aufweisen,

die Pflanzen müssen langsam wachsen, gleichmäßig reifen, und die Blätter müßten anfangs eine aufrechte Haltung, später eine mehr horizontale Lage aufweisen. J. Merker. 855.

Splinter, William E., Suggs, C. W. und Beeman, J. F.; Raleigh, North Carolina State Coll. Physical properties of green Virginia-type tobacco leaves. Part IV. Kinetic energy absorption and force relationships during separation from the stalk. **(Physikalische Eigenschaften von grünen Virginia-Tabakblättern. 4. Mitt. Absorption kinetischer Energie und Kraftverhältnisse bei der Abtrennung der Blätter von Stengeln.)** Tobacco [New York] **154** (1962) Nr. 16. S. 23–32. – 3 Abb., 5 Tab., 5 Lit.
Um die kinetische Energie zu messen, die bei der Abtrennung eines Tabakblattes vom Stengel durch einen Schlag nach unten an der Insertionsstelle verbraucht wird, wurde eine transportable Schlagmaschine entwickelt. Die mittlere Energieabsorption betrug 0,9 ft.lbs., die max. zulässige statische Belastung 3 lb.in. für Blätter von etwa 150 sq.in. Zunehmende Blattgröße erfordert bei unreifen Blättern zunehmende Energie bzw. Kraft für die Abtrennung, bei völlig reifen Blättern blieb die Blattgröße ohne Einfluß. Insertionshöhe, Blattstärke, Düngungsgrad, Sorte bzw. Kopfhöhe hatten bei gleicher Blattgröße keinen Einfluß. Die Anwendung von Maleinsäurehydrazid als Antigeizmittel erhöhte bei den oberen Blättern die Entfernungsenergie um 100%, die Entfernungskraft um 30–40%. J. Merker. 855.

Chaplin, J. F., Graham, T. W. und Ford, Z. T.; Florence, S.C., U.S. Dep of Agric., A.R.S., Crops Res. Div.; Pee Dee Exp. Stat. Agronomic and chemical characteristics of certain old-line varieties of flue-cured tobacco. **(Agronomische und chemische Eigenschaften einiger alter Tabaksorten für die Röhrentrocknung.)** Tobacco [New York] **154** (1962) Nr. 5. S. 19–24. – 3 Tab., 14 Lit.
Bis zum Jahre 1950 hatten die meisten HL-Tabaksorten ähnliche Eigenschaften. Die neuen Sorten weichen dagegen z. T. wesentlich davon ab. Um bei einer späteren Verwendung der alten Sorten als Kreuzungspartner über deren Eigenschaften Bescheid zu wissen, wurden 1958 und 1960 je 50 alte HL-Tabaksorten angebaut und einer vergleichenden Untersuchung hinsichtlich des Ertrages und Wertes je kg Tabak, der Blattzahl, Pflanzenhöhe, Internodienlänge, Vegetationsdauer (Tage bis zur Blüte), Neigung zum Geizwachstum sowie bezüglich einiger wichtiger chemischer Bestandteile unterzogen. Dabei diente 'Hicks Broadleaf' als Kontrolle. Von jeder Sorte steht eine Samenprobe für Züchtungszwecke zur Verfügung. J. Merker. 855.

Darling, H. S.; Wye, Kent, Wye Coll., Dep. of Hop Res. Hop growing in England. **(Hopfenbau in England.)** J. Roy. agric. Soc. England **122** (1961) S. 82–96. – 4 Abb., 27 Lit.
Nach allgemeinem Überblick über die Geschichte des Hopfenbaues werden die Besonderheiten der Entwicklung des englischen Hopfenbaues dargestellt. Außer den bereits länger angebauten Sorten werden Neuzüchtungen in die Praxis eingeführt. Es folgt die Beschreibung der botan. und brauereitechn. Besonderheiten des Hopfens sowie der gebräuchlichen Pflanzsysteme und Gerüsthöhen. Ein wichtiges Problem für englische Bedingungen ist die Erhaltung der Bodenstruktur und -fruchtbarkeit. Das wird erreicht durch entspr. org. und anorg. Düngung. Die wichtigsten Schädlinge und Krankheiten sind Blattläuse (*Phorodon humuli*), Rote Spinne (*Tetranychus urticae*), Welkekrankheit (*Verticillium alboatrum*), *Pseudoperonospora humuli*, Mosaikvirus und Kräuselkrankheit. Früher wurde der Hopfen ausschließlich mit der Hand gepflückt. Ab 1935 wurden in England Pflückmaschinen eingeführt, die 1960 etwa 70% der Ernte pflückten. Die schlechte Eignung der alten Sorten zur Maschinenpflücke macht den Ersatz durch neugezüchtete Sorten erforderlich. Bei der

Trocknung in den bisher üblichen Felderdarren wird der Hopfen zur Verbesserung von Farbe und Lagereigenschaften geschwefelt. Die Trocknungstemperatur beträgt max. 70 °C. Neu entwickelte Zweihorden- und Bandtrockner haben sich bewährt. Die Hopfengabe zu 1 hl Bier beträgt etwa 320 g. Fast sämtlicher Hopfen wird von der „Hops Marketing Board“ unter vertraglicher Regelung aufgekauft. Die Hopfenforschung wird im Department of Hop Research in Wye College und in der East Malling Research Station betrieben. Die wichtigsten Arbeiten sind die Züchtung von gegen Welkekrankheit und *Peronospora* toleranten, zur Maschinenpflücke geeigneten und hochwertigen Sorten, Untersuchungen über die Bodenfruchtbarkeit und die Rückwanderung von Nährstoffen im Herbst in die Wurzeln sowie die Pflanz- und Gerüstsysteme. Diese Forschungsarbeiten werden in Gemeinschaftsarbeit aller interessierten Stellen vorgenommen. H. Dolzmann. 855.

Popgeorgiev, Georgi. (Popgeorgiew, Georgi.); Samokow, Bulgarien, Versuchsstat. Vlijanie na predposadŭčnata podgotovka na počvata vŭrchu dobivite ot chmela. **(Einfluß der Bodenbearbeitung vor der Pflanzung auf den Hopfenertrag.)** Selskostopanska nauka, Sofija **1(7)** (1962) Nr. 1. S. 75–81. – 4 Tab., 7 Lit. Zus. in Russ., Engl.
Untersucht wurde der Einfluß a des Tiefpflügens im Herbst (35 cm tief) und b des 60 cm tiefen Rigolens auf Entwicklung, Ertrag, und Qualität des Hopfens. Ein wesentlicher Unterschied zwischen den beiden Bodenvorbereitungsarten wurde weder bei der Entwicklung noch bei der Fruchtzapfenbildung festgestellt. Bei b wurden bei den frühen Sorten um 11,8%, bei den mittleren um 15,6% und bei den späten um 12,5% höhere Fruchtzapfenerträge erzielt. Zapfen mit höherem Gehalt an Weichharzen lieferte Variante b.
M. Stoilow. 855.

Simon, W., Eich, D. und Werner, K. **Klee- und Kleegras-Ertrags- und -Vorfruchtprüfungen im Erzgebirge. 2. Teil. Aussaatzeiten, Bestandsentwicklung.** Albrecht-Thaer-Arch. **6** (1962) Nr. 5. S. 382–398. – 1. Teil vgl. LZ. Abt. II 8 (1963) Nr. 2. S. 425.
Die Art der Deckfrüchte wirkt sich wohl auf den Stoppelfruchtertrag, aber nicht auf die Erträge in den Nutzungsjahren aus. Die Saatzeiten hatten keinen Einfluß auf den artbedingten Blühbeginn. Die Klee- und Kleegrasgemenge werden frühestmöglich vor dem So-Getreide gesät. Spätsaaten bringen unerwünscht hohen Grasanteil. Rotklee bringt in Kleegemengen höhere Erträge als bei Reinsaat, auch bei nur 7 kg/ha infolge rascher Jugendentwicklung. Schwedenklee erhöht die Erträge des 1. und Weißklee die des 2. Schnittes, beide werden jedoch ohne Rotklee von den Gräsern verdrängt. Die Kleegrasgemenge haben gegenüber den Reinsaaten den Vorteil, daß sie als Stoppelfrucht nicht aufblähen, die Saatkosten senken und die Bodenfruchtbarkeit erhöhen. Bei mehrjährigen Gemengen werden Klee und Gräser 1:1 ausgesät, jedoch mit doppelten Gesamtsaatmengen wegen guter Bestandesdichte. Der Gehalt an Tr.-Subst. schwankt je nach Witterung und Schnittzeit zwischen 10–20%. Er steigt mit steigendem Gräseranteil. Umgekehrt verhält sich der Rohproteingehalt. Standortbezogen ist festzuhalten, daß der Rotklee in der Stoppelfrucht und in 1jähr. Gemengen dominierend ist, jedoch ab 2. Nutzungsjahr zurückgeht. Schwedenklee bringt nur ohne Rotklee hohe Erträge und setzt sich beim 1. Schnitt auch schnellwüchsigen Gräsern gegenüber durch, fällt dann jedoch schnell ab. Weißklee füllt Lücken aus und vermindert die Verunkrautung. Er bringt geringere Schnitt-, aber höhere Weideerträge als Rot- und Schwedenklee, von denen er unterdrückt wird. Gelbklee und Luzerne sind auf flachgründigen Böden nicht anbauwürdig. Wiesenschwingel ist wertvoll in 1- und mehrjährigen Kleegrasgemengen. Selbst nicht unterdrückend, wird er vom Welschen Weidelgras verdrängt. Er liefert blattreiche Erträge, ist aber im Stoppelkleegemenge ohne Bedeutung. Dasselbe trifft für Lieschgras

zu, ist jedoch halb so teuer. Das Welsche Weidelgras ist nur berechtigt in Stoppelklee- und einjährigem Rotkleegrasgemenge, ist billig und wirkt bestandsergänzend. Hochanteilig unterdrückt es seine Partner und wirkt hierdurch ertragsmindernd. Um Verdrängung der Kleearten zu verhüten, sollten folgende Saatmengen nicht überschritten werden: Wiesenschwingel 16, Timothee 6 und Welsches Weidelgras 4 kg/ha. Bei schwächerer Aussaat wird jedoch, bes. bei Kleeauswinterung, kein geschlossener Bestand erzielt. Bei 2 Grasarten naturgemäß nur die halbe Saatstärke. Stärkere N-Düngung ist erforderlich. C. Freyer. 860.

Dilz, K. und Mulder, E. G.; Wageningen, Netherlands, Agric. Univ., Lab. of Microbiol. The effect of soil-pH, stable manure and fertilizer nitrogen on the growth of red clover and of red clover associations with perennial ryegrass. **(Die Wirkung des Boden-pH, der Stallmist- und Stickstoffdüngung auf das Wachstum von Rotklee und Rotkleegemischen mit Deutschem Weidelgras.)** Netherl. J. agric. Sci. **10** (1962) Nr. 1. S. 1–22. — 11 Abb., 4 Tab., 22 Lit.
Um zu überprüfen, inwieweit einerseits Leguminosen, bes. Kleearten, den Gräsern einer Kleegrasnarbe N liefern, andererseits das Wachstum der Leguminosen durch N-Düngung unterdrückt wird, wurden 3jährige Feld- und Gefäßversuche durchgeführt. 1957 und 1958 wurden Rotklee und Deutsches Weidelgras im Gemisch, 1959 in Monokultur auf sauren und neutralen Böden (pH 5–7) mit gestaffelter N-Düngung angebaut. Um die pH-Werte konstant zu halten, wurde regelmäßig $CaCO_3$ eingebracht. In Versuchsreihe I und II erfolgte die Nutzung zu je 3 verschiedenen Schnittzeiten, wobei vor dem 2. Schnitt nicht mit N gedüngt wurde, in Reihe III wurde nur am 14. Aug. und 12. Okt. geschnitten und jedesmal mit N gedüngt. Gefäßversuche mit Rotklee auf Boden aus den Feldparzellen hatten folgende Varianten: gestaffelte N-Düngung, Stallmist in frischer Form, als Extrakt und Nachwirkung früherer Einbringung, Gaben von Natriummolybdat und Impfung mit *Rhizobium trifolii* K 8. — Bei fehlender N-Düngung auf sauren Böden wuchs der Klee spärlich, dagegen auf neutralen kräftig. Der Grasertrag nahm proportional zur Höhe der N-Düngung zu, auf neutralen Böden sank mit steigenden N-Gaben der Kleeanteil zugunsten des Grases. Die Knöllchenbildung der Kleepflanzen stieg mit dem pH-Wert, wurde aber durch die N-Düngung gehemmt. Der N-Gehalt in der Tr.-Subst. der Gräser erhöhte sich mit den N-Gaben, auf sauren Böden war er auch beim Klee von diesen abhängig, auf neutralen jedoch von der symbiotischen N-Bindung, die sich auch auf die Gräser bei niedriger N-Düngung auswirkte. — Auf sauren Böden förderte Impfung die Knöllchenbildung, Stallmistnachwirkung stimulierte das Wachstum, und Pflanzenertrag und Knöllchenbildung waren umgekehrt proportional zur Höhe der bei Beginn des Versuchs verabfolgten N-Düngung. Auf neutralen Böden verlieren diese Faktoren an Bedeutung. — Für den Kleeertrag am wichtigsten ist der Boden-pH-Wert, dann folgen Impfung, Stallmist und N-Düngung. Häufiger Schnitt und reichliche N-Düngung mindern den Kleeanteil der Narbe. Zur Erzielung hoher und zeitiger Futtererträge auf schwach sauren oder neutralen Böden mit kleereichen Narben werden eine mittlere N-Düngung im Frühjahr und rel. früher Schnitt empfohlen. Dann sollte man sich auf den Klee verlassen, der genügend N bindet und ihn an das Gras abgibt. Saure Böden brauchen während der gesamten Vegetationszeit N. Th. Hoffmann. 860.

Cowling, D. W.; Hurley, Berks., Grassland Res. Inst. The production of winter grass from a row crop of cocksfoot and lucerne. **(Die Erzeugung von Winterfutter von einem gedrillten Knaulgras — Luzernebestand.)** J. Brit. Grassland Soc. **17** (1962) Nr. 3. S. 161–166. — 7 Tab., 14 Lit.
In 4jährigen Versuchen wurden die in abwechselnden Reihen (1 Reihe Knaulgras, 1 Reihe Luzerne) gedrillten Bestände im Sommer unterschiedlich genutzt (letzte Nutzung 5. Juni, 31. Juli, 15. Sept. oder 15. Okt.) und im Winter

2 × (Nov. und Febr.) oder nur 1mal (im Nov. oder Febr.) gemäht. Hinzu kamen unterschiedliche N-Gaben nach der letzten Sommernutzung (0, 70 oder 140 lb. N/acre). Als beste Lösung erwies sich eine Ruhepause von Anfang Aug. (letzter Schnitt 31. Juli) mit einer N-Gabe von 70 lb./acre, wobei eine Verwertung von 12 lb. Tr.-Subst. pro lb. N beobachtet wurde, wenn im Winter 1 oder auch 2 × gemäht wurde. Zweimalige Winternutzung schwächte den Frühjahrswuchs und brachte keine höheren Erträge im Winter gegenüber einmaliger Nutzung. – Bei N-Düngung ist der Verlust durch Absterben von Blättern im Winter nicht größer als bei einer Silierung, so daß die Gewinnung von Winterfutter durch Winterweide auch ökonomisch gerechtfertigt ist. Die abgestorbenen Grasteile enthielten überraschend viel Eiweiß, jedoch wenig Kohlenhydrate. H. Pätzold. 860.

Metelew, W. **Ackerbohnen — die beste Ergänzung für Mais.** Int. Z. Landwirtsch. **1962** Nr. 2. S. 36–41. – 4 Abb.
Maissilage muß durch Eiweißzufuhr ergänzt werden. Dieser Ausgleich erfolgt am besten durch zusätzlichen Anbau und Miteinsilierung von Leguminosen, von denen bes. Ackerbohnen dazu gut geeignet sind. Zu 100 ha Mais sollen 60 ha Bohnen (Ertrag 350 dt/ha) angebaut werden, so daß das Futter harmonisch zusammengesetzt ist. Die Ackerbohne bringt auch hohe Kornerträge (30–32 dt/ha; in der Praxis wurden in einigen Betrieben 19,6–26 dt/ha erzeugt, bei einem Sortenprüfungsversuch bis 53 dt/ha). Der hohe Eiweißgehalt gibt entspr. hohen Futterwert. Mais und Bohnen können auch gemeinsam angebaut werden. Kleinsamige, frohwüchsige Sorten sind für den Anbau am besten geeignet. Beim Anbau sind Aussaattermin (möglichst früh, Keimung schon bei 3–4 °C, etwas höhere Temperaturen sind günstiger), Aussaatverfahren und -mengen (60 × 15 cm war in Versuchen am günstigsten) sowie ausreichende Pflege zu beachten. Bei der Ernte kommt nur die 2-Phasenernte in Frage. Mähdrusch in Vollreife bringt starke Verluste. Die Mahd muß erfolgen, wenn die untersten Hülsen und Bohnen gelb werden. Beim Drusch muß niedrige Drehzahl (450–500 U/min) gewählt werden. Gute Trocknung auf 16–17% Feuchtigkeitsgehalt ist Voraussetzung für die Haltbarkeit im Lager und Erhaltung der Keimfähigkeit. W. Stenz. 860.

Štráfelda, Jan; Praha, Vysoká Škola Zemědělská. Vzcházivost bobtnajících a tvrdých semen nejdůležitějších leguminóz. **(Aufgangsfähigkeit der quellenden und harten Samen bei den wichtigsten Leguminosen.)** Sborník českoslov. Akad. zemědělských Věd, rostlinná Výroba **7(34)** (1961) Nr. 12. S. 1649–1660. – 3 Abb., 7 Tab., 31 Lit. Zus. in Russ., Dtsch.
Mitte April wurden von a) Rotklee, b) Luzerne, c) Hornklee, d) Schwedenklee, e) Weißklee, f) Inkarnatklee sowie den Wildpflanzen g) Zaunwicke und h) Wiesenplatterbse abwechselnd je 100 hartschalige und 100 normal quellende Samen ausgesät. Die hartschaligen Samen von a und b gingen am schnellsten, die von c und d sowie den Wildarten am langsamsten auf. Die Anfangsverzögerung führte zu beträchtlich geringeren Leistungen der Pflanzen (Grünmasse) gegenüber den Pflanzen aus quellfähigem Saatgut. Beim Vergleich der Arten anhand der Bestände aus quellfähigem Saatgut waren Rotklee und Luzerne am leistungsfähigsten, danach Vogelwicke und Wiesenplatterbse.
J. Kučera. 863.

Nüesch, B.; Zürich-Oerlikon, Eidg. Landwirtsch. Versuchsanst. **Probleme der Bestäubung beim Rotklee.** Mitt. schweiz. Landwirtsch. **10** (1962) Nr. 9. S. 219–224. – 4 Abb., 1 Tab.
Nach Erörterung der Blütenbiologie und der Befruchtungsproblematik bei Rotklee werden Ergebnisse aus den Jahren 1958–61 über die Wirksamkeit verschiedener Bienenrassen und von Hummelarten als Rotkleebefruchter unter Insektenkäfigen mitgeteilt, obwohl es sich um keine exakten Versuche

handelt, worauf vom Vf. ausdrücklich hingewiesen wird. Die rel. Samenerträge waren:

	Landbienen	Langrüsselige Bienenrassen	Hummeln	frei abgeblüht
1958	7	–	100	–
1959	–	271	100	309
1960	27	58	–	100
1961	131	108	100	–

Die abs. Erträge differierten von Jahr zu Jahr in weiten Grenzen, aber auch die rel. Wirksamkeit der Bienenrassen und Hummeln als Rotkleebefruchter zeigt keine eindeutige Tendenz. W. Lampeter. 863.

Wuth, E. **Vergleichende Untersuchungen an Rotklee- und Luzerneherkünften und deren Leistungsfähigkeit in verschiedenen Lagen Thüringens.** Z. landwirtsch. Versuchs- u. Untersuchungswes. 8 (1962) Nr. 1/2. S. 90–106. – 4 Abb., 15 Tab., 20 Lit. Zus. in Russ., Engl.
An 3 klimatisch unterschiedlichen Versuchsorten Thüringens wurden 9 Rotkleesorten bzw. -herkünfte (2 deutsche und 7 ausländische] sowie 12 Luzernesorten bzw. -herkünfte (6 deutsche und 6 ausländische) auf Wachstumsverlauf und Entwicklungsrhythmus, morphol. Unterschiede, Befall mit Krankheiten und Schädlingen sowie auf Ertragsleistung untersucht. Im Ansaatjahr zeigten die Importsaaten eine etwas schnellere Jugendentwicklung. Rotklee mit größerer Wuchshöhe erwies sich als Stengeltyp, bei Luzerne zeichneten sich keine klaren Tendenzen bezüglich des Blatt-Stengel-Verhältnisses ab. Rotklee aus wärmeren Klimagebieten wurde stärker von Kleekrebs befallen. Im Ansaatjahr war die Ertragsleistung aller Rotkleesorten bzw. -herkünfte gleich gut; erst nach Überwinterung trat bei den Importsaaten eine zum Teil erhebliche Ertragsdepression auf. Bei Luzerne waren die Ertragsschwankungen nach Versuchsorten und -jahren unterschiedlich, auffallend war die geringe Leistungsfähigkeit der Sorten 'Ranger' und 'Buffalo'. Die deutschen Sorten waren neben nordfranzösischer und rumänischer Luzerne am ertragreichsten. J. Schieblich. 863.

Davies, W. Ellis und Tyler, B. F.; Aberystwyth, Welsh Plant Breeding Stat. The yields of lucerne varieties in West Wales. **(Die Erträge von Luzernesorten in West-Wales.)** J. Brit. Grassland Soc. **17** (1962) Nr. 3. S. 218–224. – 1 Abb., 3 Tab., 11 Lit.
6 Luzernesorten aus Frankreich sowie je eine aus Schweden, den USA und Wales wurden in Reinsaat angebaut und 3 Jahre lang bei 3 Schnitten/Jahr geprüft. Mit einem Jahresdurchschnittsertrag von 107,4 cwt./acre Tr.-Subst. blieb die schwedische Sorte 'Alfa' knapp vor den französischen Sorten ,G.P.R.1' mit 106,0, 'Cardinal' mit 103,1 und 'Du Puits' mit 101,6 cwt./acre. Stark ab fielen die amerikanische Sorte 'Vernal' (73,9) und die französische Sorte 'Provence' (69,0 cwt.). Im Proteinertrag führte ebenfalls 'Alfa' vor 'G. P.R.1', an 3. Stelle folgte jedoch 'AF1' aus Aberystwyth infolge des höchsten Proteingehaltes (19,0–20,8%). Die Anfälligkeit gegenüber *Pseudospeziza medicaginis* war am stärksten bei 'Provence', es folgten 'AF1' und 'Cardinal'. H. Pätzold. 863.

Crescini, Francesco. Sulla longevità dei nostri Ladinai. **(Zur Langlebigkeit des einheimischen Weißklees.)** Italia agric. **99** (1962) Nr. 4. S. 322–328. – 17 Lit.
Vf. berichtet von den vielseitigen Verwendungsmöglichkeiten des Weißklees sowie über Maßnahmen der Bestandeserhaltung. Als wertvolle Leguminose,

allgemein sehr anpassungfähig auf allen Böden, sollte versucht werden, eine mehrjährige Wachstumsdauer zu erreichen. Es wird auf die günstige Verwendung als Untersaat zu Mais, Soja, Bohnen, Hirse, Raps und Rübsen hingewiesen. Durch starke P-Düngung konnten gute Bestände 3 Jahre erhalten werden, ferner wirkte eine Düngung mit B, Co und Mo positiv auf die Bestandesdichte. Auch durch dauernden oder zeitweiligen Weidegang sowie häufigen Schnitt konnte die Weißklee-Entwicklung gefördert werden, wobei mäßige Bewässerung recht günstig wirkte. Als Ursache für das wiederholte schnelle Verschwinden des Weißklees wird ein starker Virusbefall der Pflanzen angeführt. G. Müller/Leipzig. 863.

Bettac, E. **Bericht über die Sortenwertprüfung mit Futtererbsen 1961 (Samen- u. Grünmassenutzung).** Hrsg.: Regierung der Deutschen Demokratischen Republik, Ministerium für Landwirtschaft, Erfassung und Forstwirtschaft, Zentralstelle für Sortenwesen. 1961. (45 S.) [Maschinenschr. vervielfältigt]. – 41 Tab.

1961 wurde die Hauptprüfung mit Futtererbsen mit der Vor- und Stammprüfung gekoppelt. Neben den in der DDR zugelassenen Sorten 'Baltersbacher', 'Hödinger' und 'Waldmanns Futterfreude' wurden 4 Stämme geprüft. An 18 Versuchsorten wurde eine Grünmasseertragsprüfung (Spaltanlage mit 4 Wiederholungen, auf den Großteilstücken Prüfung von 2 Schnittzeiten), an 12 Versuchsorten eine Samenertragsprüfung durchgeführt (Blockversuch mit 4 Wiederholungen), wobei an 7 der Versuchsorte Samen- und Grünmasseerträge erfaßt wurden. Der Bericht enthält 1. Allg. Angaben zu den Versuchen (z. B. pflanzenbauliche Maßnahmen), 2. Wachstumsbeobachtungen (z.B. Datum des Blühbeginns), 3. Faktoren der Ertragssicherheit (z. B. Bonitur der Standfestigkeit z.Z. der Blüte und z.Z. der Ernte), 4. Qualitätsbestimmungen am Erntegut (u.a. TKM, Tr.-Subst.-Gehalt der Grünmasse, Rohproteingehalt in der Trockenmasse), 5. Ertragsfeststellungen (z. B. Samenerträge, Trockenmasse-Erträge). Für die Samen- und Grünmasseerträge werden die wichtigsten statistischen Maßzahlen der Einzelversuche angegeben. G. Bätz. 863.

Paatela, J.; Viik, Univ., Exp. Farm. Characteristics of some diploid and tetraploid varieties of the late red clover Trifolium pratense v. subnudum subv. serotinum. **(Merkmale einiger diploider und tetraploider Sorten des Spätklees, Trifolium pratense var. subnudum subv. serotinum.)** Suomen maataloustieteellisen Seuran Julkaisuja [Acta agral. fenn.] **99** (1962) Nr. 4. S. 1–31. – 3 Abb., 10 Tab., 8 Lit.

Im Frühjahr 1956 unter Grünhafer angebaute finnische, schwedische und sowjetische Sorten des Spätklees wurden 1957 und 1958 auf morphol. und landwirtsch. wichtige Merkmale untersucht. Bei 2 Schnitten pro Jahr wurde die Standardsorte 'Tammisto' mit einem Heuertrag von 93 dt/ha (= 100%) von 'Östersundom' mit 122%, 'Ristiina' mit 118%, 'Juva' mit 107% und 'Ulva' mit 106% übertroffen. Die Samenproduktion schwankte bei den tetraploiden Sorten 'Rea' und 'Ulva' (je 100 Blütchen) zwischen 15,3 und 40,6%, die der diploiden Sorten zwischen 32,8 und 90,9%. Von der theoretisch kalkulierten Saatmenge wurde durch Dreschen nur $^1/_3$ bis $^1/_4$ gewonnen. – Weitere Angaben betreffen morphol. Merkmale (Blättchengröße, Länge des Röhrchens) sowie Nektaranfall, Zuckergehalt und Qualität des Saatgutes.
H. Pätzold. 863.

Beuster, Karl-Heinz; Klosterseelte bei Bremen. **Einjähriger Futterbau mit Gräsern.** Kali-Briefe, Fachgeb. 4 6 (1962) Nr. 2. S. 1–6. – 7 Tab.

Einjähriger Futterbau vermag Fruchtfolgen mit starkem Getreidebau aufzulockern. Die Gefahr des Auftretens von Fußkrankheiten wird dadurch nicht verstärkt. Einjähriger Feldgrasbau ist heute nicht mehr nur Ersatz für ausgewinterten Klee, sondern eine selbständige Form des Futterbaues. Wichtigste Pflanze für den einj. Futterbau ist das Welsche, bes. das einjährige Weidelgras (**I**), das durch Züchtung wesentlich verbessert wurde. In Versuchen wurden Grasreinsaaten mit Mischungen mit Überfrucht zur Verbesserung des 1. Schnittes und mit Klee zur Verbesserung der Folgeschnitte verglichen. Im Vergleich zur Grasreinsaat (= 100) brachte ein Gemisch aus 40 kg **I** + 80 kg Peluschken in 2 Versuchsjahren 121 und 102 (Tr.-Subst.); 40 **I** + 60 Hafer 124 (nur 1 Jahr) und 40 **I** + 16 Ölrettich 141 und 58 beim 1. Schnitt. Beim Vergleich mit Oldenburger Weidelgras schnitt **I** besser ab (Prüfung in Reinsaat und im Gemisch mit Peluschken sowie mit Ölrettisch). Beim Anbau mit Hafer lagen die 4 Schnitte im Vergleich zur Reinsaat (= 100) bei 124, 87, 94, 106. Gemische mit **I** und Oldenburger Weidelgras brachten in der Gesamtwertung (alle Schnitte im Jahr) z.T. etwas höhere Leistungen als die Partner allein wegen der höheren Frühjahrsleistungen von **I** und der Verbesserung der Herbsterträge durch das Oldenburger Weidelgras. Bei Gemischen mit Sommer-Rotklee oder Alexandrinerklee lag der 1. Schnitt mit rel. 82–86 unter der Grasreinsaat (= 100), in den folgenden Schnitten waren aber die Gemische im Ertrag und Rohproteinertrag überlegen. W. Stenz. 864.

Henderson, J. L., Edwards, R. S. und Hammerton, J. L.; Aberystwyth, Univ. Coll. of Wales, Dep. of Agric. The productivity of five grass species at six levels of compound fertilizer application. I. Dry-matter production. **(Die Leistung von 5 Grasarten bei 6 verschieden hohen Düngergaben. 1. Mitt. Trockensubstanzproduktion.)** J. agric. Sci. **59** (1962) Nr. 1. S. 5–11. — 6 Abb., 2 Tab., 14 Lit.

Deutsches Weidelgras (a), Wiesenschwingel (b), Lieschgras (c), Knaulgras (d) und Straußgras (e) wurden in 4facher Wiederholung zusammen mit Weißklee angebaut und mit 0, 1, 3, 5, 7, 9 cwt./acre eines Mischdüngers aus 10% N, 4% P_2O_5 und 9,5% K_2O im Frühjahr gedüngt. Jährlich wurden 3 Schnitte gewonnen (1955 waren nur 2 möglich). Die höchsten Leistungen brachte c, die geringsten a und e im Mittel der 3 Jahre. In den einzelnen Jahren gab es jedoch z.T. andere Relationen. In manchen Jahren übertraf e sogar b und d. Mischung e hatte einen höheren Sommeranteil (2. und 3. Schnitt) des Ertrages als die anderen Gräser. Die Beziehungen zur Düngung waren eindeutig. Im Mittel ergab sich je cwt. Dünger ein Mehrertrag von 1,6 cwt./acre Tr.-Subst. beim 1. Schnitt und 0,7 cwt. beim 2. Schnitt. Die Gräser reagierten nicht signifikant unterschiedlich. Die Tr.-Subst.-Menge des Klee-Anteils war am geringsten bei c und d. Die Düngung senkte den Ertrag des Klees in jedem Falle. W. Stenz. 864.

Lambert, D. A.; Hurley, Grassland Res. Inst. A study of growth in swards of timothy and meadow fescue. III. The effect of two levels of nitrogen under two cutting treatments. **(Eine Wachstumsstudie an Lieschgras- und Wiesenschwingel. 3. Mitt. Die Wirkung zweier Stickstoffgaben bei zwei Schnittbehandlungen.)** J. agric. Sci. **59** (1962) Nr. 1. S. 25–32. — 4 Abb., 3 Tab., 10 Lit.

Im Feldversuch erhielten beide Gräser eine N-Gabe von 52 oder 156 lb./acre (in 7 Teilgaben) und wurden 3× oder 7× geschnitten. Der 3malige Schnitt war im Ertrag an Tr.-Subst. dem 7maligen (alle 4 Wochen) deutlich überlegen (bei *Phleum pratense* 113,9 gegenüber 46,5 cwt./acre bei niederer und 140,4 gegenüber 67,4 cwt. bei der hohen N-Gabe; bei *Festuca pratensis* entspr. 84,5 gegenüber 43,3 bzw. 117,5 gegenüber 64,6 cwt./acre Tr.-Subst.). Die Triebzahl stieg bei Erhöhung der N-Gabe, war im Frühling am höchsten und nahm zum Sommer ab, sie war beim Wiesenschwingel höher als beim Lieschgras. Häufiger Schnitt führte zu einer Erschöpfung der Pflanzen, bes. bei der niederen N-Gabe. H. Pätzold. 864.

Hughes, G. Pearson. The role of cocksfoot (Dactylis glomerata) in grassland husbandry in Britain. **(Die Rolle des Knaulgrases [Dactylis glomerata] in der Grünlandwirtschaft von Großbritannien.)** J. Brit. Grassland Soc. **17** (1962) Nr. 3. S. 225–228. — 8 Lit.

Ältere Autoren halten Knaulgras für das futterwüchsigste und für die Wurzelanreicherung wichtigste Gras der Insel, wo es vor allem im trockeneren SO im Kleegrasbau und für die Dauerweiden eine wichtige Rolle spielt. Neuere Untersuchungen bewiesen jedoch die schlechtere Verdaulichkeit des Knaulgrases gegenüber dem Deutschen Weidelgras. Ferner ist es heute durch verstärkte Düngeranwendung möglich, anspruchsvollere Gräser (*Lolium perenne*, *Festuca pratensis*) auch auf nährstoffärmeren Standorten anzubauen, und in Untersuchungen des Grasland-Institutes Hurley brachte ein Weißklee-Weidelgrasgemisch mit 9500 lb. auch eine höhere Wurzelmenge als ein Weißklee-Knaulgrasbestand mit 7820 lb./acre org. Masse. Trotzdem wird das Knaulgras als Partner in einer vielseitigen Mischung und in neuester Zeit auch als Reinsaat oder im Anbau mit Luzerne zur Gewinnung von Winterfutter (Winterweide) auch in Zukunft seine Bedeutung behalten. H. Pätzold. 864.

Hammerton, John L. und Johnson, R. J.; Aberystwyth, Univ. Coll. of Wales, Dep. of Agric. Establishment of rape in grass swards by use of sodseeder and herbicides. **(Der Anbau von Raps in Kleegrasbeständen unter Verwendung von Grünland-Driller und Herbiciden.)** J. Brit. Grassland Soc. **17** (1962) Nr. 3. S. 229–230. — 1 Tab., 2 Lit.

Raps wurde im Aug. in einer Menge von 5 lb./acre in die unverletzte (a; Kontrolle), umgepflügte (b), mit niedriger (c) oder hoher Rate (d) von Dalapon vor der Saat oder mit Paraquat in normaler (e) oder bandförmiger Ausbringung (f) nach der Rapssaat zerstörte Narbe eines 4 Jahre alten Weißklee-Weidelgrasbestandes eingesät (Verwendung von Spezialsäscharen zum Aufreißen der Narbe). Die höchsten Rapserträge (Tr.-Subst.) ergaben sich bei b (12,7) und d (11,2 cwt./acre); dazu kamen von den Resten der Narbe 0,6 bzw. 1,9 cwt./acre. Bei c, e und f wirkten die Mittel nur schwach, die Rapserträge waren geringer, der Narbenanteil am Ertrag war höher. Auf der unbehandelten Parzelle kam der Raps nicht zur Entwicklung (0,2 cwt./acre), aber der Gesamtertrag an Tr.-Subst. war am höchsten (16,5 cwt./acre, davon 16,3 cwt. aus dem Kleegras). H. Pätzold. 864,

I. Pflanzen der Subtropen und Tropen

Lajtos, J. A rizstermesztés egyes kérdései. **(Einige Fragen des Reisanbaues.)** Növénytermelés [Pflanzenbau] **11** (1962) Nr. 1. S. 27–34. — Aus: Ung. Agrar-Rdsch. **1962** Nr. 4.

Vf. berichtet über die erfolgreiche Züchtung von Reissorten, die hohe Anbauqualitäten mit guter Speisequalität und hohem Ertrag verbinden. 872.

Samoto, Shiro und Ouchi, Kunio. Varietal differences of response of hulled rice grain size to some levels of fertilizer application. **(Sortenbedingte Unterschiede in der Reaktion geschälter Reiskörner bezüglich der Größe auf verschiedene Düngermengen.)** Res. Bull. Hokkaido nat. agric. Exp. Stat. **1962** Nr. 78. S. 1–15. — 12 Abb., 12 Tab. Orig.: jap., Ausz.: engl.

Im Rahmen des japanischen Reiszüchtungsprogrammes wird der Förderung der Körnerreife durch gestaffelte Düngergaben bes. Beachtung geschenkt. Eine hohe Korrelation wurde zwischen der TKM geschälter Körner und deren Dicke gefunden. Das Durchschnittsgewicht je Korn der unreifen Gruppen (1,6–1,7 mm dick) war bei starker Düngung höher als bei schwacher. Sortenbedingte Unterschiede in der Korngröße konnten bei völlig unreifen Körnern kaum festgestellt werden, um so mehr aber bei ausgereiften Körnern, die dicker als 2 mm waren. Die Variation in der Zahl der nach Dicke eingestuften Körner wurde nur bei den sehr späten Sorten durch die Höhe der Düngergaben beeinflußt. W. Fleischmann. 872.

Ingram, Jean S. und Greenwood-Barton, L. H. The cultivation of yams for food. **(Der Anbau von Yamwurzeln als Nahrungsmittel.)** Trop. Sci. **4** (1962) Nr. 2. S. 82–86. — 3 Abb., 2 Tab., 13 Lit.

Eßbare *Dioscorea*-Pflanzen besitzen lange, kletternde Ranken und tiefreichende, dicke, fleischige Wurzeln oder Knollen. Der Anbau erfolgt hauptsächlich in den Tropen, z.T. aber auch Subtropen. Wichtig für hohe Erträge sind dabei reichliche Niederschläge (bis 400 in.), obwohl z.T. schon 50 in. ausreichen. Es können Luftknollen oder geschnittene Stücke von Wurzelknollen gesteckt werden. Letztere führen zu rascherer Entwicklung. Nach Pflanzung zu Beginn der Regenzeit und anschließendem Häufeln ranken die Triebe schnell an 12 ft. hohen Stangen empor. 5–11 Mon. später welken die Blätter, worauf von Hand (Knollen sind sehr empfindlich) gerodet werden kann. Die Lagerung für mehrere Mon. ist nur in kühlen, sehr luftigen Räumen oder im Schatten im Freien auf Gestellen möglich. Die Knollen enthalten 24–28% Stärke, sind reicher an Ca, aber ärmer an Vitamin C als Kartoffeln. 100 g sind mit 102 cal (Kartoffel = 86 cal) zu bewerten. Yamwurzeln werden gekocht, in Öl gebacken oder getrocknet und gemahlen. Neuerdings verwendet man sie auch bei der Herstellung von Cortison und entspr. Sexualhormonen. Dagegen wird Stärke bisher industriell nicht produziert. V. Ehrenpfodt. 876.

Roy, Basudev; Barrackpore, Jute Agric. Res. Inst. Studies on the factors influencing the yield of fibre in jute. **(Untersuchungen über die faserertragsbildenden Faktoren bei Jute.)** Current Sci. [Bangalore] **31** (1962) Nr. 7. S. 293 bis 294. – 1 Tab., 4 Lit.

Mit den beiden Sorten 'IRO-632' und 'C.G.' (*Corchorus olitorius L.*) wurde ein randomisierter Mikroversuch mit 14 Wiederholungen angelegt. Das Erntegut wurde zu 2 verschiedenen Terminen geschnitten. Sofort nach der Probenahme wurden Stengellänge und -Dmr. sowie Faser/Holz-Verhältnis und Fasergehalt ermittelt und varianzanalytisch ausgewertet. Zu beiden Schnittzeiten übertraf die Sorte 'IRO-632' die Sorte 'C.G.' in folgenden Eigenschaften signifikant: Stengellänge, rel. Holzanteil und Fasergehalt. Die geringe Differenz im Stengel-Dmr. lag innerhalb der Fehlergrenzen. Stengellänge und -Dmr. wurden bisher wegen ihrer guten Korrelationen mit dem Fasergehalt als Hauptkriterien für die Selektion in der Jutezüchtung angesehen. Es wird vorgeschlagen, als 3. Faktor in Zukunft das Faser/Holzverhältnis einzubeziehen. Bei randomisierter Probenahme kann dieses bereits in frühen Zuchtstadien als Auslesemerkmal genutzt werden. L. Rath. 877.

Chaudhun, S.D. und Ali, M. Kasem. Jute seed – its production and distribution. **(Jutesaatgut — seine Erzeugung und Verteilung.)** Agric. Pakistan **12** (1961) Nr. 3. S. 467–479. – 6 Abb., 3 Tab.

Von der Gattung *Corchorus* werden *C. olitorius* (langgestreckt spindelige Früchte mit kleineren Samen, 500 Stck./g) und *C. capsularis* (rundliche Kapseln mit größeren Samen, 300 Stck./g) angebaut. Die Samen enthalten 14% halbtrocknendes Öl sowie einige herzwirksame Stoffe. Die Keimfähigkeit geht stark zurück, wenn das Saatgut feucht geerntet oder falsch gelagert wird. Bei der Lagerung spielen bestimmte Schaderreger eine Rolle. Lagerung in luftdichten Glas- oder Metallgefäßen ist am günstigsten. Gegen die pilzlichen Schädlinge werden Agrosan GN, Granosan M und Farmosan 75 W empfohlen. Des weiteren werden einige neue Jutesorten beschrieben. Zur Saatguterzeugung müssen trockene Ländereien benutzt werden. Während zur Fasergewinnung im März-Apr. gesät werden muß, erfolgt die Aussaat zur Samengewinnung im Juni–Juli. In beiden Fällen kommen die Pflanzen im Aug.–Sept. zum Blühen. Im Okt.–Nov. erfolgt dann die Ernte (6 Wochen nach der Faserernte), wenn die Kapseln halb- oder fast totreif sind. Das Saatgut hat keine Keimruhe und kann zu beliebiger Zeit gesät werden. Der Anbau zur Samengewinnung erfolgt in Reihen mit 1 ft. Abstand und 6 in. Pflanzweite in der Reihe. Der Ertrag bei *C. capsularis* beträgt 4–5 und bei *C. olitorius* 2–3 mds./acre (1 maund = 37,3 kg). W. Stenz. 877.

Ermolaev, I. (Ermolaew, I.) Po vüprosa za osnovnata obrabotka i toreneto na pamuka rajona na Kompleksnija selskostopanski naučnoizsledovatelski institut — Karnobat. **(Über die Fragen der Bodenvorbereitung, Pflege und Düngung der Baumwolle im Gebiet des Zentralen Landwirtschaftlichen Forschungsinstituts Karnobat.)** Izvestija na Kompleksnija selskostopanski naučnoizsledovatelski institut — Karnobat, Sofija 2 (1962) S. 91–105. — 8 Tab., 8 Lit. Zus. in Russ., Engl.
Geprüft wurde der Einfluß der in der Zeit Aug.–Nov. auf 23–25 cm und 28 bis 30 cm Tiefe gezogenen Herbstfurche sowie die Wirkung der Düngung mit Stalldung, granuliertem Superphosphat und Kaliumsulfat, in verschiedenen Kombinationen ausgebracht, verbunden mit Entgipfeln und Entgeizen. Die höchsten Rohbaumwollerträge wurden nach Herbstfurche im Aug. und Sept. erzielt. Mit Verspätung des Tiefpflügens im Herbst gingen die Erträge um 180–190 kg/ha zurück. Die Vertiefung der Herbstfurche von 23–25 cm auf 28–30 cm führte zu keiner Ertragssteigerung. Bei auf schwach ausgelaugtem Tschernosem-Smolnitza-Boden angebauter Baumwolle hatte weder die mineral. noch die org. Düngung zur Ertragssteigerung beigetragen, während sie auf zimtfarbenen Wiesenböden von sehr guter Wirkung waren. Die besten Ergebnisse brachten 350 kg/ha granuliertes Superphosphat und 350 kg/ha Kaliumsulfat als Krumendüngung kombiniert mit zeitig im Frühjahr gegebener Kopfdüngung mit 50 kg/ha Ammonsalpeter + 100 kg/ha Superphosphat. Bei dieser letzten Kombination wurde neben einer Reifebeschleunigung auch eine 46%ige Ertragssteigerung erzielt. Auch die org.-mineral. Düngerkombinationen waren von guter Wirkung, bei denen auch die Weizenerträge im Folgejahr bedeutend höher waren. M. Stoilow. 878.

Urkuday, K. N., Surve, D. N. und Kulkarni, Y. S. Flowering studies in groundnut. **(Untersuchungen zur Blüte der Erdnuß.)** Poona agric. Coll. Mag. 52 (1961) Nr. 1/2. S. 61–65. — 2 Tab., 1 Lit.
Bei Büschel- und halbausbreitenden Typen der Erdnuß (*Arachis hypogaea*) beginnt die Blüte 28–30 Tage nach der Aussaat. 85–90% der Blüten ersteren Typs erscheinen in den ersten 6 Wochen nach Einsetzen des Blühens, 85% sind es entspr. beim anderen Typ. Bei beiden Typen dauert das Blühen noch 11 Wochen nach der ersten Blüte an. Pro Pflanze werden beim Büscheltyp 63–65 Blüten in 2 Vegetationsperioden hervorgebracht, beim anderen Typ sind es 66–67. Der Anteil vollentwickelter Hülsen an der Gesamtblütenzahl beträgt 22,1–26,6% beim Büscheltyp bzw. 16,8–22,2% beim anderen Typ.
W. Fleischmann. 880.

Newton, K. Notes on the botany, breeding and establishment of oil palms and production of palm oil. **(Bemerkungen über Botanik, Züchtung und Anbau von Ölpalmen und die Herstellung von Palmöl.)** Papua New Guinea agric. J. 14 (1961) Nr 2/3. S. 53–77. — 17 Abb., 2 Tab., 22 Lit.
Der Beitrag informiert in ausführlicher Weise über Botanik, Züchtung und Anbau der Ölpalme sowie der Palmölgewinnung in Ghana, Nigeria und Belgisch-Kongo. Die Keimung wird als eines der schwierigsten Probleme im Ölpalmenanbau Westafrikas bezeichnet; es werden entsprechende Maßnahmen für einen erfolgreichen Anbau beschrieben. Die Erläuterung der Palmölherstellung wird durch mehrere Abb. und Darst. veranschaulicht.
E. Kabis. 880.

Gopalkrishna, N. und Bhore, D. P. Medicinal uses of mango. **(Medizinische Verwendung von Mango.)** Poona agric. Coll. Mag. 52 (1961) Nr. 1/2. S. 52–56. — 7 Lit.
Vff. berichten über die vielseitigen Verwendungsmöglichkeiten der verschiedenen Teile des Mangobaumes (*Mangifera indica*) für medizinische Zwecke in Indien. So weist die reife Frucht (auch beliebte Obstart) folgende Eigenschaften auf: kräftigend, gewichtsfördernd, harntreibend und abführend. Der Rauch

brennender Blätter wird für wirksam gegen verschiedene Halsbeschwerden gehalten. Aus den Kernen wird Medizin gegen Asthma und Durchfall gewonnen. Darüber hinaus gibt es in dem weiten indischen Raum noch örtlich spezifische Verwendungsmöglichkeiten, die übersichtsmäßig besprochen werden, und zwar getrennt nach folgenden Pflanzenteilen: Blatt, Rinde, gummiartige Saftausscheidungen, Blüte, unreife Frucht, Haut der unreifen Frucht, reife Frucht und Samen; insgesamt sind es 45 Möglichkeiten.
W. Fleischmann. 887.

Serafimov, Serafim. (Serafimow, Serafim.) Otgleždane na dafinovoto rastenie v Pomorie. **(Kultivierung des Lorbeerstrauches in Pomorie.)** Selskostopanska nauka, Sofija **1(7)** (1962) Nr. 1. S. 82–84. – 2 Tab.
Unter den Klimaverhältnissen Bulgariens wurde ein Anbauversuch mit dem Lorbeerstrauch angestellt. Die Anzucht erfolgte aus Samen. Die Sämlinge wurden im Verband 3 × 1 m gepflanzt. Bei der Anzucht wurden die Pflanzen teils auf 20–25 cm, teils auf 5 cm über dem Erdboden gekürzt. Der Schnitt erfolgt in der 2. Nov.-Hälfte. Gleich danach werden die Pflanzen mit Erde zugedeckt. Den höchsten Ertrag an Trockenblättern, 20,8 dt/ha, brachte die 1. Variante, während die 2. 17,3 dt/ha lieferte. Zur Bedarfsdeckung im eigenen Land empfiehlt Vf. auf Grund dieser Ergebnisse für Bulgarien den Anbau dieser Kultur im Küstengebiet des Schwarzen Meeres. Z. Zankow. 887.

Mitev, D. (Mitew, D.) Opit za kultivirane na čajot (Sechium edule Sw.) v Bŭlgarija. (Predvaritelno sŭobštenie.) **(Ein Versuch zum Kultivieren von Sechium edule Sw. in Bulgarien. Vorl. Mitt.)** Izvestija na Centralnija naučnoizsledovatelski institut po rastenievŭdstvo, Sofija **12** (1961) S. 359–370. – 2 Abb., 4 Tab., 9 Lit. Zus. in Russ., Franz.
Mit einer sowjet. und einer brasilianischen Herkunft von *S. edule* (Schuschu, ein der Gurke verwandtes Rankengewächs), dessen Früchte als Obst oder Gemüse genutzt werden können, wurden Kulturversuche angestellt. Bei 8-Std.-Tag war die Entwicklung besser. Die Suchumer Herkunft war besser anpassungsfähig an den örtlichen Tagesrhythmus, entwickelte sich schneller und brachte höhere Erträge als die brasilianische (im Mittel 63 Früchte oder 71 kg pro Pflanze gegenüber 10 Früchten oder 2,5 kg/Pflanze). M. Stoilow. 893.

Spina, Paolo; Catania, Ist. di Coltivazioni. Il pistacchio. **(Der Pistazienbaum.)** Italia agric. **99** (1962) Nr. 5. S. 477–492. – 16 Abb., 1 Lit.
Der Vf. berichtet vom Anbau des Pistazienbaumes, eines Anakardengewächses, das im Mittelmeerraum und bes. für eine Ausbreitung auf Sizilien infolge der Resistenz gegen Dürre sowie Anpassungsfähigkeit an die kalkhaltigen, felsigen Böden geeignet erscheint. Im tragfähigen Alter erreichen die Bäume in Sizilien 4–5 m Höhe und 3–4 m Kronen-Dmr. Die Blätter sind immergrün, fiedrig gestaltet; die Blütenstände setzen sich aus rispig oder traubig stehenden 2häusigen Blütchen zusammen. Als Frucht wird eine fleischige Steinfrucht, die einen ölreichen Samen (50–60% Öl, 18–23% Protein in der Tr.-Subst.) enthält, ausgebildet. 90% des gesamten Anbaues wird von der Sorte ‚Napoletana' getragen. Im Mittel werden bei 2–3 maligerErnte im Jahr 5–10 kg/Baum erzielt. Max. Erträge liegen bei 15–20 kg. Die bisher am häufigsten aufgetretenen Schädlinge *Chaetoptelius vestitus* Muls. et Rey und *Megastigmus pistaciae* Walk. wurden erfolgreich mit DDT-Staub sowie Estermitteln bekämpft. G. Müller/Leipzig. 893.

VIII. GRÜNLAND

A. Allgemeine Literatur, Berichte, Statistiken u. a.

Lampeter, Wilhelm; Paulinenaue, Inst. für Grünland- und Moorforsch. der Dtsch. Akad. der Landwirtsch.-Wiss. zu Berlin. **Intensive Grünlandwirtschaft im sozialistischen Großbetrieb.** Wiss. Z. Karl-Marx-Univ. Leipzig, math.-naturwiss. R. **11** (1962) Nr. 3. S. 567–573. – 2 Abb., 1 Tab.

Es werden Maßnahmen zur Steigerung der Flächenleistung auf dem Grünland in Form tierischer Produkte unter Berücksichtigung von Menge, Qualität, Ernte, Konservierung und Verwertung des gewachsenen Futters diskutiert. Die Durchführung notwendiger Hydromeliorationen ist die Voraussetzung zur Steigerung der Grünlanderträge. Die Wiesenerträge können durch ausreichende PK-Düngung, Vorverlegung des ersten Schnittes und verlustarme Konservierungsverfahren wie Unterdachtrocknung und Bereitung von Anwelksilage erhöht werden. N-Düngung (100–120 kg/ha N), richtige Weideführung und Intensivierung der Weidewirtschaft durch Weidekombinate tragen wesentlich zur Erhöhung der Weideleistungen bei. O. Knabe. 901.

Pätzold, H. **Agrargeographische Gesichtspunkte bei der Gestaltung des Futterbaues.** Z. Landeskult. **3** (1962) Nr. 1. S. 69–81. – 27 Lit.
Da bei der Auswahl der Futterpflanzen bisher agrargeographische Gesichtspunkte nur wenig berücksichtigt wurden, unterbreitet Vf. Vorschläge und Folgerungen für eine planmäßige und systematische Anwendung solcher Gesichtspunkte unter Ausnutzung der ökologischen Variationsbreite vieler Futterpflanzen. Dabei weist er auf die noch viel zu wenig genutzten Möglichkeiten einer kontinuierlichen Versorgung des Nutzviehes mit hochwertigem Futter hin. Manche aride, subtropische und tropische Zonen stehen vor der Aufgabe, erstmalig Futterbau zwecks Erhaltung der Bodenstruktur und Futtergewinnung zu betreiben. Die bisher mehr zufällig geübte Einfuhr von Futterpflanzen aus klimatisch ähnlichen Zonen muß der planmäßigen Einfuhr fremder Futterpflanzen weichen. Auch eine Einfuhr aus klimatisch abweichenden Zonen kann sinnvoll sein, wenn die Kenntnisse um deren photoperiodische und Temperaturansprüche dabei ausgenützt werden. Ziel muß allerdings sein, die für den Futterwuchs wichtige vegetative Phase der Pflanzen zu verlängern und u.U. die generative Phase ganz auszuschalten. Vf. kann von ersten positiven Ergebnissen über die Einfuhr von Langtagfutterpflanzen in tropische Höhenlagen berichten. Der Einfuhr subtropischer Kurztagpflanzen in gemäßigte Zonen des Langtags räumt er trotz mancher Schwierigkeiten Erfolgsaussichten ein, wobei er die Pflanzenzüchter anspricht.
W. Fleischmann. 901.

B. Wiesen

Mott, N. **Die Beziehungen zwischen Sommerniederschlägen und Heuertrag auf Wiesen.** Bundesversuchsanst. alpenländ. Landwirtsch. Gumpenstein [Österreich], Ber. 1. alpenländ. Grünlandtag. **1960** (hrsg. 1961) S. 86–97. – 3 Abb., 1 Tab.
Durch die Auswertung von 4 langjährigen Versuchen wurde festgestellt, daß gut gedüngtes Grünland die Niederschläge (bes. die von Apr.–Aug.) besser ausnutzt als ungedüngtes. Die Mehrerträge durch 100 mm Sommerniederschläge wurden mit zunehmend besserer Wasserversorgung vom Boden her geringer, mit absolut höher werdenden Niederschlägen nahmen sie kontinuierlich ab. Bei einem Versuch begannen ab 700 mm Sommerniederschlägen die Erträge bereits geringer zu werden. Die Beziehungen zwischen den Niederschlägen in mm und den Heuerträgen in dt/ha sind durch ein Koordinatensystem veranschaulicht. E. v. Wangenheim. 920.

Buhtz, E. **Über den Einfluß von Standort, Düngung und Witterung auf die Wiesenheuerträge und den Pflanzenbestand im Harz und Thüringer Wald.** Z. Landeskult. **3** (1962) Nr. 1. S. 43–68. – 6 Abb., 11 Tab., 31 Lit.
Auf Grund der Untersuchungen stellt Vf. fest, daß in Berglagen mit steigender Höhe die Heuerträge und wahrscheinlich auch die Düngerwirkung abnehmen. Düngung und Ertrag übten einen spezifischen Einfluß auf pH-Wert und Gehalt des Bodens an pflanzenaufnehmbaren, nesterweise verteilten Nährstoffen aus. Mineralische Volldüngung vermochte den Ertrag auf ungünstigen

Standorten teilweise um das Dreifache zu erhöhen, Vorschnittdüngung hatte kaum Erfolg. Bei N-Düngung war der Wirkungsverlauf (bes. auf Graswiesen erfolgreich) regressiv, bei PK-Düngung (bes. auf Mischbeständen erfolgreich) progressiv. Organ. Düngung führte zur Mobilisierung im Boden festgelegter P_2O_5, zu Ertragssteigerungen aber nur auf Mangelparzellen. Der Ertrag, vor allem der von Grummet, war eng mit der Niederschlagshöhe korreliert, und zwar unabhängig vom Frühjahrsbeginn. Den höchsten Anteil an wertvollen Bestandsbildnern enthielten die PK- und NPKCa-Varianten.

W. Fleischmann. 920.

Chrtek, Jindřich und Jirásek, Václav. Contribution to the systematics of species of the Poa L. genus, section Ochlopoa (A. et GR.) V. Jirás. **(Beitrag zur Systematik der Spezies von der Poa L.-Gattung, Section Ochlopoa [A. et GR.] FV. Jirás.)** Preslia [Praha] **34** (1962) Nr. 1/2. S. 40–68. – 8 Abb., 1 Tab., 62 Lit.

Wie Vff. betonen, ist die Artenzahl der verfolgten Sektion seit ihrer Beschreibung von Ascherson und Graebner 1900 auf das dreifache gestiegen, wenn wir die Art P. supina und P. infirma als selbständig betrachten. Sie erwähnen die Verbreitung einzelner Arten, die taxonomische Bewertung diakritischer Merkmale, erwägen das Benennungsproblem im Rahmen der Ochlopoa-Sektion, beschreiben die taxonomische Bewertung charakteristischer Spelzenmerkmale, die Struktur der Blattepidermis bei Draufsicht, ihre taxonomische Bewertung; außerdem werden auch die gegenseitigen Beziehungen der Arten beschrieben und Ansichten über die Herkunft einiger Arten angeführt. Die Sektion wurde in Subsektionen Staminatae und Ochlopoa neu aufgeteilt. Es hat sich gezeigt, daß die Art Poa bolanderi weder zur Sektion Ochlopoa noch zur Sektion Diversipoa gehört. Man kann annehmen, daß die tetraploiden Arten der polyploiden Gruppe (P. annua, P. maroccana und P. rivalorum) aus ursprünglich diploiden, von Diploiden stammenden, Hybriden entstanden seien. Die ausgesprochene Variabilität der Art P. annua bestätigt ihre verhältnismäßig rezente Entstehung. J. Šindelářova. 925.

Schechtner, G. **Einfluß verschiedener Nutzungsmaßnahmen auf das Ertragspotential von Dauerwiesen.** Bundesversuchsanst. alpenländ. Landwirtsch. Gumpenstein [Österreich], Ber. 1. alpenländ. Grünlandtag. **1960** (hrsg. 1961) S. 46–71. – 3 Tab., 30 Lit.

Bei der Wiesennutzung sind die bedeutenden Qualitätsverbesserungen, die mit der Intensivierung einhergehen und höhere tierische Leistungen ermöglichen, bes. zu berücksichtigen. Die Hauptmasse des Futters sollte deshalb etwa 14 Tage früher geerntet werden als man bisher zumeist empfohlen hat. In einem 4jährigen Schnittzeitenversuch auf einer Dauerwiese betrugen die Jahreserträge an Rohprotein bei frühem bzw. spätem 1. Schnitt 1090 bzw. 1038 kg/ha. Auch bei der Vielschnittnutzung (mehr als 3 Schnitte/Jahr) stiegen die Rohproteinerträge mit ziemlicher Sicherheit an. Die pflanzenbaulichen Einwände, die man gegen die Vielschnittnutzung immer wieder erhebt, scheinen nicht am Platze zu sein. Die technischen Schwierigkeiten bei der praktischen Anwendung des Vielschnittes müssen durch Fortschritte in der Technisierung überwunden werden. E. v. Wangenheim. 930.

Patel, B. M., Shah, B. G. und Patel, P. S.; Amand, Inst. of Agric. Effect of cutting treatments on the yield and composition of forage in grasslands of Saurashtra. **(Einfluß der Schnittermine auf Ertrag und Zusammensetzung des Futters auf Grünlandflächen in Saurashtra.)** Indian J. agric. Sci. **32** (1962) Nr. 1. S. 14–21. – 6 Tab., 19 Lit.

Da sich 2 Mill. acres Grünland in Saurashtra in schlechtem Zustand befinden, führte man zu Demonstrationszwecken an 2 Standorten je einen Versuch mit 4 Schnittvarianten (A = 4maliger monatlicher Schnitt, B = 3maliger, C = 2maliger und D = 1maliger Schnitt) durch. Dabei wurden B und C ebenfalls monatlich geerntet, der erste Termin des Schnittes lag aber bei B nach 2, bei C nach 3 und bei D nach 4 Monaten. Neben den Erträgen werden Rohprotein, Ätherextrakt, Rohfaser, N-freie Extraktstoffe, Asche, Silizium, Calzium und Phosphorgehalt angeführt. – Der Proteingehalt war bei häufigem Schnitt gleichbleibend und am höchsten (6%). Er fiel mit dem Alter des Futters bis auf 1,7%. Die N-freien Extraktstoffe stiegen vom 1. zum 4. Schnitt und mit dem Alter des Grases (1. Schnitt nach 1–3 Monaten). Der P-Gehalt war beim Schnitt nach einem Monat am höchsten, während Ätherextrakt und Calzium nicht beeinflußt wurden. Der Trockenmassenertrag betrug für A–D 1252, 1947, 1932 bzw. 1888 lb./acre, so daß Variante B zu empfehlen ist.

V. Ehrenpfordt. 930.

Mott, N. **Der Einfluß der Schnitthäufigkeit auf Ertrag und Pflanzenbestand der Fuchsschwanzwiese.** Bundesversuchsanst. alpenländ. Landwirtsch. Gumpenstein [Österreich], Ber. 1. alpenländ. Grünlandtag. **1960** (hrsg. 1961) S. 33 bis 45. – 5 Tab., 5 Lit.

In Versuchen wurden die 2-Schnitt-Nutzung (a) und die 3- (b) bzw. 4-(c) Schnitt-Nutzung gegenübergestellt sowie der Einfluß der Düngung hierbei geprüft. Im Mittel der 15- bzw. 18jährigen Versuchszeit wurden je nach Düngung durch b 4,3–9,0 und durch c 7,3–13,6 dt/ha Heu weniger geerntet als bei a, auch, wenn bei b 60 und bei c 80 kg/ha N gegeben wurden. Die absolut höchsten Erträge wurden bei 40 N mit P- und K-Düngung und Nutzung nach a erzielt. Während der Leguminosenanteil bei allen 3 Varianten fast unverändert blieb, wurden bei b und c der Gräseranteil gesenkt und die Kräuter entsprechend gefördert. E. v. Wangenheim. 930.

Zürn, F. **Einfluß verschiedener Faktoren auf die Entwicklung von Grünlandansaaten.** Bundesversuchsanst. alpenländ. Landwirtsch. Gumpenstein [Österreich], Ber. 1. alpenländ. Grünlandtag. **1960** (hrsg. 1961) S. 76–85. – 6 Tab., 12 Lit.

Gutes Saatgut bringt mit Sicherheit in den ersten Jahren (3–6) eine Ertragserhöhung. Erstklassiges Saatgut und zweckmäßige Mischungen gestatten eine Einsparung an Saatmenge von 20–40%. Saatzeit und Deckfrucht spielen eine ausschlaggebende Rolle, regelmäßige und richtige Düngung sind mitentscheidend für den Erfolg. Die Vermeidung der sog. „Hungerjahre" ist durchaus möglich und von der sorgfältigen Durchführung der genannten Maßnahmen abhängig. Eine häufige Nutzung ist bes. in den 1. Jahren zu empfehlen, um den angesäten Arten gute Entwicklungsmöglichkeiten zu bieten.

E. v. Wangenheim. 932.

Zürn, F. **Möglichkeiten der Leistungssteigerung auf Dauerwiesen und Vergleich zwischen den Erträgen von Wiesenneuansaaten und alten Dauerwiesen.** Bundesversuchsanst. alpenländ. Landwirtsch. Gumpenstein [Österreich], Ber. 1. alpenländ. Grünlandtag. **1960** (hrsg. 1961) S. 6–19. – 6 Tab.

In langjährigen Wiesendüngungsversuchen wurden die Ertragssteigerungen durch reine mineralische Düngung auf ungedüngten Wiesen festgestellt. Es wurde unterschieden in ungünstige (a), günstige (b) und sehr günstige (c) Standortsverhältnisse sowie in schlechte (x), mittlere (y) und gute (z) Nährstoffversorgung des Bodens. Die Heuerträge in dt/ha stellten sich wie folgt: ax = 20–30, ay = 50–70, az = 60–80, bx = 30–40, by = 60–80, bz = 70–100, cx = 40–50, cy = 70–90, cz = 80–120. Die Erträge der ungedüngten Vergleichswiesen lagen im Durchschnitt bei rund 40 dt/ha Heu. Neuansaaten erbrachten gegenüber Dauerwiesen in den ersten 6 Nutzungsjahren günstige Mehrerträge. E. v. Wangenheim. 932.

Westendorp, Tj.; Wageningen, Inst. voor Bewaring en Verwerking van Landbouwprodukten. Over de drogingssnelheid van hooigras. **(Über die Trocknungsschnelligkeit von Grasheu.)** Landbouwvoorlichting **19** (1962) Nr. 1. S. 43–47. – 3 Abb., 2 Tab., 4 Lit.

1957–61 wurden Versuche betr. Trocknungsschnelligkeit von Grasheu gemacht. Als entscheidende Einflüsse wurden Sonnenbestrahlung (a) und Farbe (b) des Materials herausgestellt. a) Kleine Mengen des gemähten Grases wurden auf 1 m^2 großen, grün gestrichenen Platten ausgelegt und der Trocknungszustand ständig beobachtet. Als Maß wurde der Gehalt an Tr.-Subst. genommen. Es wurde festgestellt, daß eine deutliche positive Korrelation zwischen der Anzahl der Stunden Sonnenschein und der Schnelligkeit des Trocknens bestand. Selbst bei weniger als 1 Stunde Sonnenbestrahlung pro Tag war die Trocknungsschnelligkeit 1,5mal größer als bei dem nur im Schatten liegenden Gras. b) Das Gras wurde mittels Holzkohle schwarz gefärbt und wie bei a) behandelt. Die Trocknungsschnelligkeit war ca. 1,5mal größer als beim grünen, unbehandelten Gras. E. M. Ardelt. 945.

C. Weiden

Mosland, Arne; Apelsvoll, Versuchsstat. Gjødslingas innflytelse på tørrstoffinnholdet i beitegraset. **(Der Einfluß von Mineraldüngern auf den Trockensubstanzgehalt von Weidegras.)** Tidsskr. norske Landbruk **69** (1962) Nr. 5. S. 109–137. – 5 Abb., 22 Tab., 2 Lit.
Die Berichtszeit über Mineraldüngungsversuche im Gesamtraum Norwegens umfaßt 24 Jahre, wobei mehr als 500 Versuche als Grundlage dienen. N-Düngung förderte den Grasanteil, den Ertrag und sogar den Tr.-Subst.-Gehalt des Futters (um etwa 0,5–1%), Phosphorsäure-Gaben führten zu etwas geringerem Ertragszuwachs bei gleichbleibendem Gras-Anteil und gleichem Tr.-Subst.-Gehalt. In ihrer Wirkung waren Superphosphat und Thomasphosphat gleichwertig, während Rohphosphate abfielen. Zufuhr von Kali bewirkte einen kaum nennenswerten Ertragszuwachs bei abnehmendem Tr.-Subst.-Gehalt (0,5–2,5%). Über die Ursachen des geringeren Tr.-Subst.-Gehaltes werden Vermutungen angestellt (vielleicht der Chlorid-Gehalt des Kalis).
H. Pätzold. 968.

McLeod, C. C.; Timaru, Dep. of Agric. Pasture renovation and crop establishment with aid of chemicals. **(Weideerneuerung und Anbau von Feldkulturen mit Hilfe von Chemikalien.)** New Zealand J. Agric. **104** (1962) Nr. 6. S. 479. 481. 483. 485. 487. – 5 Abb., 2 Tab.
Eine Mischung von Dalapon (2,2-D in Konzentrationen von 5 und 10 lb./acre) + 2,4,5-T wurde auf zwei alte Dauerweiden ausgebracht, um nach der Schädigung der alten Narbe short-rotation-H_1-grass einzusäen bzw. einzudrillen. Trotz Abtötung der alten Pflanzen um 95% wurde die Neuansaat unterdrückt. Ähnliche Versuche zeigten, daß sich, trotz guter Anfangserfolge, die Neueinsaaten nicht durchzusetzen vermochten. Die Verwesung der alten Grasnarbe vollzog sich zu langsam, verursachte N-Mangel und begünstigte nachträglich den Unkrautwuchs. Zusätzliche N-Düngung blieb erfolglos. – Verglichen wurde ferner die Einsaat von Markstammkohl in eine achtjährige, mit 2,2-D behandelte Weidenarbe (a) gegenüber Ansaat nach Umbruch (b). Die Grünmassenerträge beliefen sich bei a maximal auf 6,7, bei b auf 17,5 t Grünmasse/acre. Ähnliche Ergebnisse wurden mit Futterrüben und Stoppelrüben beobachtet. – Die Oberflächeneinsaat ohne Umbruch nach chem. Bekämpfung wird z.Z. für Neuseeland als noch nicht sicher betrachtet. Neue Versuche werden gefordert. H. Pätzold. 968.

Harker, K. W. und McKay, A. D.; Uganda, Animal Health Res. Centre, Dep. of Veterin. Serv. and Animal Ind. A stocking rate trial on rough grazing in Buganda. **(Besatzstärkenversuch auf natürlichem Weideland in Buganda.)** East African agric. Forestry J. **27** (1962) Nr. 4. S. 220–222. – 1 Abb.
Um die Leistung des natürlichen Graslandes (52% *Imperata cylindrica*, 38% *Pennisetum purpureum*) zu untersuchen, wurde ein einjähriger Beweidungsversuch mit 3 Varianten (A = ½, B = 1 und C = 2 acre pro Mastrind von

400–600 lb.) und 2 Wiederholungen durchgeführt. Bei der niedrigsten Besatzstärke konnte die höchstmögliche Leistung pro Einzeltier für diesen Standort erfaßt werden (Futterüberfluß), während bei dem hohen Viehbesatz die Leistungsgrenze der Weide zum Ausdruck kam. – In 14tägigen Wägungen zeigte sich, daß die Tiere der Gruppen B und C kontinuierlich zunahmen (von 420 auf 640 lb.), während Gruppe A kaum ihr Gewicht halten konnte und bei starker Trockenheit vorzeitig von der Weide genommen werden mußte. Mit einer Fläche von 1 acre/Tier sind somit optimale Leistungen zu erreichen. Da die Grasnarbe hierbei aber zuerst nur nestweise und erst später völlig abgeweidet wird, empfiehlt sich, um den Graswuchs besser zu nutzen, eine Unterteilung in 2 Koppeln. V. Ehrenpfordt. 970.

Harker, K. W.; Entebbe, Uganda, Animal Health Res. Centre. Grassland development in the fertile crescent of Uganda. **(Die Grasland-Entwicklung im fruchtbaren Gebiet von Crescent in Uganda.)** J. Brit. Grassland Soc. **17** (1962) Nr. 3. S. 188–193. – 2 Tab., 41 Lit.
Beschrieben wird die bisherige und geplante Entwicklung der Futterwirtschaft im Gebiet nordwestlich des Viktoria-Sees, wobei die Nutzung von Hoch-, Hang- und Talflächen durch Weidetiere im Vordergrund steht. Erfolgreich bewährt haben sich kurze Besatzzeiten und längere Ruhepausen. Zur Überbrückung der Trockenzeiten müssen schnellwüchsige Gräser (*Pennisetum purpureum, Panicum maximum, Cynodon dactylon*) auf Teilflächen stehen bleiben (Heu auf Halm) oder normal geheut werden. Als Leguminosen kommen *Centrosema pubescens* und *Vigna gracilis* in Frage. – Mit Hilfe stärkerer N-Düngung kann der Proteingehalt der sonst eiweißarmen Gräser beträchtlich verbessert werden (maximal bis zu 20%, sonst etwa 5%).
H. Pätzold. 970.

Stepanova, Klavdija Dmitrievna. Hrsg.: Akad. nauk SSR, Sibirskoe otdelenie. **Luga ostrova Sachalina i voprosy ich ulučšenija.** (Die Wiesen auf der Insel Sachalin und Probleme ihrer Verbesserung.) Moskva; Leningrad: Izd. Akad. nauk. SSSR. 1961. (98 S.) 4°. (1962 B 79)
Vinczeffy, Imre. **Rét-legelőgazdálkodási ismeretek.** (Wiesen- und Weidewirtschaft.) Budapest: 1962. (28 S.) 4°. (1962 B 142)

IX. GARTENBAU

A. Allgemeine Literatur, Berichte, Statistiken u.a.

Anonym. Une réunion pomologique sous le signe de l'Europe. **(Eine Pomologentagung im Zeichen Europas.)** Arboricult. fruitière [N.S.] 8 (1961) Nr. 93. S. 18–21. – 3 Abb.
Neben dem Interesse der Tagungsteilnehmer für unterschiedliche Anbauversuche und verschiedene Marktpreise von Äpfeln in den eur. Produktionszentren bildete die Sortenwahl das Hauptthema. Unter Hinweis auf die erstaunlichen Fortschritte des Obstbaues in der UdSSR berichtete M. G. Delbard, daß die Ergebnisse dort zu den besten Hoffnungen berechtigten. Natürlich gäbe es Schwierigkeiten durch die klimatologischen Unterschiede und die großen Entfernungen zu überwinden. Der Obstbau in Frankreich verfolgte die gleichen Ziele wie der in den USA. Die Tagung stand unter dem Zeichen: 'Golden' verkauft sich, pflanzt 'Golden'. Es sprachen zu den Problemen Persönlichkeiten aus Belgien, Spanien, Italien, und der Schweiz. Es wurde darauf hingewiesen, daß eine bestimmte Anzahl Sorten günstig aufeinanderfolgen müßten. L. Dreibrodt. 1001.

Schubert, K., Hrsg. **Gartenbau-Taschenbuch 1963.** München: BLV Verlagsgesellschaft. 1962. (240 S.) DM 3,–. Das Taschenbuch enthält Terminkalendarium, verschiedene Tabellen und Fachbeiträge. Letztere befassen sich mit der Technik im Gartenbau, der Betriebs- und Arbeitswirtschaft, der Lagerung, der Düngung, dem Pflanzenschutz, mit Kulturmaßnahmen u.a.m.
J. Reinhold.

B. Allgemeiner Gartenbau

Krijgsman, H. K.; Wageningen, Netherlands, Inst. of Horticult. Engng. Work methods and work organization in horticulture. **(Arbeitsmethoden und Arbeitsorganisation im Gartenbau.)** Advances horticult. Sci. **3** (1962) S. 220–227. — 4 Abb., 5 Tab. Zus. in Franz., Dtsch.
Vf. zeigt folgende Wege zur Erreichung einer höheren Arbeitsproduktivität: 1. Einführung und Verbesserung von Geräten, Einrichtungen und Maschinen, 2. Entwicklung leistungsfähigerer Arbeitsmethoden, 3. Verminderung der physischen Anstrengung durch Anwendung der Ergebnisse der Arbeitsphysiologie, 4. Verbesserung der primären und sekundären Arbeitsbedingungen, 5. Beibehaltung guter Arbeitsbeziehungen, 6. Verbesserung der saisonbedingten Arbeitsverteilung, 7. Verbesserung des Arbeitsgebietes und der phys. Umwelt, 8. Verbesserung der Kulturmethoden zum Nutzen der Arbeiter. Untersuchungen zeigten, daß, bedingt durch verschiedene Arbeitsorganisation, in verschiedenen Betrieben die Pflückzeit für 'James Grieve' (Spindeln) von 32–50 min/100 kg schwankte. Die einzelnen Arbeitsgänge wurden analysiert und die Ursachen der unterschiedlichen Leistung ermittelt. Die Arbeitsmethoden können nicht in allen Fällen frei gewählt werden, sie werden oft durch Maschinen und Geräte vorgeschrieben. Die Arbeitsanalyse beim mechanischen Auspflanzen von Kohl wurde durch Anwendung der „Zeitmeßmethode" (Methods Time-Measurement) an 3 Beispielen durchgeführt. Durch sinnvollen Arbeitsablauf, bei dem beide Hände gleich beansprucht wurden, konnte z. B. die Pflanzzeit um $^1/_3$ verkürzt werden.
W. Hiller. 1011.

Kolesnikov, V. A.; Moskau. Résultats et perspectives de l'emploi des isotopes dans l'horticulture. **(Ergebnisse und Perspektiven der Verwendung von Isotopen im Gartenbau.)** Advances horticult. Sci. **3** (1962) S. 250–256. — 2 Abb., 11 Lit. Zus. in Engl., Dtsch.
Der Eintritt von radioaktivem P in die Pflanze erfolgt schneller und in größerem Ausmaß, wenn die Düngemittel bei gleichzeitiger Bewässerung den Wurzeln direkt zugeführt werden. P tritt in die verschiedenen Teile des Obstbaumes unterschiedlich ein. Bei Apfelbäumen beträgt die Zeit für das Triebwachstum nur 2–2½ Mon., und für das aktive Stadium kommen nur 15–20 Tage im Juni in Frage. Unter günstigen Bedingungen jedoch dauert das Wachstum des Wurzelsystems die ganze Vegetationsperiode hindurch an.
W. Hiller. 1011.

Guyot, L.; Grignon, Seine-et-Oise, École Nat. d'Agric. Culture comparée de quelques plantes en pots de terre et en pots de matière plastique. **(Vergleichende Kultur einiger Pflanzen in Ton- und Plastiktöpfen.)** Advances horticult. Sci. **3** (1962) S. 280–294. — 5 Abb., 7 Tab. Zus. in Engl., Dtsch.
Die Versuche erfolgten mit Weizen, Mais, Flachs, Kartoffel, Zuckerrübe, Rettich, Agave, Pelargonie, Tulpe, Begonie, Coleus, Calendula, Wicke, Zinnie, Petunie, Nasturtium und Tagetes. In Plastiktöpfen wurden besseres Wachstum, bessere Blüte (bes. bei Tulpe) und höherer Ertrag (bes. bei Kartoffeln) erzielt. Die besseren Ergebnisse konnten auf die günstigere Gestaltung der Wachstumsfaktoren Wasser und Temperatur zurückgeführt werden. Erhielten die Plastiktöpfe nur $^1/_4$ des Wassers im Vergleich zu den Tontöpfen, so zeigten diese trotzdem eine reichlichere und regelmäßigere Wasserversorgung der Pflanzen. Infolge der geringen Verdunstung lag die Temperatur der Erde in den Plastiktöpfen um 1–4 °C höher als in den Tontöpfen. Die Vorteile der verwendeten Plastiktöpfe gegenüber den Tontöpfen verringerten sich mit der Zeit und waren nach 3–4 Jahren nicht mehr vorhanden. W. Hiller. 1011.

Bosse, Gerhard H. C.; Friesdorf — Bad Godesberg., Versuchsanst. für Gartenbau. **Der Einsatz von beweglichen Gewächshäusern im Gartenbau.** Advances horticult. Sci. **3** (1962) S. 243–249. — Zus. in Engl., Franz.

Vf. empfiehlt den Einsatz von Rollhäusern bei Kulturen, deren Entwicklung länger als die Ernte dauert, z. B. für Tulpen, Gladiolen, Levkojen, Chrysanthemen. Ein Teil der langen, keine Einnahme bringenden Entwicklungszeit wird somit ins Freiland verlegt, und Glas wird nur dann eingesetzt, wenn es die ungünstigen Klimabedingungen erfordern. Als günstige Folge für den Einsatz von Rollhäusern schlägt Vf. vor: 1. März bis Mitte Mai Gladiolen, anschließend Anfang bis Mitte Apr. vermehrte Chrysanthemen der Sorte 'Rayonnante', ab Anfang Sept. ein weiterer Satz Chrysanthemen, der Ende Sept./Anfang Okt. abgeerntet wird. Danach kann noch einmal zurück auf die Gladiolenparzelle gerollt werden, auf der späte, Mitte Nov. blühende Chrysanthemum stehen. Die Bewegung der Rollhäuser bereitet bei dem heutigen Stand der Technik keine Schwierigkeiten mehr und ist in sehr kurzer Zeit durchzuführen. Als Mindestgröße für ein Rollhaus fordert Vf. 300–400 m^2. Der Einsatz von Fensterblocks ist zu arbeitsaufwendig, da die Arbeitszeit für den Umbau zwischen 8,4 und 13,1 min/m^2 Grundfläche schwankt. Beim Rollhaus sind dagegen nur 1–1,2 min erforderlich. W. Hiller. 1024.

Gripenberg, de; Helsingfors. **Die Breite der Treibhäuser und die Rentabilität der Anzucht.** Advances horticult. Sci. **3** (1962) S. 317–322. – Zus. in Engl., Franz.
Der %-Satz der Fläche der Beete in einem Gewächshaus (effektive Fläche) stellt keine Konstante dar, er ist eine Variable. Diese Effektivzahl weist in der Praxis große Schwankungen auf, sie steigt jedoch i. allg. mit der Hausbreite. Die Steigung verläuft nicht kontinuierlich, sondern sprunghaft, d. h., daß einige Breiten bes. vorteilhaft sind. Die Hausbreite sollte so gewählt werden, daß die Beete den jeweiligen Kulturen angepaßt werden können. Für Finnland mit Tomaten, Gurken, Rosen und Nelken als Hauptkulturen liegt die optimale Gewächshausbreite bei 13,2–13,5 m. Bei großen freitragenden Häusern mit Breiten über 22 m kann das Problem durch Querlegen der Beete gelöst werden. W. Hiller. 1024.

Jacobs, A. Le chauffage électrique du sol en horticulture. **(Elektrische Bodenheizung im Gartenbau.)** Advances horticult. Sci. **3** (1962) S. 329–333. – Zus. in Engl., Dtsch.
Gewöhnliche Heizkabel ergaben in gärtnerischen Erden und Böden keine befriedigenden Ergebnisse. Die Maschendrahtheizung mit Niederspannung, die von einem Regeltrafo, dem Spannungen von 2–30 V in Intervallen von 2 V entnommen werden können, abgenommen wird, hat sich stark ausgebreitet. In Gewächshäusern wird das Zn des Maschendrahtes nach einem Jahr durch vagabundierende Ströme abgenutzt. Eisendraht in Plastikhüllen bewährte sich besser. Die Heizung wird in Belgien zur Vermehrung von Ficus, Begonien, Azaleen, Philodendron, in Baumschulen, bei der Endivientreiberei und bei Begonienknollen angewandt. W. Hiller. 1024.

Hudson, J. P.; Sutton Bonington, Loughborough, Univ. of Nottingham, School of Agric., Dep. of Horticult. Characteristics of the trickle irrigation system. **(Eigenschaften des Tröpfchenbewässerungssystems.)** Advances horticult. Sci. **3** (1962) S. 264–272. – 5 Abb., 3 Lit. Zus. in Franz., Dtsch.
Die Methode der „Tröpfchenbewässerung“ (trickle irrigation) hat in England in letzter Zeit zur Bewässerung von Unterglastomaten starken Eingang gefunden. An die Düsen sind 3 Forderungen zu stellen, und zwar geringe Ausflußrate, möglichst große Löcher zur Vermeidung von Verstopfungen und gleichmäßiger Ausfluß pro Düse. Jede Düse gibt pro Stunde 1,1 l ab. Unter jeder Düse entwickelt sich ein nasser Kegel. Die Tiefe, bis zu der sich der Kegel entwickelt, hängt von der Menge des verabreichten und des durch die Pflanzen aufgenommenen Wassers ab. Der Boden zwischen den Nässekegeln trocknet aus, und die meisten Wurzeln gehen darin zugrunde, einige Haupt-

wurzeln verkorken teilweise. Ein radialsymmetrisches Wurzelsystem wird nur erhalten, wenn die Düse am Fuß einer jeden Pflanze angebracht wird. Es ist unwesentlich, ob jede Pflanze einen eigenen oder mit anderen Pflanzen einen gemeinsamen Feuchtigkeitskegel besitzt, wenn den Wurzeln das täglich benötigte Wasser zur Verfügung steht. Ein asymmetrisches Wurzelsystem scheint nicht nachteilig für den Ertrag zu sein. Der Abstand der Düsen sollte nicht nach dem Pflanzenabstand, sondern nach der Größe des Feuchtekegels bemessen werden. Die Salze akkumulieren sich an den Grenzen des Feuchtekegels. W. Hiller. 1055.

Morris, L. G. und Lake, J. V.; Silsoe, England, Nat. Inst. of Agric. Engng. The water loss from plants and soil under glass. **(Der Wasserverlust von Pflanzen und Böden unter Glas.)** Advances horticult. Sci. **3** (1962) S. 323–328. – 3 Abb., 1 Tab., 3 Lit. Zus. in Franz., Dtsch.
Der Wasserverlust bei Unterglaskulturen von Kopfsalat, Nelken und Tomaten war sehr eng mit der Sonneneinstrahlung verbunden (r = 0,83–0,97). Der numerische Wert stimmte jedoch nicht mit den theoretischen Erwartungen überein. Vff. konstruierten empfindliche selbstregistrierende Lysimeterwaagen. Der Erdbehälter faßte 2,5 t, und sein Gew. (Wasserverlust) wurde mit einer Genauigkeit von ±5 g kontinuierlich registriert. Der Anteil der Sonnenenergie, die für die Wasserverdunstung verwendet wurde, variierte zwischen 44% für Wintersalat im Febr. und 98% für Tomaten im Juni. Der Wasserverlust für 'John Innes P 1' bei normaler FK Anfang Apr. zeigte einen max. Wert von 0,2 mm/h. Stand das Lysimeter frei, so war der Wasserverlust um $^1/_3$ höher im Vergleich zu einem völlig von Randparzellen umgebenen Lysimeter. Die praktische Anwendung der Ergebnisse führte zur Verwendung eines integrierenden Solarimeters für die Bestimmung der Wassergabe. Vff. erreichten mit derart regulierten Wassergaben Durchschnittserträge von 6 kg pro Pflanze (200 t/ha). W. Hiller. 1055.

Anonym. Nieuws over nachtvorstbestrijding. **(Neues über Nachtfrostbekämpfung.)** Fruitteelt **52** (1962) Nr. 7. S. 243.
Die Beregnung als Frostschutzmaßnahme wird für Holland als das sicherste Verfahren angesehen. Voraussetzung ist aber, daß am letzten Regner noch mindestens 3,5 atü Druck vorliegen. – Das Verbrennen von Torf in der Anlage hat nur begrenzte Bedeutung. – Wo nicht genügend Wasser vorhanden ist, bildet die Geländebeheizung die wirkungsvollste Blütenschutzmaßnahme. Die Forderungen an die Heizöfen werden präzisiert. Ölbrenner mit zentraler Beschickung (75 Brenner), Pumpe und Ölvorratsbehälter bilden ein System für 1 ha. Kosten der kompletten 1-ha-Anlage ca. f 4000.–. Der mittlere Ölverbrauch liegt bei 300–400 l/ha/h. Der Öldruck in der Zuleitung muß 2,5 atü betragen, entspr. ist die Pumpenleistung auszulegen.
W. Blasse. 1080.

Petersen, Hans; Copenhagen, Roy. Veterin. and Agric. Coll. A photoelectric timing-control for mist application. **(Eine photoelektrische Zeitregulierung für die Nebelvermehrung.)** Advances horticult. Sci. **3** (1962) S. 273–279. – 3 Abb., 1 Tab., 1 Lit. Zus. in Franz., Dtsch.
Vf. entwickelte ein automatisches Regelgerät zur Nebelvermehrung. Der Regelmechanismus arbeitet nach dem Prinzip, daß die Verdampfungsgeschwindigkeit von der Oberfläche eines Blattes proportional der Sonneneinstrahlung ist. Der Apparat besteht aus einem integrierenden Lichtmesser (Dosimeterprinzip), der nach der Einstrahlung einer bestimmten Strahlungsmenge einen Impuls abgibt, so daß die Impulsfrequenz der Strahlungsintensität proportional wird. Die Impulse werden auf einen Synchronmotor übertragen, dessen Geschwindigkeit wiederum der Strahlungsintensität und damit der Verdamp-

fungsgeschwindigkeit des Wassers auf dem Blatt proportional ist. Bei jeder Umdrehung des Motors wird ein elektrisches Magnetventil auf der Wasserleitung geöffnet. Die Umdrehungszeit des Motors variiert von 3 Min. bis zu mehreren Stunden. Die Dosis eines einzelnen Nebelsprühs und die Lichtempfindlichkeit der Photozelle können nach den Bedürfnissen reguliert werden. Während der Nacht sind keine Sprühs erforderlich, falls nicht geheizt wird. Während der Heizperiode wird eine kleine Glühlampe in die Nähe der Photozelle gebracht, die den Mechanismus auslöst. Die Empfindlichkeit der Photozelle liegt bei 800 nm. W. Hiller. 1080.

C. Gemüsebau

Williams, A. M. und Finch, C. G. Savoy cabbage trials, 1954–56. **(Versuche mit Wirsingkohl in den Jahren 1954-56.)** J. nat. Inst. agric. Bot. **9** (1961) Nr. 1. S. 48–56. – 11 Tab.

Mit 8 Frühwirsing- und 8 Spätwirsingsorten wurden an mehreren Versuchsstat. 3jährige Untersuchungen über Ertragsleistung, Zeitigkeit und Qualität durchgeführt. Von den Frühwirsingsorten erwies sich 'Best of All' als die früheste und die Sorte mit dem höchsten Kopfgewicht und der besten Qualität. Bei den späten Sorten brachte 'Alexander No. 1' die höchsten Erträge sowie auch die beste Kopfqualität. Durch das Einschalten der Sorte 'January King' in beiden Versuchen war es möglich, diese untereinander zu vergleichen. Bei den frühen Sorten war 'January King' die späteste, bei den späten dagegen die früheste. Die Kopfgröße nahm mit zunehmender Kulturdauer ab, so daß 'Best of All' in dieser Eigenschaft an der Spitze steht, gefolgt von 'January King' und 'Alexander No. 1'. F. Fabig. 1120.

North, C., Frith, L. H. und Taylor, H.; Mylnefield, Invergowrie, Dundee and Auchincruive, Ayrs., Scott. Horticult. Res. Inst. Variety trials of vegetables in Scotland. V. Spring-sown broad beans. **(Gemüsesortenversuche in Schottland. 5. Mitt. Im Frühjahr ausgesäte Puffbohnen.)** Scott. horticult. Res. Inst., annu. Rep. **6** (1958/59, hrsg. 1959) S. 54–60. – 1 Tab., 3 Lit. 4. Mitt. vgl. LZ. Abt. II **5** (1960) Nr. 7. S. 1652.

Vff. testeten 39 Sorten und Stämme aus 7 Klassen: 1. dunkelgrüne Samen, 2. hell- bis mittelgrüne Samen und dunkles Hilum, 3. kleine dunkelgrüne Samen, 4. hellgrüne Samen, die beim Kochen bräunlich-grau werden, 5. weiße Samen, die beim Kochen hellgrün werden und keine Leukoanthocyane haben, 7. dsgl., die nach Kochen auch weiß sind. In einer Tab. sind angegeben: Erträge der Jahre 1956, 57 und 58, Frühzeitigkeit, Hülsenlänge, Korngröße und Stengelcharakter. 6 Stämme waren für die Konservenindustrie geeignet, da sie infolge Mangels an Leukoanthocyanen keine Verfärbung zeigten. ('Threefold White' von 3 Herkünften, 'Threefold Longpodded', 'Sugar' und 'Lux'.) Die Blüten dieser Stämme zeigten keinerlei Purpurflecke. W. Hiller. 1120.

North, C. und Taylor, H.; Mylnefield, Invergowrie, Dundee and Auchincruive, Ayrs., Scott. Horticult. Res. Stat. Variety trials of vegetables in Scotland. VI. Hamburg Parsley, 1957–1958. **(Gemüsesortenversuche in Schottland. 6. Mitt. Hamburger Petersilie, 1957-1958.)** Scott. horticult. Res. Inst., annu. Rep. **6** (1958/59) hrsg. 1959) S. 61–63. – 1 Tab., 2 Lit. 5. Mitt. vgl. vorst. Ref.

Die Hamburger- oder Pastinakenwurzelpetersilie ist dieselbe Species wie krausblättrige Petersilie und wird hauptsächlich der Wurzel wegen angebaut. Der Geschmack liegt zwischen Petersilie, Pastinake und Sellerie. Vff. prüften 8 Sorten. Die Hamburger Petersilie war winterhärter als Karotten und ungefähr so hart wie Pastinaken. Der größte Nachteil der meisten Sorten war die starke Bildung von Seitenwurzeln. Als beste Sorten erwiesen sich

'Tidig vit Socker' (Weibull, Landskrona), 'Tyk Sukker' (Østergards Frøavl) und 'Berliner' (Daehnfeldt). W. Hiller. 1120.

Chapman, C. I. und Finch, C. G. Summer lettuce variety trials, 1955–57. **(Sortenversuche mit Sommersalat in den Jahren 1955–57.)** J. nat. Inst. agric. Bot. **9** (1961) Nr. 1. S. 57–71. – 8 Tab., 3 Lit.
Über 3jährige Sommersalatprüfungen wird berichtet, die an 11 verschiedenen Anbaustellen mit insgesamt 25 Sorten erfolgten. Die Salate werden entspr. den Untersuchungen von Watts eingeteilt in: a) All the Year Round oder Butterhead-Klasse (Butterkopf-Gruppe), b) White Boston oder Trocadero-Klasse (Attraktions-Gruppe), c) Webb's Wonderful oder Curly Crisp-Klasse (Kristallsalate). Beurteilt werden Frühzeitigkeit, Ertragsleistung, Qualität und Schossen. Außerdem werden sämtliche Sorten in ihren charakteristischen Eigenschaften beschrieben, auch synonyme Sorten werden berücksichtigt. Als ertragreichste Sorten wurden herausgestellt: von der Butterkopfgruppe 'Market Giant', aus der Attraktionsklasse 'Cobham Green', von den Kristallsalaten 'Great Lakes'. Diese Sorten und noch einige andere der Kristallsalate wiesen auch die längste Kopfdauer auf. Alle Sorten zeigten keine wesentlichen Unterschiede im Krankheitsbefall mit Falschem Mehltau (*Bremia lactucae*). Gegenüber *Botrytis, Bacterium carotovorum*, Mosaik und Blattbrand zeigten ,Great Lakes' und 'Hercules' die beste Resistenz. F. Fabig. 1120.

Wheeler, G. F. C. und Finch, C. G. Maincrop onion trials, 1956–58. **(Versuche mit Säzwiebeln in den Jahren 1956–58.)** J. nat. Inst. agric. Bot. **9** (1961) Nr. 1. S. 72–82. – 1 Abb., 6 Tab.
9 Zwiebelsorten wurden 3 Jahre an 6 Versuchsorten auf ihre Werteigenschaften überprüft. Berücksichtigt wurden u. a. Reife, Schossen, Ertrag und Lagerfähigkeit. Es wird auf die Schwierigkeiten bei der Anlage und Auswertung von Versuchen mit Säzwiebeln hingewiesen. In der Reife waren zwischen den einzelnen Sorten keine signifikanten Unterschiede zu beobachten. 'Cranston's Excelsior' und 'Danver's Yellow Globe' hatten einen höheren Anteil Schosser als die restlichen Sorten. Ertraglich zeigten die Sorten 'James Keeping', 'Cambridge No. 10', 'Maincrop', 'Bedfordshire Champion', 'Up to date' und 'Giant Zittau' die besten Leistungen. In der Haltbarkeit bei Märzauslagerung übertraf 'Giant Zittau" alle übrigen, allerdings wird die flachere Form dieser Sorte gegenüber den runderen Zwiebeln von 'Maincrop' und 'Up to date' weniger gut eingeschätzt. F. Fabig. 1120.

Schmidt, H.-H. und Petersdorf, H.; Hamburg, Staatsinst. für Angew. Bot. **Zusammengefaßter Bericht über den Probenanbau von Gemüsesamen-Importen in den Jahren 1957-1961.** Saatgut-Wirtsch. **14** (1962) Nr. 7. S. 184–190. – 2 Tab.
Auf den Versuchsfeldern wurden 7200 Importpartien auf Sortenechtheit, Sortenreinheit, Keimfähigkeit, Krankheitsanfälligkeit und Anbauwürdigkeit geprüft. Die Gruppensorten zeigten größere Unterschiede bei den verschiedenen Züchtern und Herkunftsgebieten. Der größere Einfluß wurde durch klimatische Faktoren vom Herkunftsgebiet aus hervorgerufen. Neuere Züchtungen und geschützte Sorten waren meist sortenrein, Falschlieferungen mehrfach vorhanden, und die Namenstreue wurde oft nicht gewahrt. Befunde: Schalerbsen waren zu 70% echt. Bes. fielen zu späte und hohe Typen bei frühen Sorten auf. Zuckererbsen und Markerbsen waren zu 77 bzw. 74% sortenrein. Als Abweichungen traten bei Zuckererbsen bis 10 Tage spätere Reife, bei Markerbsen Besatz mit bis 40% falschen Sorten auf. Buschbohnen waren nur zu 57% völlig sortenrein. Die beanstandeten Proben hatten in der Mehrzahl nur geringe Abweichungen. Sortenverwechslungen, falsch deklarierte Sorten, Anbauunwürdigkeit und schlecht selektierte Herkünfte erwiesen sich als die wichtigsten Beanstandungsgründe. Bei Stangenbohnen, Prunk- und

Puffbohnen war die Qualität gut. Bei Salat und Spinat wurden viele falsche Sortenbezeichnungen ermittelt. Radies und Rettich wiesen eine hohe Zahl onv Abweichungen in Form und Farbe der Knollen auf, Freilandgurken z. T. Sortenvermischungen. Tomaten waren sortenecht. Blumenkohl wies bei 75% sortenreinen Partien die meisten Beanstandungen bei 'Erfurter Zwerg' auf. Ebenso wurden die ungenügenden Qualitäten der Arten Kohlrabi, Rosenkohl und Kopfkohl bes. bei einzelnen Sorten festgestellt. Hohe Anteile ungenügender Herkünfte wurden bei Kohlrabi 'Wiener Glas', Wirsingkohl 'Eisenkopf', 'Vertus' und 'Kölner Markt', Weißkohl 'Ruhm von Enkhuizen' und 'Dittmarscher Früher' sowie Rosenkohl 'Fest und Viel' ermittelt. Die Abweichungen in Sortenechtheit und -reinheit der übrigen Arten Blatt-, Wurzel- und Zwiebelgemüse waren geringeren Umfanges. Eine züchterische Verbesserung der Gemüsearten und -sorten ist geboten. P. Hahn. 1130.

Geissler, Th.; Großbeeren, Inst. für Gemüsebau der Humboldt-Univ. zu Berlin. **Neue Ergebnisse zur Düngung im Feldgemüsebau.** Wiss.-techn. Fortschr. Landwirtsch. 2 (1961) Nr. 4. S. 179–182. – 3 Abb., 3 Tab., 9 Lit.
Über die Bedeutung der Auswahl der richtigen Düngerform, der Ausbringungsart und des Ausbringungstermins der einzelnen Mineraldünger wird berichtet und auf spez. Anwendungsverfahren hingewiesen. So ergab ein in Großbeeren entwickeltes P_2O_5-Düngungsverfahren, die sog. Ballendüngung, bei der je nach Pflanzabstand und Topfgröße 15–30 kg pulverförmiges Superphosphat je m^3 Anzuchterde zugesetzt werden (50 kg/ha) gegenüber normaler breitwürfiger Düngung eine Ertragssteigerung von 137% bei Kopfsalat und 26% bei Blumenkohl. Die Wirkung magnesiahaltiger Dünger wird an Hand von Feldversuchsergebnissen mit 11 verschiedenen Gemüsearten nachgewiesen. Nach 4jähriger Anwendung zeigte sich gegenüber magnesiafreier Düngung eine Ertragserhöhung von 4% bei Weißkohl, bis zu 23% bei Pflückbohnen. Bei der N-Kopfdüngung wird vor allem auf die Reihendüngung und die Nährstoffverregnung aufmerksam gemacht. Versuchsergebnisse von Spinat und Weißkohl werden angeführt. Als günstigste N-Düngerform für diese Gemüse erwies sich Kalkammonsalpeter. A. Mügge. 1130.

Rappaport, Lawrence und Singh, I. J.; Davis, Univ. of California. Gibberellins and vegetable crops. **(Gibberelline und Gemüsepflanzen.)** Indian J. Horticult. 18 (1961) Nr. 3. S. 230–244. – 100 Lit.
Auf Grund der vorliegenden Lit. wird eine ausführliche Zusammenfassung über die Wirkung von Gibberellinen auf dio Gemüsepflanzen gegeben. So wird einleitend die Auswirkung der Saatgutbehandlung mit Gibberellin aufgezeigt. Ferner wird der Einfluß der Gibberelline auf die Verlängerung der Internodien, die Blätter, das Wurzelwachstum, den Fruchtansatz, die Ruheperiode und auf das Frisch- und Trockengewicht des Gemüses behandelt. Abschließend erfolgt ein Ausblick auf die Zukunftsentwicklung und die sich daraus ergebenden vielseitigen Einsatzmöglichkeiten.
K. Krüger. 1130.

Feofanova, N. D. (Feofanowa, N. D.) Vlijanie ul'trazvuka i radioaktivnogo fosfora na rost i razvitie tomatov i kapusty. **(Einfluß von Ultraschall und radioaktivem Phosphor auf Wachstum und Entwicklung von Tomaten und Kohl.)** Trudy po prikladnoj botanike, genetike i selekcii. Vsesojuznyj institut rastenievodstva, Moskva -Leningrad 34 (1961) Nr. 2. S. 149–153. – 3 Tab., 13 Lit. Zus. in Engl.
Die Wirkung von Ultraschall und ^{32}P wurde an 2 wilden und 10 Kulturtomatensorten sowie 3 Kohlsorten überprüft. Durch diese Behandlungen stiegen die Erträge bei Tomaten um 10–30%, bei Kohl um 18–40%, wobei späte Sorten am besten reagierten. Ultraschall war der Wirkung des radioaktiven P etwas überlegen, was u. a. durch Messungen der Atmungsintensität bestätigt werden konnte. Die Samen wurden unter Wasser (Temperatur nicht über

28 °C, Quarzplatten 450–500 kHz, 8–9 kV) mit Ultraschall behandelt. Schallbehandlung von 5 Min. Dauer wirkte am besten. Die günstigste ^{32}P-Konz. betrug 0,5 mc/l Wasser bei einer Behandlungsdauer von 24 Std.
L. Tunger. 1130.

Klimova, A. I. (Klimowa, A. I.) O prirode golovki cvetnoj kapusty i nekotorych osobennostjach ee anatomičeskogo stroenija. **(Wesen des Blumenkohlkopfes und einige Besonderheiten seines anatomischen Aufbaus.)** Trudy po prikladnoj botanike, genetike i selekcii. Vsesojuznyj institut rastenievodstva, Moskva-Leningrad **34** (1961) Nr. 2. S. 28–40. – 16 Abb., 16 Lit.
Als Untersuchungsobjekt diente *Brassica cauliflora* subsp. *abortiva* 'Moskowskaja konserwnaja', eine Blumenkohlsorte mit sehr dicht angeordneten Seitensprossen. Der Aufbau junger und bereits fruchttragender Triebe von Samenpflanzen ist durch verschiedene Entwicklungsstufen des Sproßsystems gekennzeichnet, die in allen Einzelheiten beschrieben werden. Fruchttragende Triebe weisen reichverzweigtes Sproßsystem und starke Wuchskraft auf. Die charakteristische Besonderheit der Samenpflanzen besteht im Absterben von zahlreichen mittelgroßen und kurzen Seitentrieben 1. Ordnung. Dies wird dadurch erklärt, daß bei den unteren Trieben 1. Ordnung die Fruchtbildung erst auf den Seitenachsen 4., 5. und 6. Ordnung beginnt; darunter liegende Seitentriebe stellen dann ihr Wachstum ein und sterben allmählich ab. Diese Erscheinung dürfte auf unzureichende Nährstoffzufuhr zurückzuführen sein. Mikroskopische Untersuchungen des Sproßscheitels zeigten, daß z. Z. der technischen Reife die Triebe vollständig entwickelt sind und einen gleichmäßigen Reifegrad aufweisen. L. Tunger. 1132.

Choudhury, B. und Ramphal,; New Delhi, Indian Agric. Res. Inst., Div. of Horticult. Seed production with regard to yield and quality in early cauliflower (Brassica oleracea var. botrytis.). **(Samenproduktion mit Bezug auf Ertrag und Qualität bei frühem Blumenkohl [Brassica oleracea var. botrytis].)** Indian J. Horticult. **118** (1961) Nr. 2. S. 152–155. – 2 Tab., 2 Lit.
Samenertrag, -gewicht und Keimfähigkeit wurden verglichen zwischen Pflanzen ohne jede Veränderung (**I**), Pflanzen, die am Pflanzort verblieben, bei denen jedoch das Mittelteil der Rosette entfernt wurde (**II**), Pflanzen, die während des Schossens mit Erdballen verpflanzt (**III**) und Pflanzen, die verpflanzt und ausgeschnitten wurden (**IV**). Samenertrag und Hundertkorngewicht waren bei **I** gegenüber **II, III** und **IV** signifikant erhöht. Die Keimfähigkeit der Samen wurde jedoch durch die verschiedenen Behandlungen nicht beeinflußt und lag zwischen 91 und 94%. H. Ackermann. 1132.

Sazonova, L. V. (Sasonowa, L. W.) Vlijanie dliny dnja na rost i razvitie sortov morkovi. **(Einfluß der Tageslänge auf Wachstum und Entwicklung von Mohrrübensorten.)** Sbornik trudov aspirantov i molodych naučnych sotrudnikov. Vsesojuznyj institut rastenievodstva, Leningrad **1961** Nr. 2. S. 189–198. – 10 Tab., 3 Lit.
Möhrensamen wurden sowohl im Freiland als auch in tagsüber geöffnete und nachts geschlossene Räume ausgesät. Keimfähigkeit, Keimenergie, Blattentwicklung und Beginn der Wurzelbildung wurden in Abhängigkeit von der Tageslänge an insgesamt 14 Möhrensorten untersucht. Die Reaktion der Möhrensamen auf die Lichtbehandlung war entspr. den ökologischen Bedingungen der Sortenherkunft sehr unterschiedlich. Bei allen untersuchten Pflanzen zeigte sich im 1. und 2. Jahr intensives Wachstum unter Langtagbedingungen. Sorten aus dem Süden zeichneten sich i. allg. durch kürzere Licht- und Jarowisationsstadien aus als Sorten aus den nördlichen Regionen.
L. Tunger. 1146.

Love, J. und Finch, C. G. Runner bean and climbing French bean variety trials 1957–60. **(Versuche mit Feuerbohnen und Stangenbohnen in den Jahren 1957–60.)** J. nat. Inst. agric. Bot. **9** (1961) Nr. 1. S. 83–91. – 1 Abb., 5 Tab

Über 4jährige Versuche mit 6 Feuerbohnensorten und 1 Stangenbohnensorte an 2 Versuchsstat. wird berichtet. Verglichen werden Ertragsleistung sowie Anteil der Güteklassen, wobei im wesentlichen die Länge der Hülsen entscheidend ist. Von den langhülsigen Feuerbohnensorten (Hülsenlänge über 7 in.) waren 'Streamline' und 'Prizewinner' die ertragreichsten. Die kurzhülsigen Sorten (Hülsenlänge zwischen 4,5–7 in) 'Kelvedon Marvel' und 'Princeps' waren innerhalb ihrer Gruppe die ertragreichsten und übertrafen auch noch die Leistung von 'Streamline' und 'Prizewinner'. Die Stangenbohnensorte 'Blue Lake No. 228' ist im Ertrag wesentlich schwächer als die Feuerbohnensorten, wobei Witterungseinflüsse die Ertragsleistung sehr unterschiedlich gestalten. F. Fabig. 1159.

Cytovič, K. I. (Zytowitsch, K. I.) Termičeskaja obrabotka semjan i vlijanie ee na urožaj i semenoproduktivnost' ogurcov i tomatov. **(Thermische Behandlung des Saatgutes und ihr Einfluß auf den Ertrag und die Samenleistung bei Gurken und Tomaten.)** Trudy po prikladnoj botanike, genetike i selekcii. Vsesojuznyj institut rastenievodstva, Moskva—Leningrad **34** (1962) Nr. 1. S. 143–148. — 6 Tab. Zus. in Engl.
Auf Petrischalen wurden Gurkensamen Temperaturen von 60 und 70 °C 6 und 12 Std. und Tomatensamen Temperaturen von 40 und 60 °C 3, 6 und 12 Std. lang ausgesetzt. Diese Behandlung der Samen verbesserte den Blütenansatz und die Wuchshöhe und förderte die Blatt- und Seitentriebbildung; günstige Nährstoffaufnahme und höhere Erträge waren damit verbunden. Tomaten blühten im Vergleich zu den Kontrollpflanzen 2–3 Tage, Gurken 2–5 Tage früher. Auch das Verhältnis der ♂ zu den ♀ Blüten der Gurke wurde verbessert. Die besten Erfolge wurden bei Tomaten mit einer Wärmebehandlung der Samen von 6 und 12 Std. bei 40 °C oder 3 Std. bei 60 °C erzielt. Gurken brachten die höchsten Erträge, wenn die Samen 12 Std. bei 60 °C oder 6 Std. bei 70 °C gehalten wurden. Mit Gurkensamen, die 6 und 12 Std. Temperaturen von 60 °C und Tomatensamen, die 3 und 6 Std. Temperaturen von 40 °oder 3 Std. 60 °C ausgesetzt worden waren, konnten die höchsten Samenerträge erzielt werden. L. Tunger. 1159.

Chaugule, B. A. und Mahajan, V. K.; Maharashtra State, India, Dep. of Agric. Studies in fruit harvesting in Brinjal (S. Melongena, L.) **(Untersuchungen über den Fruchtertrag von Eierfrüchten [S. melongena, L.].)** Poona agric. Coll. Mag. **52** (1961) Nr. 1/2. S. 45–51. — 1 Abb., 4 Tab., 2 Lit.
Eierfrüchte wurden a) als Gemüse im Abstand von 5 Tagen und b) zur Samengewinnung geerntet. Die Ernte erstreckte sich bei a) vom 10. Nov. bis 10. Febr., bei b) vom 30. Dez. bis 10. Febr. Signifikante Unterschiede in der Pflanzenhöhe waren nur bei Abschluß der Ernte festzustellen. Die Gesamtzahl der Blüten und geernteten Früchte je Pflanze ist bei b) signifikant herabgesetzt, der Wertertrag/acre erhöht. Es wurden ferner die Fruchtanzahl je 10 lb. bei a) und b) zu verschiedenen Ernteterminen sowie das Samen-Frucht-Verhältnis bei b) in Abhängigkeit vom Erntetermin bestimmt. H. Ackermann. 1160.

Choudhury, B. und Phatak, S. C.; New Delhi, Indian Agric. Res. Inst. Studies on floral biology in cucumber (Cucumis sativus L.). **(Untersuchungen über die Blütenbiologie der Gurke [Cucumis sativus L.].)** Indian J. Horticult. **18** (1961) Nr. 3. S. 212–221. — 4 Abb., 2 Tab., 12 Lit.
Untersuchungen über die Blütenbiologie der Gurke an den Sorten 'China', 'Fordhook Famous', 'Khira Poona', 'I. C. 4079' und 'Straight-8' ergaben u.a., daß Öffnen und Schließen der männlichen Blüten in der Hauptsache von dem Sonnenauf- bzw. -untergang abhängig sind, während das Öffnen der Pollensäcke stark von der Temperatur beeinflußt wird. Die unterschiedliche Pollengröße der einzelnen Sorten wurde festgestellt. Auch die Fruchtbarkeit des Pollens ist temperaturabhängig, bereits um 14 Uhr nimmt die Frucht-

barkeit ab und ist gegen Abend kaum beachtenswert. Ferner wurden verschiedene Blütenabnormitäten beobachtet. Es zeigte sich, daß diese bei den ausländischen Sorten stärker auftreten. K. Krüger. 1162.

Špaldon, Emil und Pevná, Vlastimila; Nitra, Katedra Rastlinnej Výroby VŠP. Vplyv stupňa zrelosti a pozberového dozrievania plodov na kvalitu semena zeleninovej papriky. **(Einfluß von Reifestadium der Früchte und Reifwerden nach der Ernte auf die Samenqualität bei Gemüsepaprika.)** Pol'nohospodarstvo **9** (1962) Nr. 4. S. 263–272. – 6 Tab., 13 Lit. Zus. in Russ., Engl.
In den Jahren 1959 und 1960 überprüfte man die Möglichkeit der Nutzung des Samens solcher Früchte, die noch vor der bot. Reife geerntet werden. Die Reifegrade wurden mit A, B, C und D (von der Markt- bis zur bot. Reife) bewertet. Bereits Samen von Früchten der Reifegruppe C (Verfärbungsbeginn) konnten als Saatgut verwendet werden, wenn entspr. Keimruhedauer eingehalten wurde. Längere Keimruhe (18–23 Tage) wirkte sich auf das Absolutgewicht der Fruchtsamen, die im Stadium der Übergangs- und Marktreife geerntet wurden, sehr günstig aus. Samen von höchstem Absolutgewicht besaßen nicht die höchste Keimfähigkeit, und Samen von gleichem Absolutgewicht wiesen nicht die gleiche Keimfähigkeit auf. Die Fruchtbarkeit von Pflanzen der 1. Tochtergeneration und die chem. Zusammensetzung der Früchte wurden durch den Reifegrad und die Keimruhedauer nicht beeinflußt. J. Kučera. 1168.

Drozd, A. M. und Švecov, A. S. (Drosd, A. M. und Schwezow, A. S.) Biochimičeskaja ocenka sortov zelenogo goroška v svjazi s mechanizirovannoj uborkoj. **(Biochemische Bewertung der Pflückerbsensorten im Zusammenhang mit der mechanisierten Ernte.)** Trudy po prikladnoj botanike, genetike i selekcii. Vsesojuznyj institut rastenievodstva, Moskva – Leningrad **34** (1961) Nr. 2. S. 124–130. – 6 Tab., 7 Lit. Zus. in Engl.
Die Erbsenernte mit Maschinen setzt zur Erzielung von einwandfreier Qualität einen gleichmäßigen Reifegrad der Sorten voraus. Ein in dieser Hinsicht wichtiges Merkmal ist der Geschmack der Erbsen, der von der Umwandlung von Zucker in Stärke bestimmt wird. Intensive Zuckerumwandlung und schnelle Nachreife sind charakteristisch für Erbsensorten mit runden Samen, während die Markerbsen zu Beginn der technischen Reife viel mehr Zucker enthalten, der auch langsamer in Stärke umgewandelt wird. In der Nachreife weisen die Markerbsen einen unbedeutenden Stärkegehalt von 2–4% auf und verfügen damit über bessere Eigenschaften für die mechanisierte Ernte als glattrunde Sorten. Die Untersuchungen ergaben eine direkte Korrelation zwischen spez. Gew. und Reifegrad. Die technische Reife wird durch ein spez. Gew. von 1,02 angezeigt. Infolge der schnellen Umwandlung von Zucker in Stärke bei glattrunden Sorten beträgt das spez. Gewicht dieser Sorten zum Erntezeitpunkt 1,04. L. Tunger. 1172.

Thompson, B. D., Gull, D. D. und Halseg, L. H.; Gainesville, Florida Agric. Exp. Stat. The effects of growing areas and seasons and pre-ripening temperatures on the quality of tomatoes. **(Die Wirkungen der Anbaugebiete, Jahreszeiten und der Temperaturen der Vorreife auf die Qualität der Tomaten.)** Proc. Florida State horticult Soc. **73** (1960, hrsg. 1961) S. 160–166.
Um die Qualitätsunterschiede der Tomaten aus Florida zu erfassen, wurden in den Packstationen Proben grün-reifer Tomaten aus der frühen, mittleren und späten Ernte entnommen. Die Früchte der Sorte 'Homestead' stammten von je 3 Anbauern aus 3 der 5 Anbaugebiete Floridas. Vor dem Einbringen in den Reiferaum lagerten die Tomaten 6 Tage bei 40, 55 oder 70 °F. Danach wurden in 3tägigen Abständen neben Farbintensität und Weichfäulebefall 10 verschiedene äußere und 6 innere sichtbare Qualitätsfehler erfaßt. Ferner

bestimmte man Druckfestigkeit und den Gehalt an Tr.-Subst., Rohfaser und titrierbarer Säure. Zwischen den Tomaten verschiedener Herkünfte oder Erntezeiten traten nur bei Betrachtung der einzelnen Defekte bedeutende Unterschiede auf. Die Qualität wurde wesentlich durch die Temperatur während der Vorreifelagerung beeinflußt. Der Anteil marktfähiger Früchte erhöhte sich stark mit zunehmender Temperatur. Bei 40 °F traten Grauwandigkeit (bis zu 21%), Schwarzsamigkeit, Fäulnis u. a. Schäden vertärkt auf. Höhere Lagertemperaturen verbesserten die Druckfestigkeit und führten nur bei Früchten eines Anbaugebietes zu verstärktem Schrumpfen. Je höher die Temperatur während des Fruchtwachstums war, desto besser ist die Reife bei niederen Lagertemperaturen. Bei 55 °F wurde der höchste Säuregehalt ermittelt. H. Erfurth. 1176.

Bose, P. C. und Hamner, C. L.; East Lansing, Michigan State Univ. Effect of various concentrations of gibberellin on growth, flowers, fruits, mineral composition and mineral uptake of tomato plants. **(Einfluß unterschiedlicher Gibberellinsäurekonzentrationen auf Wachstum, Blüten- und Fruchtentwicklung, Mineralstoffzusammensetzung und -aufnahme bei Tomatenpflanzen.)** Indian J. agric. Sci. **31** (1961) Nr. 3. S. 216–225. — 6 Tab., 15 Lit. Orig.: engl.

Tomaten (Sorte 'John Baer'), in Gefäßen mit Quarzsand und Nährlösung gezogen, wurden mit Kaliumgibberellat (**I**) in Konz. von 100, 250 und 500 ppm besprüht. Wachstum, Blüte und Fruchtbildung, ferner Gewicht, Mineralstoffzusammensetzung und -aufnahme wurden bestimmt. Durch steigende **I**-Konz. wurden Höhe, Stammdurchmesser, Anzahl der Blätter und Seitentriebe sowie die Anzahl der Blüten erhöht, die Anzahl der Früchte dagegen erniedrigt. Signifikant erhöht wurde ferner das Frischgewicht der oberirdischen Pflanzenteile durch 250 und 500 ppm, das Trockengewicht der Wurzeln bei allen **I**-Konz. und die K-Aufnahme. Die Aufnahme von Fe und Mn wurde herabgesetzt. Die Folge ist, daß die Blätter der **I**-behandelten Pflanzen Chlorose aufweisen; die Früchte zeigen eigentümliche Bräunungen und Mißbildungen. H. Ackermann. 1176.

Georgiev, H. P. und Balzer, I.; Plowdiw, Bulgarien, Landwirtsch. Inst.; Maksimir, Jugoslawien, Landwirtsch. Fak. **Analytische Methoden zur Bestimmung der Reifungsstadien der Tomate.** Arch. Gartenbau **10** (1962) Nr. 5. S. 398–408. — 18 Abb., 7 Lit. Zus. in Russ., Engl.

Zur Ausarbeitung einer möglichst objektiven Methode der Bestimmung des Reifegrades wurden Tomatenfrüchte verschiedenen Alters — 35, 45, 50 und 60 Tage, das entspricht grünen bis vollreifen Früchten — untersucht. Trockensubstanzgehalt, Roh-Gehalt an Rohfaser, Roheiweiß, Säure, Asche, K, Na und P nahmen mit fortschreitendem Alter der Früchte ab; pH-Wert, Ascorbinsäure-, Carotinoidgehalt und Intensität des reflektierten Lichtes des homogenisierten Tomatenbreis zu. Unklare Verhältnisse zeigten die refraktometrischen Werte, während der Invertzuckergehalt annähernd konstant blieb. Die Intensität des reflektierten Lichtes ist am besten zur objektiven Reifebestimmung geeignet, da 1. ein weitgehend gleichförmiger Anstieg stattfindet und 2. die Intensitätsunterschiede genügend groß sind.
H. Ackermann. 1176.

Boos, G. V. (Boos, G. W.) Izmenčivost' semennoj produktivnosti u sortov tomatov. **(Veränderlichkeit der Samenleistung bei Tomatensorten.)** Trudy po prikladnoj botanike, genetike i selekcii. Vsesojuznyj institut rastenievodstva, Moskva—Leningrad **34** (1961) Nr. 2. S. 75–80. — 7 Tab., 2 Lit. Zus. in Engl.

Tomatensorten wurden in Abhängigkeit von Kulturmethode und Klima auf Samenleistung untersucht. An eintriebig gezogenen Pflanzen ließ man bei Hauskultur 5, bei Kastenkultur 3–4 und bei Freilandkultur 3 Trauben zur

Entwicklung kommen. Mißgestaltete, kleine und parthenokarpe Früchte waren hauptsächlich bei Hauskultur anzutreffen und wurden ausgesondert. Hinsichtlich der Samenleistung wurden 3 Gruppen gebildet: a) reichsamige Früchte, aus 2–5 Kammern bestehend, b) Früchte mit mäßiger Samenanzahl, aus 6–9 Kammern bestehend, c) an Samen arme Früchte, aus 9 Kammern bestehend. Samengewichte einer Frucht nach Gruppen: a) 0,36–0,38 g, b) 0,31–0,40 g, c) 0,21–0,39 g. Samenleistung einer Frucht nach Gruppen bei Gewächshauskultur: 0,54–0,76%, b) 0,40–0,52%, c) 0,26–0,37%; bei Freilandkultur: a) 0,50–0,60%, b) 0,32–0,45%, c) 0,23–0,30%. L. Tunger. 1176.

Gesundheit, Zivya und Poljakoff-Mayber, Alexandra; Jerusalem, Hebrew Univ., Bot. Dep. Some qualitative changes in the distribution of phosphorus compounds during germination of lettuce seeds. **(Einige qualitative Veränderungen in der Verteilung von Phosphorverbindungen während der Keimung von Salatsamen.)** Bull. Res. Council Israel, Sect. D **11D** (1962) Nr. 1. S. 25–30. – 2 Tab., 11 Lit.
Die Veränderungen der in Trichloressigsäure (TCA) löslichen und unlöslichen P-Verbindungen wurden während des Keimens verfolgt. Es zeigte sich, daß während des Keimens eine Verschiebung zugunsten der TCA-unlöslichen P-Verbindungen eintritt. Die papierchromatographische Auftrennung des TCA-Extraktes ergab: Im Trockensamen waren nachweisbar PO_4, ATP, ADP, AMP, G-6-P, F-6-P, HDP. Während des Keimprozesses konnten folgende Verbindungen nicht mehr nachgewiesen werden: bei Keimung in A) Wasser: ATP bis 24 Std., B) Cumarinlösung (100 ppm): HDP bis 72 Std., C) Thioharnstofflösung (1250 ppm): ATP bis 12 Std. G-6-P war während des Keimvorganges in keinem Falle nachweisbar. Im n HCl-Extrakt des TCA-Rückstandes gelang im Trockensamen der Nachweis von PO_4, AMP und Pentosephosphat. Bei Keimung in Cumarinlösung trat zusätzlich G-6-P auf. H. Ackermann. 1182.

Gull, D. D.; Gainesville, Agric. Exp. Stat. Artificially curing Florida onions. **(Die künstliche Trocknung der Florida-Zwiebeln.)** Proc. Florida State horticult Soc. **73** (1960, hrsg. 1961) S. 153–156. – 4 Abb., 6 Lit.
Zur Verbesserung der Haltbarkeit von Florida-Zwiebeln werden folgende Verfahren geprüft: Trocknung des Erntegutes durch heiße Gebläseluft oder Infrarotbestrahlung, Lagerung bei niederen Temperaturen, Vorerntespritzungen mit Maleinsäurehydrazid und Tauchbehandlung der Zwiebeln (1%ige Dehydracetsäure). Durch Gebläselufttrocknung nahm gegenüber „unbehandelt" der Anteil marktfähiger Zwiebeln auf dem Lager weniger schnell ab. Nach 8wöchentl. Lagerung bei Zimmertemperaturen waren 95% der getrockneten Zwiebeln marktfähig und die Grenze der Lagerung erreicht. Gestaffelte Temperaturen der Gebläseluft (70, 85, 100, 115 °F) oder unterschiedliche Dauer der Trocknung (8, 16, 24 Std.) zeigten gleiche Ergebnisse. Die Trocknung verringerte den Weichfäulebefall nicht. Nur weniger haltbare Sorten sowie Herkünfte von Mineralböden erwiesen sich als trocknungswürdig. Bei niederen Temperaturen (55 °F) gelagerte, ungetrocknete Zwiebeln zeigten nach 12 Wochen die gleiche Qualität wie getrocknete nach 8-wöchentl. Lagerung bei 70 °F. Trocknung und Lagerung bei 55 °F sollen kombiniert werden. Die Infrarotbestrahlung verbesserte die Lagerung nicht. Vorerntespritzungen waren nur in einem der beiden Versuchsjahre wirksam. Mit der Tauchbehandlung (5 Min.) konnte die bakterielle Weichfäule bekämpft werden. Dadurch verdoppelte sich der Anteil marktfähiger Zwiebeln nach 7wöchentl. Lagerung bei Zimmertemperaturen. H. Erfurth. 1197.

Bacchi, Oswaldo. Estudos sôbre a conservação de sementes. VI. Cebola. **(Versuche zur Konservierung von Samen. 6. Mitt. Zwiebelsamen.)** Bragantia [Sao Paulo] **19** (1960) Nr. 15. S. LXIX–LXXII. – 1 Abb., 1 Tab., 1 Lit. 5. Mitt. vgl. LZ. Abt. II **7** (1962) Nr. 11. S. 3026.

Zwiebelsamen wurde bei 7 verschiedenen Stufen der rel. Luftfeuchtigkeit und bei 4 verschiedenen Temperaturen gelagert. Beide Faktoren spielen eine große Rolle für die Erhaltung der Keimkraft der Samen. Nach 4jähriger Lagerung war noch keine Einbuße an Keimfähigkeit eingetreten bei Samen, die bei a) Raumtemperatur oder 30 °C und $< 10\%$ Luftfeuchtigkeit, b) bei 10 °C und $<20\%$ Luftfeuchtigkeit, bei 5 °C und $<70\%$ Luftfeuchtigkeit gelagert worden waren. W. Stenz. 1197.

D. Obstbau

Reichel, M.; Halle/S., Martin-Luther-Univ. Halle-Wittenberg, Inst. für Obst- und Gemüsebau. **Zehn Jahre obstbauliche Versuchs- und Forschungsarbeit in der VR Polen.** Intensivobstbau 2 (1962) Nr. 4. S. 60–62. — 3 Abb.
Das 1951 gegründete Zentrale Forschungsinstitut für Obstbau in Skierniewice leitet mehrere Versuchsstationen in der VR Polen an. Es bestehen Abteilungen für Züchtung, Morphologie, Phytopathologie, Baumschulwesen, Beerenobst, Agrotechnik, Obstlagerung und -transport, Vermarktung, Bienenhaltung sowie Information und Planung. Versuchsstation Dabrowice: Bodenpflegeversuche zu Obstgehölzen: Einsaat von Grasstreifen, in denen die Bäume stehen, bewährte sich bei Äpfeln bisher am besten. Ganzflächiges Mulchen bedingte Ertragsdepressionen. Der Niederstamm auf starkwachsenden Unterlagen und Abständen 6 × 8 m herrscht beim Apfel vor. Normallagerungsprojekte mit 2 Räumen (100 t Lagerkapazität) sind in der Praxis eingeführt. Versuchsstation Sinoleka: Gerüstbildnerprobleme und der Einfluß von Zwischenveredlungen auf Frosthärte und Lagerfähigkeit der aufveredelten Sorten werden bearbeitet. Obstanbaugebiet Grojec: Es ist das größte polnische Apfelanbauzentrum südlich von Warschau, das mit 60000–100000 t 20% des poln. Exportobstes liefert, der Apfel steht an erster Stelle. Versuchsstation Nowa untersucht Probleme des Pflanzenschutzes, der Sortenprüfung, Bodenbearbeitung und Mechanisierung. Versuchsstation Gorne: Heckenobstanbauversuche. Es wird eine abgewandelte Form der Erziehung nach Bouché-Thomas vorgenommen. Versuchsstation Swierklanice: Hier werden Fragen der Rayonierung, Selektion und Sortenprüfung bei Pflaumen bearbeitet. Die Pflaume herrscht in diesem Anbaugebiet vor. Außerdem beschäftigt man sich mit Fragen der Verwertung und Konservierung. Sortenprüfung bei Erdbeeren führte zur Herausstellung von 'Macherauchs Früherntе', 'Frya', 'Soltwedel', 'Huxley' und 'Regina'. W. Blasse. 1201.

Rebour, H. Dangers présentés par l'érosion dans les cultures fruitières en coteau et moyens de les combattre. **(Gegenwärtige Verfahren der Erosion in Obstkulturen bei Hanglagen und Maßnahmen zu ihrer Bekämpfung.)** Advances horticult. Sci. 2 (1962) S. 131–139. — 3 Abb. Zus. in Engl., Dtsch.
Die abgetragene Bodenmenge nimmt mit der 5. Potenz der Geschwindigkeit des Wasserabflusses zu, d. h., daß mit einer Verminderung der Abflußgeschwindigkeit die Erosion erfolgreich bekämpft werden kann. Die Verminderung wird durch Einschaltung kleiner Staudämme an abschüssigen Stellen erreicht. Bei Hangneigungen über 3% muß die Bodenbearbeitung in der Horizontalen vorgenommen werden. Diese Methode erfordert auch, daß die Pflanzung entlang der Höhenlinien erfolgt. Die Baumreihen folgen genau der Horinzontalen. Nähert sich eine Reihe der vorhergehenden auf $<80\%$ des ursprünglichen Abstandes, so wird sie unterbrochen. Wird der Abstand größer als 16%, wird eine Reihe dazwischen gepflanzt. Bei Buschobstanlagen und im Weinbau ist diese Methode nicht geeignet, da hier Abstandsänderungen unerwünscht sind. Hier wird z. B. alle 30 m eine neue genau horizontal laufende Grundreihe angelegt, die Zwischenreihen werden parallel zu ihr angelegt. Sie laufen dann nicht mehr genau horizontal, die Neigung bleibt jedoch gering. Von 10% Neigung ab werden Banketten mit 0,5–5% Längsgefälle angelegt, die das überschüssige Wasser zu einem Sammelbecken führen. In Algerien wurden

in den letzten 10 Jahren ca. 80000 km Banketten angelegt, 3000000 Bäume gepflanzt und 1400 ha Weinberge angelegt. W. Hiller. 1201.

Roosje, G. S. **Vom Kernobstanbau in den USA.** Erwerbsobstbau 4 (1962) Nr. 7. S. 130–133. – 3 Abb., 2 Tab., 7 Lit.
Die größten Apfelerzeugungsgebiete liegen in den Staaten Washington, New York, Virginia, Pennsylvania, West-Virginia und Michigan. Birnenanbauschwerpunkte sind Kalifornien, Oregon und Washington. Die Gesamtapfelerzeugung beläuft sich in den USA auf 2,3 Mill. t, davon werden 30% industriell verwertet. 10 Sorten machen 78% der Gesamterzeugung aus. Die wichtigsten Sorten sind 'Delicious' oder 'Red Delicious', 'Jonathan', 'York Imperial', 'Newton Pippin' und 'Gravensteiner'. Die ha-Leistungen sind unterschiedlich und betragen in Washington 325 dt/ha, in Ausnahmefällen 555 dt/ha. Bei Birnen dominieren die Sorten 'Williams Christ' und 'Anjou'. 500 dt/ha gelten in Kalifornien als guter Ertrag, die Höchstleistungen liegen bei 750 dt/ha. Der größte Teil der Apfel- und Birnenbüsche steht auf Sämling mit weiten Pflanzabständen von 10–12 m. Zur Sicherung der Bestäubung rechnet man für 2 ha 5 Bienenvölker. Die Fruchtausdünnung mit chem. Präparaten ist in der Praxis allgemein eingeführt. Die Kronen der Obstgehölze werden dichter als bei uns aufgebaut und durch einen groben Schnitt mit pneumatischen Geräten korrigiert. Es werden weiterhin Ausführungen gemacht über die Bodenbearbeitung und Düngung, die wichtigsten Krankheiten und Schädlinge, die Ernte, Verarbeitung, Sortierung und Absatz, Lagerung und Preisgestaltung. W. Blasse. 1213.

Deakins, R. M. und Roach, F. A. Grassing down of orchards in Kent and Sussex. **(Graseinsaat in Obstplantagen in Kent und Sussex.)** Exp. Horticult. **1962** Nr. 6. S. 71–83. – 2 Tab., 1 Lit.
An 5 Orten in Kent und Sussex wurden verschiedene Klee- und Grasarten rein und in Mischung in ihrer Wirkung auf Wachstum und Ertrag von Obstgehölzen geprüft. Das Hauptaugenmerk lag auf dem Vergleich starkwachsender Gräser (verschiedene Sorten Lieschgras und Deutsches Weidelgras) mit dem weniger stark wachsenden Weißklee, dem Bodenfrüchtigen Klee und der Wirkung einer natürlichen Begrünung bei ständigem Mulchen. Deutsches Weidelgras blieb 6 Jahre und Lieschgras 4–6 Jahre dominierend im Bestand. Letzteres bildete einen dichteren, besser mähbaren Rasen. Reine Weißkleebestände hielten sich nur 2–3 Jahre, im Gemisch mit Gräsern etwas länger. Auf den natürlich begrünten Flächen dominierte nach 4–6 Jahren das schattenverträgliche Straußgras, das später auch in den angesäten Beständen dominierend wurde. Die Gräser, bes. Deutsches Weidelgras, bremsten anfänglich das Wachstum vor allem bei jungen Bäumen, jedoch nur an einem Standort ergaben sich bei Klee-Einsaat und natürlicher Begrünung gesicherte Mehrerträge gegenüber Graseinsaat. Außer einer besseren Fruchtfärbung in den ersten 2–3 Jahren in Graseinsaat zeigte keine der Einsaaten Vorteile gegenüber einer natürlichen Begrünung. M. Brauns. 1220.

Anonym. Récolte et conservation des fruits. **(Ernte und Lagerung von Obst.)** Arboricult. fruitière 8 (1961) Nr. 93. S. 4–9. – 4 Abb., 1 Lit.
Für eine erfolgreiche Kühllagerung ist die Erntereife der einzelnen Obstarten bes. wichtig. Bei Sommerobst (Kirschen, Erdbeeren, Pfirsichen, Aprikosen) ist eine kurzfristige Vorkühlung unvermeidlich, damit es auch entferntere Märkte in guter Qualität erreicht. Auf diese Vorkühlung kann bei Äpfeln, Birnen und den meisten Weinsorten verzichtet werden. In Frankreich haben sich für die Vorkühlung +6 °C als zweckmäßig erwiesen. Die gewünschte Temperatur soll in 24 Std. erreicht werden. Zu beachten sind ferner: Gute Ventilation, eine Luftfeuchtigkeit von 85–90%, die Dichte des einzulagernden Obstes in den Kühlräumen. Die eigentliche Kühllagerung kann sich auf eine kurze Zeit erstrecken (einige Tage bis wenige Wochen) oder lange (mehrere

Mon.) dauern, je nach dem Verwendungszweck des Obstes. Leichtkühlflächen können wohl die Qualität der Früchte erhalten, sie aber nie verbessern. Alles einzulagernde Obst muß deshalb bestens auf faule, fleckige, zerquetschte und wurmstichige Früchte sortiert werden. Krankes und beschädigtes Obst darf nicht eingelagert werden. Im Kühllager müssen Temperatur, Luftfeuchtigkeit und Luftumwälzung den verschiedenen Sorten angepaßt sein. Von den Äpfeln verträgt z.B. 'Golden Delicious' sehr gut niedrige Temperaturen von 0°, während 'Boskoop' + 4 °C benötigt, um vor Kühllagerkrankheiten geschützt zu sein. Die Luftfeuchtigkeit soll am Anfang des Einlagerns 90% betragen, später im allg. 80–85%. Ferner ist auf Isolierung und Verdampferoberflächen zu achten. Die Räume dürfen im Hinblick auf die Ventilation nicht bis zur Berührung der Decke belegt werden. Wenn alle genannten Faktoren beachtet werden, wird das Einlagern eine bessere Rentabilität sichern. L. Dreibrodt. 1223.

Cipruš, R. Ja. (Ziprusch, R. Ja.) Kartonnaja tara dlja chranenija plodov. **(Lagerung von Obst in Kartons.)** Sadovodstvo, Moskva **100** (1962) Nr. 9. S. 26–27. – 3 Tab.
Vf. behandelt Ergebnisse der Apfellagerung in geschlossenen Kartons. Nach Untersuchungen soll diese Lagerung eine bessere Lagerobstqualität garantieren, was durch die in Tab. zusammengefaßten Daten über die chem. Untersuchung bestätigt wird. Die Kartons sind außerdem billiger als die bisher verwendeten Kisten. I. Lekve. 1223.

Cowell, N. D. und Scott, K. J.; Weybridge, Surrey, Nat. Coll. of Food Techn.; Ryde, New South Wales, Dep. of Agric. The variability of atmospheres produced by fruit stored in polyethylene box liners. **(Die Veränderung der Luftzusammensetzung bei Lagerung der Früchte in Polyäthylenumhüllungen.)** J. horticult. Sci. **37** (1962) Nr. 2. S. 87–93. – 1 Abb., 2 Tab., 12 Lit.
Durch Umhüllung der Früchte mit Polyäthylen entsteht offenbar ein permeabler Film mit einer Anzahl Poren, die einen Gasaustausch zulassen. Die verlängerte Lagerfähigkeit der Früchte durch diese Behandlung wird im Zusammenhang mit dem phys. Verhalten der Gase diskutiert und die Veränderung der Gaszusammensetzung innerhalb des Polyäthylenfilms in Beziehung zur Respirationsrate und Gasaustauschgeschwindigkeit gesetzt. Die Ableitung der mathematischen Funktionen ist angegeben. H. Ackermann. 1223.

Blasse, W. **Differenzierte Bodenpflegemaßnahmen im Obstbau und deren Einfluß auf den Verlauf der Bodenfeuchtigkeit (1958–1960.)** Arch. Gartenbau **9** (1961) Nr. 8. S. 599–615.
Da die Bodenfeuchtigkeit ein entscheidender Faktor für Wuchs- und Ertragsleistungen im Obstbau ist, wurde der Wasserhaushalt des Bodens bei verschiedenen Bodenpflegemaßnahmen untersucht. Verglichen wurden Kleegrasunterkultur, Bodenbedeckung, Gründüngung, offener Boden (ständige Bodenbearbeitung) mit Stallmist und offener Boden ohne Stallmist. Als Versuchsgehölze dienten Apfelbüsche (Pflanzjahr 1951) auf Malus IV und XI mit den Sorten 'James Grieve', 'Herrnhut', 'Landsberger' und 'Goldparmäne'. – Bei dauernder Kleegrasunterkultur ist der Boden trockener als bei allen anderen Varianten. Die Bäume zeigen den schwächsten Wuchs und bringen den geringsten Ertrag. Die Bodenbedeckung erhöht die Bodenfeuchtigkeit, bes. in den Mon. Apr., Mai und Juni. Die Bäume weisen das größte Kronenvolumen auf. Gründüngung mindert im Spätsommer die Bodenfeuchtigkeit, jedoch entziehen Nichtleguminosen dem Boden mehr Wasser als Leguminosen. Die Wuchs- und Ertragsleistungen der Gehölze sind gut. Offener Boden mit und ohne Stallmistdüngung bringt während der gesamten Vegetationsperiode günstige Bodenfeuchtigkeitsverhältnisse. Die Baumentwicklung blieb bis Versuchsende hinter der Bodenbedeckung zurück.
H. Müller/Dresden. 1230.

Otto, G.; Dresden-Pillnitz, Inst. für Gartenbau der Dtsch. Akad. der Landwirtsch.-Wiss. zu Berlin. **Ein Quotient zur Bestimmung der Verzweigungsdichte von Gehölzfaserwurzeln im Zusammenhang mit Problemen der Rhizosphäre.** Dtsch. Akad. Landwirtsch.-Wiss. Berlin, Tagungsber. **1960** (hrsg. 1962) Nr. 35. S. 179–184. — 1 Abb., 1 Tab., 7 Lit.
Zur Charakterisierung der Verzweigungsdichte von Faserwurzeln wurde der Wurzelquotient geschaffen. Er enthält in seinem Zähler die Summe aller einzelnen Wurzellängen der Stichprobe und im Nenner die Anzahl der entspr. Wurzelspitzen. Die ausreichend genaue Charakterisierung der Verzweigungsdichte von Faserwurzeln einzelner Pflanzen konnte nachgewiesen werden. Der Wurzelquotient soll im Zusammenhang mit Untersuchungen über mögliche Beziehungen zwischen Bodenmikroorganismen und Wurzelwachstum Verwendung finden. Es wird angenommen, daß er darüber hinaus auch pflanzenbaulich von Interesse ist. W. Blasse. 1230.

Kolesnikow, W. A.; Moskau, Timirjasew-Akad. **Untersuchungen über Gesetzmäßigkeiten am Wurzelsystem bei Obstgehölzen mittels einer besonderen Methode der Probenentnahme.** Dtsch. Akad. Landwirtsch.-Wiss. Berlin, Tagungsber. **1960** (hrsg. 1962) Nr. 35. S. 169–177. — 1 Abb., 2 Tab., 3 Lit.
Durch Anwendung der Methode des „freien Monolithen" ist es möglich, die morphol. und biol. Besonderheiten des Wurzelsystems, die Reaktionen der Wurzeln auf verschiedene Pflegesysteme des Bodens, wie Düngung, Bewässerung und Schnitt, zu prüfen. Bei der geschilderten Methode werden wurzeldurchzogene Erdballen bis etwa 35 cm Tiefe und unterschiedlicher Größe gewonnnen und ausgewaschen. Die Arbeitsmethode wird im einzelnen erläutert. Durch Ausmessungen der Wachstums- oder Achsenwurzeln, der Saug- oder aktiven Wurzeln, der Übergangswurzeln und der leitenden Wurzeln werden Aussagen über das Gesamtwurzelsystem des Obstbaumes und sein biol. Verhalten möglich. Das Wurzelwachstum der Obstbäume erfolgt nicht in scharf abgegrenzten Perioden, sondern ist nur zeitweilig von unterschiedlicher Intensität. Diese Methode gestattete u.a. die Feststellung, daß die Wurzeln der Obstgehölze und Beerenobststräucher in den Trockenzonen der UdSSR nur 3–5 Mon. in Dürrejahren wachsen, bei Bewässerung dagegen 8 bis 9 Monate. W. Blasse. 1230.

Katzfuß, M.; Dresden-Pillnitz, Inst. für Obst- und Zierpflanzenbau. **Der Mineralstoffgehalt der Rinde verschiedener Apfel- und Pfirsichunterlagen in Beziehung zu ihrer Wuchsleistung mit den Edelsorten.** Dtsch. Akad. Landwirtsch.-Wiss. Berlin, Tagungsber. **1960** (hrsg. 1962) Nr. 35. S. 35–39. — 2 Abb., 1 Tab.
Bei Voruntersuchungen wurden von Trieben einer Reihe von Apfel- und Steinobstunterlagen aus der Triebmitte je 2 Rindenschildchen entnommen und diese auf Trockensubstanz und Mineralstoffgehalt untersucht. Die Entnahme erfolgte bei den Äpfeln Anfang und Ende Jan., bei Steinobst Anfang Febr. — Es wird festgestellt, daß der Ca-Gehalt bei starkwüchsigen Unterlagen höher ist als bei schwachwüchsigen. Die P- und N-Konz. verhalten sich umgekehrt. Bei K, bes. aber bei Fe und Mg scheint keine Beziehung zur Wuchsstärke zu bestehen. Das K/Ca-Verhältnis starkwachsender Unterlagen ist kleiner als das schwachwachsender. Es wurde weiterhin festgestellt, daß starkwachsende Unterlagen mit dem Pfirsich gut, schwachwachsende schlecht verträglich sind und daß demzufolge der Mineralstoffgehalt zur Charakterisierung der Verträglichkeit in gewisser Weise geeignet ist. M. Umhauer. 1230.

Stoitschkov, J.; Sofia, Bulgaria, Univ. The rhythm of growth, fruit bud formation and differentiation in apple, pear and plum varieties. **(Wachstumsrhythmus, Fruchtknospenbildung und Differenzierung bei Apfel-, Birnen- und Pflaumensorten.)** Dtsch. Akad. Landwirtsch.-Wiss. Berlin, Tagungsber. **1960** (hrsg. 1962) Nr. 35. S. 67–77. — 8 Abb., 31 Lit. Zus. in Russ., Dtsch.

Bis zu 3 Wachstumsphasen können innerhalb einer Vegetationsperiode auftreten, sie sind abhängig von der Art, Sorte, Temperatur und Luftfeuchtigkeit. Vom Alter der Knospen werden Blütenbildung und Differenzierung der Blütenorgane bestimmt, gleichzeitig wirken dieselben Faktoren mit ein, die den Wuchsrhythmus beeinflussen. Die Untersuchungen hatten zum Ziel, aus Wachstumsrhythmus und Blütenbildung die für die verschiedenen Standorte geeignetsten Apfel-, Birnen- und Pflaumensorten zu ermitteln.
H. Ackermann. 1230.

Passecker, F. **Ergebnisse keimungsphysiologischer Untersuchungen an Kern- und Steinobst.** Gartenbauwissenschaft **27(9)** (1962) Nr. 2. S. 193–198. – 4 Tab., 9 Lit. Zus. in Engl., Franz.
Die Keimfähigkeit aufgebrochener, geschälter und mit 5‰ Cresan-Naßbeize behandelter Embryonen der Hauszwetsche wurde durch den Zusatz von 1‰ des Beizmittels zum Wasser im Buchinger-Glasstab-Keimapparat nicht beeinträchtigt. Bei Apfelembryonen wurde bei gleicher Behandlung die Keimfähigkeit durch den Beizmittelzusatz herabgesetzt. Die Dauer der Beizung (10 Sek. oder 5 Min.) blieb ohne wesentlichen Einfluß auf die Keimung von Apfelembryonen. – Der Praxis wird empfohlen, das Obstsaatgut vor dem Stratifizieren in 0,5% Ceresan-Lösung zu beizen. Ungeschälte Apfelkerne keimen am besten bei Temperaturen von 2–6 °C, während höhere Temperaturen die Keimung und das Wachstum der Keimlingswurzeln behindern. Geschälte Kerne keimen bei Zimmertemperatur besser. Für Keimproben mit freigelegten Embryonen hat sich die Fruhstorfer Einheitserde besser bewährt als das übliche Komposterde-Sand-Gemisch. B. Borck. 1230.

Černý, L.; Holovousy, ČSSR, Výzkumný Ústav Ovocnarsky ČSAZV. **Beitrag zur Frage der Winterruhe von Obstgehölzen.** Dtsch. Akad. Landwirtsch.-Wiss. Berlin, Tagungsber. **1960** (hrsg. 1962) Nr. 35. S. 139–151. – 4 Abb., 25 Lit.
In 4 Winterperioden wurden experimentell-morphologische Studien zur Klärung der Winterruhe der Obstunterlagen M I, M IV und *Malus baccata* vorgenommen. Durch Austriebsprüfung bei + 20 °C und 100% rel. Luftfeuchtigkeit wurde der Verlauf der Winterruhe bei bewurzelten und abgeschnittenen Trieben getestet. Es konnte ein starker Einfluß der Wurzeln auf die Dauer der echten Winterruhe festgestellt werden. Bei M I, M IV und *M. baccata* war die Winterruhe etwa Mitte Jan. beendet. Bei M IV begann und endete die Winterruhe früher und war weniger tief als bei M I. Frostungsversuche mit –15 °C ergaben, daß die Knospen und Triebe der geprüften Unterlagen z.Z. ihrer echten Winterruhe im Herbst bei gegebenen Naturbedingungen weniger widerstandsfähig gegenüber Frosteinwirkung waren als im Spätwinter nach ihrem Austritt aus der „echten“ Winterruhe. W. Blasse. 1232.

Roach, A.; Maidstone, Kent, East Malling Res. Stat. Formation of bush apple trees. **(Erziehung von Apfelbüschen.)** Dtsch. Akad. Landwirtsch.-Wiss. Berlin, Tagungsber. **1960** (hrsg. 1962) Nr. 35. S. 159–167. – 5 Abb., 4 Lit.
2 Verfahren der Buscherziehung von Äpfeln werden in England angewandt: a) Pflanzung einjähriger Veredlungen ohne Rückschnitt; Rückschnitt erst in der 3. Juniwoche auf geeignet stehende und weitwinklige Seitenzweige, b) scharfer Rückschnitt bei der Pflanzung bis auf wenige cm über der Okulationsstelle. Ein Trieb wird als Stammverlängerung ausgespart, die übrigen entfernt. Diese Baumerziehungsverfahren werden diskutiert. Es konnte festgestellt werden, daß die Unterlagen einen deutlichen Einfluß auf die Entwicklung der Primärzweige und den Winkel, in dem sie wachsen, ausüben. Die Beobachtungen deuten auf den Einfluß von spez. Wuchshormonen hin, die sowohl die Bildung oder Unterdrückung von Seitenzweigen als auch deren Stellung beeinflussen. W. Blasse. 1232.

Kablučko, G. A. (Kablutschko, G. A.) Podvoi i urožaj Pepina londonskogo. **(Unterlagen und Ertrag des 'London Pepping'.)** Sadovodstvo, vinogradarstvo i vinodelie Moldavii **1961** Nr. 7. S. 23–27. – Aus: Referativnyj žurnal. Biologija, Moskva **1962** Nr. 1. G 410. S. 48.
Eine hohe Ausbeute 2jähriger Jungbäume in bester Qualität erhielt man beim Okulieren von Unterlagen der Sorten 'Lusen IV', 'Paradiska IX', 'Orgejewskaja-20', 'Sary sinap', 'Nisporenskaja-2', 'Schafran letny' und 'Krezesk'. Die höchsten Erträge auf schnellwüchsigen Unterlagen wurden mit den Sorten 'Sary sinap' (50 kg je Baum), 'Lusen IV' (27 kg) und 'Paradiska' (31,3 kg) erzielt. Um Höchsterträge von der Sorte 'London Pepping', gepfropft auf 'Paradiska', zu erreichen, müssen die Bäume in einer Standweite von 6×4 m gepflanzt werden. übersetzt v. E. Fröhmcke. 1232.

Zeller, O.; Stuttgart- Hohenheim, Landwirtsch. Hochschule, Inst. für Obst- und Gemüsebau. **Die jahresrhythmische Entwicklung von zwei verschiedenen Blütenknospentypen an Apfelbäumen.** Dtsch. Akad. Landwirtsch.-Wiss. Berlin, Tagungsber. **1960** (hrsg. 1962) Nr. 35. S. 79–85. – 4 Abb., 8 Lit. Zus. in Russ., Engl.
An einjährigen Langtrieben ist bei starker Düngung und einem entspr. Schnitt neben der normalen jahreszeitlichen Entwicklung der Blütenknospen am kurztriebigen Fruchtholz die Ausbildung von Blüten und Früchten möglich. Der Entwicklungsrhythmus wird bei beiden Triebarten eingehend beschrieben. Aus den Untersuchungen (Spindelbuschanlage der Sorte 'Berlepsch/M IX') ergibt sich, daß die Langtriebe als fruktifizierendes Organ nur während der ersten Jahre Bedeutung haben, da diese bereits im 5. Pflanzjahr nur noch 10% des Gesamtertrages liefern. H. Ackermann. 1232.

Holland, D. A. und Greenham, D. W. P.; East Malling, Kent, Res. Stat. The minimization of variability in apples plantes on the site of a previous orchard. II. The effect of cultural treatments associated with seven years' arable cropping. **(Die Herabsetzung der Variabilität bei Äpfeln bei Pflanzung an Stelle einer alten Obstanlage. 2. Mitt. Der Einfluß der Kulturbehandlung verbunden mit einem siebenjährigen Ackerbau.)** J. horticult. Sci. **37** (1962) Nr. 1. S. 24–34. – 3 Abb., 4 Tab., 2 Lit. 1. Mitt. vgl. LZ. Abt. II **4** (1959) Nr. 6. S. 1264.
Der Einfluß des Tief- (18 in.) und Flachpflügens (9 in.) in Verbindung mit schwacher und starker Düngung auf Apfelbäume wurde untersucht. Das Gelände umfaßte eine alte Obstanlage, die bis zur Anpflanzung der Testpflanzen ('Cox 's Orange Pippin' auf 'M VII') 7 Jahre ackerbaulich genutzt wurde. Durch Pflanzung der Testpflanzen in festgelegter Entfernung vom Standort der alten Bäume wurden die zufällige Variation und der Einfluß durch Rückstände der Wurzelausscheidungen der alten Bäume erfaßt. Bestimmt wurden Triebwachstum, Zunahme des Umfanges des Wurzelstockes, des Stammes und des Pfropfreises sowie der K-Gehalt der Blätter.
H. Ackermann. 1232.

Stenz, Sigwart. **Über die Fruchtgrößenveränderung einiger Apfelsorten und ihre Abhängigkeit von atmosphärischen Umweltbedingungen.** Veröff. Inst. Agrarmeteorol. agrarmeteorol. Observatoriums Karl-Marx-Univ. Leipzig **2** (1962) Nr. 1. S. 1–60. – 35.Abb., 4 Tab., 34 Lit.
Durch ein selbstkonstruiertes Registriergerät wurde die Größenentwicklung von Apfelfrüchten 'Jakob Lebel', 'James Grieve' und 'Herrnhut' an verschiedenen Standorten der DDR fortlaufend messend verfolgt. Es ergab sich, daß das Früchtewachstum hauptsächlich während der Nachtstunden erfolgt und innerhalb eines Tages spez. Schwankungen unterworfen ist. In den frühen Morgenstunden wurde eine sehr auffällig und regelmäßig in Erscheinung tretende Fruchtverkleinerung festgestellt, die ihre Ursache in veränderten Tur-

gescenzverhältnissen infolge hoher Transpirationsintensität hat und damit einen Schrumpfungseffekt darstellt. Die korrelative Überprüfung der Wirkung meteorologischer Elemente auf den beobachteten Schrumpfungsgrad der Früchte ließ den Einfluß der Strahlungs- und Luftfeuchtigkeitsverhältnisse am stärksten hervortreten. Die Zusammenhänge zwischen Witterungsfaktoren und dem täglichen Fruchtzuwachs waren nicht eindeutig zu klären. Der Fruchtzuwachs zeigte in seiner Summenkurve, abgesehen vom Entwicklungsbeginn und Entwicklungsende, einen geradlinigen Verlauf. Die zur Klärung des Junifrüchtefalls in diesem Zusammenhang vorgenommenen Experimente gestatten die Feststellung, daß diese Fallperiode vornehmlich durch unaufgeklärte Verhältnisse im Wasserhaushalt verursacht wird.
W. Blasse. 1232.

Neumann, U.; Rostock, Univ., Inst. für Acker- und Pflanzenbau. **Wachstumsregulatoren in Holz- und Fruchttrieben von Apfelbäumen während der Vegetationsperiode.** Dtsch. Akad. Landwirtsch.-Wiss. Berlin, Tagungsber. **1960** (hrsg. 1962) Nr. 35. S. 101–110. – 7 Abb., 6 Lit. Zus. in Russ., Engl.
Im Extrakt der Rindenzylinder (einschl. des Kambiums), der Fruchttriebe und des Kurztriebbereiches senkrechter und waagerechter Langtriebe (Sorte 'Cox Orangen Renette') wurde nach papierchromatographischer Auftrennung in Segmenten von 1,5 cm Länge der Wuchsstoffgehalt mittels des *Avena*-Koleoptilzylinder-Testes ermittelt. In der sauren Phase des Extraktes wurden 2 Wuchsstoffe (Rf 0,10 –0,40 bzw. 0,80–0,95) und ein Hemmstoff (Rf 0,45–0,75), in der neutralen Phase 2 rel. schwach wirkende Hemmstoffe (Rf 0,55–0,85 bzw. 0,90–0,95) aufgefunden. Die Wuchsstoffe waren nicht mit IES identisch. Zwischen den 3 Triebarten bestanden deutliche Unterschiede in bezug auf die Stärke der vorhandenen Wuchs- und Hemmstoffwirkung; entspr. Unterschiede waren auch zwischen den verschiedenen Entnahmeterminen festzustellen, was auf Beziehungen zur vegetativen und generativen Entwicklung der Triebe schließen läßt. H. Ackermann. 1232.

Wünsche, J.; Halle, Martin-Luther-Univ., Inst. für Obst- und Gemüsebau. **Der Wuchsstoff-Hemmstoff-Haushalt der Malus-Arten während der Ruheperiode in Abhängigkeit vom Temperaturverlauf.** Dtsch. Akad. Landwirtsch.-Wiss. Berlin, Tagungsber. **1960** (hrsg. 1962) Nr. 35. S. 49–57. – 4 Abb., 16 Lit. Zus. in Russ., Engl.
Mit Hilfe der Papierchromatographie wurde der Wuchsstoff-Hemmstoff-Haushalt einiger *Malus*-Arten während der Ruheperiode untersucht. Der Ätherextrakt wurde aus 1 g Knospenfrischsubstanz gewonnen, chromatographisch aufgetrennt und mittels Haferkoleoptilen getestet. Durch Vergleich mit dem winterlichen Temperaturverlauf konnte mit großer Wahrscheinlichkeit geschlossen werden, daß mit steigender Temperatur der Wuchsstoffgehalt ansteigt, der Hemmstoffgehalt absinkt. H. Ackermann. 1232.

Abbott, D. L.; Bristol, Univ., Long Ashton Res. Stat. The control of fruit size in the apple. **(Die Kontrolle der Fruchtgröße von Äpfeln.)** Dtsch. Akad. Landwirtsch.-Wiss. Berlin, Tagungsber. **1960** (hrsg. 1962) Nr. 35. S. 41–48. – 12 Lit. Zus. in Russ., Dtsch.
Eine Übersicht über die Möglichkeiten der Vergrößerung der Früchte wird gegeben. Versuche zur Verringerung der Fruchtanzahl durch Versprühen einer 0,5%igen 1-Naphtholessigsäure-Lösung bzw. des Amides zeigten bisher keine befriedigenden Ergebnisse, so daß z. Z. Auspflücken bzw. entsprechender Schnitt der Bäume im Vordergrund stehen. Weiter werden die bisherigen Kenntnisse der gegenseitigen Beeinflussung der Organe durch diese Maßnahmen besprochen. H. Ackermann. 1232.

Pieniażek, S. A., Soczek, Z., Cegłowski, S. M. und Łaźniewska, J. Skierniewice, Poland, Res. Inst. of Pomol. Control of biennial bearing of apple

trees by means of thinning with α-naphthyl acetic acid. **(Bekämpfung des biennalen Tragens der Apfelbäume durch Ausdünnen mit 2-Naphthylessigsäure.)** Advances horticult. Sci. 2 (1962) S. 182–187. – 3 Tab., 5 Lit. Zus. in Franz., Dtsch.
Mit Kalium-2-naphthylacetat in Konz. von 20–40 ppm können ausreichende Ausdünnwirkungen erzielt werden, ohne daß unerwünschte Nebenerscheinungen auftreten. Vff. empfehlen Behandlung kurz nach dem Abfall der Blütenblätter mit 30 ppm, damit kann bei biennen Sorten ein jährliches Tragen erzwungen werden, die Einzelfrüchte selbst werden größer, und der Gesamtertrag ist z.T. über mehrere Jahre erhöht. 'Antonowka' und 'Schöner von Croncels' sind gegen diese Behandlung jedoch empfindlich. W. Hiller. 1232.

Bould, C. und Jarrett, R. M.; Long Ashton, Univ. of Bristol, Res. Stat. The effect of cover crops and NPK fertilizers on growth, crop yield and leaf nutrient status of young dessert apple trees. **(Der Einfluß von Deckpflanzen und NPK-Düngemitteln auf Wachstum, Fruchtansatz und Blatternährung junger Dessert-Apfelbäume.)** J. horticult. Sci. **37** (1962) Nr. 1. S. 58–52. – 5 Abb., 10 Tab., 13 Lit.
Die Untersuchungen bei den Sorten 'Cox's Orange Pippin' und 'Pearmain' erstreckten sich auf folgende Deckpflanzen: *Trifolium repens* (Wild) (I), *Lolium perenne* (**II**), *Phleum pratense* (**III**) und natürlichen Rasen (**IV**) mit vorwiegend *Poa annua* und *Agrostis stolonifera*. Das beste Wachstum und der höchste Ertrag wurden bei **I** und **IV** als Deckfrucht erzielt. Durch erhöhte N-Düngung war lediglich bei **II** und **III** als Deckfrucht eine Steigerung des Wachstums und Ertrages zu erzielen; K und P hatten keinen signifikanten Einfluß. Der erhöhte N-Bedarf bei **II** und **III** konnte an Hand des N-Gehaltes der Apfelblätter ermittelt werden. Direkte Beziehungen wurden zwischen N-Gehalt der Apfelblätter im Aug. und dem des Xylemsaftes im folgenden Frühjahr gefunden. Aus den Ergebnissen ist zu schließen, daß bei einer Dauerbedeckung die Ansaat von **I** am geeignetsten ist; um das Aufkommen von heimischen Grasarten zurückzudrängen, muß jedoch häufig gemäht werden.
H. Ackermann. 1232.

Neumann, D.; Rostock, Univ., Inst. für Acker- und Pflanzenbau. **Der Verlauf des Wachstums, der Blütenknospendifferenzierung sowie des Kohlenhydrat- und Mineralstoffgehaltes der Holz- und Fruchttriebe von Apfelbäumen.** Dtsch. Akad. Landwirtsch.-Wiss. Berlin, Tagungsber. **1960** (hrsg. 1962) Nr. 35. S. 87–100. – 10 Abb., 1 Tab., 1 Lit. Zus. in Russ., Engl.
Durch waagerechtes Binden einjähriger Apfel-Langtriebe im Frühjahr wird der Neuwuchs reduziert, die Bildung von Kurztrieben und Blütenknospen gefördert. Gleichzeitig wird die Blütenknospendifferenzierung verfrüht. Eine deutliche Erhöhung erfährt der N- und der Mineralstoffgehalt. Ein eindeutiges Verhalten der heißwasserlöslichen Kohlenhydrate ist nicht zu beobachten. Die Verstärkung der reproduktiven Tendenz der waagerecht gebundenen Triebe wird auf Veränderungen der Wachstumsregulatoren zurückgeführt, die beobachteten Veränderungen im N-, Kohlenhydrat- und Mineralstoffgehalt werden als Folgeerscheinungen angesehen. H. Ackermann. 1232.

Voronova, T. G. (Woronowa, T. G.); Cholmsk, Gebiet Sachalin, Versuchsfeld für Obst- und Beerenkult. Vlijanie sorta-opylitelja na zavjazyvanie i krupnost' plodov jabloni v Sachalinskoj oblasti. **(Einfluß der Bestäubersorte auf Ansatz und Größe der Äpfel im Gebiet Sachalin.)** Agrobiologija, Moskva **1962** Nr. 2. S. 234–237. – 3 Tab.
Im Süden Sachalins wurde an Apfelkulturen der Grad der Selbstbestäubung festgestellt, die besten Bestäubersorten ausgewählt und der Einfluß des Pollens der Bestäubersorte auf die Qualität der Früchte untersucht. Es zeigte sich, daß die Fähigkeit zur Selbstbestäubung in den einzelnen Jahren unter-

schiedlich und von der Aufzucht der Bäume sowie vom Wetter während der Blütezeit abhängig ist. Künstliche Kreuzungsbestäubung im Vergleich zur künstlichen Selbstbestäubung hatte nicht nur einen besseren Knospenansatz, sondern auch ein höheres Gew. der Früchte zur Folge. Durch Selbstbestäubung entstanden etwa 20–30% weniger Früchte als bei Bestäubung zwischen verschiedenen Sorten. Große Samenmengen wurden in den Fällen erhalten, wo entspr. dem Rahmen jeder einzelnen Sorte große Früchte gebildet wurden.
L. Tunger. 1232.

Karamyševa, V. I. (Karamyschewa, W. I.) Analiz pyl'cy različnych sortov i vidov jabloni. **(Analyse des Pollens verschiedener Apfelarten und -sorten.)** Sbornik trudov aspirantov i molodych naučnych sotrudnikov. Vsesojuznyj institut rastenievodstva, Leningrad **1961** Nr. 2. S. 247–258. — 5 Tab., 9 Lit.
Pollen von vollentwickelten Blüten, aus der Kronenmitte der verbreitetsten Apfelsorten, hauptsächlich auch wilder Arten und einiger Hybridformen entnommen, wurden untersucht. Nach dem %-Satz des Auskeimens der Pollen wurden die Sorten in 3 Gruppen unterteilt: a) Sorten mit hoher Pollenkeimung = 71–100%, b) Sorten mit mittlerer Pollenkeimung = 31–70%, c) Sorten mit ungenügender Pollenkeimung = 0–30%. Eine 15%ige Zuckerlösung bewährte sich dabei am besten. Die morphol. Beschaffenheit der Pollenkeime der 3 beschriebenen Gruppen wurde mit der Tetrazoliummethode festgestellt. Von Gruppe a entwickelten sich 171, von b 27 und von c nur 2 Keime normal. Im Ergebnis der Lumineszenzanalyse wurden die Pollen in 4 Typen eingeteilt: a) orange-gelbe Pollen mit intensiv farbigen Außenmembranen und 3 sichtbaren Keimporen (am besten), b) hellgrüne Pollen mit 2–3 dunkel gefärbten Poren, c) orange-gelbe Pollen ohne sichtbare Poren und d) hellgrüne Pollen ohne sichtbare Poren. L. Tunger. 1232.

Buchloh, G.; Heidelberg, Univ., Inst. für System. Bot. **Verwachsung und Verwachsungsstörungen als Ausdruck des Affinitätsgrades bei Pfropfungen von Birnenvarietäten auf Cydonia oblonga.** Beitr. Biol. Pflanzen **37** (1962) Nr. 2. S. 183–240. — 11 Abb., 63 Lit.
Es wird nachgewiesen, daß die Bildung sekundärer Isolierschichten zwischen Birne und Quitte auf die Spaltung des Arbutins oder die Oxydation des Hydrochinons zurückzuführen ist. Beide Reaktionen finden sowohl bei verträglichen als auch bei unverträglichen Birnen-Quitten-Veredlungen statt. Die irreversible Fixierung der Pigmente in den entscheidenden Gewebebereichen kann als Zeichen dafür gelten, daß sich die Disharmonie zwischen Unterlage und Reis manifestiert hat. Durch unvollständige Reduktion der Pigmente wird die Verwachsung der sich gegenseitig berührenden Zellmembranen gehemmt. Eine protoplasmatische Vereinigung von Unterlage und Reis findet durch die Isolierschicht hindurch statt und ist zeitweise funktionsfähig. Funktionsstörungen der Siebröhren werden immer nur im unmittelbaren Kontaktbereich der Pfropfpartner beobachtet und bleiben auch stets nur auf wenige Siebröhrenglieder beschränkt. Durch Neubildung von Wundsiebröhren werden die plasmatischen Verbindungen wiederhergestellt. Eine Vereinigung der Protoplasten zwischen Unterlage und Reis durch die Zellmembranen in Form von Plasmodesmen konnte nicht beobachtet werden. W. Blasse. 1235.

Potter, J. M. S. und Ermen, H. F. Variability in growth between single and double worked pear trees. **(Variabilität im Wachstum zwischen einfach und doppelt veredelten Birnbäumen.)** Exp. Horticult. **1962** Nr. 6. S. 45–47. — 3 Tab., 1 Lit.
In einer Prüfung neuer Sorten auf *Cydonia* A wurde die Hälfte der Bäume mit Zwischenveredlung auf 'Beurré Hardy' gepflanzt. 'Cheltenham Cross', 'Dr. Stark', 'Idaho' u. 'John Innes Seedling 3884' wuchsen mit Zwischenveredlung besser, einige Sorten verhielten sich indifferent und einige (z. B. 'Doyenné du

Comice' und 'Ovid') wurden durch die Zwischenveredlung in ihrem Wachstum beeinträchtigt. Die Möglichkeit einer Virusinfektion wird in Erwägung gezogen. M. Brauns. 1235.

Marshall, D. C. und Padfield, C. A. S.; Auckland, New Zealand, D.S.I.R., Ind. Development Lab. The freezing point of pears. **(Der Gefrierpunkt von Birnen.)** J. horticult. Sci. **37** (1962) Nr. 2. S. 106–114. – 3 Abb., 2 Tab., 4 Lit.
Von den Birnensorten 'Beurré Bosc', 'Packham's Triumph', 'Peter Barry', 'Winter Cole' und 'Winter Nellis' wurde der Gefrierpunkt (Fp.) des Saftes während 7mon. Lagerung bei 29–30 °F bestimmt. Die Methode beruht darauf, daß das Gewebe hart gefroren, dann wieder aufgetaut und beim Wiedergefrieren die Gefrierkurve mit einem Temperaturschreiber aufgenommen wird. Der Fp. liegt bei den genannten Sorten zwischen 28,7 und 31,0 °F; die Abweichungen innerhalb einer Sorte betragen über 1 °F. Während der Lagerung gefrieren die Früchte, wenn die Temperatur 0,5–1,0 °F unter den Fp. des Saftes abfällt. H. Ackermann. 1235.

Plock, H. Compatibility and incompatibility of some apricot varieties in the nurseries and in fruit-growing. **(Verträglichkeit und Unverträglichkeit einiger Aprikosensorten in der Baumschule und im Ertrag.)** Advances hortciult. Sci. 2 (1962) S. 33–38. – 1 Tab. Zus. in Engl., Franz.
Als Unterlagen und Stammbildner dienten: Aprikosensämling (**I**), Kriechenpflaume (**II**), Marunke (**III**), 'Brompton' (**IV**), 'St. Julien' (**V**), Wurzelechte Hauszwetsche (**VI**), 'Große Grüne wurzelechte Reineklode' (**VII**), *Prunus myrobalana alba* + 'Wagenstädter' (**VIII**), *P. myrobalana alba* + 'Hauszwetsche' (**IX**), *P. myrobalana alba* + veredelte Hauszwetsche (**X**), *P. myrobalana alba* + Marunke (**XI**), *P. myrobalana alba* + 'Brompton' (**XII**) und *P. myrobalana alba* + Kirschpflaume (**XIII**). Folgende Edelsorten zeigten mit folgenden Unterlagen und Stammbildnern sehr gute Verträglichkeit: 'Aprikose von Nancy' mit **I, II, III, IV, VI, VII, VIII, IX, XII** und **XIII**; 'Wahre große Frühaprikose' mit **II, III, IV, VI, VII** und **IX**; 'Ambrosia' mit **VI** und **IX**; 'Ungarische Beste' mit **I, III, IV, V** und **VII**; 'Mombacher Frühe' mit **III**; 'Della Bella' mit **III, VI** und **IX**; 'Morpack' mit **III, VI, IX** und **XIII**; 'Uhlhorns Wunder' mit **III, VI** und **IX**; 'Versailler Aprikose' mit **VIII**; 'Große Kremser' mit **IV**; 'Frühe Ungarische Gelbe' mit **IV** und **VIII**; 'Triumph von Trier' mit **X**; 'Aprikose von Breda' mit **II**; 'Luizets Aprikose' mit **IV, VII** und **X**; 'Aprikose von Monplaisir' mit **IV**; 'Royal' mit **VIII**; 'Temporao de Vila Franca' mit **III** und **XI**; 'Bulida' mit **VIII** und **IX** und 'Catea de Cobra' mit **VIII**. Weiter sind noch die guten, mittleren, schlechten und ganz schlechten Verträglichkeiten angegeben. W. Hiller. 1242.

Fiedler, W.; Dresden-Pillnitz, Inst. für Obst- und Zierpflanzenbau. **Über das Transpirationsverhalten verschiedener Unterlagen und Unterlagen-Edelsorten-Kombinationen bei Aprikosen.** Dtsch. Akad. Landwirtsch.-Wiss. Berlin, Tagungsber. **1960** (hrsg. 1962) Nr 35. S. 201–216. – 4 Abb., 3 Tab., 12 Lit.
Das Transpirationsverhalten von 11 unveredelten Aprikosenunterlagen und deren mit 3 Sorten (Lokalsorten des Anbaugebietes ‚Süßer See' bei Eisleben) veredelten Kombinationen wurde untersucht. Die Prüfung erfolgte an abgeschnittenem Material, wobei junge Blätter (vor Ende Juni) sich als ungeeignet erwiesen. Die verwendete Apparatur arbeitete nach dem Prinzip der gasometrischen Methoden mit bewegter Luft bei Konstanthaltung der Faktoren Licht, Strömungsgeschwindigkeit und Temperatur. Während die unveredelten Unterlagen keine wesentlichen Unterschiede aufwiesen, zeigten die Sorten z.Z. des Triebabschlusses Unterschiede in der Transpirationsintensität. Unveredelte Unterlagen transpirierten stärker als die Veredlungen auf denselben Unterlagen. Geringe Wuchsleistung schien mit einer geringen Transpiration

verbunden zu sein. Nur hochgradige Unverträglichkeit wurde im Transpirationsverhalten sichtbar. — Durch Welkeversuche wurden 2 verschiedene Typen der Stomataregulation bei Aprikosen festgestellt.
M. Umhauer. 1242.

Umhauer, M.; Dresden-Pillnitz, Inst. für Obstbau der Dtsch. Akad. der Landwirtsch.-Wiss. zu Berlin. **Pillnitzer vegetativ vermehrbare Vogelkirsche.** Dtsch. Gartenbau 8 (1961) Nr. 3. S. 114–116. — 14 Lit.
Ein Vergleich mit der engl. Klonunterlage 'F 12/1' hinsichtlich der Vermehrungseigenschaften ergab, daß die 'Pillnitzer vegetativ vermehrbare Vogelkirsche' für eine Abrißvermehrung besser geeignet ist als 'F 12/1'. Die durchschnittl. Triebanzahl ist mit 4,67 zu 300 Stück höher. Auch hinsichtlich des Anteils an Aufschulware ist sie der Vergleichsunterlage überlegen. Im Durchschnitt kann mit einem Anteil von 90% Aufschulware gerechnet werden. Ein erster obstbaulicher Versuch ergab nach 5 Jahren in der vegetativen Leistung zu 'F 12/1' und dem Vogelkirschensämling keine gesicherten Differenzen. Ein Ertrag lag noch bei keiner Kombination vor. Gummifluß wurde bisher nicht beobachtet. J. Schmadlak. 1245.

Shoemaker, J. S. und Young, H. W.; Gainesville, Agric. Exp. Stat.; North Florida Exp. Stat. Influence of pruning on yield and size of peaches. **(Einfluß des Schnittes auf den Ertrag und Größe von Pfirsichen.)** Proc. Florida State horticult. Soc. **74** (1961, hrsg. 1962) S. 353–356. — 2 Tab., 5 Lit.
3 Jahre nach der Pflanzung wurden Pfirsiche der Sorte 'Maygold' unterschiedlichen Schnittverfahren unterworfen, einem mäßigen Rückschnitt des vorjährigen Holzes um 20–40%, einem starken Rückschnitt um 40–60% und einem sehr starken Rückschnitt um 50–70%. Der mäßige Rückschnitt führte erwartungsgemäß zu der größten Fruchtzahl in den 3 ersten Erntejahren. Bei starkem Schnitt war die Fruchtzahl am stärksten reduziert. Der Ertrag lag im 2. Erntejahr bei starkem Schnitt am höchsten, im 3. Jahr ergab mäßiger Schnitt den höchsten Flächenertrag. Die Witterungsbedingungen überdeckten im 2. und 3. Erntejahr den Einfluß der Schnittvarianten auf die Fruchtgröße. W. Blasse. 1248.

Chauhan, K. S., Biggs, R. H. und Sites, J. W.; Hainesville, Florida Agric. Exp. Stat. Temperature and the dormancy of peach seeds. **(Temperatur und Ruheperiode von Pfirsichsamen.)** Proc. Florida State horticult. Soc. **74** (1961, hrsg. 1962) S. 367–371. — 2 Abb., 2 Tab., 2 Lit.
Pfirsichsaatgut der Sorte 'Lovell' wurde 1000 Std. bei 7 °C im Kühlschrank stratifiziert und anschließend 8 Std 0 °C, 26 °, 37° und 46 °C ausgesetzt. Während 26 °C nur eine unbedeutende Beeinflussung der Keimung und der Wuchsintensität bewirkten, trat bei 37 °C und 46 °C eine sehr starke Depression auf, die sich sowohl auf das Keim-, als auch auf das Aufwuchsergebnis auswirkte. 46 °C töteten die Embryonen ab. Zeitlich gestaffelte Temperaturbehandlung ergab, daß weniger als 4 Std, bei 30 °C genügen, um das Keimergebnis gesichert negativ zu beeinflussen. In anderen Versuchsanstellungen wurde nach Kühllagerung und differenziertem Wärmeschock wieder eine Kühllagerung von 500 Std. bei 7 °C vorgenommen. Wurde dabei ein Wärmeschock von 26 °C angewendet, dann trat 100%ige Keimung ein. Ohne diese Nachlagerung war das Keimergebnis nur halb so gut. Ein Wärmeschock von 37 °C brachte nur noch 40% Samen zur Keimung, ein Prozentsatz, der immer noch höher als eine unmittelbare Aussaat ohne Nachlagerung war.
W. Blasse. 1248.

Csider, L. Termögyümöcsös talajának néhány vizforgalomvizsgálati eredménye. **(Einige Wasserhaushalt-Untersuchungsergebnisse von Böden auf denen Obst angebaut wird.)** Agrártudományi Egyetem Mezögazdaságtudományi Karanák Közleményei, Gödöllö [Ber. landwirtsch.-wiss. Fak. Univ. Agrarwiss., Gödöllö] **1961** S. 223–241. — Aus: Ung. Agrar-Rdsch. **1962** Nr. 3.

Vf. untersuchte in einer auf Sandboden angelegten 10jähr. Pflaumenanlage den Wasserhaushalt des Bodens (mit und ohne Unterkulturen) sowie die morphol. Veränderungen der Pflanzen und die Gestaltung der Umweltfaktoren. Die Messungen bewiesen nicht, daß die Bodenfeuchtigkeit durch Unterkulturen erhalten wird. In Obstanlagen an Hängen verhindern Unterkulturen die Bodenerosion und verringern die nach Niederschlägen abfließende Wassermenge. In Pflaumenanlagen (ohne Unterkulturen) wurde ein durchschnittl. Tageswasserverbrauch von 2 mm (bei Durchschnittstemp. von 22,3 °C) ermittelt. Nimmt die Bodenfeuchtigkeit auf 50% der Wasserkapazität ab, so ist mit einem geringen Fruchtfall zu rechnen; bei Absinken auf 35% fallen bereits 25% der Früchte ab, und das sek. Triebwachstum unterbleibt. 1250.

Zatyko, L; Budapest, Inst. für Gartenbau, Abt. Baumschule. **Der Stand der Erkenntnisse über die Eigenbewurzelung von Walnüssen.** Dtsch. Gartenbau 8 (1961) Nr. 3. S. 116–117. – 5 Abb.
Aufbauend auf früheren Erfahrungen wurde ein Großversuch zur Klärung des Problems durchgeführt. Die Mutterpflanzenbeete wurden vor dem Austrieb 20–30 cm hoch angehäufelt. Dies führte zu einer Erhöhung der Austriebszahl. Im Laufe des Jahres wurde nachgehäufelt. Mitte Sept. wurden die etiolierten Austriebe abgehäufelt und nahe der Erdoberfläche bis zur Triebmitte eingeschnitten. Anschließend wurde wieder angehäufelt. Im Mai des folgenden Jahres wurden die Einschnitte wiederholt. Zur Erhöhung der Bodenfeuchtigkeit wurden die Mutterbeete mit Stallmist abgedeckt. Das Abtrennen der Triebe erfolgte im folgenden Frühjahr und brachte Bewurzelungsergebnisse von 88,6%. 2 Jahre nach dem Aufschulen erreichten die Gehölze eine durchschnittl. Höhe von 140–150 cm. S. Strizke. 1255.

Hughes, Hilary M.; Efford, Exp. Horticult. Stat. Preliminary studies on the insect pollination of soft fruits. **(Vorversuche über die Insektenbefruchtung bei Beerenobst.)** Exp. Hortciult. **1962** Nr. 6. S. 44. – 3 Abb., 1 Lit.
1958–60 wurden in Efford und Luddington Versuche mit Stachelbeeren, Erdbeeren, Schwarzen und Roten Johannisbeeren durchgeführt, um den Einfluß der Insekten auf Befruchtung und Fruchtansatz zu untersuchen. Zu diesem Zweck wurden einzelne Büsche durch Käfige mit dichtem bzw. etwas weiterem Nylon-Maschendraht eingeschlossen, um die Insekten zur Blütezeit fernzuhalten. Bei Erdbeeren wurden zeltartige Käfige benutzt. Stachelbeeren brachten bei Einschluß einen mittleren Fruchtertrag. Die Beeren waren etwas kleiner als normal und hatten wenig oder keine Samen, was auf parthenokarpe Entwicklung hinweist. Bei Schwarzen und Roten Johannisbeeren war der Ertrag durch Einschluß erheblich gemindert, die Beeren waren kleiner und hatten weniger Samen pro Beere. Erdbbeeren der Sorte 'Cambridge Vigour' und 'Royal Sovereign' ergaben durch Einschluß äußerst mißgestaltete, nicht marktfähige Früchte mit sehr wenig Samen. A. Mügge. 1257.

Shoemaker, J. S.; Gainesville, Agric. Exp. Stat. Pollination requirements of Flordagrand blackberry. **(Das befruchtungsbiologische Verhalten der 'Flordagrand' Brombeere.)** Proc. Florida State horticult. Soc. **74** (1961, hrsg. 1962) S. 356–358.
Die 'Flordagrand'-Brombeere ist selbststeril und benötigt Befruchtersorten. Wilde Brombeeren können als Befruchter dienen, sofern sich die Blütezeiten überdecken, doch befriedigen sie nicht in anderen Wertmerkmalen. 2 Sämlinge aus der Kreuzung 'Regal Ness' × '*Rubus trivialis*' die in Wuchs und Frucht der 'Flordagrand' ähneln, erwiesen sich als gute Pollenspender. Sie befinden sich noch in baumschulischer Vermehrung und sollen in künftige 'Flordagrand'-Pflanzungen eingestreut werden. Sie tragen noch keine offiziellen Bezeichnungen. W. Blasse. 1258.

Karner, Leopoldine; Gumpenstein. **Versuche mit Gartenerdbeeren in Höhenlagen (Ergebnisse mehrerer Jahre).** Gartenbauwirtschaft [Wien] **1962** Nr. 5. S. 111–113. – 6 Abb., 1 Tab.
Über Ergebnisse von Sortenprüfungen in Höhenlagen bis 1400 m NN und Möglichkeiten des Erdbeeranbaues in diesen Lagen wird berichtet. Auf Grund der Ertragsleistung werden bes. die Sorten 'Regina', 'Freya', 'Wädenswil' und 'Senga Sengana' für den Anbau empfohlen. Auf die Verwendung von Plastikschutzhüllen zum Schutz der Blüten gegen Witterungseinflüsse und auf die Bodenbedeckung mit Schwarzplaste wird hingewiesen.
B. Borck. 1260.

Roach, F. A. Strawberry varieties under Dutch lights. **(Erdbeersorten unter Holländerfenstern.)** Exp. Horticult. **1962** Nr. 6. S. 1–7. – 1 Abb., 2 Tab.
1957–59 wurden an 3 verschiedenen Orten Versuche mit 7 Erdbeersorten durchgeführt. Gepflanzt wurde Ende Aug./Anfang Sept., die Fenster wurden Anfang Febr. aufgelegt. Über Versuchsanlage, Bodenvorbereitung, Erntemaßnahmen und Sortiesung wird berichtet. Tabellarisch aufgezeigt sind Gesamtgewicht, Gewicht der marktfähigen Früchte, %-Anteil der Güteklasse I und II, außerdem der Zeitpunkt, zu dem 25% der Früchte geerntet waren, und der Ertrag zu diesem Zeitpunkt. 4 Sorten, 'Cambridge Favourite', 'Cambridge Prizewinner', 'Cambridge Vigour' und 'Early Cambridge', erwiesen sich als geeignet für den Anbau unter Holländerfenstern. Die beste Sorte hinsichtlich Ertrag, Sortierung und Transportfähigkeit war 'Cambridge Favourite'. Als früheste Sorte ergab sich 'Cambridge Prizewinner'. A. Mügge. 1260.

Todd, J. C.; Brogdale, Nat. Fruit Trials. A strawberry variety trial (1959–60). **(Ein Erdbeersortenversuch [1959–60].)** Exp. Horticult. **1962** Nr. 6. S. 24–34. – 3 Abb., 3 Tab., 1 Lit.
Über einen Sortenversuch mit 4 Standard- und 9 neuen Erdbeersorten in Brogdale wird berichtet. Bes. eingegangen wird auf die Versuchsanlage, Bodenverhältnisse, Bodenbearbeitung, Pflanzengesundheit, Blüh- und Fruchtungsperioden, Sortierung und Ernte. Die Jahreserträge 1959 und 1960 sowie die Durchschnittsjahreserträge der einzelnen Sorten sind graphisch und tabellarisch dargestellt, ebenso die Sortierung. 'Cambridge Favourite' brachte im Durchschnitt beider Jahre die höchsten Erträge und die beste Fruchtqualität. Die frühesten Ernten ergaben' Madame Lefebvre' und 'Cambridge Prizewinner'. Die individuellen Sorteneigenschaften jeder einzelnen Sorte werden aufgeführt. A. Mügge. 1260.

Potter, J. M. S.; Brogdale, Nat. Fruit Trials. Strawberry variety trials at Experimental Horticulture Stations. **(Erdbeersortenversuche in Gartenbauversuchsstationen.)** Exp. Horticult. **1962** Nr. 6. S. 38–43. – 3 Tab.
1958–60 wurden an 4 verschiedenen Versuchsstationen neben 3 Standardsorten 9 neue Erdbeersorten geprüft, und zwar jeweils 24 Pflanzen pro Parzelle in 8 zufällig verteilten Blöcken. Über Pflanzengesundheit, Sortierung und Ernte wird berichtet. 'Cambridge Favourite' brachte die höchsten Durchschnittsjahreserträge an allen Versuchsorten und neben 3 anderen Sorten die beste Fruchtqualität. Alle Sorten werden im einzelnen beschrieben. Die Standardsorte 'Madame Lefebvre' wurde in der Frühzeitigkeit von keiner neuen Sorte übertroffen. Die beste mittelfrühe Sorte war 'Cambridge Favourite' und von den Spätsorten erwies sich bes. in bezug auf Qualität 'Talisman' als beste Sorte. A. Mügge. 1260.

Letzig, E. und Handschack, W.; Dresden-Pillnitz, Inst. für Gartenbau. **Die Veränderungen von Fruchtfleischfestigkeit und Inhaltsstoffen von sechs Erdbeersorten während der Reife.** Arch. Gartenbau **10** (1962) Nr. 5. S. 419–433. – 3 Abb., 6 Tab., 38 Lit. Zus. in Russ., Engl.

Die Festigkeit des Fruchtfleisches nimmt mit fortschreitender Reife beträchtlich ab. Der Tr.-Subst.-Gehalt der Früchte verändert sich in den Reifestadien unwesentlich, während sich der Gehalt an Cellulose, Uronsäure und alkohol-unlöslichem Rückstand bei allen Sorten mit zunehmender Reife vermindert. Die hohe Schüttel- und Transportfestigkeit der Sorte 'Senga Sengana' wird auf ihren hohen Gehalt an säurelöslichem Pektin zurückgeführt. Im Fructose-, Glucose- und Saccharosegehalt wird ein Anstieg und bei Gesamtsäure eine Abnahme während des Reifens festgestellt. Der Ascorbinsäuregehalt nimmt mit der Fruchtreife zu und liegt in den reifen Früchten der 6 Sorten zwischen 60 und 92 mg%. Auf das Verhältnis des Apfel- und Citronensäuregehaltes und der Geschmacksbeeinflussung wird hingewiesen. Zur Konservierung sind die Sorten 'Dresden' und 'Brandenburg' ungeeignet. Hinsichtlich der Erhaltung des sortentypischen Geschmackes und der Farbe werden die Sorten 'Georg Soltwedel', 'Anneliese', 'Mieze Schindler', 'Senga Sengana' als gut bezeichnet. Die beiden ersteren zeichnen sich ferner durch gute Konsistenzerhaltung aus. B. Borck. 1260.

Thompson, P. A.; Dundee, Scott. Horticult. Res. Inst.; Mylnefield, Invergowrie. Evidence for a factor which prevents the development of parthenocarpic fruits in the strawberry. **(Bericht über einen Faktor zur Verhinderung der Bildung parthenokarper Früchte bei Erdbeeren.)** J. exp. Bot. **12** (1961) Nr. 35. S. 199–206. – 6 Abb., 3 Lit.
Wenn auch die Erdbeere eine "falsche Frucht" darstellt, kann gefolgert werden, daß gleiche Faktoren das Schwellen des Blütenbodens bewirken wie die von fleischigen Teilen „wahrer Früchte. Beschaffenheit und große Anzahl der Fruchtblätter machen die Erdbeeren zu einem geeigneten Untersuchungsobjekt. Der Einfluß mangelhafter natürlicher Befruchtung und die Einwirkung von Gibberellinsäure auf die Fruchtbildung wurden geprüft. Wenn die Bestäubung nur auf ein einziges Fruchtblatt beschränkt wurde, schwollen die Blütenböden nur an einem Punkt an. Die benachbarten, unbefruchteten Blätter schwollen bei beiden Behandlungsmethoden nicht an. Auch parthenokarpe Früchte wurden auf 2 Wegen erzeugt. Sie waren kleiner und dichter als normale und ließen erkennen, daß ihre Auxinergänzung unzureichend war. In unbestäubten Erdbeeren hörte die Entwicklung des Fruchtgewebes nach dem Aufblühen durch einen Hinderungsfaktor auf, den die reifenden Fruchtblätter bildeten. Die Versuchsergebnisse gestatten noch keine Diskussion über die Natur des Faktors. L. Dreibrodt. 1260.

Heinze, W.; Berlin, Humboldt-Univ., Inst. für Bot. **Zur Anwendung des Maleinsäurehydrazides bei der Erdbeere.** Arch. Gartenbau **10** (1962) Nr. 2. S. 73–78. – 1 Abb., 2 Tab., 12 Lit. Zus. in Russ., Engl.
Durch Spritzung mit Maleinsäurehydrazid-Lösungen wurde die Jungpflanzenbildung bei Erdbeeren der Sorte 'Georg Soltwedel' reduziert. Bei 2maliger Spritzung mit 1000 mg/l wurde die Zahl der Jungpflanzen um 43% und mit 2000 mg/l um 66% gegenüber der unbehandelten Variante vermindert. Beide Konz. bewirkten Mindererträge, wobei jedoch der Minderertrag der mit 1000 mg/l behandelten Variante nicht signifikant war. Die Spritzung bewirkte zudem eine Verzögerung der Reife zu Beginn der Ernte.
B. Borck. 1260.

Gruppe, Werner und Nurbachsch, Kamal; Hannover, TH, Inst. für Obstbau und Baumschule. **Untersuchungen zur mineralischen Ernährung von Erdbeeren. 2. Mitt. Kalium, Kalzium- und Magnesium-Steigerungen.** Gartenbauwissenschaft **27(9)** (1962) Nr. 1. S. 64–86. – 12 Abb., 24 Tab., 9 Lit. Zus. in Engl., Franz. 1. Mitt. vgl. LZ. Abt. II **7** (1962) Nr. 9. S. 2475.
In Sand-Wasserkultur wurde der Einfluß gesteigerter K-, Ca- und Mg-Gaben auf den Ertrag, die vegetative Leistung und den Mineralstoffgehalt der Blätter

an der Erdbeersorte 'Senga Sengana' während 2 Vegetationsperioden untersucht. Die Ertragsleistung wurde im 1. Jahr durch die gestaffelten Nährstoffgaben nur unwesentlich beeinflußt. In der vegetativen Entwicklung blieben die K- und Mg-Mangelpflanzen bereits im 1. Jahr zurück. In der 2. Vegetationsperiode ergab sich eine deutliche Abhängigkeit des Ertrages von der Versorgung mit K und Mg, während die Ergebnisse der Ca-Serie noch einer Überprüfung bedürfen. Für die max. Ertragsleistung und das max. Wachstum wurden unterschiedliche Mineralstoffgehalte der Blattproben ermittelt.
B. Borck. 1260.

Bünemann, Gerhard und Gruppe, Werner; Hannover, TH, Inst. für Obstbau und Baumschule. **Untersuchungen zur mineralischen Ernährung von Erdbeeren. 3. Mitt. Qualitätsmerkmale und Mineralstoffgehalte der Früchte in Abhängigkeit von der Versorgung mit Makronährstoffen.** Gartenbauwissenschaft **27(9)** (1962) Nr. 2. S. 166–182. — 8 Abb., 13 Tab., 24 Lit. 2. Mitt. vgl. vorst. Ref.
Durch 6stufige Steigerung von N, P, Cl-SO_4, K, Ca und Mg in Nährlösungs-Quarzsandkulturen ließ sich die Beeinflussung des Mineralstoffgehaltes sowie des Zucker- und Säuregehaltes von Erdbeerfrüchten der Sorte 'Senga Sengana' nachweisen. K wird als das wichtigste qualitätsbeeinflussende Element angesehen. Die z.T. entgegengesetzte Wirkung anderer Nährstoffe (z. B. Ca) konnte nachgewiesen werden. Die Beziehungen zwischen Blattanalysewerten und dem Gehalt der Früchte an Mineralstoffen und Tr.-Subst., Zucker und Säure werden dargestellt. Die Ergebnisse der Chlorid-Sulfat-Reihe sind nicht eindeutig und machen Nachprüfungen notwendig. W. Blasse. 1260.

Potter, J. M. S.; Brogdale, Black currant variety trials at Experimental Horticulture Stations interim report. **(Zwischenbericht über Sortenversuche mit Schwarzen Johannisbeeren in Gartenbauversuchsstationen.)** Exp. Horticult. **1962** Nr. 6. S. 62–70. — 6 Tab., 6 Lit.
Über die vorläufigen Ergebnisse von 5 bzw. 7jährigen Versuchen (1953–59) mit 4 frühen, 7 mittelfrühen und 6 späten Schwarzen Johannisbeersorten in 5 verschiedenen Versuchsstationen wird berichtet. Im einzelnen werden beschrieben: Bodenart der verschiedenen Versuchsorte, Pflanzengesundheitszustand, Frostschäden im Frühjahr und die Ernte. Einzelerträge sowie Durchschnittserträge der Jahre und Orte sind tabellarisch zusammengestellt. Auf den Vitamin-C-Gehalt der einzelnen Sorten wird eingegangen. Als beste Frühsorte erwies sich 'Mendip Cross', als beste Mittelsorte 'Raven' und von den Spätsorten übertraf 'Malvern Cross' die übrigen. A. Mügge. 1265.

Thomas, G. G. und Wilkinson, E. H.; London, Univ., Wye Coll. Propagation of black currants from single-bud cuttings. **(Vermehrung von Schwarzen Johannisbeeren aus Einknospenstecklingen.)** J. horticult. Sci. **37** (1962) Nr. 2. S. 115–123. — 4 Abb., 4 Tab.
Bei praxisüblicher Vermehrung werden 6–8 in. lange Steckhölzer benutzt. Für experimentelle Zwecke hat diese Vermehrungsmethode Nachteile. Deshalb wurde die Verwendung verschiedener Einknospenstecklinge geprüft. Einknospensteckhölzer mit der Knospe an der Spitze, in der Zeit von Jan. bis März gesteckt, bewurzelten sich am besten, wobei sich die unter der Mitte eines Triebes liegenden Teile (15.–22. Knospe von der Spitze des Triebes aus gerechnet) am vorteilhaftesten erwiesen. Verlängerung des Tages auf 24 Std. führte auch bei früher gesteckten Einknospensteckhölzern zu gutem Bewurzelungserfolg. Blütenaustrieb verminderte die Wurzelbildung geringfügig, wenn im März gesteckt wurde. Mit Einknospen-Blattstecklingen wurde von Ende Apr. bis Juni im bodenbeheizten Vermehrungskasten die beste Bewurzelung erzielt, wenn die Stecklinge ihr Blatt behielten. 24std. Tag förderte die Wurzelbildung im Juli gesteckter Blattknospenstecklinge.
G. Schönberg. 1265.

Vitkovskij, V. L. (Witkowski, W. L.) Počkovye novoobrazovanija u černoj smorodiny. **(Neubildung von Knospen bei der Schwarzen Johannisbeere.)** Botaničeskij žurnal, Moskva-Leningrad **47** (1962) Nr. 3. S. 394–398. – 4 Abb., 13 Lit.

Vf. beobachtete im Frühjahr im Murmansker Gebiet wiederholt an einheimischen und westeuropäischen Sorten Knospenbildungen in den oberen Triebbereichen. Während sich gewöhnlich aus einer generativ-vegetativen Knospe 1–3 Trauben entwickeln, bildete sich z.B. bei der Sorte 'Blagodarnaja' aus einer Knospe ein ganzes Verzweigungssystem, das mit juvenilen Blättern und 19 Blütenständen besetzt war. Diese Erscheinung läßt sich auf interkalares Wachstum zurückführen, zu dem die sekundären „primordialen Achselvegetationspunkte" der generativ-vegetativen Knospen bei weiterer Differenzierung befähigt sind. Den Umfang dieser Neubildungen beeinflussen Nährstoffversorgung, Lufttemperatur, Photoperiode und Zeit des Frühjahrseinzuges. Ein Hinwies auf parallele Erscheinungen bei anderen Gehölzen (z. B. Eberesche, Hagedorn) beschließt die Arbeit. W. Schuricht. 1265.

Hughes, Hilary M.; Efford, Exp. Horticult. Stat. Mulching black currants with farmyard manure. **(Mulchen von Schwarzen Johannisbeeren mit wirtschaftseigenem Dünger.)** Exp. Horticult. **1962** Nr. 6. S. 35–37. – 3 Tab., 2 Lit.

1958–60 wurden in Efford Versuche mit Schwarzen Johannisbeeren der Sorte 'Baldwin' durchgeführt, um die Wirkung des Mulchens festzustellen. 4 Jahre alte Büsche erhielten in Reihen zu beiden Seiten eine Mulchschicht von strohigem, wirtschaftseigenem Dünger in einer Menge von 60 t/acre. Ein Teil der Büsche blieb als Kontrolle unbedeckt. Folgende Werte wurden ermittelt: Durchschnittsertrag pro Busch, Beerenanzahl pro Pfund und pro Stiel, Durchschnittsbuschhöhe und -umfang. Das Reihenmulchen erhöhte den Ertrag (infolge stärkeren Behanges und größerer Beeren) sowie die Buschhöhe und den Buschumfang im sehr trockenen Sommer 1959 und auch im nassen Sommer 1960. Der Hauptwert des Mulchens wird in der Erhaltung der Bodenfeuchtigkeit gesehen. A. Mügge. 1265.

Hannemann, W.; Speyer, Pfälzer Landwirtsch.- Untersuchungs- und Forsch.-Anst. **Die Abhängigkeit der Sickerwasser- und Nährstoffverluste von der Niederschlagshöhe und dem Wasserdefizit der Böden in Weinbergen.** Wein-Wiss. **15** (1962) Nr. 6. S. 121–136. Beil. zu: Dtsch. Weinbau – 3 Abb., 7 Tab.

Als Beitrag zur Aufstellung einer Nährstoffbilanz für den Weinbau wurden mit Hilfe einer Lysimeteranlage in Weinbergen die Sickerwasser- und Nährstoffverluste in verschiedenen Böden ermittelt. Im allg. gehen die Nährstoffe nicht vollständig verloren, sondern es findet nur eine Verlagerung der Stoffe in eine für die Pflanzenwurzeln erreichbare Tiefe statt. Durch den unterschiedlichen Tiefgang der Wurzeln kommen sie meist wieder in den Genuß der Nährstoffe. Die Abwanderung von N, K, Mg und geringer Mengen P kann somit auch vorteilhaft sein. Ungünstiger wirkt sich die Verlagerung einiger anderer Stoffe wie z. B. von Ca sowie von SiO_2, Mn, Fe und Al aus, die zu einer Versauerung und Strukturverschlechterung des Bodens bzw. zu einer Bodenverdichtung führen kann. Das Verhalten der Böden ist je nach ihrer Zusammensetzung unterschiedlich. Die Bodenstruktur ist für die Wasserdurchlässigkeit bestimmend. In trockenen Jahresabschnitten ist das Wasserdefizit des Bodens größer als in niederschlagsreichen. K. Thiele. 1270.

Gopalkrishna, N. und Kerawala, D. N.; Poona, Ganeshkhind Fruit Exp. Stat. Spur pruning versus cane pruning in grape (Vitis vinifera L.). **(Zapfenschnitt gegen Bogrebenschnitt bei Wein [Vitis vinifera L.].)** Indian J. Horticult. **18** (1961) Nr. 3. S. 198–201. – 2 Abb., 1 Tab., 8 Lit.

Unter den subtropischen Klimabedingungen Indiens wird der Wein das erste Mal im Apr. z. Z. der Ernte geschnitten, um das vegetative Wachstum anzur egen. Beim 2. Schnitt im Okt. werden die ausgereiften Triebe eingekürzt zur Anregung des Austriebes und der Blütenknospendifferenzierung. In einem Versuch wurde an 2 Sorten der Okt.-Schnitt auf 3 oder auf 6 Augen verglichen. Der längere Schnitt brachte bei beiden Sorten höhere Erträge. Die Augen mit der stärksten Fruchtungstendenz scheinen also die oberen (4., 5.) zu sein.

M. Brauns. 1270.

Coombe, B. G.; Davis, Univ. of California, Dep. of Viticult. and Enol. The effect of removing leaves, flowers and shoot tips on fruit-set in Vitis vinifera L. **(Die Wirkung der Entfernung von Blättern, Blüten und Triebspitzen auf den Fruchtansatz bei Vitis vinifera L.)** J. horticult. Sci. **37** (1962) Nr. 1. S. 1–15. – 6 Abb., 4 Tab., 15 Lit.

Die Ertragsleistung vonWein der Sorten 'Muscat of Alexandria' und 'Grenache' wurde nach unterschiedlichen Behandlungen geprüft. – Die Anzahl der befruchteten Beeren je Traube steigt mit der Anzahl der ausgereiften Blätter. Bei Entfernung der Triebspitze mit den vorhandenen nicht ausgereiften Blättern nach dem Blütenfall wird der Ansatz weiter erhöht. Einen günstigen Einfluß auf die Befruchtung hat ferner die Verringerung der Blütenanzahl je Traube. Der gesteigerte Fruchtansatz nach den genannten Behandlungen wird primär auf eine bessere Versorgung der Trauben mit Stoffwechselprodukten zurückgeführt, da Verdunklungsversuche – verbunden mit einer herabgesetzten Photosynthese – ebenfalls den Fruchtansatz verringerten.

H. Ackermann. 1270.

Antcliff, A. J., Webster, W. J. und May, P.; Burnley, Victoria, Australia, Dep. of Agric., Plant Res. Lab. Studies on the sultana vine. VII. A comparison of crop regulation by pruning with crop regulation by disbunching. **(Untersuchungen an Sultana-Wein. 7. Mitt. Vergleichende Untersuchungen der Ertragsregulierung durch Schneiden und Enttrauben.)** Austral. J. agric. Res. **12** (1961) Nr. 1. S. 69–76. – 5 Abb., 6 Lit. 6. Mitt. vgl. LZ. Abt. II **5** (1960) Nr. 6. S. 1410.

Die Untersuchungen hatten zum Ziel, den Einfluß unterschiedlicher Blatt/Frucht-Verhältnisse auf den Fruchtertrag zu prüfen. Sie erstreckten sich über 4 Jahre. Die Erträge waren bei beiden Methoden und bei gleicher Traubenanzahl annähernd gleich; lediglich in einem Jahr war der Ertrag nach Enttrauben höher, was auf größere Einzelbeeren zurückzuführen war. Unter den gegebenen örtlichen Bedingungen hat das Blatt/Frucht-Verhältnis keinen Einfluß auf den Sultaninertrag. Die Fruchtknospenbildung und der -austrieb im folgenden Jahr wurden durch das verstärkte vegetative Wachstum nach dem Enttrauben nicht gefördert. H. Ackermann. 1270.

Weaver, Robert J., Leonard, O. A. und McCune, Stanley B.; Berkeley, Univ. of California. Response of clusters of Vitis vinifera grapes to 2,4-D and related compounds. **(Reaktion der Trauben von Vitis vinifera auf 2.4-D und ähnliche Verbindungen.)** Hilgardia **31** (1961) Nr. 5. S. 113–125. – 7 Abb., 6 Tab., 5 Lit.

Die jungen Meristemgewebe sprechen am stärksten auf Wuchsregulatoren an. Daraus ergibt sich, daß die durch 2.4-D (2.4-Dichlorphenoxyessigsäure) und ähnliche Substanzen hervorgerufenen Schäden um so stärker sind, je früher die Behandlung erfolgt. Wein ist bes. empfindlich gegen diese Substanzen; die stärksten Schäden treten bei Einwirkung während der Vollblüte auf. Für die Beurteilung der Wirkung wurde das Beerengewicht zur Ernte herangezogen. Am stärksten toxisch erwies sich 2.4.5-T, am wenigsten toxisch 4-CPA (4-Chlorphenoxyessigsäure). Die Empfindlichkeit der untersuchten Sorten steigerte sich von 'Thompson Samenlos' – 'Sultana' – 'Tokay' bis 'Ribier'.

H. Ackermann. 1270.

E. Zierpflanzenbau

Hentig, W.-U. v.; Berlin-Dahlem, TU, Inst. für Blumen- und Zierpflanzenbau. **Der Einfluß der Ernährung von Mutterpflanzen auf die Stecklingsproduktion und -bewurzelung.** Gartenwelt **62** (1962) Nr. 8. S. 161–163. – 3 Abb., 9 Lit.

Chrysanthemen und Fuchsien-Mutterpflanzen wurden in 12 cm Töpfe in Einheitserde getopft (Einheitserde T mit einem Nährstoffverhältnis von N: P_2O_5:K_2O = 1:1,2:1,5). Bei Chrysanthemen brachte eine 3fache N-Steigerung die besten Ergebnisse in bezug auf Stecklingsproduktion und -bewurzelung sowie das weitere Jungpflanzenstadium. Deshalb wird empfohlen, Chrysanthemen-Mutterpflanzen vor dem ersten Stecklingsschnitt je nach Jahreszeit 1–2 N-Düngungen mit etwa 0,25 bzw. 0,5 g N/Topf zu verabreichen. Bei längeranhaltender Ernteperiode muß vor weiteren N-Gaben ein Volldünger dazwischengeschaltet werden. Bei anderen Kulturbedingungen ist entspr. zu verfahren, wobei sich Probedüngungen empfehlen. – Bei Fuchsien wurden gute Ergebnisse mit N-Gaben von 0,1–0,25 g, im Winter mit 0,05–0,1 g/Topf erzielt. Auch hier erfordert eine längere Ernteperiode weitere N- und Volldüngergaben. Zusammenfassend wird festgestellt, daß neben der Wirkung des Lichtes und der Temperatur der Ernährung der Mutterpflanzen große Bedeutung für die Anzahl und Güte der Stecklinge zukommt.

U. Walter. 1330.

Hentig, W.-U. v. und Pawlowski, H.-E.; Berlin-Dahlem, TU, Inst. für Blumen- und Zierpflanzenbau. **Ein wertvoller Mehrnährstoffdünger für Zierpflanzen. Bericht über vierjährige Düngungsversuche.** Gartenwelt **62** (1962) Nr. 9. S. 184–187. – 8 Abb., 2 Tab., 4 Lit.

Der gekörnte Mehrnährstoffdünger „Complesal" enthält 12% N, 12% P_2O_5, 17% K_2O, 2% MgO sowie einige Spurenelemente. Es wurde überprüft, inwieweit man durch erhöhte Düngergaben (über 3 kg/m^3 Substrat für den Endtopf) die aufwendigen Flüssignachdüngungen ganz oder teilweise vermeiden kann, ohne die Pflanzen zu schädigen. Als Substrate dienten Praxiserde (Kompost-, Laub- und Misterde zu gleichen Teilen), ungedüngte Einheitserde und Weißtorf, dem 8 Tage vorher 3 kg kohlensaurer Kalk zugesetzt wurde. Testpflanzen waren Chrysanthemen, Cyclamen, Fuchsien, Gloxinien, Lorraine-Begonien, Obconica-Primel, *Begonia rex* und *cultorum* und *Ficus elastica* 'Decora'. Allgemein führte eine Grunddüngergabe von 6 kg „Complesal" je m^3 ungedüngter Einheitserde oder Praxiserde zu guten Verkaufsqualitäten. Bei Torf zeigte sich kein klares Ergebnis. Bei einigen Pflanzenarten traten im 1. Versuchsmonat leichte Wachstumsdepressionen auf, die sich aber im Verlauf der Kultur völlig ausglichen und ohne Nachwirkung auf das Endergebnis blieben. Entscheidend für den Kulturerfolg sind Verwendung kräftiger, gut bewurzelter Jungpflanzen und optimale Wasserversorgung. Bei Verwendung sehr nährstoffreicher Betriebserden muß u. U. die Düngermenge herabgesetzt werden. Jedenfalls kamen Pflanzen mit kurzer Kulturdauer, wie Gloxinien, Obconica-Primel, Lorraine-Begonien, bis zum Verkauf ohne Nachdüngung aus. Cyclamen kamen nicht ganz ohne Nachdüngung aus; bei den Blattpflanzen reichte der Nährstoffvorrat für 4–5 Monate. Die Spurenelemente zeigten bei diesen Topfpflanzen keine bes. Wirkung, eine Schädigung durch den Chloridanteil konnte bei keiner Pflanzenart festgestellt werden. U. Walter. 1330.

Kruft, Franz. **Pflanze einen Flechtzaun aus Weiden!** Pflanze u. Garten **12** (1962) Nr. 8. S. 206–208. – 6 Abb.

Zur Umfriedung größerer Grundstücke sind lebende Zäune bestens geeignet, da sie einmal ihren Zweck als Zaun voll erfüllen, und außerdem praktisch unbegrenzt haltbar sind, wenn man die geeigneten Pflanzen wählt. Kätzchenweiden sind dafür sehr geeignet, da sie anspruchslos, robust wüchsig und frosthart sind. Hier wird die 'Echte Küblerweide' bes. empfohlen, die man zu

3–4 m hohen Zäunen ziehen kann, normalerweise sollte man aber nicht über 1,5–1,6 m Höhe gehen. Für die Anlage eines Zaunes aus Kätzchenweiden-Kreuzgittergeflecht verwendet man einjährige, kräftig bewurzelte Ruten. Statt Pfählen kann man lebende Hochstämme der 'Persischen Weide' nehmen, die ja auch nie abfaulen, Abstand 4–5 m. In den mit Torfmull, Thomasmehl und Kali verbesserten Pflanzgraben werden die Weidenruten im Abstand von 10 cm so gepflanzt, daß sich immer 2 dicht über der Erde kreuzen und zur Erdoberfläche einen Winkel von 55° bilden. Nach der Pflanzung werden mittels zweier starker Pfähle 2 Spanndrähte in 0,5 und 1,0–1,5 m Höhe gezogen. An diese wird der Zaun mit Bast oder Bindeweiden angeheftet, nachdem die Ruten vorher wie das Flechtwerk eines Stuhlsitzes miteinander verflochten wurden. Man kann auch die Kreuzungsstellen mit Schustertäcksen heften. Zum Schluß werden alle Ruten auf gleiche Höhe geschnitten.
U. Walter. 1330.

Junges, W.; Dresden-Pillnitz, Inst. für Gartenbau. **Einfluß klimatischer Faktoren und verschiedener Kulturmaßnahmen auf Blütezeit und Blühleistung von Gerbera jamesonii. I. Der jahreszeitliche Blühverlauf im mehrjährigen praktischen Anbau.** Arch. Gartenbau **10** (1962) Nr. 5. S. 434–441. – 5 Abb., 1 Tab., 10 Lit. Zus. in Russ., Engl.
15 *Gerbera*-Klone wurden auf jahreszeitlichen Blühverlauf, jahreszeitliche Unterschiede der Stiellänge und des Durchmessers der Infloreseenzen untersucht. Wesentliche Unterschiede waren in der Gesamtinflorescenzzahl (jeweils für 30 Tage berechnet) zu beobachten. Es trat dabei folgender jahreszeitlicher Verlauf auf: starker Anstieg bis zum Frühsommer (mit Verfrühung des Blütebeginns vom 1. zum 3. Versuchsjahr) – Sommerdepression – erneuter Anstieg und Abfall im Herbst. Während des Absinkens der Inflorescenzzahlen nahmen der Durchmesser der Inflorescenzen um ca. 1 cm und die Stiellänge um ca. 8,4 cm zu. Die Inflorescenzzahlen stiegen im 2. und bei den meisten Klonen auch im 3. Jahr auf das Doppelte des 1. Jahres an. H. Ackermann. 1340.

Mitra, S. N. und Vince, Daphne; Berkshire, Univ. of Reading, Dep. of Horticult. A study of internode extension in rosetted plants of Chrysanthemum. **(Eine Untersuchung der Internodienausdehnung bei Chrysanthemum im Rosettenstadium.)** Advances horticult. Sci. **2** (1962) S. 384–390. – 2 Abb., 2 Tab., 10 Lit. Zus. in Franz., Dtsch.
Nichtvernalisierte Chrysanthemen im Rosettenstadium wurden kältebehandelt. Die Knospe oberhalb des letzten entwickelten Blattes bestand aus 13 Blattprimordien. Wurden die Pflanzen hohen Temperaturen ausgesetzt, so trat nicht eher eine Vergrößerung der Internodienlänge ein, bis das 6. Blatt entwickelt war. Die nun folgenden Internodien zeigten zunehmende Länge. Bei der Entwicklung des 12. Blattes nach der Kältebehandlung war die max. Internodienlänge erreicht. Eine Kältebehandlung von 4,5 °C für 4 Wochen führte auch zu einer starken Vergrößerung der Länge und Breite der Markzellen, was die Ursache der vergrößerten Internodien war. Behandlung mit Gibberellsäure ersetzte das Kältebedürfnis bez. der Elongation, zeigte jedoch keinen Einfluß auf das Blühen unter diesen Versuchsbedingungen. Gibberellsäure übte auf die Vergrößerung der einzelnen Markzelle den gleichen Einfluß wie eine Kältebehandlung aus. W. Hiller. 1340.

Webster, A. B.; Auchincruive, Ayrs., West of Scotland, Agric. Coll. Cultural practices and the economics of late flowering chrysanthemums. **(Kulturpraxis und wirtschaftlicher Ertrag bei spätblühenden Chrysanthemen.)** Advances horticult. Sci. **3** (1962) S. 235–242. – 4 Abb., 3 Tab., 1 Lit. Zus. in Franz., Dtsch.
V.f führte die Untersuchungen an im Freiland kultivierten Chrysanthemen durch, die im Sept. unter Glas gebracht wurden. Die meisten Blumen wurden

bei einer Pflanzdichte von 21 Pflanzen/sq.yd. erhalten. Dieses Optimum war unabhängig von der Sorte und vom Anbaujahr. Das Optimum des Geldertrages war neben der Pflanzweite noch vom Jahr und der Sorte abhängig und lag zwischen 10 und 18 Pflanzen/sq.yd. Der Reinertrag zeigte dagegen sein Maximum bei Pflanzweiten, die etwas größer waren als die für die optimalen Blumenmengen erforderlichen. Wurden die Pflanzen stärker ausgebrochen, so verschob sich das Optimum zu dichterer Pflanzung hin. Im Versuch standen die Sorten 'Rose Chocod', 'Loveliness' und 'Celebrity'.
W. Hiller. 1340.

Drouineau, G.; Antibes, Stat. d'Agronomique. La fumure de l'oeillet. **(Die Düngung der Nelke.)** Bull. Engrais **1961** Nr. 443. S. 156–157. – 1 Abb.
Für 3 Nelkensorten sind die jährlich notwendigen Düngermengen an N, P, K, Ca und Mg angegeben. Die amer. Nelken benötigen wesentlich mehr N, P und K als die Nizza-Nelken und die ital.-amerikanischen. Die Ansprüche an das Düngungsverhältnis von N:P:K = 1:0,3:1,2 ändern sich im Verlauf der Kultur kaum. Zwischen N und K besteht in der Wirkung ein Zusammenhang. Das Auftreten von Platzern soll nicht von der N-Düngung abhängen. Steigende K_2O-Gaben hatten keine positive Wirkung auf das Gewicht der Blumen. Org. Düngung ist notwendig, um eine gute Bodenstruktur zu erzielen. Die Grund- und Nachdüngung sowie die Versorgung mit Spurenelementen werden besprochen. I.-G. Gründler. 1340.

Penningsfeld, F. und Fast, G.; Weihenstephan, Staatl. Lehr- und Forsch.-Anst. für Gartenbau, Inst. für Bodenkunde und Pflanzenernähr. **Düngungsversuche zu Orchideen in Torf.** Gartenwelt **62** (1962) Nr. 1. S. 5–7. – 5 Abb., 4 Tab.
Nährstoffbedürfnis und Salzempfindlichkeit verschiedener Orchideengattungen wurden in verschiedenen Substraten über mehrere Jahre geprüft. Grobfaseriger Hochmoortorf erwies sich als am besten geeignet. Die Nährlösung bestand aus Ammoniumnitrat, Kaliumnitrat, Monokaliumphosphat und Magnesiumsulfat ($N:P_2O_5:K_2O = 1:0,8:1,5$). Die Höhe der Salzgabe richtete sich nach Gattung und Art sowie Alter, Wuchsfreudigkeit und Gesundheitszustand der Pflanzen und ist für Torf mit 0,5–3 g/l Substrat angegeben. Mit 1%igen Lösungen wurde regelmäßig nachgedüngt. – Weiterhin wurde das Nährstoffverhältnis variiert. Hochmoortorf wurden 1–2 g Düngesalz (Ammoniumnitrat, Superphosphat, Kaliumsulfat, Magnesiumsulfat) in verschiedenen Mischungsverhältnissen zugesetzt. Es zeigte sich, daß Orchideen auf N- und P_2O_5-Mangel mit deutlich geminderter Wüchsigkeit und Blühwilligkeit reagieren. Andererseits führte ein Übermaß an N zu einer erhöhten Anfälligkeit gegenüber Schädlingen und Krankheiten, während K_2O die Pflanzen widerstandsfähiger machte. Prinzipiell kann man heute schon sagen, daß Orchideen in richtig gedüngtem Torf sehr gut gedeihen, was eine Vereinfachung und Verbilligung der Kultur bedeutet. U. Walter. 1355.

Galil, J.; Tel Aviv, Univ. Development cycle and ecology of Iris palaestina (Bak.) Boiss. **(Entwicklungszyklus und Ökologie von Iris palaestina Bak. [Boiss].)** Bull. Res. Council Israel, Sect. D **11D** (1962) Nr. 1. S. 17–24. – 6 Abb., 3 Lit.
Vf. gibt zu Beginn eine ausführliche Beschreibung der Morphologie einer vollentwickelten Pflanze im Jan. und den jährlichen Entwicklungszyklus. Die Zwiebeln der *I. palaestina* sind annuelle Organe, die aus den fleischigen Schuppen der sich im laufenden Jahr erneuernden Knospen gebildet werden. Die Brutzwiebeln entstehen sporadisch in den Axillen der äußeren Schuppen. Die Pflanze ist bis zum Erreichen der Blühreife monopodial. *I. palaestina* unterscheidet sich von *I. persica* in wichtigen Einzelheiten. *I. palaestina* besitzt fleischige Wurzeln, die über Sommer erhalten bleiben. Diese erreichen Durchmesser von 8 mm und verzweigen sich nicht. Über Sommer enthalten

sie größere Stärkemengen im inneren Cortexteil. Nach dem Herbst werden viele kleine der Ernährung dienende Wurzeln angelegt. Während der Regenzeit werden die Stärkevorräte abgebaut, und die Wurzeln schrumpfen. Nach Ende Jan. werden neue Speicherwurzeln angelegt, die sich schnell entwickeln. Werden bei Pflanzen zu Beginn der Regenzeit die dicken Wurzeln bzw. die fleischigen Schuppen entfernt, so zeigen letztere am Ende der Vegetationsperiode Ertragsminderungen. Versuche ergaben, daß eine flache Pflanzung (4 cm) gegenüber einer tiefen (25 cm) größere Zwiebeln, zahlreichere und größere Speicherwurzeln und ein früheres Austreiben bringt. Die *Iris* bildet bei flacher Pflanzung mehr kontraktile Wurzeln, diese sind für eine schnelle und frühe Entwicklung von Bedeutung. W. Hiller. 1360.

Skripčinskij, Vl. V. (Skriptschinski, Wl. W.) Vlijanie nizkich temperatur na rost i razvitie različnych vidov dekorativnych lukovičnych i korneviščnych rastenij. **(Einfluß niedriger Temperaturen auf Wachstum und Entwicklung verschiedener Arten von Zierpflanzen [Zwiebel- und Knollengewächse].)** Sbornik trudov aspirantov i molodych naučnych sotrudnikov. Vsesojuznyj institut rastenievodstva, Leningrad **1961** Nr. 2. S. 329–332. – 3 Tab., 8 Lit.
Die Untersuchungen erstreckten sich auf *Galanthus nivalis, Scilla sibirica, Lilium candidum, Muscari racemosum, Narcissus poeticus* und andere Knollen- und Zwiebelgewächse; Dauer und Zeitpunkt der Einwirkung niedriger Temperaturen sollten in 5 Versuchsserien ermittelt werden. Zwiebeln und Knollen aller Pflanzenarten wurden im Herbst in Kästen ausgelegt und im Freien aufgestellt. Die 1. Gruppe wurde am 9.11. , die 2. am 9.12., die 3. am 7.1., die 4. am 10.2. in einen Raum mit niedrigen Temperaturen gebracht. Die 5. Gruppe blieb den Winter über im Freien. – Werden Pflanzen tieferen Temperaturen zu einer für sie unpassenden Zeit ausgesetzt, so erfolgt eine starke Entwicklung der vegetativen Organe, und die Knospenbildung bleibt aus. L. Tunger. 1360.

Hitchcock, A. E., Zimmerman, P. W. und Coe, R. R.; Yonkers, N. Y., Boyce Thompson Inst. for Plant Res., Inc. Results of ten years work (1951 bis 1960) on the effect of fluorides on Gladiolus. **(Ergebnisse zehnjähriger Arbeit [1951–1960] über die Wirkung von Fluoriden auf Gladiolen.)** Contr. Boyce Thompson Inst. **21** (1962) Nr. 5. S. 303–344. – 3 Abb., 35 Tab., 15 Lit.
Die F-Verunreinigungen in der Atmosphäre sind durch die Industrien (Al-Industrie) in manchen Gegenden beträchtlich. Als Hauptsymptom tritt Verbrennung der Blattspitzen auf. Die Schädigung ist von der Sorte, vom Standort, vom Alter der Pflanze und des Blattes abhängig. Gladiolen im 5–7-Blattstadium zeigten stärkere Spitzenschädigungen und F-Akkumulation als Pflanzen im 3-Blattstadium. Die resistenteren Sorten nahmen mehr F auf als die empfindlicheren. Die Resistenz war nicht von der Blütenfarbe abhängig. Die Empfindlichkeit korrelierte nicht mit der Zahl der Stomata. Bei Verunreinigungen der Luft von 2 ppb (parts per Billion) wurden Spitzenverbrennungen von 5–8 cm beobachtet; bei den Sorten 'Snow Princess' und 'Elisabeth the Queen' wurde jedoch keine Beeinträchtigung der Trockenmasse und des Knollenertrages festgestellt, der Blütenschaft war jedoch kleiner bei diesen Konz. im Vergleich zu den Kontrollen. Zwischen dem Ausmaß der Spitzenverbrennung und dem Knollenertrag bestand nicht in allen Fällen ein eindeutiger Zusammenhang. W. Hiller. 1360.

Cheal, W. F. und Hewitt, E. J.; Kirton, Boston, Lincs., N.A.A.S., Exp. Husbandry Farm; Long Ashton, Univ., of Bristol, Res. Stat. Effects of major nutrients on two varieties of tulip grown in sand culture. **(Einfluß der Hauptnährstoffe auf zwei in Sandkultur gewachsenen Tulpensorten.)** J. horticult. Sci. **37** (1962) Nr. 2. S. 134–140. – 1 Tab., 3 Lit.

Die Tulpensorten 'Golden Harvest' und 'Krelage's Triumph' 2 verschiedener Herkünfte wurden unter unterschiedlichen Ernährungsbedingungen (Mangel, normale und hohe Nährstoffversorgung) auf Sandboden kultiviert. Den größten Einfluß auf Blattentwicklung und Zwiebelertrag hatte die N-Düngung; N-Mangel war bereits einige Wochen vor der Blüte zu erkennen. Der Zwiebelertrag wurde in geringerem Maße bei K- und Mg-Mangel herabgesetzt. Bei hohen Na-Gaben nahmen die Pflanzen sukkulenten Charakter an, und die Zwiebeln wurden weich. H. Ackermann. 1360.

Kosugi, K. und Kondo, M. Studies on the blindness in gladiolus. X. On the effects of soil moisture upon the growth, the flowering, and the blindness in gladiolus. **(Untersuchungen über die Blütenlosigkeit bei Gladiolen. 10. Mitt. Über die Einflüsse der Bodenfeuchtigkeit auf Wachstum, Blühen und Taubheit bei Gladiolen.)** J. horticult. Assoc. Japan **30** (1961) Nr. 4. S. 366–370. – 5 Abb., 4 Tab., 6 Lit. Orig.: jap., Ausz.: engl. 9. Mitt. vgl. LZ. Abt. II 8 (1963) Nr. 2. S. 476.
In 3 Versuchen wurden Großknollen der Sorten 'T. E. Wilson' und 'Sequeen' in Sand zur Anzucht gebracht und alle 1, 3, 6 bzw. 9 Tage mit Wasser versorgt oder 3, 4, 5 ,6 bzw. 7 Wochen ohne weitere Wasserzufuhr gelassen (letzteres ab 24. Juni, ab 15. Juli oder ab 29. Juli) und danach wieder tägl. versorgt. Beim 1. Versuch stieg die Zahl tauber Knospen mit zunehmendem Abstand der Wassergaben an, bei Gaben alle 1 und 3 Tage war die Blütenbildung normal. Beim 2. Versuch gab es keine tauben Knospen (5 Wochen keine Wasserzufuhr ab 24. Juni). Im 3. Versuch wurde beobachtet, daß die Pflanzen in den frühen Stadien resistenter gegen Wassermangel sind als in den älteren. Bei Herbstkultur hat nach den Ergebnissen die Wasserversorgung weniger Einfluß auf das Auftreten der Taubheit als die Tageslänge oder die Nährstoffversorgung. W. Stenz. 1360.

Stewart, William S.; Arcadia, Calif., Los Angeles State and County Arboretum. Developing a new Arboretum. **(Schaffung eines neuen Arboretums.)** Advances horticult. Sci. **3** (1962) S. 32–38. – 4 Abb. Zus. in Franz., Dtsch.
Vf. berichtet über die Entwicklung eines neuen Arboretums in Los Angeles. Seine Aufgaben sind bes. folgende: Einführung und Prüfung neuer Varietäten von Ziergehölzen für öffentliche Anlagen und Privatgärten, von brandwiderstandsfähigen und Erosion verhindernden Gewächsen; Untersuchung des Einflusses von Luftverunreinigungen auf Pflanzen. Das Arboretum hat verschiedene Lehraufgaben (Unterricht in Pflanzenbestimmung, Gartenarchitektur und anderen Disziplinen). W. Hiller. 1380.

Lapine, P. I.; Acad. of Sci. of the U.S.S.R., Main Bot. Garden. Introduction of trees and shrubs in Moscow. **(Einführung von Bäumen und Sträuchern in Moskau.)** Advances horticult. Sci. **3** (1962) S. 39–43. – Zus. in Franz., Dtsch.
1949 wurde ein neues 75 ha großes Arboretum in Moskau auf dem Territorium des Haupt-Bot. Gartens gegründet. Im Augenblick sind ungefähr 2000 Spezies, Varietäten und Formen von Bäumen und Sträuchern vorhanden. 454 Spezies haben das Stadium der Fruktifikation erreicht. Die Hauptaufgabe des Arboretums besteht im Studium der Gesetzmäßigkeiten der Akklimatisation. Die Vegetationsperiode beträgt in Moskau nur 170 Tage, und die Wintertemperaturen fallen bis –40,6 °C . 49% der Testpflanzen zeigten Frostschäden. Das Arboretum soll durch Züchtung und Auslese klimaresistente Formen schaffen. W. Hiller. 1380.

Mecklenburg, Roy und Pridham, A. M.; Cornell Univ., Dep. of Floricult. Viability test for dormant roses. **(Test zur Prüfung der Lebensfähigkeit ruhender Rosen.)** New York State Flower Growers, Bull. **1962** Nr. 200. S. 1–2.4. – 2 Abb., 2 Tab., 3 Lit.

Durch den Test sollen die Käufer von Rosenpflanzen in die Lage versetzt werden, geschädigtes Material zu erkennen. Der entwickelte Test beruht auf der Grundlage, daß bei geschädigten Zellen die Permeabilität verändert ist. Der Test wird wie folgt ausgeführt: 10 g Rosengewebe werden zerkleinert in 30 g aqua dest. gegeben. Nach 24 Std. wird die Leitfähigkeit gemessen. Das Gewebe wird dann durch Autoklavieren getötet, und nach weiteren 24 Std. wird die Leitfähigkeit wieder gemessen. Das Verhältnis der 1. zur 2. Messung wird als %-Leitfähigkeit bezeichnet. Bei 'Better Times'-Trieben nahm mit steigender Schädigung durch Kälte die %-Leitfähigkeit von 40–10 °F langsam und von 10–0 °F schnell zu. Das Wachstum nach der Kältebehandlung war eng mit der Leitfähigkeit korreliert. Hohe %-Leitfähigkeit ergab geringes Wachstum. Dieselben Verhältnisse zeigten sich bei den Wurzeln von *Rosa multiflora*. Das nachfolgende Wachstum der Rosenwurzeln und geschädigten Stengelsektionen durch niedrige Temperaturen konnte also durch Feststellung der %-Leitfähigkeit ermittelt werden. Bei Schädigung durch Austrocknen erfolgte ebenfalls Anstieg der Leitfähigkeit. Bei Feuchtigkeitsverlusten über 30% war bei 'Better Times' und 'Dr. Huey' kein Wachstum mehr festzustellen. Die Leitfähigkeitswerte lagen hier bei 60 bzw. 46% (Kontrollen 10 bzw. 19%). Die Schäden durch CCl_4-Dämpfe zeigten gleiche Tendenz. Die Messungen ergaben, daß bei Leitfähigkeiten über 30,5–32,5% kein Wachstum bei Wurzel und Stengel mehr stattfand. W. Hiller. 1380.

Svejda, F. J. und Voisey, P. W.; Ottawa, Ontario, Genetics and Plant Breeding Res. Inst.; Canada Dep. of Agric., Res. Branch, Engng. Res. Serv. Note on a method for scarifying rose seeds. **(Bemerkung zu einer Methode des Verletzens von Rosensamen.)** Canad. J. Plant Sci. **42** (1962) Nr. 2. S. 383–385. — 3 Abb., 1 Lit.

Die Samenruhe bei Rosen liegt außer im Embryo auch in der harten Samenschale verankert. Sie kann gebrochen werden durch teilweises oder gänzliches Entfernen der Samenschale mittels mechan. oder chem. Einwirkungen. Hier soll von einer Schnellmethode zum Anschneiden der einzelnen Rosensamen die Rede sein, bei der der Embryo nicht verletzt wird. Mit Hilfe einer schnell rotierenden Feile kann die einzelne Achäne genau nach Wunsch bearbeitet werden. Der Samen wird mit einer speziellen kleinen Flachzange so an die Feile gehalten, daß das Perikarp an der Breitseite gegenüber dem Samennabel abgerieben wird. Die Tiefe der Bearbeitung kann man genau regeln, so daß der Embryo nicht verletzt wird. Mit einiger Übung können 100 Samen in 10 Min. bearbeitet werden. Eine bes. Vorrichtung sorgt für den Schutz der Augen vor umherfliegenden Teilchen. U. Walter. 1380.

Hohmann, G.; Bonn, Univ., Inst. für Obstbau. **Aufbewahrung von Rosen in Lagerräumen mit direkter Kühlung.** Gartenwelt **62** (1962) Nr. 8. S. 168–169. — 2 Abb., 4 Lit.

Arbeitskräftemangel führte zur Suche nach neuen Methoden der Gehölzüberwinterung: Der Einschlag selbst soll gespart und der Pflanztermin im Frühjahr verlängert werden, und für den Versand sollen die Pflanzen dauernd zur Verfügung stehen. Rosen der Sorten 'Alain' und 'Fanal' wurden am 15.12. 60 in einen direkt gekühlten Raum bei +0,5 bis +1 °C und einer rel. Luftfeuchtigkeit von 93% unter verschiedenen Bedingungen gelagert. Nach der Auslagerung zeigten den größten Gewichtsverlust und den schlechtesten Wurzelzustand unbefeuchtete Pflanzen, deren Wurzeln im Polyäthylenbeutel oder auch offen gelagert wurden, während befeuchtete Pflanzen mit offenen Wurzeln in gutem Zustand waren. Bonitierungen des Austriebes nach der Pflanzung und des Jungtriebzuwachses sowie der Wurzelneubildung nach Abschluß der Vegetationsperiode stellten deutlich den Vorteil der beiden Verfahren (Wurzeln offen, Wurzeln oder ganze Pflanze häufig befeuchtet) heraus, auch gegenüber dem Freilandeinschlag. Wenn eine hohe rel. Luftfeuchtigkeit von 93–95%

vorausgesetzt werden kann, dann kommen die eingangs aufgezeigten Vorteile einer Kühllagerung durchaus zur Geltung. U. Walter. 1380.

Shanmugavelu, K. G.; Annamalainagar, Annamalai Univ., Dep. of Agric. A note on the effect of plant regulators on rooting of Hibiscus rosasinensis L. **(Eine Bemerkung über den Einfluß von Pflanzenwuchsstoffen auf die Bewurzelung von Hibiscus rosasinensis L.)** Indian J. Horticult. 18 (1961) Nr. 2. S. 169–170. – 3 Abb., 1 Tab.
Stecklinge von weichem (**I**), halbhartem (**II**) und hartem Holz (**III**) wurden von 6 Jahre alten Mutterpflanzen geschnitten und die Schnittflächen 24 Std. (**IV**) bzw. 5 Sek. (**V**) in Wuchsstofflösung oder 1 in. tief in Wuchsstoffpuder getaucht. Geprüft wurden Indolessigsäure (IAA), Indolbuttersäure (IBA) und Naphtholessigsäure (NAA). Innerhalb 46 Tagen betrug die Bewurzelung von **I** bei unbehandelten Kontrollen (**VI**) 9,8%, 20 ppm IAA 60%, 20 und 2000 ppm IBA 70% bzw. 1000 ppm NAA 75%; von **II** bei **V** mit 6000 ppm NAA und IBA 100%, mit 60 und 6000 ppm IAA 50%. Durch IBA und NAA wurde gleichzeitig das Längenwachstum der Wurzeln gefördert. Bei **III** hatte NAA mit 85–95% die stärkste bewurzelungsfördernde Wirkung, IBA 60–90%, IAA 40–75%. Die Gesamtwurzellänge betrug in gleicher Reihenfolge 47,7–98,4, 19,8–67 und 8,5–25,6 cm, bei **VI** 9,2 cm. Die Wurzelanzahl je Steckling schwankte stark und war von Substanz, Konz. und Tauchmethode abhängig. H. Ackermann. 1380.

X. PFLANZENZÜCHTUNG

A. Allgemeine Literatur, Berichte, Statistiken u. a.

Randhawa, M. S.; New Delhi, Indian Council of Agric. Res. Presidential address. Recent advances in the study of the structure of chromosomes and mechanism of photosynthesis. **(Präsidential-Ansprache. Letzte Fortschritte in der Untersuchung der Chromosomenstrukturen und des Mechanismus der Photosynthese.)** Proc. nat. Acad. Sci., India, **1960** Jahres-Nr. S. 17–24. – 11 Lit.
In seiner Ansprache zur 30. Jahrestagung der National-Akad. der Wiss. Indiens berichtet Vf. über den neuesten Stand der Forschungen auf den genannten Gebieten. Dabei streift er die historische Entwicklung der Mikroskopiertechnik (Hook, Leewenhoek) und gelangt dann zur Chromosomentheorie der Verbung, zum Watson-Crick-Modell und damit zur Bedeutung der DNS beim Aufbau der Chromosomen und im Vererbungsgeschehen. U. a. trugen Arbeiten an Bakterien, die bes. mit Hilfe von markierten Verbindungen durchgeführt werden konnten, zur weiteren Klärung von diesbez. Fragen bei. – 2 neue Verfahren, nämlich die Anwendung von Isotopen (bes. ^{14}C) und die Papierchromatographie brachten Aufklärung über verschiedene Probleme der Photosynthese. G. Krauße. 1501.

B. Allgemeine Pflanzenzüchtung

King, James C.; New York, Columbia Univ., Dep. of Zool. Inbreeding, heterosis and information theory. **(Inzucht, Heterosis und Informationstheorie.)** Amer. Naturalist **95** 1961) Nr. 885. S. 345–364. – 2 Abb., 5 Tab., 33 Lit.
Die Analyse der biochem. Intimstruktur der Erbsubstanz hat die DNS als geradezu ideale Informations-Chiffre ausgewiesen. Die Revision des korpuskulären Genbegriffs und seine Auflösung in die nicht mehr völlig kongruenten Erbeinheiten von Zistron (Funktionseinheit), Muton (Mutationseinheit) und Rekon (Rekombinationseinheit) erlaubt eine überzeugende Analogisierung zur Begriffswelt der Informationstheorie. Die 4 verschiedenen Basen der DNS gestatten bei einer Sequenz von n Nucleotid-Paaren 4n verschiedene mögliche Permutationen. Die Gesamtzahl der möglichen Permutationen ist

dabei weitaus größer als das notwendige Minimum zur Chiffrierung der von Generation zu Generation weitergegebenen genetischen Information. Das Maß des Informationsüberschusses (redundancy) ist stark wechselnd: der niedrige %-Satz der Schlupfrate ingezüchteter *Drosophila*-Stämme wird als Ausdruck eines erniedrigten „redundancy" innerhalb eines Genoms angesehen, bei dem weit mehr Loci identische Allele besitzen. Umgekehrt ist bei der Heterosis ein hoher Betrag von „gesendeter Information" Voraussetzung für die Höhe des „empfangenden Informationsbetrages" (= des Heterosiseffektes). H. Freye. 1515.

Jain, H. K. und Jain, S. K.; New Delhi, Indian Agric. Res. Inst., Div. of Bot. Differential non-genetic variability in the expression of major genes and polygenes. **(Differenzielle nicht-genetische Variabilität bei der Expression von Majorgenen und Polygenen.)** Amer. Naturalist **95** (1961) Nr. 885. S. 385–397. – 1 Tab., 5 Lit.
Nach Mather (1949) sind Majorgene für das Entstehen von diskontinuierlichen, qualitativen Variationen verantwortlich und den Polygenen gegenüberzustellen, die beim Entstehen der kontinuierlichen, quantitiven Variationen wirksam sind. Die Augenpigmentierung bei *Drosophila*, der Melaningehalt im Haar des Meerschweinchens, das Grannenhaar der Gerste werden biometrisch ausgewertet und die rel. große Varianz im Hinblick auf die Polygentheorie diskutiert. H. Freye. 1515.

Jain, S. K.; New Delhi, Indian Agric. Res. Inst., Div. of Bot. Discriminant analysis in biometrical genetics. **(Diskriminanzanalyse in der biometrischen Genetik.)** Nature [London] **191** (1961) Nr. 4796. S. 1420. – 5 Lit.
Vf. wendet sich gegen die von E. Weber (vgl. LZ. Abt. II **6** (1961) Nr. 1. S. 161.; Nr. 7. S. 1708. 1709.) ausgesprochene Verallgemeinerung, daß die Diskriminanzanalyse zur Analyse quantitativer Merkmale ganz allg. geeignet sei und begründet, daß diese Methode nur sehr selten und dann auch nur allein für die Berechnung und weniger für die Lösungen von Problemen anwendbar ist. Es erscheint dem Vf. weiterhin auch unerklärlich, wie verschiedene polygene Systeme, die die Vererbung unterschiedlicher individueller Komponenten steuern, auf 1 oder 2 genetische Einheiten (durch Betrachtung der Spaltung eines Merkmals mit kontinuierlicher Variation: Kotyledonengröße bei Tomatensämlingen) reduziert werden können. – Es müssen noch sehr viel Beispiele untersucht werden, bevor die empirische Brauchbarkeit der Diskriminanzanalyse in der Genetik erwiesen ist. K. Bellmann. 1515.

Kuenen, Rudolf; Köln, Bot. Inst. **Ein Modell zur Analyse der Crossover-Interferenz.** Z. Vererbungslehre **93** (1962) Nr. 1. S. 35–65. – 6 Abb., 69 Lit.
Ein mathematisches Modell zur Analyse des Genaustausches und der crossover-Interferenz (co I) wird entwickelt, diskutiert und mit anderen Methoden verglichen. Es ist für geordnete und ungeordnete Tetraden verwendbar. Für den 1. Fall sind bifaktorielle Kreuzungen ausreichend, für den 2. aber trifaktorielle erforderlich. Das Modell ermöglicht es, den Kartenabstand direkt, unabhängig von der Züchtung, zu bestimmen. Auf diesem Wege wird eine exakte und spez. Kartierung für jede Region der coI und jede Koppelungsgruppe garantiert. Das Modell gibt begrenzte Auskunft über die Stärke der coI durch Bestimmung eines gegebenen Wertes, der durch den Koinzidenzfaktor nicht überschritten wird. Dieser ist mathematisch und biol. vollständig definiert. G. Bandlow. 1515.

Ajzenštat, Ja. S. (Aisenstat, Ja. S.) Vlijanie vozrastnych izmenenij polovych ėlementov na raščeplenie gibridov gorocha. **(Einfluß altersbedingter Veränderungen generativer Elemente auf die Aufspaltung von Erbsenhybriden.)** Žurnal obščej biologii, Moskva **22** (1961) Nr. 4. S. 292–304. – 4 Abb., 4 Tab., 23 Lit. Zus. in Engl.

Im Verlauf des Wachstums und der Entwicklung der Blüte sind die generativen Organe bedeutenden stofflichen Veränderungen unterworfen, auf die im einzelnen hingewiesen wird. Vf. sieht in den altersbedingten Veränderungen der Stoffwechselprozesse der Geschlechtszellen eine zunehmende Inaktivierung (Schwächung) der wichtigsten Reaktionsabläufe. In entspr. angelegten Versuchen (1949–59) wurde der Einfluß solcher altersbedingten Veränderung der Geschlechtszellen auf die Spaltungsverhältnisse bei Erbsen und z. T. auch bei Tomaten untersucht. Die bei Tomaten durchgeführten Versuche hatten ergeben, daß die Bestäubung „gealterter" Blüten die Weitergabe väterlicher Merkmale begünstigt. Bei Erbsen wurde bei der Bestäubung mit „gealtertem" Pollen die Vererbung der mütterlichen Merkmale begünstigt. Versuche mit „gealterten" Blüten (Eizellen) verliefen bei Erbsen widersprüchlich, i. allg. dominierten jedoch die mütterlichen Merkmale. Hinsichtlich Einzelheiten muß auf das Original verwiesen werden. An typischen Beispielen wird die unterschiedliche Art der Aufspaltung der Erbsenhybriden gezeigt. Auf einige embryologische Beobachtungen wird eingegangen. Die festgestellten Unterschiede zwischen normalen und abweichenden Spaltungsverhältnissen sind statistisch gesichert. Die widersprechenden Ergebnisse (Vorherrschen des väterlichen Typs bzw. des mütterlichen Typs) wird mit Störungen des Befruchtungsvorganges (Pollenschlauchwachstum) erklärt. Sie widersprechen nach Meinung des Vf. deshalb nicht der grundsätzlichen Hypothese der Abhängigkeit der Vererbung der Merkmale vom physiol. Zustand der Geschlechtszellen, sondern sind nur eine weitere Seite dieser komplizierten Erscheinung. Auf weitere Einflüsse wird hingewiesen (Sorteneigentümlichkeiten, Witterungsbedingungen z. Z. der Kreuzung usw.). H. Jank. 1515.

Yagishita, Noboru; Fuchu, Tokyo, Univ. of Agric. and Techn., Biol. Lab. Studies on graft hybrids of Capsicum annuum L. II. Variation in fruit shape caused by grafting for three successive generations and the effects in the progeny. **(Untersuchungen an Pfropfhybriden von Capsicum annuum L. 2. Mitt. Veränderung der Fruchtform durch Pfropfung in drei aufeinanderfolgenden Generationen und Effekte in der Nachkommenschaft.)** Bot. Mag., Tokyo **74** (1961) Nr. 881/882. S. 480–489. – 14 Abb., 4 Tab., 7 Lit. Orig.: engl. 1. Mitt. vgl. LZ. Abt. II **7** (1962) Nr. 5. S. 1417.

Nach Pfropfung einer Paprikasorte mit spitzen, schmalen, aufrechtstehenden Früchten auf eine Sorte mit großen, rundlichen, herabhängenden Früchten traten in der Pfropfgeneration und in den Nachkommenschaften Pflanzen mit verschiedenen Fruchtformen auf. Nach wiederholter Pfropfung wurden mehr Veränderungen beobachtet als nach einmaliger. Die nach Pfropfung auftretenden Fruchtformveränderungen unterschieden sich von der Fruchtform generativer F_1-Hybriden. E. Günther. 1515.

Pozsár, I. The nitrogen metabolism of the pollen tube and its function in fertilization. **(Der N-Stoffwechsel des Pollenschlauches und seine Rolle bei der Befruchtung.)** Acta bot. Acad. Sci. hung. **6** (1960) Nr. 3/4. S. 389–395. – Aus: Ung. Agrar-Rdsch. **1962** Nr. 2.

Während des Wachstums verändert sich der Gesamt-N-Gehalt des Pollenschlauches nicht. Trotz des raschen Abbaues der Proteine gelang es nicht, in den wachsenden Pollenschläuchen Polypeptide nachzuweisen, sondern nur in den im Ruhezustand befindlichen Pollen. Vf. hat nachgewiesen, daß in der Narbe der Maispflanze bei der Befruchtung eine „Eiweißsynthesewelle" einsetzt. Diese erhöhte Eiweißsynthese ist vermutlich an der Induktion der Parthenogenese beteiligt. Der mit der Eiweißsynthese einhergehenden Entwicklungsinduktion kann bei der Embryogenese der unter natürlichen Bedingungen entstehenden Monoploiden ebenfalls eine wichtige Rolle zukommen. 1520.

Panda, B. S. und Datta, R. M.; Calcutta, Univ., Dep. of Agric. Studies on the callose plug formation in the pollen tubes of Corchorus siliquosus Linn, a wild jute of America. **(Untersuchungen über die Kallosepfropfenbildung in den Pollenschläuchen von Corchorus siliquosus Linn, einer Wildjute Amerikas.** Sci. and Cult. [Calcutta] **27** (1961) Nr. 10. S. 490–492. – 2 Abb., 1 Tab., 8 Lit.
Durch unterschiedliche Färbemethoden konnte bei mehreren Pflanzenarten die Bildung von Kallosepfropfen in den Pollenschläuchen nachgewiesen werden, was bisher bei *Corchorus siliquosus* nicht gelang. Unter Anwendung einer von Eschrich entwickelten Färbemethode haben Vff. 1–4,5 Std. nach Keimbeginn des Pollens auf Hohlschliff-Objektträgern bei Einbettung in entspr. Nährlösung Pfropfenbildung in 9,6% der Pollenschläuche nachgewiesen. Im Mittel wurden 1–2 Pfropfen/Pollenschlauch mit einer Länge von 17,6–44,8 μ bei einer Pollenschlauchlänge von 284,8–108,8 μ festgestellt. Die physiol. Ursachen dieser Erscheinung sind noch unklar. Möglicherweise stehen sie mit der Inkompatibilität in Zusammenhang. K. Schulz. 1520.

Hackbarth, J.; Scharnhorst, Max-Planck-Inst. für Züchtungsforsch., Zweigstelle. **Spontane Fremdbestäubung bei Selbstbefruchtern.** DLG-Pflanzenzuchtabt. Frankfurt/Main, Vortr. Pflanzenzüchter **1960** Nr. 6. S. 140–151.
Die Bedeutung der Befruchtungsart wird für theoretische und praktische Fragen beleuchtet. Die Zahl der abs. Selbstbefruchter wird unter den Kulturpflanzen als klein befunden, denn nur die Sojabohnen, die *Lupinus angustifolius*, die Serradella und, schon mit Einschränkung, Gerste sind als solche anzusprechen. Die wechselnde Höhe der Fremdbestäubung bei freiem Abblühen und im kastrierten Zustand wird für nachstehende Arten aus der Literatur und z. T. aus eigenen Arbeiten angegeben: Weizen, Gerste, Hafer, Hirse, Erbse, *Phaseolus*-Bohnen, Lupinen, Pferdebohnen, So-Wicken, Lein, Serradella, Tomate. Der Umfang der Fremdbestäubung bei den Hirsearten, der Ackerbohne, der Gelben und Weißen Lupine sowie bei der Tomate wurde oft als recht erheblich befunden. Der Einfluß der direkten klimatischen Bedingungen sowie dieser auf den Insektenflug, der Bau der Blüte sowie andere sortentypische Unterschiede, zu denen auch genetische Veranlagung zur Selbstfertilität rechnet, werden für den Umfang der möglichen Fremdbestäubung als Erklärung herangezogen. H.-I. Troll. 1520.

Bajer, A. und Östergren, G.; Lund, Sweden, Univ. of Lund, Inst. of Genetics. Centromere-like behaviour of non-centromeric bodies. I. Neo-centric activity in chromosome arms at mitosis. **(Zentromerähnliches Verhalten auf zentromerfremden Abschnitten. 1. Mitt. Neozentrische Aktivität auf Chromosomenarmen in der Mitose.)** Hereditas [Lund] **47** (1961) Nr. 3/4. S. 563–599. – 18.Abb., 29 Lit.
Während mikrokinematografischer Untersuchungen der Mitose im Endosperm von *Haemanthus katherinae* zeigten die Chromosomenarme plötzliche gerichtete Krümmungen zur Äquatorialebene. Diese plötzlichen Krümmungsbewegungen werden durch ziehende Kräfte in kleinen begrenzten Abschnitten der Chromosomenarme ausgelöst und sind nur eine kurze Zeit wirksam. An den betreffenden Stellen sind zeitweilig in Aktion tretende Spindelfasern ausgebildet, wie diese am eigentlichen Zentromer des Chromosoms aktiv werden. Der Mitoseablauf wird durch diese neozentrische Aktivität beeinflußt. Der Ablauf der Prometaphase dauert 110 Min. und der der Metaphase 45 Min. Die Bewegungskräfte werden jeweils nur in einer Schwesterchromatide wirksam, bei sich oft wiederholenden Bewegungen können diese auf die andere Chromatide überwechseln und dort aktiv werden. J. Schreiter. 1530.

Rees, H. und Naylor, Beryl; Aberystwyth, Univ. Coll. of Wales, Inst. of Rural Sci., Agric. Bot. Dep. Developmental variation in chromosome behaviour. **(Entwicklungsunterschiede im Verhalten der Chromosomen.)** Heredity **15** (1960) Nr. 1. S. 17–27. – 3 Abb., 6 Tab., 6 Lit.

Das verschiedenartige Verhalten der Chromosomen in den Zellschichten der Antheren wird in vorliegender Arbeit untersucht. Roggenantheren wurden durch Querschnitte in 4 Teile geteilt. Bei vergleichenden Untersuchungen dieser 4 Sektionen ergaben sich charakteristische Unterschiede in der Chiasmahäufigkeit und in der zeitlichen Reihenfolge des meiotischen Teilungsablaufes. PMZ, in denen die Metaphase zeitlich früher abläuft, besitzen eine größere Chiasmahäufigkeit als diejenigen, deren Chromosomen erst später in das Metaphasestadium eintreten. Die Entwicklungsvariationen der Chromosomen treten bei heterozygoten Pflanzen bes. deutlich hervor.
J. Schreiter. 1530.

Rossner, Wolf; Karlsruhe, TH, Bot. Inst. **Elektronenmikroskopische Untersuchungen an den Chromozentren von Urtica pilulifera.** Chromosoma [Berlin] **12** (1961) Nr. 6. S. 717–727. — 8 Abb., 24 Lit.
An den Zellkernen der Wurzelspitze von *Urtica pilulifera* wurden elektronenmikroskopische Untersuchungen über die Feinstruktur der Chromozentren durchgeführt. Vergleichende Fixierung erfolgte mit gepuffertem OsO_4 und mit ungepuffertem Altmannschen Gemisch. Die Chromozentren bestanden in ihrer sublichtmikroskopischen Feinstruktur aus schraubig gewundenen Fibrillen. Nach Fixierung mit Altmannschem Gemisch trat in den Chromozentren eine Kontrastminderung bei gleichzeitiger Quellung der Strukturen auf. In solchem Heterochromatin wurden schraubig gewundene Fäden in der Größenordnung von Chromonemata kaum festgestellt. Die am Nucleolus liegenden Chromozentren hatten keine Kontrastminderung. Von ihnen reichten aufgeschraubte fibrilläre Fortsätze weit in den Nucleolus hinein. Diese Fortsätze waren von der Nucleolarsubst. streng getrennt und zeigten die Kontrastaufhellung mit Altmannschem Gemisch. Ferner wurden Strukturen beschrieben, die lichtmikroskopisch nicht sichtbaren Chromozentren diploider Zellen entsprechen könnten. In der Diskussion wird auf die unterschiedliche Kontrastminderung der Chromozentren und auf die heterochromatische Natur sowohl der Chromozentren am Nucleolus als auch der lichtmikroskopisch nichtsichtbaren Chromozentren eingegangen. J. Endlich. 1530.

Wittmer, G.; Roma, Ist. Sci. Sperimentale per i Tabacchi, Lab. di Genetica. Dati preliminari sull'inibizione dell'induzione e della crescita di C-tumori in Allium cepa L. **(Vorläufige Ergebnisse über die Beeinflussung der Induktion und des Wachstums von C-Tumoren bei Allium cepa L.)** Tabacco **65** (1961) Nr. 701. S. 441–443. — 5 Lit. Zus. in Engl.
Es konnte nachgewiesen werden, daß eine Cortisonbehandlung das Wachstum von bereits gebildeten Colchicintumoren nicht hemmen kann. Dagegen kann bei Anwendung von 500 ppm Cortison die Induktion von C-Tumoren gehemmt werden. J. Merker. 1530.

Wittmer, G.; Roma, Ist. Sci. Sperimentale per i Tabacchi, Lab. di Genetica. Attività' citologica di alcuni acidi grassi componenti gli olii estratti da semi vecchi e freschi di Nicotianae. **(Die zytologische Aktivität einiger Fettsäureverbindungen aus Ölen, die aus alten und frischen Nicotiana-Samen extrahiert wurden.)** Tabacco **65** (1961) Nr. 701. S. 434–440. — 7 Abb., 10 Lit. Zus. in Engl.
Mit Hilfe des *Allium cepa*-Testes wird nachgeprüft, ob die zytol. und morphogene Aktivität von aus alten Samen extrahiertem Öl auf die einzelnen isolierten Fettsäuren zurückzuführen ist. Diese wurden in einer Konz. in Leitungswasser von 10^{-2}, 10^{-3}, 10^{-4} und 10^{-5} mol bei einem pH-Wert zwischen 6,8 und 7,2 eingesetzt. Keine der Säuren zeigte mutagene Eigenschaften. Sämtliche Säuren sind Mitosegifte, die bereits in geringster Konz. letale Wirkung (Prophasevergiftung) besitzen. Die toxische Wirkung wächst mit Erhöhung der Zahl der C-Atome in der Säure. Die Schwellenkonz. für die C-Tumorreaktion hängt vom Grad der Toxizität (Zahl der C-Atome) ab. J. Merker. 1530.

Wittmer, G.; Roma, Ist. Sci. Sperimentale per i Tabacchi, Lab. di Genetica. Attività citologica dell'olio estratto da semi vecchi e freschi di Nicotiana tabacum L. **(Zytologische Aktivität des aus alten und frischen Nicotiana tabacum-Samen extrahierten Öles.)** Tabacco **65** (1961) Nr. 699. S. 229–237. – 1 Tab., 19 Lit. Zus. in Engl.

Vf. untersucht die zytologische Aktivität der kalt extrahierten Öle aus alten (Ernte 1948) und frischen Samen (Ernte 1958) von *Nicotiana tabacum* L., 'Bright' in wäßriger Emulsion am Wurzelmeristem von *Allium cepa*. Die physiol. Wirkung äußert sich vorwiegend in einer präprophasischen Hemmung und einer Prophasevergiftung. Die mutagene Wirkung ist bes. bei frischem Öl schwach (vorwiegend Chromosomenfragmentation); Translokationen sind selten. Altes Öl verursacht in geringer Konz. Cariolyse. Die unterschiedliche Wirkung zwischen altem und frischem Öl läßt auf qualitative und quantitative Unterschiede in der Zusammensetzung schließen. J. Merker. 1530.

Ronchi, Vittoria Nuti und Amato, Francesco D'; Pisa, Univ., Ist. di Genetica. New data on chromosome breakage by acridine orange in the Allium test. **(Neue Angaben über Chromosomenbrüche durch Acridinorange im Allium-Test.)** Caryologia [Firenze] **14** (1961) Nr. 1. S. 163–165. Sep. – 1 Tab., 4 Lit.

Die radiomimetische Wirksamkeit von Acridinorange (AO) wurde im *Allium*-Test geprüft. Schnell wachsende Zwiebelwurzeln wurden 4 bzw. 12 Std. mit Acridinorange in Konz. von 370–18,5 $\cdot 10^{-6}$ mol/l behandelt und anschließend in Leitungswasser übertragen. Beide Vorgänge geschahen bei Dunkelheit. Die Fixierungen erfolgten in Abständen von 24 Std. In Abhängigkeit von der Konz. und Einwirkungsdauer von AO wurden 4,23–0,50 Chromosomenbrüche/Anaphase gefunden. In einer 2. Versuchsserie wurden Zwiebelwurzeln 20 Std. bei Dunkelheit mit verdünnten Lösungen von AO vorbehandelt. Danach wurden die Wurzeln 40 Min. in einer m/150 Phosphatpufferlösung unter Zufuhr von Luft bzw. reinem O_2 von 2 Seiten mit „Attralux"-Lampen (24 V, 150 W) beleuchtet. Höhere Konz. als 1,15 $\cdot 10^{-6}$ mol/l wirkten bereits tödlich. Bei Konz. von 1,5 $\cdot 10^{-6}$ mol/l und O_2-Zufuhr betrug die Anzahl der Chromosomenbrüche/Anaphase 0,19. Der entspr. Wert bei Luftzufuhr war 0,02. Die Untersuchungen lassen einen photodynamischen Effekt von AO erkennen. Im Gegensatz zu *Vicia faba* reagieren Zwiebelwurzeln auch bei Dunkelheit leicht auf AO. J. Endlich. 1530.

Ronchi, Vittoria Nuti; Pisa, Univ., Ist. di Genetica. Nuovi dati sull'attività mutagena dell'arancio di acridina in Allium cepa L. **(Neue Ergebnisse über die mutagene Wirkung von Acridinorange bei Allium cepa L.)** Caryologia [Firenze] **14** (1961) Nr. 2. S. 192–203. Sep. – 3 Tab., 20 Lit. Zus. in Engl.

In Versuch 1 wurden Wurzelspitzen von *Allium cepa* mit Acridinorange (AO)-Lösungen von 100 und 5 ppm 4 oder 24 Std. lang im Dunkeln behandelt und danach in Wasser überführt (ebenfalls im Dunklen). Die zytol. Untersuchungen erfolgten 24 Std. danach. In Abhängigkeit von der AO-Konz. wurde eine mitosefreie Periode gefunden und strukturelle Veränderungen der Chromosomen, die aus Brüchen, dizentrischen, azentrischen und zentrischen Ringen bestanden. In Versuch 2 wurde die detoxierende Wirkung von Tryptoflavin nach AO-Anwendung untersucht. Nach o. a. Behandlung mit AO wurden die Wurzeln vor dem Wässern 6 Std. mit Tryptoflavinlösungen äquivalent zur AO-Dosis behandelt. Dadurch wurde die mitosefreie Periode entweder verlängert oder verkürzt, je nach Tryptoflavinkonz., in allen Fällen aber die allg. Erholung der Wurzeln nach der AO-Behandlung beschleunigt. In Versuch 3 wurde die AO-Behandlung mit 40 Min. Belichtung unter Anwesenheit von O_2 kombiniert. Belichtung bei 100% O_2 und starker AO-Konz. hatte völlige Letalität zur Folge, während geringere Konz. Chromosomenaberrationen bewirkte. 132fach geringere Konz. von AO bei Belichtung und O_2-Behandlung hatten denselben Effekt wie bei Dunkelheit. K. Schulz. 1530.

Maguire, Marjorie P.; Austin, Univ. of Texas. Further studies on pachytene pairing failure in maize. **(Weitere Untersuchungen über Paarungsmißbildungen im Pachytän bei Mais.)** Chromosoma [Berlin] **13** (1962) Nr. 1. S. 16–26. – 7 Abb., 6 Lit.
Bei einer Mais-*Tripsacum*-Hybride ergaben sich wiederholt Kreuzungsschwierigkeiten. Durch zytol. Untersuchungen konnten Mißbildungen bei den Hybriden festgestellt werden. In Abhängigkeit von dem Organ, aus dem die sich teilenden Zellen entnommen wurden, ergaben sich verschiedene Störungsraten. Die endständigen Organe wiesen wesentlich mehr Störungen als die interkalaren Organe auf. Es ergab sich kein klarer Zusammenhang zwischen der Chromosomenlänge und den Aberrationen. Bei den endständigen Organen waren die sehr langen Chromosomen offensichtlich gegen Mißbildungen anfälliger. Vf. nimmt an, daß bereits vor dem Pachytän die Entscheidung über eine normale Zellteilung gefallen ist und auf diese Weise die Differenzen zwischen erwarteter Mißbildung und Beobachtung sehr groß waren. Teilweise wurde eine sehr große Zahl von Mißbildungen/Zelle festgestellt (bis zu 10 Abnormitäten der Chromosomen/Zelle). H. Müller/Bernburg. 1530.

Mándy, Gy. Ujabb módszertani nézöpontok a buzafajták állóképességének meghatározásához. **(Neuere methodische Gesichtspunkte zur Bestimmung der Standfestigkeit der Weizensorten.)** Búzatermesztési Kísérletek [Weizenbau-Versuche] **1952/59** (hrsg. 1961) S. 152–158. – Aus: Ung. Agrar-Rdsch. **1962** Nr. 3.
Unter Berücksichtigung anatomischer und morphol. Merkmale gelang es Vf., eine neue Methode zur Bestimmung der Standfestigkeit des Weizens zu entwickeln. Nach dieser Methode wird die Standfestigkeit auf Grund folgender Merkmale des (von unten gerechneten) 2. und 3. Internodiums bewertet. Wandstärke des Internodiums, Stärke des Sklerenchymringes, Wandstärke des Blattscheidenteiles des Nodus, Dmr. der Sklerenchymbündel der Blattscheide, Stärke des Sklerenchymringes im Halmteil des Nodus. Die Bewertung erfolgt nach der Summe dieser Meßwerte oder der Summe der Rangordnungszahlen. Als Standard wurde eine Sorte mit bekannter Lagerresistenz eingeschaltet. Die Entwicklung des 2. Internodiums der ungarischen Weizensorten ist sehr variabel. Der dünnste Halm wurde bei der Sorte 'Karcagi 21', der stärkste dagegen bei 'Bankuti 1201' festgestellt. Die Halmwand ist bei 'Bankuti 1201' am stärksten, bei 'Mezöhegyesi 7286' am dünnsten. Das weiteste Lumen wurde bei 'MFB 18' und 'F 481', das engste bei 'Karcagi 21' und 'Székács 1055' festgestellt. Nach Feldbeobachtungen sind die Sorten 'F 481' und 'Székács 1055' sowie 'Karcagi 1042' wenig standfest, die Sorten 'Karcagi 21' und 'MFB 18' dagegen etwas mehr. 1550.

Amato, F. D'; Pisa, Univ., Ist. di Genetica. Évolution recente de l'amélioration génétique des plantes cultivées. **(Gegenwärtige Entwicklung in der genetischen Verbesserung von Kulturpflanzen.)** Scientia [Como] **55** (1961) Nr. 6. S. 1–9. Sep. – 6 Lit.
Vf. gibt zunächst einen Überblick über den Idiotyp und die Zuchtmethoden, Selektion und Kreuzung. Dann folgen eine Beschreibung der Mutationsauslösung und eine Diskussion über die Chimärennatur bestrahlter Samen sowie über die Möglichkeit, durch Behandlung von Zygoten oder Gameten Chimären auszuschließen. Das erhöhte Auftreten von Genmutationen nach Röntgenbestrahlung und UV-Belichtung wird der Wirkung von Neutronen und bestimmten Chemikalien gegenübergestellt, die mehr Chromosomenmutationen induzieren. Auch das Problem der zufälligen und gerichteten Mutationen wird diskutiert und experimentelle Hinweise für mehr oder weniger gerichtete Mutationen gegeben, wie das häufigere Vorkommen von mut. *erectoides* (Gerste) bei Neutronen- als bei Röntgenversuchen. Noch stärker verschieben sich die Häufigkeiten bestimmter Mutanten bei einigen chem. Agenzien.

Die 7 mutativ gewonnenen Handelssorten sind beschrieben (Gerste, Weißer Senf, Raps, Erbse, Bohne, Tabak), dsgl. viele andere wertvolle Mutanten von Kulturpflanzen angeführt. G. Bandlow. 1560.

Hoffmann, W. **Zeitpunkt und Umfang der Selektion in verschiedenen Generationen selbstbefruchtender Pflanzen.** DLG-Pflanzenzuchtabt. Frankfurt/Main, Vortr. Pflanzenzüchter **1960** Nr. 6. S. 119–139. – 6 Abb., 2 Tab., 23 Lit.

Vf. bespricht das Für und Wider der Pedigree- (PZ), Ramsch- (RZ) und Rückkreuzungszüchtung (RKZ). Bei der Anwendung der RZ solle der Züchter nicht auf eine Lenkung der Selektionsvorgänge in den Ramschen verzichten. Im Rahmen der RKZ, deren allg. stärkere Anwendung befürwortet wird, regt Vf. an, von der Möglichkeit der Rückkreuzung mit jeweils verschiedenen Eltern Gebrauch zu machen (Ermöglichung von Transgressionen). Ausführlich wird auf die Problematik der Auslese in früheren oder späteren Generationen (PZ und RZ) eingegangen. Die Anwendungsmöglichkeiten der biometrischen Genetik werden zurückhaltend beurteilt. Die sich an den Vortrag anschließende Diskussion (17 Beiträge) ist mit abgedruckt.
H. Schmalz. 1562.

Quadt, F.; Klausheide, Lingen b. Ems, F. v. Lochow-Petkus GmbH. **Gesichtspunkte und Methoden der Erhaltungszüchtung von Fremdbefruchtern.** DLG-Pflanzenzuchtabt. Frankfurt/Main, Vortr. Pflanzenzüchter **1960** Nr. 6. S. 160–166.

Die Begriffe Sorte und Erhaltungszüchtung werden definiert. Als Grundlage jeder züchterischen Arbeit an Fremdbefruchtern wird die Regulierung der Befruchtung herausgestellt, die von folgenden Faktoren abhängt: 1. Erkennbarkeit der gewünschten Merkmale vor oder nach der Blüte. 2. Blütenbiologie, Selbst- bzw. Pollensterilität. 3. Entwicklungsphysiol. Verhalten, Klonung. 4. Wechselbeziehungen zwischen Saatgutbedarf und Reproduktionskraft der betr. Art. – Nach diesen Gesichtspunkten sind Zuchtmethoden entwickelt worden: die Hybridzüchtung und die Massenauslese. Nach Vf. ergeben sich hieraus auch 2 Gruppen von Fremdbefruchtern: 1. solche, bei denen sich durch Kombination von Inzuchtlinien Hybridsorten herstellen lassen, 2. Populationen mit mehr oder weniger großer Beständigkeit. Auf Fehler bei Sortenversuchen wird hingewiesen. G. Bandlow. 1562.

Clifford, H. T.; Univ. of Queensland, Australia. Factors affecting the frequencies of wild plant hybrids. **(Faktoren, die die Häufigkeit von Wildpflanzenhybriden beeinflussen.)** Bot. Rev. **27** (1961) Nr. 4. S. 561–579. – 7 Tab., 95 Lit.

Vf. hat an Hand umfangreicher Lit. Untersuchungen über die Häufigkeit von Wildhybriden und bestimmten Eigenheiten der Elternarten und der künstlichen F_1-Hybriden vorgenommen. Danach scheint es keinen Zusammenhang zwischen Hybridhäufigkeit und Lebensform sowie zwischen Hybridhäufigkeit und Selbstverträglichkeit der Elternarten zu geben. Eine geringe Korrelation deutet sich zur Fertilität der künstlichen F_1-Generation und zur Valenzstufe an. Diese Korrelationen sind jedoch nicht signifikant.
K. Bellmann. 1563.

Bouharmont, J.; Yangambi, Congo, Genetic Revision of the INEAC. Embryo culture of rice on sterile medium. **(Embryonenkultur von Reis auf sterilem Medium.)** Euphytica [Wageningen] **10** (1961) Nr. 3. S. 283–293. – 3 Abb., 4 Tab., 15 Lit.

Die Kultur unreifer Reisembryonen (z. B. nach Artkreuzungen) ist auf einem sterilen Medium aus 5 g Mineralsalzmischung (Rezept angegeben) + 20 g Dextrose und 7 g Agar/l Wasser möglich, wobei auf sofortiges Schließen der Kulturgefäße zum Verhindern der Wasserverdunstung geachtet werden muß. Die Menge des anhaftenden Endosperms hat keinen Einfluß auf den Kulturerfolg. Es ist möglich, nur 5–7 Tg. alte Embryonen zu Keimpflanzen anzuziehen. Am besten (100% keimfähig) sind jedoch 10 Tg. alte Embryonen. Die Methode eignet sich auch dazu, schwer keimende, reife Samen zum Keimen zu bringen. K. Bellmann. 1563.

Sharma, Arun Kumar und Bhattacharyya, Upendra Chandra; Calcutta, India, Univ. of Calcutta, Cytogenetics Lab., Dep. of Bot. X-ray action on pollen mother cells, pollen grains and root cells of Rhoeo discolor Hance. **(Die Wirkung von Röntgenstrahlen auf Pollenmutterzellen, Pollenkörner und Wurzelzellen von Rhoeo discolor Hance.)** Proc. nat. Inst. Sci. India, Part B **27** (1961) Nr. 3. S. 116–125. – 9 Abb., 14 Tab., 9 Lit.
Vff. bestrahlten Pollenmutterzellen (PMZ) von *Rhoeo discolor* Hance mit 0,25 und 0,50 kr, Pollenkörner mit 0,25, 0,50 und 1,00 kr sowie Wurzelzellen mit 0,25, 0,50 und 2,00 kr. An Hand von zytologischen Untersuchungen, die in 24std. Intervallen von 24–120 Std. nach der Behandlung erfolgten, wurde eine unterschiedliche Strahlenempfindlichkeit der behandelten Organe festgestellt. Die PMZ waren am empfindlichsten. Bei ihnen konnten viele Unregelmäßigkeiten in der Meiosis, wie zahlreiche Fragmente, in Dyaden und Tetraden, Mikronuclei und ein nicht gleichzeitiger Teilungsverlauf der Schwesterkerne in der 2. meiotischen Teilung, beobachtet werden. Die meisten Effekte wurden 72–96 Std. nach der Bestrahlung registriert. – Die Strahlenwirkung auf Pollenkörner und Wurzelzellen war bei den Dosen von 0,25 und 0,50 kr sehr gering. Erst die höhere Dosis (2 kr) bewirkte bei Wurzelzellen Fragmentationen und Unterbleiben der Kernteilung bei gleichzeitiger Granulation der Kern- und extranuclearen Chromatinsubstanzen. Die Pollenkörner waren nach einer Bestrahlung mit 1 kr in großer Zahl degeneriert und bei vielen hatten sich Mikronuklei gebildet. – Als Ursache für die wesentlich höhere Empfindlichkeit der Pollenmutterzellen gegenüber den Wurzelzellen ziehen Vff. den Umstand in Betracht, daß die PMZ individuelle Einheiten mit einem empfindlichen Stoffwechselgleichgewicht darstellen, in denen schon geringe Störungen Chromosomenbrüche bewirken können. Bei Wurzelzellen dagegen sind Strahleneffekte weniger deutlich, weil „durch die kompakte Natur des Gewebes Schadeffekte durch die Diffusion von Zelle zu Zelle im Gewebe verteilt werden können". W. Hentrich. 1565.

Respondek, V.; Kuala Lumpur, Bajor Gen. Res. Inst. **Vergleichende Untersuchungen an Mutanten nach Röntgenbestrahlung und Behandlung mit mutagenen Chemikalien.** Angew. Bot. **35** (1961) Nr. 4. S. 184–190. – 5 Tab., 6 Lit.
Vf. hat die Mutagenität von Röntgenstrahlen und mutagenen Chemikalien bei Mais geprüft und die Wirksamkeit der einzelnen Agenzien miteinander verglichen. Die Röntgenbestrahlung (20 kr) erfolgte an lufttrockenen Samen, während die Lösungen der Chemikalien (n/500 $AlCl_3$; n/200 KCl; n/100, Äthylurethan und n/20 Glycol) mit Hilfe der Spalthälftenmethode nach Oehlkers kurz vor der Meiosis appliziert wurden. Die erzielten Mutationsraten betrugen für Röntgenstrahlen 2,22, für $AlCl_3$ 2,06, für KCl 2,40, für Äthylurethan 2,02 und für Glycol 2,44 Mutanten/100 X_2- bzw. C_2-Pflanzen. Insgesamt wurden 21 morphol. verschiedene Mutanten gefunden, wobei sowohl bei Röntgenstrahlen als auch bei den Chemikalien die Blattfarbmutanten (Blattpanaschierungen) am stärksten vertreten waren. Weder in der Mutationsrate noch im Mutationsspektrum ergaben sich Unterschiede zwischen den einzelnen Agenzien. W. Hentrich. 1565.

Favret, Ewald A.; Castellar. Induced mutations for resistance to diseases. **(Induzierte Mutationen für Krankheitsresistenz.)** Genetica agraria [Pavia] **13** (1960) Nr. 1/2. S. 1–26. – 4 Abb., 6 Tab., 79 Lit. Zus. in Ital.

In der Arbeit werden verschiedene theoretische und praktische Aspekte der Resistenzzüchtung diskutiert, wobei bes. die Notwendigkeit unterstrichen wird, sowohl die Genetik und Physiologie der Resistenz als auch den Mutationsmechanismus selbst grundlegend zu studieren. In einzelnen Abschnitten werden besprochen: natürliche Variabilität, genetische Grundlagen der Resistenz, Aspekte der Mutationszüchtung, Auffinden der Mutationen, Mutationstypen, Beziehungen zwischen Chromosomenbrüchen und Punktmutationen, Übertragung der Resistenz von anderen Arten und die Trennung gekoppelter Merkmale. Schließlich werden Bedenken gegen das Auftreten krankheitsresistenter Mutationen diskutiert und zerstreut. Die bisher aufgefundenen resistenten Mutationen werden detailliert aufgeführt. Bes. erfolgreiche Ergebnisse sind bisher in der Rost- und Mehltauresistenz erzielt worden. Die Mehltauresistenz bei Gerste ist sowohl in genetischer Hinsicht als auch in Mutationsversuchen bisher umfassender untersucht worden als irgendeine andere Pflanzenkrankheit. W. Hentrich. 1565.

Soldatov, K. I. (Soldatow, K. I.); Woronesh, Versuchsstat. des Unions-Inst. für Maisforsch. K metodike diallel'nych skreščivanij kukuruzy. **(Eine Methodik der diallelen Kreuzung von Mais.)** Selekcija i semenovodstvo, Moskva 27 (1962) Nr. 1. S. 66–68. – 2 Abb.

Vf. beschreibt die in Woronesh vorgenommenen Methoden zur Verbesserung der diallelen Kreuzungen. Er empfiehlt den Anbau in Nachbarreihen, so daß die Bestäubung von Pflanze zu Pflanze ohne größere Wege möglich ist. Des weiteren wird ein einfaches mech. Gerät für die Bestäubung beschrieben, das den Pollen von einem Vorratsbehälter vorsichtig auf die Narben bläst. Die techn. Angaben für dieses Gerät sind aus der beigefügten Zeichnung des Originals zu entnehmen. H. Müller/Bernburg. 1600.

C. Spezielle Pflanzenzüchtung

Basnak'jan, G. A. (Basnakjan, G. A.); Unions-Forsch.-Inst. für Mechanisier. Ob osypaemosti i obmolačivaemosti zernovych kul'tur. **(Ausfall und Dreschbarkeit von Getreide.)** Vestnik sel'skochozjajstvennoj nauki, Moskva 7 (1962) Nr. 3. S. 59–64. – 3 Abb., 2 Tab. Zus. in Engl., Franz., Dtsch.

Vf. kommt zur Feststellung, daß vollreifes Korn in der Ähre hauptsächlich durch das Fruchtstielchen zurückgehalten wird und nur in geringerem Maße durch die Blüten- und Ährenspelzen,. Für den So-Weizen 'Moskowka' beträgt die Sitzfestigkeit der Körner in der Ähre 15–165 g (bei 6–7% Feuchtigkeitsgehalt). Der Sitz der Endkörner einer Ähre ist fester als der Körner in anderen Ährenteilen, da die Endkörper als letzte in der Ähre ausreifen und ihre Ährenspelzen kürzer sind. Daraus resultiert die leichtere Drescharbeit großer, biol. wertvoller Körner in der Ähre. W. Görtler. 1710.

Jakovlev, A. V. (Jakowlew, A. W.); Moskau, Bot. Hauptgarten der Akad. der Wiss. der UdSSR, Lab. für Entfernte Hybridisat. Skorospelyj sort jarovoj pšenicy dlja celiny. **(Eine frühreife Sommerweizensorte für Neulandgebiete.)** Selekcija i semenovodstvo, Moskva 27 (1962) Nr. 5. S. 54–57. – 1 Abb., 2 Tab.

Die frühreife Weizen-Queckenhybride 'PPG-56' wurde durch entfernte Hybridisation ('Lutescens 62' × *Agropyron glaucum*) unter Beteiligung von einigen weiteren So- und Wi-Weizensorten geschaffen. 'PPG-56' ist ertragreich, trockenresistent, ausfallfest und gegenüber Flugbrand (selbst bei künstlicher Infektion) abs. resistent. Es werden Ertragsvergleiche gegenüber den jetzt rayonierten Sorten angeführt (1960–61). G. Jury. 1712.

Šakiŕjanov, S. Š. (Schakirjanow, S. Sch.) Perspektivnyj sort jarovoj pšenicy dlja celinnych rajonov. **(Eine aussichtsreiche Sommerweizensorte für die Neulandgebiete.)** Selekcija i semenovodstvo, Moskva 27 (1962) Nr. 5. S. 57–58. – 2 Tab.

Die So-Weizensorte 'Bijskaja' ('Milturum 290/22821' × 'Lessostepka 74') gehört zu *Triticum ferrugineum*. Das Korn hat eine rote Färbung, eine TKM von 36–39 g und ein l-Gew. von 782–806 g. Diese Sorte ist lagerfest, resistent gegen Mutterkorn und Hartbrand und wird von Flugbrand und Braunrost nur schwach befallen. Im Mittel der Jahre 1957–61 lag der Ertrag um 4–11 dt/ha über den Standardsorten ('Milturum 553', 'Diamant', 'Skala'). Die backtechn. Eigenschaften sind ebenfalls überdurchschnittl.

G. Jury. 1712.

Kaširskaja, E. T. (Kaschirskaja, Je. T.); Tambow, RSFSR, Landwirtsch. Versuchsstat. Ozimaja pšenica barchatnaja. **(Die Winterweizensorte 'Barchatnaja'.)** Selekcija i semenovodstvo, Moskva **27** (1962) Nr. **4**. S. 76–78. – 2 Tab.

Diese Sorte wurde durch Individual-Familien-Auslese aus einer Hybridpopulation gewonnen. Die Standardsorte 'Stepnaja 135' (Tambower Gebiet) wird im Ertrag um max. 5 dt/ha übertroffen. Ebenfalls liegen die TKM, das Litergewicht und der Klebergehalt höher. G. Jury. 1712.

Vettel, F. K. **Einige Beobachtungen an Weizen (T. aestivum)-Roggen (Secale cereale)-Kreuzungen.** Züchter **31** (1961) Nr. 8. S. 329–339. – 4 Abb., 10 Tab., 45 Lit.

Die schlechte Kreuzbarkeit moderner Zuchtsorten des Weizens mit denen des Roggens und fast völlige Sterilität der F_1 beeinträchtigen die züchterischen Bestrebungen zur Schaffung von konstant intermediären Weizen-Roggenbastarden mit hohem Fertilitätsgrad. Als Ergebnis mehrjähriger Kreuzungsversuche von Hochzuchtsorten des Weizens mit mehreren Roggensorten und -arten berichtet Vf. über die Erhöhung des Ansatzes im Kreuzungsjahr durch Verwenden einer alloplasmatischen kleistogamen Form des Roggens. Zytogenetische Analysen sowie die Prüfung der Ansatzverhältnisse in F_1, F_2 (nach Selbstung) und R_1 (nach Rückkreuzung mit *Triticale*) ließen keine Unterschiede im Verhalten der Bastarde mit dem kleistogamen Roggenelter gegenüber denen mit normalem Roggen erkennen. Eine gleichfalls mit dem Ziel der Erhöhung des Ansatzes der Primärkreuzung über 3 Jahre verfolgte Kreuzbarkeitsselektion innerhalb mehrerer Weizensorten, deren methodische Grundlagen beschrieben werden, blieb ohne Erfolg. Aus dem Ansatz der F_1-Pflanzen nach Selbstung bzw. künstlicher Isolierung (von einer Colchicinierung der im Kreuzungsjahr geernteten Körner wurde abgesehen) zieht Vf. den Schluß, daß mehr funktionstüchtige Gameten auftreten als allg. vermutet. Die Untersuchungen der Erbmodi einiger wichtiger Merkmale, an den F_1-Pflanzen vorgenommen, ergaben neben kombinationsspez. Unterschieden vornehmlich intermediäre Merkmalsprägung mit Prävalenz des Weizenelters.

H.-D. Koch. 1712.

Scarascia, G. T., Amato, F. D' und Bozzini, A.; Roma, Comitato Naz. per l'Energia Nucleare, Lab. di Genetica; Pisa, Univ., Ist. di Genetica. Mutazioni morfologiche indotte dalle radiazioni nel grano duro "Cappelli". **(Durch Strahlen induzierte morphologische Mutationen bei durum-Weizen 'Capelli'.)** Atti A. G. I. [Pavia] **6** (1961) S. 371–380. Sep. – 2 Abb., 2 Tab., 13 Lit. Zus. in Engl.

In X_1 von Körnern der *durum*-Weizensorte 'Capelli', die mit Röntgen- und Neutronenstrahlen behandelt worden waren, traten 52 Pflanzen auf, die in einzelnen Eigenschaften verändert waren. 33 Pflanzen waren in einem Merkmal, 5 in 2 und 3 in 3 Merkmalen verändert. Die Veränderungen betrafen Halm, Blätter, Wachsschicht, Ähre, Blüte und Karyopse. Von den Mutanten beanspruchen einige bes. Interesse. Durch Neutronenbestrahlung waren nur etwa $^2/_3$ der Mutationen zustandegekommen. Folgende Eigenschaften zeigten 3:1-Spaltung, wobei die mutierten Eigenschaften rezessiv waren: wachsschichtlos, Kurzstrohigkeit und Dickkopfähre. Weitere 17 Mutationen, bei denen mehr als 2 Eigenschaften verändert waren, betrafen Eigenschaften der ganzen Pflanze, die durch einen einzigen Mutationsschritt entstanden sein sollen. Bes. Bedeutung messen Vff. einer Mutante (monofaktoriell rezessiv) bei, die einer von Barabas bei *Triticum carthlicum* beobachteten Mutante ähnlich ist und neben einer erhöhten Zahl von Nodien der Spindel eine verdickte Wachsschicht und lange Ähren besitzt. K. Schulz. 1712.

Strucovskaja, E. S. (Struzowskaja, Je. S.) Ischodnyj material dlja selekcii ozimoj pšenicy na ustojčivost' k poleganiju. **(Ausgangsmaterial für die Winterweizenzüchtung auf Standfestigkeit.)** Bjulleteń Vsesojuznogo instituta rastenievodstva, Leningrad **1961** Nr. 9. S. 44–47. — 1 Abb., 1 Tab.
Einige sowjet. Wissenschaftler schätzen die durch mangelhafte Standfestigkeit hervorgerufenen Ertragsminderungen bei Wi-Weizen auf 25–50%. Vf. nennt deshalb die Schaffung standfester Sorten als ein wichtiges Ziel der sowjet. Weizenzüchtung. Unter diesem Gesichtspunkt wurde ein umfangreiches Wi-Weizensortiment aus westeur. Ländern geprüft. Dabei erregten Weizen-Roggen-Bastarde aus der DDR, die von Dr. Ribesel (Sachsen-Anhalt) hergestellt worden sind, bes. Aufmerksamkeit. Als bes. wertvoll wurden die Kurzstrohigkeit, die hohe Ertragsfähigkeit und die außergewöhnliche Standfestigkeit dieser Bastarde angesehen. Die gute Standfestigkeit scheint mit der Ausbildung eines sehr kräftigen Wurzelsystems in Zusammenhang zu stehen. Die Bastarde sind resistent gegen Braunrost und Mehltau, besitzen aber eine geringe Winterfestigkeit. — Vf. glaubt, daß diese Bastarde ein sehr wertvolles Ausgangsmaterial für die Züchtung standfester Wi-Weizensorten sind. J. Held. 1712.

Kotova, T. G. (Kotowa, T. G.); Uljanowsk, RSFSR, Landwirtsch. Inst. Vnutrisortovoe skreščivanie povyšaet soderžanie belka v zerne jarovoj pšenicy. **(Kreuzung innerhalb der Sorte steigert den Eiweißgehalt bei Sommerweizen.)** Selekcija i semenovodstvo, Moskva **27** (1962) Nr. 4. S. 50–51. — 1 Tab.
Mehrjährige Kreuzungsversuche innerhalb der Sorten 'Lutescens 62', 'Narodnaja', 'Saratowskaja 29', 'Charkowskaja 46' und 'Artjomowka' zeigen ein bedeutendes Ansteigen des Eiweißgehaltes bei den Hybriden in der F_0. Der Eiweißgehalt lag durchschnittl. 3–4% höher als bei den Samen, die nach Selbstbefruchtung entstanden. Analysen der F_1, ('Lutescens 62') weisen einen um 0,4–2,5% höheren Eiweißgehalt aus. G. Jury. 1712.

Fialkovskaja, E. A. (Fialkowskaja, Je. A.) Metody opredelenija ustojčivosti sortov pšenicy k pyl'noj golovne. **(Methoden zur Bestimmung der Resistenz von Weizensorten gegen Weizenflugbrand.)** V sb.: Immunitet. rast. k boleznjam i vredit., M. **1961** S. 56–65. — Aus: Referativnyj žurnal. Biologija, Moskva **1962** Nr. 1. G 234. S. 31.
10 verschiedene Methoden zur Bestimmung des Befalls von Weizenpflanzen mit Flugbrand und Ergebnisse bei der Züchtung resistenter Sorten werden beschrieben. Die Infektionsresistenz des Weizens wurde hauptsächlich in der Blühperiode auf mikroskopischem Wege durch Auszählung der in die Blüten eingedrungenen und keimenden Sporen festgestellt. Hartweizen sind von allen Weizenarten am resistentesten. In den Blüten von 'Hordeiforme 48-L' wurden 1,02% keimende Sporen gezählt, dagegen bei 'Lutescens 62' 14,2%. Die Resistenz der Pflanzen gegenüber einem Befall mit Weizenflugbrand wurde auch in der Periode der Kornbildung durch Mikrotomschnitte des Korngewebes festgestellt. Sorten, bei denen das Pilzmyzel in das Gewebe des Keimlings eindrang, rechnete man zu den anfälligen (bei 'Lutescens 62' und 'Odesskaja 13' wuchs das Myzel bis auf 5–5,1 μ); bei den resistenten Sorten 'Otetschestwennaja' und 'Timofejewa' breitete sich das Pilzmyzel nur in der Samenschale aus und besaß eine Ausdehnung von 2,64–2,76 μ. Unter Feldbedingungen kann man den Befall mit bloßem Auge an der Deformierung und Farbe der Ähren erkennen. übersetzt v. E. Fröhmcke. 1712.

Stroun, M., Pugnat, C. und Sandmeier, M.; Genève, Univ., Inst. de Bot. La vernalisation, le photopériodostade et la résistance au froid des blés. **(Vernalisation, Photoperiode und Kälteresistenz bei Weizen.)** Fyton [Vicente López, Argentina] **14** (1960) Nr. 2. S. 121–126. – 2 Tab., 5 Lit.
Mehrere Wi-weizensorten mit unterschiedlicher Kälteresistenz ('Cappelle', 'Probus', 'A 24', 'Derenburger Silber', 'Heine VII', 'Carsten VIII') wurden zwischen 15 und 50 Tagen bei 2–4 °C vernalisiert und am 28. Mai ausgesät. Für jede Behandlungsvariante wurden die benötigten Tage von der Aussaat bis zur Entwicklungsetappe II (Segmentation des Vegetationspunktes) sowie bis zur Etappe VI (Gametogenese) ermittelt. Bei allen Weizensorten verkürzte sich die Zeit bis zur Etappe II mit zunehmender Vernalisationsdauer. Bes. ausgeprägt war dies bei Sorte 'Probus', die nach 25 Tagen Vernalisation 59 Tage und nach 50 Tagen nur noch 22 Tage benötigte. Bei zunehmender Verringerung der Zeit für das Erreichen der Etappe II (Abschluß des Temperaturstadiums) infolge längerer Vernalisationsdauer verkürzte sich gleichzeitig bei allen Sorten die Zeit zwischen den Etappen II und VI (Lichtstadium). – Da die Kälteresistenz mit zunehmender Differenzierung der Primordien und der damit verbundenen Mobilisierung der Reservestoffe abnimmt, ist für die Kälteresistenz einer Weizensorte die Zeit, die für das Erreichen der Etappe II und die Primordiendifferenzierung erforderlich ist, entscheidend. 'Capelle' erreichte nach 50 TagenVernalisation als kälteempfindlichste Sorte Etappe VI mit 37 Tagen zuerst. Die kälteresistentere Sorte 'Probus' benötigte zwar die gleiche Zeit, weist aber nach 19–35tägiger Vernalisation eine geringere Primordiendifferenzierung auf. 'A 24' und 'Derenburger Silber' benötigten für die Differenzierung wiederum weniger Zeit als 'Probus' und 'Capelle'. Die beiden kälteresistentesten Sorten 'Heine VII' und 'Carsten VIII' erreichten bis zum Abschluß des Versuches (65 Tage nach der Aussaat) lediglich Etappe II. L. Rösler. 1712.

Kiričenko, F. G. und Šalin, Ju. P. (Kiritschenko, F. G. und Schalin, Ju.P.). Odessa, Lyssenko-Unions-Inst. für Zücht. und Genetik. Formirovanie zakalki u nekotorych sortov ozimoj pšenicy v zavisimosti ot uslovij vyraščivanija i stadijnogo sostojanija. **(Herausbildung der Frostresistenz bei einigen Winterweizensorten, abhängig von Anzuchtbedingungen und Stadienzustand.)** Vestnik sel'skochozjajstvennoj nauki, Moskva **6** (1961) Nr. 6. S. 3–10. – 3 Abb. 2 Tab. Zus. in Engl., Franz., Dtsch.
Vff. befassen sich mit der zweckmäßigsten Anlage und Ausführung von Überwinterungsversuchen und haben die Sorten 'Odessa 16', 'Odessa 3', 'Ukrainka', 'Kooperatorkin' und 'Skorosbelka 3' untersucht. Sie kamen dabei, ähnlich wie Iumanow, zu dem Schluß, daß die größte Frosthärte im Jarowisationsstadium bei Temperaturen von 0–2 °C unter Lichteinfluß erreicht wird. Nach Beendigung der Jarowisation wirkt das Licht enthärtend. Grundsätzlich neue Gesichtspunkte zur Physiologie der Frostresistenz sind in der Arbeit nicht enthalten. H. Müller/Bernburg. 1712.

Kondratenko, F. T.; Forsch.-Inst. für Landwirtsch. der Zentr. Bezirke des Nichtschwarzerdegebietes. Novyj sort rži Gibridnaja 2 dlja central'nych oblastej. **(Die neue Roggensorte 'Hybride 2' für die zentralen Gebiete.)** Selekcija i semenovodstvo, Moskva **27** (1962) Nr. 4. S. 78–80. – 1 Abb., 1 Tab.
Diese Sorte entstand durch Auslese aus der Kreuzung der Sorte 'Wjatka Moskowskaja' mit einem Gemisch von 4 Sorten des Petkuser Typs (kurze Beschreibung des Zuchtganges). Die neue Sorte ist im Wuchs mittelmäßig (165–170 cm) mit großem Korn (TKM 29–32 g), lagerfest, mittelfrüh und frostresistent. In der Sortenprüfung (1958–61) betrug das Ertragsmittel 40 dt/ha. In der Praxis liegen die Erträge 3–5 dt über den Standardsorten. Die Rayonierung erfolgte für das Moskauer Gebiet und ist für die Gebiete Jaroslawl und Iwanowo vorgesehen. Die optimale Aussaatstärke beträgt 130–160 kg/ha. G. Jury. 1714.

Bogomolov, A. M. (Bogomolow, A. M.) Semejstvennyj otbor v semenovodstve kak metod povyšenija urožajnosti ozimoj rži. **(Familienauslese in der Pflanzenzüchtung als Methode zur Ertragssteigerung bei Winterroggen.)** Sb. naučn. tr. Grodnensk. obl. gos. s.-ch. opyt. st. **1960** Nr. 1. S. 5–14. – Aus: Referativnyj žunal. Biologija, Moskva **1961** Nr. 13. G 400. S. 47.
Vf. beschreibt die im vorliegenden Fall angewendete Familienauslese zur Ertragssteigerung des Wi-Roggens 'Benjakonskaja', der in der Grodnoer Landwirtsch. Versuchsstation angebaut wird. Zu diesem Zweck wurden die Samen von Elitepflanzen ausgesät. Durch Stutzen der Ähre um $^1/_3$ erhöhte sich das Gewicht der verbleibenden Körner um 25–30%. Die Ernte dieser Körner geschah familienweise, nachdem $^3/_4$ der Nachkommenschaften der Elitepflanzen als minder wertvoll ausgesondert worden waren. Die ausgelesenen Familien wurden zur weiteren Auslese gesondert angebaut. Die Samen der nächstbesseren Familien wurden zur Selektion von Supereliten (danach Vermehrung) verwendet. Es wurden Ertragssteigerungen bis zu 1,55 dt/ha erzielt. Die Familienauslese ermöglichte auch, Formen zu erhalten, die widerstandsfähig gegen Kälte und pilzliche Krankheiten sind. Der Wi-Roggen 'Benjakonskaja' ist für Weißrußland und Litauen vorgesehen.
übersetzt v. K. Lill. 1714.

Hoffmann, W.; Halle-Hohenthurm, Inst. für Pflanzenzücht.; Berlin, TU, Inst. für Vererbungs- und Züchtungsforsch. **Ein besonderer Fall intermediärer Vererbung bei Gerste (Hordeum vulgare L.).** Z. Pflanzenzücht. **46** (1961) Nr. 3. S. 285–291. – 4 Abb., 3 Tab., 15 Lit.
Unter Einzelpflanzennachkommenschaften der Kreuzung glattgrannig × winterfest befand sich eine Nachkommenschaft, die im Gegensatz zu dem allg. Typ der Population einige Pflanzen mit dichterer Ähre und kürzerem Stroh enthielt. Diese Typen erwiesen sich in den folgenden Generationen immer als heterozygot und spalteten in 3 Ährendichten (3,5, 2,0 und 1,7 mm Spindelgliedlänge) auf. Der mitteldichte Typ stellt die aufgefundene neue Form dar. In Kreuzungen mit rauhgrannigen Gersten spaltete sie in 1 lockerährig: 2 mitteldicht: 1 dicht auf. Die intermediäre monogene Vererbung erwies sich auch in Kreuzungen der verschiedenen Dichtetypen untereinander. Rauhgrannig zu glattgrannig spaltete in einem 3:1 Verhältnis. Das mutierte Gen wirkt pleiotrop und erfaßt Halmlänge, Ährendichte und Glumae. Eine Kopplung mit dem Gen für Glattgrannigkeit besteht nicht. G. Bandlow. 1716.

Aufhammer, G. und Fischbeck, G.; Weihenstephan, TH, Inst. für Acker- und Pflanzenbau. **Varianzursachen für Kornertrag, Korneigenschaften und Mälzungsergebnisse aus internationalen Gerstenversuchen der EBC (European Brewery Convention) 1957–1959.** Z. Pflanzenzücht. **46** (1961) Nr. 3. S. 222 bis 229.
4 Braugerstensorten wurden in den Jahren 1957–59 in 7 eur. Ländern in exakten Sortenversuchen geprüft und die rel. Streuungsanteile für Hauptwirkungen sowie Wechselwirkungen 1. Grades und der verbleibenden Restvarianz ermittelt sowie vergleichend gegenübergestellt. Die dominierenden Streuungsfaktoren stellen Umwelteinflüsse und unterschiedliche Mälzungsverfahren dar. Es bestanden gleichzeitig statistisch gesicherte Sortenunterschiede für jede Einzeleigenschaft. Der Sorteneinfluß auf die vorliegende Gesamtstreuung kommt bei den Korneigenschaften stärker als beim Kornertrag zum Ausdruck, erreicht beim Extraktgehalt des Malzes ein Maximum und trägt bei der Lösung des Malzes ebensoviel oder mehr zur Gesamtvariabilität bei als bei den Korneigenschaften. Nach dem Extraktgehalt sind die Lösungsmerkmale die züchterisch wichtigsten Qualitätsunterschiede. G. Bandlow. 1716.

McGinnis, R. C. und Taylor, D. K.; Univ. of Manitoba, Dep. of Plant Sci.; Agassiz, Brit. Columbia, Canada Dep. of Agric. The association of a gene for chlorophyll production with a specific chromosome in Avena sativa. **(Die**

Verbindung eines Gens für Chlorophyllproduktion mit einem spezifischen Chromosom bei Avena sativa.) Canad. J. Genetics Cytol. **3** (1961) Nr. 4. S. 436–443. – 4 Abb., 3 Tab., 14 Lit.
In Nachkommenschaften der Kreuzung R. L. 1574 × 'Ripon' traten mit hoher Frequenz (~ 70%) Albinos auf. Zytol. Untersuchungen ergaben in den spaltenden Nachkommenschaften Pflanzen mit 3 verschiedenen Chromosomenzahlen. Alle disomen und monosomen Pflanzen mit 42 und 41 Chromosomen waren normal grün, die nullisomen Pflanzen mit 40 Chromosomen aber albinotisch. Diese Albinos sind für das kleinste Chromosomenpaar mit einem subterminalen Zentrometer defizient. In dem von Rajhathy und Morrison (1959) aufgestellten Karyogramm stellt es das 14. Chromosom dar und gehört in das C- oder D-Genom des hexaploiden Hafers. Dieses Ergebnis stellt beim Hafer den 1. Fall der Identifizierung eines spez. Gens mit einem spez. Chromosom dar. Die auffallend hohe Nullisomenfrequenz konnte auf Grund zytol. Untersuchungen geklärt werden. Nach unveröffentlichten Ergebnissen von McGinnis sind die für das kleinste Chromosomenpaar nullisomen Pflanzen der Sorte 'Garry' nicht albinotisch. Das deutet darauf hin, daß bei dieser Sorte wenigstens in einem weiteren Chromosom ein Gen für Chlorophyllproduktion vorhanden ist. H. Schmalz. 1718.

Browning, J. A. und Frey, K. J.; Ames, Iowa Agric. and Home Econ. Exp. Stat. Genetics of oat stem rust resistance. I. Inheritance of reaction to races 6, 6, and 13 A in C. I. 3039. **(Genetik der Haferstengelrostresistenz. 1. Mitt. Vererbung des Verhaltens gegenüber den Rassen 6, 8 und 13A von C.I.3039.)** Iowa State J. Sci. **36** (1962) Nr. 4. S. 483–489. – 1 Abb., 5 Tab., 6 Lit.
Der Haferstamm C. I. 3039 wurde aus afrikanischen Herkünften ausgelesen. In anderen Untersuchungen war bereits festgestellt worden, daß der Stamm C. I. 3039 gegen die Biotypen 7, 7A und 8 sowie gegen die seltenen Biotypen 6, 8A und 13A aber auch gegen 1, 2 6A und 13 von *Puccinia graminis* Pers. f. sp. *avenae* resistent ist. C. I. 3039 wurde mit den Sorten 'Markton', 'Fichland' und 'Canuckl' gekreuzt und die F_1, F_2 und F_3, in einigen Fällen auch F_4, mit Sporenlösungen der Biotypen 6, 8 und 13A von *P. graminis* infiziert. Die Untersuchungen ergaben, daß C. I. 3039 ein einzelnes, rezessives Genpaar besitzt, das die Resistenz gegen *P. graminis* bedingt. Das C. I. 3039 Gen ist weder allelomorph noch mit den B- oder E-Resistenzgenen gekoppelt.
K. Schulz. 1718.

Latterell, Richard L. und Steffensen, Dale M.; Upton, Long Island, N.Y., Nat. Lab. Changes in sensitivity of maize chromosomes to X rays during seed germination. **(Veränderungen in der Empfindlichkeit von Mais-Chromosomen gegenüber Röntgenbestrahlung während der Samenkeimung.)** Amer. J. Bot. **49** (1962) Nr. 5. S. 472–478. – 4 Abb., 26 Lit.
Heterozygote Nachkommenschaften wurden 42 Std. nach dem Wässern mit 0,8 kr bestrahlt. Das Auftreten verschieden gefärbter Vektoren wurde als Maßstab der Strahlennachwirkung benutzt. Die O-Aufnahme war in der Zeit zwischen 7 und 16 Uhr rel. konstant und erreichte zwischen 0 und 7 Uhr den niedrigsten Wert. Andererseits war in den Tagesstunden die größte Wirkung der Röntgenstrahlen festzustellen. Es ergibt sich somit ein Zusammenhang zwischen der Wachstumsintensität und der Strahlenempfindlichkeit des Gewebes. Die Ergebnisse werden ausführlich diskutiert. Auch bei anderen Objekten waren ähnliche Feststellungen zu treffen. Es hat den Anschein, als ob bes. die Prophasechromosomen gegenüber Röntgenstrahlen empfindlich reagierten. H. Müller/Bernburg. 1720.

Diakonu, P. I. Issledovanie žiznesposobnosti pyl'cy kukuruzy i fiziologičeskich izmenenij pri ee chranenii. **(Die Lebensfähigkeit des Maispollens und phy-**

siologische Veränderungen bei seiner Aufbewahrung.) Izvestija Timirjazevskoj sel'skochozjajstvennoj akademii, Moskva **1961** Nr. 4. S. 18–34. – 5 Abb., 11 Tab., 36 Lit. Zus. in Engl.
Unter Feldbedingungen behält Maispollen seine Lebensfähigkeit 24–28 Std. lang, nach 28–30 Std. ist aber ein schon starker Abfall zu verzeichnen. Pollen spätreifer Sorten sind länger als die frühreifer Sorten lebensfähig. Als optimal für die Aufbewahrung des Pollens erwiesen sich 5–8 °C und 70–80% rel. Luftfeuchte. Als Nährstoffvorrat waren vorwiegend Stärke und Prolin im Pollen vorhanden. Der Verlust der Lebensfähigkeit ist mit starken Änderungen verbunden: Ansteigen des Gehaltes an reduzierenden Zuckern und Asparaginsäure, verminderter Gehalt an Stärke, Ascorbinsäure, Prolin und α-Alanin. Die Veränderungen im IES-Gehalt und der Aktivität der Atmungsfermente waren nicht bemerkenswert, jedoch war der Verlust der Lebensfähigkeit eng mit dem Absinken der Aktivität der Dehydrase verbunden.
H. Winkler. 1720.

Focke, R., Franzke, W. und Müller, E.; Bernburg, Inst. für Pflanzenzücht. der Dtsch. Akad. der Landwirtsch.-Wiss. zu Berlin. **Beobachtungen über die Stoffproduktion der Maispflanze.** Züchter **31** (1961) Nr. 7. S. 303–310. – 6 Tab., 14 Lit.
Vff. untersuchten bestäubte und nicht bestäubte Kolben auf verschiedene Nährstoffkomplexe. Dabei wird festgestellt, daß beim Ausbleiben der Bestäubung die Pflanze einen höheren Nährstoffgehalt aufweist. Diese Beobachtungen stimmen mit den Ergebnissen bei anderen Pflanzen überein. Im Gesamtertrag allerdings bleiben die nicht bestäubten Pflanzen zurück, da der Kolbenanteil einen wesentlichen Ertragsanteil ausmacht. Da Sorten verschiedener Reifegruppen und auch ein Zuckermais geprüft wurden, kann man eine allg. Gültigkeit dieser Feststellungen für ein größeres Maissortiment annehmen. Auch der Gehalt an Disacchariden ist bei den nicht bestäubten Maispflanzen bzw. deren Bestandteilen höher als bei bestäubten. Die nicht bestäubten Pflanzen unterschieden sich vor allem durch einen hohen Gehalt an Arginin, Asparaginsäure und Alanin. Bei Serin ist das Verhältnis reziprok.
H. Müller/Bernburg. 1720.

Kapás, S. **Zur Frage der Vereinheitlichung der Kennzeichnung der Maissorten und -hybriden.** Int. Z. Landwirtsch. **1962** Nr. 2. S. 45–46.
Die exakte Bestimmung des Reifetermins von Maissorten ist eine recht komplizierte Aufgabe. Es wird deswegen nach Kennwerten zur Bestimmung der Vegetationsdauer gesucht. Vf. fand eine enge Korrelation zwischen dem Zeitpunkt der Blüte der ♂ Blütenstände (oder auch Fahnenschieben) und dem Zeitpunkt der Vollreife. Es besteht außerdem eine enge Korrelation zwischen der Anzahl der Blätter und dem Blühbeginn der männlichen Blütenstände.
Ch. Pfeffer. 1720.

Franzke, W. und Winkel, A.; Bernburg, Inst. für Pflanzenzücht. der Dtsch. Akad. der Landwirtsch.-Wiss. zu Berlin. **Möglichkeiten zur Beurteilung der Qualität von Silomais in der Züchtung.** Züchter **31** (1961) Nr. 6. S. 257–262. – 4 Abb., 6 Tab., 21 Lit.
Vff. weisen in einer Reihe mehrjähriger Versuche nach, daß der Nährstoffertrag der Maispflanze wesentlich von der Tr.-Subst. bestimmt wird. Dies gilt generell für alle Sorten der Versuchsserie. Damit wurden alle für Mitteleuropa brauchbaren Reifegruppen des Silomaises erfaßt. Als Nährstoffkomponenten wurden neben der Tr.-Subst. Rohfaser, Rohprotein, Fett, Mineralstoffe und N-freie Extraktstoffe analysiert. Bei der Verrechnung ergeben sich meist lineare Beziehungen zwischen diesen Komponenten. Das Sortiment unterschied sich dabei innerhalb der einzelnen Reifegruppen wenig. Vff. leiten daraus die Möglichkeit ab, mit Hilfe entspr. Standardsorten die Qualitätseigenschaften beim Silomais zu bestimmen. Einen hohen Wert hat dabei

die Bestimmung des Tr.-Subst.-Gehaltes der Lieschkolben. Damit sind aber keine Aussagen über das Verhalten während der späteren Reifestadien möglich. Dieser Beitrag ermöglicht eine wenig kostenaufwendige Analyse großer Zuchtsortimente. H. Müller/Bernburg. 1720.

Manzjuk, S. G. (Mansjuk, S. G.); Charkow, Ukrain. Forsch.-Inst. für Pflanzenbau, Zücht. und Genetik. Prognoz projavlenija geterozisa u kukuruzy. **(Prognose über das Auftreten der Heterosis beim Mais.)** Vestnik sel'skochozjajstvennoj nauki, Moskva **6** (1961) Nr. 12. S. 47–50. – 1 Tab. Zus. in Engl., Franz., Dtsch.
Zur Auswahl der geeigneten Kreuzungslinien wurde ein physiol. Schnelltest entwickelt. Aus dem Gewebe der Hybriden und ihrer Inzuchtlinien werden wäßrige Auszüge hergestellt und von diesen Lösungen je 0,5 ml in Reagenzgläser mit Nährlösung und Hefepilzen (*Saccharomyces cerevisae*) gegeben. Bei den Hybridauszügen wuchs die Hefe stärker als bei denen der Inzuchtlinien, so daß sich auf dieser Grundlage die Heterosiserscheinung bei der Kreuzung von 2 Linien voraussagen läßt. E. Kahn. 1720.

Królikowski, Z.; Smolice, Stacja Hodowlano-Badawcza IHAR. Badania nad cytoplasmatyczna męską niepłodnościa kukurydzy. **(Untersuchungen über die zytoplasmatisch männliche Sterilität des Maises.)** Hodowla Roślin Aklimatyzacja Nasiennictwo **6** (1962) Nr. 1. S. 77–90. – 9 Tab., 13 Lit. Zus. in Russ., Engl.
Vf. hat aus 3 sehr unterschiedlichen Sorten ('Amtree' aus Holland, 'Malopolanka' aus Polen und 'KC 3' aus Amerika) zytoplasmatisch pollensteriles Material ausgelesen, das z.T. in eigene und fremde Linien eingeführt wurde. Die entspr. Restorer stehen ebenfalls zur Verfügung. Bes. im Hinblick auf die Natur der Pollensterilität der Linien aus 'KC 3' werden die Ergebnisse diskutiert. Eine Umweltwechselwirkung des Zytoplasmas konnte nicht nachgewiesen werden. W. Święcicki. 1720.

Sokolov, B. P. und Romanenko, L. G. (Sokolow, B. P. und Romanenko, L. G.); Unions-Forsch.-Inst. für Mais. Samoopylennye linii – ichodnyj material dlja selekcii. **(I-Linien als Ausgangsmaterial für die Züchtung.)** Kukuruza, Moskva **7** (1962) Nr. 6. S. 56–58.
Im Unions-Inst. für Maisforschung wurden von 1958–61 im Trockengebiet der Ukrain. SSR 296 geeignete I-Linien ausgelesen. Davon stammten 10 Linien aus der DDR, 4 aus Ungarn, 4 aus Argentinien, 40 aus Canada, 187 aus den USA und 51 aus der UdSSR. 255 Linien waren Zahnmaise, 12 Halbzahnmaise, 29 Hartmaise. Prüfung und Auswahl erfolgte nach Länge der Vegetationsperiode (Gruppierung: frühreif 80–90 Tage, 11–14 Blätter; mittelfrüh$_1$ 91–100 Tage, 15–16 Blätter; mittelfrüh$_2$ 101–110 Tage, 17 Blätter; mittelspät 111–120 Tage, 18–19 Blätter; spät $>$ 120 Tage, 20–22 Blätter), Kältebeständigkeit, Dürreresistenz, Vielkolbigkeit (nicht weniger als 2 Kolben in trockenen Jahren), Lagerresistenz (nicht auf dem Halm faulende Linien, Ernte ohne Verluste), Resistenz gegen Flugbrand (Ermittlung der Resistenz unter Feld- und Laborbedingungen), Ertragsfähigkeit und Kombinationseignung. Vff. stellten eine Abhängigkeit der Merkmalsausbildung bei den Hybriden von der Merkmalsausbildung der Linien, die diese Hybriden bilden, fest. Dies wurde hinsichtlich der Merkmale Kälte-, Dürre-, Lager- und Flugbrandresistenz sowie Vielkolbigkeit beobachtet. L. Rang. 1720.

Dyrda, Ja. F. Charakteristika mežsortovych gibridov kukuruzy. **(Beschreibung von Maissortenhybriden.)** Sb. dokl. Naučn. konferencii vuzov i naučno-issled. učrežd. Sibiri i Dal'n. Vost. na temu: Progressivn. priemy vozdelyvanija kukuruzy v Sibiri, Omsk **1960** S. 107–110. – Aus: Referativnyj žurnal.-Biologija, Moskva **1961** Nr. 14. G 385. S. 47.

In den Jahren 1955–59 züchtete und untersuchte man in der Chakassischen Landwirtsch. Versuchsstation 220 Maishybriden. Die Sortenhybriden übertrafen die Ausgangsformen im Ertrag und in der Frühreife. Die Hybride aus der Kreuzung 'Woroneshskaja 76' × 'Sterling' brachte einen um 8,5 dt/ha höheren Ertrag als die Sorte 'Woroneshskaja 76' und war bedeutend frühreifer. – Weiterhin wird eine Beschreibung von Rückkreuzungen ('Minussinskaja sibirjatschka' × 'Moldawskaja 2') gegeben. Aus den Rückkreuzungen wurde eine Population selektiert, die die Standardsorten im Ertrag an Futtereinheiten übertraf, und zwar die Sorte 'Minussinskaja sibirjatschka' um 34,6 und die Sorte 'Sterling' um 18,0 dt/ha. übersetzt v. E. Fröhmcke. 1720.

Marinkov, E. und Pŭrvanov, R. (Marinkow, E. und Pârwanow, R.); Sofia, Höheres Landwirtsch. Inst. „Georgi Dimitrow", Landwirtsch. Fak. Proučvane na njakoi chibridi meždu zacharnata carevica i tipovete tvŭrda carevica, meka carevica i konski zŭb s ogled razvitieto i sŭstava na vegetativnata im masa. **(Untersuchungen einiger Hybriden zwischen Zuckermais und Typen von Hart-, Weich- und Zahnmais in bezug auf Entwicklung und Zusammensetzung ihrer Grünmasse.)** Naučni trudove. Visš selskostopanski instititut „Georgi Dimitrov". Agronomičeski fakultet, Sofija **9** (1961) S. 231–242. – 6 Tab., 10 Lit. Zus. in Russ., Engl.
Es wurden verschiedene Maisformen, darunter 15 Hybriden, untersucht. Den höchsten Grünmasseertrag im regenfeuchten Jahr 1957 lieferte Weichmais, den geringsten Zuckermais. Im Trockenjahr 1958 brachte eine Maishybride den höchsten Grünmasseertrag, der Zuckermais wieder den geringsten. Hieraus ergibt sich, daß im Vergleich zu den Elternformen die Hybriden Weich- × Zuckermais sowie die Hybriden Zahn- × Zuckermais ertragsreicher sind und einen höheren Gehalt an Zucker und Eiweiß aufweisen. Während bei der Weichmaissorte 'Sadowska kaba' der Zuckergehalt bei 8,7% und der Gehalt an Reineiweiß bei 8,56% lag, betrugen diese Werte bei der Hybride 'Sadowska kaba' × Zuckermais entspr. 16,7 und 10,7%. M. Stoilow. 1720.

Guthrie, W. D. und Stringfield, G. H.; Wooster, O., U.S.Dep. of Agric., A.R. S., Entomol. Res. Div. Use of test crosses in breeding corn for resistance to European corn borer. **(Anwendung von Testkreuzungen bei der Züchtung von Mais auf Resistenz gegen den Europäischen Kornbohrer.)** J. econ. Entomol. **54** (1961) Nr. 4. S. 784–787. – 1 Abb., 3 Tab., 13 Lit.
40 S_2-Linien aus einer synthetischen Sorte (bestehend aus 24 Linien) wurden mit je einer gegen *Pyraustra nubialis* (Hbn.) resistenten und anfälligen Einfachkreuzung getestet und zur Kontrolle dieselben Linien als S_3 und S_5 mit einer anfälligen Doppelhybride nochmals getestet. Aus den Ergebnissen der Nachkommenschaftsprüfungen geht hervor, daß sich ein anfälliger Tester besser als ein resistenter zur Beurteilung der Resistenz der Linie eignet. Steht kein anfälliger Tester zur Verfügung, ist die direkte Bewertung der Linie am sinnvollsten. Die Beurteilung von stärker ingezüchtetem Material ist sicherer als ein Test von S_2-Linien, da von S_2 bis S_5 erhebliche Spaltungen auftraten. K. Bellmann. 1720.

Barabás, Z.; Martonvásár, Hung. Acad. of Sci., Agric. Res. Inst. Observation of sex differentiation in Sorghum by use of induced male-sterile mutants. **(Beobachtung von Geschlechtsdifferenzierung bei Sorghum durch Verwenden induzierter männlich steriler Mutanten.)** Nature [London] **195** (1962) Nr. 4838. S. 257–259. – 4 Abb., 1 Tab., 14 Lit.
Spontane ♂ sterile (ms) Mutanten treten bei *Sorghum* sehr selten auf (3 in 30 Jahren). Nach Röntgenbestrahlung mit 10–35 kr und mittels 0,1%iger Colchicinlösung traten 3 ms-Formen in der Varietät 'Rancher' auf: ms 1645 ist etwas mehr als halb so hoch wie die Ausgangsform und bei vollem Samen-

ansatz gut vital. Diese Form bildet im Kurztag 1–2% keimunfähige Pollen. Die Colchicinmutante mth 1916 ist kleinantherig, bildet keinen Pollen aus und ist auch sehr eisteril, gleichzeitig aber vital. pg 6164 ist polygynaeceisch; es können bis zu 6% Antheren auftreten, manchmal mit fertilem Pollen. Das Verhältnis ♀:♂ verändert sich sehr stark: 'Rancher' → ms 1645 → mth → pg; das Antherengewicht nimmt exponentiell ab: 1:1, 2:1, 17:1, bzw. 170:1. So wird mutativ eine monözische Art diözisch. Die einzelnen Etappen der Geschlechtsdifferenzierung, die auch in der natürlichen Evolution auftreten, können durch induzierte Mutanten in statu nascendi beobachtet werden. G. Bandlow. 1722.

L'vova, P. F. (Lwowa, P. F.) Selekcija zernobobovych kul'tur. **(Züchtung von Körnerleguminosen.)** Sb. naučn. rabot. N.-i.in-t s. ch. Zentr.-černozemn. polosy **2** (1960) Nr. 3. S. 9–14. – Aus: Referativnij žurnal. Biologija, Moskva **1961** Nr. 14. G 410. S. 49.
Die Selektions- und Vermehrungsarbeiten an Körnerleguminosen wurden in der Kamen-Steppe in den 20er Jahren aufgenommen. Bis zum Jahr 1934 wurden vorwiegend mit Hilfe der Individualauslese folgende Sorten gezüchtet: Erbsen: 'Ranni seljony 33', 'Komsomolez 11', 'Wiktorija rannjaja 13', 'Wiktorija rosowaja 79'; Platterbsen: 'Stepnaja 12', 'Stepnaja 21' und 'Stepnaja 287'; kleinsamige Linsen: 'Stepnaja 244'. Seit dem Jahr 1934 wird Kombinationszüchtungbetrieben. Seitdem wurden folgende neue Sorten gezüchtet: Bohnen: 'Stepnaja 5'; Erbsen: 'Stepnoi 413', 'Stepnoi 1061' und Dokutschajewski'. Die einzelnen Sorten werden sehr genau beschrieben.
übersetzt v. E. Fröhmcke. 1730.

Lamprecht, Herbert; Landskrona, Saatzuchtanst. Weibullsholm. **Die Genenkarte von Pisum. Bei normaler Struktur der Chromosomen.** Agri Hortique Genetica [Landskrona] **19** (1961) Nr. 3/4. S. 360–401. – 3 Abb., 1 Tab., 100 Lit.
Nach Besprechung allg. Erscheinungen bei genanalytischen Studien (Variieren der crossingover-Werte, Vorkommen und Effekt von polymeren Genen) folgt die Beschreibung der Normalstruktur der Chromosomen auf Grund von zytologischen Untersuchungen der 7 Chromosmen der Linie 110 durch Blixt sowie die Identifizierung der 7 Koppelungsgruppen mit den Chromosomen. Die Manifestation der bisher in den 7 *Pisum*-Chromosomen lokalisierten 92 Gene, die Genkarten sowie die experimentellen Unterlagen für die Kopplungen und die crossingover-Werte werden besprochen. A. Meinel. 1732.

Blixt, Stig. Quantitative studies of induced mutations in peas. V. Chlorophyll mutations. **(Quantitative Untersuchungen induzierter Mutationen bei Erbsen. 5. Mitt. Chlorophyllmutationen.)** Agri Hortique Genetica [Landskrona] **19** (1961) Nr. 3/4. S. 402–447. – 10 Tab., 55 Lit. 4. Mitt. vgl. LZ. Abt. II **6** (1961) Nr. 9. S. 2236.
Vf. gibt die von Lamprecht (vgl. LZ. Abt. II **6** [1961] Nr. 8. S. 1966.) aufgestellte Terminologie für Blattfarben der Phanerogamen wieder. Bei den durch Gene verursachten Blattfarbenänderungen werden unterschieden. 1. die *chlorovegetus*-, 2. die *chlorodefectio*- und 3. die Anthocyangruppe. Die weiteren Untergruppen mit den entspr. Mutationsbeispielen werden aufgeführt. Vf. veröffentlicht dann eine ausführliche Liste der Erbsenmutationen, in denen u.a. Herkunft, genetische Einzelheiten, Spaltungszahlen, Koppelungsverhältnisse, genetische Symbole gegeben werden. Er beschreibt folgende Mutationstypen: *flavoviridis, luteo-legumina, albina, xantha, aurea, chlorina, chlorotica, luteo-maculata, chlorina-maculata, vario-maculata, varo-micro-maculata spurio-maculata, viridalbo-marginata, chlorotica-viridiscostata, xanthescens, chlorescens, chlorotica-virescens, chlorina-viresens, albino-terminalis, xantha-terminalis, chlorina-virescens-chlorotica-terminalis* und *virido-aurescens-virido-*

terminalis. In allen Gruppen werden zuerst die spontanen, dann die induzierten Mutationen wiedergegeben. Vf. beschreibt weit über 100 Mutationstypen. W. Hiller. 1732.

Lamprecht, Herbert; Landskrona, Saatzuchtanst. Weibullsholm. **Weitere Koppelungsstudien an Phaseolus vulgaris. Mit einer Übersicht über die Koppelungsgruppen.** Agri Hortique Genetica [Landskrona] **19** (1961) Nr. 3/4. S. 319 bis 332. – 29 Lit.
Nach Beschreibung der Manifestation der bisher in Koppelungsgruppen zusammengestellten 26 Gene und der bekannten 10 Koppelungsgruppen (Angabe der Spaltungsverhältnisse und crossing over-Werte) teilt Vf. die Ergebnisse der Kreuzung Nr. 572 (Linie 124 × Linie 660) mit. Es wird die Existenz der Koppelungsgruppe Can-Cor-R nachgewiesen, wodurch erklärt wird, daß die bisher als selbständig betrachteten Koppelungsgruppen R-C, R-Uc, Ins-Cor zu einer 6 Gene umfassenden Gruppe zu vereinigen sind: Can-Ins-Cor-R-C-Uc, so daß sich für *Phaseolus vulgaris* nunmehr 8 Koppelungsgruppen ergeben. A. Meinel. 1734.

Abrahão, Ibrahim O.; Eugenheiro-agronomo, Secao de Genetica, Inst. Agronomico. Melhoramento do feijoeiro. **(Die Züchtung von Speisebohnen.)** Bragantia [São Paulo] **19** (1960) Nr. 1/10. S. 129–161. – 6 Tab., 18 Lit.
Verschiedene neue, ertragreiche und rostresistente Stämme von *Phaseolus vulgaris* wurden in den Jahren 1948–56 an zahlreichen Orten geprüft. Danach sind die Mulatinho- und Chumbinho-Typen am besten geeignet. Vf. führte Vergleiche zwischen Samengröße und Ertrag durch (Bildung von Quotienten) und konnte die Stämme in 8 Gruppen sehr deutlich unterschiedlicher Indices einordnen. K. Bellmann. 1734.

Mettin, Dieter; Gatersleben, Inst. für Kulturpflanzenforsch. der Dtsch. Akad. der Wiss. zu Berlin; Hohenthurm, Inst. für Pflanzenzücht. der Martin-Luther-Univ. Halle-Wittenberg. **Bastardierungsversuche in der Gattung Vicia. I. Über das zytogenetische Verhalten der Bastarde von V. sativa L. ssp. amphicarpa × ssp. obovata.** Züchter **32** (1962) Nr. 3. S. 146–155. – 22 Abb., 5 Tab., 24 Lit. Zus. in Engl.
Vf. hat mit folgenden *Vicia*-Arten Kreuzungen durchgeführt: *Vicia sativa* ssp. *obovata* (Sorten: 'Steinacher Hellsamige', 'Engelens Weihenstephaner', 'Blanchefleur' und var. *playtsperma*), *V. lutea*, *V. amurensis*, *V. pannonica*, *V. sativa* ssp. *angustifolia*, *V. faba*, *V. melanops*, *V. sativa* ssp. *amphicarpa*. Die 3 Unterarten *obovata*, *angustifolia* und *amphicarpa* wurden in allen möglichen Richtungen gekreuzt. Kombinationen mit *angustifolia* als Mutter waren erfolglos. Bei *obovata* und *amphicarpa* war der Erfolg von der Kombination abhängig. Über das Ergebnis der Kreuzung von *V. sativa* ssp. *amphicarpa* (2n = 10 Chromosomen), × ssp. *obovata* (2n = 12 Chromosomen) wird berichtet. Die Bastarde wurden bis F_4 zytogenetisch untersucht. Es traten Formen mit 2n = 10, 11, 12, 16, 17 und 22 Chromosomen auf. Formen mit 2n = 10 Chromosomen hatten immer Nachkommen mit 2n = 10 Chromosomen, während Formen mit 2n = 11 Chromosomen im Verhältnis 1:1 10- und 11chromosomige Nachkommen hatten. Die Fertilität der Formen mit 11 Chromosomen war gering. Die zytogenetischen Ursachen werden besprochen. K. Schulz. 1736.

Majsurjan, N. A. (Maissurjan, N. A.); Moskau, Lenin-Akad. der Landwirtsch.-Wiss. Puti ulučšenija selekcionnoj raboty s kormovym ljupinom. **(Wege zur Verbesserung der Züchtungsarbeit an Futterlupinen.)** Vestnik sel'skochozjajstvennoj nauki, Moskva **7** (1962) Nr. 1. S. 41–50. – 12 Lit. Zus. in Engl., Franz., Dtsch.
In umfassender Form beschreibt Vf. den Stand der Züchtungsarbeiten bei Lupinen in der UdSSR. Die Bearbeitung erfolgt bes. intensiv in den westlichen

Landesteilen. Ein vordringliches Ziel der Arbeit an allen Zuchtstationen ist die Auslese neuer Sorten, die bei niedrigem Alkaloidgehalt etwa 500 dt Grünmasse/ha bringen. Auch die Samenerträge sind verbesserungsbedürftig. Die Kleinkörnigkeit kann nach Ansicht des Vf. durch Einkreuzung südafrikanischer Herkünfte erzielt werden. Eine Verbesserung des Ertrages ist ferner durch die Selektion platz- und ausfallfester Sorten möglich.
H. Müller/Bernburg. 1740.

Kazimierski, T.; Poznań, Coll. of Agric., Dep. of Genetics and Plant Breeding. An interspecific hybrid: Lupinus mutabilis Sweet × Lupinus douglasi Lindl.) **(Ein Artbastard: Lupinus mutabilis Sweet × Lupinus douglasi Lindl.** Genetica polon. **2** (1961) Nr. 1. S. 107–111. – 2 Abb., 3 Tab., 3 Lit. Zus. in Poln.

Die Bastardpflanzen zeigten hinsichtlich Habitus und Entwicklung ein intermediäres Verhalten. Die Blütengröße war dem *Lupinus mutabilis*-Elter ähnlich, die Blütenfarbe intermediär. Die Schoten zeigten hinsichtlich Form und Behaarung eine Ähnlichkeit mit *L. douglasi*, sie waren jedoch größer. Die Körner nahmen in der Größe eine Mittelstellung ein und hatten eine ähnliche Pigmentation wie die Vaterart. Bei dem Bastard wurde eine normale Fruchtbarkeit festgestellt. Der Bastard kann ein wertvolles Material für weitere Kreuzungen darstellen. W. Święcicki. 1740.

Samorodova-Bianki, G. B. (Samorodowa-Bianki, G. B.) Fertil'nost' pyl'cy i soderžanie karotinoidov v pyl'nikach i list'jach rjada vidov, form i sortov kartofelja. **(Fertilität des Pollens und Carotinoidgehalt in Staubbeuteln und Blättern einiger Kartoffelarten, -formen und -sorten.)** Bjulleteń Vsesojuznogo instituta rastenievodstva, Leningrad **1961** Nr. 9. S. 48–51. – 1 Tab., 4 Lit.

Künstlich erzeugte oktoploide Formen von *solanum schreiteri* Buk., *S. punae* Juz. und deren tetraploide Ausgangsformen (2 n = 48 Chromosomen) sowie die *S. tuberosum*-Sorten 'Kameras' und 'Detskoselski' wurden auf Pollenfertilität und den Carotinoidgehalt der Staubbeutel und Laubblätter untersucht. Die Pollenfertilität und der Gehalt an Carotinoiden in den Staubbeuteln waren miteinander korreliert. Die oktoploiden Formen besaßen eine wesentlich geringere Pollenfertilität und einen geringeren Carotinoidgehalt in den Staubbeuteln als ihre tetraploiden Ausgangsformen. Das gleiche traf für 'Detskoselski' gegenüber 'Kameras' zu. Der Carotinoidgehalt der Laubblätter war jedoch bei allen Formen nahezu konstant. – Vf. nimmt an, daß die Assimilation von Carotinoiden in den Staubbeuteln unabhängig von der in den Laubblättern erfolgt. Die Akkumulation dieser org. Stoffe in den Staubbeuteln bis zu einer gewissen Höhe scheint Voraussetzung für eine störungsfreie Meiose und Entwicklung fertiler Pollen zu sein. J. Held. 1772.

Slomnicki, Israel; Rehovot, Israel, Univ. of Agric. Problems of potato breeding in Israel. **(Probleme der Kartoffelzüchtung in Israel.)** Europ. Potato J. **4** (1961) Nr. 4. S. 394–399. – Zus. in Franz., Dtsch.

Im Frühjahr 1957 wurde die Züchtung von Kartoffelsorten mit kurzer Keimruhe und kurzer bis mittlerer Wachstumszeit begonnen. Die von den westeur. Verhältnissen wesentlich verschiedenen Bedingungen machten zunächst Versuche zur Frage der Blütenentwicklung, der ♂ Sterilität, der Fruchtbildung, des Verhaltens von Sämlingen und der Verbreitung von Viruskrankheiten und deren Überträger bei Frühjahrs- oder Herbstanbau notwendig. Die ersten Ergebnisse und Erfahrungen werden besprochen.
Ch. Pfeffer. 1772.

Lekczinska, J. **Die gelenkte Züchtung der Kartoffel.** Int. Z. Landwirtsch. **1962** Nr. 2. S. 43–45.

Die Organisation der Kartoffelzüchtung in Polen, die wichtigsten Zuchtziele und die ersten Ergebnisse der züchterischen Arbeit werden kurz beschrieben.
Ch. Pfeffer. 1772.

Podoski, E. **Kartoffelzüchtung und Pflanzguterzeugung in Polen.** Int. Z. Landwirtsch. **1962** Nr. 2. S. 42–43.
Vf. beschreibt die Organisation der Pflanzguterzeugung in Polen.
Ch. Pfeffer. 1772.

Rothacker, D. und Meinl, G.; Groß-Lüsewitz, Inst. für Pflanzenzücht. der Dtsch. Akad. der Landwirtsch.-Wiss. zu Berlin. **Untersuchungen über die Atmungsintensität der Knollen verschiedener Solanum-Spezies und Bastarde unter Berücksichtigung unterschiedlicher Photoperioden.** Z. Pflanzenzücht. **47** (1962) Nr. 2. S. 120–129. – 3 Abb., 2 Tab., 6 Lit.
An Knollen 12 verschiedener Kartoffelformen unterschiedlicher Species wurden Atmungsversuche durchgeführt. Das Material stammte von Pflanzen aus einer Kurztag- (KT, 10 Std. Tageslicht) und Langtagbehandlung (LT, 14–17 Std. Tageslicht). Zwischen den geprüften Mustern bestanden beachtliche Unterschiede in der Atmungsintensität. Die Atmung der KT-Muster beträgt im Mittel nur 46% bezogen auf die Masse und 37% bezogen auf die Oberfläche im Vergleich zu den gleichen Mustern unter LT-Bedingungen. Haploides *Solanum tuberosum* hat im Vergleich zu der normalen Form eine niedrigere Atmungsintensität. Aus den Untersuchungen wird geschlossen, daß zwischen Knollenertrag, und Knollenentwicklung sowie photoperiodischem Verhalten und Atmung ein Zusammenhang zu bestehen scheint.
Ch. Pfeffer. 1772.

Al'smik, P. (Alsmik, P.); Moskau, Lenin-Akad. der Landwirtsch.-Wiss. Nekotorye voprosy selekcii. **(Einige Fragen der Kartoffelzüchtung.)** Kartofel' i ovošči, Moskva **7** (1962) Nr. 7. S. 14–16. – 3 Tab.
Die Züchter legen den Schwerpunkt auf Krebs- und *Phytophthora*-Resistenz bei ihren Neuzüchtungen und beachten zu wenig die Steigerung der Qualität. Im Belorussischen Forsch.-Inst. für Obst-, Gemüse- und Kartoffelbau ist es gelungen, Hybriden mit einem Stärkegehalt von 22,3–23,5% zu gewinnen. Die günstigsten Ergebnisse bei dieser Züchtung erzielte man stets dann, wenn für die Kreuzung Elternformen mit hohem Stärkegehalt ausgewählt wurden. Vf. ist der Meinung, daß bei der Selektion von spätreifen Sorten bes. auf einen hohen Gehalt an Stärke und Protein zu achten ist und daß eine Beurteilung nur nach dem Ertrag nicht ausreicht. E. Kahn. 1772.

Rothacker, D.; Groß-Lüsewitz, Inst. für Pflanzenzücht. der Dtsch. Akad. der Landwirtsch.-Wiss. zu Berlin. **Populationsanalytische Untersuchungen über die Leistung verschiedener Kreuzungskombinationen zwischen ssp. andigena und ssp. tuberosum von S. tuberosum.** Europ. Potato J. **5** (1962) Nr. 1. S. 1–13. – 4 Abb., 3 Tab. Zus. in Engl., Franz.
Im großem Umfang wurden in den letzten Jahren Kreuzungen zwischen der ssp. *andigena* (CPC 1673) und den herkömmlichen Sorten (als *Solanum tuberosum* bezeichnet) im Rahmen der Nematodenresistenzzüchtung durchgeführt. In den Jahren 1956–59 wurde der Nachbau einer Knolle (Ramsche) von jeweils 100–120 Genotypen (Sämlinge)/Population von verschiedenen Kreuzungs- bzw. Rückkreuzungskombinationen zwischen ssp. *andigena* (A) und *S. tuberosum*-Sorten (T) auf Knollenertrag/Staude, Knollenzahl/Staude, Knollengewicht und Stärkegehalt untersucht. Die Ergebnisse im Mittel einer Population wurden auf einen Standard (Sorte 'Ackersegen') bezogen. Bereits in der F_1 (AT) werden die untersuchten Werte durch das verwendete *S. tuberosum*-Elter beeinflußt. Der mittlere Knollenertrag/Staude aller Populationen lag bei rel. 60 zum Standard, die Knollenzahl/Staude war i. allg. hoch, die Knollengröße klein. Der Stärkegehalt erreichte bereits den Standard.

In der R_1 (ATT) wurden die Standardwerte erreicht. Die R_2 (ATTT) ergab im wesentlichen keine günstigeren Ergebnisse. Verglichen mit den ATT-Kombinationen ist die Variationsbreite geringer. In den geprüften F_2(AT × AT)- und $R_1 \times R_1$ (ATT × ATT)-Kombinationen wurde immer ein Absinken der Staudenerträge und der Knollengröße und eine Zunahme der Knollenzahl beobachtet. Mit Zunehmender *S. tuberosum*-Einkreuzung wurden also sehr schnell die Ertrags- und Leistungswerte der *S. tuberosum*-Sorten erreicht. Die Variationsbreite des Materials nimmt dagegen ab. Ch. Pfeffer. 1772.

Firbas, H.; Köln-Vogelsang, Max-Planck-Inst. für Züchtungsforsch. **Beitrag zur Selektion von im Rohzustand nichtdunkelnden Kartoffeln.** Z. Pflanzenzücht. **46** (1961) Nr. 3. S. 246–253. – 1 Abb., 1 Tab., 11 Lit.
Unter 118 untersuchten südamer. Primitivformen gibt es keine ohne Verfärbung. Die Verfärbung wurde an Reibseln festgestellt, die 24 Std. an der Luft stehen blieben. Unter den Wildarten gab es einige, die nur gering dunkelten (4 Herkünfte von *Solanum hjertingii* sowie *S. polytrichon*). Da es sich bei dem Merkmal "Nichtdunklen" offenbar um einen komplizierten Erbgang handelt, schlägt Vf. vor, für Kreuzungen künstliche haploide Formen zu verwenden. K. Bellmann. 1772.

Kameraz, A. Ja. (Kameras, A. Ja.); Leningrad, Unions-Forsch.-Inst. für Pflanzenbau. Vyvedenie fitoftoroustojčivych sortov kartofelja. **(Züchtung phytophthoraresistenter Kartoffeln.)** Vestnik sel'skochozjajstvennoj nauki, Moskva **6** (1961) Nr. 6. S. 23–29. – 1 Tab., 11 Lit. Zus. in Engl., Franz., Dtsch.
Vf. untersuchte die Feldpopulationen der *Phytophthora* im Gebiet von Leningrad und differenzierte die einzelnen Rassen. Im Hinblick auf die Züchtung resistenter Sorten werden zahlreiche Wildformen aus dem Sortiment des WIR untersucht. Die größte Resistenz ist zu erwarten, wenn *Solanum demissum* bzw. *S. longipedicellatum* eingekreuzt werden.
H. Müller/Bernburg. 1772.

Bandlow, Gerhard. **Die Beta-Wildarten der Sektion Patellares und Kreuzungsversuche mit Zuckerrüben.** Züchter **31** (1961) Nr. 8. S. 362–372. – 12 Abb., 6 Tab., 22 Lit.
Von den 3 Wildarten der Sektion *Patellares* (*Beta procumbens*, *B. webbiana*, *B. patellaris*) werden morphol. Merkmale und physiol. Reaktionen auf Grund von Literaturangaben und eigenen Beobachtungen beschrieben. Bei zahlreichen Versuchen zur Herstellung der in züchterischer Hinsicht interessanten Artbastarde (Zuckerrübe × *B. procumbens* bzw. × *B. webbiana*) wurde die fehlende Wurzelbildung der Bastarde am erfolgreichsten durch Keimlingspfropfung auf junge Zuckerrüben umgangen. Die Reiser waren pollensteril und lieferten bisher keine keimfähigen Früchte. Genetische Beobachtungen an den F_1-Bastarden werden mitgeteilt. Bewurzelungsversuche von Triebstecklingen bzw. umgepfropften Barstardpflanzen mit Hilfe von Chemikalien verliefen erfolglos. Abschließend werden die Ursachen für die Sterilität der Artbastarde und das ökologische Verhalten sowie die Phylogenese der 3 Wildarten erörtert. G. Senff. 1774.

Szota, Z.; Bydgoszcz, Zakład Buraka i Innych Roślin Korzeniowych. Metoda szczepienia mieszańców F_1 krzyżówek Beta vulgaris z gatunkami sekcji Patellares. **(Eine Methode zur Pfropfung von F_1-Bastarden von Beta vulgaris mit Arten der Sektion Patellares.)** Hodowla Roślin Aklimatyzacja Nasiennictwo **6** (1962) Nr. 1. S. 106–110. – 6 Abb., 1 Tab., 10 Lit. Zus. in Russ., Engl.
In den Jahren 1957–60 hat Vf. Bastardmaterial der Zuckerrüben mit Arten der Sektion *Patellares* gepfropft. In geringem Umfang wurden Hybriden tetraploider Zuckerrüben mit *Beta patellaris* sowie Hybriden diploider Zucker-

rüben mit *B. procumbens* und *B. webbiana* gepfropft. Die Pfropfungen mit *B. patellaris* gelangen besser als die mit *B. procumbens* und *B. webbiana*. Die *Patellares*-Pfropfungen gelingen allg. bei jeder beliebigen Pfropfmethode. Der größte Ansatz wurde erzielt, wenn sich die Unterlagen (Zuckerrüben) im Keimblattstadium befinden. W. Święcicki. 1774.

Donà dalle Rose, Antonio; Rovigo. Seme bietola monogerme per la semina di prescisione. **(Monogermsaatgut zur Rübenaussaat.)** Italia agric. **99** (1962) Nr. 4. S. 359–372. – 10 Abb., 3 Lit.
Vf. berichtet von den in der Zuchtstation Rovigo vorgenommenen Züchtungsarbeiten zur Gewinnung monokarper Stämme. Als Ausgangsmaterial dienten aus den USA stammende Sorten, wobei bes. 'Michigan Ibrido 18' zu erwähnen ist. Durch Rückkreuzung amer. Linien mit italienischen polyploiden Varietäten ist es gelungen, die beiden Stämme 'S.L.C. monogerm 101' und 'S.L.C. monogerm 107' mit hohem Anteil an einsamigen Knäueln zu züchten. In weiteren Untersuchungen wurde die Keimfähigkeit der gewonnenen monokarpen Knäuel geprüft, ferner die Form der Samen, da für die Aussaat möglichst ein kalibriertes Saatgut mit 3,5–4,5 mm Dmr. gewünscht wird. Weitere Untersuchungen befaßten sich mit der Ertragsleistung, dem Zuckergehalt sowie der Resistenz gegenüber bekannten Rübenkrankheiten.
G. Müller/Leipzig. 1774.

Popova, I. V. (Popowa, I. W.); Ramon, Gebiet Woronesh, Forsch.-Inst. der RSFSR für Zuckerrüben und Zucker. Selekcija sacharnoj svekly na ustojčivost' k kagatnoj gnili. **(Züchtung von Zuckerrüben auf Resistenz gegen Mietenfäule.)** Agrobiologija, Moskva **26** (1961) Nr. 5. S. 762–763. – 2 Tab.
Einige Ergebnisse der Auslesezüchtung auf Resistenz gegen Mietenfäule wurden im Winterhalbjahr 1957/58 (150 Tage) und 1958/59 (170 Tage) durch Mietenlagerung direkt überprüft. Die Mietentemperatur stieg erst Anfang März und hatte eine Aktivierung von *Botrytis cinerea*, *Sclerotinia bataticola*, *Rhicopus nigricans*, *Penicillium*, *Chladosporium* u. a. zur Folge. Der Mietenfäulebefall war unterschiedlich. Bei den resisten Neuzüchtungen schwankte der Befallsgrad zwischen 2,7–9,2%, wobei die Individualauslesen den geringsten Befall zeigten. Proben aus dem normalen Rübenbestand waren dagegen zu 16,8% bzw. 18,4% von Mietenfäule befallen. Der Verlust an Rübenmasse betrug bei 170 Tage Lagerung bei der Kontrolle 26,2% (16,8% Befall), bei den Individualauslesen dagegen nur 2,0–3,1% und bei den Massenauslesen 2,5–4,9%. Der Rückgang des Zuckergehaltes ist mit 0,2–0,3% bei den Individualauslesen am geringsten (Massenauslesen 0,8–1,2%). Bei 150 Tage Lagerung bestehen ähnliche Relationen. Die Resultate zeigen deutlich den hohen wirtsch. Nutzeffekt der Resistenzzüchtung gegen Mietenfäule.
G. Jury. 1774.

Fürste, K.; Leipzig, Karl-Marx-Univ., Inst. für Pflanzenzücht. **(Welches Weidelgras (Lolium multiflorum) — Tetraploid. Polyploidisierung, züchterische Bearbeitung und vergleichende Untersuchungen mit Diploiden.** Z. Pflanzenzücht. **47** (1962) Nr. 4. S. 369–387. – 4 Abb., 10 Tab., 14 Lit.
Ca. 2500 eingequollene Samen wurden mit Colchicin (konz. 0,1–0,4%) 6–18 Std. lang bei Zimmertemperatur behandelt. 6 von ges. 9 auf typische Abweichungen ausgelesene und frei abgeblühte Pflanzen lieferten teilweise tetraploide Nachkommen. Bei Aussaat von 50 kg/ha brachten tetraploide Stämme der C_4 gleiche Grün-, Tr.-Subst.-, Rohprotein- und Samenerträge wie diploide Sorten. Schoßtermin und Zeitpunkt der Samenreife lagen bei den Tetraploiden etwas früher. Die TKM der Tetraploiden betrug 4,2 g. Tetraploide Stämme hatten einen signifikant höheren Rohproteingehalt von 0,5% und einen niedrigeren Tr.-Subst.-Gehalt von 1,5%. Der Blattanteil war vermindert. In bezug auf Zahl der Ährchen und Blütchen/Blütenstand sowie Pollenkeimung waren sie den Diploiden signifikant unterlegen, jedoch nicht hinsichtlich

der Zahl der Blütchen/Ährchen. Nach Selbstung betrug der Fruchtansatz beider Genomstufen 1,4–1,8%. Der Anbau von Tetraploiden und Diploiden in Nachbarschaft führte zu vermindertem Samenansatz. Bei den Tetraploiden war der Abfall stärker. Die Zahl der Triploiden war sehr gering. Im Massenwuchs waren sie den Eltern nicht überlegen. Das Saatgut der Triploiden hatte eine geringe Keimfähigkeit. E. Forbriger. 1780.

Joshi, A. B., Ramanujam, S. und Pillay, P. N. C.; New Delhi, Indian Agric. Res. Inst., Div. of Bot. Breeding for quantitative characters in linseed. I. Utility of diallel crosses in the selection of parents. **(Züchtung auf quantitative Eigenschaften bei Lein. 1. Mitt. Nutzanwendung dialleler Kreuzungen bei der Elternauswahl.)** Indian J. Genetics Plant Breeding **21** (1961) Nr. 2. S. 112–121. – 10 Tab., 7 Lit.
Die genetische Basis der Frühzeitigkeit von Lein wird unter Verwendung der von Jinks und Hayman (1953) entwickelten Methode zur Analyse von Dialleltafeln untersucht. Für die diallelen Kreuzungen wurden die Sorten 'B. 5–33' (sehr früh), 'N. P. (RR) 9' und 'N. P. (RR) 10' (mittelspät) benutzt. Die Grundvoraussetzungen für eine derartige Diallelanalyse (diploide Spaltung, homozygote Eltern, keine multiple Allelie, keine mütterliche Vererbung, unabhängige Verteilung der Gene zwischen den Eltern, keine Interaktionen zwischen nicht allelen Genen) waren nach Vff. erfüllt. Es wurden Schätzwerte für eine Anzahl genetischer Parameter gewonnen, die sich auf das Merkmal „Tage bis zum ersten Blühen" beziehen. Der Wert für D (additive Genwirkung) war nhoch und signifikant, der Wert für H_1 (Dominanz) niedriger, jedoch ebenfalls signifikant. H_1/D (das Maß für den durchschnittlichen Dominanzgrad) zeigte, daß die genetische Kontrolle für die genannte Eigenschaft in der Hauptsache einer additiven Genwirkung zuzuschreiben ist und daß nur partielle Dominanz vorliegt. Demzufolge muß sich die untersuchte Eigenschaft in den folgenden Generationen leicht fixieren lassen. Die Möglichkeit der Selektion von Nachkommenschaften, die die frühesten oder spätesten Eltern übertreffen, wurde geprüft. Nachkommenschaften, die frühzeitiger als die Sorte 'B. 5–33' sind, müßten aus der Kreuzung 'N.P. (RR) 10' mit 'B. 3–53' gewonnen werden. – Die Nachteile der Methode der Diallelkreuzung werden erwähnt, ihre Anwendbarkeit in der Pflanzenzüchtung kurz diskutiert. L. Rath. 1792.

Joshi, A. B., Ramanujam, S. und Sisodia, N. S.; New Delhi, Indian Agric. Res. Inst., Div. of Bot. Breeding for quantitative characters in linseed. II. Genetic correlations and correlated genetic response with special reference to tillering and eraliness. **(Züchtung auf quantitative Eigenschaften bei Lein. 2. Mitt. Genetische Korrelationen und korrelierte genetische Reaktionen auf Verzweigungsanteil und Frühreife.)** Indian J. Genetics Plant Breeding **21** (1961) Nr. 2. S. 122–128. – 3 Tab., 6 Lit. 1. Mitt. vgl. vorst. Ref.
In die einheimische, frühe und ökonomisch wertvolle Leinsorte 'T. 477' sollte durch Kreuzung der hohe Verzweigungsanteil der Sorte 'Afghanistan2' eingekreuzt werden. Untersucht wurden die Beziehungen zwischen Frühzeitigkeit, Verzweigungsanteil, Ertrag und einigen Ertragskomponenten (Kapselzahl, Samenfertilität, 200-Korngewicht.) Es wurden genotypische, phänotypische und umweltbedingte Korrelationen in F_3- und F_2-Nachkommenschaften errechnet. Außerdem haben Vff. die Reaktion der untersuchten Eigenschaften (Verzweigung, Frühreife) auf Selektion untersucht. Die Ergebnisse aus der F_3 unterschieden sich von denen der F_2, sind aber als die zuverlässigeren anzusprechen. In der F_3 bestanden sehr hohe positive Korrelationen zwischen Blütezeit und Verzweigungsanteil einerseits und Kapselzahl/Pfl. andererseits. Da die positive Korrelation zwischen Blütezeit und Verzweigungsanteil nicht sehr hoch ist, wäre der Züchter nach einiger Zeit (Wirkung von Rekombination und Selektion) in der Lage, Sorten zu selektieren, die

Frühzeitigkeit mit hohem Verzweigungsanteil und hohem Ertrag vereinen. Zwischen den beiden Gruppen „selektiert" (Auslese in F_2, frühe bzw. späte und gering bzw. stark verzweigte Formen) und „unselektiert" bestanden keine wesentlichen Unterschiede. Vff. hoffen, daß diese mit zunehmender Selektionsdauer sichtbar werden. L. Rath. 1792.

Köhler, P. Diethard; Pasadena, Calif., Inst. of Technol. Homozygous males in hemp. **(Homozygote Männchen im Hanf.)** Nature [London] **195** (1962) Nr. 4841. S. 625–626. – 1 Tab., 5 Lit.
Hanf (*Canabis sativa*) ist dimorph diözisch. Die ♂ Pflanzen (XY) haben einen verlängerten, die ♀ (XX) einen kurzen und gedrungenen Blütenstand. Der Blütenstand von monözischen Pflanzen ist ebenfalls kurz und gedrungen, sie unterscheiden sich von den Weibchen durch 1 oder 2 autosomale Gene. In der diözischen Sorte 'Pelozella' wurde ein Monözist gefunden, der sich von den beschriebenen Monözisten genetisch unterschied. Es wurden Selbstungen und Bestäubungen mit normalen Männchen durchgeführt. Außer normalen Männchen, Weibchen und Monözisten traten Männchen mit dem Blütenstand der Weibchen auf (MFI). Nach Selbstung ergab sich die gleiche Geschlechtstypenzusammensetzung wie in der vorherigen Generation. Diese Pflanzen wurden für Testkreuzungen benutzt, die ergaben, daß der MFI-Faktor rezessiv sein muß und im X-Chromosom liegt. Es wird vermutet, daß die MFI-Pflanzen ein verändertes X-Chromosom (Xm) im homozygoten Zustand besitzen. Die Veränderung mag durch Teilverlust oder Abschwächung ♀ Gene bedingt sein. Für die Geschlechtschromosomen des Hanfes wird folgende Reihe angenommen: X mit dem gesamten Satz ♀ Gene und Genen, die eine Verlängerung des Blütenstandes verhindern, Xm mit weniger oder schwächeren ♀ Genen und Genen, die eine Verlängerung des Blütenstandes verhindern, Y ohne ♀ und Hemmgene. Wann XXm-Pflanzen Weibchen oder Monözisten sind, ist noch nicht bekannt. Es scheint möglich zu sein, eine Sorte mit umgekehrter Diözie und ohne Dimorphismus zu entwickeln, das heißt mit homozygoten Männchen (XmXm) und heterozygoten Weibchen (XXm), die beide den Blütenstand normaler Weibchen besitzen. L. Rath. 1795.

Dános, B. und Sárkány, S. A morfintermelékenység fokozására irányuló mákhibrid kisérleteink néhány ujabb eredménye. **(Einige neuere Ergebnisse der Versuche mit Mohnhybriden zur Erhöhung des Morphinertrages.)** Acta pharmac. hung. **31/B** (1961) Nr. 10. S. 148–159. – Aus: Ung. Agrar-Rdsch. **1962** Nr. 3.
Bis 1957 wurde am Inst. für angew. Botanik und Histogenese der L. Eötvös-Univ. reine Auslese zur Züchtung eines Morphinmohnes betrieben. Ab 1956 begann dann ein umfangreiches Kreuzungsprogramm. Es wurden Elitepflanzen der besten Stämme der Versuchssorten B, C, D, F, G und P reziprok gekreuzt und die F_1- und F_3-Generationen in mannigfaltigerweise untersucht. In der F_1 trat Heterosis in vegetativen und generativen Eigenschaften auf. Die Hybriden waren den Umweltbedingungen besser als ihre Eltern angepaßt. Dies kam auch noch in der F_2 zum Ausdruck. Auf Grund 2jähriger phänologisch-morphol. Untersuchungen und Qualitätsstudien zeigte sich, daß die Hybriden, bei denen die Sorten B, C und F als mütterliche oder väterliche Eltern verwendet wurden, die beste Eignung für die Züchtung besitzen. Kombinationen mit G und P lieferten zwar einen hohen Samenertrag, jedoch oft nicht genügend hohe Morphinerträge. 1800.

Patel, K. A. und Swaminathan, M. S. Mutation breeding in tobacco. **(Mutationszüchtung bei Tabak.)** Tobacco **152** (1961) Nr. 22. S. 19–22. – 1 Tab., 1 Lit.
Es wird über Versuche mit strahleninduzierten Mutationen berichtet und diese mit den Ergebnissen amer. Forscher verglichen. Der Erfolg der Mutations-

züchtung hängt von der Wirksamkeit der Selektionsverfahren in M_2 und M_3 und vom Zuchtziel ab. Es wird empfohlen, den Samen jeder Kapsel einer M_1-Pflanze getrennt als M_2-Familien nachzubauen. S. Langhoff. 1800.

Wittmer, G.; Roma, Ist. Sci. Sperimentale per i Tabacchi, Lab. di Genetica. Nuovi dati sulla mutabilità poligenica indotta nel tabacco. **(Neue Ergebnisse über die bei Tabak induzierte polygene Mutabilität.)** Tabacco **65** (1961) Nr. 701. S. 422–433. – 5 Tab., 23 Lit. Zus. in Engl.
Samen von *Nicotiana tabacum* L. 'Virginia Bright', die man durch kontrollierte mehrjährige Selbstbefruchtung erhalten hat, wurden mit verschiedenen Dosen X-Strahlen behandelt und die im Gewächshaus über Winter angezogenen R_3- und R_2-Generationen mit der auf dem Feld angezogenen R_3-Generation verglichen. Bei den Gewächshaus- und Freilandpflanzen wurde eine Steigerung der genetischen Variabilität von bestrahlten Nachkommenschaften auf das 5fache gegenüber den Kontrollen beobachtet. Nach den Ergebnissen der Gewächshauspflanzen ist die stärkste Wirkung durch Bestrahlung mit 9 kr, nach den Freilandpflanzen eine solche mit 18 kr zu erzielen. Die durch Selbstung erhaltene R_3 zeigte bei der geringen Dosis eine Verminderung der genetischen Variabilität gegenüber der R_2, bei der stärkeren Dosis dagegen eine Erhöhung. Die Untersuchungen werden fortgesetzt. J. Merker. 1800.

Kosmodemjanskij, V. N. (Kosmodemjanski, W. N.) Novyj sort tabaka – gibrid 11 i ispol'zovanie geterozisa vo vtorom pokolenii. **(Die neue Tabaksorte 'Hybride 11' und die Ausnutzung der Heterosis in der F_2.)** Sbornik naučno-issledovatel'skich rabot. Vsesojuznyj naučno-issledovatel'skij institut tabaka i machorki imeni A. I. Mikojana „VITIM", Krasnodar **1961** Nr. 152. S. 41–48. – 5 Tab., 5 Lit.
Da von 1 ha Mutterpflanzen zur Erzeugung von Heterosissaatgut nur 25–30 kg Samen gewonnen werden, und für die Erzeugung von 1 kg Hybridsamen 10–20 Arbeitstage erforderlich sind, andererseits aber die Heterosiswirkung nach Untersuchungen des Vf. bis zur 8.–10. F-Generation rel. stark anhält (F_3 hat entweder den gleichen Ertrag oder nur 5–10% weniger als F_1), schlägt Vf. die Verwendung von F_2-Saatgut zum Anbau in der Praxis vor. Mit 50–100 g Heterosissaatgut können Pflanzen für 1 ha angezogen werden, wovon in der F_1 100 kg Tabaksamen ohne großen Arbeitsaufwand erzeugt werden können. Davon können 1000–2000 ha Tabak angebaut werden. Die Hybride 'American 11' ist aus 'Djubek 44', 'Ostrolist 2747' hervorgegangen und hat im mehrjährigen Mittel in der F_2 einen Mehrertrag von 28% gegenüber 'Djubek 44' bei gleicher Qualität erbracht. Obwohl die F_2 infolge Aufspaltung sehr heterogen ist, wurde sie von der Praxis nicht abgelehnt. Im Jahre 1959 wurden sogar 100 ha mit F_3-Pflanzen ausgepflanzt, wobei keine wesentlichen Unterschiede gegenüber der F_2 festgestellt werden konnten. J. Merker. 1800.

Ternovskij, M. F. (Ternowski, M. F.) Soderžanie nikotina v semennom potomstve tabaka posle privivok na tomat. **(Nicotingehalt in der Nachkommenschaft des Tabaks nach Pfropfung auf Tomaten.)** Sbornik naučno-issledovatel'skich rabot. Vsesojuznyj naučno-issledovatel'skij institut tabaka i machorki imeni A. I. Mikojana „VITIM", Krasnodar **1961** Nr. 152. S. 60–64. – 2 Tab., 13 Lit.
Auf Grund der sehr widersprechenden Ergebnisse in der Literatur über den Einfluß ein- oder mehrmaliger Pfropfung von Tabak auf Tomate auf den Nicotingehalt der Samennachkommenschaft, die im einzelnen angeführt werden, untersucht Vf. diese Frage erneut. Aus den Ergebnissen geht hervor, daß es selbst bei einer 8- bis 9maligen Pfropfung von Tabak auf Tomate nicht möglich ist, den Alkaloidgehalt in der Nachkommenschaft im Vergleich zur ungepfropften Kontrolle 'Ostrolist 2747' zu verringern. Die Unterschiede im Nicotingehalt lagen innerhalb der Fehlergrenze, z. T. sogar über der Kontrolle.

Dennoch verneint Vf. die Frage einer erblichen Verringerung des Nicotingehaltes in Pfropfungsnachkommenschaften nicht unbedingt.
J. Merker. 1800.

Kosmodemjanskij, V. N. und Solov́eva, V. M. (Kosmodemjanski, W. M. und Solowjowa, W. M.); Krimer Versuchsstat. des Mikojan-Unions-Forsch. Inst. für Tabak und Machorka zu Krasnodar. Polučenie složnych gibridov tabaka i machorki v rezul'tate množestvennogo oplodotvorenija. **(Gewinnung von Tabak- und Machorkahybriden als Ergebnis mehrmaliger Befruchtung.)** Sbornik naučno-issledovatel'skich rabot. Vsesojuznyj naučno-issledovatel'skij institut tabaka i machorki imeni A. I. Mikojana "VITIM", Krasnodar **1961** Nr. 152. S. 7-19. – 7 Tab., 14 Lit.
Zur Erzeugung von Hybriden aus *Nicotiana tabacum* und *N. rustica* mit der Vererbung der Merkmale von 2 Vatersorten ist es besser, den Blütenstaub der beiden Vatersorten nacheinander aufzutragen als mit einem Gemisch beider Pollen mehrmals zu bestäuben. Dabei soll zwischen den beiden Bestäubungen ein Zwischenraum von 12–48 Std. liegen. In der F_1 erhaltene polysperme Machorkaformen waren in der F_2 einfache Hybriden und umgekehrt waren einfache Hybriden der F_1 in der F_2 z. T. polysperm. Dies ist nach Vff. auf Dominanzwechsel in der F_1 zurückzuführen, weshalb bei einer zuverlässigen Selektion von zusammengesetzten Hybriden die Analyse der Nachkommenschaft in der F_2 erforderlich ist. Die gewonnenen Ergebnisse untermauern die Stoffwechseltheorie der Befruchtung. J. Merker. 1800.

Daškeeva, K. N. (Daschkejewa, K. N.) Metod prjamogo otbora – perspektivnyj metod polučenija novych form tabaka, ustojčivych k virusu tabačnoj mozaiki. **(Die Methode der direkten Selektion — eine aussichtsreiche Methode zur Erzielung neuer, gegen das Tabakmosaikvirus resistenter Tabakformen.)** Tr. Jubilejn. Darvinovsk. konverencii, Kišinev **1960** S. 135–138. – Aus: Referativnyj žurnal. Biologija, Moskva **1961** Nr. 14. G 533. S. 61.
In der Moldauischen Zweigstelle der Akad. der Wiss. der UdSSR und im Landwirtsch.-Institut Kischinjow wurden 1957–59 Arbeiten zur Selektion von Tabakformen, die gegenüber dem Tabak-Mosaikvirus (TMV) resistent sind, mit Hilfe der Auslese widerstandsfähiger Pflanzen nach Masseninfektionen der Industriesorten 'Trapezund 1272', 'Malowata 2613' und 'Ostrolist 2747' durchgeführt. Es wurde eine Korrelation zwischen der Resistenz der Pflanzen und der Aktivität antibiotischer Eigenschaften des lebenden Gewebes dieser Pflanzen gegenüber dem Krankheitserreger festgestellt. Mit Hilfe dieser Selektionsmethode können neue Tabakformen mit hoher TMV-Resistenz gefunden werden. übersetzt v. E. Fröhmcke. 1800.

Kosmodemjanskij, V. N. (Kosmodemjanski, W. N.) Metod massovogo otbora form tabaka, ustojčivych k černoj kornevoj gnili. **(Eine Methode zur Massenselektion von Tabakformen, die gegen die Wurzelschwarzfäule resistent sind.)** Sbornik naučno-issledovatel'skich rabot. Vsesojuznyj naučno-issledovatel'skij institut tabaka i machorki imeni A. J. Mikojana „VITIM", Krasnodar **1961** Nr. 152. S. 20–29. – 6 Tab., 8 Lit.
Es wird eine Methode zur Beurteilung der Resistenz gegen schwarze Wurzelfäule an den oberirdischen Organen beschrieben. Zur Verseuchung der Erde werden Tabakwurzeln während des Winters im Saatbeet gelassen, damit sich hier Chlamydosporen (700–10 000/cm^3) anreichern. Im Frühjahr werden dann auf 0,2 m^2 großen Parzellen in 2 Wiederholungen die zu prüfenden Sorten und Hybriden im Vergleich zum resistenten Standard 'Ostrolist 450' geprüft. Bei Hybriden wird die Parzellengröße je nach Aufspaltungsgrad auf 0,5–5 m^2 erhöht. Die resistenten Formen überholen bereits im Keimlingsstadium die anfälligen Formen im Wachstum. Der Unterschied ist am größten, wenn die Kontrolle eine Höhe von 7-10 cm erreicht hat; dann wird nach folgendem Schema

bonitiert: Resistenz sehr gut = Pflanzenhöhe > 8 cm, gut = 5,5–8 cm, mittel = 3,5–5 cm, schlecht = 2–3 cm, keine Resistenz = ~ 0,5 cm.
J. Merker. 1800.

Müller, H. J. und Skiebe, K.; Quedlinburg, Inst. für Pflanzenzücht. der Dtsch. Akad. der Landwirtsch.-Wiss. zu Berlin. **Über Beziehungen zwischen Bakterienfäule und Blattlausbefall am Chinakohl, Brassica pekinensis Rupr., und ihre züchterische Bedeutung.** Züchter **32** (1962) Nr. 4. S. 210–215.
Der Anbau des hochwertigen Chinakohls in Deutschland scheiterte bislang an seiner Anfälligkeit gegen eine Bakterienfäule. Die Gewinnung resistenter Typen erwies sich als unmöglich. Die verschiedenerseits behauptete Übertragung der Bakterienfäule durch Insekten, bes. durch einen Massenbefall der Grünen Pfirsichblattlaus (*Myzus persicae* Sulzer) erwies sich als Fehlannahme, nachdem zur Klärung der Frage eines Zusammenhangs zwischen „Aphiodose" und Bakteriose eine Reihe dahingehender Versuche einwandfrei gezeigt haben, daß für das Auftreten der Bakterienfäule Blattläuse nicht in Frage kommen. Somit wäre die Züchtung blattlausresistenter Sorten des Chinakohls nicht geeignet, das Problem der Weichfäule zu lösen. Da andererseits die Temperaturhöhe einen erheblichen Einfluß auf das Auftreten der Bakteriose ausübt, sehen Vff. einen Weg zur Kontrolle der Krankheit darin, daß Chinakohlsorten gezüchtet werden, die noch bei mittleren Temperaturen, die der Bakterienfäule abträglich sind, gedeihen. G. Barich. 1810.

Honma, Shigemi und Heeckt, Otto; Michigan Agric. Exp. Stat. Results of crossing Brassica pekinensis [Lour.) Rupr. with B. oleracea L. var. acephala Dc. **(Ergebnisse der Kreuzung von Brassica pekinensis [Lour.] Rupr. mit B. oleracea L. var. acephala Dc.)** Euphytica [Wageningen] **9** (1960) Nr. 2 S. 243–246. – 1 Tab., 11 Lit. Zus. in Niederl.
Die Kreuzungen von *Brassica pekinensis* mit *B. oleracea* var. *acephala* waren notwendig, um von Chinakohl gegen *Plasmodiophora brassicae* resistente Stämme zu erzielen; die außerdem langtagverträglich sind. Bei Chinakohl wurde die Blüte durch Ausdehnung des Langtages durch künstliche Beleuchtung auf 16 Std. und durch Gibberellinbehandlung induziert. Die Kreuzungen waren dann erfolgreich, wenn der Blütenstiel mit einem Wattebausch der mit N-m-tolylphthalaminsäure (100 ppm) umhüllt wurde. Diese Artbastarde waren intermediär. Rückkreuzungen der F_1 gelangen mühelos mit Chinakohl. In der F_2 traten beide Elternformen sowie Übergangsformen auf.
K. Schulz. 1810.

Alpat'ev, A. V. und Muchanova, Ju. I. (Alpatjew, A. W. und Muchanowa, Ju. I.); Moskau, Lenin-Akad. der Landwirtsch.-Wiss. Izmenčivost' fasoli v zavisimosti ot uslovij vyraščivanija. **(Veränderlichkeit der Gartenbohne in Abhängigkeit von den Anbaubedingungen.)** Vestnik sel'skochozjajstvennoj nauki, Moskva 7 (1962) Nr. 3. S. 41–44. – 2 Tab. Zus. in Engl., Franz., Dtsch.
Als Ergebnis experimenteller Untersuchungen empfehlen Vff. für das Gebiet Moskau die Bohne als Frühgemüse anzubauen. Die Aussaat sollte in der 1. Hälfte des Mai (Bodentemperatur 8–10 °C) erfolgen. Eine Behandlung gequollener Samen durch wechselnde, niedrige Temperaturen in Verbindung mit einer Auslese vor der Saat erhöhte die Kältebeständigkeit, beschleunigte die Entwicklung und erhöhte die Erträge der Bohne. Behandlung des Saatgutes mit schwachen Lösungen von Spurenelementen (B, Mn) erhöhte die Widerstandsfähigkeit gegen Bakteriosen. Frühzeitige Aussaat und Behandlung vor der Aussaat bilden gute Grundlagen für die Bewertung von Sorten und Hybriden und für die Züchtung frühreifer, kältebeständiger und ertragreicher Formen. W. Görtler. 1810.

Reynard, George B.; Riverton, N. J., Camphell Soup Co., Agric. Res. Dep. New source of the j_2 gene coverning jointless pedicel in tomato. **(Neue**

Quelle des Gens j_2, das die Gelenklosigkeit des Fruchtstiels bei Tomaten steuert.) Science [Washington] **134** (1961) Nr. 3496. S. 2102. – 1 Tab., 5 Lit.
Im Jahr 1958 wurde bei der Tomatensorte '146' eine Mutante mit zahlreichen Blütenständen gefunden, deren Nachkommen gelenklose Fruchtstiele besaßen – und mit Ausnahme der Gabelung des Blütenstandes – der von L. Butler beschriebenen Mutante (j_1) ähnlich war. Durch Kreuzungen wurde nachgewiesen, daß das neue Gen sich von j_1, aber nicht von j_2 unterscheidet. Über die Entstehung der Mutation konnten keine Angaben gemacht werden. Evtl. Fremdbefruchtungen des bisherigen j_2-Stammes mit '146' waren nicht möglich, da beide Formen räumlich und zeitlich verschieden gezüchtet wurden und auch keine gemeinsamen Stammeltern haben. Der Mutante wird Bedeutung für die Entwicklung maschinell erntbarer Tomatensorten beigemessen.
K. Schulz. 1810.

Tarakanov, G. I. (Tarakanow, G. I.) Ėvoljucija kul'turnogo tomata (Lypersicon esculentum Mill. ssp. cultum Brezn.) i ego selekcija na skorospelost'. **(Evolution der Tomate [Lypersicon esculentum Mill. ssp. cultum Brezn.] und ihre Züchtung auf Frühreife.)** Izvestija Timirjazevskoj sel'skochozjajstvennoj akademii, Moskva **1961** Nr. 4. S. 35–54. – 7 Abb., 5 Tab., 50 Lit.
Vf. untersuchte die Möglichkeit der weiteren Entwicklung der Frühreife bei Tomaten. Es werden zahlreiche Untersuchungsergebnisse sowie neue Wege angeführt, auf die im Einzelnen auf die Originalarbeit verwiesen werden muß. Bei der Beurteilung der Frühreife der Tomaten empfiehlt der Autor zwischen der biol. Frühreife, die durch die Geschwindigkeit des Verlaufs phänologischer Phasen bestimmt wird, und der wirtsch. (ökonomischen) Frühreife zu unterscheiden, die durch den abs. Wert eines frühen Ertrages charakterisiert wird. Z. Z. besitzen die biol. frühreifsten Formen sehr oft nicht die wirtsch. Frühreife. Die Evolution der frühreifen Freilandtomatensorten geht von den staudigen, remontierenden Pflanzen in Richtung nichtremontierender Pflanzen mit monokarpen Früchten und einheitlicher früher Reife. Bes. bei der Züchtung früher Sorten für das Freiland (Aussaat an Ort und Stelle ohne Verpflanzen) und für ihre Verbreitung in nördlichere Gebiete besitzt die Verwendung von Formen mit 1- bis 3früchtigen Trauben wesentliche Bedeutung Diese Sorten gewährleisten eine möglichst gleichzeitige Reife der Früchte und erlauben eine mech. Ernte. Bei der Entwicklung neuer frühreifer Sorten für Freiland und unter Glas besitzen die johannisbeerfrüchtigen Wildtomaten infolge ihres bes. schnellen Wachstums- und Entwicklungstempos und anderer Eigenschaften eine große Bedeutung. Zahlreiche Ergebnisse von Kreuzungsversuchen mit derartigen Formen werden veröffentlicht und Angaben über die Krankheitswiderstandsfähigkeit gemacht. H. Jank. 1810.

Young, Harold W. Inherited fruit cracking resistance in the tomato. **(Erbliche Platzfestigkeit bei der Tomate.)** Proc. Florida State horticult. Soc. **73** (1960, hrsg. 1961) S. 148–153. – 8 Tab., 4 Lit.
Neben Krankheiten und ungünstiger Witterung werden Ertragsausfälle bei Tomaten durch das Platzen der Früchte verursacht. Die einzelnen Arten des Aufreißens der Frucht werden beschrieben. Nach Darstellung des Wuchs- und Ertragscharakters der Kreuzungsausgangssorten werden die Aufspaltungsergebnisse für die einzelnen Formen des Platzens an Hand von 2 Tochter- und 2 Rückkreuzungsgenerationen wiedergegeben. Abschließend wird versucht, genetische Hypothesen für die Vererbung des untersuchten Merkmals aufzustellen. E. Senger. 1810.

Nybom, Nils und Bergendal, Per-Olof; Fjälkestad, Sverige, Inst. voor Växtförädlung av Frukt och Bär. Pågående arbetsuppgifter. **(Laufende Arbeitsaufgaben.)** Fören. Växtförädling Frukttträd, Verksamhetsåret **1960** S. 8–16. – 2 Tab. Zus. in Engl.

Im genannten Zeitraum wurden an Äpfeln 44 Kreuzungen der bekanntesten diploiden Sorten mit dem Zuchtziel spez. früher bzw. später Sorten sowie Kreuzungen einiger tetraploider und schorfresistenter Sorten (z. B. 'McIntosh', 'Wortland' und 'Signe Tillisch') durchgeführt. 'Cortland' wurde reziprok mit einem *Malus-floribunda*-Abkömmling gekreuzt. Die Kreuzungen an Birnen zielten auf zeitigere Sorten mit besserer Größe und Qualität als die vorhandenen. In großem Umfang erfolgten Beurteilungen von Apfel- und Birnenklonen sowie Vermehrung neuer Sorten und Frosttoleranzprüfungen an Äpfeln nach der Exosmosemethode. – Himbeerkreuzungen sollen krankheitsresistente, für Tiefkühlung und industrielle Verarbeitung geeignete Sorten ergeben. Ferner wurden Brombeerklone zur Erreichung frostharter, dornenfreier und aufrechtwachsender Sorten sowie Stachelbeerklone auf Mehltauresistenz und Dornenfreiheit bearbeitet. Bei schwarzen Johannisbeeren soll die Pflückbarkeit verbessert werden. – Durch Laboruntersuchungen ermittelte man Chromosomenzahlen, Säure-, Vitamin-C- und Anthozyangehalte neben der Konservierungseignung verschiedener Obstarten. Weiterhin wurden Neutronenbestrahlungen und Behandlungen mit Äthylmethansulfonat zur Induktion von Mutationen und Bildung bzw. Veränderung der Chimären durchgeführt. Für die Bestrahlungsversuche mit Beerenobststecklingen wurde eine neue Sprühnebelvermehrungsanlage in Betrieb genommen. – Seit 1960 steht in Balsgård ein neuer ^{60}Co-Strahler (37 Curie). L. Seidewitz. 1820.

Salamatov, M. N. (Salamatow, M. N.); Nowosibirsk, Zentr. Sibir. Bot. Garten der Sibir. Abt. der Akad. der Wiss. der UdSSR. Ispol'zovanie otdalennoj gibridizacii v vyvedenii sibirskich sortov višni. **(Die Anwendung der entfernten Hybridisation bei der Züchtung sibirischer Kirschsorten.)** Trudy soveščanija po otdalennoj gibridizacii rastenij i životnych. Sbornik dokladov. Otdalennaja gibridizacija rastenij i životnych, Moskva **1960** S. 58–66. – 3 Abb., 1 Tab.

Als Ausgangsform für die beschriebenen Züchtungsversuche diente die Steppenkirsche *Cerasus fruticosa*, die sich durch hohe Winterfestigkeit, Dürrebeständigkeit, hohen Ernteertrag u. a. auszeichnet. Sie wurde mit der gewöhnlichen Kirsche (*C. vulgaris*), mit einer Hybride zwischen *C. vulgaris* und der Süßkirsche, mit einer Hybride zwischen *C. vulgaris* und der Steppenkirsche und als Gattungskreuzung mit dem Faulbaum gekreuzt. Auf die erzielten Kreuzungsergebnisse wird näher eingegangen, desgleichen auf agrotechnische Maßnahmen zur Beschleunigung des Wachstums und der Entwicklung der Hybridsämlinge. Die aus der Kreuzung Kirsche × Faulbaum erhaltenen Früchte sind eßbar. Die Kreuzungssterilität wurde durch vegetative Annäherung überwunden. H. Jank. 1820.

Charimonova, N. E. (Charimonowa, Je. N.); Mitschurinsk, Gebiet Tambow, RSFSR, Zentr. Genet. Mitschurin-Lab. Višne-čerešnevye gibridy. **(Sauer-Süßkirschen-Hybriden.)** Trudy soveščanija po otdalennoj gibridizacii rastenij i životnych. Sbornik dokladov. Otdalennaja gibridizacija rastenij i životnych, Moskva **1960** S. 45–57. – 2 Abb.

Vf. berichtet über die Anwendung der entfernten Hybridisation zur Erzielung ertragreicher, winterharter und süßfrüchtiger Kirschsorten. Es werden Kreuzungen zwischen der Strauchkirsche und der gewöhnlichen Kirsche mit der Süßkirsche beschrieben. Die Kreuzung Sauerkirsche × Süßkirsche ergibt unter den Bedingungen des Ortes Mitschurinsk bessere Resultate als die reziproke Kreuzung. Bei der Samenbildung wird ein größerer Einfluß der mütterlichen Ausgangsform festgestellt. Bes. günstige Ergebnisse wurden erzielt wenn örtliche Sorten oder Arten als Mutter dienen. Die geeignetsten Sorten werden angeführt und die Kreuzungsergebnisse beschrieben. Empfohlen wird die wiederholte Kreuzung der Sauer-Süßkirschsorten mit Sorten der gewöhnlichen und Strauchkirsche, wobei die Sauerkirschen als Mutter benutzt werden sollen. Eine direkte Abhängigkeit zwischen dem Grad der Lebensfähigkeit des Blütenstaubes und der Fruchtbarkeit der Hybriden wurde festgestellt. Der Grad der Lebensfähigkeit der Eizellen entspricht dem des Blütenstaubes. Dieses Merkmal läßt sich zur Vorselektion verwenden. H. Jank. 1820.

Ostapenko, V. I. (Ostapenko, W. I.) Nasledovanie priznakov pri mežsortovoj gibridizacii višni v svjazi s okislitel'nym metabolizmom ischodnych form. **(Die Vererbung der Eigenschaften bei Sortenhybridisation der Kirsche im Zusammenhang mit dem Oxydationsmetabolismus der Ausgangsformen.)** Bju. Centr. genet. labor. im. I. V. Mičurina **1960** Nr. 9/10. S. 23–38. – Aus: Referativnyj žurnal. Biologija, Moskva **1961** Nr. 19. G 310. S. 36.
Vf. geht von der These aus, daß bei der Kreuzung von Sorten mit ökologischer Anpassungsfähigkeit an die Umwelt „der Charakter der Dominanz von der individuellen Kraft der Vererbbarkeit der Ausgangsformen" abhängt. Das Studium der Intensität der Oxydationsprozesse (OP) zeigt: 1. den Zusammenhang zwischen den Sortenunterschieden und der Aktivität der OP in den vegetativen und generativen Organen, 2. den Einfluß der Intensität der OP auf die Befruchtung und 3. die Dominanz der Merkmale und Eigenschaften bei den Hybriden. – Die Kreuzungsergebnisse zeigen, daß einige Sorten unabhängig von ihrer Verwendung als Mutter- oder Vaterform sehr durchschlagende Vererber sind. Die überwiegende Anzahl von Hybridformen hat die Tendenz, dem Elter mit den aktiveren OP zu ähneln. Eine derartige Beziehung kann aber nicht die Vielseitigkeit der Erscheinungen ausschließen, die die Hybriden allg. besitzen. übersetzt v. E. Fröhmcke. 1820.

Futh, G.; Greifswald, Univ., Inst. für Agrobiol. **Zweiter Bericht über die Selektion von Malus-Unterlagen und deren vegetative Vermehrbarkeit.** Züchter **31** (1961) Nr. 8. S. 340–346. – 7 Abb., 9 Tab., 14 Lit.
Im Vergleich zu den Unterlagentypen EM IX, II, IV, I und XI wurden Greifswalder Unterlagenselektionen aus *Malus*-Wildarten und *Malus*-Primitivformen geprüft. Bei den EM-Typen wird die Abrißleistung, die Aufschul- und Verschulbarkeit festgestellt. Neben diesen Eigenschaften werden bei den Selektionen die Affinität zur Edelsorte, ihr Anfälligkeitsgrad gegenüber parasitischen Pilzen und ihre Neigung zur Bildung vorzeitiger Triebe und dornartiger Kurztriebe an einjährigen Austrieben zur Beurteilung herangezogen. Zwischen Bedornung bzw. vorzeitiger Triebbildung und stärkerer Adventivwurzelbildung wird eine Korrelation angenommen. Bei der Veredlungsprüfung wird festgestellt, daß auch starkwüchsige Unterlagen die Edelsorte ('Croncels') veranlassen können, frühzeitig zu blühen. Die Klimaverhältnisse am Standort werden beschrieben. E. Senger. 1820.

Baumeister, Gabriele. **Untersuchungen zur Resistenz verschiedener Himbeersorten gegen die Virusüberträger Amphorophora rubi (Kalt.) und Aphis idaei (v. d. Goot).** Züchter **31** (1961) Nr. 8. S. 351–357. – 5 Tab., 20 Lit.
Durch die beiden Läusearten *Amphorophora rubi* (Kalt.) und *Aphis idaei* (v. d. Goot) werden ungefähr 12 Himbeervirosen übertragen. Im praktischen Himbeeranbau gibt es kaum virusresistente Pflanzen. Eine erfolgreiche Virusbekämpfung scheint daher am besten über die Vektorenresistenz der zum Anbau gelangenden Sorten möglich. Bei der Prüfung von Sorten im Gewächshaus sowie Sorten und Sämlingen im Freiland wurden Anfälligkeitsunterschiede gegenüber den Vektoren festgestellt. Aus einem Vergleich mit den Prüfungsergebnissen anderer Autoren geht hervor, daß Lokalrassen der Vektoren vorkommen. E. Senger. 1820.

Lepadatu, Victoria. Studiul procesului de fecundare la viţa de vie în funcţie de polenization diferiţi. **(Studium des Befruchtungsvorganges bei Reben in Abhängigkeit von verschiedenen Pollenspendern.)** Inst. Cercetări horti-viticole [Bucureşti], Lucrări ştiinţ. **1959/60** (hsrg. 1961) S. 585–602. – 13 Abb., 1 Tab., 47 Lit. Zus. in Russ., Franz.

Im Jahr 1958 hat Vf. Blüten von 'Afuz-Ali' und 'Coarna neagra' mit Pollen der Sorten 'Muscat Ottonel', 'Muscat Hamburg' und mit einem Pollengemisch bestäubt. Nach der Bestäubung wurden die Stempel nach 30 Min. bis 12 Std. laufend fixiert. Die Befruchtung findet 30 Min. nach der Bestäubung statt. Die konstitutionelle Sterilität erreicht bei den ♀ Sorten etwa 50–60%. Polyembryonie ist bei der Rebe möglich, tritt aber selten auf. Die Ursachen für die Sterilität werden im Zusammenhang mit dem Pollenspenderproblem diskutiert. L. Valeanu. 1820.

Negrul', A. M. (Negrul, A. M.); Moskau, Landwirtsch. Timirjasew-Akad. Metod otdalennoj gibridizacii pri selekcii vinograda. **(Die Methode der entfernten Hybridisation in der Weinzüchtung.)** Trudy soveščanija po otdalennoj gibridizacii rastenij i životnych. Sbornik dokladov. Otdalennaja gibridizacija rastenij i životnych, Moskva **1960** S. 77–88.
Vf. beschreibt zahlreiche Artkreuzungsversuche. Zur Erzielung krankheitswiderstandsfähiger, frostbeständiger und an unterschiedliche Bodenbedingungen angepaßter hochqualitativer Weinsorten und Unterlagen wurden Kreuzungen zwischen eur.-asiatischen und amer. Formen durchgeführt. Die Ergebnisse sind noch unbefriedigend. Mit den wertvollsten Formen wird weitergearbeitet. Hybriden zwischen wilden Arten der amer. und ostasiatischen Gruppe erwiesen sich als wertlos. Bei hoher Vitalität, großer Wüchsigkeit und Widerstandsfähigkeit sind die Früchte von sehr schlechter Qualität. Wertvoller sind die Kreuzungen zwischen Sorten der Art *Vitis labrusca* und *V. amurensis*. Diese Kreuzungen ergaben neue frostbeständige Sorten mit Trauben guter Qualität. Die Hybriden der Kreuzungen zwischen eur.-asiatischen und ostasiatischen Arten werden für die Erzielung frostfester Sorten für erfolgversprechend gehalten. Die Untersuchungen zeigten, daß innerhalb der Untergattung *Euvitis* zwischen den Arten von 3 geographisch isolierten Gruppen (eur.-asiatische, ostasiatische und nordamer.) leicht Hybriden erzielt werden können. Die ostasiatischen und nordamer. Arten dominieren über die eur.-asiatischen Formen. Bei der Kreuzung von nordamer. und ostasiatischen Arten können beide, in Abhängigkeit von der gewählten Kombination, dominant sein. H. Jank. 1820.

Rives, M.; Pont de la Maye, Gironde, Centre de Rech. Agronomiques du Sud-Oest, Stat. de Rech. de Viticult. Bases génétiques de la sélection clonale chez la vigne. **(Genetische Grundlagen der Klonauslese bei Reben.)** Ann. Amélioration Plantes **11** (1961) Nr. 3. S. 337–348. — 1 Abb., 3 Tab., 23 Lit. Zus. in Engl., Dtsch.
Einführend bringt Vf. eine kritische Gegenüberstellung des Inhaltes der verschiedenen gebräuchlichen Definitionen, die mit den bei uns üblichen nicht immer konform gehen. Bei der Untersuchung des Ursprunges der verschiedenen Rebsorten kommt er zu dem Schluß, daß sie polyklonalen Ursprungs seien und somit eine operationelle Einheit darstellen. Als Ursachen der Hauptmutationen werden Anhäufungen kleinerer polygenischer Mutationen angenonmmen, die sich im Laufe vieler Zellgenerationen gefestigt haben. Die bei den Mutationen auftretenden Rückschlagserscheinungen werden durch das Wirken mehrerer spez. Zellschichten erklärt, von denen jede in ihrer Funktion einen Klon darstellt. Bei den Methoden der vegetativen Vermehrung kommt es daher nicht zu einer allg. Beständigkeit, sondern zu einem komplexen System chimäraler Variationen. Ein weiterer Faktor für das Auftreten von Variationen bei Reben sind Viruserkrankungen, die genetisch wirksam werden können. K. Peter. 1820.

Boubals, D.; Montpellier, École Nat. d'Agric., Centre de Rech. Agronomiques du Midi, Stat. de Rech. Viticoles. Étude des causes de la résistance des vitacées à l'oidium de la vigne — Uncinula necator (Schw.) Burr. — et de leur

mode de transmission héréditaire. **(Untersuchungen über die Ursache der Resistenz der Rebengewächse gegen den Echten Mehltau-Uncinula necator [Schw.] Burr. — und die Art der erblichen Übertragung.)** Ann. Inst. nat. Rech. agronom., Sér. B **11** (1961) Nr. 4. S. 401–500. – 49 Abb., 21 Tab., 29 Lit.
Vf. erörtert zunächst die Stellung des Pilzes in der systematischen Nomenklatur. Die Infektionsbedingungen wurden in Abhängigkeit von den Umweltfaktoren untersucht. Der Infektionsverlauf und die Entwicklung des Pilzes, das Verhältnis Pilz zu Wirtspflanze und umgekehrt wird dargelegt. 161 Varietäten von *Vitis vinifera* und mehr als 400 Direktträgerhybriden werden in ihrem Verhalten gegen den Pilz untersucht. Die Hauptursachen der Resistenz sind i.allg. bekannt und werden im biochem. Verhalten des Wirtes gesehen. – Eine Analyse der Ursachen einer erblichen Resistenz wurde mit Hilfe quantitativ genetischer Methoden durchgeführt. Wenn auch im Verhalten von Rebensorten bzw. bei Artbastarden Unterschiede gegenüber *Plasmopara* und *Uncinula* gegeben sind, so scheinen die Ursachen hierfür von jeweils spez. Faktoren bestimmt zu sein. K. Peter. 1820.

Schütt, P. **Ergebnisse einer Auslese vorwüchsiger Pinus silvestris-Sämlinge aus dem Langtag.** Silvae genetica [Frankfurt a. Main] **11** (1962) Nr. 2. S. 39 bis 42. – 2 Abb., 3 Tab., 6 Lit. Zus. in Engl., Franz.
Vf. hat in Intervallen von 10 Tagen Jahrestriebmessungen an Pflanzen aus einer in Schmalenbeck vorgenommenen Aussaat einer Kiefernsamenprobe aus Sundmo (Nordschweden) vorgenommen. Im Alter von 3 Jahren wurden die Pflanzen nach ihrem Höhenwachstum in 4 Gruppen zu je 50 Pflanzen eingeteilt: 0,8 m, 1,20 m und 1,85 m, Riesenwüchse (nur 20 Pflanzen). Zwischen den Gruppen gab es Unterschiede im Verlauf des Wachstums der Jahrestriebe. Im Alter von 9 Jahren waren zwar die im Saatbeet selektierten Vorwüchse noch signifikant überlegen, aber der rel. Abstand hatte sich verringert. Die aufgefundenen Unterschiede im Wachstumsgang werden als Hinweise dafür angesehen, daß im veränderten photoperiodischen Milieu stattfindende Jugendselektionen zum Auffinden photoperiodischer Abweicher führen können, deren rel. Raschwüchsigkeit über das Jugendstadium hinaus anhalten wird. O. Schröck. 1850.

Van, T. K. Present status of rice breeding in Malaya. **(Der gegenwärtige Stand der Reiszüchtung in Malaya.)** Malayan agric. J. **43** (1960) Nr. 2. S. 112 bis 116. – 9 Lit.
Nach kurzem Rückblick auf die Zuchtgeschichte des Reises in Malaya gibt Vf. einen Überblick über die Erfüllung folgender, im ANON-Annual Report 1955 festgelegten Hauptaufgaben der Reiszüchtung und des Reisanbaues in Malaya: Vergleichende Feldversuche mit Lokal- und Zuchtsorten hervorragender Bedeutung; Verbesserung der besten Lokalsorten durch Linienselektion; Untersuchung von Lokalsorten und ausländischen Herkünften im Hinblick auf ihre kommerzielle Ausnutzung und Anwendbarkeit zu Kreuzungen; Selektion innerhalb von Kreuzungspopulationen; Untersuchung der Wechselwirkung Sorte × Dünger, Probleme der Qualitätszüchtung u.a. Untersuchungen. A. Meinel. 1880.

Choudhury, A. K. Roy.; Calcutta, Bose Inst. Biometrical studies on grain size of paddy. **(Biometrische Untersuchungen über die Korngröße von Reis.)** Sci. and Cult. [Calcutta] **27** (1961) Nr. 9. S. 455. – 2 Tab., 1 Lit.
Aus 36 reinen Linien wurden je 10 Körner zufällig ausgewählt und deren Länge, Breite und Dicke gemessen. Mit Hilfe einer Varianzanalyse hat Vf. die genotypische und umweltbedingte Varianz dieser 3 Kornmerkmale geschätzt. Alle 3 Merkmale sind sehr stark heritabel (91,8, 91,1 bzw. 84,4%). Es wurden weiterhin genotypische, phänotypische und Fehlerkorrelationen zwischen

diesen Merkmalen errechnet. Danach haben die genetischen Faktoren für die Korndicke einen größeren Einfluß auf die Kornbreite als auf die Länge des Korns. K. Bellmann. 1880

XI. PHYTOPATHOLOGIE UND PFLANZENSCHUTZ

A. Allgemeine Literatur, Berichte, Statistiken u.a.

Schmidt, H.; Aschersleben. **Internationale Arbeitstagung über Viren und Virosen.** Dtsch. Gartenbau **9** (1962) Nr. 1. S. 23–24.
An der Arbeitstagung vom 20.–22. Sept. 1961 in Berlin, veranlaßt durch die IV. Koordinierungskonferenz in Sofia, nahmen Vertreter aus 5 Volksdemokratien und der UdSSR teil. 26 Vorträge wurden gehalten und ein Beschluß angenommen, der sich mit folgenden Fragen befaßt: 1. Möglichkeiten der Standardisierung der Untersuchungsmethoden pflanzlicher Virosen, 2. Virusnomenklatur und die Möglichkeiten einer internationalen Vereinbarung sowie 3. Möglichkeiten der Bekämpfung pflanzlicher Virosen.
E. Wittenberg. 1901.

Anonym. **Tabakpflanzer tauschten Erfahrungen aus. VII. UNITAB-Kongreß in Madrid — Neuer Präsident gewählt.** Dtsch. Tabakbau 42 (1962) Nr. 1. S. 4–5.
Der Kongreß, an dem Delegierte aus 7 eur. Ländern und Südrhodesien teilnahmen, befaßte sich insbesondere mit *Peronospora tabacina*. Es wurden 3 Resolutionen angenommen. Die 1. befaßte sich mit der Koordinierung der Bekämpfung des Blauschimmels. Die 2. behandelt das Problem der Organisation der Bekämpfung des Blauschimmels in jedem Land; die 3. das Problem evtl. ökon. Hilfsaktionen für die durch Blauschimmel geschädigten Pflanzer. Alle Maßnahmen stützen sich auf die Richtlinien der Coresta.
S. Langhoff. 1901.

B. Krankheiten und ihre Ursachen

Mamontova, A. N. (Mamontowa, A. N.) Pričiny izmenenij v sortovoj specializacii parazita i ee značenie v selekcii na ustojčivost'. **(Ursachen für die Veränderung in der Sortenspezialisierung des Parasiten und ihre Bedeutung für die Resistenzzüchtung.)** V sb.: Immunitet rast. k boleznjam i vredit., Moskva **1961** S. 15–26. — Aus: Referativnyj žurnal. Biologija, Moskva **1961** Nr. 23. G 863. S. 93.
Auf der Grundlage eigener Untersuchungen und der Lit. beweist, Vf., daß die Variabilität des Parasiten über die Sorte erfolgt, und zwar über jede beliebige Sorte durch Wechselwirkung der Eiweiße des Parasiten und der Pflanze. Diese Variabilität ist die Ursache für den Verlust der Sortenresistenz und muß bei der Resistenzzüchtung berücksichtigt werden.
übersetzt v. W. Peitz. 1911.

Kačalova, Z. P. (Katschalowa, S. P.) O vozmožnosti izmenenija ustojčivosti pšenicy k tverdoj golovne pod vlijaniem vysokich doz chlamidospor Tilletia tritici Wint. **(Über die Möglichkeit der Veränderung der Resistenz von Weizen gegen Steinbrand unter dem Einfluß hoher Gaben von Chlamydosporen von Tilletia tritici Wint.)** V sb.: Immunitet rast. k boleznjam i vredit., Moskva **1961** S. 76–86. — Aus: Referativnyj žurnal. Biologija, Moskva **1961** Nr. 23. G 874. S. 93.
In Labor., Gewächshaus- und Feldversuchen wurden in der Versuchsstation für Pflanzenschutz der Timirjasew-Akad. der Landwirtschaftswiss. (von 1950–1957) die Reaktion von Weizenpflanzen auf Inokulation mit großen Mengen Chlamydosporen von *Tilletia tritici* untersucht. Unter dem Einfluß hoher Schwellenwerte an Chlamydosporen von *T. tritici* veränderte sich die Dynamik der Entwicklung der Pflanzen, verschoben sich die Entwicklungsphasen, beschleu-

nigte sich die Differenzierung der embryonalen Ähre und der Beginn der Ährenschiebens erfolgte früher. Außerdem erhöhten sich die Leistung und die Resistenz gegen Steinbrand. übersetzt v. W. Peitz. 1911.

Henniger, H. H. **Untersuchungen über die Ursachen der unterschiedlichen Resistenz von Kartoffelsorten und Stämmen gegenüber verschiedenen physiologischen Rassen von Phytophthora infestans.** Forsch.- u. Entwickl.-Stelle Groß-Lüsewitz, Institut für Pflanzenzüchtung der Deutschen Akademie der Landwirtschaftswissenschaften zu Berlin. Abschlußber. 1/3. 1962. Plan-Nr. 1701 05 h-1-10/9.
Systematische Untersuchungen zur künstlichen Kultur und der Ernährungsphysiologie verschiedener physiol. Rassen des Pilzes führten zur Entwicklung eines vollsynthetischen Nährsubstrates. Der Einfluß pflanzlicher Stoffwechselprodukte (Aminosäuren, Zucker, phenolische Inhaltsstoffe, Alkaloide) auf das Wachstum wurde untersucht. Das Redoxpotential ist von entscheidendem Einfluß auf das Wachstum des Pilzes. – Zwischen Peroxydaseaktivität und der rel. *Phytophthora*-Resistenz konnte nur eine geringe Korrelation nachgewiesen werden. – Die Infektion mit inkompatiblen Rassen führt zur Erhöhung der Chlorogensäurekonz. Durch Kulturfiltrate kompatibler Rassen wird die Atmung nur unwesentlich verändert bzw. etwas gehemmt, bei inkompatiblen dagegen erhöht. Die Phenoloxydase- sowie die Dehydroascorbinsäurereduktase-Aktivität werden durch Kulturfiltrate in vitro nicht verändert, letztere auch in der infizierten resistenten sowie anfälligen Wirtspflanze nur unwesentlich beeinflußt. 1911.

Rădulescu, E., Felecan, V., Rîpeanu, Gh., Persecă, E. und Pop, E. Comportarea unui sortiment de fasole la atacul principalelor boli. **(Das Verhalten eines Bohnensortiments gegenüber Befall durch die wichtigsten Krankheiten.)** Inst. agronom. „Dr. Petru Groza“ Cluj, Lucrări ştiinţ. **16** (1960) S. 149–175. – 2 Tab., 33 Lit. Zus. in Russ., Engl.
Vff. untersuchten 378 Bohnensorten auf ihr Verhalten gegen Virosen, Bakteriosen, Anthraknose und Rost. Unter allen diesen Sorten zeigten nur 'Zar', 'Türkische Prunk' und 'Chumbinko' eine hohe Widerstandsfähigkeit gegen alle 4 Krankheiten; 5 Sorten waren nur gegen 3 Krankheiten widerstandsfähig und mehrere gegen 2 Krankheiten. Zwischen den Ergebnissen von Cluj und denen anderer Länder besteht weitgehende Übereinstimmung, doch verhalten sich einige Sorten sehr verschieden, entweder widerstandsfähiger oder empfindlicher. Zwischen dem Resistenzgrad und der Blütenfarbe oder der Fädigkeit konnte keine Korrelation festgestellt werden. V. Velican. 1911.

Wolfenbarger, Dan und Sleesman, J. P.; Wooster, Ohio Agric. Exp. Stat. Resistance to the Mexican bean beetle in several bean genera and species. **(Die Resistenz einiger Bohnen-Gattungen und -Arten gegen Epilachna varivestis.)** J. econ. Entomol. **54** (1961) Nr. 5. S. 1018–1022. – 2 Abb., 2 Tab., 12 Lit.
Von 80 geprüften Bohnensorten zeigten Linien von *Phaseolus aureus* Roxb., *P. lathyroides* L., *P. mungo* L., *P. calcaratus* Roxb., *P. artropurpureus* DC., *P. radiatus* L., *Vicia faba* L., *Glycine max* (L.) Merill, *Vigna sinensis* (Torner), *Dolichos lablab* L. und *P. polystachyus* L. die beste, allerdings auch wechselnde Resistenz gegen *Epilachna varivestis* Muls. Sämtliche Linien von *P. vulgaris* L. und *P. acutifolius* A. Gray sowie alle Kreuzungen waren stark anfällig – anschienend sind die Resistenzanlagen rezessiv. Die Linien von *P. lunatus* L. nehmen eine gewisse Mittelstellung ein. Eine Klassifizierung, die auf der Schätzung sichtbarer Larvenfraßstellen beruht, und eine Larvenzählmethode zeigten so große Übereinstimmung, daß die erste als die einfachere zu empfehlen ist. Die langsam reifenden Sorten waren resistenter gegen die Schädlinge als solche mit kurzer Entwicklungszeit. H. Eckstädt. 1911.

Persecă, E., Mleşniţă, L. und Mleşniţă, V. Comportarea unui sortiment de mac la atacul ciupercii Pleospora papaveracea (de Not.) Sacc. **(Das Verhalten eines Mohnsortiments gegen den Befall durch Pleospora papaveracea [de Not.] Sacc.)** Inst. agronom. „Dr. Petru Groza" Cluj, Lucrari ştiinţ. **16** (1960) S. 201–205. – 3 Tab., 5 Lit. Zus. in Russ., Engl.

Von 13 Mohnsorten und -varietäten haben sich nur die Sorte 'Magurele' und die Zuchtstämme 'Cluj A' und 'Cluj R' als sehr widerstandsfähig erwiesen. Diese zeigten durchschnittl. nur 6–8% Befall und brachten einen Mehrertrag von 72,7–155,3% gegenüber der Standardsorte 'Tatar', die 46% Befall aufwies. V. Velican. 1911.

Bolsunov. L'exposé du professeur Bolzounov. **(Exposé von Professor Bolsunov. Betr. Kongreß: Erklärung über die gegenwärtige Situation der Versuche bezüglich blauschimmelresistenter Pflanzen.)** Voix Planteurs Tabac **16** (1961) Nr. 185. S. 12.

Vf. machte auf dem Kongreß nähere Angaben zur Resistenz von Tabak gegen *Peronospora*. Die australische Sorte 'Hicks' und die amer. 'Ags' sind weitgehend resistent. Im Jahre 1962 sollen Versuche mit 'Hicks' und 1963–64 Versuche mit Hybriden von 'Hicks' der F_1-Generation durchgeführt werden. 1965/66 werden wahrscheinlich resistente Varietäten verfügbar sein, die konstante Hybriden der gegenwärtigen eur. Varietäten darstellen. Resistente Varietäten schalten Behandlungen auf dem Felde aus, erfordern aber Behandlungen der Anzuchtbeete. Der Resistenzcharakter von 'Hicks' wird als dominant angesehen. S. Langhoff. 1911.

Thurston, Richard; Lexington, Univ. of Kentucky, Entomol. and Bot. Dep. Resistance in Nicotiana to the green peach aphid and some other tobacco insect pests. **(Resistenz von Nicotiana gegen die Grüne Pfirsichblattlaus und einige andere Schadinsekten des Tabaks.)** J. econ. Entomol. **54** (1961) Nr. 5. S. 946–949. – 6 Tab.

Von den 60 beschriebenen *Nicotiana*-Arten wurden 40 wenigstens einmal im Gewächshaus oder im Freiland auf Resistenz gegen *Myzus persicae* (Sulz.) geprüft. USA-Tabaksorten und einige ausländische Tabakherkünfte wurden mit einbezogen. *N. gossei*, *N. repanda* und *N. trigonophylla* zeigten die größte Resistenz, *N. sylvestris* dagegen die größte Anfälligkeit. Gewöhnlich ergaben Freilandprüfungen einen höheren Resistenzgrad als Gewächshausversuche. Kreuzungen *N. gossei* × *N. tabacum* hatten nicht die Resistenz von *N. gossei*. An resistenten Pflanzen wurden nur die alternden Blätter befallen. Jüngere Blätter von *N. gossei* wurden nur dann besiedelt, wenn sie mit einem Stück Stengel abgeschnitten und in Leitungswasser gesteckt worden waren. Vorläufige Versuche ergaben Resistenzunterschiede gegen *Heliothis* spp. und *Protoparce* spp. F. P. Müller. 1911.

Vlasveld, W. P. N. Invloed weersgesteldheid op dierlijke parasieten. **(Einfluß der Witterung auf tierische Schädlinge.)** Fruitteelt **51** (1961) Nr. 47. S. 1299–1300.

Am Beispiel des Apfelwicklers und der Spinnmilben im Weinbau wird die Abhängigkeit des Auftretens der Schadinsekten von Witterungsfaktoren erläutert. Für den Flugverlauf des Apfelwicklers sind die Temperaturverhältnisse entscheidend. Die erforderlichen Temperatursummen für Flugbeginn, -dauer und -ende werden angegeben. Beobachtungen in den Jahren 1957–61 haben gezeigt, daß in Jahren mit einer Jahresmitteltemperatur von über 15,4 °C starkes Spinnmilbenauftreten festzustellen ist. Die Jahre 1957 und 1961 mit einer Jahresmitteltemperatur von 12,3 bzw. 12,7 °C waren Jahre mit geringem Milbenauftreten. Eine Beziehung zur Höhe der Niederschläge konnte nicht gefunden werden. R. Fritzsche. 1915.

Nuber, K. **Untersuchungen über die „Kräuselkrankheit" an Hopfen (Humulus lupulus L.) im Tettnanger Anbaugebiet.** Phytopathol. Z. **42** (1961) Nr. 4. S. 375–400. – 12 Abb., 63 Lit.
Innerhalb von 2 Jahren wurden Symptomatologie (4 Formen des Schadauftretens) und Ökologie untersucht, um Ursachen und Pathogenese festzustellen. Vergleiche der „Kräuselkrankheit" im Tettnanger Gebiet mit „nettle head" (England) und „Kadeřavost" (ČSSR) ergaben symptomatologische Übereinstimmung. Ergebnisse von Pfropf- und Testmethoden sowie elektronenmikroskopische Untersuchungen werden behandelt. Der Krankheitserreger wird mit lebendem Gewebe verschleppt. Es besteht der Verdacht, daß die „Kräuselkrankheit" virösen Ursprungs ist. Vorläufige befallsmindernde Maßnahmen: Fechser aus Hopfenbeständen verwenden, die 3 Jahre auf Gesundheit überprüft worden sind. Stark „kräuselkranke" Stöcke und solche mit jahrelang schwachen Symptomen müssen entfernt und verbrannt werden.
G. Kronfeld. 1920.

Blattny, C. und Brcak, J.; Prag. **Die Bedrohung der Futterpflanzen durch Smog und Poa annua als Indikator dieser Schadquelle.** Wiss. Z. Karl-Marx-Univ. Leipzig, math.-naturwiss. R. **11** (1962) Nr. 1. S. 111–113. – 2 Abb., 13 Lit.
In Amerika und England ist seit einiger Zeit festgestellt worden, daß durch starken Autoverkehr Verunreinigungen in der Atmosphäre („Smog" = smoke fog, Rauchnebel) entstehen, die sich hemmend auf das Pflanzenwachstum auswirken und zu Absterbeerscheinungen und Ertragsdepressionen führen. Vff. konnten die gleichen Erscheinungen auch am Ausgang eines Prager Tunnels, der sich durch starken Autoverkehr und unzureichende Ventilation auszeichnet, nachweisen. Als Testpflanzen verwendeten sie dabei *Poa annua* L. Die Pflanzen wurden 54, 102 und 126 Std. an dieser Stelle ausgesetzt. Im ersten Fall zeigten etwa 30% der Pflanzen Symptome. In den beiden anderen Fällen waren sämtliche Pflanzen leicht bzw. schwer geschädigt. Die charakteristischen Symptome werden bei älteren Blättern an der Basis, bei jüngeren an der Spitze ausgebildet und äußern sich in einer quer über das Blatt verlaufenden Gelbfärbung. Sie treten am deutlichsten hervor, wenn für die Pflanze optimale Wachstumsverhältnisse gegeben sind. Bei Temperaturen über +30 °C, bei Trockenheit und bei Lichtmangel sind die Pflanzen offenbar gegen die Einwirkungen des „Smogs" weniger empfindlich. Die wichtigsten schädlichen Bestandteile des „Smogs" sind Peroxyacetylnitrit, Ozon, saure Aerosole, Äthylen und Stickstoffoxyde, gebietsweise auch noch Schwefeldioxyd. Man führt die schädliche Wirkung auf photochem. Reaktionen der ungesättigten Kohlenhydrate und der Stickstoffoxyde zurück. Es konnte beobachtet werden, daß „Smog" in den Mittagsstd. stark auftritt, vormittags schwächer ist und nachts praktisch keinerlei Schaden verursacht. Vff. führen eine Anzahl empfindlicher sowie weniger empfindlicher Pflanzen auf. Die Möglichkeit der Verhütung von „Smog"-Schäden durch eine vorbeugende Behandlung mit einem Zinkpräparat wird erwähnt. Die Schutzdauer soll etwa 16 Tage betragen. Voraussetzung ist, daß die Blattunterseiten von dem Mittel überzogen sind. Kupferkalkbrühe ist wirkungslos. Es wurde die interessante Beobachtung gemacht, daß viruskranke Pflanzen (TMV) sowie Pflanzen mit Rostbefall (*Uromyces phaseoli*) weniger von „Smog" geschädigt wurden als gesunde Pflanzen.
K. Frauenstein. 1930.

Caltrider, Paul G.; Morgantown, West Va., Univ., Dep. of Plant Pathol., Bacteriol. and Entomol. Growth and sporulation of Guignardia bidwellii. **(Wachstum und Sporulation von Guignardia bidwellii.)** Phytopathology **51** (1961) Nr. 12. S. 860–863. – 2 Abb., 1 Tab., 9 Lit.
Untersucht wurden die Nährstoff- und Umweltbedingungen, die bei einer Isolierung von *Guignardia bidwellii* (Ell.) Viala et Ravaz zur Bildung von Pyk-

nidien, Konidien, Spermatien, Pyknosklerotien und Ascosporen in Kultur und unter natürlichen Verhältnissen führen. Optimale Temperaturen lagen für das Hyphenwachstum und für die Bildung von Pyknidien und Konidien bei 25 °C und für die Bildung von Spermatien und Pyknosklerotien bei 30 °C. Optimale Keimung der Konidien erfolgte auf Hefeextraktnährboden bei pH 4,5–5,0. Bei kontinuierlichem Licht wurden mehr Konidien als bei wechselndem Licht oder bei Dunkelheit gebildet. Auf Weinbeerextrakten erfolgten mit zunehmendem Alter der Beeren besseres Wachstum und stärkere Konidienkeimung. Die Bildung von Konidien, Spermatien und Pyknosklerotien nahm dagegen ab. Spermatien und Pyknosklerotien traten am stärksten auf Extrakten von Beeren auf, die vor dem 1. Aug. geerntet wurden. Diese Ergebnisse stimmen gut mit Beobachtungen aus der Praxis überein. Synthetische Nährböden, die die Bildung von Pyknidien und Konidien fördern, sind weniger für die Bildung von Spermatien und Pyknosklerotien geeignet. Perithecienbildung konnte in Reinkultur nicht erzielt werden. An vereinzelten Fruchtmumien konnten nach 5 mon. Lagerung bei Gewächshaustemperatur Ascosporen beobachtet werden. Die Ergebnisse werden im Hinblick auf praktische Belange besprochen. G. Otto. 1950.

Negru, Alexandru. Observaţii critice asupra unor specii de ciuperci din genurile Gloeosporium, Colletotrichum şi Vermicularia. **(Kritische Bemerkungen über einige Pilze der Gattungen Gloeosporium, Colletotrichum und Vermicularia.)** Studii Cercetări Biol. [Bucureşti], Ser. Biol. vegetală **12** (1960) Nr. 3. S. 353–364. – 2 Abb., 21 Lit. Zus. in Russ., Franz.
Es wird ein Bestimmungsschlüssel für die 3 Gattungen aufgestellt, mit dessen Hilfe einwandfreie Abgrenzung und Zuordnung möglich sind. Es wird darauf hingewiesen, daß die richtige Bestimmung eines entspr. Krankheitserregers nur unter Berücksichtigung seiner Umweltbedingungen und seines Alters möglich ist. V. Bontea. 1950.

Rădulescu, E. und Crişan, A. Cercetări asupra ştadiului apotecilor la Sclerotinia sclerotiorum (Lib.) de Bary. **(Untersuchungen über die Apothecienbildung von Sclerotinia sclerotiorum [Lib.]de Bary.)** Inst. agronom. „Dr. Petru Groza" Cluj, Lucrări ştiinţ. **17** (1961) S. 163–181. – 5 Abb., 4 Tab., 25 Lit. Zus. in Russ., Engl.
Die Apothecien von *Sclerotinia sclerotiorum* bilden sich unter den klimatischen Bedingungen Rumäniens bes. im Mai/Juni und Aug./Sept. Ihre Bildung ist abhängig von den klimatischen Faktoren (Temperatur, Luftfeuchtigkeit u.a.), vom Alter der Sklerotien und von der Tiefe ihrer Lagerung im Boden. Die Ascosporen können aus den Asci ohne Hilfe des Luftstromes entlassen werden. Sie keimen nach 3 Std. in dest. Wasser. Die Keimung wird durch $CuSO_4$, Kupferkalkbrühe, Kalkstickstoff, Kalk u.a. gehemmt. Ascosporen können an jungen Sonnenblumenpflanzen Infektionen verursachen, wenn die Luftfeuchtigkeit über 75% und die Temperatur 15–20 °C betragen.
V. Velican. 1950.

Pethö, M. Kukurica golyvás üszöggombája (Ustilago maydis DC.) anyagcseréjének vizsgálata. **(Untersuchung über den Stoffwechsel des Maisbeulenbranderregers, Ustilago maydis DC.)** Magyar tudományos Akad., Agrártudományok Osztályának Közleményei [Ung. Akad. Wiss., Ber. Abt. landwirtsch. Wiss.] **19** (1961) Nr. 4. S. 369–384. – Aus: Ung. Agrar-Rdsch. **1962** Nr. 2.
Über die Entwicklungsbedingungen für die parasitische Dikaryophase des wirtsch. sehr bedeutenden Beulenbrandpilzes ist noch wenig bekannt. Vf. untersuchte die Bedingungen, die zur Entwicklung der haploiden (saprophytischen) und der dikaryotischen Phase des Pilzes auf Nährböden nötig sind. Das an der Oberfläche der Nährböden der Kulturen kompatibiler Stämme erscheinende weiße Luftmycel besteht aus dikaryotischen „Infektionshyphen". Die Bildung dikaryotischer Hyphen konnte sowohl auf Agar-Nährböden als

auch auf Nährlösungen festgestellt werden. Auf Kartoffelsaft-Nährböden kann die Fusion der Sporidien auch bei einem niedrigen Kohlenhydratgehalt zustande kommen. Für ihre Vermehrung sowie für die Ausbildung von Luftmycel werden aber mindestens 2% Glucose oder Saccharose benötigt. Auf synthetischen Nährböden bleibt die Sporidienfusion aller Wahrscheinlichkeit nach darum aus, weil das Substrat z.Z. der Fusion sauer ist. Die N-Ernährung des Pilzes spielt bei der Dikaryophase eine wichtige Rolle. Bei niedrigem N-Gehalt (verdünntem Kartoffelsaft- oder Maispflanzenextrakt) bilden sich keine Infektionshyphen. Die Entwicklung der Sporidien ist bez. der N-Ernährung weniger anspruchsvoll. Zwischen der Entwicklungsintensität der Dikaryophase und der Anwesenheit der Sporidienform besteht ein enger Zusammenhang. Infektionshyphen sind in Kulturen ohne Sporidien nicht lebensfähig. Die Ursache dieser Erscheinung liegt wahrscheinlich darin, daß ein für die Entwicklung der Infektionshyphen nötiger unbekannter Faktor durch die Stoffwechselprodukte der Sporidien gesichert ist. Auf neuem Nährboden werden die Infektionshyphen nicht nur durch Sporidienfusion neugebildet, sondern können auch mit dem Inokulum übertragen werden. Für ihre Vermehrung in den Kolonien ist aber der durch die Entwicklung gesicherte Faktor unentbehrlich. Dieser Faktor wird auf Kartoffelsaft-Nährböden leichter gebildet. Auf synthetische Nährböden können die Infektionshyphen nur durch die Anwendung eines Inokulums mit großer Zellenanzahl übertragen werden. 1950.

Rangaswami, G. und Sambandam, C. N.; Annamalainagar, Madras State, Univ. Comparative studies on some Alternaria species occurring on solanaceous hosts. **(Vergleichende Untersuchungen an einigen an Solanaceen auftretenden Alternaria-Arten.)** Indian J. agric. Sci. **31** (1961) Nr. 3. S. 160 bis 172. — 13 Abb., 4 Tab., 15 Lit.

Pathogenität, Wirtspflanzenkreis, morphol. und physiol. Eigenschaften der *Alternaria*-Arten *A. tenuis* Nees. (isoliert von *Datura fastuosa* L., *Capsicum annuum* L. und *Petunia hybrida* Vilm.), *A. crassa* (Sacc.) Rands. (isoliert von *D. fastuosa* var. *alba*), *A. melongenae* Rang. et Samb. (isoliert von Blättern und Früchten von *Solanum melongena* L. und von Früchten von *C. annuum*) und *A. solani* (Ell. et Mart.) Jones et Grout von *S. tuberosum* L. wurden untersucht. Von 14 Solanaceen infizierte *A. crassa* außer dem natürlichen Wirt *D. fastuosa, Lycopersicon esculentum, S. tuberosum* und *S. nigrum*. Jedes der 3 *A. tenuis*-Isolate infizierte die Wirte der übrigen beiden Arten, außerdem *D. fastuosa* var. *alba, L. esculentum, Nicotiana tabacum, S. melongena, S. nigrum, S. torvum, S. trilobatum.* und *S. tuberosum. A. melongenae* erwies sich als sehr spez., außer *S. melongena* und *Capsicum annuum* wurden nur *S. nigrum* und *L. esculentum* infiziert. *A. solani* wies den größten Wirtspflanzenkreis auf. Lediglich auf 2 Arten (*Cestrum diurnum, Physalis minima*) von den 14 verlief die Inokulation negativ. Die 5 nicht zu den Solanaceen gehörenden Arten konnten von keinem der 8 Isolate infiziert werden. Das Wachstum aller 8 Isolate auf Agar als auch in flüssigen Medien verlief bei 29 °C am besten, war bei 22 °C noch gut, bei 15 und 34 °C dagegen sehr gering. Als optimaler pH-Wert wurde 6–7 ermittelt. Von den geprüften 6 festen und 6 flüssigen Nährmedien erwies sich in beiden Fällen Kartoffel-Dextrose am günstigsten. Als N-Quelle war Harnstoff am vorteilhaftesten, als Kohlenhydratquelle Stärke. Alle Isolate wuchsen am besten bei einem C/N-Verhältnis von 30 gm Stärke zu 2 gm Harnstoff je l. Ch. Janke. 1950.

Mukherji, S. **Untersuchungen zur Änderung der Pathogenität von Alternaria porri (Ell.) Saw. f. sp. solani E. et M.** Phytopathol. Z. **41** (1961) Nr. 4. S. 317–352. — 10 Abb., 14 Tab., 29 Lit. Zus. in Engl.

Über den Einfluß der Reinkultur, des Kulturmediums und der Kulturdauer auf die Pathogenität von *Alternaria porri* f. sp. *solani* bestanden bisher widersprechende Angaben. Die Versuche wurden mit 10 verschiedenen Stämmen unterschiedlicher Herkunft (Knollen und Blatt) und Pathogenität vorgenommen. Die Pathogenität wurde mittels Knollen- oder Blattinfektionen durch Mycelflocken bestimmt. Zwischen der Herkunft von Knollen bzw. Blättern bestanden keine Beziehungen zur Pathogenität. Zweijährige Kultur auf nährstoffarmen flüssigen Nährmedien (1% Glucose + 0,05% Pepton) verminderte die Pathogenität stärker als in nährstoffreichen Lösungen (3% Biomalzextrakt + 0,02% Pepton), wobei sich aber 2 Stämme gerade entgegengesetzt verhielten. Der Wechsel der Ernährung von nährstoffarmen zu nährstoffreichen Medien führte zu einem Anstieg der Pathogenität und umgekehrt zu einem starken Abfall derselben. Der Pathogenitätsunterschied der unterschiedlich ernährten Stämme zeigte ein Maximum im Febr. und ein Minimum im Aug.-Sept. Die Erkrankungsdisposition der Knollen beeinflußte i. allg. die Pathogenität des Pilzes stärker als die Art seiner Ernährung, wobei ein Zusammenhang zwischen dem Gehalt an löslichen Kohlenhydraten und der Krankheitsdisposition vermutet wird. Durch dauernde Knollenpassagen stieg die Pathogenität nur unbedeutend an, die morphol. und physiol. Merkmale blieben jedoch konstanter als in flüssigen Medien. Feste Agarmedien scheinen zur Erhaltung der Pathogenität und anderer Eigenschaften günstiger zu sein. Durch eine „Hitzeschock"-Behandlung (41° bis 44 °C; 4,8 bzw. 12 Std.) wurde eine „Lag-Phase" im Wachstum hervorgerufen. Die morphol. und physiol. Veränderungen waren nur unwesentlich und eine Pathogenitätsänderung wurde nach 3 Agarpassagen wieder ausgeglichen. UV-Behandlung bei 254 μm beeinflußte den Pilz kaum. Ebenso vermochte eine N-Lost-Behandlung die Pathogenität nur vorübergehend zu beeinflussen.

H. Henniger. 1950.

Tuzet, O. und Rouquerol, T.; Montpellier, École Nat. d'Agric., Centre de Rech. Agronomiques du Midi, Chaire de Bot. et de Pathol. Végétale, Lab. de Rech. Sur une amibe parasite des racines de riz en Camargue. **(Über eine in Reiswurzeln parasitierende Amöbe auf der Camargue.)** Ann. Épiphyties 12 (1961) Nr. 2. S. 149–151. – 4 Abb.

Auf den Reisfeldern der Camargue wurde in den Parenchymzellen der Wurzeln ein starkes Auftreten eines bis dahin noch nicht beschriebenen Einzellers beobachtet. Es handelt sich um eine Amöbe mit einer durchschnittl. Größe von 14 × 27 μ, die von einer doppelten, glatten, halbstarren Membran umgeben wird und hyalines Protoplasma ohne Vakuolen sowie einen großen Kern von durchschnittl. 6,25 μ enthält. Die als *Rizamoeba camariae* n.g.n.sp. bezeichnete Amöbe dringt in die Parenchymzellen der Wurzeln ein, wo sie sich durch einfache Teilung vermehrt. Der Vorgang der Kernteilung wird beschrieben. Die Tochteramöben wandern in die benachbarten Zellen ab. Trotz starken Auftretens im Mon. Aug. konnten weder Nekrosen noch sonstige Krankheitssymptome an den Reispflanzen beobachtet werden. Vff. nehmen jedoch an, daß durch die dichte Umkleidung der Gefäße mit Amöben-besetzten Parenchymzellen die Ernährung der Reispflanzen beeinträchtigt wird. Mit dem Absterben der Wurzeln stellen die Amöben ihre Nahrungsaufnahme und die Vermehrung ein und erfahren eine gewisse morphol. Umbildung. Es wurden einige kleinere Individuen beobachtet, die sich durch einen bes. großen Kern auszeichneten und vermutlich Formen darstellen, die gegen Austrocknung bes. widerstandsfähig sind. Die Temperaturverhältnisse scheinen auf das Leben dieser Amöben wenig Einfluß zu haben. Die Untersuchungen werden weiter fortgesetzt. K. Frauenstein. 1960.

Coninck, Lucien de. Problems of systematics and taxonomy in nematology to-day. **(Probleme der Systematik und Taxonomie in der Nematologie heute.)** Nematologica [Leiden] 7 (1962) Nr. 1. S. 1–7.

Die Arbeit in der Systematik und Taxonomie ist erschwert durch die natürliche Variabilität innerhalb der Nematodenpopulation einer Art. Die statistisch signifikanten Abweichungen in den abs. und rel. Maßen können resultieren aus einer phänotypischen Variabilität, die verursacht ist durch Unterschiede im Mikroklima, in der chem. Zusammensetzung des Biotops, durch verschiedenartige Nahrung, das Vorkommen bes. wachstumsfördernder oder -hemmender Faktoren. Diese Abweichungen können auch durch eine intraspez. genetische Variabilität bedingt sein. Bisher werden fast ausschl. morphol. Kriterien in der Systematik angewendet, da die evolutionären Vorgänge in der Klasse der Nematoden noch weitgehend unbekannt sind. A. Dowe. 1960.

Sturhan, D.; Erlangen-Nürnberg, Univ., Zool. Inst. **Über neue Wirtspflanzen der Blattälchen Aphelenchoides fragariae und A. ritzemabosi, mit Bemerkungen zu den Wirtspflanzenkreisen beider Nematodenarten.** Anz. Schädlingskunde verein. Schädlingsbekämpf. **35** (1962) Nr. 5. S. 65–67. – 1 Abb., 6 Lit.

Vf. wurde durch das starke Auftreten von Blattälchenschäden an Begonien im Bot. Garten in München veranlaßt, dem Vorkommen von pflanzenparasitischen *Aphelenchoides*-Arten auch an anderen Pflanzen nachzugehen. Dabei wurden als Wirtspflanzen für *A. fragariae* 46, für *A. ritzemabosi* 31 vermutlich noch unbekannte Wirtspflanzen gefunden. Dabei erwies es sich, daß *A. fragariae* bevorzugt Farne, Liliaceen, Ranunculaceen und Primulaceen befällt, während *A. ritzemabosi* hauptsächlich an Compositen gefunden wurde. Die Befallssymptome waren immer ausgeprägt, doch werden sie von Bau- und Wirkungsweise der befallenen Pflanzenteile beeinflußt. K. Geißler. 1960.

Drozdovskij, Ė. M. (Drosdowski, E. M.); Birjulewo, Gebiet Moskau, Inst. für Gartenbau des Nichtschwarzerdegebietes. Zemljaničnaja nematoda v srednej polose RSFSR. **(Das Erdbeerälchen im mittleren Gürtel der RSFSR.)** Zaščita rastenij ot vreditelej i boleznej, Moskva **7** (1962) Nr. 5. S. 53–54. – 2 Abb.

Das Erdbeerälchen, *Aphelenchoides fragariae* Ritz.-Bos., das zuerst in Lettland festgestellt wurde, konnte in den letzten Jahren auch in den Gebieten von Moskau, Tula, Rjasan und Wladimir beobachtet werden. Die verursachten Symptome können 1. auf den Typ der Blumenkohlkrankheit und 2. auf einen Typ der Zwergwüchsigkeit zurückgeführt werden. Übergangsformen zwischen beiden Typen kommen vor. Bei stark befallenen Pflanzen geht der Ertrag um $>70\%$ zurück. Die Bekämpfung erfolgt durch eine Heißwasserbehandlung der Pflanzen (10–15 Min. bei 46–47 °C) oder Eintauchen der Setzlinge vor dem Auspflanzen in eine 0,5%ige Thiophoslösung. H. Decker. 1960.

Townshend, J. L.; Vineland Station, Ontario, Canada Dep. of Agric. The root-lesion nematode, Pratylenchus penetrans (Cobb, 1917) Filip. & Stek. 1941, in celery. **(Der wurzelschädigende Nematode, Pratylenchus penetrans [Cobb, 1917] Filip. et Stek. 1941, in Sellerie.)** Canad. J. Plant Sci. **42** (1962) Nr. 2. S. 314–322. – 2 Abb., 1 Tab., 8 Lit.

Im Gebiet von Burlington (Ontario) wurden in den letzten Jahren wiederholt starke Schäden an Gemüsepflanzen, insbesondere an Sellerie, beobachtet. Nach eingehenden Untersuchungen konnte festgestellt werden, daß neben *Meloidogyne hapla*, und *Paratylenchus hamatus* hauptsächlich *Pratylenchus penetrans* als Schädling auftritt. Die von *P. penetrans* befallenen Pflanzen waren verkümmert. An den Wurzeln wurden nekrotische Erscheinungen und ein orangefarbiges Aussehen („Rost-"Wurzeln) festgestellt. Zum Vergleich werden die von *M. hapla* und *P. hamatus* hervorgerufenen Krankheitssymptome angegeben. Neben Sellerie wurden von *P. penetrans* weiterhin Tomate stark, Kohl, Blumenkohl und Salat dagegen weniger stark geschädigt. Untersuchungen an Sellerierückständen ergaben, daß der Nematode vermutlich im ausgewachsenen, im ersten Larven- sowie im Eistadium überwintert. Die verseuchten Flächen wurden alljährlich mit DD oder Telone erfolgreich behandelt.

E. Zesewitz. 1960.

Goffart, H. und Heiling, A.; Münster/Westf., Biol. Bundesanst. für Land- und Forstwirtsch. **Beobachtungen über die enzymatische Wirkung von Speicheldrüsensekreten pflanzenparasitärer Nematoden.** Nematologica [Leiden] 7 (1962) Nr. 2. S. 173–176. – 3 Tab., 6 Lit. Zus. in Engl.

Es wird nachgewiesen, daß in den Speicheldrüsensekreten der Larven von *Ditylenchus destructor, D. dipsaci, Heterodera rostochiensis* und *H. schachtii* Amylase, Invertase und pektinlösende Fermente enthalten sind. Diese werden auch in Hafermehlnähragar abgeschieden. Der Anteil reduzierender Zucker wird durch die *Ditylenchus*-Arten und *H. schachtii* erheblich, durch *H. rostochiensis* geringfügig erhöht, ebenso ist der Anteil reduzierender Zucker vom Gesamtzuckergehalt erhöht (bei *H. rostochiensis* von 6,38 auf 12,26%, bei *H. schachtii* von 3,32 auf 23,63%). Von den *Ditylenchus*-Arten wurde eine geringfügige Steigerung nichtreduzierender Zucker, von den *Heterodera*-Arten eine geringfügige Verminderung verursacht. Wäßrige Extrakte von dem mit Nematoden besetzten Nähragar waren besser filtrierbar und wiesen eine stärkere Trübung auf. Enzymausstattung und Spezifizierung auf bestimmte Wirte stehen bei pflanzenparasitären Nematoden in Zusammenhang.
H. Stelter. 1960.

Guiran, G. de und Vilardebo, A.; Adiopodoumé, Lab. de Nématol. Le bananier aux îles Canaries. IV. Les nématodes parasites du bananier. **(Die Bananenstaude auf den Kanarischen Inseln. 4. Mitt. Die parasitischen Nematoden der Bananenstaude.)** Fruits d'outre Mer **17** (1962) Nr. 6. S. 263–277. – 2 Abb., 13 Lit.

Es werden die wichtigsten Nematodenparasiten der Bananenkulturen der Kanarischen Inseln beschrieben. Von größter Bedeutung sind *Pratylenchus coffeae* (Zimm.) Filipjev et Stekhoven, *P. goodeyi* Sher et Allen, *Helicotylenchus africanus* Andrassy, *H. multicinctus* (Cobb) Golden und die *Meloidogyne*-Arten *M. arenaria* (Neal) Chitwood, *M. incognita* (Kofoid White) Chitwood, *M. incognita acrita* Chitwood und *M. javanica* (Treub) Chitwood. Ihr Schadbild und ihre Morphologie werden dargestellt. Daneben treten noch einige weniger wichtigere Arten auf. Die Verbreitung in den einzelnen Gebieten ist unterschiedlich. Gute Bekämpfungserfolge können mit Dibromchlorpropan erzielt werden. Äthylendibromid rief z. T. Pflanzenschäden hervor. Die Ausbringung erfolgt bei Dibromchlorpropan mit dem Bewässerungssystem.
R. Fritzsche. 1960.

Thomason, Ivan J. und Fife, Don.; Riverside, Univ. of California, Dep. of Nematol.; Brawley, Calif., Holly Sugar Co. The effect of temperature on development and survival of Heterodera schachtii Schm. **(Einfluß der Temperatur auf die Entwicklung und das Überleben von Heterodera schachtii Schm.)** Nematologica [Leiden] 7 (1962) Nr. 2. S. 139–145. – 2 Abb., 2 Tab., 13 Lit. Zus. in Dtsch.

Im Imperial Valley, Kalifornien, werden Zuckerrüben im Aug./Sept. gesät und im Apr. geerntet. Die Bodentemperatur in 7–15 cm Tiefe erreicht zur Saatzeit 40 °C (im Mittel für mehrere Wochen: 30 °C). Es werden Untersuchungen über die Generationsfolge, die Überlebensmöglichkeit in den oberen Bodenschichten sowie Entwicklungsversuche bei verschiedenen Temperaturen behandelt. In einer Wachstumsperiode wurden 5 Generationen festgestellt (1. Gen.: Aug. bis 1. Dez.; 2.: 1. Dez. bis März; die Entwicklungszeit für die weiteren Generationen betrug 6, 5 und 3 Wochen). Der Inhalt von Zysten, die 3 Mon. in der oberen (2,5 cm) Bodenschicht lagen, war lebensfähig. Bei konstanten Temperaturen (25°, 27,5°; 30°; 32,5 °C) entwickelten sich bei 27,5° doppelt soviel Zysten als bei 25°. Bei 30° entwickelten sich nur wenige Weibchen, bei 32° erfolgte keine Entwicklung. Das Entwicklungsoptimum wird bei 26,9° angenommen. Im letzten Versuch waren keine Entwicklungsunterschiede von Zystenherkünften aus Sommer- und Winterzuckerrübengegenden erkennbar. H. Stelter. 1960.

Omidvar, A. M. The nematicidal effects of Tagetes spp. on the final population of Heterodera rostochiensis Woll. **(Die nematiciden Wirkungen von Tagetes spp. auf eine Population von Heterodera rostochiensis Woll.)** Nematologica [Leiden] 7 (1962) Nr. 1. S. 62–64. – 1 Tab. Zus. in Franz.
Erprobt wurde die nematicide Wirkung zweier *Tagetes*-Arten (*T. minuta* und *T. signata*). Nach 4 Mon. Wachstum auf nematodenverseuchtem Boden erfolgte die Bestimmung der Anzahl schlüpfender Larven/Zyste. In einem 2. Versuch prüfte Vf. bei Anbau von Tomatenpflanzen zusammen mit *Tagetes* spp. den nematiciden Effekt. Die in beiden Versuchen nur schwache nematicide Wirkung der *Tagetes* spp. rechtfertigt nicht deren Anbau auf Flächen, die mit dem Kartoffelnematoden verseucht sind. A. Dowe. 1960.

Cole, C. S. und Howard, H. W.; Trumpington, Cambridge, Plant Breeding Inst. The effect of growing resistant potatoes on a potato-root eelworm population – a microplot experiment. **(Der Einfluß resistenter Kartoffeln auf eine Population des Kartoffelnematoden — ein Kleinstparzellenversuch.)** Ann. appl. Biol. **50** (1962) Nr. 1. S. 121–127. – 8 Tab., 14 Lit.
In einem Kleinstparzellenversuch (Boden: sandiger Lehm) bestehend aus 49 Parzellen (Größe: 3 ft. 4 in. × 2 ft. 4 in.) wurden in den Jahren 1957 bis 1960 mit Zuchtklonen von *Solanum andigenum* Versuche folgender Anordnung durchgeführt: 1. ständiger Anbau resistenter Kartoffeln; 2. resistente Kartoffeln jedes 2. Jahr; 3. resistente Kartoffeln jedes 4. Jahr; 4. ständiger Anbau von Neutralpflanzen. Die Bodenverseuchung lag bei Beginn des Versuches bei 3,14 Zysten bzw. 455 Larven/g Boden. Nach 4jährigem Anbau resistenter Kartoffeln war die Nematodenpopulation auf 1% der Ausgangsverseuchung gesunken. Die Verminderung in den einzelnen Jahren hatte eine abnehmende Tendenz (1957 = Verminderung um 81%; 1958 = 79%; 1959 = 56%; 1960 = 52%). Nach 4jährigem Anbau von Neutralpflanzen war die Verseuchung auf 25 bzw. 26% der Ausgangsverseuchung gesunken. Für die einzelnen Jahre sind folgende Werte angegeben: 1957 = 62%; 1958 = 25%; 1959 = 5%; 1960 = 7%. Der zweimalige Anbau resistenter Kartoffeln in 4 Jahren verminderte die Nematodenpopulation auf 5 bzw. 13%, der einmalige Anbau in 4 Jahren auf 8 bzw. 25% der Ausgangsverseuchung. Die Ergebnisse werden besprochen. H. Stelter. 1960.

Venkataramani, K. S.; Coonoor, Nilgiris, UPASI Tea Sci. Dep. Root-knot eelworm population in a tea soil as influenced by the presence of a susceptible host plant. **(Die Beeinflussung einer Population von Meloidogyne incognita in einem Teeboden bei Anwesenheit einer empfindlichen Wirtspflanze.)** Current Sci. [Bangalore] **31** (1962] Nr. 4. S. 159–160. – 1 Tab., 3 Lit.
Meloidogyne incognita (Kofoid et White) Chitwood parasitiert an einer ganzen Reihe von Pflanzen, u. a. auch jungen Teepflanzen. Teebüsche, die bereits geerntet werden, sind dagegen selten in größerem Umfang parasitiert. Bes. die jüngeren Wurzelteile sind stark befallen, vor allem, wenn Wirtspflanzen wie *Tephrosia vogelii* und *Lupinus angustifolius* auf diesen Flächen angebaut werden. Entspr. Untersuchungen ergaben, daß *T. vogelii* als sehr empfindliche Wirtspflanze für *M. incognita* zu gelten hat. Bes. stark waren Bodenproben aus dem Bereich der Rhizosphäre mit dem Parasiten angereichert. Boden aus der Rhizosphäre älterer Teesträucher enthielt nur wenige Nematoden, während erhitzter Boden völlig nematodenfrei war.
K. Geißler. 1960.

Mankau, R. The effect of some organic additives upon a soil nematode population and associated natural enemies. **(Die Wirkung einiger organischer**

Dünger auf eine Population im Boden lebender Nematoden und auf vergesellschaftete natürliche Feinde.) Nematologica [Leiden] **7** (1962) Nr. 1. S. 65–73. – 2 Abb., 1 Tab., 13 Lit. Zus. in Dtsch.
Die org. Düngung eines Ackerbodens mit verschiedenen Dungarten (Rinderdung, Hühnerdung, verrottete Holzspäne, Haferstroh, Luzerne als Gründüngung, Wurzelreste von Tomatenpflanzen) führte zu einem unterschiedlichen Anwachsen der Nematodenfauna des Bodens. Leicht zersetzbare Dünger bewirkten eine bes. hohe Population der mikrophagen Nematoden (*Acrobeloides* sp., *Panagrolaimus* sp.). Mycophage Nematoden (*Aphelenchoides* sp., *Aphelenchus* sp.) verhielten sich uneinheitlich. Anscheinend förderten Gründüngung und Rindermist, mit den anderen Dungarten verglichen, die Aktivität bei räuberischen Pilzen am meisten. A. Dowe. 1960.

Rota, Pierantonio; Milano, Osservatorio delle Malattie delle Piante, Sez. Entomol. Alterazioni su vite da acari tetranichidi e da degenerazione infettiva. Studi del Gruppo di Lavoro del C.N.R. per le virosi: XXVIII. **(Die an Reben durch Spinnmilben und infektiöse Degeneration hervorgerufenen Veränderungen. Untersuchung der Arbeitsgruppe der CNR für Virosen. 28. Mitt.)** Notiziario Malattie Piante [N.S.] **35** (1961) Nr. 56. S. 21–24. – 1 Lit. Zus. in Engl.
Vf. beschreibt die Mißbildungen und Schädigungen, die an Reben durch die 3 Spinnmilbenarten *Tetranychus urticae* Koch, *Eotetranychus carpini* Oud. und *Metatetranychus ulmi* Koch verursacht werden, von denen die erstgenannte Art die geringste Schädlichkeit besitzt. Die durch die Spinnmilben hervorgerufenen Veränderungen werden mit den Symptomen der infektiösen Degeneration verglichen und die Grundlagen für eine Differentialdiagnose aufgezeigt. E. Königsmann. 1960.

Foott, W. H.; Harrow, Ontario, Canada Dep. of Agric., Res. Stat. Competition between two species of mites. I. Experimental results. **(Konkurrenz zwischen zwei Milbenarten. 1. Mitt. Experimentelle Ergebnisse.)** Canad. Entomologist **94** (1962) Nr. 4. S. 365–375. – 4 Tab., 11 Lit.
An Apfel und Pfirsich treten in Südwest-Ontario die Spinnmilben *Panonychus ulmi* Koch und *Tetranychus telarius* L. nebeneinander auf. Bei Versuchen im Gewächshaus und im Insektarium zeigte sich, daß *T. telarius* an Pfirsich im Laufe der Vegetationsperiode die *P. ulmi*-Population allmählich unterdrückt. Die Populationsdichte beider Arten war in diesen Versuchen zu Beginn gleich hoch. Wiederholung dieser Versuche im Freiland zeigte, daß hier *P. ulmi* sich wesentlich stärker vermehrt als *T. telarius*, wobei jedoch keine der beiden Arten die andere in ihrer Entwicklung beeinflußt. Die Unterschiede zu den Gewächshausversuchen werden mit ungünstigeren Bedingungen für *T. telarius* im Freiland erklärt. R. Fritzsche. 1960.

Solomon, M. E.; Slough, Bucks., A.R.C. Pest Infestation Lab. Ecology of the flour mite, Acarus siro L. (= Tyroglyphus farinae DeG.). **(Die Ökologie der Mehlmilbe, Acarus siro L. [= Tyroglyphus farinae DeG.].)** Ann. appl. Biol. **50** (1962) Nr. 1. S. 178–184.
Acarus siro L. findet Entwicklungs- und Vermehrungsbedingungen innerhalb eines Temperaturbereiches zwischen 2–3 und 30 °C sowie bei einer rel. Luftfeuchtigkeit (**r.L.**) von 62,5% (bei optimalen Temperaturen) und darüber. 80–85% **r.L.** werden bevorzugt. Sinken die Luftfeuchtigkeit auf 60% und die Getreidefeuchtigkeit auf 12%, so stirbt die Mehlmilbenpopulation aus. Durch Überführung von Mehlmilben aus feuchter in trockene Luft und umgekehrt konnte anhand von Gewichtsunterschieden nachgewiesen werden, daß die Milben nicht nur Wasser verdunsten, sondern es auch aus der Atmosphäre aufnehmen können. Mit steigender Luftfeuchtigkeit nimmt die Vermehrungsrate der Mehlmilben zu. Am größten ist sie bei 25 °C und 90% **r.L.** Unter

den Feinden von *A. siro* hat die Raubmilbe *Cheyletus eruditus* die größte Bedeutung. Ihre Temperatur- und Feuchtigkeitsansprüche decken sich aber nicht mit denen der Mehlmilbe. Sie gedeiht auch bei niedrigerer Luftfeuchtigkeit (bis unter 60%) und bei höheren Temperaturen (über 30 °C), vermag sich aber nicht bei 10 °C und darunter zu vermehren. In einer graph. Darst. sind die Temperatur- und Feuchtigkeitsbereiche eingezeichnet, in denen die Vermehrungsfähigkeit der einen Art die der anderen übertrifft. Diese unterschiedlichen ökol. Ansprüche erklären die Beobachtung, daß Mehlmilbenpopulationen auf dem Speicher in England nur im Spätsommer und im Herbst von *C. eruditus* niedergehalten werden, nicht aber im Winter. I. Bahr. 1960.

Philipp, W.; Heidelberg, Bez.-stelle für San José-Schildlausbekämpf., Landesanst. für Pflanzenschutz. **Einige Gallmilben als Obstschädlinge.** Anz. Schädlingskunde verein. Schädlingsbekämpf. **35** (1962) Nr. 5. S. 68–70. – 8 Abb.
Vf. behandelt einige Gallmilbenarten, die bisher vielfach wegen ihrer Kleinheit übersehen wurden, aber bei Massenauftreten gefährlich werden können oder als Vektoren für die Übertragung von Viruskrankheiten verantwortlich zu machen sind. Insgesamt wird auf 3 Arten hingewiesen. Die Schadbilder werden erläutert. Die Johannisbeergallmilbe (*Eriophyes ribis* Nal.) schädigt die Knospen, die nicht austreiben, wodurch oft der Fruchtansatz weitgehend unterbleibt. Sie ist bes. an Schwarzer, seit kurzem aber auch an Roter Johannisbeere zu finden. Die Triebsucht bei Pflaumen und Zwetschen wird durch die nichtgallenbildende Art *Vasates fockeui* Nal. et Trouessart hervorgerufen. Sie lebt ektoparasitisch an Blättern, Knospen und an Vegetationspunkten. Die Zwetschengallmilbe (*Aceria* = *Eriophyes phleocoptes* Nal.) verhindert das Austreiben der Kurztriebe und führt damit zu empfindlichen Ertragsausfällen. Sie ist gleichfalls weiter verbreitet, als allg. angenommen wird. Die Bekämpfung der 3 Arten ist infolge Fehlens geeigneter bienenungefährlicher Acaricide problematisch. K. Geißler. 1960.

Wilde, J. de; Wageningen, Netherlands, Agric. Univ., Lab. of Entomol. Photoperiodism in insects and mites. **(Photoperiodismus bei Insekten und Milben.)** Annu. Rev. Entomol. 7 (1962) S. 1–26. – 3 Abb., 1 Tab., 137 Lit.
Vf. stellt anhand umfangreicher Lit.-Studien die Bedeutung des rhythmischen Wechsels von Hell und Dunkel im Tagesablauf für das Wachstum und die Vermehrung bei Insekten und Milben zusammen. So sind die Abhängigkeit des Beginns der Diapause, der Saisondimorphismus bei Lepidopteren, der Beginn der Eiablage, die Ausbildung von Sexualformen bei Aphiden, um nur einige Beispiele zu nennen, vom Hell-Dunkel-Rhythmus abhängig. Vf. charakterisiert weiter den Unterschied im Verhalten von Langtags- und Kurztagstieren und kommt auf die Bedeutung der Temperatur für viele Lebensäußerungen zu sprechen. Er betont, daß quantitative und qualitative Unterschiede im Wechsel zwischen Dunkelheit und Licht sich ebenfalls unterschiedlich auf die Lebensäußerungen auswirken. Die Wirkung des Lichtes kann sich auch indirekt über die Wirtspflanze bemerkbar machen. Dies ist bes. beim Verhalten von Parasiten zu beachten. Schließlich wird noch darauf hingewiesen, daß die Photoperiode in ihrem Ablauf auch ein begrenzender Faktor bei der geographischen Verbreitung der Tiere sein kann. K. Geißler. 1960.

Harvey, William R.; Amherst, Univ. of Massachusetts, Zool. Dep. Metabolic aspects of insect diapause. **(Stoffwechselphysiologische Aspekte bei der Diapause von Insekten.)** Annu. Rev. Entomol. 7 (1962) S. 57–80. – 131 Lit.
Vf. umreißt zunächst den Begriff Diapause als Entwicklungsstillstand, der bei ungünstigen Bedingungen eintritt. Er ist gekennzeichnet durch ein Minimum an biosynthetischen Prozessen. Die Unterschiede zwischen obligatorischer und fakultativer Diapause werden dargelegt. Die 3 Möglichkeiten

der Ei-, Larven- und Imaginaldiapause werden genannt. Die Diapause bei Larven und Puppen wird durch Hormone, die durch Drüsen im Bereich des thorakalen Nervensystems ausgeschüttet werden oder durch diesen Abschnitt des Nervensystems gesteuert werden, beeinflußt. Bei der Eidiapause bestimmen Respiration, Ablauf der oxydativen Prozesse u. a. den Verlauf. Die Synthese von Nucleinsäuren während der Diapause, der Ablauf energetischer Prozesse, die Ionenverhältnisse und deren Austausch werden besprochen. Vf. verweist im übrigen immer wieder auf die für dieses Gebiet der Insektenphysiologie grundlegenden Untersuchungen von Wigglesworth und C. M. Williams. K. Geißler. 1960.

Schneider, F.; Wädensvil, Zürich, Schweiz, Eidg. Versuchsanst. für Obst-, Wein- und Gartenbau. Dispersal and migration. **(Ausbreitung und Wanderung.)** Annu. Rev. Entomol. 7 (1962) S. 223–242. – 103 Lit.
Unter Ausbreitung versteht Vf. eine Vergrößerung des Abstandes zwischen benachbarten Individuen auf passivem Wege, während er als Wanderung eine aktive Ausbreitung über größere Räume bezeichnet. Es kann sich dabei um ungerichtete Wanderflüge handeln, wie sie von Lepidopteren bekannt sind, oder die Entfernung zwischen Brut- und Futterplatz wird überbrückt (Wanderheuschrecken). Umgekehrt können auch zum Aufsuchen der Brutplätze weite Wanderungen unternommen werden. Schließlich kann auch Nahrungsmangel eine Wanderung auslösen. Um den Umfang derartiger Wanderungen festzustellen, werden verschiedene Markierungsmethoden besprochen, so u. a. auch mit radioaktiven Isotopen über das Futter. Ausdehnung und Gestalt derartiger Flüge bei den einzelnen Insektenordnungen werden an ausgewählten Beispielen erläutert. K. Geißler. 1960.

Razowski, Józef und Śliwiński, Zygmunt. Motyle(Lepidoptera) – szkodniki materiałow w domostwach i magazynach. **(Schmetterlinge [Lepidoptera] — Materialschädlinge in Wohnhäusern und Vorratslagern.)** Polskie Pismo entomol. **1961** Nr. 1/2. S. 31–55. – 11 Abb., 4 Lit. Zus. in Russ., Engl.
Morphologie und Biologie von 29 in Wohnhäusern und Vorratslagern aufgefundenen Schmetterlingsarten (16 aus der Familie der *Tineidae*, 8 aus der Familie der *Pyralididae*, 3 aus der Familie der *Oecophoridae*, je 1 aus der Familie der *Gelechiidae* und *Geometridae* werden beschrieben. Bestimmungsschlüssel sind mit aufgeführt. W. Śliwiński. 1960.

Proverbs, T. D. und Newton, J. R.; Summerland, Brit. Columbia. Effect of heat on the fertility of the codling moth, Carpocapsa pomonella (L.) (Lepidoptera: Olethreutidae). **(Der Einfluß von Hitze auf die Fertilität des Apfelwicklers, Carpocapsa pomonella L. [Lepidoptera: Olethreutidae].)** Canad. Entomologist **94** (1962) Nr. 3. S. 225–233. – 8 Tab., 8 Lit.
Versuche i. J. 1956 hatten zum Ziel, durch Freilassen von sexuell sterilen männlichen Faltern den Apfelwickler auszurotten. Eine Voraussetzung hierfür ist die Entwicklung einer Technik, welche die Männchen sterilisiert, ohne daß dadurch ihr natürliches Verhalten sowie die Begattungsfähigkeit und die Lebensdauer derselben beeinflußt werden. Von anderen Insekten ist bekannt, daß die sexuelle Sterilität erreicht werden kann, indem die Tiere hohen Temperaturen oder X- oder Gammastrahlen ausgesetzt werden. Den gleichen Erfolg erzielte man durch Fütterung mit Chemikalien. – Vff. setzten reife Larven, Puppen und Falter des Apfelwicklers hohen Temperaturen aus, um festzustellen, ob Hitze zur Induzierung der Sterilität geeignet ist. Die Untersuchungsergebnisse lassen erkennen, daß es mit dieser Methode nicht möglich war, eine vollständige sexuelle Sterilität zu induzieren, ohne daß dabei eine abnorm hohe Sterblichkeit der Tiere in Erscheinung trat. E. Zech. 1960.

Oatman, R. und Jenkins, Lee. The biology of the red-banded leaf roller, Argyrotaenia velutinana (Wlkr.), in Missouri with notes on its natural control.

(Die Biologie von Argyrotaenia velutinana [Wlkr.] in Missouri mit Bemerkungen über seine natürliche Bekämpfung.) Univ. Missouri, Coll. Agric., agric. Exp. Stat., Res. Bull. **1962** Nr. 789. S. 1–14. – 12 Abb., 5 Tab., 14 Lit.

Argyrotaenia velutinana ist seit über 80 Jahren in Nordamerika bekannt, aber erst in den letzten Jahren hat er wirtsch. Bedeutung erlangt. Die Larven sind sehr polyphag, wobei Apfel bevorzugt wird. Sie fressen oberflächlich, die Wunden verkorken. Oft sind sie auch an der Blattunterseite zu finden. Die Vermehrung erfolgte, nachdem i. J. 1946 DDT in starkem Maße gegen den Apfelwickler zum Einsatz kam. DDT schädigt *A. velutinana* nicht, aber die Parasitenfauna wird stark reduziert. 1951 war er daher der gefährlichste Apfelschädling geworden. Die Untersuchungen wurden in einem Insektarium durchgeführt. Die ersten Larven stammten von befallenen Äpfeln. Sie wurden mit frischen Apfeltrieben ernährt. Die Larven der 3. Generation wurden in Glaszylindern im Freiland überwintert. Das Aussehen der einzelnen Stadien und ihre Lebensdauer werden beschrieben. Gewöhnlich werden 3, ausnahmsweise aber auch 4 Generationen ausgebildet. Für die Bekämpfung kommen insgesamt 22 Parasiten (ausschl. *Hymenoptera*) aus 5 Familien in Frage. Am wirkungsvollsten erwies sich *Goniozus platynotae* Ashm. (*Hymenoptera*: *Bethylidae*). K. Geißler. 1960.

Dicker, G. H. L.; East Malling Res. Stat., Entomol. Sect. The fruitlet mining tortrix. **(Pammene rhediella.)** Agriculture [London] **69** (1962) Nr. 2. S. 56–59. – 3 Abb.

Pammene rhediella ist in England seit langem als gemeine Art bekannt, aber erst i. J. 1955 wurde sie als Schädling an Früchten festgestellt. Offensichtlich ist *Rosa canina* als ursprüngliche Futterpflanze anzusehen, da hier die Raupen gefunden werden. Außerdem sind die Raupen von Äpfeln, Birnen, Pflaumen und Kirschen bekannt geworden. Die Raupen leben versteckt und werden deshalb selten gesehen. Das erste Anzeichen für einen Befall ist das Auftreten verunstalteter Früchte zur Erntezeit. Es ist sehr schwierig, in diesem Stadium die Diagnose zu stellen, da zwei andere Wicklerarten das gleiche Schadbild hervorrufen. Der Befall durch die Raupen erfolgt im Juni. Anfangs minieren sie unter der Oberfläche, später gehen sie tiefer. Typisch für die Art ist die Ausbildung verkorkter Bezirke im Bereich der Fraßstellen im Fruchtinneren. Die Falter sind in England tagaktiv und fliegen an sonnigen Tagen um die Apfelbäume. Da sie sehr klein und dunkel gefärbt sind, werden sie oft nicht beachtet, u. U. für Bienen oder Fliegen gehalten. Die Eier werden bevorzugt an die Blattunterseite abgelegt, z. T. auch an die kleinen Früchte. Die Raupen fressen dann in den Früchten. Die Verpuppung erfolgt im Juli unter loser Rinde, die Puppen überwintern. Die Bekämpfung mit DDT und Rhotane erfolgt zweckmäßig etwa 7 – 10 Tage nach Beendigung der Blüte. Günstig sind 2 Behandlungen, wenn auch die Hundsrosen (*R. canina*) behandelt werden. K. Geißler. 1960.

Kania, Czesław. Z badań nad omacnicą prosowianką-Pyrausta nubilalis (Hbn.) na kukurydzy w okolicach Wrocławia w latach 1956–1959. **(Untersuchungen über Pyrausta nubilalis [Hbn.] auf Mais in der Umgebung von Wrocław in den Jahren 1956–1959.)** Polskie Pismo entomol. **1961** Nr. 3/4. S. 165–181. – 7 Abb., 6 Tab., 14 Lit. Zus. in Russ., Engl.

Flugtermin und Flugintensität von *P. nubilalis* wurden in der Umgebung von Wrocław ermittelt. In kühlen Jahren mit geringen Niederschlägen dauerte der Flug am längsten, in heißen, trockenen Jahren war die Flugdauer nur kurz. Hauptflugzeit: Anfang Juli bis Anfang Aug. von 22^{00} bis 0^{30}Uhr. *P. nubilalis* (Hbn.) befiel vorwiegend Mais, daneben Kultur- und Wildhopfen, Hirse, Mohrenhirse, Gewöhnlichen Beifuß und *Setaria italica*, in einem Falle auch Zuckerrüben. W. Śliwiński. 1960.

Kruel, W. und Ebert, Werner. **Bestandesschädlinge.** Forsch.- u. Entwickl.-Stelle Eberswalde, Institut für Forstwissenschaften der Deutschen Akademie der Landwirtschaftswissenschaften zu Berlin Plan-Nr.: 1701 21 h-2-07/6.
Auf der Grundlage der in neuester Zeit gewonnenen standorts- und vegetationskundlichen Untersuchungen wurde eine eingehende Bearbeitung der vielseitigen Wechselbeziehungen zwischen Schadinsekt und Umwelt durchgeführt. Die mit Hilfe von Archiv- und Lit.-Studien ausgeschiedenen Massenwechsel- und Schadgebiete sowie die Befallsflächen des Kiefernspanners (*Bupalus piniarius* L.) konnten somit einer eingehenden Analyse unterzogen und hinreichend charakterisiert werden. Die Ergebnisse dieser Untersuchungen lassen Schlußfolgerungen über das Entstehen von Massenvermehrungen dieses Schadinsektes und über Möglichkeiten einer verbesserten Prognose zu. 1960.

Popescu, I., Zeletin, Mocanu, V. G. und Puiu, S. Cercetări privind evoluţia arborilor defoliaţi de Lymantria monacha. **(Untersuchungen über die Entwicklung der von Lymantria monacha L. entblätterten Bäume.)** Studii Cercetări Biol. [Bucureşti], Ser. Biol. vegetală **13** (1961) Nr. 1. S. 383–403. – 8 Abb., 2 Tab., 6 Lit. Zus. in Russ., Franz.
An 472 Bäumen im Alter von 70 Jahren wurde nach einer starken Entblätterung während der Jahre 1956 und 1957 das Radiärwachstum mit Hilfe des Vergleichsauxometers ermittelt. Stämme entblätterter Bäume schrumpften im Mai stark. Von den teilweise entblätterten Bäumen stellten 60% ihren Blattapparat wieder her, 30% blieben im Anfangsstadium, die Mehrzahl war im Stande, sich zu erholen. Die völlig entblätterten Bäume trockneten ab, sehr wenige hatten eine schwache Tendenz zur Gesundung.
V. Bontea. 1960.

Rao, S. N.; Ujjain, Vikram Univ., Madhav Coll., Dep. of Zool. Studies on gall midges (Itonididae: Diptera). **(Untersuchungen an Gallmücken [Itonididae: Diptera].)** Proc. nat. Acad. Sci., India, Sect. B **31** (1962) Nr. 2. S. 235 bis 242. – 3 Abb., 12 Lit.
Vf. stellt die zur Untersuchung von Gallmücken üblichen Methoden dar. Er beschreibt das Sammeln, die Zucht, das Präparieren, Konservieren sowie die Herstellung mikroskopischer Präparate einschl. der Zergliederung der Tiere. Hinweise zur Bestimmung beschließen die Arbeit. E. Königsmann. 1960.

Milne, D. L.; Rustenburg, Africa, Centr. Tobacco Res. Inst. Gall midges (Cecidomyidae) causing seed losses in red and white clovers. **(Gallmücken [Cecidomyidae] verursachen Samenverluste bei Rot- und Weißklee.)** South African J. agric. Sci. **5** (1962) Nr. 1. S. 89–94. – 1 Tab., 16 Lit. Zus. in Franz., Afrikaans.
In England wurden 3 Gallmückenarten gefunden, die die Samenproduktion bei Klee beeinträchtigen: *Dasyneura leguminicola* Lintn. an Rotklee, *D. gentneri* Pritchard, vorwiegend an Weiß-, aber auch an Rotklee, und *Trichoalba barnesi* Milne, eine neubeschriebene, vereinzelt an Rotklee vorkommende Art. Vf. behandelt die Biologie dieser Arten und gibt Hinweise zu ihrer Bekämpfung. Die Untersuchungen wurden in Rothamsted (England) durchgeführt. Alle 3 Arten schädigen im Larvenstadium die Blütenstände, die ein geschwollenes Aussehen annehmen. Sie sind demzufolge in Samenvermehrungsgebieten gefährlich. *D. leguminicola* erscheint Ende Mai. Die Larven sind bis Anfang Juli in den Blüten zu finden; nach 4 Wochen gehen sie zur Verpuppung in den Boden Die 2. Generation erscheint Anfang Aug. Eine 3. Teilgeneration entwickelt sich in Wildkleearten. *D. gentneri* tritt ab Mitte Juni auf und belegt offene Blüten von Rot- und Weißklee. Die Larven verpuppen sich nach 2 Wochen im Boden, die 2. Generation erscheint Mitte

Aug. Eine 3. Teilgeneration kann sich gleichfalls an Wildkleearten entwickeln. *T. barnesi* beginnt den Hauptflug in der 3. Juniwoche. Eine 2. Generation ist ab Mitte Sept. zu beobachten, eine 3. scheint in England nicht ausgebildet zu werden. Die Hauptflugzeit dieser Art ist während der Dämmerung. Eine chem. Bekämpfung war wenig erfolgeich, da die Eier und Larven einerseits durch Insekticide kaum erreichbar sind, die Adulten andererseits keine Nahrung aufnehmen. Die Parasitierung ist nicht ausreichend, um eine Bekämpfung zu gewährleisten. Am besten hat sich bewährt, den Schnitt des Klees so zu legen, daß die 1. Generation keine Blüten für die Eiablage vorfindet. K. Geißler. 1960.

Grover, P; Allahabad, Univ., Dep. of Zool. A new gall midge (Itonididae: Diptera) from India. **(Eine neue Gallmücke [Itonididae: Diptera] aus Indien.)** Proc. nat. Acad. Sci., India, Sect. B **31** (1962) Nr. 2. S. 172–175. – 13 Abb., 5 Lit.

Vf. beschreibt die neue Gallmückenart *Vanchidiplosis kamali* n. sp. und gibt einen Bestimmungsschlüssel der nunmehr 5 Arten der Gattung *Vanchidiplosis*. E. Königsmann. 1960.

Leuchs, F.; Fischenich/Köln, Biol. Bundesanst. für Land- und Forstwirtsch., Inst. für Gemüsekrankh. und Unkrautforsch. **Die Kohldrehherzmücke (Contarinia nasturtii Kieff.) und andere Schädlinge an Rosenkohlröschen.** Z. Pflanzenkrankh. (Pflanzenpathol.) Pflanzenschutz **69** (1962) Nr. 4. S. 200–207. – 4 Abb., 8 Lit.

Auf Grund häufiger Verletzungen an den Röschen von Rosenkohl wurden in den Jahren 1956 und 1957 Untersuchungen vorgenommen und festgestellt, daß mehrere Schädlingsarten als Schaderreger in Frage kommen. Neben der Kohlfliege (*Phorbia brassicae* Bouché), *P. fugax* Mg., Kohlerdflohkäfer (*Phyllotreta* spp.), Kohlmotte (*Plutella maculipennis* [Curt.]), Kohleule (*Barathra brassicae* L.) und Landlungenschnecken (*Stylommatophora*) wurde auch die Kohldrehherzmücke (*Contarinia nasturtii* Kieff.) festgestellt. Sie trat bes. im Sept. und Okt. auf. An den Röschen wurden größtenteils 4–6 Maden beobachtet. In den folgenden Mon. nahm der Befall ab. Im Dez. wurden kaum noch Maden in den Röschen angetroffen. Die Schadbilder der einzelnen Schädlingsarten werden beschrieben. Bekämpfungsversuche mit Phosphorsäureestern und Chlorkohlenwasserstoffen zeigten, daß Applikation der Insekticidbrühe durch den engen Stand der Röschen große Schwierigkeiten bereitet. E. Zesewitz. 1960.

Kleinschmidt, R. P. New species of Agromyzidae from Queensland. **(Neue Agromyzidae-Arten aus Queensland.)** Queensland J. agric. Sci. **17** (1960) Nr. 4. S. 321–337. 1960.

Weidner, H.; Hamburg. **Massenauftreten von Heleiden- (Ceratopogoniden-) Larven an Steckrüben (Diptera, Nematocera).** Anz. Schädlingskunde verein. Schädlingsbekämpf. **35** (1962) Nr. 6 S. 91–92. – 2 Abb., 6 Lit.

An Steckrüben (Kohlrüben) der Sorte 'Seefelder', die stark von Kohlfliegenlarven befallen waren und unter B-Mangel gelitten hatten, auf leichtem Boden in Friedrichsgabe (Schleswig-Holstein) wurden Anfang Nov. 1961 in großer Zahl eucephale Larven der Heleidenart *Forcipomyia ciliata* Winnertz gefunden. Jede 3. Pflanze war von ihnen besetzt. Die Morphologie der Larven wird beschrieben und ihre systematische Zugehörigkeit aufgezeigt. Die Larven sind 5 mm lang, sie saßen dicht gedrängt in den braunverfärbten Hohlräumen der Kohlrübe. Es hatte den Anschein, als ob sie die Rüben befressen hätten. Allerdings sind bei uns bisher Heleiden-Larven nicht als Pflanzenschädlinge festgestellt worden. Auf Hawaii sind die Larven der Art *F. brevis* Joh. als Ananasschädlinge beschrieben worden. Ihre Schädlichkeit wird allerdings angezweifelt, denn terrestrische Heleiden-Larven leben, soweit bekannt, von sich zersetzenden Pflanzenteilen. Es könnte sich in dem beschriebenen Falle auch um Saprophyten handeln, gegebenenfalls auch um Sekundär-Schädlinge. Eine weitere Möglichkeit wird erörtert, danach könnten die Imagines der *Forcipomyia* als Feinde der Kohlfliege auftreten. Vf. knüpft dabei an die Anlockversuche von Mayer (1955) an, bei denen Imagines einer nah verwandten Art (*Atrichopogon brunnipes* Meigen) zusammen mit dem Pflanzenparasiten *Anthomyia pluvialis* L. beobachtet wurden.

J. Noll. 1960.

Aguilar, J. d' und Missonnier, J.; Versailles, Lab. de Faunistique Agric., Stat. Centr. de Zool. Agric.; Rennes, École Nat. Supérieure Agronomique, Chaire de Zool., Centre de Rech. Agronomiques de l'Quest. Étude morphologique et biologique comparée de deux Pegomyia vivant sur la betterave: P. betae Curt. et P. hyoscyami Panz. (Dipt. Muscidae). **(Vergleichende morphologische und biologische Untersuchung der beiden auf der Rübe lebenden Pegomyia-Arten: P. betae Curt. und P. hyoscyami Panz. [Dipt. Muscidae].)** Ann. Épiphyties **13** (1962) Nr. 2. S. 95–116. – 6 Abb., 4 Tab., 36 Lit. Zus. in Engl.
Bisher wurde *Pegomyia hyoscyami* var. *betae* Curt. als eine Rasse von *P. hyoscyami* angesehen. Beide Formen wurden im Labor. gezüchtet und in allen Einzelheiten vom Ei bis zur Imago beschrieben. Beide Formen sind in allen Entwicklungsstufen unterscheidbare und selbstständige Arten. Während für *P. hyoscyami* Chenopodiaceen und Solanaceen als Wirtspflanzen ermittelt wurden, dienen *P. betae* ausschl. Chenopodiaceen als Wirtspflanzen. *P. hyoscyami* verpuppte sich manchmal in den Blättern, *P. betae* nur im Boden. *P. betae* ist mehr im Norden, *P. hyoscyami* mehr im Süden verbreitet. Rübenfliegen aus Deutschland (Köln) erwiesen sich als *P. betae*.

K. Schulz. 1960.

Landa, Vladimír; Prague, Czechoslovak Acad. of Sci., Inst. of Entomol. Experiments with an artificial spermatophore in cockchafer (Melolontha melolontha L.). **(Versuche mit künstlichem Spermatophor beim Maikäfer [Melolontha melolontha L.].)** Časopis českoslov. Společnosti entomol. **58** (1961) Nr. **4**. S. 297–301. – 8 Abb., 6 Lit. Zus. in Engl.
Man untersuchte die Entwicklung der männlichen Geschlechtsorgane sowie die Entwicklung und Funktion des Spermatophors bei *Melolontha melolontha* L. Als Versuchsobjekt diente ein künstlicher Spermatophor, der durch Vermischen des Samenleiterinhaltes und des Inhalts der akzessorischen Geschlechtsdrüsen etwa im Verhältnis von 1:2 entsteht. Der Tropfen wird mit Deckgläschen bedeckt, mit Vaseline umrahmt und nach dem Phasenkontrastverfahren untersucht. Es wurden der Verlauf der Differenzierung granulöser und hyaliner Sekretkomponenten der akzessorischen Geschlechtsdrüsen, die Entstehung hyaliner Inseln und der Verlauf der Spermienaktivierung untersucht. Die Differenzierung der Spermatophormasse und die Spermienaktivierung fanden auch in N-haltigem Medium statt; im O_2-Bereich kam es zwar auch zur Spermienaktivierung, jedoch nicht zur Differenzierung. Die Versuche mit dem künstlichen Spermatophor haben gezeigt, daß die im Spermatophor verlaufenden Reaktionen weder vom ductus ejaculatorius des Männchens bei der Spermatophorbildung, noch von der bursa copulatrix der Weibchen, wo der Spermatophor aufgespeichert bleibt, beeinflußt werden.

P. Bartoš. 1960.

Mackiewicz, Stanisław. Wpływ wsiewek konopi w ziemniakach i burakach na gęstość porażenia przez stonkę ziemniaczaną i mszyce. **(Der Einfluß der Flachssämlinge in Kartoffeln und Rüben auf die Befallsstärke von Kartoffelkäfern und Blattläusen.)** Biul. Inst. Ochrony Roślin **16** (1962) S. 101–131. – 11 Abb., 15 Lit. Zus. in Russ., Engl.
In Gewächshaus- und Feldversuchen übten der Geruch des zwischen Kartoffeln eingesäten Flachses sowie der Wasserextrakt aus Flachspflanzen, der

zur Blattspritzung Verwendung fand, keinen Einfluß auf den Kartoffelkäferbesatz. Käferverhalten, Eiablage sowie Larvenentwicklung blieben in Labor.-Versuchen unbeeinflußt. Im Freiland ergaben sich keine Wirkungen benachbarter Flachsbestände auf die Intensität des Auftretens von Kartoffelkäfern bzw. Blattläusen. W. Śliwiński. 1960.

Schott, H.; Dresden, Rat des Bezirkes, Pflanzenschutzamt. **Untersuchungen über den Massenwechsel des Rapserdflohes (Psylliodes chrysocephala L.) von 1955 bis 1958 in den Bezirken Dresden, Leipzig und Karl-Marx-Stadt.** Nachrichtenbl. dtsch. Pflanzenschutzdienst [Berlin] [N. F.] **16(42)** (1962) Nr. 4. S. 61 bis 65. — 1 Abb., 1 Karte, 19 Lit.
Ergebnisse 4jähriger Beobachtungen im Raum Sachsen, also unter ±binnenklimatischen Bedingungen, werden mitgeteilt. Danach beginnt der Zuflug der Käfer des Rapserdflohes Anfang Sept. und dauert bis etwa in die 3. Sept.-Dekade (16 °C erforderlich). Die Befallsstärke ist abhängig von der Zahl der zufliegenden Käfer, daneben von dem Boden, der Höhenlage und Rapsanbaudichte (Flugvermögen der Käfer ca. 4 km). Ein zu trockener Sept. (unter 25 mm) wirkt befallsmindernd durch Schädigung der Eier. Der Einfluß des Winters auf die einzelnen Stadien ist verschieden, das 3. Larvenstadium ist am kältewiderstandsfähigsten; bes. gefährlich sind neben Kahlfrösten unter —16 °C geringe Schneedecken bis zu 3 cm. U. Scheiding. 1960.

Wengris, Janina. Z badań nad szkodnikami występującymi na roślinach motylkowych w woj. olsztyńskim. **(Forschungsergebnisse über die im Verwaltungsbezirk Olsztyn an Leguminosen auftretenden Schädlinge.)** Polskie Pismo entomol. **1961** Nr. 3/4. S. 227–235. — 1 Tab., 20 Lit. Zus. in Russ., Engl.
Im Verwaltungsbezirk Olsztyn wurden in 20 Ortschaften im Laufe von 10 Jahren an Klee, Luzerne, Erbsen, Bohnen, Wicken, Serradella, Lupinen, Peluschken sowie Gemenge von Getreide mit Leguninosen die Schadinsekten ermittelt. Im Frühjahr traten vor allem an Erbsen *Sitona lineatus, S. griseus* und *S. sulcifrons* bes. zahlreich auf. *Apion* sp. waren auf allen Anbauflächen anzutreffen, am stärksten schädigten sie Klee. An Luzerne verursachte *Phytonomus variabilis* größeren Schaden. Eine wichtige Rolle spielten hier auch *Lygus pratensis* und *L. pubescens*. Dagegen traten *Bruchidae* und *Cecidomyidae* sehr wenig auf. Lupinen wiesen den geringsten Schädlingsbefall auf. W. Śliwiński. 1960.

Sandner, Henryk. Badania nad wpływem gęstości populacji niektórych gatunków szkodników przechowalnianych na ich rozrodczość. **(Untersuchungen über den Einfluß der Populationsdichte einiger Arten von Vorratsschädlingen hinsichtlich ihrer Fortpflanzungsfähigkeit.)** Polskie Pismo entomol. **1961** Nr. 1/2. S. 71–77. — 4 Tab., 1 Abb., 1 Lit. Zus. in Russ., Engl.
Bei zu hoher Luftfeuchtigkeit in Labor.-Versuchen mit *Calandra granaria* und *Acanthoscelides obtectus* hatte eine Überdichte der Schädlinge größeren Einfluß auf die Senkung der Fruchtbarkeit als bei normaler Luftfeuchtigkeit. Bei *A. obtectus* stellte Vf. das Vorhandensein einer optimalen Populationsdichte fest. W. Śliwiński. 1960.

Lipa, Jerzy J. Badania nad nowym szkodnikiem drzew owocowych w Polsce — prsześwietlikiem gruszowym Stephanitis piri (Fabr.) (Heteroptera, Tingidae). **(Ermittlungen über den neuen Obstbaumschädling in Polen — Stephanitis piri [Fabr.] [Heteroptera, Tingidae.])** Biul. Inst. Ochrony Roślin **16** (1962) S. 141–144. — 4 Lit. Zus. in Russ., Engl.
Stephanitis piri Fabr. wurde in Polen erstmalig i. J. 1955 aufgefunden. Gegenwärtig sind 3 Hauptbefallsgebiete bekannt. Mutmaßlich tritt der Schädling jedoch zahlreicher auf. Schadbild und Biologie werden beschrieben. W. Śliwiński. 1960.

Maxwell, Fowden G. und Painter, Reginald H.; Manhattan, Kansas State Univ. Auxin content of extracts of certain tolerant and susceptible host plants of Toxoptera graminum, Macrosiphum pisi, and Therioaphis maculata and relation to host plant resistance. **(Auxingehalt der Extrakte gewisser toleranter und anfälliger Wirtspflanzen für Toxoptera graminum, Macrosiphum pisi und Theorioaphis maculata und Beziehung zur Wirtspflanzenresistenz.)** J. econ. Entomol. **55** (1962) Nr. 1. S. 46–56. – 12 Abb., 1 Tab., 31 Lit.
Mehrere gegen *Toxoptera graminum* Rondani bzw. *Macrosiphum pisi* Harris tolerante bzw. anfällige Sorten und Stämme von Gerste, Weizen, Ackerbohne und Luzerne wurden chromatographisch und mit dem *Avena*-Test auf den Gehalt an mehreren Wuchsstoffen untersucht, und zwar teils vor, teils nach Befall mit den genannten Schädlingen. – Zwischen den Arten und Sorten bestanden erhebliche Unterschiede im Wuchsstoffspektrum. Alle anfälligen Sorten, außer der Weizensorte 'Pawnee', enthielten im Gegensatz zu den toleranten Sorten ein oder mehrere freie neutrale Auxine und hatten gewöhnlich höheren Gehalt an freien Auxinen. Kurzer Läusebefall führte zur Verringerung des Wuchsstoffgehaltes bei allen Sorten, außer der Weizensorte 'Dickinson', während bei der anfälligen Sorte 'Pawnee' als Folge des Befalls der Gehalt an neutralen Auxinen signifikant anstieg. In Pflanzen toleranter Sorten wurden weniger saure Auxine abgebaut oder ausgeschieden als bei anfälligen Sorten, obwohl in manchen Fällen keine signifikanten Differenzen im Gehalt an inhärenten Auxinen bestanden. Eine nähere Untersuchung der gebundenen und freien Auxine muß noch klären, ob die toleranten Sorten weniger Gesamtauxine aufweisen, nachdem gefunden wurde, daß die toleranten Sorten keine neutralen Auxine enthalten.

W. Stenz. 1960.

Müller, Fritz Paul; Rostock, Univ., Inst. für Phytopathol. und Pflanzenschutz, Abt. für Angew. Entomol. **Biotypen und Unterarten der „Erbsenlaus" Acyrthosiphon pisum (Harris).** Z. Pflanzenkrankh. (Pflanzenpathol.) Pflanzenschutz **69** (1962) Nr. 3. S. 129–136. – 13 Lit. Zus. in Engl.
Die Art ist an zahlreichen Papillionaceen zu finden, wo sie auch gelegentlich schädigend auftritt, z. B. an Erbsen und Luzerne. Die unterschiedliche Färbung der Tiere verdeutlicht bereits, daß es sich hier um einen vielgestaltigen Formenkreis handelt. Für die Untersuchungen wurden einheitlich erscheinende Populationen von einer Pflanzenart entnommen und in Insektenkäfigen weitergezüchtet. Insgesamt wurden 9 Populationen von verschiedenen Leguminosen untersucht und zur Feststellung des Wirtspflanzenkreises mit 8 Leguminosenarten getestet. Nur *Vicia faba* wurde von allen Populationen befallen. Nur die Form mit geflügelten Männchen ist als „Erbsenlaus" im eigentlichen Sinne zu bezeichnen, da die Formen mit ungeflügelten Männchen nicht an Erbse vorkommen. Grüne und gelbe Formen behielten ihre Grundfärbung, rot wird dominant über grün vererbt.

K. Geißler. 1960.

Brouwer, M. Th. J. de.; Naaldwijk, Proefstat. Groenten-en Fruitteelt onder Glas. De wollige slawortelluis (Pemphigus bursarius L.) bij andijvie. **(Die Wollige Salatwurzellaus [Pemphigus bursarius L.] an Endivie.)** Meded. Directeur Tuinbouw ['s-Gravenhage] **25** (1962) Nr. 5. S. 316–324. – 6 Abb., 3 Tab.
Die Salatwurzel- oder Pappelblattgallenlaus (*Pemphigus bursarius* L.) überwintert als Ei auf Italienischer Pappel (*Populus nigra* var. *italica* Duroi). Die Stammütter bilden hier Gallen an den Blattstielen. Die hierin entstehenden geflügelten Läuse fliegen im Juni-Juli. Sie besiedeln dann Salat und auch Endivien. Dort legen sie Eier. Die Larven saugen an den Wurzeln. Das entstehende Schadbild wird beschrieben. Im Herbst gehen Geflügelte wieder auf Pappel über. Auf das Auspflanzen läusefreien Pflanzmaterials

bei Salat muß geachtet werden. Ist dies versäumt worden, dann ist eine Bodenbehandlung mit Diazinon am besten wirksam. Nach Mitte Aug. ist kein Erfolg mehr zu erzielen. R. Fritzsche. 1960.

Cumming, Margaret E. P.; Ottawa, Canada, Forest Entomol. and Pathol. Branch. The biology of Pineus similis (Gill.) (Homoptera: Phylloxeridae) on spruce. **(Die Biologie von Pineus similis Gill. [Homoptera: Phylloxeridae] an Rottanne.)** Canad. Entomologist **94** (1962) Nr. 4. S. 395–408. – 12 Abb., 1 Tab., 4 Lit.
In verschiedenen Gebieten Kanadas besitzt die Tannengallaus *Pineus similis* Gill. an verschiedenen Tannenvarietäten erhebliche Bedeutung. Die Morphologie der Nymphen, Fundatrigenien sowie der geflügelten und ungeflügelten Galläuse wird beschrieben. Die Entwicklung kann sehr verschieden sein. Ausgangspunkt ist in jedem Falle die Fundatrix, von der sie entweder über geflügelte oder ungeflügelte Gallicolae oder über flügellose Weibchen außerhalb von Gallen führen kann. Die Fundatrix ist in jedem Falle die überwinternde Generation. Nymphen erscheinen im Juli oder Aug. Es gibt 4 Nymphenstadien. Das Schadbild wird beschrieben.
R. Fritzsche. 1960.

Caldwell, John; Exeter, Univ., Dep. of Bot. Seed-transmission of viruses. **(Die Samenübertragung von Virosen.)** Nature [London] **193** (1962) Nr. 4814. S. 457–459. – 13 Lit.
Zur Ergründung der rel. geringen Samenübertragbarkeit der pflanzlichen Virosen sind verschiedene Hypothesen geprüft worden. So führt u. a. die virusbedingte Störung der Reifeteilung dazu, daß lediglich gesunde Zellverbände zur Ausbildung gesunder Samenanlagen und Samen befähigt sind. In stoffphysiol. Untersuchungen wurden neuerdings Hinweise dafür erhalten, daß ein Überschuß energiereicher org. P-Verbindungen die Virusinfektion und -vermehrung in der Zelle begünstigt. Im Embryonalgewebe liegt rel. P-Mangel vor, womit die geringe Samenübertragbarkeit erklärt werden könnte. Schwierigere Fragen ergeben sich indessen bei Ausnahmefällen.
H. E. Schmidt. 1970.

Kovachevsky, Iv. Chr.; Sofia, Inst. für Pflanzenschutz. **Forschungsarbeit über Viruskrankheiten der Pflanzen in Bulgarien.** Nachrichtenbl. dtsch. Pflanzenschutzdienst [Berlin] [N. F.] **16(42)** (1962) Nr. 2. S. 25–30. – 1 Abb., 59 Lit. Zus. in Russ., Engl.
Über die in Bulgarien seit dem Jahre 1926 erzielten Ergebnisse der Virusforsch. wird in kurzer Form berichtet. Neben der Aufzählung der aus Publikationen bekannt gewordenen Viruskrankeiten der Solanaceen (Tabak, Paprika, Tomate, Stechapfel, Kartoffel), Cucurbitaceen, Leguminosen, Gramineen, des Kern- und Steinobstes, der Zuckerrübe, Zwiebel und Pfefferminze sowie der Weinrebe und Ziergehölze werden die Ergebnisse eigener, noch nicht veröffentlichter Arbeiten des Vf. mitgeteilt. Fernerhin sind Fragen der Grundlagenforsch. berücksichtigt worden. H. E. Schmidt. 1970.

Săvulescu, A. und Pop, I.; Bukarest, Inst. für Biol. „Tr. Săvulescu". **Die Erforschung der pflanzlichen Virosen in der Rumänischen Volksrepublik und einige Probleme der künftigen Entwicklung.** Nachrichtenbl. dtsch. Pflanzenschutzdienst [Berlin] [N. F.] **16(42)** Nr. 3. S. 53–57. – 37 Lit. Zus. in Russ., Engl.
Seit dem Jahre 1952 werden in Rumänien die Viruskrankheiten eingehend untersucht. Pop nennt 1961 78 Virosen, die an den in der RVR angebauten Pflanzen auftreten und die durch Untersuchungen ihrer Eigenschaften bzw. der Übertragung auf Testpflanzen oder durch beobachtete Symptome bestimmt wurden. Neben der Identifizierung der Virosen wird die Verbreitung der Viren unter dem Einfluß von Klima, Vektoren und Wildpflanzenflora

bearbeitet. Bei den Vektoren werden die Übertragungsweise sowie Veränderungen, welche die Viren in ihnen hervorrufen, untersucht. Im Rahmen des „Plan's für die Erzeugung von Pflanzkartoffeln" sind 1961 315000 Kartoffelpflanzen auf X-Virus serologisch getestet worden. Bei der Zusammenarbeit der sozialistischen Länder ist Rumänien am Bezug von gesundem Pflanzgut, an der Serumherstellung und an der Aufstellung von Arbeitsgruppen für die Virus-Forsch. interessiert. R. Kämmerer. 1970.

Raatikainen, Mikko; Tikkurila, Finland, Agric. Res. Centre, Dep. of Pest Investigation. On the contribution of Mesopolobus graminum (Hårdh) (Hym., Pteromalidae) to the shrivelheads of spring wheat. **(Über den Anteil von Mesopolobus graminum [Hårdh] [Hym., Pteromalidae] beim Auftreten der Taubährigkeit des Sommerweizens.)** Ann. entomol. fenn. **27** (1961) S. 204–209. Sep. – 17 Lit.
Entgegen früheren Beobachtungen (Hårdh, 1953), wonach *Mesopolobus graminum* (Hårdh) am Auftreten der Taubährigkeit bei Sommerweizen beteiligt sein sollte, besagen diese Untersuchungen, daß dies nicht der Fall ist. Es handelt sich vielmehr um das streifige Mosaikvirus des Weizens, das durch *Calligypona pellucida* übertragen wird. Die wirtschaftliche Bedeutung von *M. graminum* ist gering. K. Geißler. 1970.

Nohejl, Josef; Havl. Brod, VÚB. Diagnostika viróz brambor a nové kmeny virů. **(Diagnostik der Kartoffelvirosen und neue Virusstämme.)** Za vysokou Úrodu **9** (1961) Nr. 22. S. 525–527. – 5 Abb., 1 Tab.
In den Pflanzenzuchtstat. bilden die serologischen Prüfungen einen Bestandteil der Methode bei der Erhaltungszüchtung von Kartoffeln. Das Staatsgut Kerkov hat bei der Sorte 'Mirka' mit der serologischen Diagnose gute Erfolge erzielt. Für die Erzeugung diagnostisch wichtiger Seren ist in der Kartoffelforsch.-Anst. eine Methode zur Immunisierung von Hammeln und Pferden ausgearbeitet worden. Zur Diagnose von Virosen dient auch ein Verfahren, das auf Grund der Verfärbung von Keimen die Unterscheidung von gesunden und virösen Knollen ermöglicht; diese Methode hat sich bei der Sorte 'Bintje' gut bewährt. In den letzten Jahren wurde in der ČSSR ein neuer Stamm des Y-Virus festgestellt. Dieser Stamm trägt die Bezeichnung Y-AL(= TRBV) und verursacht das Hellwerden und später die Nekrose der Nerven. Oft bleibt dieses Virus latent. Im Jahre 1960 wurde in der Kartoffelforsch.-Anst. ein M-Virus festgestellt, das dem X-Virus ähnelt. Die klarsten M-Symptome zeigt die Sorte 'Ackersegen' z. Z. des Blütenknospenansatzes. Die Sorten 'Oslava', 'Ackersegen' und 'Erstling' werden vom M-Virus am stärksten befallen. P. Bartoš. 1970.

Manturova, I. M. und Kil'djaeva, V. P. (Manturowa, I. M. und Kildjajewa, W. P.); Norilsk, Gebiet Krasnojarsk, Forsch.-Inst. für Landwirtsch. des Hohen Nordens. Virusnye bolezni kartofelja na Krajnem Severe. **(Kartoffelvirosen im Hohen Norden.)** Zaščita rastenij ot vreditelej i boleznej, Moskva **7** (1962) Nr. 1. S. 35–36.
In einigen Versuchsstat. des Waldtundragebietes des Hohen Nordens hinter dem Polarkreis werden kleine Kollektionen sowjet. und ausländischer Kartoffelsorten angebaut. Mittels der serologischen Methode wurde festgestellt, daß die meistens seit 1949 gezogenen Sorten latenten Befall mit dem X-Virus aufwiesen. Symptome treten nur in trockenen Jahren bei einzelnen Pflanzen auf. H. Decker. 1970.

Todd, J. M.; Edinburgh, Scotland, Dep. of Agric. and Fishery. The incidence and control of aphid-borne potato virus diseases in Scotland. **(Vorkommen und Bekämpfung der durch Blattläuse übertragenen Kartoffelviruskrankheiten in Schottland.)** Europ. Potato J. **4** (1961) Nr. 4. S. 316–329. – 6 Tab., 11 Lit. Zus. in Franz., Dtsch.

Es wird eine Übersicht über die Organisation der Bekämpfung durch Aphiden übertragener Kartoffelviruskrankheiten in Schottland gegeben; desweiteren werden auf Grund der Erkenntnisse über Vorkommen und Bekämpfung von Viruskrankheiten Entwicklungsmöglichkeiten der schottischen Pflanzkartoffelerzeugung erörtert. – In Schottland wird erst seit dem Jahre 1918 eine organisierte Bekämpfung der durch Blattläuse übertragenen Kartoffelvirosen durchgeführt. Mit dem Auftreten von Virosen bei Handelspflanzgut beschäftigte man sich erstmalig 1932. Heute werden in Schottland Kartoffelbestände kaum noch wegen Viruskrankheiten aberkannt. Seit 1945 ist keine durch Blattläuse übertragene Virose epidemisch aufgetreten. Fast in allen Grafschaften Schottlands ist die Ausbreitungsrate für das Blattrollvirus höher als für das Y-Virus. Durch diese langsame Verbreitung des Y-Virus ist Schottland auch von einer verheerenden Epidemie des Tabakrippenbräune-Virus verschont geblieben. B. Hinz. 1970.

Kovačevski, I. (Kowatschewski, I.) Krastavična mosaika (Marmor cucumeris Holmes) po cvekloto. **(Gurkenmosaik [Marmor cucumeris Holmes] an Zuckerrüben.)** Rastitelna zaštita, Sofija **9** (1961) Nr. 3. S. 11–16. – 1 Abb. Zus. in Russ., Dtsch.

Durch künstliche Infektionsversuche wurde das Gurkenmosaikvirus an Zuckerrüben festgestellt. Die Krankheitssymptome werden beschrieben. Die in Bulgarien verbreitete Sorte 'Endsch' wird sehr schwach befallen, wobei nur an den untersten Blättern unwesentliche Schäden hervorgerufen werden. Die Krankheitssymptome äußern sich 3–4 Wochen nach der Infektion, während bei Inokulation von Zuckerrübenpreßsaft auf *Chenopodium quinoa* bereits nach 3–4 Tagen Symptome sichtbar werden. 'Samsun'-Tabak stellt ebenfalls eine gute Indikatorpflanze dar. Bei einem sehr hohen Infektionsdruck wurden starke Schädigungen durch das Virus bes. an der monokarpen Sorte 'Jaltosowsko' und der belgischen Sorte 'Mirabopoly' beobachtet. Widerstandsfähiger als diese ist die ungarische Sorte (K 91). Die Prüfung neuer Zuckerrübensorten auf ihre Empfindlichkeit gegen dieses Virus wird empfohlen. D. Dodow. 1970.

Aach, H. G. **Interferenz zweier nahe verwandter Stämme des Tabakmosaikvirus.** Ber. dtsch. bot. Ges. **74** (1962) Nr. 9. S. 433–435. – 3 Tab., 6 Lit.

In unterschiedlichen Zeitabständen bis zu 72 Std. nach Vorinfektion durch den TMV-Stamm *thermophilum* wurde der durch UV-Strahlung stark abgeschwächte Stamm *necans* auf Javatabak überimpft. Die Zahl der Läsionen war bei Überimpfung nach 8 Std. am größten. Bei den nichtvorinfizierten Kontrollpflanzen entstanden dagegen nur sehr wenig Lokalläsionen. Im Falle einer Nachinfektion mit UV bestrahlten sowie mit verdünnten (1:200) *necans*-Präparaten bildeten sich mehr als doppelt soviel Läsionen als bei der verdünnten Variante. In Kontrollversuchen lag jedoch eine weitgehende Übereinstimmung der durch beide Inokula bei gesundem Tabak erzielten Läsionenmengen vor. Die Ergebnisse könnten erklärt werden, wenn eine genetische Interferenz der beiden mischinfizierten TMV-Stämme angenommen wird. Indem einzelne Läsionen differenziert auf Java- und Xanthitabak überimpft wurden, konnten neue TMV-Stämme mit voneinander abweichenden Eigenschaften erhalten werden. H. E. Schmidt. 1970.

Cadman, C. H.; Invergowrie, Dundee, Scot. Horticult. Res. Inst. Evidence for association of tobacco rattle virus nucleic acid with a cell component. **(Beweis für die Verbindung der Tabak-Mauke-Virus-Nucleinsäure mit einer Zellkomponente.)** Nature [London] **193** (1962) Nr. 4810. S. 49–52. – 6 Tab., 11 Lit.

Beim Virus der Tabak-Mauke-Krankheit sind 2 Stämme bekannt, von denen der eine (M) leicht durch Preßsaftabreibung auf *Petunia hybrida*

übertragen werden kann. Es handelt sich hierbei um stäbchenförmige Viruspartikeln. Diese werden bei dem anderen Stamm (NM) nur sehr selten gefunden. Mechanische Übertragung auf krautige Testpflanzen mit Rohpreßsäften gelingen nur sehr schwer. Dagegen kann durch Phenolextraktion NM infizierter Petunienblätter ein hochinfektiöses Inokulat erhalten werden, womit *Chenopodium amaranticolor* und *Phaseolus vulgaris* ('Prince') infizierbar sind. Als infektiöser Bestandteil der NM-Präparate kann die Virusnucleinsäure nachgewiesen werden, die infolge des Schutzes gegenüber inaktivierenden Subst. an eine subzelluläre Komponente gebunden sein muß. Durch differenzierte Ultrazentrifugation mit nachfolgender Zentrifugation im Glycerin-Dichtegradienten erhält man eine infektiöse NM-Fraktion, deren Eigenschaften darauf schließen lassen, daß die Nucleoli sehr wahrscheinlich als die subzellulären Einheiten zu betrachten sind, mit denen die infektiöse Nucleinsäure des Virus der Tabak-Mauke-Krankheit verbunden ist.
H. E. Schmidt. 1970.

Gordon, Milton Paul und Smith, Conley; Seattle, Univ. of Washington, Dep. of Biochem. The infection of Rhoeo discolor by tobacco mosaic virus ribonucleic acid. **(Die Infektion von Rhoeo discolor durch die Ribonucleinsäure des Tabakmosaikvirus.)** J. biol. Chemistry **236** (1961) Nr. 10. S. 2762–2763. – 2 Tab., 7 Lit.

Rhoeo discolor erweist sich gegenüber einer Infektion durch TMV-Ribonucleinsäure als anfällig. Der Virustiter hängt stark von den Belichtungsverhältnissen ab, denen die Versuchspflanzen vor und nach der Inkubationszeit ausgesetzt sind. Sind die Pflanzen vor der Inokulation von TMV-RNA 3 Tage lang völliger Dunkelheit ausgesetzt, dann werden nur wenig Viruspartikeln gebildet. Bei niedrigen Lichtintensitäten ist lediglich eine Infektion durch TMV-RNA erfolgreich, während im Bereich von 800 bis 11000 ft.-candles auch intaktes TMV infektionstüchtig ist. Alle Versuche wurden im Gewächshaus bei 20° bis 25 °C durchgeführt. H. E. Schmidt. 1970.

Bawden, F. C.; Harpenden, Rothamsted Exp. Stat. The susceptibility of Rhoeo discolor to infection by tobacco mosaic virus. **(Die Anfälligkeit von Rhoeo discolor gegenüber der Infektion durch das Tabakmosaikvirus.)** J. biol. Chemistry **236** (1961) Nr. 10. S. 2760–2761. – 1 Tab., 22 Lit.

Blattstücke von *Rhoeo discolor* wurden im Gewächshaus entweder in Dunkelheit, unter Winterbedingungen oder Zusatzbeleuchtung (1000 Watt in 25 cm Abstand) aufbewahrt. Entspr. der unterschiedlichen Behandlung des Blattmaterials stieg der Virustiter bei Infektion mit intaktem TMV durch die Erhöhung der Lichtintensität bedeutend an. Die Virusvermehrung nahm zu, wenn infektiöse Ribonucleinsäure von TMV verwendet wurde. Die Außenbedingungen entschieden weitgehend, in welchem Grade eine TMV-Vermehrung in *R. discolor*-Blättern erfolgt. H. E. Schmidt. 1970.

Hildebrand, E. M. und Kehr, A. E.; Beltsville, Plant Ind. Stat. Tobacco ringspot virus in sweet potato and its host range in Nicotiana. **(Das Tabakringfleckenvirus in der Batate und sein Nicotiana-Wirtspflanzenkreis.)** Phytopathology **51** (1961) Nr. 12. S. 833–836. – 2 Abb., 15 Lit.

Durch Abreibung von Blatt- und Wurzelpreßsäften an der inneren Verkorkung erkrankter Bataten auf 'Scarletto'Hara morning glory' konnten 2 Virusisolate erhalten werden. Diese ließen sich im Prämunitätsversuch und serologischen Test als Stamm des Tabakringfleckenvirus (RSV) identifizieren. Mischinfektionen mit dem Viruskomplex der inneren Verkorkung verursachten bei diesem Indikator eine chlorotische Fleckung sowie die Verkleinerung von Blättern und Blüten. Von 102 inokulierten *Nicotiana*-Arten wurden 25 durch den RSV-Stamm der Batate infiziert. H. E. Schmidt. 1970.

Roberts, D. A. und Corbett, M. K.; Gainesville, Fla., Univ., Plant Pathol. Dep. Bioassay of tobacco ringspot virus in Cassia occidentalis. **(Der Biotest des Tabakringfleckenvirus in Cassia occidentalis.)** Phytopathology **51** (1961) Nr. 12. S. 831–833. – 1 Tab., 7 Lit.
Beim Nachweis des Tabakringfleckenvirus (RSV) erwies sich *Cassia occidentalis* L. *Vigna sinensis* (Torner, Savi) gleichwertig, wenn größere Differenzen des Virustiters erfaßt werden sollten und die Preßsaftverdünnung den Wert 10^{-3} nicht unterschritt. Im Verdünnungsbereich von 10^{-1} bis 10^{-2} waren durch *C. occidentalis* auch geringe Konz.-Differenzen nachweisbar. Bei der Inokulation von RSV-Präparaten, die sich im Virusgehalt um 10, 15 oder 20% unterschieden, entstanden auf der Testpflanze signifikant verschiedene Läsionenmengen. Mithin war *C. occidentalis* für den quantitativen Nachweis des RSV ebenso geeignet wie andere Testpflanzen.
H. E. Schmidt. 1970.

Taylor, R. H., Grogan, R. G. und Kimble, K. A.; Victoria, Australia, Dep. of Agric.; Davis, Univ. of California. Transmission of tobacco mosaic virus in tomato seed. **(Die Übertragung des Tabakmosaikvirus in Tomatensaatgut.)** Phytopathology **51** (1961) Nr. 12. S. 837–842. – 5 Tab., 23 Lit.
Bei infizierten Tomatensamen haftet das Tabakmosaikvirus überwiegend der Samenschale an. Die Viruskonz. innerhalb der Samenschale ist größer als im Endosperm. Im Embryo ist das Virus bisher nicht nachgewiesen worden. Zur Frage des Infektionsmechanismus deuten die Ergebnisse darauf hin, daß die Infektion vor allem durch das an der Samenschale befindliche TMV verursacht wird. Eine weitgehende Inaktivierung des Virus ist durch Behandlung des Fruchtbreies mit konz. Salzsäure (25 ml je 5 lb., 3std. Einwirkung) oder Na-phosphatlösung (10% Na_3PO_4, 1std.) erzielbar. Bei zusätzlich einjähriger Saatgutlagerung kann der Anteil infizierter Sämlinge auf weniger als 1% gesenkt werden. H. E. Schmidt. 1970.

Hein, A.; Fischenich, Bezirk Köln, Biol. Bundesanst., Inst. für Gemüsekrankh. und Unkrautforsch. **Magermilch zur Verhinderung der Verbreitung des Tabakmosaik-Virus bei der Tomaten-Anzucht.** Rhein. Mschr. Gemüse-, Obst- u. Gartenbau **50** (1962) Nr. 3. S. 77–78. – 2 Abb., 1 Tab., 7 Lit.
Versuche, bei denen Tomatenpflanzen mit frischer Magermilch tropfnaß gespritzt wurden, bestätigten andere Ergebnisse, nach denen durch Spritzungen von Milch oder Molke vor jedem Arbeitsgang die Zahl der während der Arbeiten infizierten Pflanzen stark verringert wird. In 2 Versuchen verhinderten die Magermilchspritzungen die Weiterverbreitung des Virus völlig, in 2 weiteren Versuchen wurden von 100 Pflanzen nur je 2 Pflanzen infiziert. Wichtig für den Erfolg der Behandlung ist das Arbeiten mit wirklich nassen Pflanzen, bei Abtrocknen des Milchfilms ist das Spritzen zu wiederholen. E. Wittenberg. 1970.

Lovisolo, Osvaldo und Benetti, Maria Pia. Su di un ceppo del virus del mosaico del cetriolo di tipo alloiofillia isolato da pomodora. **(Über einen Gurkenmosaikvirus-Stamm des „Alloiophylly-Typs", der von Tomaten isoliert wurde.)** Boll. Staz. Patol. vegetale **19** (1961) Nr. 1. S. 35–49. – 17 Abb., 1 Tab., 20 Lit.
Die Symptome sind schwere Wuchsverkrümmungen und Mosaik an Blättern von Tomaten. Wegen dieser Blattsymptome wurde die Krankheit zunächst „Alloiophylly-Typ" genannt. Weitere Untersuchungen ergaben die völlige Übereinstimmung mit dem Gelbfleckenmosaik der Gurke. Das Virus wird durch *Myzus persicae* übertragen. Zu den Wirtspflanzen zählt u. a. *Galium aparine*. Die Eigenschaften des Virus sind: Thermischer Inaktivierungspunkt 55 °C; Dilutions- (Verdünnungs-)endpunkt bei 1:1000; Beständigkeit in vitro 95 Std. bei Zimmertemperatur, keine Reaktion mit folgenden

Antisera: Tomaten-Aspermie-Virus, *Cucumis* virus 1 st. Chr. Noordam, S-, X- und Y-Virus der Kartoffel. H. Vogt. 1970.

Vlasov, Ju. I., Šnejder, Ju. I. und Porembskaja, N. B. (Wlassow, Ju. I., Schneider, Ju. I. und Porembskaja, N. B.); Leningrad, Unions-Forsch.-Inst. für Pflanzenschutz der Lenin-Akad. der Landwirtsch.-Wiss.; Lugowaja, Gebiet Moskau, Williams-Unions-Inst. für Futtermittelforsch. O virusnych boleznjach zernobobovych. **(Über Viruskrankheiten der Körnerleguminosen.)** Zaščita rastenij ot vreditelej i boleznej, Moskva **7** (1962) Nr. 2. S. 18–19. – 1 Abb. Im Jahre 1961 waren im Gebiet von Tambow in einer Versuchsstat. 30% der Ackerbohnen von Virosen befallen. Symptome waren Mosaikerscheinungen auf den Blättern, Blattdeformationen, verkürzte Internodien sowie geringer Körneransatz. Später verfärbten sich die meisten Pflanzen und gingen ein. Ähnliche Krankheitsbilder wurden auch im Moskauer Gebiet beobachtet, während im Leningrader Gebiet nur Mosaikerscheinungen auftraten. Die bisher bekannten Virosen an Körnerleguminosen werden kurz besprochen. H. Decker. 1970.

Bhargava, K. S. und Bist, N. S.; Gorakhpur, India, Univ. Fruit tree virus disease investigations in Uttar Pradesh. **(Untersuchungen der Obstvirosen in Uttar Pradesh.)** Tidsskr. Planteavl **65** (1961) S. 196–203. – 3 Tab. Während der letzten 8 Jahre traten in Uttar Pradesh das Pflaumenbandmosaik, *Rubus*-Mosaik, Feigenmosaik, Pfirsichmosaik, die Gummiholzkrankheit des Apfels sowie die Ringfleckigkeit der Aprikose auf. Das Pflaumenbandmosaik ließ sich auf 4 Pflaumen-, 8 Aprikosensorten und auf Pfirsichsämlinge übertragen. Verschiedene Kirsch- und Apfelsorten, desgleichen krautige Pflanzen, konnten nicht infiziert werden. Die Apfelsorten 'Golden Delicious', Jefferson', 'Jonathan' u. a. erleiden 20- bis 40%ige Ertragsdepression durch das Apfelmosaikvirus. In Pfropfversuchen ließen sich ein schwerer und ein milder Stamm dieses Virus nachweisen. Die Symptome der pfropfübertragbaren Mosaikkrankheit des Pfirsichs werden beschrieben. Warmwasserbehandlung (37 °C) über 10 Min. an 4 aufeinanderfolgenden Tagen vermochte das Pflaumenbandmosaik- oder Apfelmosaikvirus zu inaktivieren. H. E. Schmidt. 1970.

Kegler, H.; Aschersleben, Inst. für Phytopathol. der Biol.-Zentralanst. der Dtsch. Akad. der Landwirtsch.-Wiss. zu Berlin. **Ein latentes Virus in deutschen Apfelsorten und -unterlagen.** Phytopathol. Z. **42** (1961) Nr. 4. S. 401–404. – 1 Abb., 1 Tab., 6 Lit.
In Untersuchungen zum Nachweis latenter Viren am Apfel sind *Malus platycarpa* Rehd. (Luckwill-Klon), 'Spy 227', die Sorten 'Ontario', 'Komsomolez' sowie Unterlagenmutterpflanzen der Typen EM IV, EM IX und EM XI einbezogen worden. Genannte Sorten bzw. Unterlagen erwiesen sich durch ein latentes Virus verseucht, das bei *M. platycarpa* hellgrüne Flecke, Ringe oder Linien hervorruft. 'Spy 227' zeigte nach der Infektion Epinastie. Da u. a. bei *M. platycarpa* stark ausgeprägter Kümmerwuchs auftrat, wird vermutet, daß an Äpfeln ein weiteres Virus latent vorkommt. In Apfelbeständen muß mit einer starken Verbreitung latenter Viren gerechnet werden. H. E. Schmidt. 1970.

Szirmai, J.; Budapest, Hungary, Res. Inst. for Plant Protection. Report on fruit-tree virus diseases in Hungary. **(Bericht über Viruskrankheiten bei Obstbäumen in Ungarn.)** Tidsskr. Planteavl **65** (1961) S. 220–229. – 5 Abb. In Ungarn trat die Sharka-Krankheit an Aprikosen i. J. 1948 erstmalig in Erscheinung. Das Virus konnte auf 'Alberta'-Pfirsich übertragen werden, zeigte hier aber nicht die typischen Sharka-Fruchtsymptome. Die Aprikosensorten 'Magyar legjobb', 'Korai rozsa', 'Borsi rozsa' u. a. sind bis zu 20% durch das Sharka-Virus verseucht. Auch Pflaumen werden in Ungarn befallen. Der geringe Virusbesatz ist hierbei auf das schwache Auftreten des Vektors *Anuraphis padi* zurückzuführen. Die Ausbreitung der Sharka-Krankheit erfolgt in Ungarn hauptsächlich durch infizierte Pfropfreiser. Die Stecklenberger- und die Pfeffinger Krankheit sowie Ringflecken- und Blattrollsymptome sind an Kirschen beobachtet worden. Dem Apfelmosaikvirus kommt nur eine geringe Bedeutung zu. H. E. Schmidt. 1970.

Bisht, N. S. und Gupta, S. C.; Naini Tal, Uttar Pradesh, D. S. B. Government Coll., Bot. Dep. Two more virus diseases of fruit trees from Kumaon. **(Zwei weitere Viruskrankheiten von Obstbäumen in Kumaon.)** Sci. and Cult. [Calcutta] 28 (1962) Nr. 4. S. 178–179. – 2 Abb., 3 Lit.

Bisher waren in Kumaon 4 Viruskrankheiten bei Obstbäumen bekannt. Im Frühjahr 1960 wurden bei umfangreichen Untersuchungen von Obstplantagen in verschiedenen Teilen von Kumaon bei mehreren Mandel- und Birnbäumen virusähnliche Krankheitssymptome festgestellt. Bei Mandeln wurde Mosaik gefunden, das im Gegensatz zu der in Italien beschriebenen Krankheit nicht im Herbst, sondern im Frühjahr auftritt. Die Krankheit macht sich zunächst durch leichte Aufhellung der Blattadern bemerkbar, die in fortgeschrittenen Stadien zu völliger Verfärbung führt. Die Krankheit konnte durch Knospenokulation auf Mandel- und Pfirsichsämlinge (bei Pfirsich veränderte Symptome) übertragen werden. – Das Birnenmosaik ist an kleinen sahnefarbigen oder gelben Flecken, die über die ganze Blattspreite verteilt sind, zu erkennen. In schweren Fällen bräunen sich diese chlorotischen Stellen und werden nekrotisch. Die Krankheit konnte durch Pfropfung auf gesunde Birnen übertragen werden. K. Schulz. 1970.

Gilmer, R. M. und Way, R. D.; Geneva, N. Y., Dep. of Plant Pathol. and Pomol. Pollen transmission of necrotic ring spot and prune dwarf viruses in cherry. **(Die Pollenübertragung des nekrotischen Ringflecken- und Prunus-Verzwergungs-Virus bei der Kirsche.)** Tidsskr. Planteavl **65** (1961) S. 111–117. – 3 Tab., 7 Lit.

Das nekrotische Ringfleckenvirus (NRSV) und die *Prunus*-Verzwergung (PDV) treten in den USA weit verbreitet bei Kirschen auf. In von *P. cerasus* gewonnenem Pollen ließen sich beide Viren durch Abreibung auf *Cucumis sativus* L., *Cucurbita pepo* L. und *Citrullis vulgaris* L. nachweisen. Dementsprechend erwiesen sich 20- bis 25% der durch Bestäubung mit infektiösem Pollen entstandenen Samenkörner als NRSV bzw. PDV verseucht. Auch bei *P. avium* gilt die Pollenübertragbarkeit beider Viren als gesichert. Dieser Sachverhalt ist bei Kreuzungen zu berücksichtigen, wobei jeder Elter gesund sein muß. H. E. Schmidt. 1970.

Posnette, A. F. und Cropley, R.; Kent, East Malling Res. Stat. The effect of latent virus infection on the growth and yield of sweet cherry trees. **(Der Einfluß latenter Virusinfektion auf Wachstum und Ertrag von Süßkirschenbäumen.)** Tidsskr. Planteavl **65** (1961) S. 118–124. – 1 Tab., 2 Lit.

In Nordamerika und England ist ein großer Anteil der Kirschbäume durch Viren der „necrotic ring spot"-Gruppe verseucht. Diese verursachen bei den meisten Kirschsorten Blattnekrosen im 1. oder 2. Jahr nach der Infektion und sind danach maskiert. Durch das Virus der nekrotischen Rotfleckung (**I**) und das Dahlienmosaik (**II**) befallene Bäume hatten nach 6 Jahren einen um 10% geringeren Stammumfang als gesunde. Er war um 20% bei einer Infektion durch das Virus der nekrotischen Ringfleckenkrankheit vermindert. Das Virus der Ringfleckenkrankheit, ferner **II** in 'Early Rivers' sowie **I** in 'Early Rivers', 'Napoleon' und 'Merton Bigarreau' reduzierten den Ertrag um 20 bis 30%. Minderertrag von 70% entstand durch die Viren der nekrotischen Ringfleckenkrankheit. H. E. Schmidt. 1970.

Harrison, B. D.; Harpenden, England, Rothamsted Exp. Stat. Identity of red currant spoon leaf virus. **(Die Identität des Virus der Löffelblättrigkeit der Roten Johannisbeere.)** Tijdschr. Planteziekten **67** (1961) Nr. 6. S. 562 bis 565. – 1 Tab., 12 Lit.

Das Virus, das in Holland die Löffelblättrigkeit an der Roten Johannisbeere verursacht, ist ein Stamm des Himbeerringfleckenvirus. Es hat mit diesem die meisten antigenen Gruppen gemeinsam, unterscheidet sich aber von ihm durch die auf *Petunia hybrida* auftretenden Symptome. Sie bestehen in kräftig gelben Ringflecken oder Mosaik und vollständigem Verbleichen einzelner Sprosse. Der Stamm ist wärmestabiler und in vitro beständiger als das Himbeerringfleckenvirus (thermaler Inaktivierungspunkt 70–75 °C, Beständigkeit in vitro 3–4 Wochen bei 18 °C). Morphol. bestehen keine Unterschiede zwischen den Stämmen. H. Kegler. 1970.

Schade, C.; Halle, Univ., Phytopathol. Inst. **Untersuchungen zur serologischen Verwandtschaft des Raspberry yellow dwarf virus.** Tidsskr. Planteavl **65** (1961) S. 102–105. – 2 Tab., 12 Lit. Zus. in Engl.

Das Gelbverzwergungsvirus der Himbeere (RYDV) und das Rhabarbermosaikvirus (RMV) stimmen hinsichtlich des experimentell ermittelten Wirtspflanzenkreises und ihrer phys. Eigenschaften weitgehend überein. Die enge Verwandtschaft beider Viren konnte in serologischen Untersuchungen durch Überkreuzreaktionen mit gereinigten Antigenen bewiesen werden. Im Prämunitätsversuch mit *Petunia hybrida* ließ sich der Befund bestätigen. Dabei fanden 2 milde Isolate des RMV zur Vorinfektion Verwendung. Verschiedene von *Rumex obtusifolius L.* erhaltene Virusisolate reagierten mit den RMV- und RYDV-Antiseren. Es ist damit zu rechnen, daß das RYDV weiter verbreitet ist als bisher vermutet wurde. H. E. Schmidt. 1970.

Blattný, C., Dohnal, T., Procházková Z. und Gabriel, Fr.; Praha, Biol. Ústav ČSAV, Fytopatol. Oddělení; Karlštejn, Výzkumná Stanice Vinařská ČSAZV; Velké Žernoseky, Šlechtitelská Stanice Vinařská. Svinutka révy vinné. **(Die Blattrollkrankheit der Weinrebe.)** Sborník českoslov. Akad. zemědělských Věd, rostlinná Výroba **7(34)** (1961) Nr. 10. S. 1409–1416. – 5 Abb., 12 Lit. Zus. in Russ., Dtsch.

In den Jahren 1958 und 1959 wurde in der ČSSR das Auftreten der Blattrollkrankheit der Weinrebe festgestellt, und zwar bei mehreren Rebensorten in allen Weinbaugebieten. Ihr Auftreten ist jedoch noch nicht eingehend erforscht. Es gelang, die Blattrollkrankheit durch Pfropfung im Freiland und Gewächshaus zu übertragen. Die Blattrollkrankheit zeigte folgende Symptome: teilweise Wölbung der Blattspreiten, Asymmetrie der Blatthälften, lederartige Blattoberfläche, ungleichmäßig grüne Farbe der Blattstiele, später Chlorose bei weißen und Rotwerden der Blätter bei farbigen Sorten, etwas verfrühte Blattreife, niedrigeren Ertrag und verringerten Zuckergehalt. Durch Samen wird die Krankheit auf die Nachkommenschaft nicht übertragen. Infektiöse Degeneration schützt nicht vor Blattrollkrankheit. Die bisher einzig mögliche Bekämpfung beruht auf negativer Auslese oder auf Selektion habituell gesunder Pflanzen. P. Bartoš. 1970.

Mehta, S. C. und Lal, Ramji; New Delhi, Indian Agric. Res. Inst. Note on the variation in the length of the Cucumis virus. **(Mitteilung über die Längenvariation des Cucumis virus.)** Current Sci. [Bangalore] **31** (1962) Nr. 3. S. 98–99. – 2 Abb., 1 Lit.

Die oft sehr dichte Längsaggregation der Viruspartikeln und ihrer Bruchstücke erschwert eine genaue Vermessung mit dem Elektronenmikroskop. Kleine Tropfen einer Suspension des *Cucumis* virus 2 C wurden auf die mit Formvar-Filme bespannten Objektträger aufgetragen, gefriergetrocknet und mit Palladium bedampft. 73% von 1500 gemessenen Partikeln hatten Längen zwischen 1000 und 5000 Å. Der statistische Durchschnitt ergab 3161 ±63 Å mit den Grenzwerten 200 Å und 12900 Å. E. Proll. 1970.

Bond, T. E. T.; Bristol, Univ., Horticult. Sci. Lab. Tulip break in „Pride of Haarlem". **(Tulpenbuntstreifigkeit bei 'Pride of Haarlem'.)** Plant Pathol. **10** (1961) Nr. 4. S. 147–149. – 5 Abb., 1 Lit.
Bei verschiedenen Tulpensorten sind 2 Formen der Buntstreifigkeit bekannt, eine dunkle (self oder dark break) durch lokale Intensivierung der Blütenfarbe und eine helle (light oder full break), die auf Anthocyanzerstörung beruht. Van Slogteren (1959) nimmt 2 nicht ohne weiteres trennbare Viren oder 2 verschiedene Stämme ein und desselben Virus als Ursache an. In 9jährigen Versuchen mit Darwintulpen 'Pride of Haarlem' wurden die gemeinsamen Auswirkungen beider Störungen auf die Nachkommenschaft untersucht. In den ersten 4 Jahren stieg die nach einem beschriebenen Schlüssel bewertete Buntstreifigkeit im Mittel von 2,6 auf 3,6 und blieb dann ziemlich konstant. 90% aller Blüten zeigten Schäden zwischen 3 und 4. Nur 1 Linie des Ausgangsmaterials verblieb in Klasse 1. Linien in Klasse 5 starben aus. Die Ausgangspopulation vermehrte sich während der Versuchszeit um etwa das 10-fache. Herta Schmidt. 1970.

Jackson, C. R. und Woltz, S. S.; Bradenton, Gulf Coast Exp. Stat. Effects of certain heat treatments on the incidence of yellow strapleaf disease of Chrysanthemum. **(Wirkungen gewisser Hitzebehandlungen auf das Auftreten der gelben Bandblättrigkeitskrankheit der Chrysantheme.)** Proc. Florida State horticult. Soc. **73** (1960) S. 389–394. – 2 Tab., 7 Lit.
Nach länger andauernder Bodenerhitzung trat die gelbe Bandblättrigkeit (YSL) der Chrysantheme nicht mehr auf. Ähnliche Ergebnisse kamen zustande, wenn man Wurzeln von Chrysanthemen 30 Min. auf 85 °C erhitzte. Wurde Boden nach Erhitzen im Autoklaven mit Suspensionen von unbehandeltem Boden und kranken Wurzelmazeraten durchmischt, dann zeigten sich bei jungen, nachgepflanzten Chrysanthemen bald YSL-Symptome. Obwohl Mikroorganismen beteiligt waren, muß die Auffassung vertreten werden, daß auch verschiedene Bodenbedingungen mit dem Auftreten der Chrysanthemenkrankheit verbunden sind. Difco Pepton, Difco Trypton, Glucose und andere org. Verbindungen, dem Boden zugefügt, übten in diesem Zusammenhang nur geringen Einfluß auf die Pathogenese aus.
H. E. Schmidt. 1970.

Schnepf, E. und Brandes, J.; Marburg, Univ., Bot. Inst.; Braunschweig, Biol. Bundesanst. für Land- und Forstwirtsch., Inst. für Landwirtsch. Virol. **Über ein Virus aus Passiflora spec.** Phytopathol. Z. **43** (1961) Nr. 1. S. 102 bis 105. – 4 Abb., 3 Lit.
Ein an *Passiflora coerulea* latent vorkommendes Virus wurde elektronenoptisch dargestellt und vermessen. Es handelt sich um stäbchenförmige Virusteilchen von 648 mμ Normallänge und 15 mμ Dmr. In Größe und Form unterscheidet es sich nicht vom Kartoffel-M-Virus, es wird daher in die Gruppe 8 des Klassifikationsschemas von Brandes und Wetter (vgl. Virology **13** [1961] S. 294.) eingereiht. Das Virus bildet im Gewebe von *P. coerulea* Einschlußkörper mit einer max. Größe von 9×5 μ und unregelmäßiger Form.
K. Zschau. 1970.

Spire, D.; Versailles, Seine-et-Oise, Centre Nat. de Rech. Agronomiques, Stat. Centr. de Pathol. Végétale. Étude de la maladie des taches jaunes du cresson (Nasturtium officinale, R. BR.) **(Untersuchungen über die Gelbfleckenkrankheit der Kresse [Nasturtium officinale, R. Br.].)** Ann. Épiphyties **13** (1962) Nr. 1. S. 39–45. – 2 Abb., 1 Tab., 12 Lit. Zus. in Engl.
Ein neues, bei Brunnenkresse Gelbfleckung erzeugendes Virus ist in Frankreich aufgetreten. Durch mechanische Inokulation konnte es auf folgende

Arten übertragen werden: *Brassica napus*, *B. oleifera*, *Chenopodium murale*, *C. amaranticolor*, *C. quinoa*, *Petunia hybrida* sowie *Phaseolus vulgaris*. Elektronenmikroskopische Untersuchungen, die nach vorherigem, mehrmaligem Ultrazentrifugieren bei 5000, 20000, und 78000 G durchgeführt wurden, ließen parasphärische Partikeln von 27 mμ erkennen. – Die Ausprägung der Symptome ist von der Temperatur abhängig. Bei kaltem Wetter (im Winter) sind Symptome sichtbar, während sie bei Temperaturanstieg verschwinden. Durch Bedecken der Gräben mit Polyvinylfolie konnte die Temperatur erhöht werden und die Flecke verschwanden. Auf Grund dieser Feststellungen unterscheidet sich dieses Virus von den bisher bei *N. officinale* beschriebenen Viren. K. Schulz. 1970.

Bhargava, K. S. und Joshi, R. D.; Gorakhpur, Uttar Pradesh, Gorakhpur Univ., Bot. Dep. Yellow mosaic, a virus disease of rose in Gorakhpur. **(Gelbmosaik, eine Viruskrankheit der Rose in Gorakhpur.)** Sci. und Cult. [Calcutta] **28** (1962) Nr. 4. S. 184–185. – 3 Abb., 1 Lit.
Bei der Rosensorte 'Grand mère Jenny' wurde i. J. 1960 eine dem von Brierley und Smith beschriebenen Gelbmosaik der Rosen ähnliche Mosaikkrankheit gefunden. Weitere Untersuchungen ergaben, daß ähnliche Symptome sich bei 15 anderen Sorten fanden. Die Krankheit macht sich zunächst durch gelblich gefärbte Bänder an den Blattadern bemerkbar. Im Laufe der Zeit verbreitern sich diese Bänder und rufen Chlorose zwischen den Adern hervor. Mit Ansteigen der Temperatur (Mitte des Sommers) verschwinden die Symptome. Die befallenen Pflanzen sind kleiner und haben weniger und kleinere Blüten als gesunde Pflanzen. Mechanisch ließ sich die Krankheit nicht übertragen, leichter dagegen durch Okulation. K. Schulz. 1970.

Poh, Ting Wen; Kuala Lumpur, Malaya, Dep. of Agric. Psorosis virus A on the mandarin orange (Citrus nobilis Lour.) in Malaya. **(Das Psorosisvirus A auf der Mandarinorange [Citrus nobilis Lour]. in Malaya.)** Nature [London] **193** (1962) Nr. 4816. S. 701. – 1 Abb., 1 Lit.
In Malaya ist erstmalig das A-Virus der *Citrus*-Psorosis-Krankheit nachgewiesen worden. Die in allen Pflanzungen betroffenen Mandarinorangen zeigten keine Blattsymptome, waren jedoch im Wuchs gehemmt. Die Rinde löste sich stark vom Holzteil kranker Bäume. Die Vitose wurde wahrscheinlich eingeschleppt. Durch Pfropfung ließen sich Limonenpflanzen infizieren. Nach 19 Tagen waren die Blätter deutlich gefleckt. Im allg. herrschte Kümmerwuchs vor, gelegentlich traten Schocksymptome in Erscheinung. Die jungen Triebe waren dabei leicht verdreht. Der Vegetationspunkt und die teilweise nach unten eingerollten Blätter starben ab. Die Untersuchungen über *Citrus*-Virosen werden fortgesetzt. H. E. Schmidt. 1970.

Burnett, Harry C. Species of ficus susceptible to the fig mosaic virus. **(Für das Feigenmosaikvirus anfällige Feigenarten.)** Proc. Florida State horticult. Soc. **73** (1960, hrg. 1961) S. 316–320. – 2 Abb., 5 Lit.
Seit dem Jahre 1958 wurden der Familie der Moraceen zugehörige Pflanzen aus der Gattung *Ficus* u. a. Gattungen auf Indikatoreigenschaften gegenüber dem Feigenmosaikvirus getestet. Unter 18 in die Untersuchungen einbezogenen Pflanzenarten erwiesen sich 7 als anfällig. *F. lucescens*, *F. jacquinifolia*, *F. rubiginosa*, *F. retusa*, *F. mallatocarpa*, *F. glomerata*, eine nicht identifizierte *Ficus*-Art und *Cudrania tricuspidata* reagierten auf eine Infektion durch das Feigenmosaikvirus mit typischen Mosaiksymptomen, Blattdeformationen, diffusen Aufhellungen oder gelber Fleckung. Es sollen noch weitere Moraceen als Wirtspflanzen dieses Virus ermittelt werden.
H. E. Schmidt. 1970.

Schwerdtfeger, Fritz. **Das Eichenwickler-Problem.** Auftreten, Schaden, Massenwechsel und Möglichkeiten der Bekämpfung von Tortrix viridana L. in Nordwestdeutschland. Landesausschuß für landwirtschaftliche Forschung, Erziehung und Wirtschaftsberatung beim Ministerium für Ernährung, Landwirtschaft und Forsten des Landes Nordrhein-Westfalen. 1961. (174 S. m. 47 Abb. u. 9 Tab.) 8° = Forschung und Beratung, Reihe C. Wissenschaftliche Berichte und Diskussionsbeiträge Heft 1. Die Fraßschäden des Eichenwicklers sind am Rückgang des Eichenbestandes in Westfalen und im Rheinland neben Rauchschäden und Änderung der Wasserverhältnisse maßgeblich beteiligt. Räumliches sowie zeitliches Auftreten des Wicklers werden aufgezeigt. Fraßschäden sind bes. im Flachland zu verzeichnen. Vf. unterscheidet Dauerschad-, Schad- und Nichtschadgebiete. Ausmaß und Folgen des Schadens werden ausführlich besprochen. Starker Wicklerfraß verringert den Massenzuwachs um 2–4 fm/ha im Jahr. Ursachen des Massenwechsels sowie Faktoren, die auf ihn Einfluß haben, werden behandelt. Möglichkeiten zur Bekämpfung sind durch Änderung der Wirtsbaumdisposition, Förderung biotischer Gegenspieler und Einsatz von DDT gegeben. Gute Bekämpfungserfolge versprechen der Anbau von Eichen mit bestimmtem Austreibetyp sowie der Insekticideinsatz. 104 Lit. erfasssen die Eichenwickler-Lit. bis zur Gegenwart. W. Wolde.

Rønde, Kristensen H. **Fourth symposium on virus diseases of fruit trees in Europe. Lynby, 25–30 th July 1960. A bibliography of papers on virus diseases of deciduous fruit tree 1956–1959.** Lyngby. 1960. (35 S.) 4°. (1962 B 96) [Maschinenschr, vervielfältigt].

Malenev, Fedor Efimovič. **Mikroèlementy v fitopatologii.** (Spurenelemente in der Phytopathologie.) Leningrad: Izd. sel'skochoz lit. žurnalov i plakatov. 1961. (119 S.) 8°. DM –,80. (1962 A 418)

Pajkin, David Michajlovič. **Vrednaja čerepaška.** (Die Asiatische Getreidewanze.) Leningrad: Izd. sel'skochoz. lit., žurnalov i plakatov. 1961. (84 S.) 8°. (1962 A 272)

Savulescu, Traian und *Savulescu, Olga.* **Tratat de patologie vegetală.** (Abhandlungen über Pflanzenpathologie.) București: Ed. Acad. RPR. 1959. (725 S.) 8°. (S 4019, 1–)

Siegle, Heinz. **Über Mischinfektionen mit Ophiobolus graminis und Didymella exitialis.** Diss. Techn. Fak. Zürich. 1961. (S. 306—318.) 8°. (Diss. 8263)

Smith, Kenneth Manley. **Plant viruses.** 3 rd rev. ed. London: Methuen. 1960. (XII, 209 S.) 8°. (1962 A 964)

Stuessi, David Balthasar. **Beitrag zur Physiologie von Clostridium butyricum Prazm. unter besonderer Berücksichtigung der Sporulation und der Germination.** Diss. Techn. Fak. Zürich. 1961. 8°. (Diss. 8267)

Hrsg.: Vsesojuzn. akad. sel'skochozjajstvennych nauk im V. I. Lenina; Vsesojuzn. naučno-issledovatel'skij inst. zaščity rastenij. **Nematodnye bolezni ovoščnych kul'tur i kartofelja i bor'ba s nimi.** (Nematodenkrankheiten des Gemüses und der Kartoffeln und ihre Bekämpfung.) Moskva: Sel'chozgiz. 1961. (197 S. m. Abb.) 8° = Trudy Vsesojuznogo instituta zaščity rastenij, Moskva – Leningrad Nr. 16. (ZA 393)

Confédération internationale des ingénieurs et techniciens de l'agriculture et Centre international des antiparasitaires. Rom: 1951. 8°. (ZA 4065)

Information book of the institute for plant protection. Warszawa: State Publ. House for Agr. and Forestry. 1958. (64 S.) 8°. (1962 A 459)

C. Krankheiten und Wirtspflanzen

Hassebrauk, Kurt; Braunschweig, Biol. Bundesanst., Inst. für Bot. **Die Gelbrostepidemie 1961 in Deutschland.** Nachrichtenbl. dtsch. Pflanzenschutzdienstes [Braunschweig] 14 (1962) Nr. 2. S. 22–26. – 3 Tab.

Auf der Grundlage einer Umfrage an Getreidezüchter und Pflanzenschutzämter berichtet Vf. über Ursache, Verlauf und Auswirkungen der Epidemie. Von 1960 nach 1961 erfolgte eine außergewöhnlich starke Überwinterung des Gelbrostes, da einmal der witterungsbedingte starke Aufwuchs des Ausfallgetreides die Infektkette nicht abreißen ließ, und zum anderen sich der Gelbrost während der Wintermonate auf der Winterung ausbreiten konnte. Diese starke Überwinterung im Verein mit einer optimalen Nachwinter- und Frühjahrswitterung führte allerorts zu der sehr zeitigen und heftigen Epidemie. In fast allen Gebieten war der Befall bei Sommergerste am stärksten. Die Verluste betrugen in extremen Fällen bis zu 80%. Bei Wintergerste beziffern sich die Gelbrostschäden bis zu 40, bei Winterweizen bis zu 25%. An Sommerweizen war der Befall durchweg schwach. Auch an Roggen wurde wiederholt Gelbrost beobachtet. Die festgestellten Sortenunterschiede bei Sommer- und Wintergerste sowie Winterweizen werden tab. aufgeführt. K. Wiesner. 2020.

Srivastava, B. I., Sahai und Shaw, Michael; Saskatoon, Univ. of Saskatchewan, Dep. of Biol. The physiology of host-parasite relations. X. The metabolism of indoleacetic acid-1-C^{14} by wheat and oat coleoptile sections, uninfected and rusted wheat leaves and uredospores of wheat stem rust. **(Die Physiologie der Wirt-Parasit-Beziehungen. 10. Mitt. Der Stoffwechsel**

von Indolessigsäure-1-^{14}C durch Weizen- und Haferkoleoptilenschnitte, gesunde und rostkranke Weizenblätter sowie Uredosporen vom Weizen-Schwarzrost.) Canad. J. Bot. **40** (1962) Nr. 3. S. 511–521. – 8 Abb., 1 Tab., 11 Lit. 9. Mitt. vgl. LZ. Abt. II 8 (1963) Nr. 1. S. 251.

Koleoptilen von Weizen ('Little Club') und Hafer ('Brighton'), gesunde und schwarzrostinfizierte Weizenblätter ('Little Club' und 'Khapli') sowie Uredosporen von *Puccinia graminis tritici* (Rasse 15 B) wurden bei Dunkelheit mit 10 bzw. 100 ppm Indolacetat-^{14}C-OOK (**IAA**) inkubiert und anschließend analysiert. In den Koleoptilen und gesunden Blättern wurden 8–14 verschiedene radioaktive Produkte des **IAA**-Stoffwechsels gefunden. Eine ätherlösliche und 4 ätherunlösliche Verbindungen der Weizenkoleoptile zeigten UV-Spektren des Indoltyps und Aktivität im *Avena*-Krümmungstest. Aus gesunden Blättern der Sorte 'Little Club' verschwanden **IAA** und dessen ätherlösliche Produkte schneller als aus kranken Blättern. In gesunden Blättern wurden 4 wasserlösliche radioaktive Substanzen, in kranken Blättern dagegen nur 2 derartige Substanzen gefunden. Indolcarboxylsäure (**ICA**) war nur in der resistenten Sorte 'Khapli' nachweisbar. Uredosporen verwandelten **IAA** nur zu nichtradioaktiven Decarboxylierungsprodukten wie **ICA** und Indolaldehyd. – In einem Anhang wird von R. J. Woods die Synthese von Kalium-Indol-3-(Carboxyl-^{14}C)-acetat beschrieben.

M. Schmiedeknecht. 2020.

Frauenstein, Käte; Leipzig, Karl-Marx-Univ., Inst. für Phytopathol. **Zur Frage des Auftretens von Ustilago nigra Tapke, dem Erreger des Schwarzbrandes an der Gerste in der DDR.** Nachrichtenbl. dtsch. Pflanzenschutzdienst [Berlin] [N. F.] **16(42)** (1962) Nr. 1. S. 18–20. – 1 Tab., 14 Lit. Zus. in Russ., Engl.

Zwecks Feststellung der Erregerart wurden i. J. 1959 339, i. J. 1960 778 Proben brandkranker Gerstenähren aus verschiedenen Gebieten der DDR untersucht. Mittels Keimproben konnte in den meisten Fällen *Ustilago nuda* (Jens.) Rostrup nachgewiesen werden, in einigen Fällen auch *U. hordei* (Pers.) Lagerh. Der Erreger des Schwarzbrandes, *U. nigra* Tapke, der in den letzten Jahren außer in den USA auch in einigen europ. Ländern festgestellt wurde, war unter den 1117 Brandproben nicht vertreten.

Ch. Janke. 2020.

Mantle, P. G.; London, Imperial Coll., Biochem. Dep. The effect of vernalization on embryos of field-resistant wheat varieties infected by loose smut (Ustilago tritici). **(Der Einfluß der Vernalisation auf die Embryonen feldresistenter Weizensorten, die durch Flugbrand [Ustilago tritici] infiziert waren.)** Ann. appl. Biol. **49** (1961) Nr. 4. S. 692–703. – 2 Abb., 7 Tab., 12 Lit.

Verschiedene Winterweizensorten entwickeln sich trotz Infektion des Scutellums im Feld normal und liefern gesunde Ähren (Embryo-anfällige feldresistente Sorten). Entgegen der bisherigen Annahme konnte Vf. nachweisen, daß bei einigen dieser Sorten das Flugbrandmycel vom Scutellum aus in die Plumula eindringen und zu einer inkompatiblen Wirt-Parasit-Reaktion führen kann. Durch Vernalisation künstlich infizierten Saatgutes und Aussaat Ende April ließ sich diese inkompatible Wirt-Parasit-Reaktion sichtbar machen: gehemmtes Wachstum, dunkelgrüne Blätter mit chlorotischen Streifen. Einige dieser Pflanzen entwickeln später nichtinfizierte Halme. Auf die Verbreitung des Flugbrandmycels im Embryo hatte die Vernalisation jedoch keinen oder nur sehr geringen Einfluß. Die Reaktion der normal anfälligen Sorten wurde durch die Vernalisation nicht beeinflußt. K. Wiesner. 2020.

Popescu, V. Date noi cu privire la patogenitatea ciupercii Giberella zeae (Schw.) Petch. **(Neue Ergebnisse über die Pathogenität von Giberella zeae [Schw.] Petch.)** Inst. agronom. „Dr. Petru Groza" Cluj, Lucrări ştiinţ. **16** (1960) S. 207–211. – 2 Tab., 12 Lit. Zus. in Russ., Engl.

Für die Resistenzprüfung der Maissorten wurde die künstliche Infektion während verschiedener Entwicklungsphasen durchgeführt, und zwar während der Bildung der Rispen, in der Milchwachs- und in der Vollreife. Die häufigsten Infektionen gelangen in den beiden ersten Phasen. Stengelbasisinfektionen gelangen bei frühen Sorten während der Rispenbildung, bei den späten Sorten in der Wachsreife. V. Velican. 2020.

Škipsna, Ja. Ė. (Schkipsna, Ja. E.); Stende, Lett.SSR, Pflanzenschutz-Versuchsstat. Gel'mintosporioz kukuruzy v zapadnych rajonach Latvijskoj SSR. **(Die Helminthosporiose des Maises in den westlichen Bezirken der Lettischen SSR.)** Zaščita rastenij ot vreditelej i boleznej, Moskva **6** (1961) Nr. 12. S. 21.
In Lettland wird der Maisanbau von Jahr zu Jahr verstärkt. Neuerdings treten jedoch Krankheiten auf, die früher in Lettland unbekannt waren. So wurde seit dem Jahre 1959 in den 5 westlichen Bezirken Lettlands ein zunehmendes Auftreten von *Helminthosporium turcicum* Pass. festgestellt. Auf den grünen Blättern bilden sich 8–10 Tage nach dem Rispenschieben kleine längliche, hellbraune, scharfe begrenzte Flecke, die bei günstigen Bedingungen zusammenfließen und die Blätter zum Vertrocknen bringen.
H. Decker. 2020.

Nemlienko, F. E.; Dnepropetrowsk, Unions-Inst. für Maisforsch. Bolezni počatkov i zerna kukuruzy pri chranenii. **(Krankheiten der Maiskolben und -körner bei der Lagerung.)** Zaščita rastenij ot vreditelej i boleznej, Moskva **6** (1961) Nr. 12. S. 12. S. 29–30. – 7 Abb.
Während der Lagerung können sich *Diplodia zeae* Lev., *Rhizopus maydis* Bruderl. und *Nigrospora oryzae* Petch kaum entwickeln, da die notwendigen Temperaturen während der Lagerungsperiode nur selten gegeben sind. Andere Krankheitserreger können die Maiskolben schon auf dem Felde befallen, überstehen aber keine längeren Lagerungszeiten, z. B. *Fusarium moniliforme* Sheld, *Gibberella zeae* Petch, *Sclerotinia Libertiania* Fckl. und *Aposphaeria zeae* Lobik. Während der Lagerung treten vor allem Schwächeparasiten auf. Der Zerstörungsprozeß wird in 80–90% der Fälle von *Penicillium*-Arten eingeleitet. Später treten *Aspergillus*, *Botrytis*, *Cladosporium*, *Alternaria*, *Coniosporium*, *Sporotrichum*, *Trichothecium*, *Fusarium* und *Cephalosporium* stärker auf. H. Decker. 2020.

Robinson, D. B.; Charlottetown, Prince Edward Island, Canada Dep. of Agric. Variability within isolates of Verticillium albo-atrum from potato. **(Zur Variabilität bei Verticillium albo-atrum-Isolierungen von der Kartoffel.)** Canad. J. Plant Sci. **41** (1961) Nr. 3. S. 487–492. – 1 Abb., 3 Tab., 5 Lit.
Verticillium albo-atrum ist die häufigste und virulenteste *Verticillium*-Form im östlichen Kanada. Von 6 verschiedenen Sorten aus 8 Lokalitäten wurden Massenkulturen durch Aufbringen oberflächlich desinfizierter Stengelgewebestücke auf Agarnährböden isoliert und anschließend Einsporanalysen (insgesamt 13932) vorgenommen. Mit Ausnahme einer Herkunft ergab sich, daß die Massenkulturen in verschiedene morphol. Wuchstypen, die sich in der Wuchsform und der Fähigkeit zur Bildung dunklen Dauermycels unterschieden, aufspalteten. Die Einsporstämme erwiesen sich über einen Zeitraum von 3 Jahren als rel. konstant. In den Infektionsversuchen zeigte sich ebenfalls eine Aufspaltung der Virulenz, wobei aber keine Beziehungen zur Fähigkeit der Bildung von Dauermycel und der Virulenz bestanden. Sowohl bei diesen Stämmen als auch bei den Typen, die nur helles Mycel ausbildeten, waren avirulente Stämme vorhanden. Aus einer Serie wurden Stämme isoliert, die die anfällige Sorte 'Irish Cobbler' und die resistente Sorte 'Houma' gleichstark befielen, womit auch die gelegentliche Infektion resistenter Pflanzen im Feld erklärt werden kann. H. Henniger. 2030.

Henriksen, Johs. Bak.; Studsgaard, Danmark, State Exp. Stat. Corticium solani as the cause of pit-rot. **(Corticium solani als Erreger einer „Mietenfäule".)** Europ. Potato J. 4 (1961) Nr. 3. S. 243–252. – 2 Abb., 11 Lit. Zus. in Franz., Dtsch.

Vf. beobachtete in mehreren Orten Dänemarks an in Häusern und Mieten eingelagerten Kartoffeln von Febr. an kreisförmige, dunkle, oft etwas eingesunkene Flecke, die den Ausganspunkt einer Lagerfäule bildeten. Dieses Krankheitsbild wurde i. J. 1919 von Pethybridge als „pit rot" beschrieben. Gase oder *Rhizoctonia solani* Kühn wurden als Ursache vermutet, ein exakter Nachweis gelang nicht. Vf. isolierte aus den Läsionen ebenfalls *Corticium solani* (Prill et Delacr.). Bourd. et Galz. Aus sehr stark eingesunkenen Flecken gelang die Isolation nicht. Infektionsversuche wurden durchgegeführt, indem Mycel oder Sklerotien des Pilzes auf Kartoffelscheiben oder ganze Knollen mit kleinen Verletzungen übertragen und unter hoher Luftfeuchtigkeit bei 4–12 °C aufbewahrt wurden. Bei ungefähr der Hälfte der Kartoffelscheiben drang das Mycel sehr schnell in das Gewebe ein und entwickelte später Sklerotien, während bei anderen die Verkorkung das Wachstum des Mycels auf die oberen Zellschichten beschränkte. Bei den ganzen Kartoffelknollen entwickelten sich die typischen kreisförmigen Läsionen, und zwar bes. zahlreich nach Lagerung bei 8 °C. Zur Verhinderung dieser Lagerfäule wird eine möglichst trockene Lagerung empfohlen.
Ch. Janke. 2030.

Parmelee, J. A.; Toronto, Ontario, Univ., Dep. of Bot.; Ottawa, Canada Dep. of Agric., Res. Branch. Uromyces striatus Schroet. in Ontario. **(Uromyces striatus Schroet. in Ontario.)** Canad. J. Bot. 40 (1962) Nr. 3. S. 491 bis 510. – 15 Abb., 2 Tab., 55 Lit.

Uromyces striatus wurde in Ontario auf diploider und tetraploider *Euphorbia cyparissias* sowie auf *E. esula* gefunden, auf denen der Pilz mit systemischem Mycel überwintert. Erfolgreich waren Infektionen mit Aecidiosporen bei vielen *Medicago*-Arten, einigen gelbblühenden *Trifolium*-Arten und in geringem Maße bei *Pisum sativum*. Befallsfrei blieben *Astragalus*-, *Coronilla*,- *Lathyrus*-, *Lotus*-, *Lupinus*-, *Phaseolus*- und *Vicia*-Arten sowie *Medicago littoralis* und *M. murex*. Uredosporen von *Medicago*-Arten können *Trifolium*-Arten infizieren, gegenläufige Injektionsversuche wurden nicht durchgeführt. 173 verschiedene Herkünfte aus Kanada, den USA und Europa zeigten keinerlei morphol. Unterschiede. Es wird angenommen, daß *U. striatus* aus Europa sowohl mit den Aecidien- als auch mit den Uredien-Wirten eingeschleppt wurde. M. Schmiedeknecht. 2050.

Ragimov, U. A. (Ragimow, U. A.); Aserbaidshan. Landwirtsch. Inst., Lehrstuhl für Entomol. und Phytopathol. Fuzarioznoe uvjadanie tykvennych kul'tur. **(Die Fusarium-Welke der Gurkengewächse.)** Zaščita rastenij ot vreditelej i boleznej, Moskva 6 (1961) Nr. 12. S. 47.

An den Kürbis- und Gurkenpflanzen tritt bald nach dem Auflaufen eine Wurzelhalsfäule auf, die zum Welken und Eingehen der Pflanze führt. Die Welke wird durch eine *Fusarium* sp. hervorgerufen, deren Sporenlager und Mycel an der Befallsstelle sichtbar werden. In den westlichen Gebieten Aserbaidschans treten Verluste von 20–40% auf. Als günstig hat sich ein Anbau nach mehrjähriger Luzerne erwiesen. Eine Saatgutbehandlung wird ebenfalls empfohlen (3 g Granosan/kg Samen bei Gurken und Melonen, 4 g Granosan/kg Samen bei Kürbis und Wassermelonen). H. Decker. 2070.

Allard, C.; Versailles, Centre Nat. de Rech. Agronomiques, Stat. Centr. de Pathol. Végétale. Sur les Myceliophthora du champignon de couche. (Psalliota hortensis Cooke). **(Über die Myceliophthora des Kulturchampignons [Psalliota hortensis Cooke].)** Ann. Épiphyties 12 (1961) Nr. 3. S. 263–291. – 26 Abb., 2 Tab., 17 Lit.

Auf Grund ihres makroskopischen Aussehens, ihrer Morphologie und ihrer physiol. Eigenschaften in vitro wurden 4 Typen von *Myceliophthora lutea* unterschieden. Der Pilz trat um das Jahr 1920 wahrscheinlich in Frankreich zum ersten Mal auf und erhielt wegen seines Aussehens die Bezeichnung „Konfetti". Das Auftreten von *M. lutea* führt i. allg. zu einer Verminderung der Champignonproduktion. Die Untersuchungen ergaben, daß *Myceliophthora* bestimmte Wirkungen auf das Champignonmycel ausübt, aber keine antagonistischen Substanzen ausscheidet. Vielmehr zeigte sich *M. lutea* als Commensale. Ungünstige Wirkungen werden auf den Ertrag um so stärker in Erscheinung treten, je ungünstiger die Kulturbedingungen sind. Als wichtigste Bekämpfungsmaßnahmen werden genannt: Verwendung sauberer Sporenkulturen, günstige Wachstumsbedingungen für den Champignon und Dämpfen des Substrats. In einzelnen Fällen kann $CuSO_4$ günstig sein. Spez. chem. Mittel gibt es noch nicht. K. Schulz. 2070.

Lintzel, B.; Aschersleben, Inst. für Phytopathol. der Biol. Zentralanst. der Dtsch. Akad. der Landwirtsch.-Wiss. zu Berlin. **Eine Bakteriose an den Samenträgern der Levkoje.** Dtsch. Gartenbau **9** (1962) Nr. 1. S. 22–23. – 1 Abb., 1 Lit.
Während der Jahre 1959–1961 traten in Quedlinburg (1961 auch in Erfurt) in großem Umfang in den Mon. Aug.–Sept. an vielen der meist ausgewachsenen Levkojenschoten dunkle, eingesunkene Flecke verschiedener Größe auf. Die Stengel zeigten gebräunte Teile und eingesunkene Rinde, die Blätter dagegen keine Veränderungen. Die Samen erkrankter Pflanzen reiften nicht vollständig aus. Junge, aus Samen kranker Pflanzen gezogene Levkojen waren offensichtlich gesund. Trotzdem zeigte es sich, daß sie im August sehr viel stärker infiziert waren als die Pflanzen von gesunden Samen. Die ersten Anzeichen der Krankheit konnten bereits Ende Juni beobachtet werden. So traten an den Stengeln, die noch blühten und Knospen besaßen, deren untere Schoten aber ausgewachsen waren, dunkelgrüne, wie wassergetränkte Flecke von 1–3 cm Länge auf. Mitte Juni hatten sich die erkrankten Stengelteile gebräunt. Bisherige Untersuchungen ergaben, daß hier eine Bakteriose vorliegt. Weitere Untersuchungen über Krankheitserreger, Infektionsweg und Bekämpfung wurden eingeleitet. E. Wittenberg. 2100.

Christova, Eleonora und Aleksandrova, Jordanka. (Christowa, Eleonora und Alexandrowa, Jordanka.); Sofia, Inst. für Pflanzenschutz. Uvjachvane i černo stŭbleno gniene pri cinerarijata. **(Welken und schwarze Stammfäule der Cinerarie.)** Gradinarstvo, Sofija **3** (1961) Nr. 7. S. 24–25. – 1 Abb.
In den Gewächshäusern eines Staatsgutes bei Plowdiw wurden im Febr. 1961 ein Massenwelken und Eingehen der Cinerarien vor und während der Blüte beobachtet. Der Krankheiterreger ist eine unbestimmte *Phytophthora*-Art, für deren Entwicklung das Temperaturoptimum 23–27 °C beträgt. Die Krankheitssymptome ähneln jenen der Tabak-Stammfäule. Es wird Bodendesinfektion durch Erddämpfung oder mittels 2,5%iger Formalinlösung empfohlen. D. Dodow. 2100.

Lehoczky, J. The rust disease of hyacinth plants. **(Die Rostkrankheit der Hyazinthenpflanzen.)** Acta agronom. Acad. Sci. hung. **10** (1960) Nr. 3/4. S. 467–479. – Aus: Ung. Agrar-Rdsch. **1962** Nr. 1.
Die Rostkrankheit der Hyazinthe, hervorgerufen durch *Uromyces scillarum* (Grev.) Wint. f. sp. *hyacinthi* Lky. wurde vom Vf. zuerst in den Jahren 1953/54 in Ungarn beobachtet. Auf Grund der Untersuchungen über den Entwicklungszyklus und der an Hyazinthen durchgeführten Infektionsversuche vertritt Vf. die Meinung, daß die Teleutosporen des Rostpilzes nach der Ausreifung sofort keimfähig sind. Er konnte auch durch Versuche nachweisen, daß die Hyazinthenzwiebeln an der Verbreitung der Krankheit maßgeblich

beteiligt sind. Wenn der Pilz mit den befallenen Zwiebeln in das Gewächshaus eingeschleppt wird, kann er sich hier mit den Zwiebeln weiter verbreiten und auch neue Flächen verseuchen. Wenn die Teleutosporen in den Boden geraten, wird letzterer zur Infektionsquelle. Obwohl die Infektionsfähigkeit der Teleutosporen nachgewiesen wurde, sind die im hängenden Tropfen untersuchten Teleutosporen nie ausgekeimt. Der Erreger ist imstande, die Pflanze sogar bei einer Temperatur von nur 6 °C zu infizieren. — Es wurden Hyazinthensorten auf ihre Resistenz gegen den Pilz untersucht, es erwiesen sich jedoch alle als rostempfindlich. Die Bekämpfungsversuche hatten hauptsächlich das Ziel, das Abspülen der an den Blättern gebildeten Teleutosporen auf die Zwiebeln zu verhindern. Das Beizen der Zwiebeln mit quecksilberhaltigen Mitteln war nur teilweise wirksam. Die Bodenentseuchung und das tiefe Pflügen auf Großflächen dürften zu gewissen Bekämpfungserfolgen führen. 2100.

Stoll, Karl, Miething, Elfriede und Jaeger, Brunhilde. **Krankheiten raschwüchsiger Holzarten, insbesondere Blattkrankheiten der Pappel, der Birke und der Roteiche.** Forsch.- u. Entwickl.-Stelle Eberswalde, Institut für Forstwissenschaften der DAL zu Berlin. Abschlußber.: IV/1961. Plan-Nr. 1701-21-h-1-27/7.
Die Bekämpfung von Blattkrankheiten der Pappel, der Birke und der Roteiche wurde durch ungünstige Witterungsverhältnisse sowie durch das Fehlen eines geschlossenen Gewächshausraumes erschwert bzw. verhindert. Im Hinblick darauf, daß die Roste im Berichtszeitraum in der für einen wirksamen termingerechten, chem.-prophylaktischen Einsatz maßgebenden Entwicklungsphase trotz eingehender Überprüfungen nicht aufgetreten sind, konnten Versuche zu ihrer Bekämpfung im Sinne unserer Planung nicht durchgeführt werden. Chem.-prophylaktische Einsätze gegen den Roteichenmehltau mit neuen, zur amtlichen Anerkennung angemeldeten Fungiciden wurden durchgeführt. Die Ergebnisse lassen eine Beurteilung ihrer Wirksamkeit nicht zu. 2150.

Stoll, Karl, Miething, Elfriede und Jaeger, Brunhilde. **Krankheiten raschwüchsiger Holzarten, insbesondere Lärchenkrebs.** Forsch.- u. Entwickl.-Stelle Eberswalde, Institut für Forstwissenschaften der DAL zu Berlin. Abschlußber.: IV/1961. Plan-Nr. 1701 21-h-1-27/7.
Auf Grund der von uns erarbeiteten Infektionsmethode zur Prüfung der Pathogenität des Krankheitserregers *Dasyscypha willkommii* sowie der Resistenz der Lärche (*Larix europaea*) wurden Versuche an einem ausgewählten, von der Abt. Forstpflanzenzüchtung des Inst. für Forstwissenschaften in Graupa bereitgestellten Sortiment unter Freilandbedingungen durchgeführt. Über das Ergebnis wird voraussichtlich erst im Laufe d. J. abschließend berichtet werden können. Z. Z. liegen mit Rücksicht auf die spez. Infektionsbedingungen des Freilandes lediglich orientierende Beobachtungen über den Ablauf der Infektion vor, die eine gewisse Differenzierung des vorliegenden Materials gestatten. 2150.

Voronkevič, I. V. und Fachrutdinova, Ė. Š. (Woronkewitsch, I. W. und Fachrutdinowa, E. Sch.) Bakterial'naja pjatnistost' sorgo, sudanskoj travy i prosa. **(Bakterielle Fleckenkrankheit von Sorghum, Sudangras und Hirse.)** Naučn. dokl. vysš. školy. Biol. n. **1961** Nr. 2. S. 191–197. — Aus: Referativnyj žurnal. Biologija, Moskva **1961** Nr. 23. G 886. S. 94.
Es werden die Symptome, ferner die biochem. Eigenschaften der isolierten Erregerstämme, die die Wirtspflanzen befallen, beschrieben. Für den primären Erreger, der die Fleckenkrankheit bei *Sorghum*, Sudangras und Hirse auf den Feldern des Landwirtsch.-Inst. in Kinel (Gebiet Kuibyschew) hervorruft, hält Vf. ein fluorescierendes Bakterium, das mit *Pseudomonas holci* Ähnlichkeit hat. übersetzt von W. Peitz. 2200.

Lockhart, C. L.; Kentville, Nova Scotia, Canada Dep. of Agric. Monilinia twig and blossom blight of lowbush blueberry and its control. **(Monilinia-Zweig- und Blütendürre an Niederbuschblaubeeren und ihre Bekämpfung.)** Canad. J. Plant Sci. **41** (1961) Nr. 2. S. 336–341. – 5 Abb., 3 Tab., 5 Lit.
Es wird über die Symptome, Verbreitung und Biologie von *Monilinia vaccinii-corymbosi*, einer Zweig- und Blütendürre bei Blaubeeren, berichtet. Die Infektionsquellen scheinen die auf Apothecien im Frühjahr entstehenden Ascosporen zu sein, da der Pilz von überwinterten, vorjährig befallenen Pflanzenteilen nicht isoliert werden konnte. Die sich aus in der Erde liegenden Fruchtmumien der Niederbuschblaubeeren entwickelnden Apothecien waren kleiner und weniger zahlreich als bei Hochbuschblaubeeren. Künstliche Infektionen gelangen nur im Freiland bei Verwendung von Polyäthylenbeuteln. Am besten wird die Krankheit durch Abbrennen im Abstand von 2–3 Jahren bekämpft, aber auch Spritzungen mit Ferbam, Zineb oder Thioneb waren wirksam. M. Brauns. 2300.

Terrier, Ch. Confirmation biologique de la présence d'Uromyces silphii (Burr.) Arthur en Europe. **(Biologische Bestätigung über das Vorkommen von Uromyces silphii [Burr.] Arthur in Europa.)** Ber. schweiz. bot. Ges. **71** (1961) S. 332–338. – 4 Abb., 6 Lit. Zus. in Dtsch.
Im Jahre 1955 wurde bei Faverois (Ostfrankreich) auf *Juncus macer* S. F. Gray ein Rostpilz gefunden, der sowohl auf Grund seiner morphol. Beschaffenheit als auch seines physiol. Verhaltens mit *Uromyces silphii* (Burr.) Arthur zu identifizieren ist. Er unterscheidet sich von dem ebenfalls auf *Juncus*-Arten auftretenden Rostpilz *Uromyces junci* (Desm.) Tul. durch seine etwas kleineren und regelmäßigeren Uredosporen, die über die ganze Oberfläche oder in der oberen Hälfte mit kurzen Stacheln besetzt sind. Ihre mittlere Größe beträgt $16{,}3 \times 20{,}6\ \mu$. Die Teleutosporen beider Pilze unterscheiden sich nur geringfügig. Bei *U. silphii* haben sie eine mittlere Größe von $16{,}2 \times 32{,}2\ \mu$. Sie sind etwas kürzer und schmaler als die Teleutosporen von *U. junci*. Das erste Vorkommen von *U. silphii* in Europa war bereits von Urban 1956 als Ergebnis morphol. Untersuchungen festgestellt worden, wobei dieser annahm, daß es sich in Europa um eine autözische Art handelte. Im vorliegenden Fall konnte jedoch von Terrier durch Infektionsversuche bewiesen werden, daß der in Faverois auf *J. macer* gefundene Rostpilz verschiedene *Silphium*-Arten befallen kann, also eine heterözische Form darstellt. Fehlen geeignete, als Zwischenwirt dienende Kompositen, so tritt er als Hemi-Form in Erscheinung, ohne aber seine ursprüngliche Infektionstüchtigkeit gegenüber diesen zu verlieren. Infektionsversuche mit *Pulicaria dysenterica* (L.) Bernh., dem Zwischenwirt von *U. junci*, verliefen negativ. K. Frauenstein. 2300.

Schenk, Pieter Klaas. **Biologie en bestrijding van Urocystis gladiolicola Ainsw. op gladiolen.** Diss. Landw. Fak. Wageningen. 1961. (104 S.) 8°. (Diss. 8280)

D. Maßnahmen des Pflanzenschutzes

Janes, B. S.; Croydon, Victoria, Imperial Chem. Ind. of Australia, Merrindale Biol. Res. Stat. Leaf-clearing technique to assist fungal spore germination counts. **(Blattaufhellungsmethode zur Unterstützung der Zählung gekeimter Pilzsporen.)** Nature [London] **198** (1962) Nr. 4820. S. 1099–1100. – 6 Lit.
Sporen von *Alternaria solani* und *Venturia inaequalis* werden 24 Std. auf Blattoberflächen bebrütet. Danach werden mit dem Korkbohrer Blattscheiben ausgestochen, in Petrischalen gelegt und mehrere Schalen in einem Becherglas der Einwirkung von Chlorgas unterworfen. Größere Zahlen von Blattscheiben werden in wenigen Sek. aufgehellt, Hyphen und Sporen bleiben unverändert und können nach Anfärbung mit Methylviolett im durchscheinenden Licht leicht gezählt werden. *A. solani*-Sporen werden noch besser gefärbt, wenn die Blattscheiben vorher mit Ammoniakgas behandelt werden.

Diese Methode stellt gegenüber anderen Verfahren eine Vereinfachung dar und erhöht die Genauigkeit der Zählungen. Sie wurde an Tomaten und Apfelblättern angewendet, dürfte aber auch für Zählungen an anderen Obstarten sowie an Gemüse-, Getreide- und Futterarten geeignet sein.
G. Otto. 2420.

Preece, T. F.; Harpenden, Herts., Min. of Agric., Fisheries and Food, Plant Pathol. Lab. Removal of apple leaf cuticle by pectinase to reveal the mycelium of Venturia inaequalis (Cooke) Wint. **(Entfernung der Kutikula des Apfelblattes durch Pektinase, um das Mycel von Venturia inaequalis [Cooke] Wint. freizulegen.)** Nature [London] **193** (1962) Nr. 4818. S. 902–903. – 2 Abb., 14 Lit.
Die Freilegung des zwischen Kutikula und äußeren Epidermiszellen befindlichen Mycels von *Venturia inaequalis* bei Apfelblättern mit Oxalat-Oxalsäuremischungen empfiehlt sich nicht bei der Untersuchung großer Serien. Vf. entwickelte ein neues Verfahren, wobei Pektinase als Mazerationsmittel verwendet wurde. Aus frischen grünen Blättern wurden Scheiben gestanzt, die in eine gepufferte Pektinlösung (pH 4) gebracht und dann einem Vakuum ausgesetzt wurden, welches plötzlich aufgehoben wird, so daß die Enzymlösung in das Gewebe eintreten kann. Die Blattscheiben bleiben über Nacht in der Pektinlösung, in der die Epidermisschichten am anderen Morgen freigelegt sind. Als geeignetste Färbemethode erwies sich die Phenol-Acetat-Anilinblaumethode. K. Schulz. 2420.

Kemp, J. G., Loiselle, R. und Kalbfleisch, W.; Ottawa, Ontario, Canada Dep. of Agric., Res. Branch. Note on a hot water treater for small samples of loose smut infected seeds. **(Hinweis auf ein Heißwasserbehandlungsgerät für kleine mit Flugbrand infizierte Saatgutproben.)** Canad. J. Plant Sci. **42** (1962) Nr. 2. S. 396–397. – 1 Abb.
Die technische Einrichtung der Anlage, in der 4 Saatgutproben zu je 2 lb. der Heißwasserbehandlung unterzogen werden können, wird beschrieben. Die durchschnittl. Keimfähigkeit des behandelten Saatgutes liegt bei 88,5% (Kontrolle 97,7%). Der erzielte Behandlungserfolg lag nach den Ergebnissen der Feldprüfung bei 100%. W. Kühnel. 2420.

Berland, Bjørn; Bergen, Norway, Inst. of Marine Res. Directorate of Fisheries. Use of glacial acetic acid for killing parasitic nematodes for collection purposes. **(Eisessig zum Abtöten parasitischer Nematoden für Sammlungszwecke.)** Nature [London] **191** (1961) Nr. 4795. S. 1320–1321.
Eisessig eignet sich gut zum Fixieren von in Tieren parasitierenden Nematoden. Sie strecken sich in der Fixierungsflüssigkeit. Nach einigen Min. werden sie in 70%igen Alkohol überführt. Der Eisessig soll unverdünnt verwendet werden. Bei Minus-Temperaturen kann mit abs. Alkohol im Verhältnis 1:1 gemischt werden. Aufhellen mit Lactophenol und Kreosot bereitet keine Schwierigkeit. Auch die Färbung von Schnitten mit den üblichen Färbungsmitteln ist ohne weiteres möglich. H.-W. Nolte. 2420.

Winkler, E. J. und Pramer, David; New Brunswick, N. J., Dep. of Agric. Microbiol. A chamber for culturing and collecting the nematode Panagrellus redivivus. **(Ein Gefäß für das Züchten und Sammeln des Nematoden Panagrellus redivivus.)** Nature [London] **192** (1961) Nr. 4801. S. 472–473. – 2 Abb., 5 Lit.
Vff. entwickelten ein Gefäß, das zugleich zur Zucht und zum Sammeln des als Versuchstier viel gebrauchten Nematoden *Panagrellus redivivus* dient. In einem Trichter, dessen Auslauf mit einem Hahn verschlossen ist, steht eine kleine Glasschale von 9 cm Dmr. und 2 cm Randhöhe. Sie ist mit einem Brei aus 25 g Hafermehl und 45 cm^3 Wasser gefüllt. Dieses Nährsubstrat wird mit einigen Nematoden infiziert, und der Trichter soweit mit Wasser

gefüllt, daß der obere Rand der Glasschale (Petrischale) nur 3–4 mm über den Wasserspiegel hinausragt. Die Nematoden vermehren sich sehr schnell (optimale Temperatur 20 °C), und nach einigen Tagen kriechen entspr. der zunehmenden Populationsdichte zahlreiche Nematoden über den Schalenrand, gelangen ins Wasser und sinken nach unten. Dort können sie nach Bedarf durch Öffnen des Hahns entnommen werden. B. Weischer. 2420.

Thomas, J. B.; Sault Ste. Marie, Ontario, Forest Insect. Lab. A storage method for collections of insects in liquid. **(Eine Aufbewahrungsmethode für Sammlungen von Insekten in Flüssigkeit.)** Canad. Entomologist **94** (1962) Nr. 2. S. 216–218. – 2 Abb.
Es wird ein Aufbewahrungskasten für Insektenmaterial, das in kleinen Gläschen in Flüssigkeit konserviert wurde, beschrieben. Die Abmessungen werden angegeben, eine Skizze und Photographie beigefügt.
R. Fritzsche. 2420.

Wiegert, Richard G.; Ann Arbor, Univ. of Michigan, Dep. of Zool. A simple apparatus for measuring density of insect population. **(Ein einfacher Apparat zur Messung der Dichte von Insektenpopulationen.)** Ann. entomol. Soc. America **54** (1961) Nr. 6. S. 926–927. – 1 Abb., 4 Lit.
Es wird ein einfacher Fangapparat beschrieben, mit dem es möglich ist, die Populationsdichte von Zikaden (bes. *Philaenus* spp.) in Pflanzenbeständen zu bestimmen. Es werden hierdurch die Fehlermöglichkeiten weitgehend ausgeschlossen, die durch Entweichen der Tiere bei Anwendung anderer Methoden entstehen können. Die Maße des Apparates und seine technische Ausführung werden dargestellt. Der Bestimmungsfehler liegt bei etwa 10%. Mit dem Apparat kann mit einer Dichtebestimmung eine Fläche von 0,2 m^2 erfaßt werden. R. Fritzsche. 2420.

Brazzel, J. R., Chambers, Howard und Hamann, P. J.; College Station, Texas Agric. Exp. Stat. A laboratory rearing method and dosage-mortality data on the bollworm, Heliothis zea. **(Eine Anzuchtmethode für Laboratoriumszwecke und Angaben über letale Dosen für Heliothis zea.)** J. econ. Entomol. **54** (1961) Nr. 5. S. 949–952. – 1 Abb., 1 Tab., 6 Lit.
Zusammensetzung und Zubereitung eines künstlichen Larvenfutters zur Anzucht von *Heliothis zea* (Boddie) werden beschrieben. Das Futter ist vor allem für das 2. Stadium gut geeignet, eine einmalige Füllung der Gefäße genügt. Kannibalismus und Krankheiten konnten ausgeschlossen werden. Die Weiterzucht bis zur Verpuppung ist möglich, erfordert aber ein Umsetzen im 5. Larvenstadium oder verstärkte Fütterung. Bei Dosierungsversuchen mit derart gezüchteten Larven stellte Vf. folgendes Wirkungsspektrum auf LD_{50} = mg Insekticid/g Larvengewicht, 48 Std. nach Lokalapplikation einer Acetonlösung der Mittel: Endrin < Dilan < DDT < Toxaphen + DDT < Stroban + DDT < Sevin < Toxaphen < Stroban. Die Kurven verlaufen alle gleichsinnig, nur die von Dilan und Toxaphen + DDT zeigten einen steileren Anstieg. Resistenzerscheinungen konnten nicht gemessen werden.
H. Eckstädt. 2420.

Nohejl, J.; Havlickuv Brod, Forschungsinst. für Kartoffelbau. **Die Diagnostik der Kartoffelvirosen und ihre Anwendung in der Tschechoslovakischen Sozialistischen Republik.** Nachrichtenbl. dtsch. Pflanzenschutzdienst [Berlin] [N. F.] **16(42)** (1962) Nr. 4. S. 68–72. – 6 Abb., 2 Tab. Zus. in Russ., Engl.
Die Serodiagnostik sieht ihre Hauptaufgaben in Zubereitungsmethoden von Antiseren gegen das X-, Y-, S- und M-Virus sowie in der Überprüfung der Zuverlässigkeit serologischer Analysen. Durch Immunisierung von Hammeln und Pferden (genaue Beschreibung) konnten große Mengen Antiserum gewonnen werden. Sera mit hoher Antikörperkonz. sind schwer von Hammeln, leichter von Pferden und Kaninchen zu erzielen. – Die Viren X, S und M

können mit 80%iger Sicherheit bereits in verfärbten Keimen serologisch bestimmt werden, Y nur bei einzelnen Sorten ('Bintje'). — Die Zuverlässigkeit des Kallosetestes ist nur bei einigen Sorten gewährleistet; die Kallosemenge wird vom Alter der Pflanze (oder Knolle), dem Zeitpunkt der Infektion sowie von ökologischen und Bodenfaktoren beeinflußt. — Die Diagnose nach Martin-Quemener (Verfärbung der Keime) zeigte 90%ige Sicherheit bei 'Bintje'. — Die löffelartige Blattdeformierung, die das M-Virus hervorruft, ist von der Umwelt stark abhängig. — Zur Sicherung eines hohen Pflanzgutwertes sind Pflanzgutgebiete und Gesundheitslagen zu bilden, regelmäßig Pflanzgutwechsel und Bereinigungen durchzuführen und virusresistente Sorten zu züchten. R. Kämmerer. 2420.

Borchardt, Gerhard; Hannover, Pflanzenschutzamt. **Die Beschaffenheitsprüfung (Virustest) von Pflanzkartoffeln.** Nachrichtenbl. dtsch. Pflanzenschutzdienstes [Braunschweig] **14** (1962) Nr. 1. S. 1–5. — 2 Abb., 31 Lit.
Feldbesichtigungen alleine bieten keine Gewähr mehr für ausreichende Qualitätskontrolle. Zur Einschränkung der Virusausbreitung (bes. Y-Virus) dienen Augenstecklingsmethode, serologischer Test und Testpflanzenverfahren. Die Stecklingsbeurteilung reicht für die Bewertung von Konsumpflanzgut aus; bei Vermehrungspflanzgut muß der serologische Test (bes. für X- und Y-Virus) oder die Testpflanzenmethode (vor allem mit Bastard 'A 6'; bes. für A- und Y-Virus) hinzugezogen werden. Vf. gibt ausführliche Hinweise zur Vorkeimung der Proben, Anzucht der Stecklinge und Durchführung der Teste. Exakte technische Durchführung der Arbeiten sowie Übung und Erfahrung des Untersuchungspersonals sind erforderlich.
R. Kämmerer. 2420.

Szirmai, J. **Prüfung des Kartoffelabbaus durch Testen mit Serum-Knollenröhrchen, auf Grund der Polyphenoloxydase-Aktivität.** Acta agronom. Acad. Sci. hung. **10** (1960) N. 3/4. S. 442–454. — Aus: Ung. Agrar-Rdsch. **1962** Nr. 1.
Zum Virusnachweis ist die Polyphenoloxydase-Aktivität gut geeignet. Bei dem vom Vf. entwickelten Verfahren wird in die Knolle ein Glasröhrchen von 4 mm Dmr. und 2,5 cm Länge eingetrieben, in welchem sich der Knollensaft ansammelt. Mit Hilfe einer feinen Pipette werden 0,1 ml eines mit 0,5% Karbolsäure konservierten Schafserums hinzugefügt. Nach einer Inkubationszeit von 30–35 Min. bei 23–25 °C entsteht an der Oberfläche der Flüssigkeit ein roter Ring, der eine positive Reaktion bedeutet. Bei negativer Reaktion zeigt sich der Ring nicht oder erst spät und in geringem Ausmaß. Der Grad der positiven Reaktion ist proportional der Polyphenoloxydase-Aktivität. Die Knollen der resistenten Sorte gaben i. allg. eine positve Reaktion in Form der roten Verfärbung. Die abgebauten Sorten zeigten keine positive Reaktion. Eine negative Reaktion läßt also auf den Abbau und auf einen starken Virusbefall schließen, während eine positive Reaktion die virusresistenten Sorten charakterisiert. 2420.

Whitcomb, Robert F. und Black, L. M.; Urbana, Univ. of Illinois, Dep. of Bot. A precipitin ring time test for estimation of relative soluble-antigen concentrations. **(Ein Präzipitin-Ring-Zeit-Test zur Bestimmung relativer Konzentrationen löslicher Antigene.)** Virology **15** (1961) Nr. 4. S. 507 bis 508. — 1 Abb., 1 Tab., 4 Lit.
Es wird ein verbesserter Präzipitin-Ringtest beschrieben, mit dem die von Black und Brakke (1954) in Wundtumoren-Gewebeextrakten außer dem Wundtumorenvirus (**WTV**) gefundenen löslichen Antigene (**WTsA**) genauer bestimmt werden können. Das **WTV**-Antiserum und das durch Ultrazentrifugieren vom **WTV** befreite **WTsA** werden in kleinen Glasröhrchen vorsichtig überschichtet. Der an der Grenzfläche entstehende Niederschlagsring wird durch einen gerichteten, wärmegefilterten Lichtstrahl sichtbar gemacht.

Je nach Kombination von Antiserum- und Antigenverdünnungsstufe bildet sich dieser Ring in kürzerer oder längerer Zeit. In der semilogarithmischen Darstellung (Ordinate log: Zeit; Abszisse arithm: Antigenverdünnungsstufe) ergeben sich Geraden, deren Neigungswinkel von der Antiserumkonz. abhängig ist. Zur Bestimmung der **WTsA** in verschiedenen Extrakten wurden deren Verdünnungen (bezogen auf das Gewicht der Gewebemenge) gegen eine Antiserumkonz. (1:40) getestet. Die rel. Konz. wurde aus dem Abszissenabstand zweier paralleler Geraden errechnet. Der durchschnittl. Fehler betrug 6,7%. E. Proll. 2420.

Nagaraj, A. N., Sinha, R. C. und Black, L. M.; Urbana, Univ. of Illinois, Dep. of Bot. A smear technique for detecting virus antigen in individual vectors by the use of fluorescent antibodies. **(Eine Ausstrichmethode zum Nachweis von Virusantigen in einzelnen Vektoren durch Anwendung von Fluorescenz-Antikörpern.)** Virology **15** (1961) Nr. 2. S. 205–208. – 11 Lit.
Vff. berichten über die Anwendung eines Fluorescenz-Ausstrichtestes unter Benutzung von Antikörpern, die mit Fluorescein markiert wurden, für den Nachweis von Wundtumorenvirus (WTV)-Antigenen in Ausstrichen des Zikadenvektors *Agallia constricta* Van Duzee. In 10 Versuchen wurden Ausstriche von 132 infizierten Zikaden und 132 Kontrolltieren untersucht. Mit wenigen Ausnahmen zeigten die Ausstriche von infizierten Zikaden, die gegen das Wundtumorenvirus lösliche Antigen (WTsA) im Ringtest positiv reagierten, eine spez. Färbung mit dem mit Fluorescein markierten Antiserum; diese Färbung wurde nicht hervorgerufen von den Kontrolltieren und den infizierten Insekten, die negativ gegen das WTsA im Ringtest waren. Der Vergleich dieser Methode mit dem Ringtest bestätigt die Möglichkeit eines schnellen WTV-Antigen-Nachweises in infizierten Zikaden. Beide Methoden haben bestimmte Vor- und Nachteile. Die Wahl der Methode wird von dem Material und dem Zweck des Testes abhängen. Die in der Arbeit beschriebene Methode wird bes. für sehr kleine Vektoren brauchbar sein.
B. Hinz. 2420.

McIntosh, A. H.; Harpenden, Herts., Rothamsted Exp. Stat. Some variants and possible errors in the testtube dilution and slide-germination methods for laboratory testing of fungicides. **(Einige Varianten und mögliche Fehler beim Verdünnungstest und den Plattenkeimungsmethoden zur Laborprüfung von Fungiciden.)** Ann. appl. Biol. **49** (1961) Nr. 3. S. 424–432. – 2 Abb., 2 Tab., 26 Lit.
Es wird eine Methode zur Fungicidprüfung beschrieben, bei der Perspex-Kammern (Polymethyl-metacrylat) für die Sporenkeimung in der wäßrigen Fungicidlösung bzw. -suspension Verwendung finden. Der Bau dieser Kammern wird dargestellt. Durch geeignete Abdeckung kann der Meniskuseffekt vermieden werden. Als Fehler können auftreten: Absorption des Fungicids an Pipetten und den Kammerwänden bzw. dem Abdeckglas sowie Veränderung des Fungicidtropfenvolumens. Die Möglichkeiten zur Ausschaltung dieser Fehler werden diskutiert. Die Vorteile der Perspex-Kammern gegenüber Glaskammern werden in der leichteren Herstellbarkeit und der hohen Alkalibeständigkeit gesehen. Gegen Säuren und org. Lösungsmittel sind sie empfindlich. R. Fritzsche. 2420.

Shafik, M. T. The determination of 1.1-dichloro-2,2-bis (p-chlorophenyl) ethan. TDE. **(Die Bestimmung von 1.1-Dichlor-2-bis [p-chlorphenyl] äthan. TDE.)** Alexandria J. agric. Sci. **9** (1961) Nr. 2. S. 109–116. – 1 Tab., 7 Lit.
Eine Methode zur Bestimmung von TDE wurde geprüft. Das andere Bekämpfungsmittel, welches bei der Bestimmung störend wirkt, ist Methoxychlor. Mit dieser Methode ist es möglich, TDE zu bestimmen bei Vorhandensein von Methoxychlor. Die Methode beruht auf Ablesen der optischen In-

tensität des unbekannten Produkts zwischen 2 Wellenlängen. Die Korrektion, verursacht durch Methoxychlor, wurde berechnet. Die Methode wird ausführlich beschrieben. H. Hamdi. 2420.

Zaky, A. I., Shafik, M. T. und Khishen, S. A. A modified method for the determination of toxaphene on cotton leaves. **(Modifizierte Methode zur Toxaphen-Bestimmung an Baumwollblättern.)** Alexandria J. agric. Sci. **9** (1961) Nr..2. S. 17–23. – 6 Tab., 3 Lit.
Die Methode beruht auf Extraktion der frischen Baumwollblätter mit n-Hexan. Bestimmte Mengen von Methylenchlorid und 10 g Magnesiumsilikat wurden zur Extraktion gegeben. Ein Teil wurde für die Toxaphen-Bestimmung genommen. Die Methode wurde für bestimmte Mengen von Toxaphen geprüft und zeigt eine Wiedererlangung von 90–100%. H. Hamdi. 2420.

Bobeş, I. Eficacitatea unor măsuri agrotehnice în combaterea tăciunelui zburător al orzului (Ustilago nuda) din loturile pentru sămînţă. **(Die Wirksamkeit einiger Anbaumaßnahmen zur Bekämpfung des Gerstenflugbrandes [Ustilago nuda] in den Vermehrungsflächen.)** Inst. agronom. „Dr. Petru Groza" Cluj, Lucrări ştiinţ. **16** (1960) S. 177–185. – 4 Tab., 16 Lit. Zus. in Russ., Engl.
Gute Ergebnisse bei der Bekämpfung des Gerstenflugbrandes erzielte Vf. durch Ernte in der Wachsreife, Aussaat im Okt., durch Verwendung von lange gelagertem Saatgut und durch Entfernen befallener Pflanzen in verschiedenen Vegetationsperioden. Die letzte Methode macht noch weitere Untersuchungen notwendig. V. Velican. 2450.

Franz, J. M.; Darmstadt, Inst. für Biol. Schädlingsbekämpf. **Bibliographie über die biologische Bekämpfung. 6. Mitt.** Entomophaga [Paris] **6** (1961) Nr. 4. S. 277–329. – 958 Lit.
Vorgelegt wird die 6. Liste von Publikationen, die sich mit Grundlagen und Anwendung der Methoden der biol. Bekämpfung von Arthropoden und Unkräutern befassen. Diese und die bisher erschienenen 5 Listen (vgl. Entomophaga [Paris] **1-5** (1956–1960].) wurden im Rahmen der Arbeiten der Internat. Kommission für Biol. Bekämpfung (C. I. L. B.) veröffentlicht. Zur schnelleren Orientierung wurde ein Beute-Wirts-Index, in dem Gattungen und Familien in alphabetischer Anordnung, jeweils nach Ordnungen getrennt, aufgeführt sind, neu aufgenommen. E. Wittenberg. 2470.

Pimentel, David; Ithaca, N. Y., Cornell Univ., Dep. of Entomol. Natural control of caterpillar populations on cole crops. **(Natürliche Bekämpfung von Raupenpopulationen an Kohlpflanzen.)** J. econ. Entomol. **54** (1961) Nr. 5. S. 889–892. – 6 Abb., 10 Lit.
Die ökol. Wechselbeziehungen zwischen *Pieris rapae* (L.), *Plutella maculipennis* (Curtis), *Trichoplusia ni* (Hübner) und ihren Parasiten (Viren, Bakterien, Pilze) und Räubern, sowie deren Bedeutung für die biol. Bekämpfung an *Brassica oleracea* L. wurden in Ithaca über 2 Jahre hin beobachtet. Häufigkeit, Dichte und jahreszeitliche Schwankungen sind von vielen Faktoren abhängig. *P. rapae* trat stets am stärksten auf, während *T. ni* nur in weit geringerer Anzahl vorhanden war, doch waren hier die Schwankungen bes. groß. Neben lokalen und klimatischen Faktoren sind bes. die Parasiten und Räuber dafür verantwortlich, doch unterliegt auch deren Bedeutung jährlich einem starken Wechsel. Abschließend wird ein Überblick über den vom Vf. und anderen Autoren festgestellten Umfang der Parasitierung der 3 Raupenarten durch einen sehr umfangreichen Parasitenkomplex gegeben. H. Eckstädt. 2470.

Claus, Lotar. **Untersuchungen über die Chitinasewirkung des insektentötenden Pilzes Beauveria bassiana (Bals.) Vuill.** Arch. Mikrobiol. **40** (1961) Nr. 1. S. 17–46. – 14 Abb., 1 Tab., 69 Lit.

Nach vorl. Untersuchungen erweist sich die Chitinase als konstitutives Enzym, das durch Autolyse aus dem Mycel freigesetzt wird, und kann extracellular im Kulturfiltrat durch das Auftreten von Aminosäuren papierchromatographisch nachgewiesen werden. Die Lysis erfolgt in Abhängigkeit von der Nährstoffkonz. Der Pilz ist nicht auf das Chitin als C- und N-Quelle angewiesen. Besseres Wachstum erfolgt bei Zugabe von Glucose und mineral. N. Nährstoffmangel oder andere wachstumshemmende Umstände (zu niedrige cH^+) veranlassen den Pilz zur extracellularen Chitinhydrolyse. Es konnte auch in chitinfreien Substraten Chitinase nachgewiesen werden. *Beauveria bassiana* bildet Chitinase bereits während des Wachstums in den Hyphenzellen. G. Kerner. 2470.

Wartenberg, Hans und Freund, Käthe; Jena, Univ., Inst. für Allg. Bot. **Der Konservierungseffekt antibiotischer Mikroorganismen an Konidien von Beauveria bassiana (Bals.) Vuill.** Zbl. Bakteriol., Parasitenkunde, Infektionskrankh. Hyg., II. Abt. **114** (1961) Nr. 7. S. 718–724. – 8 Lit.
Antibionten, wie z. B. Actinomycetan, verhindern das Keimen von *Beauveria bassiana*-Sporen im Erdboden oder auf Plattentesten. Die Sporen bleiben über größere Zeiträume „im Ruhestadium" keimfähig, was durch Reisolierungen geprüft wurde. Dagegen führte die Anwesenheit von Kartoffelkäferlarven bzw. -imagines unter verschiedenen Versuchsbedingungen zum Auskeimen und zur Infektion der Wirte. G. Kerner. 2470.

Položencev, P. A. (Poloshenzew, P. A.); Woronesh, Forsttechn. Inst., Lehrstuhl für Waldschutz. Cervi-parazity nasekomych. **(Würmer — Parasiten der Insekten.)** Zaščita rastenij ot vreditelej i boleznej, Moskva **6** (1961) Nr. 12. S. 34–36. – 3 Abb.
Nematoden können in Insekten parasitieren und deren Population mindern. Vom Vf. wurden zahlreiche derartige Beobachtungen zusammengetragen. Bei Engerlingen wurde eine 60%ige Vernichtung festgestellt. Auf einigen 1000 ha wurden Bockkäfer (*Monochamus*) vom Nematoden *Bradynema* vernichtet. Die Vermehrung des Großen Braunen Rüsselkäfers *Hylobius abietis* wurde durch *Allantonema mirabile* eingeschränkt. In einer Erdraupe können bis zu 1000 und mehr Exemplare von *Neoplectana feltiae* parasitieren. Fritfliegen können von *Tylenchinema oscinella* und der Kleine Frostspanner von *Hexamermis albicans* befallen werden. H. Decker. 2470.

Welch, H. E. und Briand, L. J.; Belleville, Ontario, Entomol. Res. Inst., Biol. Control. Tests of the nematode DD 136 and an associated bacterium for control of the Colorado potato beetle, Leptinotarsa decemlineata (Say). **Versuche mit dem Nematoden DD 136 und einem mit ihm vergesellschafteten Bakterium zur Bekämpfung des Kartoffelkäfers, Leptinotarsa decemlineata [Say].)** Canad. Entomologist **93** (1961) Nr. 9. S. 759–763. – 1 Tab., 5 Lit.
Ein als DD 136 benanntes, mit Bakterien vergesellschaftetes Älchen aus der Familie der *Neoaplectanidae* richtete in Kanada Raupen des Apfelwicklers schnell zugrunde. Es ließ sich auf verschiedene Insekten übertragen und an geeigneten Raupen leicht züchten. Die Älchen gelangen mit der Nahrung in den Darm ihrer Wirte, dringen in deren Leibeshöhle ein, in der sich die freigelassenen Bakterien rasch vermehren und nach kurzer Frist den Tod der Larven herbeiführen. In deren Gewebe entwickeln sich die Nematoden, welche wiederum Bakterien aufnehmen und schließlich den aufgezehrten Wirt verlassen. Versuche, mit solchen Nematoden die Larven des Kartoffelkäfers abzutöten, schienen ursprünglich erfolgreich zu verlaufen, doch konnten die in den Folgejahren durchgeführten Versuche die erhofften Ergebnisse nicht bestätigen. Mannigfaltig variierte Labor.- und Feldversuche zeigten, daß die Lebens- und Infektionsfähigkeit der Älchenlarven in starkem Grade von einer ausreichenden Luftfeuchtigkeit abhängt. Da die erforderlichen

Bedingungen unter den Freilandverhältnissen der Provinz Ontario allg. nicht in ausreichender Weise gegeben sind, läßt sich diese Gemeinschaft von Nematode und Bakterium dort für eine erfolgreiche Kartoffelkäferbekämpfung nicht ausnutzen. H. Buhr. 2470.

Klink, Günther; Berlin-Dahlem, Biol. Bundesanst. für Land- und Forstwirtsch., Inst. für Zool. **Über die endogene und exogene Abhängigkeit der Parasitierungs- und Flugaktivität einiger Trichogramma-Arten.** Z. angew. Zool. 48 (1961) Nr. 4. S. 475–492. – 7 Abb., 5 Tab.,19 Lit.
Vf. versucht durch eine vergleichende Analyse der artgebundenen Reaktionen auf veränderte Umweltbedingungen Rückschlüsse über physiol. Ursachen von Aktivitätsunterschieden bei *Trichogramma*-Arten im Hinblick auf ihre Verwendung zur biol. Bekämpfung zu ziehen. Er prüfte die Abhängigkeit der Parasitierungsaktivität, Fruchtbarkeit und Lebensdauer von energieverbrauchenden Eiablagehandlungen sowie die Ernährungseinflüsse auf die Entwicklungsstadien und die Flugaktivität von *T. cacoeciae* u. a. *Trichogramma*-Arten (geographische Ökotypen) und in verschiedenen unter konstanten Temperaturen gezüchteten Modifikationen. G. Kerner. 2470.

Bénassy, C., Bianchi, H. und Milaire, H.; Antibes, INRA, Stat. Zool. Agric. et de Lutte Biol. État actuel des recherches en cours sur la „lutte intégrée" dans le cas des coccides en France. **(Gegenwärtiger Stand der Forschungen über „Integrierende Bekämpfung" gegen Cocciden in Frankreich.)** Entomophaga [Paris] 7 (1962) Nr. 1. S. 59–68. – 1 Abb., 3 Tab., 6 Lit.
Zur Bekämpfung der San José-Schildlaus (*Quadraspidiotus perniciosus* Comst.) wurden mehrjährige Versuche mit dem Parasiten *Prospaltella perniciosi* Tow. durchgeführt. Er wurde in stark befallenen Apfelanlagen ausgesetzt, in denen unabhängig hiervon die Bekämpfungsmaßnahmen gegen Schorf und Mehltau (mit Zineb, Ziram, Kupferkalkbrühe, Schwefel, Captan), gegen Apfelwickler, Blattläuse, Milben und verschiedeneWicklerarten (mit Phosdrin, Ethion, Endothion, Sevin, Kelthane bzw. Bleiarsen) sowie die Winterspritzung regelmäßig durchgeführt wurden. Die Populationsdichte des Parasiten wurde durch die Spritzungen nicht beeinflußt, sie erreichte aber nicht die zur wirksamen Schildlauskämpfung erforderliche Höhe. R. Fritzsche. 2470.

Bach, Paul de und Landi, John; Riverside, Univ. of California. The introduced purple scale parasite, Aphytis lepidosaphes Compere, and a method of integrating chemical with biological control. **(Der eingeführte Parasit Aphytis lepidosaphes Compere der Citrus-Kommalaus sowie eine Methode der integrierenden chemischen mit einer biologischen Bekämpfung.)** Hilgardia 31 (1961) Nr. 4. S. 459–497. – 11 Abb., 7 Tab., 11 Lit.
Die *Citrus*-Kommalaus, *Lepidosaphes beckii* (Newman), gelangte Mitte des vorigen Jh. von den Bermudas über Florida nach Kalifornien und ist dort einer der gefürchtetsten *Citrus*-Schädlinge. Zu seiner Bekämpfung wurde in den Jahren 1948/49 der Parasit *Aphytis lepidosaphes* aus China und Taiwan eingeführt. Die Massenzucht der Schildlaus auf Kartoffeln und Zitronenfrüchten zur Erzielung ausgiebigen Parasitenmaterials sowie das außerhalb Amerikas festgestellte Vorkommen von *L. beckii* und *A. lepidosaphes* werden beschrieben. Der Parasit ist nicht leicht zu bestimmen, die Arten des Genus ähneln einander sehr. Unbefruchtete Eier liefern Männchen, befruchtete dagegen Weibchen. *A. lepidosaphes* ist sehr wirtsspez., andere Wirte wie *L. beckii* sind nicht bekannt. *A. lepidosaphes* besitzt eine starke Vermehrung, 2 Adulte aus einer Schildlaus sind die Regel, bis 5 wurden beobachtet. Eingehend wird die Biologie, insbesondere die Methode der Parasitierung behandelt. Da *A. lepidosaphes* witterungsabhängig ist, bringt sein Einsatz, bes. in windausgesetzen Anlagen, nicht immer den gewünschten Erfolg. Es wird daher eine den Nützling schonende Bekämpfung in der Weise empfohlen,

daß man in befallenen Anlagen nur jede 2. Baumreihe mit chem. Mitteln behandelt, die übrigen aber unbehandelt läßt. Im Jahr darauf wird jeweils nur die unbehandelte Reihe gespritzt. Diese integrierende Bekämpfung, die sich auf 5 Jahre ausdehnte, hat sich gut gewährt. H. A. Schmidt. 2470.

Scherney, Ferdinand; München, Bayer. Landesanst. für Pflanzenbau und Pflanzenschutz. **Untersuchungen über das Vorkommen für die biologische Schädlingsbekämpfung wichtiger Laufkäfer-Arten (Col., Carabidae) in Bayern.** Bayer. landwirtsch. Jb. **39** (1962) Nr. 2. S. 193–218. – 2 Abb., 5 Tab., 20 Lit.
In Bayern (19 Sammelorte) wurde 3 Jahre lang das Vorkommen von Laufkäfern untersucht und dabei insgesamt 262495 Laufkäfer gefangen. Der durchschnittl. Anteil der wirtsch. wichtigen Laufkäferarten betrug 79% (Gattung *Carabus* 26,7%, Gattung *Pterostichus* 52,3%). Das zahlenmäßige Vorkommen der Laufkäfer ist von den Bodenverhältnissen, dem Klima und den Kulturanbauformen abhängig. Die größte Laufkäferpopulation wurde auf Lehm, die geringste auf Moor festgestellt. Auf Ödländern war die Zahl der erbeuteten Carabiden weitaus geringer als auf Kulturflächen. Die Käfer der Gattung *Carabus* kamen vorwiegend auf Getreidefeldern, die der Gattung *Pterostichus* hauptsächlich auf Hackfruchtkulturen vor. In Gegenden mit geringen Niederschlägen und höheren Lufttemperaturen wurden weniger Laufkäfer gefangen als in solchen mit größeren Niederschlägen und geringeren Lufttemperaturen. O. Henke. 2470.

Šurovenkov, B. G. (Schurowenkow, B. G.); Welikije Luki, RSFSR. Ėntomofagi ličinok chlebnych žukov i provoločnikov. **(Entomophagen der Larven des Getreidelaubkäfers und der Drahtwürmer.)** Zaščita rastenij ot vreditelej i boleznej, Moskva **6** (1961) Nr. 12. S. 45–46.
Im europ. Teil der UdSSR ist die Raubfliege *Machimus cingulatus* Flln. (*Asilidae*) weit verbreitet. Ihre 35 mm großen weißen Larven vernichteten 35–82% der Drahtwürmer und Larven des Getreidelaubkäfers, *Anisoplia austriaca* Hbst., im Boden. In Sibirien ist die Raubfliege *Leptogaster cyclindrica* Deg. als Parasit der Drahtwürmer bekannt. Als Drahtwurmfeinde kommen ferner verschiedene Laufkäfer in Betracht: *Platysma cupreum* L., *P. punctulatum* Schall., *P. lepidum* Leske, *Broscus cephatotes* L., *Pseudophonus pubescens* Müll, und *Bembidion lampros* Hbst. Sie können bis 88% der Drahtwürmer vernichten. H. Decker. 2470.

Puttler, Benjamin, Jones, D. W. und Coles, L. W. Introduction, colonization, and establishment of Bathyplectes curculionis, a parasite of the alfalfa weevil in the Eastern United States. **(Einführung, Ansiedlung und Eingewöhnung von Bathyplectes curculionis, eines Parasiten von Hypera postica im Osten der Vereinigten Staaten.)** J. econ. Entomol. **54** (1961) Nr. 5. S. 878 bis 880. – 1 Tab., 10 Lit.
Nachdem bereits in den Jahren 1953–55 ein Einführungsversuch mißlang, wird z. Z. erneut versucht, *Bathyplectes curculionis* (Thomson) als natürlichen Feind von *Hypera postica* (Gyll.) im Osten der USA anzusiedeln. Aufzucht, Verschickung, Schlüpfen und Aussetzen der Parasiten werden beschrieben. Die Anzahl der nach der Vegetationsperiode wieder eingefangenen Tiere war gering, doch zeigten behandelte Luzernefelder deutliche Erholungserscheinungen. Es ist damit erwiesen, daß der Parasit unter den klimatischen Verhältnissen des Versuchsgebietes entwicklungsfähig ist. Seine wirtsch. Bedeutung muß noch geklärt werden. H. Eckstädt. 2470.

Morge, G.; Eberswalde, Forstwirtsch. Fak., Inst. für Forstzool. **Die Bedeutung der Dipteren im Kampf gegen die Borkenkäfer.** Arch. Forstwes. **10** (1961) Nr. 4./6. S. 505–511. – 8 Lit.
Vf. erörtert die Bedeutung und Notwendigkeit des systematischen Grundlagenstudiums bestimmter Dipterenfamilien und legt die Gründe für unter-

schiedliche Ansichten früherer Autoren über ihre Bedeutung als Borkenkäferfeinde dar. Untersuchungen des Vf. in Deutschland, Österreich und Italien ergaben, daß einige Familien (*Lonchaeidae*, *Dolichopodidae*) quantitativ und hinsichtlich des forstlichen Nutzeffektes im Vordergrund stehen. Holzart, Welkegrad und Rindenfeuchtigkeit sind entscheidend für das Vorkommen dieser und anderer Dipterenlarven. Möglichkeiten einer Förderung der *Lonchaeidae*-Larven, die als obligate Räuber gegenüber Borkenkäfern auftreten, werden erörtert. G. Kerner. 2470.

Féron, M., Bénard, R. und Poitout, S. La mouche de l'olive, Dacus oleae Gmel. et ses parasites en Corse, en 1959 et 1960. **(Die Olivenfliege, Dacus oleae Gmel., und ihre Parasiten auf Korsika in den Jahren 1959 und 1960.)** Entomophaga [Paris] **6** (1961) N. 3. S. 173–183. – 3 Abb., 2 Tab., 10 Lit.
Die wichtigsten Parasiten der Olivenfliege, *Dacus oleae* Gmel., auf Korsika sind *Pnigalio mediterraneus* Fer., *Eupelmus urozonus* Dalm. und *Erytoma rosae* Nees. Seltener treten auf *Prolasioptera berlesiana* Paoli und *Prays oleaellus* Fab. In 2jährigen Beobachtungen wurde die Populationsbewegung der Parasiten und der Olivenfliege festgestellt. Die 3 erstgenannten Arten sind in der Lage, die Schädlingspopulation zu reduzieren. Die Bekämpfungsmethode wird beschrieben. Eingehend werden die Möglichkeiten für den Einsatz zur biol. Bekämpfung besprochen. Die größte Bedeutung kommt *E. urozonus* und *P. mediterraneus* zu. R. Fritzsche. 2470.

Bobeş, I., Persecă, E. und Rîpeanu, G. Rezultate experimentale cu privire la combaterea sfîrşierii frunzelor de orz (Helminthosporium gramineum) prin metode agrotehnice şi chimice. **(Versuchsergebnisse über die Bekämpfung der Streifenkrankheit der Gerste [Helminthosporium gramineum] durch Anbau- und chemische Methoden.)** Inst. agronom. „Dr. Petru Groza" Cluj, Lucrări ştiinţ. **16** (1960) S. 187–194. – 3 Tab., 17 Lit. Zus. in Russ., Engl.
In 4jährigen Feldversuchen während der Jahre 1956–59 konnte nachgewiesen werden, daß der Streifenkrankheit der Gerste durch verschiedene Anbau- und chem. Bekämpfungsmaßnahmen Einhalt geboten werden kann. Bes. wirksam waren die Aussaat zwischen 15. 9.–15. 10. bei 300–350 keimenden Körnern pro m^2, sowie die Saatgutbehandlung mit Mergamma, Harvesan und Ceresan. Die Gerstensorte 'Cenad 396' war sehr stark befallen, während 'Sibiu', 'Urania' u. a. viel weniger befallen wurden. V. Velican. 2500.

Jones, R. J.; Ol'yoro Orok, Kenya, District Agric. Office. The effect of fungicides for the control of black stem rust in wheat on the germination of the resulting grain. **(Der Einfluß von Fungiciden zur Bekämpfung des Weizenschwarzrostes auf die Keimung der geernteten Getreidekörner.)** East African agric. Forestry J. **27** (1961) Nr. 1. S. 22–23. – 1 Tab., 4 Lit.
Von Weizen, der zur Schwarzrostbekämpfung mit Zineb bzw. 0-3818-B (ein Zink-Nickel-Thiocarbamat) behandelt war, wurden auf Filterpapier Keimproben gemacht. Die geringe Keimverzögerung der Körner von den behandelten Parzellen war bereits 5 Tage nach Keimbeginn nicht mehr feststellbar. K. Wiesner. 2500.

Forsyth, F. R.; London, Ontario, Canada Dep. of Agric., Pesticide Res. Inst. Inhibition by nickel of the respiration and development of established infections on Thatcher wheat caused by Puccinia recondita Rob. ex Desm. **(Atmungs- und Entwicklungshemmung manifest werdender Infektionen von Puccinia recondita Rob. ex Desm. an 'Thatcher'-Weizen durch Nickel.)** Canad. J. Bot. **40** (1962) Nr. 3. S. 415–423. – 6 Abb., 16 Lit.
2, 3 und 4 Tage nach Infektion von Weizenpflanzen (Sorte 'Thatcher') mit *Puccinia recondita* wurden 179 ppm N^{++} (= 800 ppm $NiSO_4 \cdot 6\,H_2O$) bzw. 1000 ppm Sulphadiazin appliziert und danach die Respiration gesunder

und kranker Pflanzen am 3. und 4. Tage gemessen. Dabei wurde deutlich, daß sich bis zum 3. Tage nach der Infektion bei gleichmäßiger Temperatur von 22 °C das Pilzmycel im Blatt in einem Stadium befindet, in dem es durch Ni nachhaltig geschädigt werden kann. Dagegen ist das Mycel für Sulphadiazin nur bis zum 2. Tage nach der Infektion empfindlich und die Schädigung ist temporär. M. Schmiedeknecht. 2500.

Matolcsy, Gy. und Podhradszky, J. Uj csávázómódszer (TMTD) növényvédelmi alkalmazásának hazai lehetöségie. **(Die Möglichkeiten der Anwendung einer neuen Beizungsmethode [TMTD] in Ungarn.)** Növénytermelés [Pflanzenbau] **10** (1961) Nr. 2. S. 167–172. – Aus: Ung. Agrar-Rdsch. **1962** Nr. 2.
Durch die Saatgutbeizung werden vor allem die den Samen und den Keimling befallenden Pilze (*Nigrospora, Fusarium, Penicillium* u. a.) bekämpft. Im Laufe der letzten Jahre ist der Kopfbrand des Maises, *Sorosporium holcisorghi* f. *zeae*, infolge der durch ihn verursachten Schäden bes. wichtig geworden. Da dieser Pilz durch seine in den Boden gelangten bzw. an den Samen haftenden Sporen die Keimpflanzen infiziert, spielt die Beizung der Samen im Rahmen der Bekämpfung eine bes. große Rolle. Die von Vff. durchgeführten Beizversuche ergaben starke Schädigung der Keimfähigkeit bei Anwendung von Quecksilber- und Pentachlornitrobenzol-Beizmitteln. TMTD hat dagegen neben der Erhaltung seiner fungiciden Wirksamkeit die Keimfähigkeit des Maises nicht beeinträchtigt. Bei der Produktion des Beizmittels wird dem TMTD auch Gamma-HCH hinzugefügt, um den Samen gleichzeitig gegen Drahtwürmer zu schützen. Dies scheint auch insofern zweckmäßig zu sein, da kleine Mengen Gamma-HCH auf die Entwicklung der Maiskeimlinge stimulierend wirken. Als Trägerstoff wurde Talkum verwendet. Das bessere Haften des Mittels an der Oberfläche der Samen wurde durch Zusatz von 1% Mineralöl erhöht. Die Zusammensetzung des Beizmittels besteht aus 50% TMTD, 5% Gamma-HCH, 1% Paraffinöl und 44% Talkum. 2500.

Large, E. C.; Harpenden, Herts., Lab. of Plant. Pathol.; Oxford, Potato Marketing Board, Statistical Sect. Extent of protective spraying and haulm destruction on potato crops in Great Britain, 1952–60. **(Der Umfang prophylaktischer Spritzungen und der Krautabtötung in den Kartoffelbeständen Großbritanniens während der Jahre 1952 bis 1960.)** Plant Pathol. **10** (1961) Nr. 3. S. 96–100. – 4 Tab., 3 Lit.
Die beiden o. g. Institutionen führen seit dem Jahre 1952 auf 2000 Feldern in England und Wales und auf 700 in Schottland Erhebungen über Art und Umfang der Krautfäulebekämpfung (*Phytophthora infestans* (Mont.) de Bary) durch. Die gewonnenen prozentualen Ergebnisse wurden auf die Gesamtkartoffelfläche Großbritanniens übertragen. Von 650000 acre Kartoffelfläche wurden in den Jahren 1952 bis 1960 auf folgenden Flächen je 2 bis 3 prophylaktische Spritzungen bzw. Stäubungen durchgeführt: 124, 213, 247, 210, 284, 271, 370, 256, 327 (in 1000 acre). Bis zum Jahre 1958 kamen hauptsächlich kupferhaltige Fungicide zum Einsatz, danach auch org. Fungicide (Zineb, Maneb). 1960 wurden z. B. auf 3/4 der Gesamtfläche kupferhaltige, auf 1/4 org. Fungicide angewendet. Die Ausbringung erfolgte in England und Wales i. J. 1959 auf 33,2% der Kontrollflächen durch Bodengeräte, auf 6,8% mittels Flugzeugen und auf 2% durch Bodengeräte und Flugzeuge. Die entspr. Angaben für 1960: 41,3%, 9,8%, 3,3%; für Schottland 1959: 25,1%, 4,1%, 1,9%; 1960: 30,0%, 6,5%, 1,9%. Die Krautabtötung mit chem. Mitteln wurde während der Jahre 1952 bis 1960 auf folgenden Flächen durchgeführt: 110, 181, 197, 108, 245, 221, 323, 233, 287 (in 1000 acre). Mechanisch wurden abgetötet: 29, 17, 17, 32, 27, 25, 28, 76, 56 (in 1000 acre). Ch. Janke. 2500.

Chang, Ho-ts'ing. Primenenie fungicidov i antibiotikov v bořbe s antraknozom fasoli. **(Anwendung von Fungiciden und Antibiotica bei der Bekämpfung der Brennfleckenkrankheit der Bohnen.)** Zap. Leningr. s.-ch. in-ta 80 (1960) S. 160–163. – Aus: Referativnyj žurnal. Biologija, Moskva **1961** Nr. 23. G 881. S. 94.
Von den bei der Bekämpfung der Brennfleckenkrankheit der Bohne untersuchten Fungiciden und Antibiotica zeigten die größte Wirkung Zineb, Captan und TMTD in 0,3%igen Konz. Von den Antibiotica war 0,02%iges Streptomycin, bes. bei Kombination mit einer 0,02%igen Kupfervitriolspritzung, am wirksamsten. übersetzt v. W. Peitz. 2500.

Landel, J. P. Le dinitrophenylcrotonate, karathane, et son control de l'oidium des cucurbitacées. **(Dinitrophenylcrotonat, Karathan, und die Bekämpfung des Echten Mehltaues der Cucurbitaceen.)** Advances horticult. Sci. **1** (1961) S. 527–532. – 4 Abb.
Untersuchungen zur Bekämpfung des Echten Mehltaues der Cucurbitaceen, *Erysiphe cichoracearum*, mit Dinitrophenylcrotonat (Karathane) wurden vor allem in Peru und in Frankreich in der Vaucluse durchgeführt. Die Versuchsmethode wird beschrieben. Gute Ergebnisse konnten sowohl bei Anwendung des Wirkstoffes als Staub als auch als Spritzmittel erzielt werden. Wichtig sind jedoch der Zeitpunkt der Behandlung sowie der Abstand zwischen den einzelnen Behandlungen. Beides muß unter Berücksichtigung von Phytotoxizität des Wirkstoffes (abhängig von Pflanzenart und -sorte) und dem Infektionsverlauf abgestimmt werden. In der Regel sollen die Behandlungen im Abstand von 15–20 Tagen erfolgen. R. Fritzsche. 2500.

Nikiforova, N. A. und Maštakova, A. Ch. (Nikiforowa, N. A. und Maschtakowa, A. Ch.) Mučnistaja rosa ogurcov v zakrytom grunte. **(Echter Gurkenmehltau unter Glas.)** Zaščita rastenij ot vreditelej i boleznej, Moskva **6** (1961) Nr. 12. S. 30–31.
In der Moldauischen SSR wurden Gurken unter Glas stark vom Echten Mehltau (*Oidium erysiophoides* Fr.) befallen. Zur Bekämpfung ist Phygon (0,1%) sehr gut geeignet, doch ist die Produktion noch nicht ausreichend, so daß auf Kolloidschwefel zurückgegriffen werden muß. Bewährt haben sich 0,2–0,5%ige Suspensionen mit 0,4% Seifenlösung kombiniert. H. Decker. 2500.

Hamilton, James, M. und Szkolnik, Michael; Geneva, N. Y., Agric. Exp. Stat. Comparison of captan and streptomycin for the control of blossom blight on potted Bartlett pears. **(Ein Vergleich von Captan und Streptomycin bei der Mehltaubekämpfung an getopften 'Bartlett'-Birnen.)** New York State horticult. Soc., Proc. annu. Meeting Nr. **107** (1962) S. 166–167. – 1 Tab.
In den während der letzten beiden Jahre durchgeführten Gewächshausversuchen zeigte Captan einen höheren Wirkungsgrad gegen Mehltau als Streptomycin. Die Versuche wurden mit getopften Pflanzen der Sorte 'Bartlett' durchgeführt. Ergänzend dazu wurden mehrjährige Freilandversuche mit Captan und Streptomycin in Obstanlagen der Sorten 'Bartlett', 'Bosc' und 'Clapps Favorit' unternommen, die die Ergebnisse der Gewächshausversuche bestätigten. K. Geißler. 2500.

Allen, E. F. Recent research on roses. **(Neuere Versuche an Rosen.)** Rose Annu. **1962** S. 67–74.
Rosenmehltau ist erfolgreich mit dem systemischen Fungicid Wepsyn oder W. P. 155 zu bekämpfen; dieses Mittel ist auch gegen Aphiden und Milben wirksam. W. P. 155 ist ein sehr giftig wirkendes Organophosphat. Actidione-PM, ein Cycloheximid enthaltendes Antibioticum, ist z. Z. nur in den USA verfügbar, es verursacht teilweise Blattschäden. In den USA ist Phal-

tan als wirksames Mittel gegen Mehltau bekannt, während in der UdSSR ein Antibioticum aus *Actinomyces griseus* Wirkung zeigte. Tastversuche mit Polybutenen und Domiphenbromid brachten positive Ergebnisse. Letzteres Mittel wird in der Chirurgie angewendet und ist ungiftig. Zur Sternrußtaubekämpfung haben sich Phaltan und Cyprex mit Captan und Zineb bewährt. Rostbefall tritt in England nicht jedes Jahr auf. Zur Bekämpfung werden Maneb, Zineb und Thiram empfohlen. Über Virusbefall bei Rosen ist bisher wenig bekannt. Durch Anwendung von Hitzeschocks können 2–40% Sämlingsmutationen erzielt werden, so daß bei der Mutationszüchtung auf die kostspielige Bestrahlung aus Cyclotronen und Röntgenröhren verzichtet werden kann. W. Hiller. 2500.

Ibrahim, I. A. und Aboul-Ela, M. M. The effect of seed treatment with some fungicides on the stand and yield of certain cotton varieties in Egypt. **(Die Wirkung der Samenbehandlung mit einigen Fungiciden auf Entwicklung und Ertrag bestimmter Baumwollsorten in Ägypten.)** Alexandria J. agric. Sci. **9** (1961) Nr. 1. S. 49–62. – 8 Tab., 7 Lit.
Statistische Analysen zeigten die bedeutenden Unterschiede zwischen der Baumwollernte von Samen, die mit Ceresan oder Captan 75 und denjenigen, die nicht behandelt wurden. Die Fungicide zeigten keine schädliche Wirkung, weder auf die Samen noch auf die Pflanzen. H. Hamdi. 2500.

Minamikawa, K., Nishizawa, T. und Saito, H. Studies on the edible East Indian lotus, Nelumbo nucifers Gaertn. II. On the control of the rhysome rot of lotus. **(Untersuchungen an eßbarer Ostindischer Lotus, Nelumbo nucifers Gaertn. 2. Mitt. Über die Bekämpfung der Lotus-Rhizomfäule.)** J. horticult. Assoc. Japan **28** (1959) Nr. 4. S. 241–256. – Orig.: jap., Ausz.: engl. 2500.

Rühm, W.; Valdivia, Argentinien, Inst. de Defensa Forestal. **Nematoden und Forstpflanzen. 3. Mitt. Über die nematicide Wirkung von Haltox, einem methylbromidhaltigen Entseuchungsmittel, in Forstbaumschulen gegen wandernde pflanzenparasitäre Nematodenarten.** Z. Pflanzenkrankh. (Pflanzenpathol.) Pflanzenschutz **69** (1962) Nr. 5. S. 278–283. – 5 Tab., 7 Lit. Zus. in Engl. 2. Mitt. vgl. LZ. Abt. II **7** (1962) Nr. 1. S. 231.
In den Forstbaumschulen wurde auf 2 größeren Flächen die Wirkung von Haltox (=Methylbromid) gegen *Rotylenchus robustus* (de Man, 1876) Filipjev, 1936; *Pratylenchus penetrans* (Cobb, 1917) Sher et Allen, 1953 sowie weitere Arten aus den Gattungen *Pratylenchus*, *Tylenchorhynchus* und *Trichodorus* geprüft. 3 Tage nach der Behandlung betrug die Abtötungsrate bis zu einer Bodentiefe von 25–30 cm weit über 96%, bei den meisten Arten 99–100%. 8 Mon. nach der Behandlung war noch keine merkliche Zunahme parasitärer Arten festzustellen. Die Populationen nichtparasitärer Arten aus den Gattungen *Cephalobus* und *Rhabditis* stiegen dagegen nesterweise erheblich an. Die völlige Besiedlung der behandelten Fläche mit diesen Arten war nach einem Jahr vollzogen. Unter den in Forstbaumschulen gegebenen Bedingungen wird mit einer Wirkung auf parasitäre Arten von etwa 5–6 Jahren gerechnet. Zur Vermeidung einer schnelleren Verseuchung sollten behandelte Flächen als Saatkamp für Koniferen verwendet werden, erst nach deren Aberntung sollten Laubhölzer kultiviert werden. Die Neubesiedlung mit parasitären Arten erfolgt aus tieferen Bodenschichten. H. Stelter. 2500.

Walker, Jerry T. The sensitivity of larvae and eggs of Meloidogyne species to hot-water treatments. **(Die Empfindlichkeit der Larven und Eier von Meloidogyne-Arten gegenüber Heißwasserbehandlung.)** Nematologica [Leiden] **7** (1962) Nr. 1. S. 19–24. – 3 Abb., 12 Lit. Zus. in Franz.
Temperaturen von 44 °, 46 °, und 50 °C wurden kurzzeitig angewendet, um die Empfindlichkeit der Eier und Larven von *Meloidogyne arenaria*,

M. hapla, *M. incognita incognita*, *M. incognita acrita* und *M. javanica* zu ermitteln. Eier und Larven von *M. hapla* waren am empfindlichsten gegenüber einer Heißwasserbehandlung. Bei den erwähnten *Meloidogyne*-Arten schlüpften aus den Eiern, die 1 bis 3 Min. im Wasser einer Temperatur von 46 °C ausgesetzt waren, mehr Larven als aus den unbehandelten Eiern.

A. Dowe. 2500.

Rusiašvili, I. L., Goguadze, M. N. und Mamaladze, L. T. (Russiaschwili, I. L., Goguadse, M. N. und Mamaladse, L. T.); Telawi, Grusin.SSR. Ispytanie preparatov protiv pautinnogo kleščika. **(Prüfung von Präparaten gegen Spinnmilben.)** Zaščita rastenij ot vreditelej i boleznej, Moskva 7 (1962) Nr. 5. S. 36. – 1 Tab.

Bei der Prüfung des systemischen Präparats Intrathion (0,04 und 0,1%) erwies sich eine Behandlung vor Beginn der Eiablage der Spinnmilben als ausreichend. Nach 97 Tagen betrug der Befall 232–272 Milben/100 Blätter, während in den Kontrollen 1254 Milben/100 Blätter gezählt wurden.

H. Decker. 2500.

Henneberry, T. J. und Taylor, E. A. The effect of acaricide-insecticide combinations on two-spotted spider mite and aphid populations on outdoor roses. **(Der Einfluß von Acaricid-Insekticid-Kombinationen auf die Gemeine Spinnmilbe und auf Blattlauspopulationen an Freilandrosen.)** J. econ. Entomol. **55** (1962) Nr. 3. S. 332–334. – 2 Tab., 14 Lit.

Gegen die Gemeine Spinnmilbe, *Tetranychus telarius* L., zeigten gute Wirkung: Aramite, Tedion, Kelthane allein und in Kombinationen. Malathion, Methoxychlor und DDT-Lindan wiesen höhere Befallszahlen auf als die unbehandelte Kontrolle, was entweder auf den Stimulationseffekt (DDT) oder auf die Nützlingsabtötung zurückgeführt wird. Gegen die Blattläuse *Macrosiphum rosae* L. und *M. euphorbiae* Thomas wirkten DDT-Lindan, Malathion, Methoxychlor und Thiodan gut mit einer Dauerwirkung von 1 Woche. Thiodan war als Acaricid unbrauchbar. R. Fritzsche. 2500.

Whitnall, A. B. M. Studies on the control of orchard mites. **(Untersuchungen über die Bekämpfung von Obstbaumspinnmilben.)** South African J. Sci. **58** (1962) Nr. 4. S. 101–108. – 5 Abb., 1 Lit.

In der Kap-Provinz wurde *Tetranychus cinnabarinus* (Boisduval) gegen org. Phosphormittel resistent. Die resistenten Stämme konnten mit Kelthane, Tedion, Dimite und HOE 2784 (Acricid) bekämpft werden.

E. Königsmann. 2500.

Zeid, Mahmoud, El Khishen, Shafik und Bishay, Makram A. B. Chemical control of cotton pests. **(Chemische Bekämpfung von Baumwollschädlingen.)** Alexandria J. agric. Sci. **9** (1961) Nr. 1. S. 19–42. – 6 Tab., 32 Lit.

Saatgutbehandlung mit Thimet oder Disyston hatte höhere Ernteerträge zur Folge. Die beste Thimet-Dosierung betrug 4 kg/Feddan (= 1,02 acre). Gegen *Thrips*-Arten wirkte Thimet besser als Disyston bzw. Metaisosystox besser als Toxaphen. Mit einer DDT-Lindan-Mischung wurden ebenfalls gute Ergebnisse erzielt. Delnav zeigte nach einmaligem Einsatz eine gute Wirksamkeit. Weiter kam eine Kombination von Toxaphen (60%) 2 l und Metaisosystox (25%) 200 cm^3/Feddan zur Anwendung. Eine Mischung von Toxaphen, DDT, Lindan oder Dieldrin mit Gusathion bewährte sich gegen *Thrips* ebenfalls. H. Hamdi. 2500.

Satarova, N. A. und Zvjagincev, I. V. (Satarowa, N. A. und Swjaginzew, I. W.); Krim, Stat. des Unions-Forsch.-Inst. für Tabak und Machorka. Sposob istreblenija tabačnogo tripsa. **(Verfahren zur Vernichtung von Thrips tabaci Lind.)** Zaščita rastenij ot vreditelej i boleznej, Moskva 7 (1962) Nr. 5. S. 40–41.

Thrips tabaci Lind. gilt als Überträger des Virus der Bronzefleckenkrankheit der Tomate, das auf der Krim 40–50% der Tabak- und Tomatenpflanzen befällt. Zur Bekämpfung des Tabakblasenfußes sind Bestäubungen der Pflanzen im Anzuchtbeet und auf dem Feld mit DDT üblich. Als wirksamer hat sich in eingehenden Prüfungen das Beräuchern der Bestände mit HCH-Patronen (G-17) erwiesen. Bei einer Dosis von 4 Patronen/ha gehen 98–100% der Schädlinge ein. Die Beräucherung ist 8–10mal rentabler als eine Bestäubung mit DDT. H. Decker. 2500.

Cvetkov, Dimitŭr und Toševa, Svetana. (Zwetkow, Dimiter und Toschewa, Zwetana.) Rezultatna borba sŭs slivovija plodov červej črez aerozolni generatori. **(Erfolgreiche Bekämpfung des Pflaumenwicklers mit Aerosolgeneratoren.)** Ovoštarstvo, Sofija 8 (1961) Nr. 12. S. 21–25. — 3 Abb.
Laspeyresia funebrana schädigt in Bulgarien Pflaumenfrüchte zu 15–30%. Das bisherige Spritzen mit DDT- und E-Mitteln mittels Motorspritzen wurde nunmehr durch den Einsatz der Aerosolgeneratoren AG-L6 und Swingfog abgelöst. Aerosolnebeln (3- bis 4mal) mit DDT oder Parathion (10% bzw. 5% Wirkstoff, in Gasöl gelöst) in Abständen von jeweils 7–10 Tagen gegen die 2. Generation, evtl. einmaliges Nebeln gegen die 1. Generation, verminderte die Madigkeit von 30,35 (bei der Kontrolle) auf 0,53–0,59%. A. Balewski. 2500.

Buhl, Claus und Waede, Manfred; Kiel-Kitzeberg, Biol. Bundesanstalt. für Land- und Forstwirtsch., Inst. für Getreide-, Ölfrucht- und Futterpflanzenkrankh. **Bericht über einen Thiodan-Kaltnebeleinsatz vom Hubschrauber aus zur Bekämpfung der Kohlschotenmücke (Dasyneura brassicae Winn.) und des Kohlschotenrüßlers (Ceuthorrhynchus assimilis Payk.) in blühenden Rapsbeständen.** Nachrichtenbl. dtsch. Pflanzenschutzdienstes [Braunschweig] **14** (1962) Nr. 3. S. 38–40. — 1 Abb., 3 Tab., 3 Lit.
Versuche i. J. 1960 hatten gezeigt, daß *Dasyneura brassicae* (**I**) und *Ceuthorrhynchus assimilis* (**II**) im Sprühverfahren vom Hubschrauber aus und durch zusätzliche Randbestäubungen mit bienenungefährlichen Insekticiden mit Erfolg bekämpft werden. In einem Großeinsatz 1961 in Schleswig-Holstein wurden ca. 1700 ha Winterraps und -rübsen behandelt. Durch Kokonuntersuchungen und Einsatz von Lichtfallen wurden der Mückenflug registriert und durch Kescherfänge das Auftreten des Kohlschotenrüßlers festgestellt. Beide Schädlinge erschienen im Verhältnis zum Entwicklungszustand des Winterrapses später als in früheren Jahren. Der Mückenflug der überwinterten Generation war sehr schwach und erstreckte sich über einen langen Zeitraum. Massenflug trat erst bei der Folgegeneration auf und fiel nicht mit dem Beginn der Hauptblütezeit zusammen. Organisation und technische Durchführung werden beschrieben. Thiodan-Spritzpulver 2,4 kg/ha und Toxaphen-Emulsion 2 l/ha kamen mit einen Wasserverbrauch von 40 l/ha zum Einsatz. Randbestäubungen wurden mit Thiodan bzw. Toxaphen durchgeführt. 2 Hubschrauber vom Typ Bell 47 G waren eingesetzt. Die Bekämpfungskosten betrugen 45 DM/ha. Der Flugzeugeinsatz wurde durch ungünstige Witterungsbedingungen gestört. Zur Überprüfung des Erfolges wurden Feldkontrollen und Untersuchungen von Schotenmaterial durchgeführt. 1 Flugzeugeinsatz + 2 Randbestäubungen brachten bereits einen guten Erfolg. Es wird angenommen, daß die Dauerwirkung gegen **I** etwa 12 Tage und gegen **II** etwa 8 Tage betrug. J. Noll. 2500.

Hornig, Hans und Buhl, Claus; Kiel-Kitzeberg, Biol. Bundesanst. für Land- und Forstwirtsch., Inst. für Ölfrucht- und Futterpflanzenkrankh., Pflanzenschutzamt des Landes Schleswig-Holstein. **Erfahrungen eines Großeinsatzes zur Bekämpfung der Kohlschotenmücke (Dasyneura brassicae Winn.) und des Kohlschotenrüßlers (Ceuthorrhynchus assimilis Payk.) im Sprühverfahren vom Hubschrauber aus.** Nachrichtenbl. dtsch. Pflanzenschutzdienstes [Braunschweig] **14** (1962) Nr. 3. S. 40–42. — 1 Tab., 3 Lit.

Auf Grund der Erfahrungen i. J. 1960 über die langanhaltende Wirksamkeit des Thiodan-Kaltnebels, mit einem Bodengerät ausgebracht, gegen Kohlschotenmücke und -schotenrüßler wurde in Schleswig-Holstein in neuen Versuchen die Möglichkeit der Ausbringung des Kaltnebels mit Hubschrauber untersucht. Die Aufwandmenge betrug 5 l Thiodan-Kaltnebellösung je ha (1500 g Wirkstoff) im Versuch I, 1250 bzw. 1000 g Wirkstoff im Versuch II. Im Versuch I war die behandelte Fläche 10 ha groß, die Kontrolle 2 ha, im Versuch II war jede Parzelle einschl. der beiden Kontrollflächen je 1,5 ha groß. Der Hubschrauber (Typ Bell 47 G/2) hatte ein Nebelgestänge von 11 m Breite mit 17 Düsen (0,8 mm Dmr.). Behandelt wurde z. Z. der Vollblüte des Winterrapses (Anfang Mai). Der Mückenflug wurde eingehend beobachtet, sowohl durch Kokonuntersuchung als auch mittels Lichtfallen. Der Flug der überwinterten Generation war sehr schwach. Es wurde festgestellt, daß ein hoher Prozentsatz an Larven in den Kokons gestorben war. Es ist anzunehmen, daß infolge der langanhaltenden Trockenheit im Frühjahr ein hoher Anteil von Larven in der Diapause verblieb. Auch der Kohlschotenrüßler erschien i. J. 1961 im Verhältnis zum Entwicklungszustand des Rapses später als in anderen Jahren. Die einmalige Behandlung mit 1500 g Wirkstoff je ha war gegen die Mücke ausreichend wirksam (3,3% Schotenbefall, Kontrollfläche 19,3% Befall). Gegen den Kohlschotenrüßler war die einmalige Anwendung nur begrenzt wirksam. Bei der ersten Probeentnahme am 16.6. waren 3,4% der Schoten in der behandelten Parzelle, in der unbehandelten Kontrolle 13,1% der Schoten befallen. Dieser Unterschied glich sich bis zur 3. Entnahme am 6.7. aus. Infolge des geringen Befalls auf den Kontrollflächen konnte der Versuch II nicht ausgewertet werden. J. Noll. 2500.

Thiem, K. **Vergleichende Überprüfung verschiedener Verfahren zur Bekämpfung von Rapsschädlingen, insbesondere des Kohlschotenrüßlers und der Kohlschotenmücke.** Forsch. u. Entwickl.-Stelle Kleinmachnow, Biologische Zentralanstalt Berlin der DAL zu Berlin. Plan-Nr. 1701 10 h2-17/9.
Zur Bekämpfung von *Ceuthorrhnychus assimilis* Payk. und *Dasyneura brassicae* Winn. wurden Sprühmittel für den Flugzeugeinsatz und Nebelmittel auf ihren Eignungsgrad überprüft. Zuverlässige Bekämpfungserfolge erfordern bei Aufwandmengen von 10 l/ha ca. 3000 bis 4000 g Toxaphen, 650 bis 700 g Lindan bzw. in Kombinationen ca. 2000 g pp'-DDT mit 250–400 g Lindan bzw. ca. 2500 g Toxaphen neben 225 g Lindan je ha. Ein Einsatz von 3000 pp'-DDT/ha übte nur gegen *D. brassicae* eine zufriedenstellende Wirkung aus. Der Wirkungsgrad der genannten Wirkstoffe und Kombinationen zeigt eine Abhängigkeit vom Anwendungstermin. Präparate auf Toxaphen-Basis sind bei Beginn der Vollblüte, DDT-Lindan-Mittel etwa 7 bis 14 Tage nach Beginn der Vollblüte auszubringen. Die Arbeitsverfahren des Sprühens vom Flugzeug aus und des Nebelns führen zu gleichwertigen Erfolgen. Die sachgemäße Anwendung von DDT- und Lindan-haltigen Präparaten führte im Nebelverfahren und im Flugzeugeinsatz bei gesunden Bienenvölkern, die z.Z. der Behandlung im blühenden Raps standen, zu keinen Nachteilen für die Gesamtentwicklung dieser Bienenvölker und für den Honigertrag. 2500.

Mulla, M. S.; Riverside, Univ. of California, Citrus Exp. Stat. Resistance in the eye gnat Hippelates collusor to soil insecticides. **(Resistenz der Augenfliege Hippelates collusor gegen Bodeninsekticide.)** J. econ. Entomol. **55** (1962) Nr. 1. S. 130–133. — 2 Abb., 1 Tab., 16 Lit.
Bei Vergleich zweier Stämme von *Hippelates collusor* Townsend aus 2 verschiedenen Gebieten Südkaliforniens wurde festgestellt, daß durch mehrjährige Bodenbehandlung gegen die Larven bei einem Stamm eine hohe Resistenz gegen verschiedene Chlorkohlenwasserstoff- bzw. Carbamatverbindungen entstanden war. Gegen DDT waren beide Stämme anfänglich gleich empfindlich. Nach 4jähr. Behandlung war bei einem eine 4fache Widerstandsfähigkeit ent-

standen. Ähnliches wurde bei diesem Stamm auch für Sevin sowie AC-5727 (m-iso-Propyl-phenyl-N-methylcarbamat) festgestellt. Die Versuchsmethode wird beschrieben. R. Fritzsche. 2500.

Rygg, Trygve; Vollebekk, Norwegian Plant Protection Inst., Div. of Entomol. Kålfluene Hylemyia brassicae (Bouché) & H. floralis (Fallen) (Dipt.: Anthomyiidae). Undersøkelser over klekketider og bekjempelse i Norge. **(Die Kohlfliegen Hylemyia brassicae Bouché und H. floralis Fallen [Dipt. Anthomyiidae]. Untersuchungen über die Perioden des ersten Auftretens und Bekämpfung in Norwegen.)** Forskn. Forsøk Landbruket **13** (1962) Nr. 2. S. 85 bis 114. – 7 Abb., 10 Tab., 9 Lit.

Hylemyia brassicae Bouché erscheint in Norwegen z.T. in 2 Generationen, *H. floralis* Fall. hat nur 1 Generation. *H. brassicae* ist viel häufiger und schädigt vor allem Radieschen und Kopfkohl, während *H. floralis* den größten Schaden an Kohlrüben anrichtet. Die Bekämpfungsversuche (1956–1960) an Kohlrüben sollten die Wirksamkeit einfacherer Methoden klären: 1. Saatgutbehandlung, 2. Stäuben a) in die Drillreihen vor der Aussaat, b) in einem Streifen auf die Dämme oder nach dem Pflanzen entlang der Reihe, c) Ausbringen des Mittels mit Trägerstoffen z.B. Dünger, 3. Gießen mit Insekticiden in die Drillreihen, 4. Kombinierte Methode: Saatgutbehandlung zusammen mit Stäuben bzw. Gießen. Aldrin, Chlordan, Dieldrin, Lindan und Hexachlor kamen zum Einsatz. Die Saatgutbehandlung mit 250–300 g Aldrin, Dieldrin, Lindan und Heptachlor je kg ergab eine Minderung des Schadens und Ertragssteigerung, jedoch keine befriedigende Bekämpfung. Schäden wurden bei der Anwendung von Lindan im Sandboden beobachtet. Das Ausbringen des Staubes brachte Erfolg, wenn er gut mit den Boden vermischt wurde. Als günstigste Zeit werden die ersten Juli-Tage genannt, zu Beginn der Eiablage von *H. floralis*. Als Aufwandmenge werden empfohlen: 1500–3000 g Aldrin bzw. 1000–2000 g Lindan je ha, die Höchstmengen nur in Böden mit hohem Anteil an org. Subst. Bei Kopfkohl wurden folgende Behandlungsmethoden angewendet: 1. Angießen mit Emulsion zu Beginn der Eiablage, 2. Stäuben rund um die Pflanzen auf dem Feld, 3. Tauchen der Wurzeln vor dem Auspflanzen in einen Insekticid-Lehmbrei, 4. Einstäuben der Wurzeln vor dem Auspflanzen. Angießen der Kohlpflanzen in Anzuchttöpfen mit Aldrin-, Dieldrin- und Lindan-Emulsion hatte guten Erfolg, auch das Einstäuben der Wurzeln mit Aldrin 2,5% und Dieldrin 2% war günstig, für den Lehmbrei wurden zu 1 kg Boden 100 g Aldrin 2,5% oder Dieldrin 2% beigegeben. Die Beigabe von 5 kg Aldrin 2,5% oder 5 kg Dieldrin 2% zu 1 m^3 Erde hatte guten Erfolg und wird empfohlen. J. Noll. 2500.

Piterskaja, A. M.; Krasnodar, Unions-Forsch.-Inst. für Ölpflanzen und Äther. Ölkult. Preparat dlja obrabotki semjan podsolnečnika. **(Präparate zur Behandlung von Sonnenblumensamen.)** Zaščita rastenij ot vreditelej i boleznej, Moskva **7** (1962) Nr. 2. S. 27.

Zum Schutze der auflaufenden Sonnenblumensamen vor Drahtwürmern wird empfohlen, das Saatgut mit HCH bzw. TMTD + HCH (1:1) zu bepudern. Bei den kombinierten Mitteln gingen 98% der Drahtwürmer ein, bei HCH-Behandlung 92%. Der Schaden war unbedeutend, während er in der Kontrolle 40% betrug. H. Decker. 2500.

Telenga, N. A., Gulevatyj, E. F. und Radčenko, T. G. (Telenga, N. A., Gulewatyi, Je. F. und Radtschenko, T. G.) O srokach opylivanija posevov gorocha protiv zernovki. **(Über die Bestäubungstermine der Erbsenfelder gegen den Erbsenkäfer.)** Zaščita rastenij ot vreditelej i boleznej, Moskva **7** (1962) Nr. 5. S. 26–27. – 1 Tab.

Zur Erbsenkäferbekämpfung werden allg. 2 Behandlungen mit Kontaktinsekticiden empfohlen: die 1. während der Blütenknospenbildung bzw. zu Beginn der Blüte und die 2. Behandlung 7–8 Tage nach der ersten. Beobachtungen zeigten jedoch, daß die Käfer schon bedeutend früher, während der Rankenbildung, auf den Erbsen erscheinen. Aus diesem Grund wird empfohlen, die 1. Behandlung während der Rankenbildung und die 2. beim Erscheinen der ersten Blüten an einzelnen Pflanzen durchzuführen. In einem Versuch ging hierdurch der Befall von 16,8% (Kontrolle) auf 0,6% zurück. Bei einmaligen Behandlungen mit DDT oder HCH zu den beiden Terminen variierte der Befall von 2,8–4,6%. H. Decker. 2500.

Nölle, Hans-Heinrich; Düsseldorf-Gerresheim, Aglukon-GmbH, Wiss. Abt. **Untersuchungen über die Lagerung inkrustierter Kohlrübensamen.** Z. Pflanzenkrankh. (Pflanzenpathol.) Pflanzenschutz **69** (1962) Nr. 3. S. 151–157. – 1 Abb., 5 Tab., 8 Lit. Zus. in Engl.
Die gute Wirkung von Inkrustierungsmitteln gegen Rapserdfloh (*Psylliodes chrysocephala* L.) und Kohlgallenrüßler (*Ceuthorrhynchus pleurostigma* Mrsh.) ist seit längerer Zeit bekannt. Da die Inkrustierung aus Gründen der Pflanzenverträglichkeit erst kurz vor der Aussaat erfolgen soll, die Einlagerung von Restmengen inkrustierten Saatgutes aber unvermeidlich ist, untersuchte Vf. dieses Problem. Evtl. Unterschiede zwischen aldrin- und lindanhaltigen Präparaten sowie die Lagerungsbedingungen sollten geklärt werden. Zu diesem Zweck wurden 2 × 100 g Saatgut in Plastik- und Leinenbeutel (Verträglichkeitsprüfung) und 2 × 2 kg in Leinenbeutel sowie 4 × 2 kg in Plastikbeutel (Prüfung auf insekticide Wirksamkeit) verpackt, nachdem das Saatgut zuvor mit verschiedenen lindan- bzw. aldrinhaltigen Trocken- und Flüssigpräparaten inkrustiert worden war. Die Plastikbeutel wurden luftdicht abgeschlossen. Von der ersten Gruppe wurde ein Teil der Beutel unter Freiland-, der andere Teil unter konstanten Labor.-Bedingungen gelagert, die Beutel der 2. Gruppe wurden im Saatgut-Lagerhaus eingestellt. Nach verschieden langer Lagerzeit wurden Proben beider Gruppen im Freiland ausgesät. Als günstigstes Mittel, sowohl im Hinblick auf die Pflanzenverträglichkeit als auch auf die insekticide Wirksamkeit, erwies sich Lindan, während Aldrin die Keimfähigkeit herabminderte. K. Geißler. 2500.

Vaňurová, Eliška; Brno, Ústřední Kontrolní a Zkušební Ústav Zemědělský, Odbor Karantény a Ochrany Rostlin. Připominky k boji s krytonoscem zelným. **(Hinweise zur Bekämpfung des Kohlgallenrüßlers.)** Sborník českoslov. Akad. zemědělských Věd, rostlinná Výroba **7(34)** (1961) Nr. 10. S. 1393–1400. – 3 Abb., 5 Tab., 8 Lit. Zus. in Russ., Dtsch.
Bodendesinfektion mit Gammacid (γ-HCH-Präparat) (50 kg/ha) schränkte den Befall von Winterraps durch den Kohlgallenrüßler, *Ceuthorrhynchus pleurostigma* Marsh., wesentlich ein. Das Auftreten des Schädlings kann zwar nicht verhindert werden, doch wird seine Schädlichkeit gemindert. Sameninkrustierung mit 400 g/100 kg Saatgut (das Präparat enthält 50% Lindan) ist unwirksam. In Labor.-Gefäßversuchen wurden bei mit Lindan inkrustiertem Saatgut Keimfähigkeit und Wachstum stimuliert. Dagegen übte der mit Gammacid behandelte Boden eine offenbar hemmende Wirkung auf Keimfähigkeit und Pflanzenwachstum aus. Im weiteren Verlaufe der Vegetation glichen sich jedoch diese Unterschiede wieder aus. P. Bartoš. 2500.

Penner, E. P. (Penner, Je. P.); Aleisk, Region Altai, Zuckerrüben-Sowchos. Uničtožajte sveklovičnogo klopa. **(Vernichtet die Rübenblattwanze.)** Sacharnaja svekla, Moskva **7** (1962) Nr. 6. S. 30. – 1 Abb.
Die Bekämpfung erfolgt mit DDT und Hexachloran (17-20 kg) oder Aerosol (8%ige Lösung von technischem DDT in Solaröl, 8–10 l/ha). Die Behandlung kann bei Samenträgern nur vom Rand des Feldes durchgeführt werden. Deshalb wurde diese Bekämpfung durch Insekticid-Nebelkörper im Zentrum des Feldes ergänzt. Die kombinierte Bekämpfung hat 100%igen Erfolg. Die Kosten betragen je ha 80 Kop. bei einer Arbeitsleistung in 7 Std. von 100 ha und mehr. G. Jury. 2500.

Opyrchałowa, Jadwiga. Zastosowanie tablic chwytnych w obserwacjach nad lotami płaszczyńca burakowego – Piesma quadrata. **(Einsatz von Fangtafeln für Beobachtungen über den Flug von Rübenblattwanzen [Piesma quadrata Fieb.].)** Polskie Pismo entomol. **1961** Nr. 1/2. S. 85–86. – 1 Abb.
Fangtafeln wurden Mitte Apr. in den Randreihen der Rübenfläche aufgestellt. Gelb angestrichene Tafeln fingen bedeutend mehr Wanzen ein als solche natürlicher Holzfärbung. Die Tafeln wurden in Abständen von 7–10 Tagen mit Towot erneuert, um ein besseres Haftenbleiben der Insekten zu ermöglichen. Während der Flugperiode der Rübenblattwanze wurden die Fangbeobachtungen tägl. durchgeführt. W. Śliwiński. 2500.

Kotik-Królicka, Zofia und Szulc, Paweł. Wstępne badania nad porównaniem róznych metod zwalczania płaszczyńca burakowego (Piesma quadrata Fieb.) i kędzerzawski wirusowej (Beta virus 3). **(Einleitende Untersuchungen über verschiedene Bekämpfungsmethoden der Rübenblattwanze [Piesma quadrata Fieb.] und der Kräuselkrankheit [Beta virus 3].)** Biul. Inst. Hodowli Aklimatyzacji Roślin, Prace Zakładu Buraka innych Roślin Korzeniowych **1961** Nr. 1/2. S. 81–93. – 4 Abb., 3 Tab., 7 Lit. Zus. in Russ., Franz.
Die durch die Rübenblattwanze i. J. 1957 in den Verwaltungsbezirken Bydgoszcz und Poznań verursachten Schäden betrugen rd. 285 Mill. zł. Die bisherige Bekämpfungsmethode mit Hilfe von Fangstreifen bei verspäteter Rübenaussaat befriedigt nicht restlos. Einjährige Bekämpfungsversuche wurden in folgenden Varianten durchgeführt: 1). Aussaat der Rüben zum normalen Termin ohne Insekticideinsatz (Kontrolle); 2). Aussaat der Rüben zum normalen Termin und mehrfaches Stäuben der Randflächen mit Wofatox (30 kg/ha); 3). mehrfach mit Wofatox gestäubte Fangstreifen, die jedoch nicht umgepflügt wurden; Rübenausaat nach dem ersten Stäuben; 4). Umpflügen begifteter Fangstreifen; Rübenaussaat verspätet. Mit der 4. Methode wurden die höchsten Rüben- und Zuckererträge sowie der geringste Befall mit der Kräuselkrankheit erzielt. W. Śliwiński. 2500.

Narkiewicz-Jodko, Jan. Obserwacje nad ekologią i zwalczaniem płaszczyńca [Piesma sp.) występującego na polach buraczanych. **(Beobachtungen über die Ökologie und Bekämpfung der auf Rübenfeldern auftretenden Rübenblattwanze [Piesma sp.].)** Biul. Inst. Ochrony Roślin **16** (1962) S. 89–99. – 4 Abb., 6 Lit. Zus. in Russ., Engl.
Aufgeführt werden zunächst die bekannten Überwinterungsplätze der Rübenblattwanze. Zur Bekämpfung der Wanze kamen mit Erfolg E 605, Ekatin M und Wofatox in Staubform zum Einsatz. Da diese Präparate die Nützlingsfauna mit vernichten, sollte man die chem. Maßnahmen auf Behandlung der Überwinterungsplätze beschränken. W. Śliwiński. 2500.

Lilly, C. E. und Hobbs, G. A.; Lethbridge, Canada Agric. Res. Stat. Effects of spring burning and insecticides on the superb plant bug, Adelphocoris superbus (Uhl.), and associated fauna in alfalfa seed fields. **(Wirkungen des Frühjahrsabbrennens und von Insekticiden auf die Wanze Adelphocoris superbus Uhl. und die Fauna in Luzerne-Samenbeständen.)** Canad. J. Plant Sci. **42** (1962) Nr. 1. S. 53–61. – 3 Tab., 9 Lit.
Durch das Abbrennen der Pflanzenreste im Frühjahr auf Luzernefeldern kann ein wirtsch. bedeutsames Auftreten der Wanze *Adelphocoris superbus* Uhl. verhindert werden. Es werden aber auch die im Eistadium auf Luzerne überwinternden Nutzinsekten *Sinea diadema* F. und *Phymata fasciata* Gray. abgetötet. Auch bei Pilzkrankheiten war ein deutlicher Rückgang durch das Abbrennen feststellbar, vor allem bei *Ascochyta imperfecta* Peck, *Pseudopeziza jonesii* Nannf. und *P. medicaginis* (Lib.) Sacc. Durch zeitige Anwendung von DDT oder Toxaphen konnten gute Ergebnisse gegen *A. superbus* erzielt werden, wobei die Nützlinge infolge der zeitigen Anwendung kaum beeinträchtigt wurden. R. Fritzsche. 2500.

Pielou, D. P.; Summerland, Brit. Columbia, Canada Dep. of Agric., Res. Branch, Res. Stat. Note on the control of the apple aphid by new systemic insecticides translocated from bark to foliage. **(Bemerkung über die Bekämpfung der Grünen Apfellaus durch neue systemische Insekticide, welche von der Rinde zu den Blättern transportiert wurden.)** Canad. J. Plant Sci. **42** (1962) Nr. 2. S. 374–377. – 2 Tab., 3 Lit.

6 Insekticide, von denen die chem. Formeln und die Hersteller angegeben sind, wurden in einer Aufwandmenge von 0,8 g Wirkstoff je Baum an die unteren Stammpartien von Apfel-Zwergbäumen gepinselt. Dimethoate, Meta-Systox-R und Bayer 39007 bewirkten Verminderung des Läusebefalls schon nach 3 Tagen und nachhaltige Bekämpfung über 3–4 Wochen. Mit Menazon und Niagara 5767 erfolgte die vollständige Abtötung der Läuse erst nach 2–3 Wochen. Bayer 37344 hatte bei Stammbehandlung keine systemische Wirkung. Keines der Mittel erwies sich bei Stammbehandlung als phytotoxisch. Geprüft wurde nur die Wirkung auf *Aphis pomi* De Geer.

F. P. Müller. 2500.

Nolte, H.-W.; Aschersleben, Inst. für Phytopathol. der Biol. Zentralanst. der Dtsch. Akad. der Landwirtsch.-Wiss. zu Berlin. **Versuche zur Bekämpfung der Hopfenblattlaus in Aschersleben im Sommer 1961.** Hopfenbau **4** (1962) Nr. 1/2. S. 22–23. – 4 Tab.

Versuchsergebnisse mit systemischen Mitteln (Bi 58 0,05 bis 0,1%; Tinox 0,05 bis 0,1% und Metasystox 0,1%) und dem Parathionpräparat Wofatox-Spritzkonzentrat (0,1%) werden mitgeteilt. Metasystox zeigte die beste Initialwirkung, Tinox und Bi 58 wirkten etwas langsamer, waren aber im Endergebnis gleichwertig. Die Konz. von 0,1% zeigte sich dem Hopfen gegenüber nicht phytotoxisch. Sollen die systemischen Mittel ausreichend wirken, so müssen die Tagesdurchschnittstemperaturen 14–15 °C betragen. Von der Anwendung der Parathionpräparate ist abzuraten. Ist bei kühler Witterung eine Behandlung erforderlich, kann ein Lindanpräparat eingesetzt werden, jedoch ist sofort bei Einsetzen wärmerer Witterung mit einem Systemmittel nachzubehandeln.

M. Amme. 2500.

John, Fritz; Jena, Friedrich-Schiller-Univ., Inst. für Acker- und Pflanzenbau. **Vergleich von Pflanzenschutzmitteln zur Bekämpfung der Hopfenblattlaus 1961 in Jena-Wöllnitz.** Hopfenbau **4** (1962) Nr. 1/2. S. 24–33. – 7 Abb., 3 Tab.

Vf. berichtet über eine Vergleichsprüfung mit systemischen Insekticiden (Bi 58, Tinox, Metasystox) und Kontaktinsekticiden (Nicotin, Wofatox-Spritzkonz. bzw. Wofatox-Konz. 50, E 605 forte, Fekama Spezial). Konzentrationen werden angegeben. Metasystox zeigte die beste Initial- und Dauerwirkung. Von den systemischen Mitteln erbrachte Bi 58 die ungünstigsten Ergebnisse. Fekama Spezial erreicht als Kontaktmittel fast die gleichen Werte. Nicotin, E 605 forte und Wofatox sind abzulehnen. Bei der Beurteilung ist weniger die Tagesdurchschnittstemperatur als vielmehr die Max.-Temp. ausschlaggebend. Bi 58 und Tinox wirkten gut bei Max.-Temp. über 25 °C, nicht eindeutig bei solchen zwischen 20–25 °C und unbefriedigend unter 20 °C. Der Pflanzenschutzmittelindustrie wird empfohlen, die Mittel Bi 58 und Tinox zu verbessern oder ein neues Systemmittel zu entwickeln, ansonsten muß ein Import erwogen werden.

M. Amme. 2500.

Elmore, John C. und Magor, Richard D.; Riverside, Calif., U. S. Dep. of Agric., A.R.S., Entomol. Res. Div. Insecticide experiments to control green peach aphid and pepper weevil on peppers. **(Insekticidversuche zur Bekämpfung der Grünen Pfirsichblattlaus und des Pfefferkäfers an Pfeffer.)** J. econ. Entomol. **55** (1962) Nr. 3. S. 375–377. – 5 Tab., 3 Lit.

Es wird über 2jährige Freilandversuche zur Bekämpfung des Pfefferkäfers, *Anthonomus eugenii* Cano, und der Grünen Pfirsichblattlaus, *Myzus persicae*

Sulz., an Pfeffer berichtet. Zur Anwendung kamen Demeton, Phosdrin, Phosphamidon, Thiodan, Diazinon, Trithion, Ethion, DDT, Parathion, Toxaphen, Sevin und Malathion. Demeton wirkte gut bei Jungpflanzen, ging aber in der Wirkung bei steigenden Blattlausschäden und mit zunehmendem Pflanzenalter zurück. Phosphamidon und Malathion versagten gegen die Blattlaus, gut wirkten dagegen vor allem Thiodan und Phosdrin als Staub. Nach Anwendung von Sevin und DDT-Parathionmischung gegen *A. eugenii* war ein Anstieg der Blattlauspopulation festzustellen. Nicht ganz so deutlich war dies auch bei DDT-Toxaphen. Staubförmige Mittel waren wirksamer als Spritzmittel. Dies wird auf die unterschiedliche Verteilung im Bestand zurückgeführt. R. Fritzsche. 2500.

Narkiewicz-Jodko, Jan; Poznań, IOR. Chemiczne zwalczanie mszycy burakowej i żółtaczki wirusowej na burakach. **(Chemische Bekämpfung der Rübenblattlaus und des Virus der Vergilbungskrankheit der Rübe.)** Nowe Rolnictwo **11** (1962) Nr. 8. S. 9.
Vf. bespricht die Wirksamkeit und Brauchbarkeit verschiedener chem. Präparate, welche gegen die Rübenblattlaus auf Zucker- und Futterrüben angewendet wurden. Die Wirkung und Dosis von Metasystox, Ekatin, Metasystox in Verbindung mit Dipterex, Wofatox, staubförmigem Ekatin M, E 605 sowie der neuesten Präparate Disyston und Thimet werden angegeben. Vf. weist darauf hin, daß die Anwendung chem. Maßnahmen gegen die Rübenblattläuse durch Erhöhung des Ertrages und Verbesserung der Qualität der Rüben große wirtsch. Vorteile hat. W. Śliwiński. 2500.

Roth, Vincent D. Germination of alfalfa seed treated with dry and liquid formulations of Di-Syston and phorate. **(Keimung von Luzernesaatgut nach Behandlung mit trockenen und flüssigen Formulierungen von Di-Syston und Phorate.)** J. econ. Entomol. **55** (1962) Nr. 1. S. 1–2. — 1 Tab., 6 Lit.
Seit dem Auftreten der Gefleckten Luzernelaus (*Therioaphis maculata* Buckton) und den durch sie verursachten Schäden an Luzernesämlingen werden Methoden zum Schutz der Sämlinge erarbeitet. Meist wird die Behandlung des Bodens mit Insekticiden oder des Saatgutes durch Tauchen in verdünnte Lösungen bzw. Vermengen mit konz. Präparaten empfohlen. In den Versuchen wurde Luzernesaatgut mit 16, 32 bzw. 64 oz. Di-Syston (0.0-Diäthyl-S-[2-(äthylthio)äthyl]phosphordithionat) und Phorate als Naß- oder Trockenpräparat behandelt (Einmengen eines flüssigen Konzentrates oder eines Pulverpräparates in das Saatgut). — Die Keimfähigkeit sank bei allen Behandlungsvarianten nur unwesentlich ab (max. etwa 3–6, im Mittel 2,78%). Auch nach längerer Lagerung des Saatgutes (5 Mon.) ergaben sich nur Einbußen an Keimfähigkeit um max. 6,7%. An den Pflanzen wurden keine Schäden oder Beeinträchtigungen des Wachstums beobachtet. Der Läusebefall blieb gering. W. Stenz. 2500.

Steudel, W. und Thielemann, Rose; Elsdorf/Rhld., Biol. Bundesanst. für Land- und Forstwirtsch., Inst. für Hackfruchtkrankh. und Nematodenforsch., Außenstelle. **Vergleichende Untersuchungen zur Wirkung von Disyston als Saatschutzpuder oder -granulat bei Zuckerrüben. Teil 1 und 2.** Zucker **15** (1962) Nr. 10. S. 261–267; Nr. 11. S. 286–291. — 6 Abb., 7 Tab., 11 Lit.
Die Wirkung des systemischen Insekticides Disyston als Saatschutzpuder oder -granulat auf das Saatgut, das Auftreten der Rübenfliege (*Pegomyia hyoscyami*), der Rübenblattlaus (*Doralis fabae*) sowie der Vergilbungskrankheit und auf den Ertrag der Zuckerrüben wurde untersucht und anhand 3jähriger Ergebnisse dargestellt. Das Puderpräparat bestand aus einer Kohleaufbereitung mit 50% Wirkstoff. Die Aufwandmengen betrugen 4 bzw. 6% des Saatgutgewichtes, entspr. 0,4–0,5 kg bzw. 0,6–0,75 kg Wirkstoff/ha.

Das Granulat wurde in einer Menge von 20 kg/ha bei 5%igem Wirkstoffgehalt angewendet. Das behandelte Normalsaatgut zeigte eine gewisse Auflaufverzögerung. Sie war bei Granulat trotz höherer Wirkstoffmenge geringer als bei Puder und wurde bis zum Termin des Vereinzelns praktisch wieder ausgeglichen. Die Dauerwirkung des Granulates gegen Maden der Rübenfliege und gegen Blattläuse ist größer als die der Puderpräparate. Der abs. Schutz der Pflanzen beträgt 6 Wochen. Während weiterer 2–3 Wochen ist nur eine begrenzte Entwicklung der genannten Schädlingspopulationen möglich. Die Ausbreitung des Vergilbungsvirus wurde bes. bei Frühbefall bedeutend gehemmt. Der Ertrag war auf den behandelten Flächen umso höher, je stärker und früher der Schädlingsbefall einsetzte. Er betrug zwischen 3 und 7% Mehrertrag an Rübenmasse. Der Zuckergehalt war nicht höher. Eine negative Beeinflussung des Ertrages war auch bei Ausbleiben des Befalles nicht nachweisbar. In Gebieten mit regelmäßigem und früh einsetzendem Befall durch Rübenfliege und Blattläuse konnte die Anwendung des Disyston-Granulates die 1. und z.T. auch die 2. Spritzung mit systemischen Insekticiden ersetzen.
J. Hollnagel. 2500.

Nikolaeva, M. I. (Nikolajewa, M. I.); Akad. der Wiss. der Ukrain.SSR. Opyt ispol'zovanija fitoncidov v bor̆be s mikozami kukuruzy. **(Versuch der Anwendung von Phytonciden zur Bekämpfung von Maismykosen.)** Fitoncidy v med., s. ch. i pišč. prom-stic, Kiev **1960** S. 52–53. – Aus: Referativnyj žurnal. Biologija, Moskva **1961** Nr. 13. G 674. S. 75.
An der Woronesher Univ. wurde die Wirkung der Phytoncide von Zwiebel, Knoblauch, Senf, Waldrebe und der phytociden Präparate von Arenarin, Steppin und des Hanfs auf die Mikroflora der Maiskörner sowie auf *Penicillium citreo-roseum* und *Ustilago zeae* studiert. Unter Labor.-Bedingungen gab die Behandlung der Körner mit dünnem Knoblauchbrei (Verdünnung mit Wasser 1:200) und mit Arenarin (1:10,000) das beste Ergebnis. Steppin und die Phytoncide von Zwiebel und Knoblauch zeigten fungistatische Wirkung auf Pilze der Gattung *Penicillium*; Arenarin und die Phytoncide von Zwiebel, Senf und Knoblauch ergaben fungicide Wirkung.
übersetzt v. K. Lill. 2505.

Štenberg, A. I., Ševčenko, M. G. und Šillinger, Ju. I. (Schtenberg, A.I. Schewtschenko, M. G. und Schillinger, Ju. I.) Sovremennye gigieničeskie dannye o primenenii jadochimikatov dlja bor̆by s vrediteljami prodovol'stvennych kul'tur, sornoj rastitel'nost'ju i ėktoparazitami životnych. **(Neuere Angaben über die Anwendung von Giftchemikalien zur Bekämpfung von Pflanzenschädlingen, Unkraut und Ektoparasiten von Tieren.)** Voprosy pitanija, Moskva **20** (1961) Nr. **4**. S. 3–8.
Es werden die Anwendung moderner Mittel gegen Pflanzenschädlinge, Unkraut und Ektoparasiten sowie die damit verbundenen Gefahren vom Standpunkt des Hygienikers und Lebensmittelfachmannes besprochen. Hervorgehoben werden DDT und die phosphororg. Verbindungen sowie die Ersetzbarkeit des DDT durch DDD (Dichlordiphenyldichloräthan), Perthane (Diäthyldiphenyldichloräthan) und Methoxychlor. Diese sind für Warmblüter wesentlich weniger toxisch und haben auch einen geringeren kumulativen Effekt. Einzelheiten sind dem Orig. zu entnehmen. Rolf Kießig. 2505.

Schulz, J. T.; Fargo, North Dakota Agric. Exp. Stat. The influence of fertilizers on sugar beets which received insecticide-fungicide seed treatments. **(Der Einfluß von Düngemitteln auf Zuckerrüben, deren Saatgut mit Insekticiden und Fungiciden behandelt wurde.)** J. econ. Entomol. **55** (1962) Nr. 1. S. 44 bis 46. – 3 Tab., 5 Lit.
Rübensaatgut wurde mit den Insekticiden Aldrin, Heptachlor, Phorate, Diazinon und Trithion in Kombination mit den Fungiciden Captan und PCNB-Dexon bzw. mit den Fungiciden allein behandelt und dann ausgesät. Dabei

blieben die Parzellen entweder ungedüngt oder wurden mit 80 bzw. 150 lb./acre P_2O_5 als Tripelsuperphosphat oder mit 6 lb. N als Ammoniumnitrat versorgt. – Die Insekticide wurden in Kombination mit PCNB-Dexon weniger durch die Düngung beeinflußt als in Kombination mit Captan. Die Kombinationen mit Aldrin und Heptachlor wirkten i. allg. weniger toxisch auf die Rübenpflanzen bei nachfolgender Düngung als Kombinationen mit Phorate, Diazinon oder Trithion. Bei N-Düngung, auch zusammen mit P_2O_5, waren die Pflanzenverluste größer, bes. bei den Präparaten aus org. P-Verbindungen (Phorate, Diazinon und Trithion). Auf diesen Parzellen wurden die Rüben allerdings abnorm groß, wodurch sich erhöhte Erträge ergaben. Die Menge des Superphosphates hatte kaum Einfluß auf Stand und Ertrag.
W. Stenz. 2505.

Stobiecki, Tadeusz. Zagadnienie pozostałóści pestycydów na produktach roślinnych. **(Probleme der Schädlingsbekämpfungsmittel-Rückstände auf pflanzlichen Produkten.)** Biul. Inst. Ochrony Roślin **16** (1962) S. 157–180. – 2 Abb., 14 Lit. Zus. in Russ., Engl.
Vf. bespricht die Forschungs-, technischen und organisatorischen Probleme, welche mit der Ermittlung der Schädlingsbekämpfungsmittel-Rückstände auf den Pflanzen sowie der Feststellung der Karenz- und Toleranzperiode verbunden sind. Weiter werden Ergebnisse aus- sowie inländischer Erkenntnisse mitgeteilt. W. Śliwiński. 2505.

Tew, R. P. und Sillibourne, J. M.; East Malling, Kent, Plant Protective Sect. Pesticide residues on fruit. IV. Endrin residues on blackcurrants. **(Pflanzenschutzmittelrückstände auf Obst. 4. Mitt. Endrinrückstände auf Schwarzen Johannisbeeren.)** J. Sci. Food Agric. **12** (1961) Nr. 10. S. 661–666. – 5 Tab., 6 Lit. 3. Mitt. vgl. LZ. Abt. II 8 (1963) Nr. 1. S. 284.
Zu verschiedenen Terminen während der Blüte wurden Schwarze Johannisbeeren gegen *Phytoptus ribis* Nal mit Endrin (0,0375 und 0,05%) gespritzt. Die Früchte wurden kurz nach der letzten Spritzung geerntet und auf Rückstände biol. (nach Tew und Sillibourne) und chem. (org. gebundenes Cl) untersucht. Die Extraktion erfolgte mit Petroläther (40–60 °C), die Reinigung mit Magnesia-Celite und Natriumsulfat und nach Zusatz von Phenylazid wurde die entstandene Färbung colorimetriert. Ein ausreichender Bekämpfungserfolg war am Ende der Blüte mit 0,95% Endrin gewährleistet. Gleichzeitig konnte eine Karenzzeit von 6 Wochen eingehalten werden. Rückstände waren nach dieser Zeit unerheblich ($<$ 0,1 ppm). Bei doppelter Spritzung und späterer Bekämpfung wurden Rückstände $>$ 1 ppm festgestellt. Die Rückstände blieben beim Pressen im Fruchtmark und gelangten nicht in den Saft, auch bei weiteren Zusätzen von Endrin zu den geernteten Früchten.
P. Neubert. 2505.

Tew, R. P., Sillibourne, J. M. und Silva-Fernandes, A. M.; East Malling, Kent, Plant Protective Sect. Pesticide residues on fruit. V. Harvest residues of codling moth insecticides on apples. **(Pflanzenschutzmittelrückstände auf Obst. 5. Mitt. Insekticidrückstände auf Äpfeln nach der Apfelwicklerbekämpfung.)** J. Sci. Food Agric. **12** (1961) Nr. 10. S. 666–674. – 2 Abb., 5 Tab., 26 Lit. 4. Mitt. vgl. vorst. Ref.
Die Beständigkeit von Rückständen von Bleiarsenat ($PbHAsO_4$), DDT, Sevin (1-Naphthyl-N-methyl-carbamat), Gusathion und Gusathion A (0.0-Dimethyl- bzw. 0.0-Diäthyl-S-(3.4-dihydro-4-oxobenz-1.2.3-triazin-3-ylmethyl) phosphorthiolothionat) wurde nach Spritzungen (Mitte Juni bis Mitte Juli) gegen *Carpocapsa pomonella* L. untersucht. Die Extraktion erfolgte mit heißem Tetrachlorkohlenstoff, die Reinigung mit Celite und Natriumsulfat. Arsen wurde nach Gutzeit, DDT nach Schechter-Haller bestimmt. Sevin und Gusathion wurden hydrolisiert und das entstandene l-Naphthol bzw. die Anthranilsäure colorimetrisch bestimmt. Es ergab sich, daß bei allen

Mitteln die Initialbeläge direkt proportional der angewendeten Konz. waren. Die Rückstände an Arsen und Blei betrugen 5–1 ppm. Unter bestimmten Bedingungen kann in England auf eine Spritzung mit Bleiarsenat nicht verzichtet werden. Für DDT, Sevin und Gusathion sind die gefundenen Rückstände unerheblich (DDT: 0,3 ppm nach 15 Tagen; Sevin: 1,5 ppm nach 30 Tagen; Gusathion: 0,5 ppm nach 30 Tagen). P. Neubert. 2505.

Perrin, Dawn R. und Bottomley, W.; Canberra, C.S.I.R.O., Div. of Plant Ind. Pisatin: an antifungal substance from Pisum sativum L. **(Pisatin: eine gegen Pilze wirkende Substanz von Pisum sativum L.)** Nature [London] **191** (1961) Nr. 4783. S. 76–77. – 1 Abb., 9 Lit.
Es ist bekannt, daß Pflanzen gelegentlich Pilzen gegenüber resistent sind. Bisher war die Ursache dieser Resistenz unbekannt. Vff. nehmen an, daß Pisatin diese Resistenz bei *Pisum sativum* bedingt. Pisatin wurde nach Inokulation mit Pilzen aus Hülsen von Erbsen gewonnen. Auf Grund von chem. und spektrographischen Untersuchungen wurde die Summenformel des Pisatins mit $C_{17}H_{14}O_6$ ermittelt. Pisatin soll eine Alkoholhydroxyl-, eine Methoxyl- und eine Methyldioxydgruppe enthalten. Durch entspr. Untersuchungen konnten die Lage bestimmter Gruppen und die Ringstruktur des Pisatins sowie die Strukturformel angegeben werden. Dem Pisatin ähnliche Verbindungen konnten bei Pterocarpin und Homopterocarpin aus *Pterocarpus santalinus*, bei Coumestrol aus *Trifolium repens* und weiteren Leguminosen und in einem Fall bei Nichtleguminosen (*Wedelia calendulacea*) nachgewiesen werden. K. Schulz. 2505.

Gayner, F. C. H.; Fernhurst, Plant Production Ltd. World usage of fungicides. **(Weltverbrauch an Fungiciden.)** Commonwealth phytopathol. News 7 (1961) Nr. 3. S. 33–35. – 1 Lit.
Auf Grund von Angaben des statistischen Jahrbuches der FAO veranschlagt Vf. den Verbrauch an S mit 275000 t, an Cu mit 224000 t und Hg mit 500 t für die Herstellung von Pflanzenschutzmitteln. Der Verbrauch an org. Verbindungen wird mit 12000 t beziffert. Auf die Unsicherheit der Schätzungen wird hingewiesen. Die größte Anwendung finden Pflanzenschutzmittel im Weinbau gegen *Uncinula necator* und *Plasmopara viticola*. Gegen *P. viticola* wurde bisher als wirksames Mittel Kupferkalkbrühe eingesetzt. Es scheint, als ob Zineb in steigendem Maße die Kupferkalkbrühe ersetzen wird. Nach den Weinreben werden bei Kartoffeln, bes. gegen die Kraut- und Knollenfäule, die meisten Fungicide verwendet. Auch hier scheint sich ein Übergang von Kupferkalkbrühe zu Zineb anzubahnen. Als weitere Großverbraucher von Cu-Mitteln werden Bananen genannt. Hg-Verbindungen finden die meiste Anwendung bei der Saatgutbeize. Für die Zukunft werden den org. Fungiciden, deren Entwicklung in den 30er Jahren begann, große Möglichkeiten zugesprochen. Vf. bedauert, daß bei der chem. Bekämpfung von Getreiderosten bisher für die Praxis keine bedeutsamen Fortschritte erzielt wurden. K. Schulz. 2510.

Spencer, D. M. Fungicides in agriculture and horticulture. **(Fungicide in Landwirtschaft und Gartenbau.)** Nature [London] **190** (1961) Nr. 4776. S. 593–594.
Am 20. und 21. März 1961 führte die Pflanzenschutzmittelabteilung der Gesellschaft der chem. Industrie Großbritanniens ein Symposium über Fungicide durch. Die Beiträge dieses Symposiums betrafen sowohl die praktische Anwendung der Mittel in Landwirtschaft und Gartenbau als auch theoretische Erklärungen und Erörterungen ihrer Wirkungsweise sowie Angaben über die Erforschung und Entwicklung neuer Mittel. Über 2 neue Mittel, 2.6-Dichlor-4-nitroanilin, vor allem gegen *Botrytis cinera* bei Salat, und n-Diodecylguanidinacetat gegen Apfelschorf, wurden der Information dienende Erklärungen gegeben. K. Schulz. 2510.

Somers, E.; Bristol, Univ., Long Ashton Res. Stat. The fungitoxicity of metal ions. **(Die Fungitoxizität von Metallionen.)** Ann. appl. Biol. **49** (1961) Nr. 2. S. 246–253. – 2 Abb., 1 Tab., 25 Lit.
Auf Grund zahlreicher Beobachtungen ist die Annahme gestützt worden, daß zwischen der Toxizität von Metallionen und ihren phys.-chem. Eigenschaften allg. Beziehungen bestehen und die fungicide Wirkung der Metallsalze unabhängig von den getesteten Organismen ist. Folgende Reihenfolge der fungiciden Wirksamkeit konnte auch in den Untersuchungen vom Vf. mit 24 Metallsalzen, die hauptsächlich Nitrate waren, bestätigt werden: Ag > Hg > Cu > Cr > Ni > Pb > Co > Zn > Ca. Die Verbindungen wurden in vitro gegen *Alternaria tenuis* und *Botrytis fabae* in wäßriger Lösung ohne Zusatz von Sporenkeimungsstimulantien geprüft und die ED 50 ermittelt. Der Logarithmus der Metallionenkonz. bei ED 50 stimmte mit den von Danielli und Davis postulierten Beziehungen zwischen fungicider Wirkung und Elektronegativität der Metallsalze überein. Die Ergebnisse ließen außerdem den Schluß zu, daß die fungistatische Wirkung der Metallkationen in Beziehung zur Stärke ihrer Oberflächenbindung an ionogene Zellgruppen, im bes. an Imidazol-, Caboxyl-, Phosphat- und Sulfhydrylgruppen steht. K. Schulz. 2510.

Richardson, Lloyd T. und Thorn, G. D.; London, Ontario, Canada Dep. of Agric., Pesticide Res. Inst. The interaction of thiram and spores of Glomerella cingulata Spauld. & Schrenk. **(Die Wechselwirkung von Thiram und Sporen von Glomerella cingulata Spauld. et Schrenk.)** Canad. J. Bot. **39** (1961) Nr. 3. S. 531–540. – 6 Abb., 1 Tab., 17 Lit.
Thiram (Bis(dimethylthiocarbamoyl)disulfid) wird in Gegenwart von Sporen von *Glomerella cingulata* Spauld. et Schrenk. reduziert bzw. zersetzt. Bei Fehlen von Cu-Ionen nehmen die Sporen keinen Wirkstoff oder reduzierte Formen davon auf. Bei Cu-Anwesenheit dagegen wird er aus der Lösung aufgenommen. Dabei steigt die Fungitoxizität. Die Versuchsmethode hierzu wird eingehend beschrieben. Durch Bodenmikroorganismen kann ebenfalls eine Reduktion von Thiram zu Dimethyldithiocarbamat erfolgen. Feuchtigkeit und Gehalt des Bodens an org. Bestandteilen beeinflussen wesentlich den Grad der Reduktion. R. Fritzsche. 2510.

Zana, J. Cerkoszpora elleni védekezési kisérlet 1960-ban. **(Versuche zur Bekämpfung der Blattfleckenkrankheit der Zuckerrübe im Jahre 1960.)** Cukoripar [Zuckerind.] **14** (1961) Nr. 9. S. 271–274. – Aus: Ung. Agrar-Rdsch. **1962** Nr. 2.
In den i. J. 1960 durchgeführten *Cercospora*-Bekämpfungsversuchen wurde die Wirkung der 1%igen Kupferkalkbrühe, von Brestan (0,43%ig), Haft Vitigran Blau (0,86%ig) und Kupfer Sandoz Special geprüft. Als Testpflanzen dienten solche der anfälligen Zuckerrübensorte 'PZHR$_4$' und die der rel. resistenten Sorte 'Beta K-91'. Trotz künstlicher Infektion entwickelte sich nur ein mittelstarker Befall, da die Witterung für einen starken Befall ungünstig war. Die Versuchsergebnisse zeigten, daß die Blattfleckenkrankheit mit verschiedenen Spritzmitteln zu bekämpfen ist, wobei Brestan bedeutend wirksamer war als die kupferhaltigen Mittel. Brestan, Kupferkalkbrühe und Kupfer Sandoz Special erhöhten den Zuckergehalt signifikant, während dieselben Mittel den Aschengehalt herabsetzten; Brestan verminderte bes. stark den Aschengehalt; der schädliche N-Gehalt ging ebenfalls zurück. Die Spritzmittel erhöhten den Zuckergehalt; die Ertragszunahme war bei Brestan, Kupferkalkbrühe und Haft Virtigran Blau nicht signifikant verschieden. Der Ertrag an Rüben nahm bes. bei Brestan und Haft Vitigran Blau zu. Der Blattertrag war bei jedem Präparat signifikant höher, aber Brestan erhöhte ihn bes. stark. Bei der Sorte 'Beta K-19' erhöhten sämtliche Präparate den Gesamtertrag wie auch den Zuckergehalt, bei 'PZHR$_4$' nur Brestan. 2510.

Schmid, K.; Forchheim. **Über Tabak-Peronospora-Bekämpfung mit Maneb.** Dtsch. Tabakbau **41** (1961) Nr. 2. S. 9–11. – 1 Abb., 1 Tab.
In dem Bestreben, ein Pflanzenschutzmittel zu finden, das bei der Bekämpfung des Tabakblauschimmels (*Peronospora tabacina* Adam) nicht nur prophylaktisch wirkt, sondern bereits haftende Infektionen zum Stehen bringt, wurden i. J. 1960 Spritzversuche mit 0,2%iger Maneb-Brühe und 0,15%igem Pril-Zusatz zwecks besserer Benetzung im Freiland und im Saatbeet durchgeführt. Obwohl sich durch diese Spritzung die vorhandenen Infektionsherde nicht weiter ausbreiteten und größere „Ölflecke" nicht sporulierten, ist Maneb kein innertherapeutisches Mittel und muß in 5täg. Abstand auf die Blattober- und -unterseite gleichmäßig ausgebracht werden. Im Vegetationsversuch mit 'Havanna Stamm 9' konnte nachgewiesen werden, daß selbst bei tägl. Spritzung keine deutliche Ertragsdepression eintritt. Phytotoxisch bedingte Veränderungen oder Verbrennungen wurden nicht beobachtet. Bei tägl. Spritzung konnten auf den getrockneten Blättern 0,187–0,252% Maneb-Rückstände nachgewiesen werden, die die Rauchqualität wesentlich verschlechterten. J. Merker. 2510.

Páll, O. Despre folosirea preparatelor organo-mercurice în combaterea antracnozei fasolei Colletotrichum lindemuthianum (Sacc. et Magn.) Bri. et Cav. **(Über die Verwendung von organischen Quecksilberpräparaten zur Bekämpfung der Bohnenanthraknose, Colletotrichum lindemuthianum [Sacc. et Magn.] Bri. et Cav.)** Inst. agronom. „Dr. Petru Groza" Cluj, Lucrări ştiinţ. **16** (1960) S. 195–199. – 2 Tab., 5 Lit. Zus. in Russ., Engl.
Die org. Quecksilberpräparate Gramisan, Gramisan-Neu, Germisan, Abavit B und Hexa erwiesen sich als sehr wirkungsvoll, insbesondere Germisan, Hexa und Gramisan. Germisan stimuliert die Samenkeimung. Gramisan verminderte bei feuchtem Saatgut dessen Keimfähigkeit. Die durchschnittl. Aufwandmenge betrug 400 g/100 kg Saatgut. V. Velican. 2510.

Smith, R. J. und Read, W. H.; Littlehampton, Sussex, Glasshouse Crops Res. Inst. Investigations on fungitoxic derivatives of salicylaldehyde. III. Some N-substituted derivatives of halogenated salicylideneimines as eradicants of cucumber powdery mildew. **(Untersuchungen über fungitoxische Derivate von Salicylaldehyd. 3. Mitt. Einige N-substituierte Derivate von halogenierten Salicylideniminen als Bekämpfungsmittel gegen den Echten Mehltau der Gurke.)** Ann. appl. Biol. **49** (1961) Nr. 2. S. 242–245. – 1 Tab., 4 Lit. 2. Mitt. vgl. nachst. Ref.
Auf Grund von entspr. Veröffentlichungen wurde in mehreren Versuchsreihen geprüft, ob durch N-Substitution bei halogeniertem Salicylidenanilin die phytotoxische Wirkung bei der Bekämpfung von *Erysiphe cichoriacearum* aufgehoben werden kann. Durch Kondensation verschiedener halogenierter Abkömmlinge von Salicylaldehyd mit entspr. Aminoverbindungen in warmem Äthanol wurden 24 verschiedene N-alkyl-, N-aryl und N-heterocyclische Verbindungen hergestellt. Obwohl mehrere dieser Verbindungen der Wirkung von 3-Chlorsalicylidenanilin entsprachen, wurde kein praktisch brauchbares Bekämpfungsmittel gefunden. K. Schulz. 2510.

Smith, R. J. und Read, W. H.; Littlehampton, Sussex, Glasshouse Crops Res. Inst. Investigations on fungitoxic derivatives of salicylaldehyde. II. Chlorinated and brominated derivatives of salicylideneaniline and related compounds as eradicants of cucumber powdery mildew [Erysiphe cichoriacearum DC.). **(Untersuchungen über fungitoxische Derivate von Salicylaldehyd. 2. Mitt. Chlorierte und bromierte Derivate von Salicylidenanilin und verwandte Verbindungen als Bekämpfungsmittel gegen den Echten Mehltau der Gurke [Erysiphe cichoriacearum DC.].)** Ann. appl. Biol. **49** (1961) Nr. 2. S. 233–241. – 5 Tab., 15 Lit.

Die benötigten Verbindungen wurden durch Kondensation von Salicylaldehyd oder entspr. Derivaten und Anilin oder Monochloranilin in warmem Äthanol hergestellt. Nach Auskristallisation wurde evtl. gefiltert und rekristallisiert. Insgesamt wurden 27 Verbindungen hergestellt und auf junge Gurkenpflanzen (getopft) gesprüht. Die beste Wirkung gegen Gurken-Mehltau zeigten 3-Brom- und 3-Chlorsalicylidenanilin. Diese wurden in größeren Versuchen geprüft. Es wurde gefunden, daß sie wirkungsvoller als das Standardmittel Karathan waren, aber auf voll entwickelte Gurkenpflanzen phytotoxisch wirkten. Die fungicide Wirkung dieser Verbindungen auf weitere Pilze, u. a. *Cladosporium fulvum*, wird im Anhang angegeben. K. Schulz. 2510.

Golyšin, N. M. und Zubov, M. F. (Golyschin, N. M. und Subow, M. F.); Moskau, Wiss. Samoilow-Inst. für Düngemittel, Insekticide und Fungicide. Preparaty gruppy kaptana v boŕbe s seroj gnil'ju zemljaniki i paršoj jabloni. **(Präparate der Captan-Gruppe bei der Bekämpfung der Erdbeergraufäule und des Apfelschorfes.)** Zaščita rastenij ot vreditelej i boleznej, Moskva **6** (1961) Nr. 12. S. 28. – 2 Tab.

In der UdSSR wurden in den vergangenen Jahren verschiedene Captan-Präparate hergestellt und geprüft: Phthalan (=N-trichlormethylthiophthalimid), Captan-Analog Nr. 6. (= N-trichlormethylthio-p-chlorphenylmethansulfamid), Captan-Analog Nr. 12 (= N-trichlormethylthio-p-chlorphenyläthansulfamid) und Captan-Analog Nr. 13 (= N-trichlormethylthiophenylmethansulfamid). Die Prüfungen ergaben, daß die Erdbeergraufäule wirksam mit Captan-Präparaten bekämpft werden kann. Bei der Apfelschorfbekämpfung sind sie den Kupferpräparaten jedoch unterlegen. H. Decker. 2510.

Doane, Charles C.; New Haven, Connecticut Agric. Exp. Stat. Effects of certain insecticides on earthworms. **(Wirkungen bestimmter Insekticide auf Regenwürmer.)** J. econ. Entomol. **55** (1962) Nr. 3. S. 416–418. – 2 Tab., 9 Lit.

Es wird untersucht, welchen Einfluß die Behandlung des Bodens mit Insekticiden auf die Regenwurmfauna, vor allem *Lumbricus terrestris* L. und *Allolobophora caliginosa* Sav., ausübt. Es kamen zur Anwendung: DDT, Dieldrin, Chlordan als Spritzmittel und als Granulat. DDT kann von Regenwürmern aufgenommen und sogar gespeichert werden, ohne ihre Aktivität wesentlich zu beeinflussen. Bei etwa 25 kg/ha DDT war jedoch eine hohe Giftigkeit für Regenwürmer nachzuweisen. Chlordan und Dieldrin wirkten in beiden Anwendungsformen bereits in Mengen von 10 kg/ha hochgiftig. Derartige Untersuchungen setzen allerdings genaue Kenntnisse der Bewegung der Tiere im Boden voraus, die z. Z. nur sehr unvollständig vorhanden sind.
R. Fritzsche. 2515.

Roberts, James E., Chisholm, R. D. und Koblitsky, L. Persistence of insecticides in soil and their effects on cotton in Georgia. **(Insekticidverweildauer im Boden und ihr Einfluß auf Baumwolle in Georgia.)** J. econ. Entomol. **55** (1962) Nr. 2. S. 153–155. – 4 Tab., 2 Lit.

Dreijährige Untersuchungen über die Verweildauer (I) von Insekticiden im Boden ergaben, daß DDT nach 3 Jahren mit 36% der Ausgangsmenge die höchste I besitzt; zur gleichen Zeit wurden von BHC (HCH-Gesamtisomeren) noch 5% gefunden. Guthion [0.0-Dimethyl-S-(4-oxy-1.2.3-benztriazin-3-(4-H)-ylmethyl)-phosphordithionat] ist nach 3 Jahren nur noch in geringen Mengen, Malathion bereits nach 1 Jahr nicht mehr nachweisbar. Keimung, Wachstum, Fruchtbildung und Ertrag der Baumwolle werden durch die untersuchten Insekticide nicht beeinflußt. Heinz Ackermann. 2515.

Myburgh, A. C. Lebaycid[r] as a cover spray for fruit fly control. **(Lebaycid [R] als Schutzspritzung zur Bekämpfung von Fruchtfliegen.)** South African J. agric. Sci. **4** (1961) Nr. 4. S. 615–621. – 2 Tab., 9 Lit.

In Labor.- und Freilandversuchen wurden Spritzungen mit Lebaycid (R) zur Bekämpfung der Fruchtfliegen *Ceratitis capitata* und *Pterandrus rosa* wirksamer als DDT befunden. Auf der Fruchtoberfläche wirkten 0,05 und 0,025% besser als 0,1% DDT bei einer Dauerwirkung von 2 Wochen gegen adulte Fliegen. Fliegenlarven aller Entwicklungsstadien wurden innerhalb von etwa 1 Woche im Inneren der Frucht abgetötet. Gegen frisch geschlüpfte Larven war eine Wirkung bis zu 4 Wochen feststellbar. Leichte Blattschäden waren nur bei 'Pucelle'-Pfirsich, etwas Oberflächenbräunung bei 'Ohenimuri'- und 'Delicious-'Äpfeln nachweisbar. Zahlreiche Apfel,- Birnen- und Pflaumensorten sowie andere Obstarten wurden nicht geschädigt. R. Fritzsche. 2515.

Goos, Maria. Wpływ wyższych temperatur na zmianę właściwości owadobójczych HCH w doświadczeniach z wołkiem zbożowym – Calandra granaria L. **(Der Einfluß höherer Temperaturen auf die insekticiden Eigenschaften von HCH in Versuchen mit dem Kornkäfer — Calandra granaria L.)** Polskie Pismo entomol. **1961** Nr. 3/4. S. 153–163. – 5 Abb., 7 Tab., 11 Lit. Zus. in Russ., Engl.
Der Einfluß hoher Temperaturen auf die insektentötenden Eigenschaften der HCH-Präparate ist von großer Bedeutung bei der Herstellung der Präparate sowie bei der Gläsersäuberung von den Insekticidresten im Labor. Die Versuche wurden mit kristallinem sowie technischem HCH, flüssigem Gammatox 10% und Gammatox-Staub durchgeführt. Als Testinsekt diente *Calandra granaria*. Hohe Temperaturen verringerten die insekticiden Eigenschaften des HCH. Erhitzung auf 105 und 120 °C ließ nach 2 Std. die HCH-Wirksamkeit beachtlich abfallen. Temperaturen von 80 und 90 °C bewirkten dies nach 8 Std. W. Śliwiński. 2515.

Georghiou, G. P. und Metcalf, R. L.; Riverside, Univ. of California, Citrus Exp. Stat. Carbamate insecticides: Comparative insect toxicity of Sevin, Zectran, and other new materials. **(Carbamat-Insekticide: Vergleich der Insektentoxizität von Sevin, Zectran und anderen neuen Verbindungen.)** J. econ. Entomol. **55** (1962) Nr. 1. S. 125–127. – 6 Tab., 10 Lit.
Es wird die insekticide bzw. acaricide Wirksamkeit von 15 N-Methylcarbamat-Verbindungen, darunter Sevin (1-Naphthyl-) und Zectran (4-Dimethylamino-3.5-xylyl-) gegen *Musca domestica* L., *Apis mellifera* L., *Blattella germanica* L., *Oncopeltus fasciatus* Dallas, *Culex pipiens* Say., *Anopheles albimanus* Wied., *Sitophilus granarius* L., *Pyroderces rileyi* Wals., *Clepsis peritana* Clemens, *Trichoplusia ni* Hübn., *Estigmene acrea* Drury, *Bucculatrix thurberiella* Busk. und *Panonychus citri* McGregor geprüft. Sämtliche Verbindungen zeigten hohe insekticide bzw. acaricide Wirksamkeit, wenn auch z. T. nur gegen bestimmte Arten von Versuchstieren. Im Vergleich zu DDT, Malathion bzw. Parathion waren sie z. T. besser in der Wirkung. R. Fritzsche. 2515.

Vasil'ev, V. P. und Kiticyn, E. N. (Wassiljew, W. P. und Kitizyn, Je. N.) Ėffektivnost' fosfamida dlja toksikacii rastenij. **(Die Wirksamkeit von Phosphamid für die Toxikation der Pflanzen.)** Zaščita rastenij ot vreditelej i boleznej, Moskva **7** (1962) Nr. 5. S. 34–35. – 3 Tab.
In Versuchen wurde die Dauer der toxischen Wirkung des systemischen Insekticids Phosphamid bei verschiedenen Pflanzen geprüft. Bei der Behandlung von Rübensaatgut war die Toxizität gegenüber dem Rübenderbrüßler bei 4 Tage alten Pflanzen 99–100, am 8. Tag 81–97 und am 15. Tag 0–2%. Das Vergleichspräparat Heptachlor wies entspr. Werte von 94, 41 und 16% auf. H. Decker. 2515.

Youngson, C. R. und Goring, C. A. L.; Scal Hach, Calif., Dow Chem. Co., Western Div., Agric. Res. Lab. Diffusion and nematode control by 1,2-dibromoethane, 1,3-dichloropropene, and 1,2-dibromo-3-chloropropane in soil.

(Diffusion und Nematodenbekämpfung im Boden mit 1.2-Dibromäthan, 1.3-Dichlorpropen und 1.2-Dibrom-3-chlorpropan.) Soil Sci. **93** (1962) Nr. 5. S. 306–316. – 10 Abb., 4 Tab., 24 Lit.
Die Diffusionsgeschwindigkeit von 1.2-Dibromäthan (**I**), 1.3-Dichlorpropen (**II**) und 1.2-Dibrom-3-chlorpropan (**III**) im Boden hängt neben verschiedenen Bodenfaktoren wie Porosität, Feuchtigkeitsgehalt, Temperatur und Textur auch von den phys. Eigenschaften der betr. Entseuchungsmittel ab. Sie vermindert sich in der Reihenfolge **II** $>$ **I** $>$ **III**. Die Toxizität stellt sich als Produkt aus Konz. und Expositionszeit dar. Die Untersuchungen ergaben, daß bes. in der vertikalen Richtung im Boden bei der Nematodenbekämpfung unterschiedliche Ergebnisse erhalten werden. Die Diffusionsrate der Entseuchungsmittel sank mit abnehmender Porosität des Bodens. Mit dem am schnellsten diffundierenden **II** wurden bei niedrigen Porositäten gute Ergebnisse erzielt. **I** lieferte die besten Ergebnisse bei hoher Porosität und kurzer Inkubationsdauer (7 Tage), während bei längerer Inkubation (30 Tage) die Porosität keinen Einfluß auf die Ergebnisse hatte. Unabhängig von der Inkubationsdauer (bis zu 42 Tagen) wurden mit **III** bei hohen Porositäten die besten Ergebnisse erhalten. Die Temperaturabhängigkeit der Nematodenbekämpfung (mit sinkender Temperatur geringere Wirksamkeit) war im untersuchten Temperaturbereich (50–90 °F) bei **II** am größten. **III** wies nur eine geringe Abhängigkeit auf, während die Wirksamkeit von **I** unabhängig von der Versuchstemperatur war. Zugabe von 5% Stalldung hatte bei den geprüften Präparaten ein Absinken der Wirksamkeit zur Folge. P. Stoß. 2520.

Gorlenko, M. V. (Gorlenko, M. W.); Moskau, Lomonossow-Univ. Perspektivy primenenija antibiotikov. **(Perspektiven der Antibioticaanwendung.)** Zaščita rastenij ot vreditelej i boleznej, Moskva **7** (1962) Nr. 1. S. 26–29.
Entsprechend den biol. Besonderheiten der Pflanzenkrankheiten (unterschiedliche Infektionswege) ist auch der Antibioticaeinsatz verschieden: a) Anwendung von Antibiotica zur Bekämpfung der Sameninfektion und während der vegetativen Phase, b) Aktivierung der Tätigkeit der nützlichen Mikroorganismen im Boden mittels spezieller Verfahren und c) Herstellung und Einsatz von Präparaten, die nicht die Antibiotica enthalten, sondern ihre Produzenten. Eine Reihe von Antibiotica werden bereits zur Bekämpfung von Pflanzenkrankheitserregern eingesetzt, z.B. Streptomycin gegen Bakterienkrankheiten der Gurke, Möhre und Tomate, Phytobakteriomycin gegen solche der Bohne und Baumwolle und Nistatin zur Bekämpfung von *Botrytis cinerea*, *Verticillium dahliae* und *Cladosporium fulvum*. H. Decker. 2535.

Truckenbrodt, G.; Jena, Friedrich-Schiller-Univ., Inst. für Allg. Bot. **Studien zur Kupferwirkung bei holzzerstörenden Pilzen.** Phytopathol. Z. **41** (1961) Nr. 4. S. 370–386. – 11 Tab., 18 Lit.
Verwendet wurden Kulturen von *Merulius lacrymans*, *Coniophora cerebella* und *Poria vaporaria*. – Wenn auch Holz verschiedener Standorte von den Schadpilzen verschieden stark angegriffen wird, so ist doch stets die gleiche Cu-Konz. erforderlich, um es vor Pilzbefall zu schützen. Basische Cu-Verbindungen sind innerhalb des Holzes weniger wirksam als lösliche Cu-Salze. Zusatz von löslichen Ca-Salzen (etwa von $Ca(NO_3)_2$, $CaCl_2$) erhöht die fungicide Wirkung von Cu^{++}, jedoch werden diese Salzgemische leicht aus dem Holz ausgelaugt. F. Lüpnitz. 2540.

Kockum, S. und Graham, W. M.; Nairobi, Kenya, Scott. Agric. Lab. Prevention of insect re-infestation of bagged maize. **(Verhinderung erneuten Insektenbefalls bei gesacktem Mais.)** Trop. Agric. **39** (1962) Nr. 3. S. 231–245. – 7 Abb., 2 Tab., 7 Lit.
Es gibt verschiedene chem. Verfahren zur Verhinderung erneuten Insektenbefalls, die aber bei der Lagerung von Mais zu Speisezwecken nicht oder nicht

sicher angewendet werden können. Deshalb wird nach Möglichkeiten phys. Schutzes durch dichten Abschluß der Stapel gesucht. In den vorliegenden Versuchen wurden die Stapel a) mit Polyäthylen abgedeckt ohne Insekticidbehandlung, b) schichtweise mit Lindan/Diatomit eingestäubt und mit lindanbehandeltem Gewebe abgedeckt, c) wie b, aber ohne Decke und höhere Dosis Lindan und d) Kontrolle = ohne Abdeckung und ohne Bekämpfungsmittel. — Variante c konnte bereits vorhandenen Befall nicht abstoppen, b gab guten Schutz, konnte aber Nachbarinfektion nicht völlig verhüten. Polyäthylenfolien waren vielversprechend. Die Stärke von 0,0025 in. für die Folie ist aber zu gering. Das Aneinanderkleben der Bahnen mit Streifen ist nicht fest genug. In neuen Versuchen mit 0,005 in. starken Folien wurden bessere Ergebnisse erzielt. Verschweißen der Bahnen statt Kleben gibt schwache Stellen. Die Sackstapel auf eine Polyäthylenhaut aufzustellen, ist nicht nötig, wenn statt dessen der Stapel mit einer Barriere von Staub-Lindan umgeben wird, und die bedeckende Folie ringsum mit Sand beschwert wird. Aber auch hier konnte Wiederbefall mit *Tribolium* und *Ephestia* nicht völlig verhindert werden. Außer dem Insektenbefall wird noch das Verhalten des gelagerten Maises hinsichtlich Temperatur, Feuchtigkeit u. a. behandelt. W. Stenz. 2540.

Liscombe, E. A. R. und Watters, F. L.; Winnipeg, Manitoba, Canada Dep. of Agric., Res. Stat. Insect and mite infestations in empty granaries in the prairie provinces. **(Insekten- und Milbenbefall auf leeren Getreidespeichern in den Prärieprovinzen.)** Canad. Entomologist **94** (1962) Nr. 4. S. 433–441. — 2 Abb., 5 Tab., 6 Lit.
In 34 Farmen der Prärieprovinzen wurden die leeren Getreidespeicher auf Insekten- und Milbenbefall untersucht. Dabei zeigten sämtliche Speicher Befall mit Schädlingen, wobei allerdings die Artenzusammensetzung unterschiedlich war. Die größte Bedeutung besaßen *Glycyphagus destructor* Schr., *Acarus siro* L. und *Cryptolestes ferrugineus* Steph. Bes. prädestinierte Befallsherde auf den Speichern konnten nicht ermittelt werden. Insgesamt konnten 59 verschiedene Schädlingsarten festgestellt werden. Die Untersuchungsmethode wird beschrieben. R. Fritzsche. 2540.

Sømme, Lauritz. Undersøkelser over bekjempelse av melmøll. (Ephestia kühniella Zeller). **(Untersuchungen über die Bekämpfung der Mehlmotte [Ephestia kühniella Zeller].)** Forskn. Forsøk Landbruket **13** (1962) Nr. 3. S. 169–188. — 3 Abb., 21 Lit. Zus. in Engl.
Die Abtötung der Mehlmottenlarven durch Kälte wurde bei —20 °C in einem Tag erreicht, bei —15 °C in 2 Tagen. —10 °C töteten in 4 Tagen nicht alle Larven ab. Diese für die Abtötung der Mehlmottenlarven sehr niedrigen Temperaturen lassen eine Bekämpfung durch Kälte in Norwegen schwierig erscheinen. Zur Bekämpfung der Mehlmotten mit chem. Mitteln wurden Versuche in 4 norweg. Mühlen durchgeführt. Am besten bewährte sich eine Lindan-Räucherung (130 oder 65 g Lindan je 1000 m^3). Unter gewissen Umständen ist auch eine Vernebelung von Lindan von Erfolg. Aus toxikol. Gründen dürfen 65 g Lindan je 1000 m^3 nicht überschritten werden. Die Vernebelung einer Pyrethrum-Lösung (0,37% Pyrethrine und 2,4% Piperonylbutoxyd) brachte ein zufriedenstellendes Ergebnis. Wenn sich der Mehlmottenbefall über größere Teile einer Mühle ausgebreitet hat, ist eine Durchgasung mit HCN oder CH_3Br angebracht. I. Bahr. 2540.

Khalifa, A. The relative susceptibility of some varieties of Sorghum to Trogoderma attack. **(Die relative Anfälligkeit einiger Sorghum-Sorten gegen Trogoderma-Befall.)** Empire J. exp. Agric. **30** (1962) Nr. 118. S. 132–136.
1 kg-Proben von 18 verschiedenen Hirsesorten (*Sorghum vulgare*) wurden in 8–10facher Wiederholung mit je 100 erwachsenen Larven von *Trogoderma granarium* versetzt und in Säcken 15 Mon. gelagert. Danach wurde der durch

den Insektenfraß verursachte Gewichtsverlust an je 100 Körnern ermittelt. Dieser differierte zwischen den einzelnen Sorten erheblich; er betrug 1,74 bis 43,07%. Ursache der unterschiedlichen Schädigung durch die *Trogoderma*-Larven ist wahrscheinlich der rel. Anteil der einzelnen Sorten an stärkeartigem Nährgewebe, der bei Sorten mit großem Korndrm. am höchsten liegt. Es konnte nicht die Vermutung bestätigt werden, daß der Unterschied in der Anfälligkeit der Sorten auf eine sortentypische unterschiedliche Stärke der harten hornartigen Endospermschicht zurückzuführen ist, die als ein mechanisches Hindernis das weiche stärkeartige Nährgewebe ganz oder teilweise umgibt. Diese Schicht ist selbst bei den Körnern derselben Sorte sehr unterschiedlich ausgebildet. Sie ist auch nicht an allen Stellen eines Kornes gleich stark. Sie ist teilweise überhaupt nicht vorhanden oder sie wird von dem stärkeartigen Nährgewebe an mehr als einer Stelle durchbrochen. Die *Trogoderma*-Larven können deshalb nicht nur durch den Embryo, der nicht von der hornartigen Endospermschicht überdeckt ist, zu dem stärkeartigen Nährgewebe vordringen, sondern sie erreichen dieses Gewebe auch an den Stellen, wo es bis an die Samenschale heranreicht. Das hornartige Nährgewebe wird im übrigen nur so lange nicht von den Larven gefressen, sofern noch Körner mit stärkeartigem Nährgewebe vorhanden sind. I. Bahr. 2540.

Frey, Walter. **Beiträge zur Kenntnis der Quarantäneschädlinge auf dem Gebiete des Vorratsschutzes. 1. Mitt. Die Unterscheidung der beiden Plattkäferarten Oryzaephilus surinamensis L. und Oryzaephilus mercator Fauv. und ihre Bedeutung als Quarantäneschädlinge.** Nachrichtenbl. dtsch. Pflanzenschutzdienstes [Braunschweig] **14** (1962) Nr. 3. S. 33–37.
Von den beiden Plattkäferarten, dem Getreideplattkäfer *Oryzaephilus surinamensis* L. (**I**) und dem Erdnußplattkäfer *O. mercator* Fauv. (**II**), gilt in der BRD nur ersterer als Quarantäneschädling. Vf. stellt die wichigsten Unterscheidungsmerkmale zusammen und bespricht die biol. und ökol. Unterschiede. Bei **I** ist die Schläfe $^2/_3$, bei **II** nur etwa $^1/_4$–$^1/_2$ so lang wie das Auge. An den seitlichen Anhängen der männlichen Genitalien besitzt **I** 10 an der Spitze gespaltene Borsten. Bei **II** sind nur 3–4 Borsten mit spatelförmiger Spitze vorhanden. Im Inneren der Penisblase von **I** ist eine deutliche sägeartige Struktur vorhanden; diese ist bei **II** nicht klar erkennbar. Wie vom Vf. erneut bestätigt wird, unterscheiden sich beide Arten hinsichtlich ihres Vorkommens insofern, als **I** kohlenhydratreiche Nahrungsstoffe bevorzugt, während **II** mehr an ölhaltigen Pflanzenerzeugnissen auftritt. Die untere Entwicklungsgrenze beider Arten liegt bei 17,5 °C. Während **I** in der BRD nicht selten in Getreidelagern gefunden wird und im ungeheizten Speicher überwintert, kann **II** nicht als ständiger Bestandteil der Speicherfauna angesehen werden. **II** wird zwar oft eingeschleppt und kann sich auch unter günstigen Bedingungen im Laufe des Sommers vermehren, er geht aber im ungeheizten Speicher im Winter selbst in England zugrunde. Die Gefahr einer Einbürgerung dieser Art ist deshalb gering. Massenbefall von **I** kommt hauptsächlich in Verbindung mit anderen Getreideschädlingen vor, doch ist auch das alleinige Auftreten dieser Art festgestellt worden (Berliner Getreidelager). **I** kann nicht mehr ausschließlich als „sekundärer Getreideschädling" gelten. Dies erhöht seine Bedeutung als Quarantäneschädling. I. Bahr. 2540.

Williams, D. W. Unwanted insects. **(Unerwünschte Insekten.)** Scott. Agric. **41** (1962) Nr. 4. S. 215–217.
Es wird ein Überblick über die wichtigsten Probleme der Quarantäne auf entomol. Gebiet in Schottland gegeben. Dabei wird gleichzeitig auf die Situation in Großbritannien hingewiesen. Bes. Erwähnung finden die Kartoffelmotte (*Gnorimoschema operculella*), die San José-Schildlaus (*Quadraspidiotus perniciosus*), verschiedene Fruchtfliegen (*Rhagoletis pomonella*, *R. cingulata*, *R. fausta*), *Cydia*-Arten, der Japankäfer (*Popillia japonica*), der Kartoffel-

käfer (*Leptinotarsa decemlineata*), verschiedene Vorratsschädlinge (*Ptinus* sp., *Trogoderma granarium, Oryzaephilus surinamensis*) u. a. Auf die Möglichkeiten der Verhinderung der Einschleppung wird hingewiesen. Die internationalen Regelungen werden besprochen. R. Fritzsche. 2545.

Croxall, H. E., Davey, W. A., Gwynne, D. C. und Johnson, W. Potato blight forecasting in Cumberland, 1953–57. **(Krautfäule-Vorhersage in Cumberland während der Jahre 1953–57.)** Plant Pathol. **10** (1961) Nr. 4. S. 127–132. – 2 Abb., 3 Lit.
In einem Umkreis von 40 km um die meteorologische Station von Silloth wurden an 14 Orten 3mal tägl. Ablesungen des feuchten und trockenen Thermometers, untergebracht in einer normalen Wetterhütte, durchgeführt. Eine für die *Phytophthora*-Entwicklung kritische Periode (bzw. fast kritische Periode) wurde angenommen, wenn an 3 aufeinander folgenden Terminen die rel. Luftfeuchtigkeit über 90% (bzw. 85%) und die Temperatur über 10°C lagen. Im Vergleich zu den in üblicher Weise ermittelten Beaumont-Perioden in Silloth ergab sich für die Stationen gute Übereinstimmung. Ebenso liefen auch die kritischen Perioden der Stationen untereinander weitgehend parallel. Trotz beachtlicher Unterschiede in Höhenlage und Exposition der auf Krautfäulebefall kontrollierten Kartoffelschläge war dieser sehr einheitlich. Eine unmittelbare Verwendung der in den einzelnen Stationen ermittelten kritischen Perioden für eine lokale Vorhersage erscheint nicht möglich. Es läßt sich entspr. der von Large angewendeten Methode nur eine allg. Aussage für ein ausgedehnteres Gebiet unter Auswertung der Werte einer größeren Zahl von Wetterstationen machen. S. Stephan. 2550.

Faber, W. **Die neue Karte der Maikäferflugjahre in Österreich – Grundlage für eine zuverlässige Engerlingsprognose.** Pflanzenarzt [Wien] **14** (1961) Nr. 5. S. 41–42. – 1 Abb.
Die chem. Engerlingsbekämpfung sollte bei starkem Befall im Frühjahr des Flugjahres bzw. im Herbst vor dem Flugjahr durchgeführt werden. Da die Engerlingsbekämpfung sehr kostenaufwendig ist, sollte man sie nur durchführen, wenn auf Grund einer genauen Prognose stärkerer Befall zu erwarten ist. In Österreich wurde unter Mithilfe eines breiten Meldenetzes aus langjährigen Beobachtungen eine Maikäferflugkarte ausgearbeitet. Aus der Karte sind die Flugjahre und Hauptfluggebiete der verschiedenen Stämme des drei- und vierjährigen Zyklus (Feld- und Waldmaikäfer) zu ersehen. Nach dieser Karte können in den betreffenden Gebieten Österreichs die Bekämpfungsmaßnahmen zum richtigen Zeitpunkt abgeleitet werden.
M. Kadierka. 2550.

Lefter, Gh. und *Iriciuc, V.* **Protecţia plantelor.** (Pflanzenschutz.) Bucuresti: Editura agrosilvicǎ. 1961. (306 S. m. 121 Abb. u. 3 Tab.) Im allg. Teil des Buches werden Bedeutung und geschichtliche Entwicklung des Pflanzenschutzes in Rumänien sowie Verhalten, Verbreitung und Ökologie der Krankheitserreger (Bakterien, Pilze, Viren) und tierischen Schädlinge sowie die von ihnen verursachten Schadsymptome behandelt. Außerdem werden die Möglichkeiten der prophylaktischen und curativen Maßnahmen zur Verhütung oder Bekämpfung von Krankheitserregern und Schädlingen besprochen. Im spez. Teil sind die Krankheiten und Schädlinge der Feldkulturen, des Gemüses, Obstbaues, der gelagerten Erzeugnisse und gleichzeitig die entspr. Bekämpfungsmaßnahmen angeführt. Ein Kapitel ist den Nagetieren als Schädlingen der Landwirtschaft gewidmet. Gh. Valuţǎ.

Johnson, Leander F., Curl, Elroy A., Bond, John H. und *Fribourg, Henry A.* **Methods for studying soil microflora-plant disease relationships.** Minneapolis, Minn.: Burgess Publishing Company. 1960. (178 S. m. Abb. u. Tab.) 21 × 14 cm. Dieses, bereits nach 1 Jahr im Neudruck erschieneneWerk bringt eine große Anzahl Methoden zur Untersuchung derBeziehungen zwischen Bodenmikroflora und Pflanzenkrankheitserregern. Die angeführten Methoden sind meist ausführlich beschrieben, auf weitere wird anhand der Lit. hingewiesen. Untersuchungsmethoden zu folgenden Themen werden behandelt: Bodenprobennahme, Isolierung von Mikroorganismen (M) aus dem Boden, qualitative und quantitative Untersuchungen von Boden-**M**, **M** in der Rhizosphäre, Charakterisierung von Bodenmikrobenpopulationen, Untersuchungen von **M** auf ihren Antagonismus in Agarkulturen, Prüfung von Antibiotica und sterilen Kulturfiltraten, Wachstum und Überlebensfähigkeit der M im Boden, Anwendung von Bodenextrakten, Antibioticabildung im Boden, Beziehungen zwischen Pflanzenwurzeln und Boden - M, Verwendung antagonistischer M zur Bekämpfung bodenbürtiger Pflanzenkrankheitserreger, biostatistische Methoden und Rezepte einiger Kulturmedien. Das Kapitel über statistische Methoden ist kurz gefaßt. Es werden einige Anwendungsmöglichkeiten diskutiert und auf die einschlägige Lit. verwiesen. D. Seidel.

Bogdarina, Anna Aleksandrovna. **Fiziologičeskie osnovy dejstvija insekticidov na rastenie.** (Physiologische Grundlagen der Wirkung von Insekticiden auf die Pflanze.) Leningrad: Izd. sel'skochoz. lit., žurnalov i plakatov. 1961. (190 S.) (1962 A 273)

Il'inskaja, Natal'ja Borisovna. **Mechanizm dejstvija DDT na nasekomych.** (Der Wirkungsmechanismus des DDT auf die Insekten.) Hrsg.: Akad. nauk SSSR; Inst. citologii. Moskva; Leningrad: Izd. Akad. nauk SSSR. 1961. (110 S.) 8°. (1962 A 394)

Erdövédelmi útmutató. (Forstschutz-Wegweiser.) Budapest. 1961. (46 S.) 4°. (1962 B 133)

Starea fitosanitara în Republica Populara Romînă în anul 1957–1958. (Der Stand des Pflanzenschutzes in der Volksrepublik Rumänien in den Jahren 1957–1958.) Bucureşti: Ed. Acad. RPR. 1960. (103 S.) 8°.

XII. UNKRAUTBEKÄMPFUNG

A. Allgemeine Literatur, Berichte, Statistiken u. a.

Schmidt, M.; Kleinmachnow, Biol. Zentralanst. der Dtsch. Akad. der Landwirtsch.-Wiss. zu Berlin. **Bericht über bestimmte Arbeitsergebnisse der Arbeitsgemeinschaft „Unkrautbekämpfung" und Einschätzung des Standes der Forschungs- und Entwicklungsarbeiten auf diesem Gebiet in der Deutschen Demokratischen Republik.** S.-B. dtsch. Akad. Landwirtsch.-Wiss. Berlin **10** (1961) Nr. 3. S. 1–17. — 3 Lit. Zus. in Russ., Engl.

Die auf Beschluß des Präsidiums der DAL i. J. 1960 gegründete Arbeitsgemeinschaft „Unkrautbekämpfung" hat u. a. die Aufgabe, die in zahlreichen Institutionen betriebenen Forsch. zu koordinieren. Dadurch wird der allg. Bedeutung der Unkrautbekämpfung Rechnung getragen. Schwerpunkte der Arbeitsgemeinschaft sind Fragen der Herbicidanwendung, die Mechanisierung der Bekämpfung der Unkräuter, die Vermittlung von Forsch.-Ergebnissen an die Praxis, die Anregung zur Produktion neuer oder verbesserter Herbicide sowie Fragen der wirtsch. Bedeutung der allg. Unkrautbekämpfung. Der Stand der Entwicklungs- und Forsch.-Arbeiten an Herbiciden in der DDR läßt erkennen, daß in den letzten 10 Jahren beachtliche Fortschritte erzielt worden sind, so daß die international gebräuchlichen wichtigsten herbiciden Spezialwirkstoffe zu wirksamen Präparaten hergestellt werden können.
K. Schulz. 2701.

B. Unkrautbekämpfungsmittel

Cox, R. J.; Saffron Walden, Essex, Chesterford Park Res. Stat., Fisons Pest Control Ltd. Triazine derivatives as non-selective herbicides. **(Triazin-Derivate als nichtselektive Herbicide.)** J. Sci. Food Agric. **13** (1962) Nr. 2. S. 99–103. — 4 Abb.

Geprüft wurden Derivate der 3 Hauptgruppen der Atrazine: Chlor-(**I**) (Simazin, Propazin, Atrazin), Methoxyl-(**II**) (Simeton, Prometon, Atraton) und Methylmercaptan-Analoge (**III**) (Simetryn, Prometryn, Ametryn). Die Löslichkeit in Wasser liegt zwischen 3,5 ppm (Simazin) und 3200 ppm (Simeton). Mehrjährige Versuche unter verschiedenen klimatischen Bedingungen, Verunkrautungs- und Bodenverhältnissen ergaben, daß **I** eine langsame und langanhaltende, **II** (außer Simeton) eine schnelle und langanhaltende und **III** eine schnell und kurzfristige Wirkung besitzen. Atrazin ähnelt mehr **II** als **I**. Zwischen Wirkungsbeginn und -dauer dieser Herbicide und ihrer Löslichkeit in Wasser besteht keine Korrelation. Simazin wirkt bes. langsam in Trockenperioden. Damit es zu Vegetationsbeginn in der Wurzelzone ist, muß die Anwendung schon zwischen Okt. und Febr. erfolgen. Zur Anwendung nach März sind Atrazin, Prometon und Atraton den anderen überlegen. Obwohl im Vergleich zu Atrazin Simazin ein etwas engeres und Prometon sowie Atraton ein etwas weiteres Unkrautartenspektrum vernichten, bestehen darin zwischen den einzelnen Atrazin-Derivaten nur geringe Unterschiede. H. Lehmann. 2710.

Quillon, P. J.; Étude sur l'emploi des désherbants boraciques totaux. **(Untersuchung über die Anwendung borhaltiger totaler Unkrautvernichtungsmittel.)** Advances horticult. Sci. 3 (1962) S. 113–119. – 1 Tab., 4 Lit. Zus. in Engl., Dtsch.

Vf. gibt zunächst einen kurzen geschichtlichen Überblick über borhaltige Unkrautbekämpfungsmittel. Der große Vorteil dieser Mittel ist die völlige Sicherheit vor Brandgefahr. Versuche mit Na- und Ca-Borat zeigten, daß ihre Wirkung 2 Jahre andauern kann. Die verschiedenen Kulturen sind verschieden empfindlich. Im Versuch wurden Mengen von 50–400 g/m^2 von den Mitteln Boraxite und Boraxane angewendet. W. Hiller. 2710.

C. Unkraut und Unkrautbekämpfung

Wheeler, A. F. J.; Bracknell, Berks., Jealott's Hill Res. Stat., Plant Protection Ltd. Some experiments in total weed control. **(Einige Versuche mit Totalherbiciden.)** J. Sci. Food Agric. **13** (1962) Nr. 2. S. 103–108. – 1 Abb., 3 Tab.

Bei der Bekämpfung von *Agropyron repens*, *Taraxacum officinale* sowie Arten der Gattungen *Festuca*, *Equisetum*, *Plantago*, *Galium* und *Veronica* auf Eisenbahnanlagen war Simazin wirkungsvoller als Diuron (jeweils 5 lb./acre). Die herbicide Wirkung wurde verstärkt durch Kombination von 3,2 lb./acre Monuron bzw. Diuron mit 42 lb./acre Na-chlorat, wobei letztere noch besser abschnitt. – Auf verwahrlostem Grünland wurde die Wirkung verschiedener Herbicidgranulate untersucht. Dabei ergab sich folgende absteigende Rangordnung: Monuron + Chlorat, Diuron + Chlorat, Monuron + Borat und Diuron + Borat. Die Anwendung Anfang März war unter südenglischen Bedingungen günstiger als die Anfang Febr. oder Apr. Diquat ([1.1'-Äthylen-2.2'-bipyridin]dibromidmonohydrat) und Paraquat ([1.1'-Dimethyl-4.4'-bipyridin] di [methylsulfat]) besitzen eine schnelle, aber sehr kurzfristige Wirkung. Durch Kombination mit langsamwirkenden Herbiciden (Monuron, Diuron, Simazin) werden beide Vorteile vereinigt. Darüberhinaus wird durch additiven Effekt die herbicide Wirkung noch weitgehend erhöht. H. Lehmann. 2720.

Araik, M. und Chisaka, H.; Kanto-Tosan, Agric. Exp. Stat. Ecological studies on Alopecurus aequalis Sobol., a noxious weed in winter cropping. 9. On the secondary dormancy of the seed. **(Ökologische Untersuchungen an Alopecurus aequalis Sobol., einem schädlichen Unkraut in Winterung. 9. Mitt. Über die sekundäre Keimruhe des Samens.)** Proc. Crop. Sci. Soc. Japan **30** (1961) Nr. 1. S. 43–46. – 8 Abb., 5 Lit. Orig.: jap., Ausz.: engl. 7. und 8. Mitt. vgl. LZ. Abt. II **7** (1962) Nr. 7. S. 1800.

Die aus der primären Keimruhe erwachten Samen machen danach noch eine 2. Keimruhe durch. Ab Nov. kommt es zu schwacher Keimung, aber im Febr. keimen kaum noch Samen (sekundäre Keimruhe) bei 20 °C. Im Aug. verschwindet diese Keimruhe. Im Nov. darauf tritt sie wieder auf. Dieser Prozeß wiederholt sich, so lange die Samen lebensfähig sind. Mit dem Fortschreiten der sek. Keimruhe unter überstautem Boden sinken optimale und max. Keimtemperaturen. Die sek. Keimruhe kann induziert werden durch O_2-Mangel bei 5 °C (auch noch bis 20 °C). Aufgehoben wird sie durch niedrige, hohe oder Wechsel-Temperaturen sowie durch Anstechen der Samenschale. Die Samen vermögen mit der sek. Keimruhe ungünstige Perioden zu überstehen (z. B. wenn sie in den unteren Schichten eines schlecht dränierten Bodens liegen). Im Winter kommt es durch O_2-Mangel + niedrige Temperaturen zur Keimruhe, im Sommer ebenfalls bei O_2-Mangel, aber hohen Temperaturen zu ihrer Aufhebung. W. Stenz. 2735.

Friesen, H. A., Banting, J. D. und Walker, D. R.; Lacombe, Canada Dep. of Agric., Exp. Farm., Crops and Soils Sect. The effect of placement and concentration of 2,3-DCDT on the selective control of wild oats in wheat. **(Die Wirkung von Anwendungstiefe und Konzentration von 2.3-DCDT auf**

die selektive Bekämpfung von Flughafer in Weizen.) Canad. J. Plant Sci. **42** (1962) Nr. 1. S. 91–104. – 7 Abb., 2 Tab., 11 Lit.
Versuche auf verschiedenen Bodenarten und mit variierten Konz. ergaben, daß die herbicide Wirkung von 2.3-DCDT (2.3-Dichlorallyl-diisopropylthiolcarbamat) vielmehr über die Koleoptilen als über das Wurzelsystem von Flughafer und Weizen zustandekommt. Der Grad der herbiciden Aktivität unterscheidet sich bei beiden Gramineen-Arten in Abhängigkeit vom Entwicklungsstadium, von der Herbicidkonz., der Tiefe der behandelten Schicht und der Kontaktdauer der Koleoptile mit dem behandeltem Boden. Flughafer ist bes. empfindlich im Koleoptilstadium (max. Länge von ½ in.) und während der Bildung des Bestockungsknotens. Weizen ist nur im Koleoptilstadium anfällig. 2.3-DCDT wirkt evtl. als Mitosegift. Bei Einarbeitung von 2.3-DCDT (1 lb./acre) in 1, 2, 3 bzw. 4 in. Bodentiefe (die Konz. betragen dann 4, 2, 1, 3 bzw. 1 ppm) und unterschiedlicher Saattiefe (1, 2, 3 und 4 in.) von Flughafer und Weizen wird in allen Varianten der Flughafer 100%ig getötet, während Weizen bei 1 in. Einarbeitungs- und Saattiefe zu 100%, bei 2 in. zu 80% und bei den übrigen Varianten gar nicht vernichtet wird. Bei Anwendung von 2 lb./acre bleibt nur in der Variante 1 in. Einarbeitungs- und 2 in. Saattiefe (Konz. 8 ppm) der Weizen ungeschädigt. Die Bodentextur beeinflußt den Wirkungsgrad. H. Lehmann. 2740.

Šeremet, V. (Scheremet, W.) Opyty po soveršenstvovaniju mer boŕby s sornjakami. **(Versuche zur Vervollkommnung der Unkrautbekämpfung.)** S. ch. Kazachstana **1961** Nr. 5. S. 16–17. – Aus: Referativnyj žurnal. Biologija, Moskva **1961** Nr. 23. G 845. S. 91.
Nach Angaben der Ostkasachstaner Versuchsstat. senkte sich bei der Behandlung der Getreidesaaten mit 2.4-D in einer Menge von 1,2 kg/ha der Unkrautbesatz um 68,2%, der Mehrertrag an Getreide betrug 2,2 dt/ha. Die Wirksamkeit des Herbicids wird noch durch Zusatz von mineral. Düngemitteln (8–15 kg/ha) erhöht. Dabei kann die Herbicidmenge auf 1 kg/ha gesenkt werden. übersetzt v. W. Peitz. 2740.

Ippolitov, D. und Šašina, G. (Ippolitow, D. und Schaschina, G.) Povyšenie ėffektivnosti 2,4 DU na propolke zernovych kul'tur i kukuruzy. **(Die Erhöhung der Wirksamkeit von 2.4 D bei der chemischen Unkrautbekämpfung im Getreide und im Mais.)** Sels'koe chozjajstvo Sibiri, Omsk **6** (1961) Nr. 3. S. 26–27. – Aus: Referativnyj žurnal. Biologija, Moskva **1961** Nr. 23. G 841. S. 91.
Auf der Grundlage von Versuchen im Irkutsker Landwirtsch.-Inst. wird zur Erhöhung der Wirksamkeit von 2.4-D (Na-Salz) empfohlen, zu den Lösungen Ammoniumnitrat-, Kaliumchlorid- und schwefelsaures Ammoniak in einer Menge von 5–10% zuzusetzen. übersetzt v. W. Peitz. 2740.

Schnee, M. und Hagenloch, E.; Leipzig, Inst. für Landwirtsch. Versuchs- und Untersuchungswes. der Dtsch. Akad. der Landwirtsch.-Wiss. zu Berlin. **Chemische Unkrautbekämpfung in Silomais durch Vorauflaufbehandlung mit W 6658.** Dtsch. Landwirtsch. **13** (1962) Nr. 4. S. 186–188. – 5 Tab., 5 Lit.
Vorauflaufbehandlungen mit 3–4 kg/ha W 6658 bzw. 2 kg/ha Atrazin führten bei Mais zu Ertragssteigerungen. Während der Einsatz von W 6658 im Trokkenjahr 1959 einen durchschnittl. Mehrertrag von 19% brachte, schwankte der Behandlungserfolg in den feuchteren Jahren 1960 und 1961 zwischen 43 und 59%. Durch eine Behandlung kann die Zahl der bisher notwendigen mechanischen Pflegegänge eingeschränkt werden. Als mechanische Pflege ist zweimalige Bearbeitung mit dem Striegel erforderlich. Ein zusätzlich durchgeführter Hackarbeitsgang bringt jedoch noch einen gesicherten Mehrertrag. Beim Nachbau von Kartoffeln, Sommergerste und Hafer sind keine Mindererträge zu erwarten. Bei Roggen tritt kaum eine Verringerung ein, bei Weizen ist mit 10% Kornertragsminderung zu rechnen. M. Amme. 2740.

Česalin, G. A., Ladonin, V. F. und Chabibrachmanov, Ch. Ch. (Tschessalin, G. A., Ladonin, W. F. und Chabibrachmanow, Ch. Ch.); Moskau, Unions-Forsch.-Inst. für Düng. und Bodenkunde. Chimičeskie mery bořby s sornjakami v zanjatych parach. **(Chemische Unkrautbekämpfung bei Brachefrüchten.)** Zemledelie, Moskva **24** (1962) Nr. 5. S. 58–66. – 10 Tab.
In Großflächenversuchen wurden die Wirkung und der Anwendungszeitpunkt verschiedener Herbicide zu Erbsen, Mais, Kartoffeln, Getreide mit Kleeuntersaat sowie die Nachwirkungen auf die Folgefrüchte geprüft. Gute Ergebnisse wurden erzielt bei Erbsen durch 2M-4-Ch, DNOC, DNBP, Simazin, Atrazin und Isophen; bei Mais durch 2.4-D, 2M 4Ch, Simazin und Atrazin. Gaben von mehr als 1,5 kg Simazin und 1 kg Atrazin senkten den Ertrag der Nachfrucht Wi.-Roggen; bei Kartoffeln durch 2.4-D, Simazin 1 kg/ha, Monuron 1 kg/ha; bei Getreide mit Kleeuntersaat durch 2M-4Ch und 2.4-D. Der höchste Nutzen ergibt sich bei richtiger Verbindung von Bodenbearbeitung und Herbicidanwendung. Beim Fehlen mehrjähriger Unkräuter kann bei Herbicidanwendung auf eine Schälfurche verzichtet und dafür die Herbstfurche früh gezogen werden. R. Schlenker. 2740.

Pisarev, B. und Kuznecov, A. (Pissarew, B. und Kusnezow, A.); Gebiet Moskau, Inst. für Kartoffelwirtsch. Primenenie gerbicidov. **(Die Verwendung von Herbiciden.)** Kartofel' i ovošči, Moskva **7** (1962) Nr. 6. S. 27–28.
In Zusammenarbeit mit den übrigen Forsch.-Inst. überprüfte o.g. Inst. in den letzten Jahren zahlreiche Herbicide zur Bekämpfung der Unkräuter vor dem Auflaufen der Kartoffeln. Durch die Verwendung von 2.4-D-Na-Salz konnten Mehrerträge von 12,2, 17, 34,3 und 41,6 dt/ha an Kartoffeln erzielt werden. Es kommt noch hinzu, daß durch die Behandlung mit Herbiciden der Arbeitsaufwand von 3,3 AK/24 ha (manuelles Jäten vor dem Behäufeln und zweimaliger Einsatz der Egge) auf nur 0,25 AK/24 ha gesenkt werden konnte. Es wird empfohlen, 2.4-D in Gaben von 2–2,5 kg/ha zu spritzen. Aus weiteren Versuchen ging hervor, daß 1–1,25 kg 2.4-D zusammen mit 10–15 kg Ammonsalpeter verwendet werden können. Durch die erhöhte Wirkung der Lösung kann an Herbicidmenge eingespart werden. E. Kahn. 2740.

Bongiovanni, G. C. Prove orientative di diserbo chimico su barbabietole da zucchero. **(Vorversuche mit selektiv wirkenden Unkrautbekämpfungsmitteln zu Zuckerrüben.)** Inform. fitopatol. [Bologna] **12** (1962) Nr. 1/2. S. 11–14. – 3 Abb., 3 Tab.
Im Vorauflaufverfahren wurde 1961 die Wirkung von 2 selektiv wirkenden Unkrautbekämpfungsmitteln zu Zuckerrüben untersucht. Dabei handelte es sich um eine Endotal/IPC-Kombination (**I**), wovon 40 kg in 300 l Wasser aufgelöst wurden, während das andere Mittel eine N-Diuron/CIPC-Kombination (**II**) war, die in einer Menge von 7 kg aufgelöst in 1100 l Wasser/ha zur Anwendung kam. Am 11. Apr., 3 Tage nach der Aussaat, wurden beide Mittel ausgebracht. Unter dem Einfluß ausreichender Niederschläge bis Ende Apr. sowie mittlerer Temperaturen zwischen 10–20 °C trat in der Folgezeit ein intensives Wachstum ein. Laufende Bonitierungen des Unkrautwuchses ergaben, daß der Bekämpfungserfolg durch **I** 65%, durch **II** 62% im Vergleich zu unbehandelt betrug. Die Unkräuter reagierten unterschiedlich auf die Mittel. Bes. widerstandsfähig erwiesen sich *Mercurialis annua* L. und *Polygonum convolvulus* L. Die übrigen 24 Unkräuter wurden weitgehend vernichtet. G. Müller/Leipzig. 2740.

Dawson, J. H., Bruns, V. F. und Roché, Ben.; Prosser, Wash., Irrigation Exp. Stat.; Pullman, Washington State Univ. Chemical weed control in field beans. **(Chemische Unkrautbekämpfung in Feldbohnen.)** Washington agric. Exp. Stat., Extens. Circ. **1962** Nr. 328. 5 S. – 2 Abb.
Von 7 geprüften Herbiciden erscheint EPTC am aussichtsreichsten. Es wird unmittelbar vor der Aussaat ausgebracht und eingearbeitet. Mit 3 lp./acre

konnten alle annuellen Unkräuter (*Chenopodium album*, *Echinochloa crus galli*, *Amaranthus* spp., *Solanum* spp., *Setaria glauca* und *S. viridis*) außer *Salsola kali* bekämpft werden. Die herbicide Wirkung hält 6–8 Wochen an. Folgt der Anwendung eine Kaltwetterperiode, können vorübergehende Bohnenschäden auftreten. EPTC ist nicht für Lima- (*Phaseolus lunatus*) und Sojabohnen geeignet. Zur Mitteleinsparung wird das Bandspritzverfahren empfohlen. H. Lehmann. 2740.

Henne, R. C. und Friesen, G.; Winnipeg, Univ. of Manitoba. Herbicidal effects of TCA and dalapon on flax. **(Herbicide Wirkungen von TCA und Dalapon auf Lein.)** Canad. J. Plant Sci. **42** (1962) Nr. 1. S. 62–68. – 3 Tab., 12 Lit.

Mit TCA (4 und 8 lb./acre) und Dalapon (1 und 3 lb./acre) wird das Unkraut, bes. *Setaria viridis*, in Leinsaaten bekämpft. Im 1. Versuchsjahr (1958) traten an den untersuchten 3 Leinsorten durch TCA keine sichtbaren Schäden auf, wogegen 1959 (größere Niederschlagsmenge als 1958) die höhere Dosis zu Deformationen führte. Dalapon verursachte lediglich 1958 (1 lb./acre) keine sichtbaren Schäden. In allen Varianten (außer den niedrigen Dosen 1958) traten durch beide Herbicide Ertragsdepressionen ein, wobei das Entwicklungsstadium des Leins z. Z. der Anwendung ohne Einfluß blieb. 1959 wurde durch TCA und Dalapon auch der Ölgehalt reduziert. Durch Dalapon sank die Jodzahl des Leinöls stärker als durch TCA. Die Keimfähigkeit des Leinsamens wurde nur durch 3 lb./acre Dalapon (1959) vermindert. Während die Unterschiede der beiden Jahre bei TCA auf die höhere Niederschlagsmenge (1959) zurückzuführen sind, schlußfolgern Vff., daß für die stärkere Wirkung von Dalapon die höhere rel. Luftfeuchtigkeit ausschlaggebend war. Sortenunterschiede ergaben sich nicht. H. Lehmann. 2740.

Lazenby, Alec; Cambridge, School of Agric. Studies on Allium vineale L. I. The effects of soils, fertilizers and competition on establishment and growth of plants from aerial bulbils. **(Untersuchungen bei Allium vineale L. 1. Mitt. Die Wirkungen von Böden, Mineraldünger und Nährstoffkonkurrenz auf Anwachsen und Wachstum von Pflanzen aus oberirdischen Brutzwiebeln.)** J. Ecology **49** (1961) Nr. 3. S. 519–541. – 8 Abb., 7 Tab., 30 Lit.

Als höchst unerwünschtes Unkraut tritt *Allium vineale* in vielen Kulturpflanzenbeständen Europas und der USA auf, insbes. im Weizen, auf Wiesen und Rasenflächen. Gute Drainage, Aussaat geeigneter Pflanzen, häufiges Schneiden und Abweiden, Abbrennen usw. werden als Vorbeugungsmaßnahmen empfohlen. Vf. stellte in einem Kombinationsversuch mit *A. vineale* und *Lolium multiflorum* fest, daß *Allium* auf Sandboden zahlreicher war und mehr Ableger und Brutzwiebeln ausbildete als auf Ton. Dabei verminderte NPK konzentrationsabhängig die Zahl der *Allium*-Pflanzen. Die Kombination mit *Lolium* verringerte das Gew. der *Allium*-Pflanzen auf ein Fünftel. Allerdings war das Gew. der unterirdischen Organe von *Allium* auf Ton um 14% höher als auf Sand; auf Sand nahm auch die Größe der Pflanzen bei Düngung zu. Bei Verwendung von Lehm unterschiedlicher Korngröße zeigte sich, daß bei der geringsten Krümelgröße das Erscheinen der Sprosse beschleunigt und Pflanzenzahl und -gew. (Brutzwiebeln und Ableger) am stärksten erhöht waren. Kombinationen mit *L. perenne* bzw. Weizen führten besonders in letzterem Falle zur Gew.-Verminderung der unterirdischen Organe von *Allium* im Vergleich zur *Allium*-Monokultur. NPK-Düngung verzögerte das Auflaufen und die weitere Entwicklung des Unkrauts. H. Naumann. 2750.

Lazenby, Alec; Cambridge, School of Agric. Studies on Allium vineale L. II. Establishment and growth in different intensities of competition. **(Untersuchungen bei Allium vineale L. 2. Mitt. Anwachsen und Wachstum bei verschiedener Stärke der Konkurrenz.)** J. Ecology **49** (1961) Nr. 3. S. 543–558. – 4 Abb., 5 Tab., 4 Lit. 1. Mitt. vgl. vorst. Ref.

Mit *Allium vineale* unter 4 verschiedenen Konkurrenzbedingungen (Einsaat in einen Rasen, gleichzeitige Aussaat mit *Lolium perenne*, nachträgliche Einsaat von *Lolium* und *Allium*-Reinsaat) durchgeführte Untersuchungen ergaben, daß die Zahl und Größe der Triebe, die Blattzahl und -länge und die Länge der Vegetationszeit um so kleiner sind, je schärfere Konkurrenzbedingungen vorliegen. Auf die Bodenoberfläche aufgelegte Fortpflanzungsorgane von *Allium* brachten – z. T. wegen *Botrytis*-Befall – weniger entwickelte Pflanzen hervor als in den Boden eingebrachte Organe. Aus kräftigen Ablegern wuchsen die Pflanzen früher, aber weniger zahlreich als aus Brutzwiebeln und unterirdischen Organen. Die größten Triebe entstanden aus den unterirdischen Organen, die kleinsten aus den Brutzwiebeln. Die unterirdischen Organe entwickelten sich besser, wenn Hauptzwiebeln ausgebracht wurden, als bei Auspflanzen von Ablegern bzw. Brutzwiebeln. Das Gew. der unterirdischen Organe war in der Reinsaat-Kontrolle 50mal so hoch wie bei Einsaat in Rasen und 3mal so hoch bei Einsaat in den Boden als bei Auflegen auf die Bodenoberfläche. Einige Ableger, vor allem die in den Boden eingearbeiteten und die unter scharfen Konkurrenzbedingungen ausgebrachten, trieben nicht aus. Die Befunde werden ausführlich besprochen. H. Naumann. 2750.

Dermine, E. und Monin, A.; Gembloux, Belgique, Stat. d'Amélioration des Plants Fruitiers et Maraîchers Grand Manil. Essai d'orientation sur l'utilisation des désherbants chimiques dans les cultures de pommiers en basses tiges. **(Bodenpflege und chemische Unkrautbekämpfung in Apfelstammkulturen und ihre Beziehung zur Fruchtbarkeit.)** Advances horticult. Sci. 2 (1962) S. 96–105. – 5 Abb., 2 Tab. Zus. in Engl., Dtsch.

Bei den Veruchen zeigten Simazin (50% aktive Subst.) in einer Menge von 2 kg /ha und ölige Lösung von Dinitroorthokresol (13%ig) in einer Menge von 50 l/ha die besten Ergebnisse. W. Hiller. 2760.

Kays, W. R. und Mead, Paul K. Chemical weed control experiments with strawberries and blackberries. **(Chemische Unkrautbekämpfungsversuche in Erdbeeren und Brombeeren.)** Oklahoma State Univ., Extens. Serv., Bull. **1959** Nr. B-530. S. 1–15. — 2 Abb., 6 Tab., 6 Lit.

Die Versuche wurden in virusfreien Erdbeerbeständen auf Kultur- und Rodeland durchgeführt. Während die Pflanzenreihen im Bandspritzverfahren behandelt wurden, erfolgte zwischen den Reihen je nach Bedarf mechanische Unkrautbekämpfung. Der mit der beginnenden Gräserkeimung durchgeführten 1. folgte nach 4 Wochen die 2. Behandlung. Die Unkrautflora setzte sich überwiegend aus Dikotylen und zum geringeren Teil aus Gräsern zusammen. Auf Rodeland wurde im Vergleich zur Kontrolle der Ernteertrag durch 2.4-D(1 und 1,5.lb./acre) erhöht und durch CIPC (4 gal./acre) und mehr noch durch 2.4-DES (8 lb./acre) reduziert. Auf im Dez. mit Roggenstroh abgedecktem Kulturland wurde der Ertrag durch 2.4-DES erhöht und durch 2.4-D und CIPC vermindert. Auf nicht gemulchtem Kulturland wurden die Erträge in allen Behandlungsvarianten — bes. durch CIPC (1 gal./acre) — erhöht. Die Max.-Erträge konnten auf gemulchtem Kulturland und durch 2.4-DES erzielt werden. — Die Brombeerpflanzen wurden seitlich gespritzt, um eine Blattbenetzung zu verhindern. 2.4-D erhöhte, Stoddard-Lösung, IPC und TCA verminderten den Ertrag. — In beiden Kulturen wurde der Einfluß der Herbicide auf die Beerengröße untersucht. H. Lehmann. 2760.

Saidak, W. J.; Ottawa, Canada Dep. of Agric., Plant Res. Inst., Res. Branch. Chemical weed control in transplanted tomatoes. **(Chemische Unkrautbekämpfung in ausgepflanzten Tomaten.)** Canad. J. Plant Sci. **42** (1962) Nr. 1. S. 190–197. – 5 Tab., 15 Lit.

Im 1. Versuchsjahr wurden auf mit vorherrschend annuellen dikotylen Unkräutern bestandenen Flächen Amiben, CDEC, DNBP, EPTC, Simazin,

CIPC und Neburon in granulierter Form in den Tomatenbestand Mitte Juni ausgebracht. Solan wurde als Nachauflaufmittel ca. 1 Mon. nach dem Auspflanzen der Tomaten gespritzt. Im folgenden Jahr wurden die 3 besten Herbicide (Amiben, Solan und CDEC) weiter geprüft. Ein- und zweimalige Anwendung erbrachten keinen gesicherten Mehrertrag, obwohl das Unkraut mit 4 und 6 lb./acre von kurz nach dem Auspflanzen bis zur Ernte der Tomaten weitgehend vernichtet wurde. Bei stärkerem Unkrautbesatz ergab zweimalige Anwendung von Amiben und CDEC einen besseren Bekämpfungserfolg. Schäden an Tomaten wurden nicht beobachtet. H. Lehmann. 2760.

Detroux, L. und Lavalleye, M.; Gembloux, Stat. de Phytopharmac.; Wezembeek-Oppem, Inst. Nat. pour l' Amélioration des Conserves de Légumes. Le désherbage chimique des cultures de haricots (Phaseolus vulgaris). IV. Résultats obtenus en 1959 et 1960. **(Die chemische Unkrautbekämpfung beim Anbau von grünen Bohnen [Phaseolus vulgaris]. 4. Mitt. Versuchsergebnisse der Jahre 1959 und 1960.)** Parasitica [Gembloux] **17** (1961) Nr. 3. S. 109–127. — 7 Tab., 3 Lit.
Es werden Versuche der Jahre 1959 und 60 mit chem. Unkrautbekämpfungsmitteln beim Anbau von *Phaseolus vulgaris* besprochen. Es werden 3 Gruppen unterschieden: 1. Herbicide, die unmittelbar nach der Saat angewendet werden (Neburon, Hoe 2747, Simazin, Propazin, CIPC, Mischung von OMU + BIPC, Casoron 133). Alle Präparate brachten gute Ergebnisse, wenn ausreichende Regenmengen in den ersten 7 bis 8 Tagen fielen. Ihre Anwendung ist also unsicher. 2. Anwendung sofort nach dem Aufgehen (DMXD). Die Wirkung auf Unkräuter aus der Gruppe der Gramineen befriedigte nicht. 3. Herbicide, die nach dem Aufgehen angewendet werden. Es handelte sich um DNBP oder seine Derivate. Die Wirkung auf Unkräuter, die zu den Dikotyledonen gehören, war gut. Jedoch traten auch Schädigungen der Bohnen ein. Die Abhängigkeit von Niederschlägen ist bei dieser Gruppe stark.
E. M. Ardelt. 2760.

Bruns, V. F., Clore, W. J. und Dawson, J. H.; Prosser, Wash., Irrigation Exp. Stat. Weed control in asparagus with monuron and diuron. **(Unkrautbekämpfung in Spargel mit Monuron und Diuron.)** Washington agric. Exp. Stat., Bull. **1962** Nr. 635. S. 1–15. — 4 Tab., 19 Lit.
Annuelle Unkräuter in Spargelkulturen können mit 3–4 lb./acre Monuron oder Diuron bekämpft werden, wenn die Anwendung Ende Febr./Anfang März erfolgt und das Herbicid flach eingearbeitet wird. Die gleiche herbicide Wirkung kann auch durch Anwendung im Nov./Dez. ohne nachfolgende Einarbeitung erreicht werden. Durch eine 10fache Aufwandmenge hielt der Bekämpfungserfolg 2,5 Jahre an, jedoch traten Schäden an den Spargelpflanzen auf. Die Persistenz im Boden wurde mit Haferpflanzen geprüft. Ein Jahr nach der Anwendung befand sich Monuron in 4–5 in. Tiefe, während Diuron nur in den obersten 2 in. des Erdbodens nachgewiesen werden konnte. Die gegenüber diesen Herbiciden empfindlichen Getreidearten dürfen frühestens nach 2 Jahren auf dieser Fläche angebaut werden. Nach zweimaliger Monuron-Anwendung (3,7 lb. im Dez. und 3,2–4 lb./acre im März) ergab die Analyse der Spargelstangen im Mai und Juni einen unter 1 ppm liegenden Monuron-Gehalt. H. Lehmann. 2760.

Jasmin, J. J. und Coiteux, J. S. F.; Ste-Clotilde de Chateauguay, Canada Dep. of Agric., Res. Branch, Org. Soils Substat. Some effects of 4-(MCPB) when used as a selective herbicide on celery grown on organic soil. **(Einige Wirkungen von 4-[MCPB], die als Selektivherbicid bei auf organischem Boden wachsendem Sellerie angewendet wird.)** Canad. J. Plant Sci. **42** (1961) Nr. 2. S. 40–45. — 3 Abb., 3 Tab., 11 Lit.
4-(2-Methyl-4-chlorphenoxy)buttersäure wird als Selektivherbicid bis zu 36 oz./acre in Selleriekulturen empfohlen. Die Anwendung soll 2–3 Wochen

nach dem Auspflanzen erfolgen. *Chenopodium album, C. glaucum, Ambrosia trifida, Brassica kaber, Sonchus oleraceus* und *Amaranthus retroflexus* konnten schon mit 12 oz./acre bekämpft werden im oder kurz nach dem Keimstadium. Wenn notwendig, kann ohne Schaden für die Kultur 14 Tage nach der 1. Behandlung eine 2. folgen. Die 8 geprüften Sorten zeigten keine phytotoxischen Schäden von ertragsbeeinflussendem Wert. Lediglich einige Blattepinastien und Läsionen auf Stiel und Spreite konnten beobachtet werden. Blattanalysen von behandelten und unbehandelten Pflanzen ergaben, daß keine gesicherten Unterschiede im Gehalt an N, P, K, Ca und Mg bestehen. 4-(MCPB) (12–72 oz./acre) übt keinen mindernden Einfluß auf die Qualität und Lagerfähigkeit des Selleries aus. H. Lehmann. 2760.

Cornman, John, F.; Ithaca, Dep. of Floricult. and Horticult. One-shot crapgrass control. **(Wirksame Bekämpfung von Digitaria sp.)** Farm Res. 27 (1961) Nr. 1. S. 12.

Digitaria gehört zu den gefährlichsten Unkräutern auf Rasenflächen. Nach dem Auflaufen kann es mit arsenhaltigen Präparaten (DMA, AMA) pekämpft werden. Phenylquecksilberacetat (PMA) hat sich ebenfalls bewährt. Wiederholte Behandlungen mit diesen Präparaten sind nütig. Ihre Ciftigkeit benachteiligt jedoch ihre Anwendung. Die jüngsten Versuche sollten die Anwendung von verschiedenen Präparaten im Vorauflaufverfahren klären. Ca-Arsenat befriedigte in der Wirkung. Chlordane erzielte ebenfalls gute Prgednisse und ist gegenüber Warmblütern weniger giftig. Vor der Rasenaussaat kann Ca-Propylarsenat angewendet werden. H. Krüger. 2760.

Aleksandrov, A. D. (Alexandrow, A. D.) O primenenii gerbicidov na vinogradnikach. **(Einsatz von Herbiciden in Weinpflanzungen.)** Vinodelie i vinogradarstvo SSSR, Moskva **21** (1961) Nr. 4. S. 29.

Vf. gibt eine kurze Beschreibung der Herbicide Simazin (2-Chlor-4.6 bis äthylamino-s-triazin), Monuron (80%-3-Chlorphenyl)-1.1-dimethylharnstoff), Dalapon (Na-Salz der 2.2-Dichlorpropionsäure) und Diuron (80%-3-(3.4-Dichlorphenyl)-1.1-dimethylharnstoff) und berichtet über ihre Anwendung zur Unkrautbekämpfung im Weinbau. Die wirksamen Konz. der Herbicide liegen bei Simazin: 5–10 kg/ha in 500–1000 l, bei Monuron: 6 kg/ha in 500–800 l, bei Dalapon 5–10 kg/ha in 500–1000 l und bei Diuron 2–4 kg/ha in 1000 l. K. Gliemeroth. 2770.

Andreeva-Fetvadžieva, N. und Atanasov, Pr. (Andreewa-Fetwadshiewa, N. und Atanassow, Pr.) Vlijanie na počvenata vlaga vŭrchu dejstvieto na cherbicid 2,4 D pri predseitbeno vnasjane sreštu oriza. **(Einfluß der Bodenfeuchtigkeit auf die Wirkung des Herbicids 2.4-D bei dessen Einbringen in den Boden vor der Reisaussaat.)** Naučni trudove. Visš selskostopanski institut „Georgi Dimitrov". Agronomičeski fakultet, Sofija **10** (1961) S. 195–220. — 3 Abb., 13 Tab., 20 Lit. Zus. in Russ., Dtsch.

Bei den i. J. 1958–1959 durchgeführten 5 Labor.- und 2 Mikrofeldversuchen wurde 2.4-D (1 kg auf 1000 l Wasser/ha) vor der Reisaussaat in den Boden gebracht.. Bei einer hohen, an die min. Wasserkapazität grenzenden Feuchtigkeit des Bodens ist die herbicide Wirkung von 2.4-D in 0–1,5 cm Tiefe sehr stark, in der Schicht 1,5–3,0 cm schwächer. In mehr als 4 cm Tiefe ist keine herbicide Wirkung mehr feststellbar. Bei hoher Bodenfeuchtigkeit wirken die Herbicide bis zu 20–25 Tagen toxisch auf den Reis. Die Wirkung der Mittel hängt von der Bodenfeuchtigkeit ab. 2.-4-D vermindert (bis 50%) die Keimfähigkeit der Unkrautsamen und hemmt die Entwicklung des Wurzelsystems der Unkräuter. Außerdem wurde festgestellt, daß das Herbicid 10–15 Tage nach dem Einbringen in den Boden die Keimfähigkeit der Reissamen sowie die Entwicklung des Wurzelsystems und der oberirdischen Teile der Reispflanzen günstig beeinflußt. D. Dodow. 2770.

Oram, P. A.; London, Borax Consolidated Agric. Dep. Experiments on the control of weeds in groundnuts in Tripolitania. **(Versuche zur Unkrautbekämpfung in Erdnußpflanzungen in Tripolis.)** Weed. Res. 1 (1961) Nr. 3. S. 211–228. – 7 Abb., 8 Tab., 20 Lit.
In Tripolis verunkrauten berieselte Erdnußkulturen sehr stark. Folgende Unkräuter treten bes. auf: *Portulaca oleracea, Thlaspi arvensis* und *Amaranthus retroflexus, Cynodon dactylon* und *Cyperus* spp. Von den getesteten 26,5 kg/ha TCA, 0,55 und 1,65 kg/ha 2.4-D-Ester, 3,3 kg Monuron und 11,1 kg/ha PCP wirkte das letzte am besten. Die Erdnüsse wurden nicht geschädigt. Monuron und 2.4-D-Ester waren zu toxisch für Erdnüsse, während TCA nur gegen grasartige Unkräuter wirkte. Als Nachauflaufmittel gespritzte MCPB (2 kg/ha) und 2.4-DB vernichteten etwa 50% der dikotylen Unkräuter. Auch eine Kombination aus PCP + 2.4-D- wirkte gut. Die Wirkung hielt aber nur 10 Wochen an, danach traten monokotyle Unkräuter stärker auf. Bei der mechanischen Unkrautbekämpfung war zu frühes Hacken schädlich.
G. Feyerabend. 2770.

Dorsman, C.; Boskoop, Netherlands, Stat. of Arboricult. Chemical weed control in ornamental and forest nurseries. **(Chemische Unkrautbekämpfung in Ziergehölz- und Forstbaumschulen.)** Advances horticult. Sci. **3** (1962) S. 110 bis 112. – Zus. in Franz., Dtsch.
Sehr gute Erfolge wurden mit einer Kombination von Dinitro-o-kresol (**I**) und Isopropylphenylcarbamat (**II**) erzielt. Im Herbst angewendet dauerte die Wirkung bis Apr., im Apr. angewendet betrug sie 2. Mon. Diese Chemikalien können bei allen Bäumen und Sträuchern im Ruhezustand und bei Immergrünen ohne Schaden angewendet werden. Eine Anwendung bei perennierenden Pflanzen ist nicht möglich. Bei kleinen Immergrünen ist ein Test erforderlich. Die wirksamen Dosen sind für **I** (Dinitros) 4 kg/ha, für **II** 3,5 kg/ha in 1000 l Wasser gelöst. **I** ist gegen gerade gekeimte Unkräuter und **II** gegen größere Unkräuter wirksam. Gegen gekeimte Gräser und *Stellaria* kann mit gutem Erfolg Isopropylchlorphenylcarbamat verwendet werden in einer Dosis von 2 kg/ha. Simazin gab gute Resultate. Da es jedoch mikrobiol. nicht abgebaut und deshalb akkumuliert wird, ist bei der Anwendung Vorsicht geboten. Schwierig ist die Unkrautbekämpfung im Saatbeet. Hier können im Vorauflaufverfahren Mineralöle angewendet werden, was jedoch sehr teuer ist. **I** verursachte Schaden im Vorauflaufverfahren bes. bei Regenperioden. **II** verursachte bei flacher Saat (*Betula, Alnus, Chamaecyparis, Thuja*) teilweise Schaden. W. Hiller. 2780.

Redaktionsschluß: 10. 1. 1963

Herausgeber: Deutsche Demokratische Republik · Deutsche Akademie der Landwirtschaftswissenschaften zu Berlin, Institut für Landwirtschaftliche Information und Dokumentation, Berlin W8, Krausenstraße 38/39; Fernsprecher: 225161. Chefredakteur: Dr. Ursula Wittbrodt, stellvertretender Chefredakteur: Dr. Werner Kleeberg, Berlin W8, Krausenstraße 38/39; Fernsprecher: 225161. Redaktion der Abteilung II – Pflanzliche Produktion: Bodenkunde, Pflanzenernährung und Düngung: Prof. Dr. Anton Arland, Leipzig; Phytopathologie und Pflanzenschutz: Prof. Dr. Alfred Hey, Berlin, und Prof. Dr. Maximilian Klinkowski, Aschersleben; Pflanzenbau: Prof. Dr. Gustav Könnecke, Halle; Gartenbau: Prof. Dr. Johannes Reinhold, Berlin; Pflanzenzüchtung: Prof. Dr. Rudolf Schick, Groß-Lüsewitz, Kreis Rostock. Hauptredakteur: Dr. Werner Kleeberg, Berlin W 8, Krausenstraße 38/39; Fernsprecher: 225161. Verlag: Akademie-Verlag GmbH, Berlin W 8, Leipziger Straße 3—4; Fernsprecher: 220441, Telex-Nr. 011773, Postscheckkonto Berlin 35021. Bestellnummer dieses Heftes: 1030 II – VIII/4. Das Landwirtschaftliche Zentralblatt, Abt. Pflanzliche Produktion, erscheint monatlich. Einzelheft DM 20,–; einseitig bedruckte Ausgabe DM 24,–. Jahresbezugspreis DM 240,–; einseitig bedruckte Ausgabe DM 288,– einschl. Register, zuzüglich Porto- und Versandkosten. Gesamtherstellung: VEB Druckerei „Thomas Müntzer" Bad Langensalza. Veröffentlicht unter der Lizenznummer 1291 des Presseamtes beim Vorsitzenden des Ministerrates.

Kolibri 360 GmbH
Ferdinand-Jühlke-Straße 7
99095 Erfurt, Deutschland
produktsicherheit@kolibri360.de